智能算法原理与实现

群智能优化算法

李士勇 李研 王越红 林永茂 编著

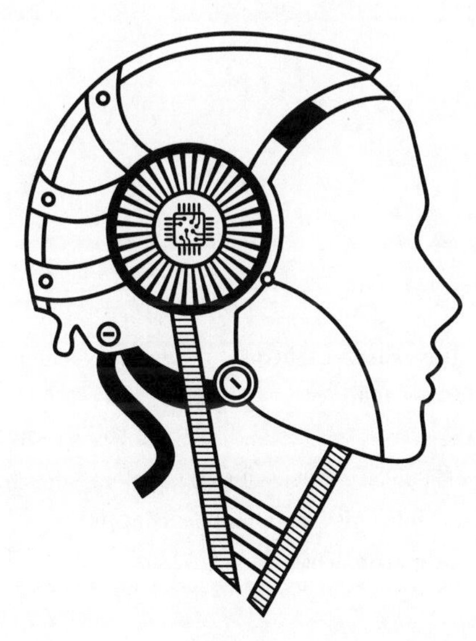

清華大学出版社
北京

内容简介

本书是“人工智能科学与技术丛书”之一，全面系统地介绍106种群智能优化算法，内容包括模拟自然界中生物和动物的觅食行为、求偶行为、交配行为、迁徙策略、狩猎策略等过程中蕴含的优化机制和群体智能行为。这些生物和动物有分布在广袤土地上的蚂蚁、蜜蜂、萤火虫、蝴蝶、蜻蜓、飞蛾、蜘蛛、天牛、瓢虫、蚯蚓等多种昆虫，有浩瀚海洋中的磷虾、蝠鲼、被囊群、水母、藤壶、口孵鱼、河豚、樽海鞘、海豚、鲸鱼等，有茂密森林和草原中的猴群、斑鬣狗、狼、蜜獾、耳廓狐、金豺、狼群、野马、狮子、大象、大猩猩、黑猩猩等，有翱翔在空中的鸟类——鸽子、海鸥、乌燕鸥、大雁、雄鹰等，有北冰洋的企鹅、北极熊等，还有侵入人体极其微小的细菌、病毒等。

本书取材广泛、内容新颖，具有多学科交叉性，内容由浅入深，启迪创新思维，可供智能科学、人工智能、自动化、计算机科学、信息科学、系统科学、管理科学等相关领域的高校师生、研究人员及工程技术人员学习参考。

图书在版编目（CIP）数据

智能算法原理与实现：群智能优化算法/李士勇等编著. -- 北京：清华大学出版社，2025.3. --（人工智能科学与技术丛书）. -- ISBN 978-7-302-68433-6

Ⅰ. TP18

中国国家版本馆 CIP 数据核字第 20250EX734 号

责任编辑：曾　珊　李　晔
封面设计：李召霞
责任校对：王勤勤
责任印制：刘　菲

出版发行：清华大学出版社
网　　址：https://www.tup.com.cn，https://www.wqxuetang.com
地　　址：北京清华大学学研大厦 A 座　　**邮　　编**：100084
社 总 机：010-83470000　　**邮　　购**：010-62786544
投稿与读者服务：010-62776969，c-service@tup.tsinghua.edu.cn
质量反馈：010-62772015，zhiliang@tup.tsinghua.edu.cn
课件下载：https://www.tup.com.cn，010-83470236
印 装 者：小森印刷霸州有限公司
经　　销：全国新华书店
开　　本：185mm×260mm　　**印　　张**：33　　**字　　数**：848 千字
版　　次：2025 年 4 月第 1 版　　**印　　次**：2025 年 4 月第 1 次印刷
印　　数：1～1500
定　　价：129.00 元

产品编号：100270-01

前言

智能计算和智能优化正在成为新一代人工智能科学与技术革命中最活跃的前沿领域。为了及时反映国内外大量原创智能优化算法的研究成果，本书作者出版了《智能优化算法与涌现计算》(清华大学出版社，ISBN 9787302517429)，优选了106种原创智能算法，全书600余页；2022年出版了第2版(清华大学出版社，ISBN 9787302603993)，共包括159种智能算法，全书近850页……但一本书难以承载太多的内容。

为什么新算法像雨后春笋般涌现出来呢？1997年 Wolperthe Macready 在研究最优理论时，在 *IEEE Transactions on Evolutionary Computation* 上发表了论文 *No Free Lunch Theorems for Optimization*，称无免费午餐定理，又称 NFL 定理。通俗地讲，没有一种算法能够在所有优化问题的性能上都优于其他算法。因此，NFL 定理就激励着广大科研人员设计、创造出更多的智能优化算法，以满足人们对科学、工程、经济、管理等更复杂的优化问题的迫切需要。

从人工智能到计算智能，再到智能计算

人工智能(Artificial Intelligence, AI)的研究始于1956年，由年轻的美国学者麦卡锡(McCrthay)、明斯基(Minsky)、洛彻斯特(Lochester)和香农(Shannon)共同发起，邀请了莫尔(More)、塞缪尔(Samuel)、纽维尔(Newell)及西蒙(Simon)等在美国达特茅斯大学举办。这一关于用机器模拟人类智能问题的长达2个月的研讨会，开启了人工智能研究的先河。人类的智能主要表现在人脑的思维功能及人在和环境交互过程中的适应行为、学习行为、意识的能动性等。在对人工智能的长期研究过程中，逐渐形成了用机器模拟人类智能的符号主义、联结主义、行为主义。

计算智能(Computational Intelligence, CI)的研究始于1994年，IEEE 在美国佛罗里达举办了模糊系统、神经网络和进化计算的首届计算智能大会，掀起了用计算机模拟生命、模拟自然等的计算智能研究热潮。计算智能是指用计算机通过某些优化算法来模拟生物及自然中蕴含的适应、进化、优化机制而体现出的智能。这种智能是在优化算法的执行计算过程及优化结果中表现出来的，即这种智能是靠算法计算出来的，故称为计算智能，因此这种优化算法也称为计算智能优化算法。计算是靠软件实现的，被扎德称为软计算。

人工智能和计算智能是两个密切相关又有区别的概念。它们都是用计算机模拟智能行为；但是，人工智能侧重于模拟人类的智能行为，问题求解是传统人工智能的核心问题；计算智能着重模拟生物、动植物、自然现象和自然系统等群体中蕴含的适应、进化、优化、灵性、智能性，问题优化是计算智能的核心问题。

智能计算(Intelligent Computing, IC)研究的重要标志性成果是始于2016年推出的 AI 围棋程序 AlphaGo 和 AlphaZero，随着 AlphaGo 和 AlphaZero 相继战胜世界围棋大师，AI 浪潮的发展被推向全新的高度；另一个重要的标志性成果是大型预训练模型的出现，2022年，美国 Open AI 研发的聊天机器人程序 ChatGPT，其中最具代表性的是自然语言处理模型 GPT-3，其所

具有的高度结构复杂性和应用大量参数的大模型可以提高深度学习的性能。

科学家们从解决复杂的科学和社会问题的角度提出了智能计算的新定义："智能计算是支撑万物互联的数字文明时代新的计算理论方法、架构体系和技术能力的总称。智能计算根据具体的实际需求，以最小的代价完成计算任务，匹配足够的计算能力，调用最好的算法，获得最优的结果。"从智能方面要求：在更高智能层次上，包括理解、表达、抽象、推理、创造和反思等模拟人脑和群体的智能。从计算方面要求：计算机的智能要成为通用智能。通用智能以硅基设施为载体，将由个体和群体计算设备产生的生物智能移植到计算机上的数据智能、感知智能、认知智能和自主智能。在智能计算的理论体系中，人类的智慧是智能的源泉，计算机智能是人类智能的赋能，称为通用智能。

智能优化算法的产生、种类及特点

基于精确模型的传统优化算法，当优化问题缺乏精确数学模型时，其应用就受到极大限制。然而，人们从自然界的各种植物、动物的生长、竞争过程中，以及各种自然现象生生不息、周而复始的变化中，发现了许多隐含在其中的信息存储、处理、适应、组织、进化的机制，其中蕴含着优化的机理。于是，人们从中获得了优化思想的设计灵感。

霍兰(Holland)创立的遗传算法奠定了智能优化算法的重要基础。意大利多利戈(Dorigo)博士1991年提出的模拟蚁群觅食行为的蚁群优化算法开辟了群智能优化算法的先河。1995年提出的模拟鸟类飞行觅食行为的粒子群优化算法进一步丰富了群智能优化算法的内涵，极大地推动了智能优化算法开发的速度、深度和广度。

近半个世纪以来，科学工作者提出了数以百计的不依赖被优化问题数学模型的优化算法，被称为元启发式算法、仿生计算、自然计算等。这些优化算法中有些在一定程度上模拟人的智能行为，有些模拟自然界中某些动物、植物生存过程的适应性、灵性、智慧性，本书将它们统称为智能优化算法。

国内外有关智能优化算法尚没有统一的分类标准。本书的分类是基于以下的基本原则：按照优化算法所模拟的主体的智能性、生物属性、自然属性来归类。从生物层面划分，包括人类、动物、植物、微生物等。人类区别于其他动物的本质特征在于人有高度发达的大脑，是自然界智能水平最高的生命体。因此，把模拟人、人体系统、组织，人类社会、组织机构乃至国家等智能行为的相关优化算法归为智能计算和仿人智能优化算法。

根据作者上述的分类思想，将智能计算和优化算法划分为如下五大类。

(1) 智能计算与仿人优化算法：模拟人脑思维、认知行为、人体系统、组织、细胞、基因等及人类社会进化、企业管理、团体竞争等过程中的智能行为。

(2) 进化算法：模拟生物生殖、繁衍过程中的遗传、变异、竞争、优胜劣汰的进化行为。

(3) 群智能优化算法：模拟群居昆虫、动物觅食、繁殖、捕猎、搜索策略的群智能行为。

(4) 植物生长算法：模拟花、草、树的向光性、根吸水性、种子繁殖、花朵授粉、杂草生长等的适应行为。

(5) 自然计算：模拟风、雨、云，基于数学、物理、化学定律，混沌现象、分形等的仿自然优化算法。

智能优化算法和传统的优化算法相比，智能优化算法主要具有如下优点。

(1) 不需要优化问题的精确数学模型。

(2) 一种智能优化算法往往可以用于多种问题求解，具有较好的通用性。

(3) 采用启发式规则和随机搜索能够获得全局最优解或准最优解，具有全局性。

(4) 适用于不同初始条件下的寻优，具有适应性。

(5) 群智能优化算法更适合于复杂大型系统问题的并行求解，具有并行性。

(6) 智能优化算法一般比传统优化算法的效率更高、速度更快。

智能算法原理与实现：群智能优化算法

在自然界中，地上、地下、空中、水中、森林中、草原上分布着多种生物和动物，如昆虫、鸟类、鱼类、狼、狮子等。这些生物和动物群体都是由一些相对简单、低级智能的昆虫或动物的个体组成，大量个体在群体活动中的聚集、协同、适应等行为表现出了个体所不具有的较高级的群体智能行为，这种智能行为称为群体智能、群集智能、群聚智能，统称为群智能。

群智能优化算法是模拟自然界中的群居生物和动物在觅食、求偶、繁殖、迁徙、狩猎等过程中的群体智能行为及其蕴含的优化机制，实现对问题求解的一大类智能优化算法的统称。

近年来，不断涌现出的群智能优化新算法在智能优化算法中占有绝大部分。因此，本书介绍了精选的106种群智能优化算法，具有取材宽广、内容丰富新颖、多学科交叉融合、启迪创新思维等特点。

致谢

在本书的编写中，引用了原创算法作者发表的论文，还参考了国内外相关算法研究的重要文献及有价值的学位论文。为便于读者查阅，将这些主要论文一并列入本书的参考文献。在此，对被引用文献的作者表示衷心的感谢！

参加本书编写、提供素材或提供多种帮助的有宋申民、张秀杰、宁永臣、班晓军、李盼池、左兴权、黄金杰、袁丽英、赵宝江、柏继云、李浩、张逸达、王振杨、黄忠报、李世宏、栾秀春、章钱、郭成、郭玉、杨丹、张恒、徐保华等。

本书的出版始终得到清华大学出版社的大力支持，在此表示由衷的感谢！

编写这样一套全面反映智能算法原理与实现的原创性成果的专著，不仅篇幅大，而且内容涉及自然科学、社会科学和哲学等几乎所有学科门类，受编著者知识面所限，书中内容难免存在不足之处，恳请广大读者给予指正！

李士勇

2024年12月

于哈尔滨工业大学

目录

第1章　蚁群优化算法

蚂蚁个体结构和行为都很简单，但这些简单个体所构成的群体——蚁群，却表现出高度结构化的社会组织，所以蚂蚁是一种典型的社会性昆虫。蚂蚁群体的觅食、筑巢等行为显示出高度的组织性和智慧。蚂蚁群体能从蚁巢到食物源找到一条最短路径的觅食过程蕴含着最优化的思想，蚁群算法正是基于这一思想而创立的，它开创了群智能优化算法的先河。本章首先介绍蚂蚁的习性及觅食行为、蚁群觅食策略的优化原理、蚁群算法的模型及基本蚁群算法的流程。

1.1　蚁群优化算法的提出

蚁群优化（Ant Colony Optimization，ACO）算法是1991年由意大利M. Dorigo博士等提出的一种群智能优化算法，它模拟蚁群能从蚁巢到食物源找到一条最短路径的觅食行为，并成功用于求解组合优化的TSP问题。后来，一些研究者把它改进并应用于连续优化问题。

2008年，Dorigo等又提出了一种求解连续空间优化问题的扩展蚁群优化（Extension of Ant Colony Optimization，ACO_R）算法，通过引入解存储器作为信息素模型，使用了连续概率分布取代ACO算法中离散概率分布，将基本蚁群算法的离散概率选择方式连续化，从而将其拓展到求解连续空间优化问题。

1.2　蚂蚁的习性及觅食行为

1. 蚂蚁的习性与蚁群社会

蚂蚁是一种社会性昆虫，起源在一亿年前。蚂蚁种类为9000～15 000种，但无一独居，都是群体生活，建立了独特的蚂蚁社会。之所以说蚂蚁是一种社会性昆虫，是因为蚂蚁不但有组织、有分工，还有相互的信息的传递。蚂蚁有着独特的信息系统：视觉信号、声音通信和更为独特的无声语言——分泌化学物质信息素（Pheromone）。

蚂蚁王国分工细致，职责分明，有专门产卵的蚁后；有为数众多，从事觅食打猎，兴建屋穴，抚育后代的工蚁；有负责守卫门户，对敌作战的兵蚁；还有专备蚁后招婚纳赘的雄蚁。蚁后产下的受精卵发育成工蚁或新的蚁后，而未受精的卵发育成为雄蚁。雄蚁是二倍体，雌蚁（工蚁和蚁后）是单倍体，所以在蚂蚁社会，姐妹情大于母女情。

2. 蚂蚁觅食行为与信息素

昆虫学家研究发现：蚂蚁有能力在没有任何可见提示的情况下找出从蚁穴到食物源的最

短路径，并能随环境变化而自适应地搜索新的路径。蚂蚁在从食物源到蚁穴并返回过程中，能在走过的路径上分泌一种化学物质——信息素，通过这种方式形成信息素轨迹(或踪迹)，蚂蚁在运动中能感知这种物质的存在及其强度，以此指导自己的运动方向。

蚂蚁之间通过接触提供的信息传递来协调其行动，并通过组队相互支援，当聚集的蚂蚁数量达到某一临界数量时，就会涌现出有条理的大军。蚂蚁的觅食行为完全是一种自组织行为，自组织地选择去往食物源的路径。

1.3 蚁群觅食策略的优化原理

1. 对称二元桥实验

对称二元桥实验如图 1.1 所示，目的是让一些蚂蚁从蚁巢处出发，分别通过 A 桥、B 桥到达食物源。设起初两个桥上都没有信息素，蚂蚁走向两个分支的概率相同。实验中有意选择 A 桥的蚂蚁数多于 B 桥，由于蚂蚁在行进中要释放信息素，因此 A 桥的信息素多于 B 桥，从而使更多蚂蚁走 A 桥。Deneubourg 开发了一个信息素模型如下。

设 A_i 和 B_i 是第 i 只蚂蚁过桥后已经走过 A 桥和 B 桥的蚂蚁数，第 $i+1$ 只蚂蚁选择 A 桥(或 B 桥)的概率为

$$P_{\mathrm{A}}=\frac{(K+A_i)^n}{(K+A_i)^n+(K+B_i)^n}=1-P_{\mathrm{B}} \tag{1.1}$$

其中，n 为非线性程度的参数；K 表示未标记分支的吸引程度。

式(1.1)表明，走 A 桥的蚂蚁越多，选择 A 桥的概率越高。

2. 不对称二元桥实验

如图 1.2 所示，其中，AB<AC、BD<CD、ABD<ACD 为不对称二元桥。已知蚂蚁从蚁巢到食物源经过的路径分别为蚁巢→ABD→食物源和蚁巢→ACD→食物源，其长度分别为 4 个和 6 个单位长度。设蚂蚁在单位时间内可移动一个单位长度的距离，并释放一个单位的信息素。开始时所有路径上都未留有任何信息素。

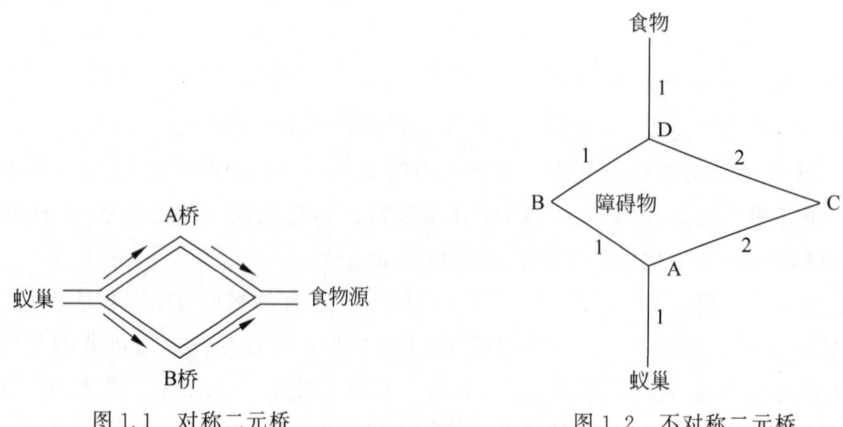

图 1.1 对称二元桥

图 1.2 不对称二元桥

在 $t=0$ 时刻，第一组有 20 只蚂蚁从蚁巢出发移动到 A，由于所有的道路上都没有信息素，它们以相同概率选择左侧(ABD)路径或右侧(ACD)路径。因此，有 10 只蚂蚁走左侧

(ABD),10只走右侧(ACD)。

在第4个单位时间,走左侧(ABD)路径到达食物源的蚂蚁将折回,此时走右侧(ACD)路径蚂蚁到达CD中点处。

在第5个单位时间,两组蚂蚁将在D点相遇。此时BD上的信息素数量和CD上的相同,因为各有10只蚂蚁选择了相应的路径,从而有5只返回的蚂蚁选择BD,而另5只将选择CD,走右侧(ACD)路径的蚂蚁继续向食物方向移动。

在第8个单位时间,前5只蚂蚁将返回蚁巢,此时在AC中点处、CD中点处及B点上各有5只蚂蚁。

在第9个单位时间,前5只蚂蚁又回到A,并且再次面对往左还是往右的路径选择。这时,AB上的轨迹数是20而AC上是15,因此将有较多的蚂蚁选择往左,从而增强了该路线的信息素。

随着上述过程的继续,两条路径上的信息素数量的差距将越来越大,直至绝大多数蚂蚁都选择了最短的路径。这就是蚂蚁从蚁巢到食物源的觅食过程中能够找到最优路径的原理。

3. 蚂蚁觅食过程的优化机制

蚂蚁的觅食行为实质上是一种通过简单个体的自组织行为所体现出来的一种群体行为,具有以下两个重要特征。

(1) 蚂蚁觅食的群体行为具有正反馈过程,反馈的信息是全局信息。通过反馈机制进行调整,可对系统的较优解起到自增强的作用。从而使问题的解向着全局最优的方向演变,最终获得全局最优解。

(2) 具有分布并行计算能力,可使算法全面地在多点同时进行解的搜索,有效地降低了陷入局部最优解的可能性。

1.4 蚁群优化算法的原型——蚂蚁系统模型的描述

Dorigo提出的蚁群优化算法以求解TSP问题为背景建立了蚂蚁系统模型,包括蚂蚁系统的符号定义、为人工蚁赋予特征、确定蚂蚁移动策略、信息素更新规则等。

1. 蚂蚁系统的符号定义

m 表示蚂蚁数目,它表示为

$$m=\sum_{i=1}^{n} b_i(t) \tag{1.2}$$

$b_i(t)$表示t时刻位于城市i的蚂蚁个数;

d_{ij} 表示两城市i、j的距离;

η_{ij} 为路径(i,j)的能见度,反映由城市i转移到j的启发程度,一般取$(1/d_{ij})$;

τ_{ij} 为路径(i,j)间的信息素强度;

$\Delta\tau_{ij}$ 为蚂蚁k在(i,j)路径上单位长度留下的信息素量;

p_{ij}^k 为蚂蚁k从$i\rightarrow j$转移的概率,j是尚未访问的城市。

2. 为每个人工蚁赋予特征

(1) 从$i\rightarrow j$完成一次循环后在路径(i,j)上释放信息素。

(2) 蚂蚁以一定概率选择下一个要访问的城市,该概率是城市 i 与 j 之间路径存在信息素轨迹量的函数。

(3) 不允许蚂蚁访问已访问过的城市(TSP 问题所要求)。

3. 蚂蚁移动策略

受信息素启发选择路径采用随机比例规则,在 t 时刻,蚂蚁 k 在城市 i,选择城市 j 的转移概率 $p_{ij}^{k}(t)$ 为

$$p_{ij}^{k}(t)=\begin{cases}\dfrac{\tau_{ij}^{\alpha}(t)\eta_{ij}^{\beta}(t)}{\sum\limits_{s\in \text{allowed}_k}\tau_{is}^{\alpha}(t)\eta_{is}^{\beta}(t)}, & j\in \text{allowed}_k\\ 0, & \text{其他}\end{cases} \tag{1.3}$$

式(1.3)表明,转移概率 p_{ij}^{k} 与 $\tau_{ij}^{\alpha}(t)\eta_{ij}^{\beta}(t)$ 成正比。α、β 分别反映蚂蚁在运动中所积累的信息和启发信息在选择路径中的相对重要性。

为满足蚂蚁对 TSP 求解不能重复走过同一城市的约束条件,对人工蚁设计禁忌表以满足约束条件。

经过 n 时刻,蚂蚁完成一次循环,各路径上信息素调整为

$$\tau_{ij}(t+1)=\rho\cdot\tau_{ij}(t)+\Delta\tau_{ij}(t,t+1) \tag{1.4}$$

$$\Delta\tau_{ij}(t,t+1)=\sum_{k=1}^{m}\Delta\tau_{ij}^{k}(t,t+1) \tag{1.5}$$

其中,$\Delta\tau_{ij}^{k}(t,t+1)$为第 k 只蚂蚁在$(t,t+1)$时刻留在路径(i,j)上的信息素量;$\Delta\tau_{ij}(t,t+1)$为本次循环路径(i,j)的信息素量的增量;ρ 为路径上信息素的挥发系数(通常取 $\rho<1$)。

根据 $\Delta\tau_{ij}$、$\Delta\tau_{ij}^{k}$ 及 P_{ij}^{k} 的表达形式的不同,Dorigo 定义了以下 3 种不同的蚂蚁系统模型。

(1) 蚁密系统(Ant Density System)

$$\Delta\tau_{ij}^{k}(t,t+1)=\begin{cases}Q, & \text{第 } k \text{ 只蚂蚁在}(t,t+1)\text{间经过路径}(i,j)\\ 0, & \text{其他}\end{cases} \tag{1.6}$$

(2) 蚁量系统(Ant Quantity System)

$$\Delta\tau_{ij}^{k}(t,t+1)=\begin{cases}\dfrac{Q}{d_{ij}}, & \text{第 } k \text{ 只蚂蚁在}(t,t+1)\text{间经过路径}(i,j)\\ 0, & \text{其他}\end{cases} \tag{1.7}$$

(3) 蚁周系统(Ant Cycle System)

$$\Delta\tau_{ij}^{k}(t,t+n)=\begin{cases}\dfrac{Q}{L_k}, & \text{第 } k \text{ 只蚂蚁在 } n \text{ 步的一次循环中经过路径}(i,j)\\ 0, & \text{其他}\end{cases} \tag{1.8}$$

其中,式(1.6)中 Q 为一只蚂蚁经过路径(i,j)单位长度上释放的信息素量;式(1.7)中(Q/d_{ij})为一只蚂蚁在经过路径(i,j)单位长度上释放的信息素量;式(1.8)中(Q/L_k)为第 k 只蚂蚁在$(t,t+n)$经过 n 步的一次循环中走过路径(i,j)长度 L_k 所释放的信息素量。

在上述蚁密系统、蚁量系统模型中,利用的是局部信息,而蚁周系统利用的是整体信息,通常使用蚁周系统模型,它也被称为基本蚁群算法。

在蚁周系统中信息素的更新应用下式:

$$\tau_{ij}(t,t+n)=\rho_1 \cdot \tau_{ij}(t)+\Delta\tau_{ij}(t,t+n) \tag{1.9}$$

$$\Delta\tau_{ij}(t,t+n)=\sum_{k=1}^{m}\Delta\tau_{ij}^{k}(t,t+n) \tag{1.10}$$

其中，ρ_1 与 ρ 不同，因为该方程式不再是在每一步都对轨迹进行更新，而是在一只蚂蚁建立了一个完整的路径(n 步)后再更新轨迹量。

1.5 基本蚁群优化算法的流程

基本蚁群优化算法又称标准蚁群优化算法，它的流程如图1.3所示。

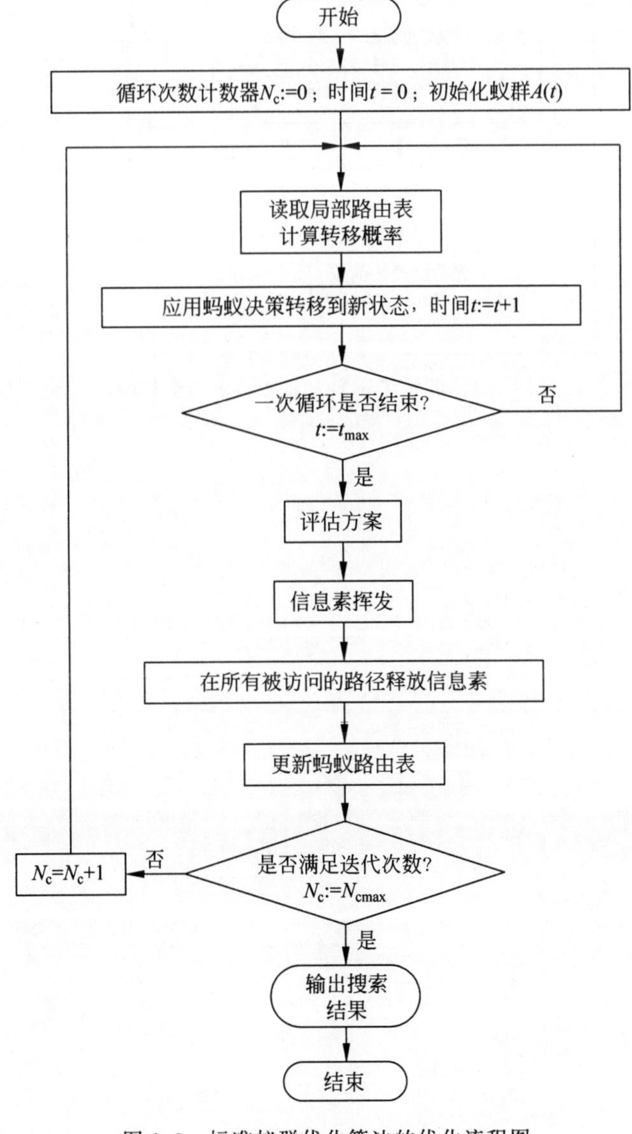

图1.3 标准蚁群优化算法的优化流程图

用蚁群优化算法解决旅行商问题(TSP)的流程如图 1.4 所示,其中 $tabu_k$ 代表禁忌表。

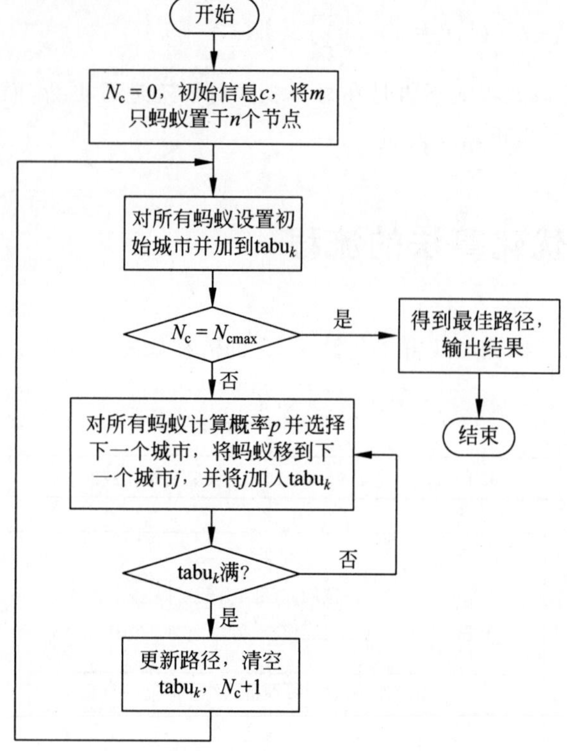

图 1.4　求解 TSP 问题的蚁群算法流程图

第2章　蚁狮优化算法

蚁狮优化算法模拟自然界的蚁狮构造陷阱捕捉蚂蚁的狩猎行为。蚁狮在狩猎捕食前在沙质土中挖漏斗状沙坑作为陷阱，它自身隐藏在沙坑底部，等待被捕食的蚂蚁或其他小昆虫的到来。该算法通过随机游走、构造陷阱、诱捕蚂蚁、捕获蚂蚁、重筑陷阱和精英更新等操作的反复迭代，实现对函数优化问题的求解。本章实现介绍蚁狮的狩猎行为，然后阐述蚁狮优化算法的原理、数学描述及蚁狮优化算法的实现。

2.1　蚁狮优化算法的提出

蚁狮优化(Ant Lion Optimizer，ALO)算法是2014年由澳大利亚学者Seyedali Mirjalili提出的一种群智能优化算法。蚁狮优化算法模拟自然界中的蚁狮构造陷阱捕猎蚂蚁的行为。该算法通过蚂蚁的随机游走、蚁狮构造陷阱、诱捕蚂蚁、捕获蚂蚁、重筑陷阱和精英更新来求解函数优化问题。

蚁狮优化算法具有调节参数少、求解精度高的优点，已被成功应用于三杆桁架设计、船舶螺旋桨形状优化、无人机三维航迹规划、天线布局优化、短期风电功率发电调度和控制器参数优化等工程领域。

2.2　蚁狮的狩猎行为

蚁狮(Antlions)属脉翅目、蚁蛉科昆虫，又称蚁蛉，其生存期包括幼虫和成虫两个阶段。它们大多在幼虫期捕猎，在成年期繁殖。成虫与幼虫皆以其他昆虫为食。

一只蚁狮在狩猎捕食前，先用其巨大的下颚在沙质土中通过旋转和向下挖掘出漏斗状的沙坑作为陷阱，用来诱捕猎物，如图2.1(a)所示。挖完陷阱后，蚁狮就隐藏在沙坑的底部，等待蚂蚁(当然也包括其他一些小昆虫)到来，如图2.1(b)所示。在蚁狮周围随机游走的蚂蚁有

(a) 蚁狮挖掘漏斗状的沙坑

(b) 蚁狮隐藏在沙坑的底部

图2.1　漏斗状陷阱和蚁狮的狩猎行为

可能落入沙坑中。蚂蚁一旦落入陷阱后会拼命试图逃脱，这时蚁狮向陷阱边缘抛沙，迫使蚂蚁向下滑动。最后蚂蚁掉入陷阱的底部，被蚁狮捕获并吃掉。随后蚁狮会重新构造陷阱，以准备进行下一次捕猎。

2.3 蚁狮优化算法的原理

蚁狮优化算法模拟自然界中蚁狮捕捉蚂蚁的狩猎行为，实现对函数优化问题的求解。在利用陷阱捕捉蚂蚁的过程中，根据捕捉蚂蚁数量的多少蚁狮调整陷阱的位置，并在当前位置的周围寻找更佳的陷阱位置。蚁狮通过不断地构造陷阱，当其中某个陷阱捕捉到的蚂蚁数量超过目前最佳陷阱位置时，则认为出现了更好的陷阱位置，这样不断进行位置更换，最终找到最佳的陷阱位置。

蚁狮优化算法包括通过蚂蚁的随机游走、陷阱对蚂蚁随机游走的影响、蚁狮的捕获策略、捕获猎物并重筑陷阱、精英更新来实现对函数优化问题的求解。和粒子群算法中记录最佳位置粒子一样，蚁狮优化算法通过记录最佳陷阱的位置来保证算法收敛的一致性。

2.4 蚁狮优化算法的数学描述

1. 蚂蚁的随机游走

由于蚂蚁在搜寻食物时随机移动，因此选择一个随机游走过程模拟蚂蚁在可行域的运动过程，数学上可表示为

$$X(t)=[0,\mathrm{cumsum}(2r(t_1)-1),\mathrm{cumsum}(2r(t_2)-1),\cdots,\mathrm{cumsum}(2r(t_n)-1)] \tag{2.1}$$

其中，$X(t)$为蚂蚁的随机游走步数集；cumsum 为计算累加和；n 为最大的迭代步数；$r(t)$为一个随机函数，定义为

$$r(t)=\begin{cases}1, & \mathrm{rand}>0\\0, & \mathrm{rand}\leqslant 0\end{cases} \tag{2.2}$$

其中，t 为随机游走步数；rand 为[0,1]上均匀分布的随机数。

图 2.2 给出了 500 次迭代中的 3 次随机游走曲线，可以看出，随机游走过程具有较强的搜索能力。

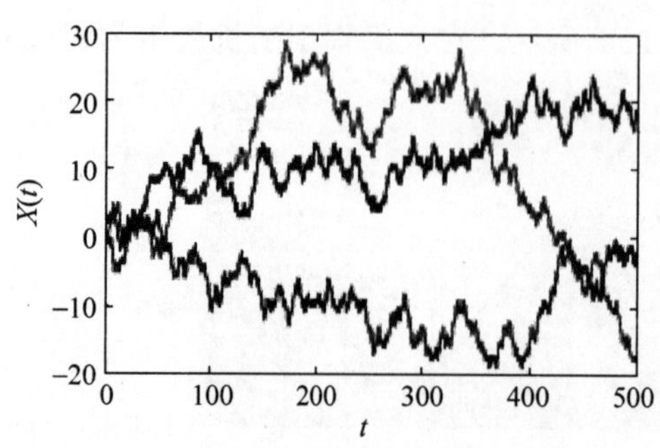

图 2.2 蚂蚁的 3 次随机游走过程

为了保证蚂蚁随机游走在可行域的范围内，不能只根据式(2.1)更新蚂蚁的位置，还要根据下式对它们进行归一化为

$$X_i^t=\frac{(X_i^t-a_i)\times(d_i-c_i^t)}{(d_i^t-a_i)}+c_i \tag{2.3}$$

其中，X_i^t 为第 i 只蚂蚁在第 t 代的归一化位置；a_i 为第 i 个变量随机游走的最小值；d_i 为第 i

个变量随机游走的最大值；c_i^t 为第 t 代第 i 个变量的最小值，d_i^t 为第 t 代第 i 个变量的最大值。

2. 陷阱对蚂蚁随机游走的影响

蚁狮陷阱对落入陷阱的蚂蚁随机游走行动产生影响，数学上表示为

$$c_i^t = \text{Antlion}_j^t + c^t \tag{2.4}$$

$$d_i^t = \text{Antlion}_j^t + d^t \tag{2.5}$$

其中，c^t 为第 t 代所有变量的最小值；d^t 为第 t 代所有变量的最大值；c_i^t 为第 t 代第 j 只蚂蚁的最小值；d_i^t 为第 t 代第 j 只蚂蚁的最大值；Antlion_j^t 为第 t 代选中的第 j 只蚁狮的位置。

式(2.4)和式(2.5)表明，蚂蚁随机游走在蚁狮周围由选定向量 $\boldsymbol{c}$ 和 $\boldsymbol{d}$ 定义的超级球面上。图2.3表示了一只蚂蚁在陷阱二维空间内随机游走的模型。

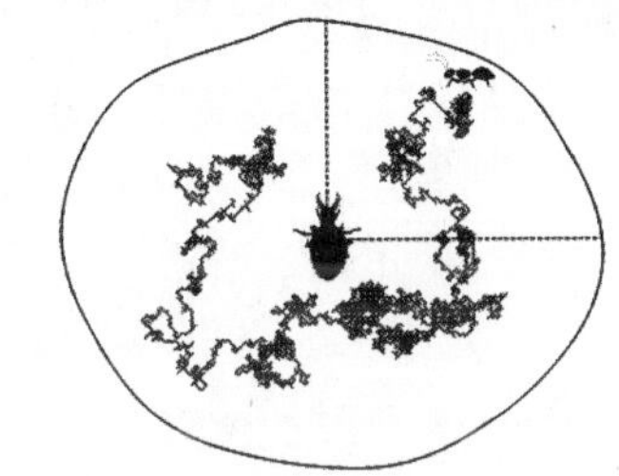

图2.3 蚂蚁在陷阱二维空间内随机游走模型

3. 蚁狮的捕获策略

每只蚂蚁只能被一只蚁狮捕获，捕获某只蚂蚁的蚁狮是通过轮盘赌策略来选择的，适应度越高的蚁狮有着更高的捕获蚂蚁的机会。蚂蚁一旦落入陷阱，蚁狮就会向外扬沙迫使蚂蚁向沙坑底滑落，而不至于逃脱，因此蚂蚁围绕蚁狮的随机游走范围将急剧缩小，数学上表示为

$$c^t = \frac{c^t}{I} \tag{2.6}$$

$$d^t = \frac{d^t}{I} \tag{2.7}$$

$$I = \begin{cases} 1, & t \leqslant 0.1T \\ 10^w \cdot \dfrac{t}{T}, & t > 0.1T \end{cases} \tag{2.8}$$

其中，I 为比例系数；T 为最大迭代次数；w 为一个随着迭代次数增大的数。当 $t>0.1T$ 时，$w=2$；当 $t>0.5T$ 时，$w=3$；当 $t>0.75T$ 时，$w=4$；当 $t>0.9T$ 时，$w=5$；当 $t>0.95T$ 时，$w=6$。

4. 捕获猎物并重筑陷阱

当蚂蚁掉到沙坑底部时，若某只蚂蚁的适应度变得高于蚁狮的适应度时，则认为它已被蚁狮捕获。为增加捕获新猎物的机会，此时蚁狮会根据蚂蚁的位置来更新其位置为

$$\text{Antlion}_j^t = \text{Ant}_i^t, \quad f(\text{Ant}_i^t) > f(\text{Antlion}_j^t) \tag{2.9}$$

其中，t 为当前的迭代次数：Ant_i^t 为第 i 只蚂蚁在第 t 代的位置；Antlion_i^t 为第 i 只蚁狮在第 t 代的位置；f 为适应度函数。

5. 精英更新

将适应度最好的蚁狮作为精英，它能够影响所有蚂蚁的游走行为。假定每只蚂蚁的随机游走同时受到轮盘赌策略选择的蚁狮和精英的影响，第 t 只蚂蚁在第 $t+1$ 代的位置为

$$\text{Ant}_i^{t+1} = \frac{R_{\text{A}}^t(l) + R_{\text{E}}^t(l)}{2} \tag{2.10}$$

其中，Ant_i^{t+1} 为第 $t+1$ 代第 i 只蚂蚁的位置；$R_{\text{A}}^t(l)$ 为围绕第 t 代轮盘赌策略选择的蚁狮随机游走第 l 步产生的值；$R_{\text{E}}^t(l)$ 为围绕第 t 代的精英随机游走第 l 步产生的值；l 为随机游走

步数，可以选 $l=t$。

2.5 蚁狮优化算法的实现

对于求解全局优化问题，蚁狮优化算法可定义为如下三元组函数：

$$\mathrm{ALO}(A, B, C) \tag{2.11}$$

其中，A 为随机产生初始解的函数；B 为对 A 提供的初始种群进行操作的函数；C 为满足结束条件时返回的操作函数。函数 A、B 和 C 分别定义为

$$\phi \xrightarrow{A} \{M_{\mathrm{Ant}}, M_{\mathrm{OA}}, M_{\mathrm{Antlion}}, M_{\mathrm{ALO}}\} \tag{2.12}$$

$$\{M_{\mathrm{Ant}}, M_{\mathrm{Antlion}}\} \xrightarrow{B} \{M_{\mathrm{Ant}}, M_{\mathrm{Antlion}}\} \tag{2.13}$$

$$\{M_{\mathrm{Ant}}, M_{\mathrm{Antlion}}\} \xrightarrow{C} \{\mathrm{true}, \mathrm{false}\} \tag{2.14}$$

其中，M_{Ant} 为蚂蚁的位置；M_{Antlion} 为蚁狮的位置；M_{OA} 为相应蚂蚁的适应度值；M_{ALO} 为蚁狮的适应度值。

蚁狮优化算法的伪代码描述如下。

```
随机初始化蚂蚁群体和蚁狮群体
 计算每只蚂蚁和蚁狮的适应度值
找到最好的蚁狮设为初始解(最优解)
while 不满足结束条件
 for 每一只蚂蚁
   使用轮盘赌策略选择一个蚁狮
   使用式(2.6)和式(2.7)更新 c 和 d
   创建一个随机游走并用式(2.1)和式(2.3)进行归一化
   使用式(2.10)更新蚂蚁的位置
 end for
 计算所有蚂蚁的适应度值
 用式(2.9)确定为更好的蚂蚁替换一个蚁狮
 用一个比精英更好的蚁狮替换精英
end while
Return 精英
```

第3章　粒子群优化算法

粒子群优化算法是模拟鸟类觅食行为的群智能优化算法。鸟类在飞行过程中，当一只鸟飞离鸟群而飞向栖息地时，将影响其他鸟也飞向栖息地。鸟类寻找栖息地的过程与对一个特定问题寻找解的过程相似。鸟在搜索空间中以一定的速度飞行，要根据自身的飞行经历和周围同伴的飞行经历比较，模仿其他优秀个体的行为，不断修正速度的大小和方向。鸟在粒子群算法中被视为一个粒子，粒子们追随当前的最优粒子在解空间搜索最优解。本章介绍粒子群优化算法的基本原理、描述、实现步骤、流程，以及粒子群优化算法的特点及其改进。

3.1　粒子群优化算法的提出

粒子群优化(Particle Swarm Optimization，PSO)算法是在1995年由美国社会心理学家Kennedy和电气工程师Eberhart共同提出的，又称为粒群算法、微粒群算法。

最初PSO算法模拟鸟群捕食的群体智能行为，它是以研究连续变量最优化问题为背景提出的。虽然PSO算法是针对连续优化问题而提出的，但通过二进制编码可以得到离散变量的PSO形式。因此，它也可以用于离散系统的组合优化问题求解，如用于求解TSP问题等。PSO还可以用于求解多目标优化、带约束优化、多峰函数优化、聚类、调度与规划、控制器参数优化等问题。

3.2　粒子群优化算法的基本原理

PSO算法的基本思想是利用生物学家Heppner的生物群体模型，模拟鸟类觅食等群体智能行为的进化算法。鸟类在飞行过程中是相互影响的，当一只鸟飞离鸟群而飞向栖息地时，将影响其他鸟也飞向栖息地。鸟类寻找栖息地的过程与对一个特定问题寻找解的过程相似。鸟的个体要与周围同类比较，模仿优秀个体的行为，因此可利用其解决优化问题，而人类的决策过程使用了两种重要的知识：一类是自己的经验；二是他人的经验。这有助于提高决策的科学性。

鸟在飞行过程中要具有个性，鸟不能互相碰撞，又要求鸟的个体要向寻找到好解的其他鸟学习。因此，通过仿真研究鸟类群体行为时，要考虑以下3条基本规则。

(1) 飞离最近的个体，以避免碰撞。

(2) 飞向目标(食物源、栖息地、巢穴等)。

(3) 飞向群体的中心,以避免离群。

PSO 算法模拟鸟类捕食行为。假设一群鸟在只有一块食物的区域内,随机搜索食物。所有鸟都不知道食物的位置,但它们知道当前位置与食物的距离,最为简单而有效的方法是搜寻目前离食物最近的鸟的区域。PSO 算法从这种思想得到启发,将其用于解决优化问题。

设每个优化问题的解是搜索空间中的一只鸟,把鸟视为空间中的一个没有重量和体积的理想化"质点",称为"粒子"或"微粒",每个粒子都有一个由被优化函数所决定的适应度值,还有一个速度决定它们的飞行方向和距离。然后粒子通过追随当前的最优粒子在解空间中搜索最优解。

3.3 粒子群优化算法的描述

设 n 维搜索空间中,粒子 i 的当前位置 X_i、当前飞行速度 V_i 及所经历的最好位置 P_i(即具有最好适应度值的位置)分别表示为

$$X_i=(x_{i1},x_{i2},\cdots,x_{in}) \tag{3.1}$$

$$V_i=(v_{i1},v_{i2},\cdots,v_{in}) \tag{3.2}$$

$$P_i=(p_{i1},p_{i2},\cdots,p_{in}) \tag{3.3}$$

对于最小化问题,若 $f(X)$为最小化的目标函数,则微粒 i 的当前最好位置由下式确定

$$P_i(t+1)=\begin{cases}P_i(t), & f(X_i(t+1))\geqslant f(P_i(t))\\ X_i(t+1), & f(X_i(t+1))<f(P_i(t))\end{cases} \tag{3.4}$$

设群体中的粒子数为 S,群体中所有粒子所经历过的最好位置为 $P_{\mathrm{g}}(t)$,称为全局最好位置,即

$$\begin{aligned}&f(P_{\mathrm{g}}(t))=\min\{f(P_1(t)),f(P_2(t)),\cdots,f(P_s(t))\}\\&P_{\mathrm{g}}(t)\in\{P_1(t),P_2(t),\cdots,P_s(t)\}\end{aligned} \tag{3.5}$$

基本粒子群算法粒子 i 的进化方程可描述为

$$v_{ij}(t+1)=v_{ij}(t)+C_1r_{1j}(t)(P_{ij}(t)-x_{ij}(t))+C_2r_{2j}(t)(P_{\mathrm{g}j}(t)-x_{ij}(t)) \tag{3.6}$$

$$x_{ij}(t+1)=x_{ij}(t)+v_{ij}(t+1) \tag{3.7}$$

其中,$v_{ij}(t)$为粒子 i 第 j 维第 t 代的运动速度;C_1、C_2 为加速度常数;r_{1j}、r_{2j} 分别为两个相互独立的随机数;$P_{\mathrm{g}}(t)$为全局最好粒子的位置。

式(3.6)描述了粒子 i 在搜索空间中以一定的速度飞行,这个速度要根据自身的飞行经历(式(3.6)中右第 2 项)和同伴的飞行经历(式(3.6)中右第 3 项)进行动态调整。

PSO 算法中粒子 i 飞行方向的校正示意如图 3.1 所示,图中 $P_i(t)$是粒子 i 当前所处位置,$P_{i\mathrm{b}}(t)$是粒子 i 到目前为止找到的最好位置,$P_{\mathrm{gb}}(t)$是当前种群 $X(t)$到目前为止找到的最好位置;$v_i(t)$是粒子 i 的当前飞行速度。$v_i(t+1)$是粒子 i 的$(t+1)$时刻根据它自身到目前为止找到的最好位置,以及当前种群到目前为止找到的最好位置来调整后的运动速度。

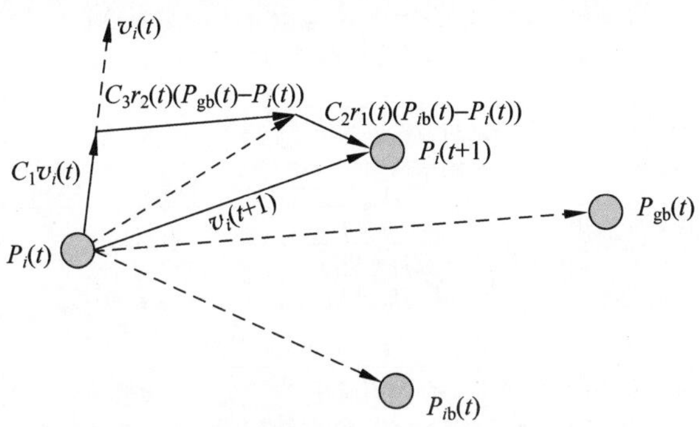

图 3.1　PSO 算法中粒子 i 飞行方向校正图

3.4　粒子群优化算法的实现步骤及流程

在问题求解中，每个粒子以其几何位置与速度向量表示，每个粒子参考自身所经历的最优方向和整个鸟群所公共认识的最优方向来决定自己的飞行方向。

每个粒子 X 可标识为

$$X=\langle p,v\rangle=\langle 几何位置,速度向量\rangle \tag{3.8}$$

PSO 算法的实现步骤如下。

(1) 构造初始粒子群体，随机产生 n 个粒子 $X_i=\langle p_i,v_i\rangle(i=1,2,\cdots,n)$。

$$\begin{aligned}X(0)&=(X_1(0),X_2(0),\cdots,X_n(0))\\&=(\langle p_1(0),v_1(0)\rangle,\langle p_2(0),v_2(0)\rangle,\cdots,\langle p_n(0),v_n(0)\rangle)\end{aligned} \tag{3.9}$$

置 $t:=0$。

(2) 选择。

① 假定以概率 1 选择 $X(t)$每一个体。

② 求出每个粒子 i 到目前为止所找到的最优粒子 $X_{ib}(t)=\langle P_{ib}(t),v_{ib}(t)\rangle$。

③ 求出当前种群 $X(t)$到目前为止所找到的最优粒子 $X_{gb}(t)=\langle P_{gb}(t),v_{gb}(t)\rangle$。

(3) 繁殖，对每个粒子 $X_i(t)=\langle p_i(t),v_i(t)\rangle$，令

$$p_i(t+1)=p_i(t)+\alpha v_i(t+1) \tag{3.10}$$

$$\begin{aligned}v_i(t+1)=&C_1v_i(t)+C_2r_1(0,1)[P_{ib}(t)-P_i(t)]+\\&C_3r_2(0,1)[P_{gb}(t)-P_i(t)]\end{aligned} \tag{3.11}$$

其中，$r_1(0,1)$、$r_2(0,1)$分别为(0，1)中的随机数；C_1 为惯性系数；C_2 为自身认知系数；C_3 为社会学习系数；一般 C_2、C_3 取值为 0～2，C_1 取值为 0～1。

由此形成第 $t+1$ 代粒子群。

$$\begin{aligned}X(t+1)&=(X_1(t+1),X_2(t+1),\cdots,X_n(t+1))\\&=(\langle p_1(t+1),v_1(t+1)\rangle,\langle p_2(t+1),v_2(t+1)\rangle,\cdots,\langle p_n(t+1),v_n(t+1)\rangle)\end{aligned} \tag{3.12}$$

(4) 终止检验，如果 $X(t+1)$已产生满足精度的近似解或达到进化代数要求，则停止计算并输出 $X(t+1)$最佳个体为近似解。

否则置 $t:=t+1$ 转入步骤(2)。

一个基本微粒群算法流程如图 3.2 所示。

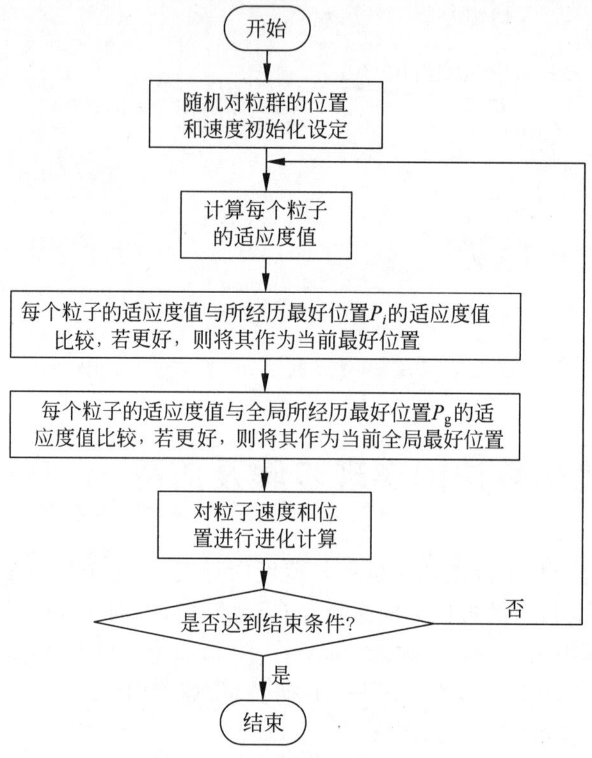

图 3.2 基本微粒群算法流程图

3.5 粒子群优化算法的特点及其改进

PSO 算法具有的特点是：设计模型简单，无需梯度信息，控制参数较少，易于实现，运行速度快；但存在收敛过程易出现停滞及收敛精度较低的缺点。

为了提高基本 PSO 算法的局部搜索能力和全局搜索能力以加快搜索速度，下面提出一些改进方法。

1. 带有惯性因子的 PSO 算法

对于式(3.11)中 $v_i(t)$项前加以惯性权重 ω，一般选取

$$\omega(t)=(0.9 \sim 0.5)t/[\text{最大截止代数}] \tag{3.13}$$

此外，对惯性因子可以在线动态调整，如采用模糊逻辑将 $v_i(t)$表示成[低]、[中]、[高]3 个模糊语言变量，通过模糊推理决定相应的加权大小。

2. 带有收缩因子的 PSO 算法

$$v_{ij}(t+1)=\mu[v_{ij}(t)+C_1 r_{1j}(t)[P_{ij}(t)-x_{ij}(t)]+ C_2 r_{2j}(t)[P_{gj}(t)-x_{ij}(t)]] \tag{3.14}$$

$$\mu=\frac{2}{|2-l-\sqrt{l^2-4}|} \tag{3.15}$$

其中，μ 为收缩因子；$l=C_1+C_2$，$l>4$。

此外，通过与其他智能优化算法，如遗传算法、差分进化、量子优化等相融合，以及基于动态邻域(小生境)等方法加以改进。

第 4 章　人工蜂群算法

蜜蜂同蚂蚁一样，属于群居的社会性昆虫，虽然单个蜜蜂的行为极其简单，但是由这些简单的个体所组成的蜂群却表现出有条不紊、极其复杂的自组织行为。人工蜂群算法是受到自然界的蜜蜂采蜜行为启发而提出的元启发式仿生优化算法。蜂群算法主要分两类：基于蜜蜂采蜜机理的人工蜂群算法和基于蜜蜂繁殖机理的蜂群优化算法。本章介绍人工蜂群算法的优化原理、算法描述、实现步骤及流程。

4.1　人工蜂群算法的提出

人工蜂群（Artificial Bee Colony，ABC）算法是 2005 年由土耳其学者 Karaboga 提出的基于蜜蜂采蜜机理的蜂群算法；该算法将蜂群分为雇佣蜂、跟随蜂和侦察蜂，通过它们的分工协作、各司其职、信息交流和角色转换实现对食物源的优化搜索。由于 ABC 算法参数少、易于实现，因此 ABC 算法已被用于函数优化、目标识别、语音识别、目标最优潮流、地震属性聚类分析、机器人路径规划等领域。

4.2　人工蜂群算法的基本原理

1. 蜂群自组织的采蜜行为

蜜蜂也是一种群居昆虫。蜂群由蜂王、雄蜂和工蜂组成，蜂王负责繁殖后代，雄蜂除了和蜂王交配外还负责警备工作，工蜂负责抚养后代和觅食等工作。在一个蜂群中，工蜂占大多数，工蜂根据需要又分为不同的工种。在整个蜂群中，单个蜜蜂的行为极其简单，通过不同角色的蜜蜂分工合作、各司其职，整个蜂群通过交流协作，有条不紊地采蜜、筑巢等，表现出了复杂的群体智能行为。

蜜蜂在觅食过程中，负责寻找蜜源的蜜蜂四处勘探以寻找合适的食物源。当蜜蜂发现蜜源后，会飞回蜂巢跳一种圆圈式或“8”字形的舞蹈，称为“摇摆舞”，如图 4.1 所示。舞蹈的动作

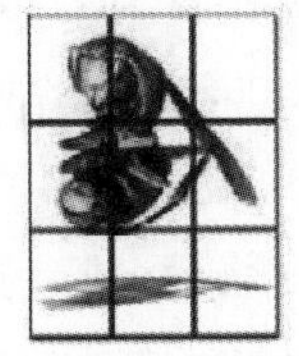     

图 4.1　蜜蜂用于交流采蜜信息的摇摆舞

及幅度与蜜源到蜂巢的距离、花蜜的多少及花蜜的品种、质量等均有关,并以此作为蜜蜂间交流信息的独特方式。

通常情况下,蜂巢中有一个公共的舞蹈区域,当蜜蜂发现新的蜜源时,它先飞回到舞蹈区以不同舞姿把蜜源的信息传递给其他蜜蜂。而其他负责觅食的蜜蜂根据舞姿的不同判断到哪个蜜源采蜜,逐渐地所有的采蜜蜂都会选择到蜂蜜质量较好的蜜源采蜜。当一个蜜源被开采殆尽时,蜜蜂会放弃这个蜜源,同时寻找新的食物源。在蜜蜂的这种采蜜机制下,通过蜜蜂之间的交流和合作,完成整个蜂群觅食的任务。

2. 蜜蜂采蜜过程的优化机制

蜜蜂在采蜜过程中,不仅需要搜索蜜源,还要为蜜源招募蜜蜂和放弃食物源。蜜源的好坏由多种因素决定,如蜜源到蜂巢的距离、蜂蜜的多少及开采的难易等。为简单起见,用收益来表示蜜源的好坏。

雇佣蜂是指正在某个蜜源采蜜或已经被这个蜜源雇佣的蜜蜂。它们会把这个蜜源的信息,如离蜂巢的距离和方向、蜜源的收益等通过舞蹈的方式告知其他的蜜蜂。非雇佣蜂包括侦察蜂和跟随蜂。侦察蜂负责四处勘探寻找新的蜜源。侦察蜂的数量为蜂群总数的5%～10%。跟随蜂在舞蹈区等待由雇佣蜂带回的蜜源信息,根据舞蹈信息决定到哪个蜜源采蜜。较大收益的蜜源,可以招募到更多的蜜蜂去采蜜。

蜜蜂的采蜜过程可用图4.2加以说明。假设有两个已经被发现的蜜源A和蜜源B,刚开始时,待工蜂也就是非雇佣蜂,它对蜂巢周围的蜜源没有任何认知,它有下面两种选择。

(1) 成为侦察蜂,自己到四周勘探,寻找新蜜源,如图4.2中的S。

(2) 在舞蹈区看到摇摆舞后,成为被招募者,寻找招募的蜜源,如图4.2中的R。

当被招募的蜜蜂找到蜜源后,它会记住蜜源的位置并开始采蜜,这时它成为一个雇佣蜂。当它带着蜂蜜回到蜂巢,卸下蜂蜜后,又将面临下面3种选择。

(1) 放弃这个蜜源,成为跟随者,如图4.2中的UF。

(2) 在返回蜜源采蜜之前,在舞蹈区跳舞,招募更多的蜜蜂,如图4.2中的EF1。

(3) 继续返回采蜜,而不招募其他的蜜蜂,如图4.2中的EF2。

有一点是值得注意的,不是所有的蜜蜂都同时去采蜜,根据蜂群中蜜蜂的总数和正在采蜜的蜜蜂数的不同,新加入采蜜的蜜蜂的数量会呈现一定比例的变化。

蜂群采蜜过程的智能性体现在以下基本特征。

(1) 蜂群有明确的组织分工:侦察蜂负责全局搜索;雇佣蜂是寻找到优质食物源的蜜蜂,并且在下一次采蜜行为中重新访问该食物源,这就保留了食物源的优良性,因此其作用是保优;跟随蜂则根据雇佣蜂的信息搜索优质食物源,从而提升了整个蜂群的采蜜能力。

(2) 丰富的信息传递的交互性:引领蜂在找到食物源后会回到蜂巢的舞蹈区,通过跳摇摆舞来向跟随蜂传递信息,蜜蜂沿直线爬行,然后再向左转并摇摆其腹部呈“8”字形舞蹈。舞蹈的中轴线与地心引力的夹角正好表示蜜源方向和太阳方向的夹角。

(3) 概率选择:由于雇佣蜂并不能确定其所寻找到的食物源是最佳的食物源,或者说并不在最佳食物源附近,因此跟随蜂对食物源的选择是依据概率决定的,这样做能更有效地增加对食物源进行搜索的多样性。

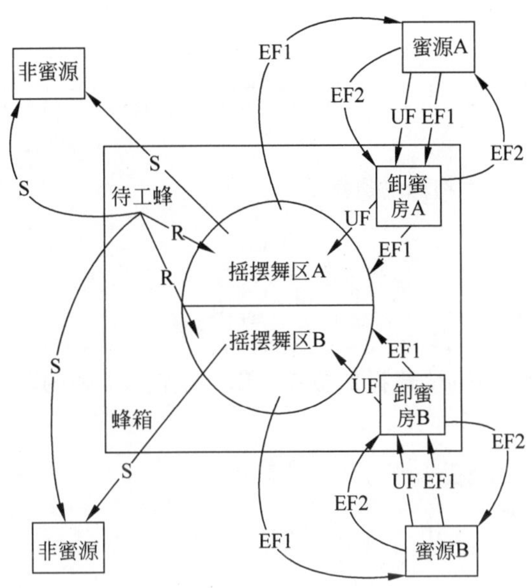

图 4.2　蜜蜂的采蜜过程

4.3　人工蜂群算法的数学描述

在 ABC 算法中，蜂群中包含 3 种蜜蜂：雇佣蜂（也称引领蜂）、跟随蜂和侦察蜂。雇佣蜂和跟随蜂各占蜂群数量的一半，每个食物源只有一个雇佣蜂，换句话说，雇佣蜂的数量等于蜜源数量。当一个食物源被放弃时，它所对应的雇佣蜂就变成了侦察蜂。

蜜蜂对食物源的搜索主要由以下 3 部分组成。

(1) 雇佣蜂发现食物源，并记录食物源的信息。

(2) 跟随蜂根据雇佣蜂提供的食物源信息，选择一个食物源。

(3) 当一个食物源被放弃时，与之对应的雇佣蜂变为侦察蜂，随机寻找新的食物源。

在用 ABC 算法求解优化问题时，每个食物源表示要优化问题的一个可行解，花蜜的数量（适应度值）代表解的质量，解的个数 N 等于雇佣蜂的个数。首先，ABC 算法随机生成含有 N 个解的初始种群，每个解 $x_i(i=1,2,\cdots,N)$ 用一个 d 维向量 $\boldsymbol{x}_i=(x_{i1},x_{i2},\cdots,x_{id})^{\mathrm{T}}$ 来表示，d 是待优化问题参数的个数。根据下式产生初始解：

$$\boldsymbol{x}_i=\mathrm{lb}+(\mathrm{ub}-\mathrm{lb})\cdot \mathrm{rand}(0,1) \tag{4.1}$$

其中，ub、lb 分别为 x 取值范围的上限、下限；rand(0,1)为 0～1 的随机数。

蜜蜂对所有的食物源进行循环搜索，循环次数为 MCN。雇佣蜂首先对食物源进行邻域搜索，并比较搜索前后两个食物源的花蜜数量，选择花蜜数量较多的食物源，即适应度较高的解。当所有的雇佣蜂完成了搜索后，回到舞蹈区把食物源的信息通过跳摇摆舞的方式传达给跟随蜂。然后，跟随蜂根据得到的食物源信息按照概率进行选择，花蜜越多的食物源，被选择的概率越大。跟随蜂也进行一次邻域搜索，并选择较好的解。

雇佣蜂和跟随蜂搜索食物源按照下式进行：

$$x'_{ij}=x_{ij}+r_{ij}(x_{ij}-x_{kj}) \tag{4.2}$$

其中，$j\in\{1,2,\cdots,d\}$，$k\in\{1,2,\cdots,N\}$，j 和 k 都是随机选取的，但是 k 不等于 j；$r_{ij}\in[-1,1]$，是一个随机数。

跟随蜂采蜜选择第 i 个食物源的概率为

$$p_i=\frac{\mathrm{fit}_i}{\sum_{i=1}^{\mathrm{SN}}\mathrm{fit}_i} \tag{4.3}$$

其中，p_i 为第 i 个食物源(解)被选择的概率；fit_i 为第 i 个解的适应度值。它的计算公式如下：

$$\mathrm{fit}_i=\begin{cases}\dfrac{1}{1+f_i}, & f_i>0\\ 1+\mathrm{abs}(f_i), & f_i<0\end{cases} \tag{4.4}$$

其中，f_i 为目标函数值。如果某个解 x_i 经过有限次循环之后仍然没有得到改善，那么这个解被雇佣蜂放弃，雇佣蜂变为侦察蜂，按照式(4.5)随机产生一个新的食物源来代替。

$$x_i^j=x_{\min}^j+(x_{\max}^j-x_{\min}^j)\cdot\mathrm{rand}(0,1) \tag{4.5}$$

其中，$x_{\min}^j$ 为目前得到的第 j 维的最小值；$x_{\max}^j$ 为得到的第 j 维的最大值。

不难看出，ABC 算法是将侦察蜂的全局搜索和雇佣蜂和跟随蜂的局部搜索相结合的方法，使蜜蜂在食物源的探索和开发两方面达到了较好的平衡。

4.4 人工蜂群算法的实现步骤与流程

人工蜂群算法的实现步骤如下。

(1) 初始化。产生初始种群。

(2) 雇佣蜂根据式(4.2)搜索食物源 x_i，并计算其适应度值。

(3) 用贪婪法选择较好的食物源。

(4) 根据式(4.3)计算食物源 x_i 被跟随蜂所选择的概率。

(5) 跟随蜂根据式(4.2)搜索选择的食物源，并计算其适应度值。

(6) 用贪婪法选择较好食物源。

(7) 判断是否有被放弃食物源，若有，则侦察蜂按式(4.5)随机搜索新的食物源。

(8) 记录迄今为止最好的食物源。

(9) 判断是否满足终止条件，如果是，则输出最优解；否则转步骤(2)。

人工蜂群算法的流程图如图4.3所示。

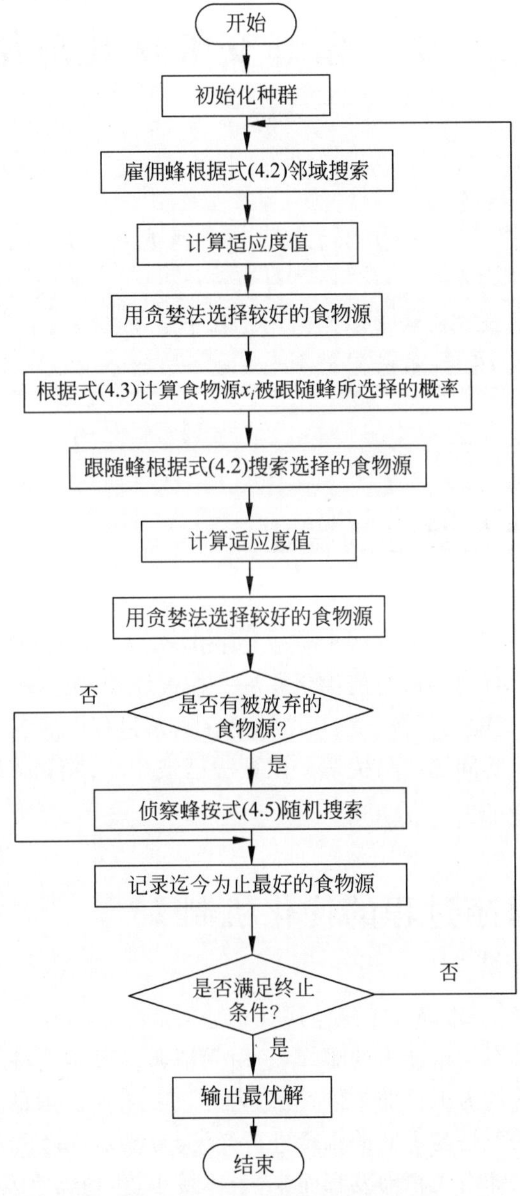

图4.3　人工蜂群算法的流程图

第5章　蜜蜂交配优化算法

蜜蜂交配优化算法是模拟蜜蜂繁殖行为的群智能优化算法。在算法中，由蜂王、雄蜂和工蜂组成蜂群，只有蜂王才能与不同雄蜂交配繁育后代，工蜂负责照顾幼蜂。繁殖过程是蜂王不断更新的进化过程，最终的蜂王即为优化过程中待求解问题的最优解。本章首先介绍蜜蜂竞争繁殖过程的优化原理，然后阐述基于繁殖行为的蜂群优化算法的数学描述、实现步骤及算法流程。

5.1　蜜蜂交配优化算法的提出

蜜蜂交配优化(Marriage in Honey-Bees Optimization，MBO)算法是2001年由Abbass提出的一种基于蜜蜂繁殖行为的群智能优化算法。在蜜蜂繁殖过程中，蜂王是蜂群中的母体，雄蜂是父代，承担与蜂王交配的任务。该算法通过在繁殖过程中蜂王不断更新的进化，最终的蜂王即为优化过程中待求解问题的最优解。该算法已被用于多目标优化问题、蛋白质结构预测、T-染色问题等。

5.2　蜂群竞争繁殖过程的优化机制

一个完整的蜂群由蜂王、雄蜂和工蜂组成。

蜂王是蜂群中唯一具有生殖能力的雌蜂，它由受精卵发育而成，是工蜂从幼蜂中精心培养出来的，其个体最大，体重约为工蜂的2倍，寿命为5～6年，而一般的工蜂和雄蜂的寿命不超过6个月。蜂王的主要任务是与不同的雄蜂进行交配与产卵，雄蜂由未受精的卵发育而成，主要职责是与蜂王交配。工蜂由受精卵发育而来，个体最小，生殖器官发育不完全，无生殖能力，负责照顾幼蜂、采蜜等工作。

蜂王性成熟后，出巢飞舞，一群雄蜂追随其后。只有雄蜂的飞行速度与蜂王匹配才能完成交配。通过竞争，优秀的雄蜂会为蜂王提供优良的基因，将精子存储于蜂王的受精囊中供蜂王繁育后代。和蜂王交配后那只雄蜂立即死亡，而蜂王可以多次交配。当蜂王受精囊存储满精子后飞回蜂巢。然后蜂王开始产卵，在产卵的过程中，受精囊中的精子会随机和卵细胞进行结合，形成受精卵。受精卵由工蜂负责照顾培育，形成幼蜂，其中优秀的个体会成为新的蜂王。

为了避免近亲繁殖，蜂王有时会寻找其他蜂群的雄蜂交配。刚开始交配时，蜂王飞行速度很快，每交配一次，蜂王的飞行速度就有所衰减。当蜂王衰弱到一定程度时，则由成熟且胜任的幼蜂替代，即产生新一代蜂王，此时结束原蜂王的生命周期。

蜂群繁殖进化过程也是蜂王不断更新的过程，如图5.1所示。新蜂王的产生类似于进化计算中的一个优化过程，蜂王是优化过程中待求解问题的最优解。

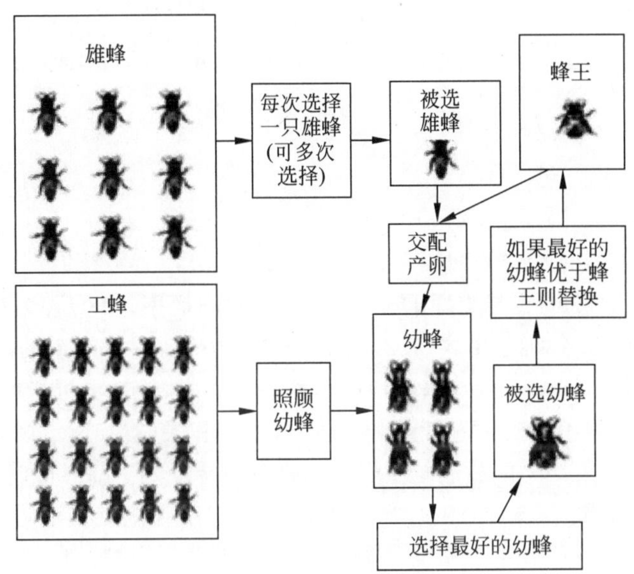

图 5.1　蜂群繁殖进化过程

5.3　蜜蜂交配优化算法的数学描述

在蜜蜂繁殖过程中，蜂王作为蜂群中的母体，主要承担着产生子代的任务；雄蜂是父代，承担着与蜂王进行交配的任务；工蜂负责照顾幼蜂。在优化问题中，蜂王代表当前最优解，雄蜂是候选解；工蜂等同于局部搜索算法；幼蜂是子代的个体，由蜂王和雄蜂交叉产生。

为了模拟蜜蜂繁殖过程的竞争和优胜劣汰的优化机制，将蜂群作为要解决问题的解集，组成蜂群的个体可以看作编码后的染色体。在形成最开始的蜂群后，通过优胜劣汰的原则产生蜂王。然后通过迭代模拟蜂王的交配行为，再逐代地产生优良的解。可以利用模拟退火(SA)产生雄蜂群体，再通过交叉产生新的代表可行解集合的幼体集合，并替换当前蜂王。

蜜蜂繁殖算法的整个过程分为 4 个阶段：初始化蜂群、蜂王与雄蜂交配、产生幼蜂、更新蜂王。对每一阶段具体描述如下。

(1) 初始化蜂群。对初始蜂群进行初始化，需要设置以下 5 个参数。

① 雄蜂个数。雄蜂代表的是问题的候选解，求解空间的大小直接受雄蜂数量影响。

② 幼蜂个数。幼蜂个数会影响算法的多样性，对算法中交叉和变异次数也会产生影响。

③ 蜂王受精囊容量。蜂王受精囊容量可以反映出蜂王一次婚飞中可以进行交配的次数，若受精囊容量过大，则所有精子都会被蜂王容纳，精子的选择过程就毫无意义；若受精囊容量过小，则精子多样性下降，易导致早熟。

④ 蜂王婚飞次数。这是算法迭代次数的体现，若次数过多，势必影响算法运行效率，否则难以收敛。

⑤ 蜂王能量和速度阈值。这关系到模拟退火(SA)的程度，一般设置为 0。

蜜蜂交配算法使用随机方式产生初始蜂群，虽然简单，但难以保证算法的整体性能。

(2) 蜂王与雄蜂交配。蜂王会对雄蜂进行选择，完成受精囊吸纳精子的过程。蜂王进行婚飞之前会有一个初始的能量和速度，此时能量和速度数值都比较大。随着婚飞过程中雄蜂与蜂王交配次数增加，蜂王的能量和速度会按照一定的模式衰减。婚飞期间蜂王按照式(5.1)挑选雄蜂进行交配：

$$p(Q,D_i)=\mathrm{e}^{\frac{-\Delta(f_i)}{S(t)}} \tag{5.1}$$

$$\Delta(f_i)=|f(Q)-f(D_i)| \tag{5.2}$$

$$S(t+1)=\alpha(t)\times S(t) \quad t\in\{1,2,\cdots,t\},\quad \alpha\in[0,1] \tag{5.3}$$

$$E(t+1)=\gamma(t)E(t) \quad t\in\{1,2,\cdots,t\},\quad \gamma\in[0,1] \tag{5.4}$$

其中，$p(Q,D_i)$为蜂王 Queen 与雄蜂 Drone_i 能够交配的概率；$\Delta(f_i)$为蜂王 Queen 与雄蜂 Drone_i 适应度值之差的绝对值，由式(5.2)表示；$E(t)$为蜂王在 t 时刻的能量。由式(5.1)可以看出，雄蜂能量较高或者蜂王与雄蜂适应度值相差不大时，雄蜂更可能被蜂王选中。蜂王与雄蜂完成交配后，蜂王具有的速度和能量分别按式(5.3)和式(5.4)所示规则进行衰减。其中，$\alpha(t)$为速度衰减因子；$\gamma(t)$为能量衰减因子。当蜂王的能量低于临界值时或达到蜂王受精囊数值时，蜂王会结束婚飞。

(3) 产生幼蜂。这一阶段主要是受精卵(幼蜂)的产生与维护。蜂王结束婚飞后，算法进入产生幼蜂阶段。在这个阶段中，蜂王会随机从受精囊中选取精子，进行交叉操作，然后产生一个幼蜂后代，后代由工蜂喂养照顾。工蜂会采用启发式算法对处于培育阶段的幼蜂进行局部搜索，产生高适应度值的可行解。幼蜂的数量达到设定值时，进入下一个阶段。

(4) 更新蜂王。在这个阶段中，选出最优秀的幼蜂同蜂王进行比较，如果幼蜂比蜂王的适应度值高，那么幼蜂替换当前蜂王，然后舍弃其余幼蜂。进入下一轮迭代循环，令蜂王与雄蜂交配，当交配次数达到设置的临界值时，停止迭代。

5.4 蜜蜂交配优化算法的实现步骤及流程

蜜蜂交配优化算法实现的基本步骤如下。

(1) 初始化。初始化算法所需的各个参数，确定蜂群的大小，对初始蜂群进行初始化；将蜂群按照适应度值的大小进行排序；选出适应度值最大的个体作为蜂王，其余作为雄蜂。

(2) 蜂王婚飞。比较子代个数与所需种群大小，前者小于后者，则重复步骤(2)～步骤(6)；初始化蜂王受精囊容量及蜂王的起始速度和能量；当蜂王的速度和能量下降到阈值后，蜂王返回蜂巢。

(3) 交配操作。让蜂王随机选择一个雄蜂，将雄蜂被选中的概率和 0～1 的一个随机数进行比较，当且仅当雄蜂被选中概率小于该随机数时，才将该雄蜂加入蜂王的受精囊中。同时，将蜂王的速度和能量分别按照式(5.8)和式(5.9)进行衰减。

(4) 产生子代。蜂王与雄蜂进行基因交叉，生成子代种群。

(5) 子代优化。子代产生后，用工蜂对其进行优化培育；使用局部邻域搜索算法将子代加入新种群中。

(6) 选择新蜂王将新种群个体进行排序，选出最优个体与当前蜂王进行比较，如果优于当前则替换蜂王。

(7) 检验终止条件，若满足，则终止算法，输出最优解；否则，返回步骤(2)。

蜜蜂交配优化算法的流程如图 5.2 所示。

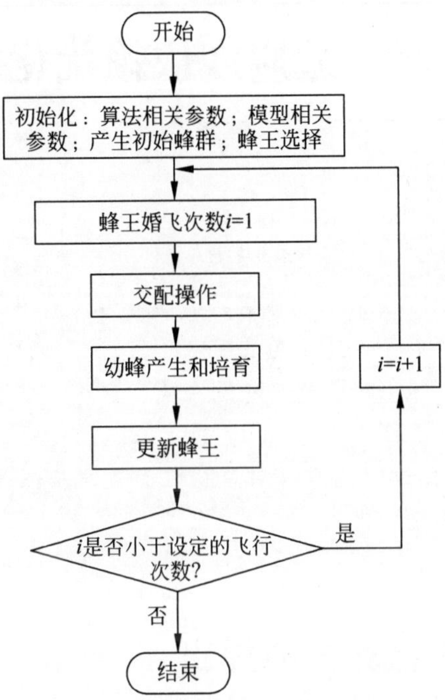

图 5.2　蜜蜂交配优化算法的流程图

第6章　适应度依赖优化算法

适应度依赖优化算法是一种模拟蜜蜂在繁殖过程中寻找新蜂巢行为的群智能优化算法。该算法与人工蜂群算法(ABC)除了都受到蜜蜂行为的启发外,在算法层面上两者并没有任何共同之处。适应度依赖优化算法是应用粒子群优化算法,依赖适应度增加速度来更新搜索个体位置。适应度依赖优化算法只有适应度权重和一个随机数两个参数,计算简单。本章首先介绍适应度依赖优化算法的提出,适应度依赖优化的基本原理;然后给出适应度依赖优化算法的数学描述,阐述具有单一目标优化的适应度依赖优化问题;最后给出适应度依赖优化算法的实现步骤及伪代码。

6.1　适应度依赖优化算法的提出

适应度依赖优化(Fitness Dependent Optimizer,FDO)算法是2021年由Abdullah和Rashid提出的一种群智能优化算法。该算法的提出受到蜂群繁殖过程及其集体决策的启发,它与蜜蜂算法或人工蜂群算法在算法层面没有联系。值得一提的是,FDO被认为是一种基于粒子群优化(PSO)的算法,通过增加速度来更新搜索个体位置。然而,FDO计算速度的方式不同;它使用问题适应函数值来产生权重,这些权重在探索和开发阶段指导搜索个体进行搜索。

FDO算法通过19个经典基准测试函数进行了测试,并与粒子群优化(PSO)、遗传算法(GA)和蜻蜓算法(DA)进行比较,还在IEEE进化计算基准测试函数大会(CEC-C06,2019年竞赛)上进行了测试,与蜻蜓算法(DA)、鲸鱼优化算法(WOA)和樽海鞘算法(SSA)比较的结果表明,FDO算法在大多数情况下表现更好。

6.2　适应度依赖优化的基本原理

该算法的设计灵感来自蜜蜂在繁殖过程中寻找新蜂巢时的蜂群行为。该算法的主要部分取自侦察蜂在许多潜在蜂巢中寻找新的合适蜂巢的过程。每一只寻找新蜂巢的侦察蜂都代表了算法中的潜在解;此外,在几个好的蜂巢中选择最好的蜂巢被认为是算法收敛到最优解的过程。

该算法首先在搜索空间中随机初始化侦察蜂群 $X_i(i=1,2,\cdots,n)$;每个侦察蜂的位置代表一个新发现的蜂巢(解)。侦察蜂试图通过随机搜索更多的位置来寻找更好的蜂巢;每次找到更好的蜂巢时,之前发现的蜂巢被忽略;因此,每次算法都会确定一个新的、更好的解,之前发现的解就将被忽略。此外,如果当前移动并没有引导侦察蜂找到更好的解(蜂巢),那么它将继续朝着以前的方向前进，希望之前的方向会让侦察蜂找到更好的解。然而，如果之前的方向没有找到更好的解，这就是迄今为止找到的最优解。

该算法的设计与 ABC 算法除了两种算法都受到蜜蜂行为的启发外，算法本身并没有任何共同之处。

6.3 适应度依赖优化算法的数学描述

在自然界中，侦察蜂随机搜索蜂巢。在 FDO 算法中，侦察蜂最初使用随机行走和适应度加权机制相结合的方式随机搜索蜂巢。每当侦察蜂通过增加当前位置的移动速度时，侦察蜂都希望探索到更好的解。因此，侦察蜂的位置移动表示如下：

$$X_{i,t+1}=X_{i,t}+\text{pace} \tag{6.1}$$

其中，$X_{i,t}$ 和 $X_{i,t+1}$ 分别为侦察蜂 i（搜索个体）当前迭代 t 和下一次迭代 $t+1$ 时的位置；t 为迭代次数；pace 表示侦察蜂移动的速度和方向，pace 主要取决于适应度权重 fw，然而，它的方向完全取决于随机机制。因此，最小化问题的 fw 可以计算如下：

$$\text{fw}=\left|\frac{x^*_{i,t,\text{fitness}}}{x_{i,t,\text{fitness}}}\right|-\text{wf} \tag{6.2}$$

其中，$x^*_{i,t,\text{fitness}}$ 为迄今为止发现的全局最优解的适应度值；$x_{i,t,\text{fitness}}$ 为当前解的适应度值；wf 为权重因子，其值为 0 或 1，用于控制 fw。如果 wf=1，那么它代表算法快速收敛，但搜索覆盖率低。尽管如此，如果 wf=0，那么它不会影响式(6.2)，因此可以忽略，设置 wf=0 可提供更稳定的搜索。然而，情况并非总是如此，有时，情况正好相反，因为适应度值完全取决于优化问题。fw 值应该在[0,1]区间内；然而，在某些情况下，fw=1，例如，当前解是全局最优解，或者当前和全局最优解相同或具有相同的适应度值。此外，当 $x^*_{i,t,\text{fitness}}=0$ 时，有可能 fw=0。最后，当 $x_{i,t,\text{fitness}}=0$ 时，应避免除以零。因此，应该使用以下规则：

$$\begin{cases}\text{fw}=1 \quad 或 \quad \text{fw}=0 \quad 或 \quad x_{i,t,\text{fitness}}=0, \quad \text{pace}=x_{i,t}\times r & (6.3)\\ \text{fw}>0 \quad 且 \quad \text{fw}<1\begin{cases}r<0, \quad \text{pace}=(x_{i,t}-x^*_{i,t})\times \text{fw}^*-1 & (6.4)\\ r\geqslant 0, \quad \text{pace}=(x_{i,t}-x^*_{i,t})\times \text{fw} & (6.5)\end{cases}\end{cases}$$

其中，r 是一个[−1,1]区间的随机数。随机行走选择 Levy 飞行是因为它的分布曲线良好，可以提供更稳定的运动状态。

关于 FDO 的数学复杂性：对于每次迭代，它都有时间复杂度 $O=(p\times n+p\times CF)$，其中，p 是总体大小，n 是问题的维度，CF 是目标函数的适应度。然而，对于所有迭代，它具有空间复杂度 $O=(p\times \text{CF}+p\times \text{pace})$，其中，pace 是之前存储的最佳速度。从这里开始，FDO 时间复杂度与迭代次数成正比。然而，在迭代过程中，其空间复杂度都相同。

FDO 算法参数只有适应度权重和一个随机数用于每个搜索个体的计算，而 PSO 算法参数有 C_1 和 C_2，以及随机数 r_1 和 r_2。在蜻蜓算法(DA)中，要计算 5 个不同的参数，其中大多数参数具有累积性(进行加法和乘法运算)，它们的值取决于所有其他个体的适应度值，因此需要更复杂的计算。

6.4 具有单一目标优化的 FDO 问题

应用 FDO 算法解决单一目标优化问题，首先在搜索空间的上下边界内随机初始化侦察蜂的位置。对于每次迭代，都会选择全局最优解；然后，对于每只侦察蜂，根据式(6.2)计算 fw。之后，检查 fw 的值，以确定 fw 等于 1 还是 0，以及 $x_{i,t,\text{fitness}}$ 是否等于 0。然后使用式(6.3)来生成速度。但是，如果 fw>0 且 fw<1，那么将在[−1,1]区间内生成随机数 r。如果 $r<0$，则使用式(6.4)来计算速度，在这种情况下，fw 得到一个负符号，但如果 $r\geqslant 0$，则使用式(6.5)来计算速度，因此，fw 得到一个正符号。为 fw 随机选择负或正符号将保证侦察蜂随机搜索每个方向。

在 FDO 算法中，以随机机制控制速度大小和方向，而在大多数情况下，随机机制只控制速度方向；在这些情况下，速度大小取决于 fw。此外，每次侦察蜂找到新解时，它都会检查新解是否优于当前解，如果新解更好，那么它被接受，旧解将被忽略。

FDO 算法的一个特点是，如果新解不是更好，那么侦察蜂将继续使用之前的速度和方向来获得更好的解。此外，如果使用之前的速度和方向没有引导侦察蜂找到更好的解，然后 FDO 算法将当前解保持到下一次迭代。在此算法中，每次接受一个解时，都会保存其速度值，以便在下一次迭代中进行潜在重用。

应用 FDO 算法解决最大化问题时，需要进行两个小的更改。首先，必须将式(6.2)改为式(6.6)，因为式(6.6)只是式(6.2)的反向版本。

$$\text{fw}=\left|\frac{x_{i,t,\text{fitness}}}{x^{*}_{i,t,\text{fitness}}}\right|-\text{wf} \tag{6.6}$$

其次，应该改变选择更好解决的条件。即在算法伪代码中，将($X_{i,t+1,\text{fitness}}<X_{i,t,\text{fitness}}$)改为($X_{i,t+1,\text{fitness}}>X_{i,t,\text{fitness}}$)且将($X_{i,t+1,\text{fitness}}\leqslant X_{i,t,\text{fitness}}$)改为($X_{i,t+1,\text{fitness}}\geqslant X_{i,t,\text{fitness}}$)。

6.5 适应度依赖优化的实现步骤及伪代码

适应度依赖优化的实现步骤如下。

(1) 初始化蜂群种群，种群数量，迭代次数。

(2) 计算适应度值，并排序以确定初始蜂群最优解和最优位置。

(3) 如果 $x_{i,t,\text{fitness}}=0$，适应度权重 fw=0，否则按照式(6.2)更新适应度值。

(4) 如果按照式(6.3)更新适应度值，计算 pace。

(5) 利用式(6.1)更新蜂群位置 $X_{i,t}$。

(6) 若 $X_{i,t+1,\text{fitness}}<X_{i,t,\text{fitness}}$，则接受新蜂群位置并保存 pace；否则按照式(6.1)根据当前的 pace 更新蜂群位置。

(7) 若 $X_{i,t+1,\text{fitness}}\geqslant X_{i,t,\text{fitness}}$，保持当前蜂群位置并不移动。

(8) 是否满足停止条件，满足则退出，输出结果，否则，重复执行步骤(2)～步骤(7)。

适应度依赖优化的伪代码描述如下。

```
初始化侦察蜂种群 X_{t,i}(i = 1,2, …,n)
While 没有达到最大迭代次数
    for 每只侦察蜂 X_{t,i}
        找到最好的侦察蜂 x*_{t,i}r
        r 在[ -1, 1]区间生成随机行走
        if(X_{t,i}适应度值 == 0) (避免除以零)
            适应度权重 = 0
        else
          用式(6.2)计算适应度权重
        end for
        if(适应度权重 = 1 或适应度权重 = 0)
            用式(6.3)计算 pace
        else
            if(随机数> = 0)
                使用式(6.5)计算 pace
            else
                使用式(6.4)计算 pace
            end if
        end if
        用式(6.1)计算 X_{t+1,i}
        if(X_{t+1,i,fitness} < X_{t,i,fitness})
        接受移动并保存 pace
        else
            用式(6.1)使用以前的 pace 计算 X_{i,t+1,fitness}
            if(X_{t+1,i,fitness} ≥ X_{t,i,fitness})
                接受移动并保存 pace
            else
                保持当前位置(不要移动)
            end if
        end if
    end for
end while
```

第7章　萤火虫群优化算法

萤火虫闪烁荧光的两个基本功能是通过闪光吸引异性求偶和猎取食物，还有保护预警等用途。萤火虫算法是模拟萤火虫发光的生物学特性而提出的群智能优化算法。萤火虫算法有两种不同形式：一种是印度学者源于对蚁群算法的分析提出的萤火虫群优化算法(GSO)；另一种是剑桥学者源于对粒子群算法的分析提出的萤火虫算法(FA)。上述两种形式的萤火虫算法的仿生原理相同，但在算法的具体实现方面有一定的差异。本章首先介绍萤火虫发出闪光的特点及功能，然后分别介绍萤火虫群优化算法的数学描述、实现步骤和流程。

7.1　萤火虫群优化算法的提出

萤火虫群优化(Glowworm Swarm Optimization，GSO)算法是2005年由印度学者Krishnanand和Ghose在研究改进蚁群算法求解连续型最优化问题时提出的，并将其成功用于机器人群体协作。该算法思想来源于萤火虫求偶行为中荧光素越高，吸引力越强的生物习性。接着，他们对萤火虫群优化算法的动态决策做了改进，提出将萤火虫群优化算法用于多个移动信号源的追踪、多极值函数优化，并对该算法的收敛性理论做了研究。

7.2　萤火虫闪光的特点及功能

自然界中的多数萤火虫都会发生短促、有节奏的闪光。通常闪光仅在一定的距离范围内可见。一方面是由于光强度和距离的平方存在反比关系；另一方面是由于空气会吸收光。萤火虫闪光的可见距离仅为几百米，可以满足萤火虫之间通过闪光沟通的需要。

在同一物种萤火虫中，如图7.1所示，雌性是以一种独特的闪烁模式回应雄性。而在一些物种中，雌性萤火虫可以模仿其他物种交配闪烁模式，以吸引并吃掉那些可能错误地为潜在的适合自己的伴侣闪烁的雄性萤火虫。

(a) 雌萤火虫　　(b) 雄萤火虫

图7.1　萤火虫及其发光器官

萤火虫通过闪光吸引异性求偶和猎取食物。萤火虫发的光越亮越绚丽,越能吸引同伴行为或食物。此外,闪烁也可以作为一个保护预警机制。有节奏的闪光,其闪烁的速率与时间构成了吸引异性的信号。

7.3　萤火虫群优化算法的数学描述

在基本GSO算法中,把 n 只萤火虫个体随机分布在一个 D 维的目标搜索空间中。每只萤火虫都携带了荧光素 l_i。萤火虫个体都发出一定量的荧光素相互影响周围的个体,并且拥有各自的决策域 $r_d^i(0<r_d^i\leqslant r_s)$。萤火虫个体的荧光素大小与自己所在位置的目标函数有关,荧光素越大、越亮的萤火虫表示它所在的位置越好,即有较好的目标值。

萤火虫会在决策域内寻找邻居集合 N_i,在集合中,荧光素越大的邻居拥有越高的吸引力,吸引萤火虫往这个方向移动,每一次移动的方向会随着选择的邻居不同而改变。另外,决策域的大小会受到邻居数量的影响:邻居密度越小,萤火虫的决策半径会加大以便寻找更多的邻居;邻居密度越大,它的决策半径则会缩小。最后,大部分萤火虫会聚集在多个位置上。萤火虫初始时,每个萤火虫个体都携带了相同的荧光素浓度 l_0 和感知半径 r_0。

GSO算法每一次迭代都由两个阶段组成:第一阶段是荧光素更新阶段;第二阶段是萤火虫的运动阶段。其具体算法包括萤火虫的初始分布、荧光素更新、路径选择、位置更新和决策域更新,分别介绍如下。

1. 荧光素更新

每只萤火虫 i 在 t 迭代的位置 $x_i(t)$ 对应的目标函数值 $J(x_i(t))$ 转化为荧光素值,即

$$l_i(t)=(1-\rho)l_i(t-1)+\gamma J(x_i(t)) \tag{7.1}$$

其中,$l_i(t)$ 为第 t 代萤火虫 i 的荧光素值;$\rho\in(0,1)$ 为控制荧光素值的参数;γ 为荧光素更新率。

2. 路径选择

每个个体在其动态决策域半径 $r_d^i(t)$ 之内,选择荧光素值比自己高的个体组成其邻域集 $N_i(t)=\{j:d_{ij}(t)<d_d^i(t);\ l_i(t)<l_j(t)\}$。其中 $0<r_d^i\leqslant r_s$,r_s 为萤火虫个体的感知半径,即当萤火虫 j 的荧光素值大于萤火虫 i 的荧光素,且萤火虫 j 与萤火虫 i 之间的距离小于萤火虫 i 所在邻域的决策范围时,将萤火虫 j 划分到萤火虫 i 所在的邻域。

移向邻域集 $N_i(t)$ 内个体 j 的路径选择概率为

$$p_{ij}(t)=\frac{l_j(t)-l_i(t)}{\sum\limits_{k\in N_i(t)}(l_k(t)-l_i(t))} \tag{7.2}$$

3. 位置更新

$$x_i(t+1)=x_i(t)+s\left(\frac{x_j(t)-x_i(t)}{\|x_j(t)-x_i(t)\|}\right) \tag{7.3}$$

其中,$x_i(t)\in\mathbf{R}^m$ 为 i 萤火虫在 m 维实数空间的位置;$\|\cdot\|$ 为标准欧氏距离运算符;$s(>0)$ 为移动步长。

4. 决策域更新

$$r_d^i(t+1)=\min\{r_s,\max\{0,r_d^i(t)+\beta(n_t-|N_i(t)|)\}\} \tag{7.4}$$

其中，β 为一个比例常数；n_t 为控制邻域范围内邻居萤火虫个数的参数；$|N_i(t)|$ 为萤火虫 i 邻域内的邻居萤火虫个数。

7.4 萤火虫群优化算法的实现步骤及流程

萤火虫群优化算法的实现步骤如下。

(1) 初始化各个参数。控制萤火虫邻居数目的邻域阈值 n_t；萤火虫移动的步长 s；初始荧光素的值 l_0；控制邻居变化范围的参数 β；控制荧光素值的参数 ρ；荧光素更新率 γ；初始化萤火虫的位置。

(2) 对每一个萤火虫 i 按式(7.1)更新荧光素的值。

(3) 进入移动阶段，按式(7.2)选出符合条件的萤火虫。

(4) 用轮盘赌法选择出目标函数值较大的萤火虫 $j(j \in N_i(t))$。

(5) 按式(7.3)更新萤火虫的位置。

(6) 按式(7.4)更新决策半径。

(7) 一次迭代完成，进入下一次迭代，判断是否满足终止条件，满足退出循环；否则转到步骤(2)。

萤火虫群优化算法的流程图如图 7.2 所示。

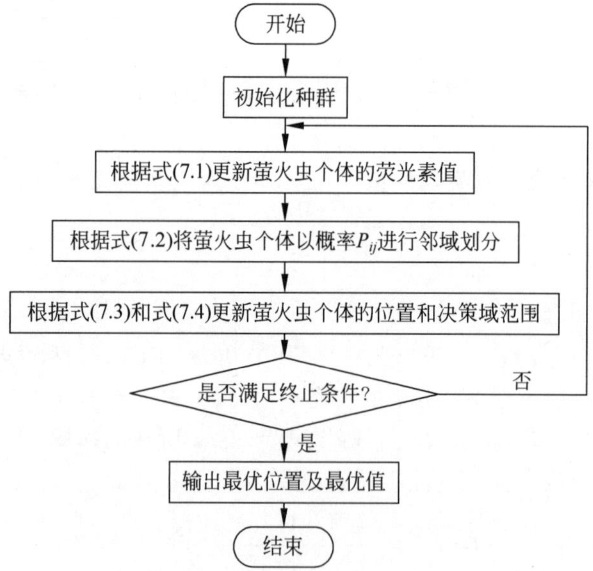

图 7.2　萤火虫群优化算法的流程图

第8章 萤火虫算法

萤火虫算法受粒子群算法的启发，把搜索空间的各点看成萤火虫，将发光最亮的萤火虫视为优化问题的解。利用发光弱的萤火虫被发光强的萤火虫吸引而移动的过程，完成位置的迭代，在搜索区域内所有发光弱的萤火虫向发光强的萤火虫移动，从而完成最优位置的迭代，找出最亮的萤火虫的位置，即为优化问题的最优解。本章首先介绍萤火虫算法的基本思想，然后阐述萤火虫算法的实现描述、实现步骤及算法流程。

8.1 萤火虫算法的提出

萤火虫算法(Firefly Algorithm，FA)是2008年由英国剑桥大学学者Xin-She Yang提出的一种群智能优化算法。该算法是模拟萤火虫发光强度并汲取了粒子群算法的先进思想后形成的，并用于解决工程中的压力管道设计优化问题。通过对该算法的多种改进，已被用于连续铸造工艺优化、电力负荷调度优化、车间调度、优化粒子滤波、参数辨识、聚类、PID调节器参数优化等。

8.2 萤火虫算法的基本思想

萤火虫算法是受萤火虫发光强度的启发提出的，萤火虫发光主要是用来吸引异性。为了使算法更加简单、有效，在萤火虫算法中，忽略一些不重要的因素，仅考虑萤火虫发光强度的变化和吸引力两个重要的因素。将萤火虫的闪光特性做如下假设。

假设1 萤火虫不再区分雌雄，每个萤火虫都会被吸引到所有其他比它更亮的萤火虫那里去。

假设2 吸引力和它们的闪光亮度成正比关系。

假设3 萤火虫的亮度是由待优化目标函数的值决定的。

萤火虫算法的主要原理就是把搜索空间的各点看成萤火虫，将搜索及优化过程模拟成萤火虫之间相互吸引及位置迭代更新的过程。将求解最优值的问题看作寻找最亮萤火虫的问题。

搜索过程和萤火虫的两个重要参数有关：萤火虫的发光亮度和相互吸引度。发光亮的萤火虫会吸引发光弱的萤火虫向它移动，发光越亮的萤火虫代表其位置越好，它对周围萤火虫的吸引度越高。若发光亮度一样，则萤火虫做随机运动。这两个重要参数都与距离成反比，随着萤火虫之间的距离逐渐增加，吸引度会迅速减小。如果一个萤火虫没有找到一个比给定的萤火虫更亮，它会随机移动。

利用发光强的萤火虫会吸引发光弱的萤火虫的特点，在发光弱的萤火虫向发光强的萤火虫移动的过程中，就是位置好的萤火虫取代位置差的萤火虫的过程，完成位置的迭代。假设在一定的搜索区域内所有发光弱的萤火虫向发光强的萤火虫移动，从而实现最优位置的迭代，找出最亮萤火虫的位置，即完成了优化问题最优解的寻优过程。

8.3 萤火虫算法的数学描述

在待优化目标函数的 d 维解空间中，随机地初始化一群萤火虫 $\boldsymbol{x}_1,\boldsymbol{x}_2,\cdots,\boldsymbol{x}_n$，$n$ 为萤火虫的个数，$\boldsymbol{x}_i=(x_{i1},x_{i2},\cdots,x_{in})$是一个 d 维向量，表示萤火虫 i 在解空间中的位置，可以代表优化问题的一个可行解。

1. 绝对亮度

为了表示萤火虫 i 的亮度随着距离 r 的变化，定义如下绝对亮度的概念。

【定义 8.1】 绝对亮度。萤火虫 i 的初始光强度($r=0$ 处的光强度)为绝对亮度，记为 I_i。

通过建立萤火虫 i 的绝对亮度 I_i 和目标函数的联系，用萤火虫的绝对亮度表示萤火虫所在位置处可行解的目标函数值。对于求最大值优化问题而言，为了降低复杂度，假定在 $\boldsymbol{x}_i(x_{i1},x_{i2},\cdots,x_{id})$处的萤火虫 i 的绝对亮度 I_i 与 $\boldsymbol{x}_i$ 处的目标函数值相等，则有 $I_i=f(\boldsymbol{x}_i)$。

2. 相对亮度

为了表示萤火虫 i 对萤火虫 j 的吸引力大小，定义如下相对亮度的概念。

【定义 8.2】 相对亮度。萤火虫 i 在萤火虫 j 所在位置处的光强度为萤火虫 i 对萤火虫 j 的相对亮度，记为 I_{ij}。

考虑到萤火虫 i 的亮度随着距离的增加及空气吸收的衰弱，萤火虫 i 对萤火虫 j 的相对亮度可表示为

$$I_{ij}(r_{ij})=I_i\mathrm{e}^{-\gamma r_{ij}^2} \tag{8.1}$$

其中，I_i 为萤火虫 i 的绝对亮度，等于萤火虫 i 所处位置的目标函数值；γ 为光吸收系数，可设为常数；r_{ij} 为萤火虫 i 到萤火虫 j 的距离。

3. 吸引力计算

进一步假设萤火虫 i 对萤火虫 j 的吸引力和萤火虫 i 对萤火虫 j 的相对亮度成比例，于是萤火虫 i 对萤火虫 j 的吸引力可表示为

$$\beta_{ij}(r_{ij})=\beta_0\mathrm{e}^{-\gamma r_{ij}^2} \tag{8.2}$$

其中，β_0 为最大吸引力，等于光源处($r=0$)的吸引力，通常取 $\beta_0=1$；γ 为光吸收系数，表示吸引力的衰减的快慢，其值的大小对萤火虫算法的收敛速度及优化效果影响很大，对于大部分问题可取 $\gamma\in[0.01,100]$；r_{ij} 为萤火虫 i 到萤火虫 j 的距离。r_{ij} 表示为

$$r_{ij}=\|\boldsymbol{x}_i-\boldsymbol{x}_j\|=\sqrt{\sum_{k=1}^{d}(x_{i,k}-x_{j,k})^2} \tag{8.3}$$

4. 萤火虫位置更新

萤火虫 i 吸引萤火虫 j 向其移动，从而更新自己的位置，萤火虫 j 的位置更新为

$$\boldsymbol{x}_j(t+1)=\boldsymbol{x}_j(t)+\beta_{ij}(r_{ij})(\boldsymbol{x}_i(t)-\boldsymbol{x}_j(t))+\alpha\boldsymbol{\varepsilon}_j \tag{8.4}$$

其中，t 为算法的迭代次数；$\boldsymbol{x}_i$、$\boldsymbol{x}_j$ 分别为萤火虫 i 和萤火虫 j 所处的空间位置；$\beta_{ij}(r_{ij})$为萤

火虫 i 对萤火虫 j 的吸引力；α 为常数，一般可以取 $\alpha \in [0,1]$；$\boldsymbol{\varepsilon}_i$ 为由高斯分布、均匀分布或其他分布得到的随机数向量。

位置更新式(8.4)的右边第二项取决于吸引力，而第三项是带有特定系数的随机项。

8.4　萤火虫算法的实现步骤及流程

萤火虫算法的实现过程包括 3 个阶段：初始化、萤火虫位置更新、萤火虫亮度更新。根据上述过程，萤火虫算法的实现步骤如下。

(1) 初始化各个参数。设置萤火虫数目 m；最大吸引度 β_0；光强吸收系数 γ；步长因子 α；最大迭代次数 $T_{\max}$ 或搜索精度 ε。

(2) 随机初始化萤火虫位置，计算萤火虫的目标函数值作为各自最大发光亮度 I_0。

(3) 由式(8.1)、式(8.2)分别计算群体中萤火虫的相对亮度和吸引力，根据相对亮度决定萤火虫的移动方向。

(4) 根据式(8.4)更新萤火虫的空间位置，对处在最佳位置的萤火虫进行随机扰动。

(5) 根据更新后萤火虫的位置，重新计算萤火虫的亮度。

(6) 当满足搜索精度或达到最大搜索次数则转到步骤(7)；否则，搜索次数增加 1，转步骤(2)，进行下一次搜索。

(7) 输出全局极值点和最优个体值；算法结束。

萤火虫算法实现的流程如图 8.1 所示。

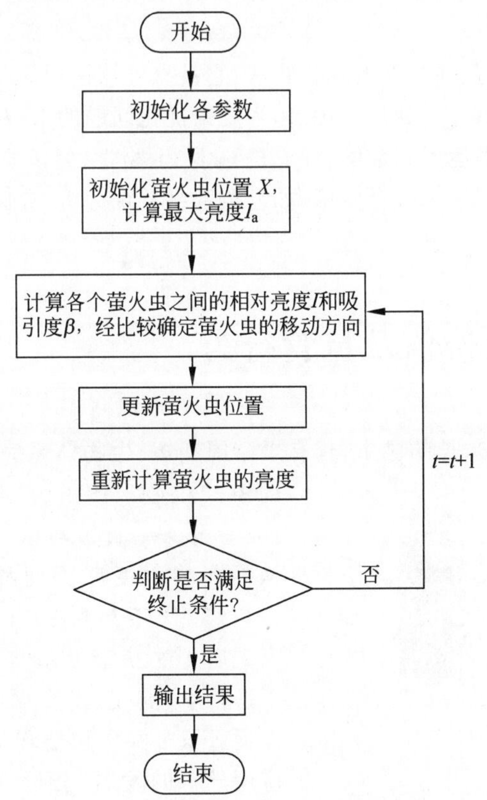

图 8.1　萤火虫算法实现的流程图

第9章 果蝇优化算法

果蝇优化算法是模拟果蝇觅食行为而提出的一种新的群智能优化算法。果蝇自身在感觉和感知方面优于其他物种，尤其是在嗅觉和视觉方面更为突出。果蝇的嗅觉极为灵敏，它可以闻到各种飘浮在空气中的气味，甚至可以闻到来自40km以外食物源气味，并将飞往有食物的方向。相对于其他复杂的优化算法，果蝇优化算法是一种更为简单的优化算法。本章介绍果蝇的生物价值及觅食行为，以及果蝇优化算法的基本原理、数学描述、实现步骤及流程。

9.1 果蝇优化算法的提出

果蝇优化(Fruit Fly Optimization，FFO)算法是2011年由潘文超(Wen-Tsao Pan)基于模拟果蝇觅食行为而提出的一种新的群智能优化算法。潘文超首先以求测试函数极大值来检验该优化算法的功能；然后，进一步以财务比率作为自变量，以绩效好坏作为因变量，采用果蝇优化算法优化广义回归神经网络、一般广义回归神经网络和多元回归模型，进行构建企业经营绩效预测模型。

果蝇优化算法相对于其他复杂的优化算法，它具有计算过程简单，易于将算法转换为程序代码，容易理解，易于实现，并行处理等优点，为复杂优化问题的求解提供了一种新的途径。在应用上不受领域限制，可以运用到数学、计算机科学、生物学、经济学及工程应用等各种领域。另外，也可与其他数据挖掘技术联合使用，如复杂网络系统分析、社区模型构建、数据统计可视化、神经网络等。

9.2 果蝇的生物价值及觅食行为

果蝇是一种只有几毫米长的昆虫，具有生命周期短、生物体系完善等特点，它已成为典型的模式生物。图9.1给出了果蝇的身体外形。100多年来一直被数以千计的博士、教授、科学家从不同的角度广泛而深入地研究着。1933年、1947年、1995年和2011年，6位研究果蝇的科学家先后4次获诺贝尔奖。事实证明，研究果蝇对于遗传学，演化、发育生物学等都起了关键作用，也促进了神经生物学和细胞生物学等多个基础和应用学科的发展。到目前为止，对它的研究仍兴致盎然。

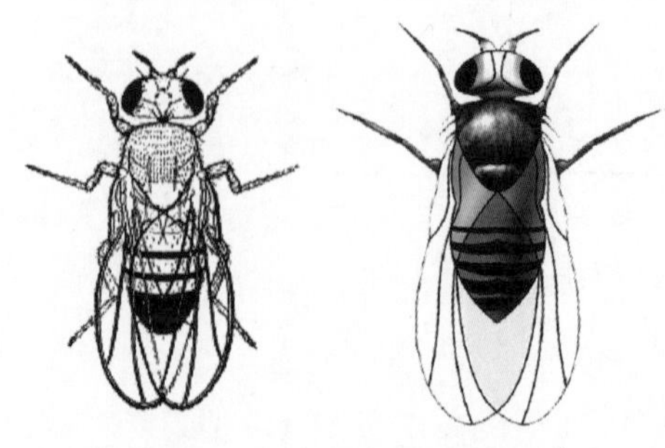

图9.1 果蝇的身体外形

果蝇主要生活在热带，它的食物一般都是腐烂的食物，由于温度高气味传播速度快，同时食物的味道越浓，果蝇对其越敏感。果蝇自身在感觉和感知方面优于其他物种，尤其是在嗅觉和视觉方面更为突出。果蝇的嗅觉极为灵敏，它可以闻到各种飘浮在空气中的气味，有的甚至可以嗅到 40km 以外的食物源。然而，食物味道是否浓烈与食物所处的位置距离有很大的关系，一般而言，距离越远，味道的浓度越小，果蝇就是通过从味道浓度低的地方往浓度高的地方，飞往有食物的方向。当它们到达接近食物的位置时，果蝇可以使用敏锐的视觉来寻找食物及其与同伴聚集的位置，并朝着那个方向飞去搜寻所需的食物。

9.3 果蝇优化算法的基本原理

果蝇优化算法模拟真实果蝇群体的觅食过程。由于果蝇的嗅觉系统对各种食物的味道非常敏感，因此果蝇群中的每一只果蝇都在根据每一时刻感知和寻找气味浓度最大的果蝇所在位置，并不断地以这位置来修改自身的飞行方向和飞行距离，经过这样的反复寻找和反复地飞行，最终会寻找到食物源。

在果蝇算法中，果蝇随机从初始位置出发，首先利用嗅觉充分感知搜集飘浮在空气中的各种气味，果蝇群体均飞向味道浓度高的大致位置。当果蝇飞到靠近食物后，在敏锐的视觉可行的距离内，判断食物的确切位置与同伴聚集的位置，形成一个新的果蝇群体位置。然后它们再沿随机方向飞出，利用敏锐的嗅觉找到食物，再往食物浓度高的果蝇位置聚合。经过这样不断循环反复，直到找到食物，从而实现在求解空间内的全局寻优。

果蝇优化算法包括两个阶段：

(1) 嗅觉搜索阶段。利用嗅觉充分感知空气中的各种气味，判断食物的大约位置，并向食物接近，这是一种全局搜索。

(2) 视觉定位阶段。在靠近食物后在视觉可行的距离内，准确判断食物的确切位置，飞向食物，这是局部搜索。经过这样两个搜索不断循环反复，最终会寻找到最优食物源。

9.4 果蝇优化算法的数学描述

下面通过一群果蝇反复搜索食物的过程来给出果蝇优化算法的数学描述。为简单起见，图 9.2 给出了 3 只果蝇 Fly1、Fly2 和 Fly3 的觅食情况。

(1) 随机生成一个果蝇群体的初始位置。

```
Init X_axis, Init Y_axis.
```

(2) 赋予果蝇个体(Fly1、Fly2、Fly3)利用嗅觉搜寻食物的随机方向和距离。第 i 只果蝇在 X 轴和 Y 轴上的位置的更新规则分别为

$$X_i = X\_\text{axis} + \text{Random value} \tag{9.1}$$

$$Y_i = Y\_\text{axis} + \text{Random value} \tag{9.2}$$

(3) 由于无法得知食物位置，因此先估计第 i 只果蝇与原点的距离(Dist)，再用距离的倒数来估计气味浓度(S)，第 i 只果蝇的气味浓度计算公式为

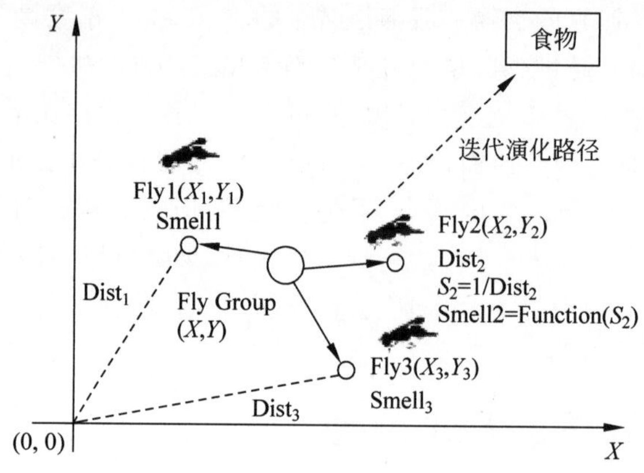

图 9.2 果蝇群体反复搜索食物的过程

$$\text{Dist}_i = \sqrt{X_i^2 + Y_i^2}, \quad S_i = 1/\text{Dist}_i \tag{9.3}$$

(4) 以气味浓度作为适应度函数，第 i 只果蝇的气味浓度 S_i，即它的适应度为

$$\text{Smell}_i = \text{Function}(S_i) \tag{9.4}$$

(5) 在果蝇群体中寻找气味浓度最大的果蝇(求极大值，如 Fly2)，即

$$[\text{best Smell best Index}] = \max(\text{Smell}) \tag{9.5}$$

例如，在图 9.2 中气味浓度最大的果蝇是 Fly2。

(6) 保持最大气味浓度的值和与 X 轴和 Y 轴的坐标位置，此时果蝇群中的果蝇将使用视觉向该位置(Fly2)飞去，形成新的群聚位置。

$$\text{Smell best} = \text{best Smell} \tag{9.6}$$

$$X\_\text{axis} = X(\text{best Index}) \tag{9.7}$$

$$Y\_\text{axis} = Y(\text{best Index}) \tag{9.8}$$

(7) 进入果蝇迭代寻优，重复执行步骤(2)～步骤(5)后，判断气味浓度是否高于前一次迭代的气味浓度，若是则执行步骤(6)。

9.5 果蝇优化算法的实现步骤及流程

基本果蝇优化算法的实现步骤如下。

(1) 初始化。随机设定果蝇群体初始位置。设定果蝇群体规模、最大进化代数、群体搜寻步长等参数。

(2) 嗅觉搜索。令初始迭代次数 0，对果蝇个体通过嗅觉搜寻食物的随机方向和距离进行赋值。

(3) 预估每只果蝇到原点的距离，然后计算每只果蝇的距离的倒数作为气味浓度的判定值。

(4) 将已得到的每只果蝇气味浓度判定值代入气味浓度判定函数，用来计算该果蝇的气味浓度值(适应度)。

(5) 根据气味浓度值，找出当前种群中气味浓度最高(或者最低)的果蝇个体(最优个体)。

(6) 视觉搜索。记录并保留最佳味道浓度值和此时的最优果蝇个体坐标，与此同时，整个果蝇种群利用敏锐的视觉飞往最优个体的位置，从而构成一个新的群聚位置。

(7) 果蝇迭代寻优。首先判断是否达到终止条件，如果没有达到，则重复执行步骤(2)～步骤(5)，并判断气味浓度是否优于前一迭代气味浓度，若是，则执行步骤(6)；否则继续重复步骤(2)～步骤(5)的循环迭代过程，直到满足终止条件时，结束算法。

果蝇优化算法寻优的流程如图9.3所示。

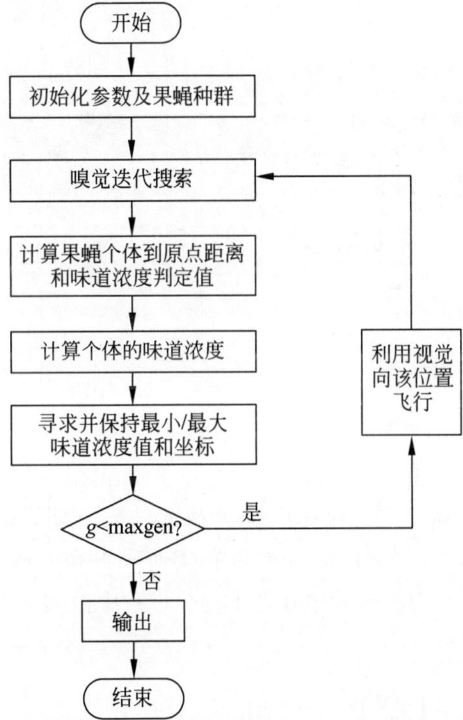

图9.3　果蝇优化算法寻优的流程图

第10章 蝴蝶算法

蝴蝶算法是一种模拟蝴蝶觅食行为的群智能优化算法。蝴蝶种群寻找食物时,每只蝴蝶也都会散发出一定浓度的香气,每只蝴蝶也都会感受到周围其他蝴蝶的香味,并朝着那些散发更多香味的蝴蝶移动。通过蝴蝶个体的全局搜索、局部搜索及两种搜索形式的概率切换,达到全局寻优的目的。本章首先介绍蝴蝶的生活习性、蝴蝶算法的优化原理,然后阐述蝴蝶算法的数学描述、实现步骤及算法的伪代码。

10.1 蝴蝶算法的提出

蝴蝶算法(Butterfly Algorithm,BA)是 2015 年由 Sankalap Arora 等提出的模拟蝴蝶觅食行为的群智能优化算法。通过 20 种标准函数测试结果表明,同 PSO、GA、ABC 和 FA 比较,BA 在所有情况下均具有出色的性能,并能更有效地以更高的成功率找到全局最优值。BA 性能具有优势的根本原因在于,BA 有效地处理了优化过程中探索和开发之间的平衡关系。

10.2 蝴蝶的生活习性

Butterfly 一词泛指所有种类的蝴蝶。蝴蝶的种类比其他任何种类的昆虫都要多,多达 12 万种。蝴蝶有嗅觉、触觉、视觉、品味和听觉,这些感官帮助蝴蝶找到食物。蝴蝶不能咀嚼固体,只能以液体为食,大部分蝴蝶吸食花蜜。为了吃到花朵里的花蜜,它们的嘴巴像一根吸管,这根吸管伸入花朵中就能吸到花蜜。

蝴蝶喜欢留在那些能持续供应花蜜的花朵,由于蝴蝶所在范围内的花蜜含量可能会降低,因此它们要飞行一段距离以搜索花蜜。蝴蝶具有许多镜片的复眼,可从多个方向观看,但距离有限。所以蝴蝶必须依靠敏锐的嗅觉,不仅用于感觉到花蜜的香气找到食物(通常是较低的花蜜),而且用于寻找伴侣(雌性雄性信息素),并用于保护其免受有毒植物的侵害。

10.3 蝴蝶算法的优化原理

蝴蝶可以用它们的嗅觉、视觉、味觉、触觉和听觉去寻找食物(花蜜)来源及交配对象的潜在方向。这些感觉能够帮助它们迁徙、躲避狩猎者以及找到合适的地方产卵。在蝴蝶的所有感觉中,最重要的是嗅觉,嗅觉能够帮助蝴蝶寻找食物,即使在很远的地方也不例外。

每只蝴蝶会产生一定浓度的香味,这种香味会传播到很远的地方,其他蝴蝶也能感觉到,这就是蝴蝶个体共享个体信息,形成一个群体的社会知识网络。当一只蝴蝶能够闻到来自其他蝴蝶分泌的香味的时候,它将会朝着香味最浓的方向移动,该阶段在算法中被称为全局搜索。在另一种情况下,当蝴蝶不能从周围感知香味时,它会随机移动,这一阶段在算法中称为局部搜索。通过蝴蝶个体的全局搜索、局部搜索及两种搜索形式的概率切换,最终成功找到食物源,这就是蝴蝶算法的优化原理。

10.4 蝴蝶算法的数学描述

为了模拟蝴蝶种群的觅食花蜜的行为,蝴蝶算法提出以下假设条件。

(1) 每只蝴蝶都应该散发出一定浓度的香气。

(2) 蝴蝶可以相互吸引,具体取决于它们散发出的香气。蝴蝶朝着那些散发更多香气的蝴蝶移动。

(3) 蝴蝶释放出的香气浓度受环境影响或由目标函数确定。

(4) 考虑到风、雨等自然环境因素影响香气的传递,利用随机数 $p\in[0,1]$对全局搜索和局部搜索过程进行切换控制。

蝴蝶的香气浓度取决于感知形态、刺激强度以及幂指数这 3 个因素,用方程表示为

$$F=cI^{a} \tag{10.1}$$

其中,F 为香气的浓度; c 为感知形式; I 为刺激强度; a 为幂指数。

通过目标函数 $f(\boldsymbol{x}_i)$可以确定每只蝴蝶 $\boldsymbol{x}_i$ 的刺激强度 I_i。通过计算蝴蝶种群的个体适应度值,可以找到最佳位置的蝴蝶。

为减少外界环境因素对蝴蝶散发香味的影响,利用随机数 $p\in[0,1]$来确定蝴蝶是执行局部搜索还是全局搜索。

(1) 全局搜索。处于低香味位置的蝴蝶 $\boldsymbol{x}_i$ 要飞向当前适应度最高的蝴蝶,$\boldsymbol{x}_i$ 的位置更新为

$$\boldsymbol{x}_i^{t+1}=\boldsymbol{x}_i^t+(\boldsymbol{g}^*-\boldsymbol{x}_i^t)\times \text{Levy}(\lambda)\times F_i \tag{10.2}$$

其中,$\boldsymbol{x}_i^t$ 为第 i 只蝴蝶在第 t 次迭代的解向量; $\boldsymbol{g}^*$ 为当前所有蝴蝶中的最优解。

(2) 局部搜索。为了避免蝴蝶陷入局部最优,蝴蝶 $\boldsymbol{x}_i$ 采用 Levy 随机飞行进行局部搜索,$\boldsymbol{x}_i$ 的位置更新为

$$\boldsymbol{x}_i^{t+1}=\boldsymbol{x}_i^t+(\boldsymbol{x}_j^t-\boldsymbol{x}_k^t)\times \text{Levy}(\lambda)\times F_i \tag{10.3}$$

其中,$\boldsymbol{x}_i^t$、$\boldsymbol{x}_j^t$、$\boldsymbol{x}_k^t$ 分别为第 i 只、第 j 只、第 k 只蝴蝶在第 t 次迭代的解向量; $\boldsymbol{x}_j^t$ 和 $\boldsymbol{x}_k^t$ 均为随机个体。算法中 Levy 飞行的形式为

$$\text{Levy}\sim u=t^{-\lambda},\quad 1<\lambda\leqslant 3 \tag{10.4}$$

Levy 飞行加速了局部搜索,并提高了搜索效率。

10.5 蝴蝶算法的实现步骤

蝴蝶算法的实现步骤如下。

(1) 初始化蝴蝶种群,并通过目标函数 $f(\boldsymbol{x}_i)$确定蝴蝶 $\boldsymbol{x}_i$ 的刺激强度 I_i。

(2) 计算蝴蝶种群中的个体适应度值,找到最佳位置的蝴蝶。

(3) 计算蝴蝶散发的香味。用随机数 $p\in[0,1]$确定蝴蝶是在执行局部搜索还是全局搜索。

(4) 全局搜索。低香味的蝴蝶个体飞向全局适应度值最高的蝴蝶,使用式(10.2)更新蝴蝶 x_i 的位置。

(5) 局部搜索。蝴蝶个体进行 Levy 随机飞行,使用式(10.3)和式(10.4)更新蝴蝶 $\boldsymbol{x}_i$ 的位置。

(6) 满足终止条件判断。如果满足终止条件,则输出最优解,算法结束;否则,转到步骤(2)。

蝴蝶算法的伪码描述如下。

```
目标函数 f(x),x=(x1,x2,…,xd)^T
生成蝴蝶的初始种群 xi(i=1,2,…,n)
由 f(xi)确定 xi 的刺激强度 Ii
定义传感形式 c,幂指数 a 和切换概率 p
while 在不满足终止条件情况下 do
        for each 种群中的蝴蝶 bf   do
                评估 bf 的适应度值
        end for
        找到最好的蝴蝶 bf
        for each 种群中的蝴蝶 bf
             计算 bf 的香气
             从[0,1)中生成一个随机数 r
             if r<p
                  计算与最佳 bf 的距离并向其移动
                  else
                  执行一次 Levy 随机飞行
             else if
        end for
end while
输出找到的最优解
```

第11章　蝴蝶交配优化算法

蝴蝶交配优化算法是模拟蝴蝶交配行为的群智能优化算法。蝴蝶的嗅觉极敏锐，不仅用于寻找花蜜，而且用于短距离范围寻找伴侣。蝴蝶在远距离寻找伴侣时，雄性采用发射紫外线，而雌性采用接收或拒绝接收雄性发出的紫外线作为联络方式。算法通过紫外线更新、紫外线分配、伴侣选择和位置更新的循环迭代，实现对函数优化问题求解。本章介绍蝴蝶的生活习性、蝴蝶交配优化算法的机理，阐述蝴蝶交配优化算法的数学描述及算法的伪代码。

11.1　蝴蝶交配优化算法的提出

蝴蝶交配优化(Butterfly Mating Optimization，BMO)算法是2016年由Jada等提出的一种模拟蝴蝶交配行为的群智能优化算法。

通过一些标准测试函数仿真并与GSO、PSO算法比较的结果表明，BMO算法不仅实现了对多峰函数极大值的求解，而且可以更好地实现全局搜索与个体最优之间的平衡。

11.2　蝴蝶的生活习性

Butterfly一词泛指所有种类的蝴蝶(见10.2节)。蝴蝶依靠敏锐的嗅觉感觉到花蜜的香气找到食物，而且用于寻找伴侣(雌性雄性信息素)，并保护其免受有毒植物的侵害。图11.1示出了蝴蝶的交配行为。

图11.1　蝴蝶的交配行为

11.3　BMO算法的机理

雄性蝴蝶在最初的接近雌性和求爱的过程中，它们不断地使用颜色和气味作为视觉和嗅觉因素来寻找雌性。为了在寻找伴侣时进行定位，短距离范围蝴蝶会使用信息素作为搜寻工具，而远距离则会通过产生彩虹色的紫外线光作为通信手段。雄性蝴蝶通常能够反射紫外线（UV），而雌性蝴蝶则能够吸收或排斥这种反射的紫外线。

当雌性蝴蝶的接收器感知到来自雄性蝴蝶的高频彩色紫外线光时，如果雌性蝴蝶吸收来自雄性蝴蝶反射的紫外线，则意味着接受交配；如果雌性蝴蝶反射雄性蝴蝶的紫外线，则意味着拒绝参与交配，雄性蝴蝶会离开。

已有研究采用不同的伴侣选择机制进行广泛的实验，模拟结果表明，如果分别在雄性和雌性之间进行互动，则不如仅在雄性和雌性个体之间进行交配，可以改善个体在搜索空间中的定位。BMO 算法正是基于蝴蝶个体寻找伴侣采用的搜索空间定位机理而设计的。

11.4 BMO 算法的数学描述

在 BMO 算法中，假设蝴蝶个体之间没有差别，都能反射它得到的紫外线（UV），并同时接收来自其他所有蝴蝶发出的 UV，这样的蝴蝶个体称为“元蝴蝶模型”。初始状态的元蝴蝶在空间中随机分布，通过制定搜寻空间中“元蝴蝶模型”的交互机制，可以使得元蝴蝶在搜寻空间中自适应地选择它的局部伴侣，从而在每次 UV 迭代过程中，元蝴蝶根据自身实时的 UV 量，选择局部伴侣并向其靠近，在这个过程中，局部伴侣的自适应选择在 BMO 算法中发挥了重要作用。

1. 紫外线更新

在 UV 更新阶段，元蝴蝶接收其他蝴蝶个体发出的 UV，同时元蝴蝶的 UV 值与它们在搜寻空间的适应性成比例地被更新，其表达式为

$$\mathrm{UV}_i(t)=\max\{0, b_1\cdot \mathrm{UV}_i(t-1)+b_2\cdot f(t)\} \tag{11.1}$$

其中，b_1、b_2 为 UV 更新系数；$\mathrm{UV}_i(t-1)$为前一时刻元蝴蝶所含 UV 量；$f(t)$为适应性函数。由于 UV 量的大小会随时间而变化，元蝴蝶会向搜寻空间中更有利的位置移动。因此，可以根据 b_1、b_2 的值调整元蝴蝶当前时刻的 UV 值，如 $0\leqslant b_1\leqslant 1$、$b_2>1$，则强调当前的适应性，并弱化前一时刻的 UV 值。

2. 紫外线分配

在搜寻空间中，元蝴蝶会分配 UV 给其他蝴蝶，距离最近的蝴蝶会比距离最远的得到更多份额。元蝴蝶之间 UV 的分配由蝴蝶在空间中的相对位置确定，拥有 UV_i 的元蝴蝶 i 分配给元蝴蝶 j 的计算式为

$$\mathrm{UV}_{ij}=\mathrm{UV}_i\cdot\frac{d_{ij}^{-1}}{\sum\limits_k d_{ik}^{-1}} \tag{11.2}$$

其中，$i=1,2,\cdots,N$，N 为搜寻空间中元蝴蝶数量；$j=1,2,\cdots,N$ 且 $j\neq i$；UV_{ij} 为元蝴蝶 j 吸收来自 i 的 UV 量；d_{ij} 为元蝴蝶 i 与 j 的欧氏距离；d_{ik} 为元蝴蝶 i 与 k 的欧氏距离，$k=1,2,\cdots,N$ 且 $k\neq i$。

3. 伴侣选择

如果元蝴蝶都选择拥有最大 UV 的蝴蝶作为伴侣，并向它靠近，这将导致所有蝴蝶在单一峰值处会合。在 BMO 算法中，伴侣的定位范围是动态的，即要求元蝴蝶在每次迭代时自适应地选择伴侣。首先，元蝴蝶 i 会根据其接收到的其他元蝴蝶散发的 UV 值，对其降序排序。

此时，每只蝴蝶选择降序排列第 1 位的元蝴蝶作为伴侣并朝着它的方向移动，这将导致蝴蝶在局部集中化。在进一步抓取峰值的同时，元蝴蝶 i 继续接收其他 UV，并通过将当前 UV(j)与先前 UV(i)降序列的值顺序对比，选择满足伴侣条件的蝴蝶，即

$$\mathrm{UV}(i) < \mathrm{UV}(j) \tag{11.3}$$

式中，$i=1,2,\cdots,N$；$j=1,2,\cdots,N-1$。

4. 位置更新

每只元蝴蝶都会根据下式向其配偶方向移动

$$x_i(t+1)=x_i(t)+B_{\text{step}}\cdot\left\{\frac{x_{\text{L-mate}}(t)-x_i(t)}{\|x_{\text{L-mate}}(t)-x_i(t)\|}\right\} \tag{11.4}$$

其中，$x_i(t)$为元蝴蝶 i 在 t 时刻的空间位置；$x_{\text{L-mate}}(t)$为伴侣蝴蝶在 t 时刻的空间位置；B_{step} 为元蝴蝶每次迭代的步长，步长取值过大会导致峰值精度下降。

11.5 BMO 算法的伪代码实现

BMO 算法的伪代码描述如下。

```
随机初始化 Bflies;
∀i,设置 UVi = UV(0);
设置最大迭代次数 = iter_max;
设置 iter = 1;
while (iter ≤ iter_max) do
{
    for 每一只蝴蝶 i do
        使用式(11.1)对紫外线更新
        使用式(11.2)对紫外线分配
    for 每一只蝴蝶 i do
        选择伴侣
        使用式(11.4)更新位置
    iter = iter + 1;
}
```

第 12 章　蝴蝶优化算法

蝴蝶优化算法是一种模拟蝴蝶群体觅食行为和信息共享的群智能优化算法，用于解决全局优化问题。蝴蝶利用敏锐的嗅觉，根据空气中的气味来确定花蜜或交配对象的潜在位置。当一只蝴蝶感知到来自任何位置的香味时，它会向目标移动进行全局搜索。当蝴蝶没有感知周围的气味时，它会随机移动进行局部搜索。蝴蝶群体通过信息共享来完成觅食行为。本章介绍蝴蝶的生活习性，阐述蝴蝶优化算法的优化原理、数学描述、实现步骤及算法伪代码。

12.1　蝴蝶优化算法的提出

蝴蝶优化算法(Butterfly Optimization Algorithm，BOA)是 2018 年由 Sankalap Arora 提出的群智能优化算法。该算法基于蝴蝶的觅食行为和信息共享策略，利用它们敏锐的嗅觉来决定花蜜或交配对象的潜在位置，以解决全局优化问题。BOA 具有结构简单、易于实现的优点，通过对 30 个具有多模性、可分性、规则性、维数等不同特性的基准函数测试，并与 ABC、CS、DE、FA、GA、MBO、PSO 等知名优化算法进行性能比较，结果表明，BOA 的结果具有竞争力，算法效率更高，已被用于解决弹簧、焊接梁、齿轮系 3 类经典工程问题的优化设计。

12.2　蝴蝶的生活习性

Butterfly 一词泛指所有种类的蝴蝶(见 10.2 节)。

图 12.1 示出了蝴蝶的觅食和交配行为。

(a) 一只蝴蝶

(b) 多只蝴蝶觅食

(c) 蝴蝶在花朵上交配

图 12.1　蝴蝶的觅食和交配行为

12.3　蝴蝶算法的优化原理

蝴蝶可以用它们的嗅觉、视觉、味觉、触觉和听觉去寻找食物(花蜜)来源及交配对象的潜在方向。这些感觉能够帮助它们迁徙、躲避狩猎者以及帮助它们找到合适的地方产卵。在所有感觉中最重要的是嗅觉,嗅觉能够帮助蝴蝶寻找食物,即使在很远的地方也不例外。

每只蝴蝶会产生一定浓度的香味,这种香味会传播到很远的地方,其他蝴蝶也能感觉到,这就是蝴蝶个体共享个体信息,形成一个群体的社会知识网络。当一只蝴蝶能够闻到来自其他的蝴蝶分泌的香味的时候,它将会朝着香味最浓的方向移动,该阶段在算法中称为全局搜索。在另一种情况下,当蝴蝶不能从周围感知香味时,它会随机移动,这一阶段在算法中称为局部搜索。通过蝴蝶个体的全局搜索、局部搜索及两种搜索形式的切换,最终找到食物源,这就是蝴蝶算法的优化原理。

12.4　BOA 的数学描述

BOA 对模拟蝴蝶觅食行为的条件假设如下。

(1) 所有的蝴蝶都应该散发出某种香味,使蝴蝶能够互相吸引。

(2) 每只蝴蝶都会随机移动,或朝着散发出更多香味的最佳蝴蝶移动。

(3) 蝴蝶的刺激强度受目标函数值的影响或由目标函数决定。

BOA 包括初始化、迭代和结束 3 个阶段。

1. 初始化阶段

在初始化阶段,定义目标函数及其搜索空间(解空间),对算法参数进行赋值,创建蝴蝶的初始种群。由于在 BOA 中蝴蝶的总数保持不变,因此分配一个固定大小的存储器来存储蝴蝶的信息。在搜索空间中随机生成蝴蝶的位置,计算并存储蝴蝶的香味和适应度值。

2. 迭代阶段

迭代阶段包括香味感知、全局搜索和局部搜索 3 部分内容。

1) 香味感知

迭代阶段要用人工蝴蝶执行若干次搜索。在每次迭代中,所有蝴蝶在搜索空间移动到新的位置,然后评估它们的适应度值。首先计算所有蝴蝶在搜索空间中不同位置的适应度值,然后这些蝴蝶将在它们的位置使用式(12.1)产生香味:

$$f = cI^a \tag{12.1}$$

其中,f 为其他蝴蝶对香味的感知强度;c 为感知因子;I 为刺激强度;a 为依赖形态的幂指数,它反映了吸收香味的不同程度。

在大多数情况下,a 和 c 可以在[0,1]范围内取值。a 和 c 的取值对算法的收敛速度有至关重要的影响。如果 $a=1$,这意味着没有吸收香味,也就是说,一只特定的蝴蝶散发出的香味,其他蝴蝶以同样的能力感知到。也就是说,香味是在一个理想化的环境中传播的。如果 $a=0$,这意味着任何一只蝴蝶散发出的香味都不会被其他蝴蝶感知到。所以,参数 a 控制了算法的行为。参数 c 决定 BOA 算法收敛速度和性能。理论上 $c\in[0,\infty]$,但实际上它由要优化的系统特性确定。在最大化问题中，强度可以与目标函数成正比。

在原始的 BOA 中，在模拟所有基准函数时使用了 BOA 的固定参数组合：种群规模 n 为 50；模态感知因子 $c=0.01$；幂指数 a 在迭代过程中从 0.1 增加到 0.3；将 $p=0.5$ 作为初始值，仿真发现 $p=0.8$ 在大多数应用中的效果更好。

有的文献提出对 c 的更新采用迭代形式如下：

$$c^{t+1}=c^{t}+(b/c^{t}\times N_{\text{gen}}) \tag{12.2}$$

其中，c^{t} 为第 t 代的值；b 为常数；N_{gen} 为最大迭代次数。

2）全局搜索

全局搜索阶段，当蝴蝶能感觉到其他任何蝴蝶的香味时并朝它移动一步，可用式(12.3)表示为

$$x_{i}^{t+1}=x_{i}^{t}+(r^{2}\times g^{*}-x_{i}^{t})\times f_{i} \tag{12.3}$$

其中，x_{i}^{t+1} 为第 i 只蝴蝶在第 $t+1$ 次迭代的位置；x_{i}^{t} 为第 i 只蝴蝶在第 t 次迭代的位置；r 为[0,1]区间的随机数；g^{*} 为全局最优解；f_{i} 为第 i 只蝴蝶的香味感知量。

3）局部搜索

当蝴蝶不能感觉到周围香味时，它会随机移动，这个阶段称为局部搜索。利用转换概率 $p\in[0,1]$控制全局搜索和局部搜索过程。蝴蝶随机移动的位置迭代公式如下：

$$x_{i}^{t+1}=x_{i}^{t}+(r^{2}\times x_{j}^{t}-x_{k}^{t})\times f_{i} \tag{12.4}$$

其中，x_{j}^{t} 和 x_{k}^{t} 分别为属于同一群的第 j 只和第 k 只蝴蝶；r 为[0,1]中的随机数。式(12.4)描述了蝴蝶的局部随机漫步行为。

在 BOA 中采用切换概率 p，实现了在普通全局搜索和密集局部搜索之间的切换，迭代阶段继续，直到算法满足终止条件。

3. 结束阶段

可以用不同的方式给出停止标准，如达到的最大迭代数、没有改进的最大迭代数、达到的特定错误率值或任何其他适当的标准。当迭代阶段结束时，算法输出最优解。

12.5 BOA 的实现步骤及伪代码

BOA 的实施步骤如下。

(1) 初始化种群规模及转换概率等参数。

(2) 计算每只蝴蝶的适应度值，并求出当前最优值 $f_{\min}$ 和最优解 x_{best}。

(3) 用式(12.1)计算香味感知量，若 rand$<p$，则用式(12.3)计算，否则用式(12.4)计算。

(4) 重新计算每只蝴蝶的适应度值，若 $F_{\text{new}}<f_{\min}$，则替换之前的最优值和最优解。

(5) 用式(12.2)更新 c。

(6) 判断是否达到最大迭代次数，如果是，则输出最优值和最优解，否则跳至步骤(2)。

BOA 的伪代码描述如下。

```
目标函数 f(x),x = (x_1,x_2,…,x_d),d 为维数
初始化蝴蝶种群 x_i(i = 1,2,…,n),n 为蝴蝶数
利用 f(x_i)确定 x_i 的刺激强度 I_i
```

```
定义感知因子 c,幂指数 a 的初始值和转换概率 p
While 未满足终止条件 do
    for each 种群中的蝴蝶 do
        用式(12.1)计算蝴蝶的香味浓度
    end for
    找到最优蝴蝶个体 do
    for each 种群中的蝴蝶 do
        随机产生[0,1]区间的随机数 r
        if r < p then
                用式(12.3)对最优蝴蝶进行位置更新
        else
                用式(12.4)对蝴蝶进行局部随机游走
        end if
    end for
    更新 a 的值
end while
输出全局最优解
```

第 13 章　帝王蝶优化算法

帝王蝶优化算法是一种模拟北美洲帝王蝶随季节变化迁徙行为，用于解决数值优化问题的群智能优化算法。为了使帝王蝶的迁徙行为更适应算法模型的需要，提出了帝王蝶迁徙行为理想化的 4 条假设规则。算法将种群分为两个子种群，通过具有局部搜索能力的迁移操作和具有全局搜索能力的蝶式调整操作两种操作方式的反复迭代，实现对问题的优化求解。本章介绍帝王蝶的特征及习性，阐述帝王蝶优化算法的优化原理、数学描述及实现流程。

13.1　帝王蝶优化算法的提出

帝王蝶优化(Monarch Butterfly Optimization，MBO)算法是 2019 年由王改革等提出的一种群智能优化算法。MBO 算法模拟北美洲帝王蝶随着季节变化进行迁徙的行为，用于解决连续优化问题。

该算法基于 38 个基准问题与其他 5 种元启发式算法进行了比较，结果表明，MBO 方法能够在大多数基准问题上找到比其他 5 种元启发式算法更好的函数值。MBO 算法简单，没有复杂的计算和操作符，实现简单快捷。它的改进算法已被用于 0-1 背包问题、特征选择及车辆调度优化等问题。

13.2　帝王蝶的特征及习性

帝王蝶学名大桦斑蝶，又称黑脉金斑蝶，产自北美洲。帝王蝶是一种身体硕大的蝴蝶，长着一对大得与它的身体不成比例的翅膀，双翅黑色与金黄色相间、翅边嵌着白点，雌性和雄性蝶有不同的翅膀。由于翅膀颜色以金色为主，呈帝王王冠状，如图 13.1 所示。因此被人们叫做“帝王蝶”，被称为世界上最漂亮、最美丽的蝴蝶。

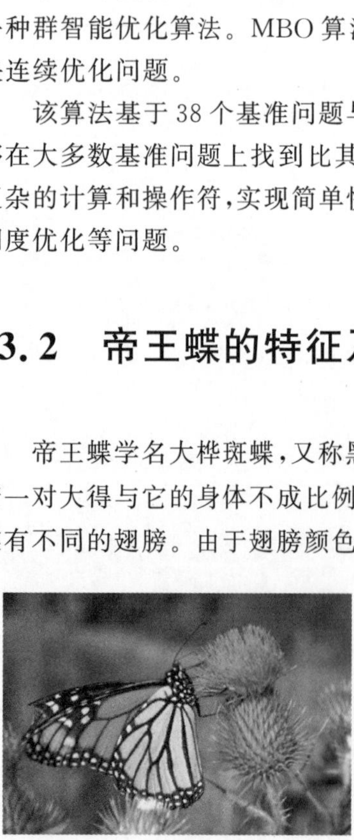

图 13.1　美丽的帝王蝶

帝王蝴蝶每年会成千上万地聚集在一起飞行上千公里躲避北美的严寒，然后再返回北美。帝王蝶是地球上唯一具有迁徙性蝴蝶，如图 13.2 所示，它们每年都会进行迁徙，并在迁徙过程中进行交配、繁殖，如图 13.3 所示。没有一只帝王蝶可以全程参与这样一个漫长迁徙的全过程。研究表明，一些蝴蝶在迁徙或移动时会进行 Levy 飞行。这种迁徙习性一直引起生物学家的浓厚兴趣。

图 13.2　帝王蝶的群体迁徙

图 13.3　帝王蝶的交配行为

13.3　帝王蝶优化算法的优化原理

北美东部的帝王蝶种群以其在夏末/秋末从美国北部和加拿大南部向南迁移到墨西哥而闻名,行程覆盖数千公里。帝王蝶会到温暖的墨西哥冷杉林中过冬,然后再返回加拿大。它们每年都会进行迁徙,并在迁徙过程中繁衍后代。帝王蝶这种南北迁徙的行为和生活习性蕴含着优化的机制。

帝王蝶优化算法通过简化和理想化帝王蝶的迁移,将所有的帝王蝶个体都位于两个不同的区域,即加拿大南部和美国北部(栖息地 1)、墨西哥(栖息地 2)。该算法将整个帝王蝶种群划分为两个种群,称为种群 1 和种群 2,种群 1 的个体进行迁徙实现更新,种群 2 则在种群内部进行随机游走,以获得更优个体。

帝王蝶的位置会通过两种方式更新。首先,通过迁移操作生成子代(位置更新),可根据偏移率进行调整。然后通过蝶式调整操作来调整其他蝴蝶的位置。为了保持种群不变和最小化适应度评价,新生成的蝴蝶在这两种方式下的总和保持与原始种群相等。

帝王蝶优化算法通过具有局部搜索能力的迁移操作生成子代,以及具有全局搜索能力的蝶式调整操作的反复迭代,最终实现对连续空间的问题优化求解。

13.4　帝王蝶优化算法的数学描述

为了使帝王蝶的迁徙行为更适应算法模型的需要,并能用于解决各种优化问题,从帝王蝶的迁徙行为中提取以下规则。

(1) 所有的帝王蝶都只均分布在栖息地 1 或栖息地 2。

(2) 每只帝王蝶的子代由在栖息地 1 或栖息地 2 的父代根据迁徙操作产生。

(3) 为了控制种群规模不变,生成子代后父代就会死去,因此算法设定当生成的子代的适应度值优于父代时两者进行位置互换,否则保留父代位置。

(4) 保留最优个体操作,使适应度最好的帝王蝶个体自动转移到下一代,任何操作者都无法改变它们。

1. 迁徙操作

设帝王蝶种群包括帝王蝶数为 NP。栖息地 1 和栖息地 2 的帝王蝶分别被称为子种群 1

和子种群 2,分别记为 NP_1 和 NP_2,则 $NP=NP_1+NP_2$。

取栖息地 1 中占帝王蝶种群比率为 p 的蝴蝶进行迁徙操作的过程可以表示为

$$x_{i,k}(t+1)=\begin{cases}x_{r_1,k}(t), & r\leqslant p \quad (13.1)\\ x_{r_2,k}(t), & r>p \quad (13.2)\end{cases}$$

其中,$x_{i,k}(t+1)$为帝王蝶 i 在第 $t+1$ 次迭代第 k 维所产生的新位置;$x_{r_1,k}(t)$为由栖息地 1 中随机选出的个体 r_1 在第 t 次迭代第 k 维的位置;$x_{r_2,k}(t)$为由栖息地 2 中随机选出的个体 r_2 在第 t 次迭代第 k 维的位置;k 为当前维度;t 为当前迭代次数。

r 为一个随机数,由下式求得

$$r=\text{rand}\cdot\text{peri} \tag{13.3}$$

其中,rand 为[0,1]区间的随机数;peri 表示迁移周期,设置为 1.2。

通过以上分析可以看出,MBO 算法可以通过调整比率 p 的方式平衡迁移操作的方向。如果 p 很大,则更多的个体是来自栖息地 1 的帝王蝶。这表明子种群 1 在新生成的帝王蝶中起着更重要的作用。如果 p 较小,则选择来自栖息地 2 的帝王蝶。这表明子种群 2 在新生成的帝王蝶中起着更重要的作用。这里根据迁移周期将 p 设置为 5/12。

下面给出迁徙操作的伪码描述。

算法 1　迁徙操作

```
Begin
    for i= 1 到 NP1(对于子种群 1 中的所有帝王蝶)do
        for k = 1 to D(第 i 个帝王蝶中的所有分量)do
            随机生成一个均匀分布的随机数 rand;
            r = rand * peri;
            if r ≤ p then
                在子种群 1 中随机选择一只帝王蝶(比如 r1);
                用式(13.1)生成 xi(t + 1)的第 k 维分量。
            else
                在子种群 2 中随机选择一只帝王蝶(比如 r2);
                用式(13.2)生成 xi(t + 1)的第 k 维分量。
            end if
        end for k
    end for i
End.
```

2. 蝶式调整操作

在 MBO 算法中使用蝶式调整操作来更新子种群 2 中帝王蝶的位置,其位置更新可以表示如下:

$$x_{j,k}(t+1)=\begin{cases}x_{\text{best},k}(t), & \text{rand}\leqslant p \quad (13.4)\\ x_{r_3,k}(t), & \text{rand}>p \quad (13.5)\end{cases}$$

其中,$x_{j,k}(t+1)$为帝王蝶 j 在第 $t+1$ 次迭代第 k 维所产生的新位置;$x_{\text{best},k}(t)$为栖息地 1 和栖息地 2 中最好的个体 x_{best} 在第 t 次迭代第 k 维的位置;$x_{r_3,k}(t)$为由栖息地 2 中随机选出的个体 x_{r_3} 在第 t 次迭代第 k 维的位置;$r_3\in\{1,2,\cdots,NP_2\}$;rand 为[0,1]范围内的随机数。在这种情况下,如果 rand>BAR,那么帝王蝶 j 的位置可以进一步更新如下:

$$x_{j,k}(t+1)=x_{j,k}(t+1)+\alpha\cdot(dx_k-0.5) \tag{13.6}$$

其中，BAR 为蝶式调整率；dx 为帝王蝶 j 的行走步长，可以通过执行 Levy 飞行计算如下：

$$dx=\text{Levy}(x_j) \tag{13.7}$$

式(13.6)中 α 是加权因子，可计算如下：

$$\alpha=S_{\max}/t^2 \tag{13.8}$$

其中，$S_{\max}$ 为帝王蝶个体一步可以移动的最大步长；t 为当前的迭代；α 越大，表示搜索步长越长，dx 对 $x_{j,k}(t+1)$ 的影响越大，并鼓励继续探索过程，而较小的 α 表示搜索步长短，减少 dx 对 $x_{j,k}(t+1)$ 的影响，并鼓励进行开发过程。

下面给出蝶式调整操作的伪码描述。

算法 2　蝶式调整操作

```
Begin
    for j = 1 to NP2(对于子种群 2 中的所有帝王蝶)
        通过式(13.7)计算行走步长 dx;
        通过式(13.8)计算加权因子 α;
        for k = 1 to D(第 j 个帝王蝶中的所有分量)do
            通过随机生成均匀分布一个随机数 rand;
            if rand ≤ p then
                用式(13.4)生成 xj(t + 1)的第 k 维分量。
            else
                在子种群 2 中随机选择一只帝王蝶(比如 r3);
                用式(13.5)生成 xj(t + 1)的第 k 维分量。
                if rand > BAR then
                    xj,k(t + 1) = xj,k(t + 1) + α • (dxk - 0.5)
                end if
            end if
        end for k
    end for i
End.
```

13.5　帝王蝶优化算法实现的过程及流程

在帝王蝶优化算法中，假设目标问题对应一个 d 维的解空间，在此解空间中随机初始化 N 个帝王蝶个体 $P=(x_1,x_2,\cdots,x_N)$，第 i 个个体在解空间的位置可以表示为一个 d 维向量 $\boldsymbol{X}_i=(x_{i,1},x_{i,2},\cdots,x_{i,d})$，每一个个体的位置都对应着目标问题的一个可行解。

帝王蝶优化算法按照适应度值将整个种群 P 分为子种群 NP_1 和子种群 NP_2，对两个子种群分别进行迁徙操作和蝶式调整操作。在对子种群 NP_1 的迁徙操作中，先产生一个随机数 $r=\text{rand}*\text{peri}$，并且给出参数 p，则产生新个体；在对子种群 NP_2 的蝶式调整操作中，先随机生成均匀分布的一个随机数 rand，进一步更新子种群 2 中帝王蝶的位置。

帝王蝶优化算法通过两个子种群执行迁徙操作和蝶式调整操作的反复迭代，直至获得全局最优解。

帝王蝶优化算法的实现流程如图 13.4 所示。

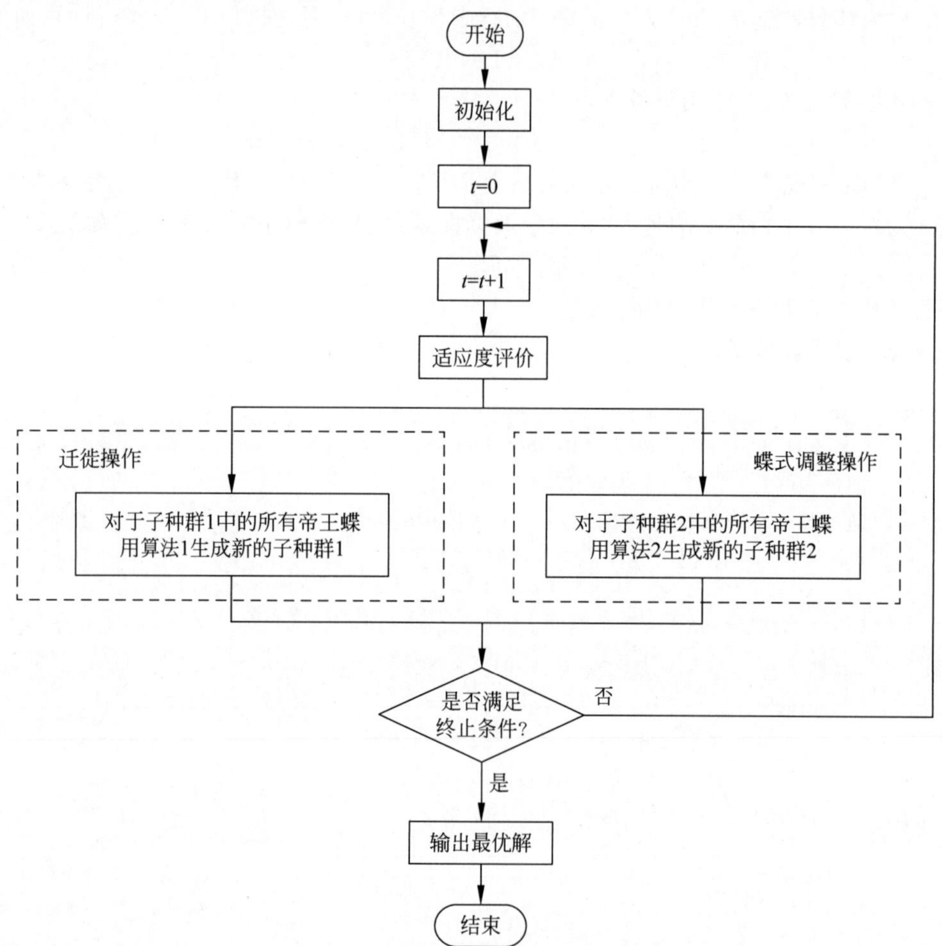

图 13.4　帝王蝶优化算法的实现流程图

第14章 蜻蜓算法

蜻蜓算法是模拟蜻蜓群体捕食和迁移行为的群智能优化算法，有 3 个版本，分别用于单目标、多目标及二进制离散优化问题。蜻蜓群体分为用于局部开发的静态群体和用于全局搜索的动态群体。在算法中，蜻蜓个体根据避撞、结队、聚集、觅食和避敌 5 种行为更新其自身飞行方向和位置。蜻蜓算法具有原理简单、易于实现、稳定性好、寻优能力强等特点。本章介绍蜻蜓的生活习性、蜻蜓算法的优化原理，阐述 3 种蜻蜓算法的数学描述及其伪码实现。

14.1 蜻蜓算法的提出

蜻蜓算法(Dragonfly Algorithm，DA)是 2015 年由 Mirjalili 提出的模拟蜻蜓群体捕食和迁移行为的群智能优化算法，用于求解单目标优化问题；提出的二进制蜻蜓算法(BDA)用于求解离散问题；提出的多目标蜻蜓算法(MODA)用于多目标优化问题，并应用于求解潜艇螺旋桨优化设计问题。

对 DA 和 BDA 的测试结果表明，DA 与其他知名算法相比，DA 提供了非常有竞争力的结果。对潜艇螺旋桨设计的结果表明，MODA 在解决未知的挑战性实际问题中具有优势。由于 DA 具有原理简单、易于实现、稳定性好、寻优能力强等特点，已被应用于解决 0-1 背包问题、支持向量机的参数优化、组合经济排放调度、彩色图像分割、信号检测与识别、变压器故障诊断、发电调度等问题。

14.2 蜻蜓的生活习性

蜻蜓是一种奇特的昆虫，属于无脊椎动物，世界上有近 3000 种。蜻蜓的生命周期主要包括幼虫和成虫两个阶段，如图 14.1(a)所示。它们一生的大部分时间都处于幼虫状态，经历多次蜕变变成成虫，如图 14.1(b)所示。蜻蜓具有独特而罕见的群居行为，分为静态和动态两种群体形式。静态群体完成捕食任务，动态群体完成迁移任务。

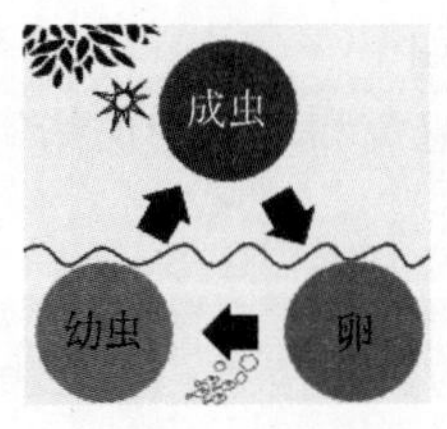

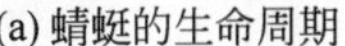

(a) 蜻蜓的生命周期

(b) 成虫

图 14.1 蜻蜓和它的生命周期

蜻蜓是世界上眼睛最多的昆虫。蜻蜓的眼睛又大又鼓，占据着头的绝大部分，且每只眼睛又有数不清的“小眼”构成，这些“小眼”都与感光细胞和神经相连。它们的视力极好，不仅可以辨别物体的形状大小，而且还能向上、向下、向前、向后看而不必转头。此外，它们的复眼还能测速。当物体在复眼前移动时,每一个"小眼"依次产生反应,经过加工就能确定出目标物体的运动速度。这使得它们成为昆虫界捕食小昆虫的高手。

14.3 DA 的优化原理

为了适应群体行为的需要,蜻蜓个体通过以下 5 种行为决定其飞行方向和位置。

(1) 避撞行为。避免和邻近个体相碰撞。

(2) 结队行为。和邻近个体的平均速度保持一致。

(3) 聚集行为。向邻近个体的平均位置移动。

(4) 觅食行为。靠近食物源。

(5) 避敌行为。避开天敌。

蜻蜓群体中的各个体根据上述 5 种行为来更新其自身飞行方向和位置,如图 14.2 所示。

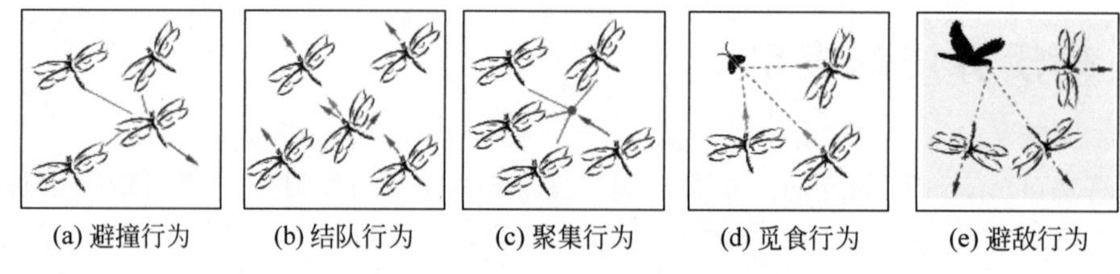

(a) 避撞行为　(b) 结队行为　(c) 聚集行为　(d) 觅食行为　(e) 避敌行为

图 14.2　蜻蜓个体飞行的 5 种行为

蜻蜓个体的上述行为有利于群体的迁移和捕食活动。蜻蜓两种群体之间寻找猎物以及躲避天敌的社会互动行为,非常类似于元启发式优化的探索和开发过程。在静态群体行为中,蜻蜓会分成几个子群体在不同区域中捕食昆虫,具有局部移动和飞行路径突变的特征,这有利于进行局部开发;在动态群体行为中,大量蜻蜓会成群结队聚集成一个更大的群体,朝着同一个方向进行长距离迁移,这有利于进行全局搜索。蜻蜓算法通过避撞、结队、聚集、觅食和避敌 5 种操作的迭代来实现对优化问题求解。

14.4 DA 的数学描述

对于 DA 的数学描述如下。

(1) 避撞行为。尽量避免和环绕中的蜻蜓个体产生碰撞行为的数学描述如下:

$$S_i = -\sum_{j=1}^{N} X - X_j \tag{14.1}$$

其中,X 为当前蜻蜓个体的位置信息;N 代表和当前个体相邻的蜻蜓个体的数量;X_j 是第 j 相邻个体的位置。

(2) 结队行为。若干个体之间以同等速度结队飞行的数学描述如下:

$$A_i = \frac{\sum_{j=1}^{N} V_j}{N} \tag{14.2}$$

其中,V_j 是第 j 个体的相邻个体的飞行速度。

（3）聚集行为。若干蜻蜓个体向某个体飞行聚集行为的数学描述如下：

$$C_i = \frac{\sum_{j=1}^{N} X_j}{N} - X \tag{14.3}$$

其中，X 是当前个体的位置；N 是数量；X_j 为第 j 个体邻居个体位置。

（4）觅食行为。个体向着食物源所在位置靠拢，食物源对蜻蜓吸引力的数学描述如下：

$$F_i = X^{+} - X \tag{14.4}$$

其中，X^{+} 为食物源所在位置信息，即已记录的目标最优解。

（5）避敌行为。每个蜻蜓个体远离天敌所在位置的数学描述如下：

$$E_i = X^{-} + X \tag{14.5}$$

其中，X^{-} 为天敌所在位置，即为已记录的最差解。

蜻蜓群体的飞行行为被认为是这 5 种个体行为的正确结合。为了更加准确地模拟蜻蜓的移动方向和步长，引入了步长向量 $\Delta\boldsymbol{X}$ 和位置向量 $\boldsymbol{X}$。步长向量更新公式为

$$\Delta\boldsymbol{X}_{t+1} = (sS_i + aA_i + cC_i + fF_i + eE_i) + w\Delta\boldsymbol{X}_i \tag{14.6}$$

其中，s 为避撞权重；a 为结队权重；c 为聚集权重；f 为食物因子；e 为天敌因子；w 为惯性权重；t 为迭代次数。

为了提高算法的性能，蜻蜓算法设置了两种位置向量更新模式，当该个体周围有邻近个体时，以式(14.7)更新位置向量，否则以式(14.8)Levy 飞行方式更新位置向量如下：

$$\boldsymbol{X}_{t+1} = \boldsymbol{X}_t + \Delta\boldsymbol{X}_{t+1} \tag{14.7}$$

$$\boldsymbol{X}_{t+1} = \boldsymbol{X}_t + \text{Levy}(d) \times X_t \tag{14.8}$$

其中，d 为向量维度；Levy 函数的具体形式如下：

$$\text{Levy}(x) = 0.01 \times \frac{r_1 \times \sigma}{|r_2|^{1/\beta}} \tag{14.9}$$

$$\sigma = \left(\frac{\Gamma(1+\beta) \times \sin(\pi\beta/2)}{\Gamma((1+\beta)/2) \times \beta \times 2^{(\beta-1)/2}}\right)^{1/\beta} \tag{14.10}$$

其中，$\Gamma(x) = (x-1)!$；r_1、r_2 为[0,1]区间的随机数；β 为常数。

14.5　单目标及多目标 DA 的实现步骤及伪代码

DA 假设天敌和食物源位置分别为当前发现的最差解和最优解，种群内的个体可以通过两种方式更新自身的位置，经过多次迭代后得到全局最优解。

1. 单目标 DA 的实现

单目标 DA 的实现步骤如下。

（1）初始化设置算法参数：最大迭代次数 $T_{\max}$、种群内个体数 N、群体的可搜索空间、问题维度 d 及各类权重（s、a、c、f、e、w）等。

（2）在搜索空间内随机初始化种群中每个个体的位置，并计算其对应的适应度值，从而得到当前全局最优解和最优位置。

（3）更新食物源位置（当前最优解）和天敌位置（当前最差解），并更新蜻蜓 5 种行为对应

的权重(s、a、c、f、e)及惯性权重 w。

(4) 通过式(14.1)~式(14.5)更新蜻蜓群体的 5 种行为因子 s、a、c、f、e。

(5) 判断该个体周围是否有邻近个体,若有邻近个体,则通过式(14.7)更新位置并进行越界处理,否则通过式(14.8)更新位置并进行越界处理。

(6) 根据更新的位置,重新计算个体的适应度值,并找出最优的适应度值,判断其是否优于当前记录中的全局最优解。若是,则更新全局最优解。

(7) 判断算法是否满足迭代终止条件,若满足,则输出全局最优解,否则返回到步骤(3)。

单目标 DA 的伪码描述如下。

```
初始化蜻蜓种群 Xi(i = 1,2,…,n)
初始化步长向量 ΔXi(i = 1,2,…,n)
While 未满足结束条件
    计算所有蜻蜓的适应度值
    更新食物源和天敌
    更新 w、s、a、c、f 和 e
    使用式(14.1)至式(14.5)计算 S、A、C、F 和 E
    更新领域半径
    if 一个蜻蜓个体至少存在一个环绕或邻近的蜻蜓个体
        使用式(14.6)计算和更新速度向量
        使用式(14.7)计算和更新位置向量
    else
        使用式(14.8)更新位置向量
    end if
    基于变量的边界,检查并纠正新的位置
end while
```

DA 的流程如图 14.3 所示。

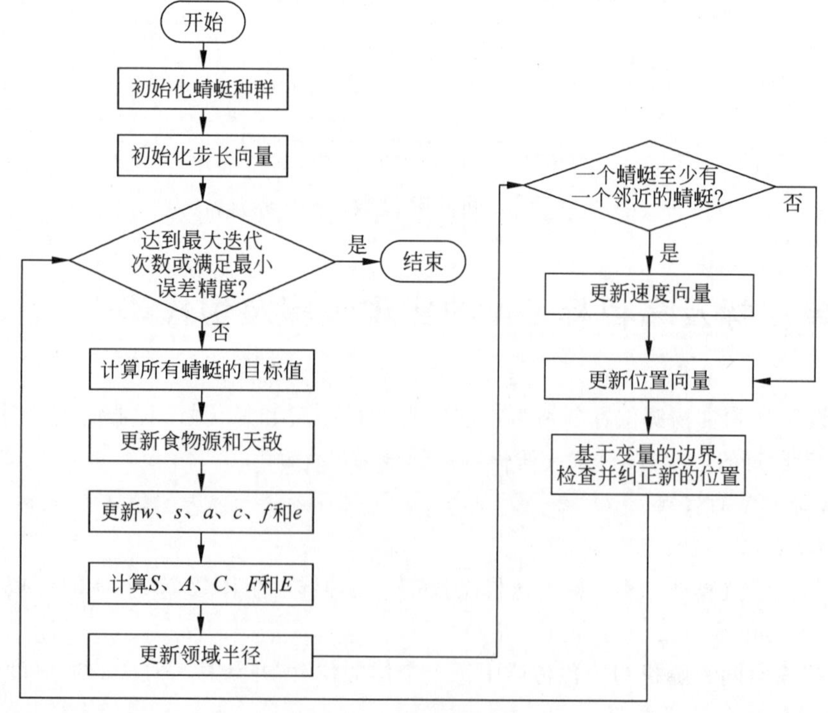

图 14.3　DA 的流程图

2. 二进制蜻蜓算法(BDA)的实现

在连续搜索空间中,DA 的搜索个体可以通过增加步长来搜索新位置。然而,在二进制搜索空间中,由于搜索个体的位置向量只能被赋值为 0 或 1,所以不能直接通过增加步长来更新搜索个体的位置。因此,在二进制蜻蜓算法中,通过引入传递函数来更新搜索个体位置。传递函数把速度(步长)值作为输入,并返回[0,1]中的数字,便定义了更改的概率。这些函数的输出与速度向量的值成正比。因此,较大速度值很可能使搜索个体更新其位置。

采用传递函数的形式为

$$T(\Delta x)=\left|\frac{\Delta x}{\sqrt{\Delta x^{2}+1}}\right| \tag{14.11}$$

传递函数首先用于计算所有蜻蜓改变位置的概率。然后,在二进制搜索空间中更新搜索个体的位置公式如下:

$$X_{t+1}=\begin{cases}-X_{t}, & r<T(\Delta x_{t+1})\\ X_{t}, & r\geqslant T(\Delta x_{t+1})\end{cases} \tag{14.12}$$

其中,r 为[0,1]区间中的一个数。

将 BDA 用于求解二进制问题时应注意,由于在二元空间中无法像连续空间那样清楚地确定蜻蜓的距离,因此 BDA 将所有蜻蜓作为连续空间的一个群体,并通过自适应地调整群系数 s、a、c、f、e 及惯性权重 w 来模拟勘探与开发。

BDA 算法的伪代码描述如下。

```
初始化蜻蜓种群 X_i(i = 1,2, …,n)
初始化步长向量 ΔX_i(i = 1,2, …,n)
While 未满足结束条件
      计算所有蜻蜓的适应度值
      更新食物源和天敌
      更新 w、s、a、c、f 和 e
      使用式(14.1)至式(14.5)计算 S、A、C、F 和 E
      使用式(14.6)计算和变更速度向量
      使用式(14.11)计算概率
      使用式(14.12)更新位置向量
end while
```

3. 多目标蜻蜓算法(MODA)的实现

MODA 除了两个新定义参数——超球体的最大数量和归档文件的大小外,其余的所有参数都与 DA 的参数相同。

MODA 算法的伪代码描述如下。

```
初始化蜻蜓种群 X_i(i = 1,2, …,n)
初始化步长向量 ΔX_i(i = 1,2, …,n)
定义超球体的最大数量(段)
定义档案大小
While 不满足最终条件
      计算所有蜻蜓的适应度值
      找到非主导解
      根据得到的非支配解更新存档
      if 档案已满
          运行存档维护机制以省略当前存档成员之一
          将新解添加到存档中
```

```
        end if
            如果对归档的任何新添加解都位于超范围之外
            更新并重新定位所有超球面以覆盖新的解
        end if
        从档案中选择一个食物源：X⁺ = SelectFood(archive)
        从档案中选择一个天敌：X⁻ = SelectEnemy(archive)
        使用式(14.11)更新步长向量
        使用式(14.12)更新位置向量
        根据变量边界检查并修正新的位置
    end while
```

第 15 章　蜉蝣优化算法

蜉蝣优化算法是模拟昆虫蜉蝣的社会行为，特别是交配行为的群智能优化算法。该算法包括单目标蜉蝣优化算法和在单目标蜉蝣优化算法基础上改进的多目标蜉蝣优化算法。蜉蝣优化算法包括 3 个主要组成部分：雄蜉蝣的运动、雌性蜉蝣的运动和蜉蝣的交配。本章首先介绍蜉蝣的习性及其交配行为，然后阐述单目标蜉蝣优化算法的数学描述、伪代码及流程，以及多目标蜉蝣优化算法的数学描述及伪代码。

15.1　蜉蝣优化算法的提出

蜉蝣优化算法（Mayfly optimization Algorithm，MA）是 2020 年由 Zervoudakis 和 Tsafarakis 提出的模拟蜉蝣交配行为的群智能优化算法。对单目标蜉蝣优化算法（MA）的改进，又提出了多目标蜉蝣优化算法（Multi-objective Mayfly Algorithm，MMA）。MA 是吸收了群体智能优化算法和进化算法优势的混合方法，它通过蜉蝣婚舞和随机飞行过程增强了探索和利用两者之间的平衡关系，有力地避免局部最优。

该算法通过使用 25 个基准测试函数和 13 个 CEC2017 测试函数，以及一个经典的流水车间调度问题进行了测试，并与 7 个高质量的元启发式优化算法对比，结果表明，MA 的性能优于大多数元启发式优化算法，它不仅适用于局部搜索，也适用于全局搜索。

15.2　蜉蝣的习性及其交配行为

蜉蝣是蜉蝣目昆虫，蜉蝣目（英文 Mayfly，学名 Ephemeroptera）昆虫通称蜉蝣。据估计，世界上有超过 3000 种蜉蝣。蜉蝣具有古老而特殊的性状，是最原始的有翅昆虫，它们的翅膀不能折叠。

蜉蝣目昆虫体形细长柔软，体长通常为 3～27mm，触角短，复眼发达，中胸较大，前翅发达，后翅退化，腹部末端有一对很长的尾须，部分种类还有中央尾丝。图 15.1 示出了几种蜉蝣的图片。

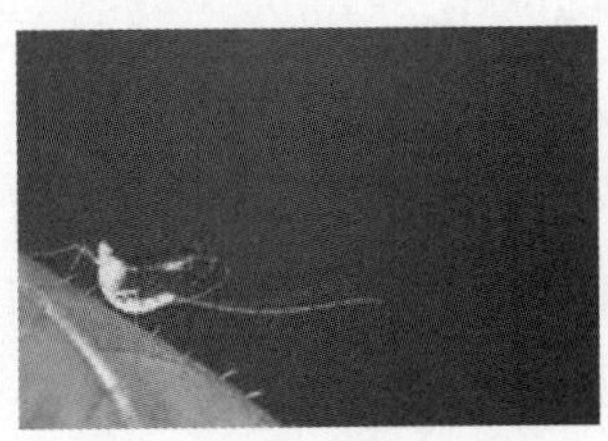

图 15.1　几种蜉蝣的图片

从卵中孵化出来后,未成熟的蜉蝣肉眼可见,它们花了几年时间成长为水生昆虫,直到它们成年后上升到水面。一只成年蜉蝣只能存活几天,直到它完成繁殖的最终目标。为了吸引雌性,大多数雄性成虫成群结队地聚集在水面上几米的地方,通过特有的上下运动模式,表演一场求偶舞蹈。雌性蜉蝣飞入这些区域,为了与空中的雄性交配。交配可能只持续几秒钟,当交配完成后,雌性蜉蝣将卵置于水面上,它们的生命周期就结束了。

15.3 蜉蝣优化算法的优化原理

该算法在最初随机产生两组蜉蝣,分别代表雄性和雌性种群。将每个蜉蝣随机置于求解问题的搜索空间中,作为一个候选解,用一个 d 维向量 $\boldsymbol{x}=(x_1,x_2,\cdots,x_d)$表示,并用定义的目标函数 $f(x)$评价其性能。蜉蝣的速度$\boldsymbol{v}=(v_1,v_2,\cdots,v_d)$定义为其位置的变化,而每只蜉蝣的飞行方向是个体和对社会飞行体验的动态互动。特别是,每只蜉蝣都会调整自己的轨迹,以适应自身到目前为止的最佳位置(pbest),以及到目前为止任何一种蜉蝣种群所获得的最佳位置(gbest)。

蜉蝣算法通过分别对雄性蜉蝣和雌性蜉蝣按适应度值排序,选择最好的雌性与最好的雄性交配,第 2 好的雌性和第 2 好的雄性交配,以此类推,按等级进行蜉蝣的交配。通过算法的迭代过程,不断地提高蜉蝣个体的适应度值,最终获得优化问题的全局最优解。

15.4 单目标蜉蝣优化算法的数学描述

MA 包括雄性蜉蝣的运动、雌性蜉蝣的运动和蜉蝣的交配 3 部分,它们的数学描述如下。

1. *雄性蜉蝣的运动*

雄性蜉蝣的群居,意味着每只雄性蜉蝣的位置是根据自己的经验和邻居的经验调整的。假设 x_i^t 是在时间 t 时蜉蝣 i 在搜索空间中的当前位置,通过在当前位置增加一个速度来更新位置如下:

$$x_i^{t+1}=x_i^t+v_i^{t+1} \tag{15.1}$$

其中,x_i^0 取值的上下限分别为 $x_{\max}$ 和 $x_{\min}$。

考虑到雄性蜉蝣总是在离水面几米高的地方表演求偶舞蹈,因此它们的速度不能增加到很大,它们不断地移动,计算一只雄性蜉蝣的速度为

$$v_{ij}^{t+1}=v_{ij}^t+a_1\mathrm{e}^{-\beta r_p^2}(\mathrm{pbest}_{ij}-x_{ij}^t)+a_2\mathrm{e}^{-\beta r_g^2}(\mathrm{gbest}_j-x_{ij}^t) \tag{15.2}$$

其中,v_{ij}^t 为时间 t 时蜉蝣 i 在 j 维上的速度,$j=1,2,\cdots,n$; x_{ij}^t 为时间 t 时蜉蝣 i 在 j 维上位置,a_1 为蜉蝣个体的认知常数; a_2 为蜉蝣群体社会的认知常数; pbest_i 为蜉蝣 i 迄今最好的位置; β 为蜉蝣固定的能见度系数,用于限制一只蜉蝣的能见度; r_p 为 x_i 和 pbest_i 之间的笛卡儿距离; r_g 为 x_i 和蜉蝣种群的最佳位置 gbest 之间的笛卡儿距离。

计算笛卡儿距离 r_p、r_g 的公式如下:

$$\| x_i - X_i \| = \sqrt{\sum_{j=1}^{n} (x_{ij} - X_{ij})^2} \tag{15.3}$$

考虑最小化问题，蜉蝣 i 在下一个时间 $t+1$ 时的最好位置为

$$\text{pbest}_i = \begin{cases} x_i^{t+1}, & f(x_i^{t+1}) < f(\text{pbest}_i) \\ \text{pbest}_i, & f(x_i^{t+1}) \geqslant f(\text{pbest}_i) \end{cases} \tag{15.4}$$

其中，$f:\mathbf{R}^n \to \mathbf{R}$ 为评价解的质量的目标函数。在时间 t 时的全局最优位置定义为

$$\text{gbest} \in \{\text{pbest}_1, \text{pbest}_2, \cdots, \text{pbest}_N \mid f(\text{cbest})\} = \min\{f(\text{pbest}_1), f(\text{pbest}_2), \cdots, f(\text{pbest}_N)\} \tag{15.5}$$

其中，N 为种群中雄性蜉蝣的总数。

群中最好的蜉蝣继续表演特有的求偶舞蹈，在这种情况下必须不断改变速度，即

$$v_{ij}^{t+1} = v_{ij}^t + d \cdot r \tag{15.6}$$

其中，d 为求偶舞蹈系数；r 为[−1,1]区间的随机数，它是考虑舞蹈时的上下运动为算法引入的一个随机因素。

2. 雌性蜉蝣的运动

雌性蜉蝣与雄性不同，不会成群聚集。它们飞向雄性蜉蝣是为了繁殖。设 y_i^t 是时间 t 时雌性蜉蝣 i 在搜索空间中的当前位置，通过在当前位置增加一个速度来更新位置，如下：

$$y_i^{t+1} = y_i^t + v_i^{t+1} \tag{15.7}$$

其中，y_i^0 取值的上下限分别为 $y_{\max}$ 和 $y_{\min}$。

尽管吸引过程是随机的，但这里决定将其建模为确定性的过程。也就是说，根据它们的适应度值，最好的雌性浮游被最好的雄性所吸引，第 2 好的雌性被第 2 好的雄性所吸引，以此类推。因此，考虑到极小化问题，它们速度的计算式为

$$v_{ij}^{t+1} = \begin{cases} v_{ij}^t + a_2 e^{-\beta r_{\text{mf}}^2}(x_{ij}^t - y_{ij}^t), & f(y_i) > f(x_i) \\ v_{ij}^t + \text{fl} \cdot r, & f(y_i) \leqslant f(x_i) \end{cases} \tag{15.8}$$

其中，v_{ij}^t 为时间 t 雌性蜉蝣 i 在 j 维上的速度，$j=1,2,\cdots,n$；y_{ij}^t 为时间 t 雌性蜉蝣 i 在 j 维上的位置；a_2 为正吸引力常数；β 为固定的能见度系数；r_{mf} 为雌雄蜉蝣之间的笛卡儿距离；fl 为[−1,1]区间的随机行走系数，用于确定雌性不被雄性吸引时的随机飞行；r 为在[−1,1]区间的随机数。

3. 蜉蝣的交配

交叉算子表示两只蜉蝣的交配过程：从雄性种群中选择一个亲本，从雌性种群中选择一个亲本。父母被选择的方式和雌性被雄性吸引的方式是一样的。特别是，选择可以是随机完成的，也可以是基于它们的适合度值完成的。对于后者，最好的雌性和最好的雄性交配，第 2 好的雌性和第 2 好的雄性交配，以此类推。杂交的结果生成两个后代如下：

$$\begin{cases} \text{offspring1} = L \cdot \text{male} + (1-L) \cdot \text{female} \\ \text{offspring2} = L \cdot \text{female} + (1-L) \cdot \text{male} \end{cases} \tag{15.9}$$

其中，male 为父本；female 是母本；L 为特定范围内的随机值。后代的初始速度设置为零。

15.5 单目标蜉蝣优化算法的伪代码实现

单目标蜉蝣优化算法(MA)的伪代码描述如下。

```
目标函数 f(x),x=(x1,x2,…,xd)T
初始化雄蜉蝣种群 xi(i=1,2,…,N)和速度 vmi
初始化雌蜉蝣种群 yi(i=1,2,…,M)和速度 vfi
评估解
找到种群最优解 gbest
Do While 不符合停止标准
        更新雄性和雌性浮游的速度和解
        评估解
        蜉蝣的排序
        蜉蝣伴侣交配
        评估后代
        将后代随机分为雄性和雌性
        用最好的新解取代最坏的解
        更新 pbest 和 gbest
end while
输出结果和可视化
```

15.6 多目标蜉蝣优化算法的伪代码实现

对 MA 进行改进,使之适用于多目标优化问题。MA 只保存一个最优解,而不是多目标问题需要的多个解。此外,MA 在每次迭代中使用迄今为止得到的最优解 pbest 进行更新,而在多目标优化问题中,不存在单一的最优解。因此,为 MA 配备了一个解的存储库,用于保持迄今为止在优化过程中获得的最优非支配解。此外,与 MA 相反,在 MMA 中雌性蜉蝣也更新了自身最优位置。

1. *多目标优化中雄性蜉蝣的运动*

雄性蜉蝣在多目标优化中的运动与它们在单目标优化问题中的运动相似。由于在多目标问题中没有单一的最优解,因此选择 gbest 通过从非支配解的存储库中随机选择一个解来执行。如果雄性蜉蝣被 gbest 支配,则使用式(15.10)。否则,使用式(15.11)。

$$v_{ij}^{t+1}=g\cdot v_{ij}^{t}+a_1\mathrm{e}^{-\beta r_p^2}(\mathrm{pbest}_{ij}-x_{ij}^{t})+a_2\mathrm{e}^{-\beta r_g^2}(\mathrm{gbest}_{ij}-x_{ij}^{t}) \tag{15.10}$$

$$v_{ij}^{t+1}=\begin{cases}g\cdot v_{ij}^{t}+a_2\mathrm{e}^{-\beta r_{\mathrm{mf}}^2}(x_{ij}^{t}-y_{ij}^{t}), & f(y_i)>f(x_i)\\ g\cdot v_{ij}^{t}+\mathrm{fl}\cdot r, & f(y_i)\leqslant f(x_i)\end{cases} \tag{15.11}$$

其中,g 为重力系数,可以是 $(0,1]$ 范围内的一个固定数,也可以在迭代中逐渐减少。

2. *多目标优化中雌性蜉蝣的运动*

与式(15.8)类似,在多目标优化中雌性蜉蝣运动速度的计算公式为

$$v_{ij}^{t+1}=\begin{cases}g\cdot v_{ij}^{t}+a_2\mathrm{e}^{-\beta r_{\mathrm{mf}}^2}(x_{ij}^{t}-y_{ij}^{t}), & \text{雄性占主导}\\ g\cdot v_{ij}^{t}+\mathrm{fl}\cdot r, & \text{其他}\end{cases} \tag{15.12}$$

3. 在多目标优化中蜉蝣的交配

式(15.9)也适用于多目标优化中蜉蝣的交配过程。特别地，根据雄性和雌性的等级对等原则来选择。为了提高 MMA 的收敛性能，交叉算子采用了每个蜉蝣个体的最佳位置执行交叉。

4. 拥挤距离

该存储库具有用于存储非主导解的最大容量。为了对蜉蝣进行排序并保留最好的蜉蝣，使用拥挤距离(CD)进行快速的非优势分类。通过计算相邻个体之间的欧氏距离，CD 可以估算出一个最大的长方体，其中包含一个解，不包括任何其他解。具有最低和最高目标函数值的边界解总是通过赋予无穷大的 CD 值来选择的。通过每个目标函数的 CD 值求和，可以计算出解的最终 CD 值。

5. 多目标蜉蝣算法的伪代码

多目标蜉蝣算法(MMA)的伪代码描述如下。

```
初始化雄蜉蝣种群 x_i(i = 1,2, … ,N)和速度 v_mi
初始化雌蜉蝣种群 y_i(i = 1,2, … ,M)和速度 v_fi
使用定义的目标函数评估解
将非主导解存储在外部存储库中
对蜉蝣排序
Do While 不符合停止标准
        更新雄性和雌性蜉蝣的速度和位置
        评估解
        如果一只新的蜉蝣占据了个体最优解
            用新的解取代个体最优解
        如果没有个体占据主导地位
            新的解有 50% 的机会取代个体最优解
        对蜉蝣排序
        蜉蝣伴侣交配
        评估后代
        将后代随机分为雄性和雌性
        如果后代主宰了同性父母
            用子代替换父代
        插入外部存储库中找到的所有新的非主导解
        对非主导解排序，并在需要时截断存储库
end while
输出结果及非支配解可视化
```

第 16 章　蚱蜢优化算法

蚱蜢优化算法是模拟蚱蜢种群寻求食物过程的群智能优化算法。蚱蜢幼虫只能短距离缓慢跳跃式地局部觅食，而蚱蜢成虫可在空中快速飞翔，大范围全局性地寻求食物。蚱蜢种群间存在排斥力和吸引力，斥力允许蚱蜢个体展开搜索，而吸引力使它们去探索未知区域。蚱蜢优化算法通过蚱蜢自身位置及与其个体相对位置的影响不断地更新自身位置，实现蚱蜢自身位置逐渐逼近最优位置。本章介绍蚱蜢的习性，阐述蚱蜢优化算法的优化原理、数学描述、实现步骤及算法流程。

16.1　蚱蜢优化算法的提出

蚱蜢优化算法(Grasshopper Optimization Algorithm，GOA)是 2017 年澳大利亚 Mirjalil 受自然界中蚱蜢种群寻求食物过程的启发，提出的一种新的群智能优化算法(又称蝗虫优化算法)。将 GOA 通过 CEC2005 一组问题的测试和用于 52 杆桁架、3 杆桁架及悬臂梁的设计，并与已有的多种算法结果比较表明，GOA 能够提供更好的结果，尤其对于求解未知搜索空间的结构优化问题，它具有优越性。GOA 已被用于有约束无约束测试函数、数据聚类、0-1 背包问题、支持向量机优化、深度神经网络、微电网系统优化、发电规划模型优化、无人机轨迹优化等方面。

16.2　蚱蜢的习性

蚱蜢是亚科昆虫的统称。由于它们通常以农作物为食，为此被认为是害虫。雌虫比雄虫大，蚱蜢身体呈绿色或黄褐色。头尖，呈圆锥形，触角短，基部有明显的复眼。后足发达，善于跳跃，飞时可发出"喳喳"的声音。

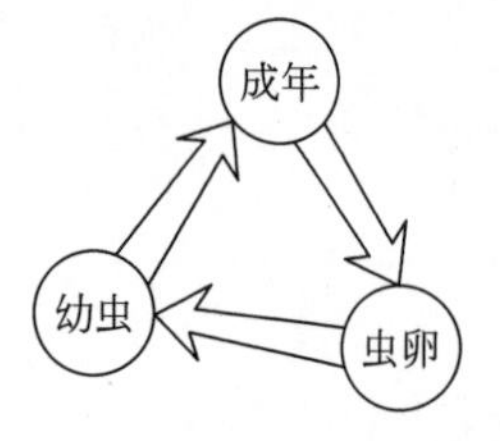

图 16.1　蚱蜢的生长周期

蚱蜢的生长周期一般分为虫卵、幼虫、成虫 3 个阶段，如图 16.1 和图 16.2 所示。蚱蜢在幼虫期的运动能力较弱，只能进行短距离缓慢跳跃觅食。当蚱蜢成年后，可以通过翅膀在空中长距离地飞行，以便寻找更多的食物。尽管蚱蜢在自然界通常以个体形式存在，但是一旦蚱蜢个体到达一定数量将形成蚱蜢种群，种群在突然性长距离迁移过程中将会对植被和农作物进行毁灭性破坏。

图 16.2　蚱蜢成虫

16.3　蚱蜢优化算法的优化原理

蚱蜢在幼虫和成虫两个阶段搜索食物时所表现出的不同行为。蚱蜢在幼虫时依靠强有力的双腿进行跳跃和移动，虽移动缓慢，但能够较为细致地对所经过区域是否存在食物进行判断；当其进入成虫期后长出翅膀，可在空中飞翔，移动变得十分迅速，且移动范围迅速扩大，搜索范围大幅度扩大，但同时对于食物的搜索精确度会受到一定程度的削弱。

蚱蜢在成虫期的长距离移动捕食与在幼虫期短距离跳跃觅食的过程，蕴含着对问题求解全局搜索与局部搜索的寻优机制。蚱蜢种群可视为一个网络，这个网络将所有的个体联系起来，使每个蚱蜢个体的位置协调一致，个体可以通过群体中的其他个体来决定掠食的方向。

蚱蜢种群间存在排斥力和吸引力，斥力允许蚱蜢个体在搜索空间内展开搜索，而吸引力则使得它们去探索未知的区域，处于此区域的蚱蜢个体所受到的斥力和引力是相等的。由于目标的位置是未知的，具有最佳适应度的蚱蜢的位置被认为是与目标最接近的位置，蚱蜢会随着网络中目标的方向而移动。随着蚱蜢的位置更新，为了在全局搜索与局部搜索之间取得平衡，适宜范围区将自适应地下降，直到最后，蚱蜢汇聚在一起并向最优解进行逼近。

蚱蜢优化算法通过蚱蜢的自身位置以及与其他蚱蜢个体的相对位置关系，对自身位置的影响来不断地更新自身位置，实现蚱蜢自身位置不断逼近最优位置。

16.4　蚱蜢优化算法的数学描述

GOA 模拟了自然界中蚱蜢群体在觅食和迁徙过程中，蚱蜢群体的个体之间存在舒适区、吸引区和排斥区，舒适区为蚱蜢的排斥力和吸引力达到平衡时的区域，如图 16.3 所示。

蚱蜢之间在一定距离内存在排斥力和吸引力。蚱蜢的排斥力使蚱蜢间的距离过近时相互排斥，距离越近排斥力越强，这可以避免算法过早地收敛，从而有效实现算法的勘探效果。当蚱蜢间距离超过舒适区域时，距离越远则吸引力越强，之后慢慢减弱。当达到一定距离时，则蚱蜢间的吸引力消失。

在 GOA 中，蚱蜢在种群中的位置代表了给定优化问题的可行解，食物源就是最优解。每只蚱蜢的位置受到其他蚱蜢相互作用力、自身重力和风的平流作用力的共同影响。

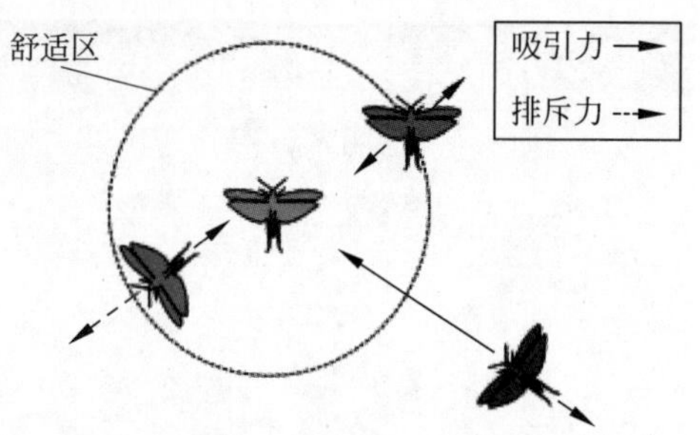

图 16.3　蚱蜢间的排斥力、吸引力和舒适区

1. 蚱蜢个体的位置表示

第 i 只蚱蜢位置的数学模型如下：

$$X_i = S_i + G_i + A_i \tag{16.1}$$

其中，X_i 为第 i 只蚱蜢的位置；S_i 为蚱蜢群体中第 i 只蚱蜢与其他个体社交互动作用力；G_i 为第 i 只蚱蜢的重力；A_i 为第 i 只蚱蜢受到风的平流作用力。

注意，为了提供随机行为，式(16.1)可写为 $X_i = r_1 S_i + r_2 G_i + r_3 A_i$，其中 r_1、r_2、r_3 均为[0,1]区间的随机数。

(1) S_i 的计算。

$$S_i = \sum_{j=1, j\neq i}^{N} s(d_{ij}) \cdot \boldsymbol{d}_{ij} \tag{16.2}$$

其中，d_{ij} 为第 i 只蚱蜢和第 j 只蚱蜢之间的距离，$d_{ij} = |X_j - X_i|$；$\boldsymbol{d}_{ij} = (X_j - X_i)/d_{ij}$ 为第 i 只蚱蜢到第 j 只蚱蜢的单位向量。

s 为一个函数，以蚱蜢间的距离为自变量，随着距离的改变所受的作用力相应改变，用于定量描述蚱蜢间社交互动(吸引和排斥)影响的程度。s 函数的具体形式如下：

$$s(r) = f\mathrm{e}^{-r/l} - \mathrm{e}^{-r} \tag{16.3}$$

其中，f 为吸引力的强度；l 为吸引力的范围。

(2) G_i 的计算。

$$G_i = -g\boldsymbol{e}_{\mathrm{g}} \tag{16.4}$$

其中，g 为引力常数；$\boldsymbol{e}_{\mathrm{g}}$ 为指向地球中心的单位向量。

(3) A_i 的计算。

$$A_i = u\boldsymbol{e}_{\mathrm{w}} \tag{16.5}$$

其中，u 为空气漂移常量；$\boldsymbol{e}_{\mathrm{w}}$ 为风力方向的单位向量。蚱蜢幼虫没有翅膀，因此它们主要的动力来源于风对蚱蜢的作用力。

将上述的 S_i、G_i 和 A_i 分别代入式(16.1)可得

$$X_i = \sum_{j=1, j\neq i}^{N} s(|x_j - x_i|) \frac{x_j - x_i}{d_{ij}} - g\boldsymbol{e}_{\mathrm{g}} + u\boldsymbol{e}_{\mathrm{w}} \tag{16.6}$$

其中，N 为蚱蜢的数量；$s(|x_j - x_i|)$表明蚱蜢是否被排斥进入探索区域或者被吸引进入开发区域。

2. 蚱蜢的位置更新

式(16.6)使得蚱蜢群体能够快速聚集于舒适区，但不能很好地收敛到理想位置。为此引入自适应参数 c，一方面为了平衡蚱蜢群体全局搜索和局部开发能力，另一方面为了收缩蚱蜢

个体间的吸引区、排斥区、舒适区；同时引入蚱蜢群体当前搜索到最接近最优解的位置，使蚱蜢群体在下一次位置更新时能朝着当前最优解位置，并不断向着全局最优解的位置移动。

在不计重力影响及假设风速始终吹向当前目标最优解的情况下，将式(16.6)修改成蚱蜢个体位置更新的计算式为

$$X_i^d(t+1)=c\left(\sum_{j=1,j\neq i}^{N} c\,\frac{\mathrm{ub}_d-\mathrm{lb}_d}{2}\cdot s(|x_j^d(t)-x_i^d(t)|)\cdot\frac{x_j(t)-x_i(t)}{d_{ij}}\right)+T_d \tag{16.7}$$

其中，$X_i^d(t+1)$为第 $t+1$ 次迭代时第 i 只蚱蜢在 d 维搜索空间的位置；ub_d 和 lb_d 分别为 d 维搜索空间的上限和下限；T_d 为当前的最优解；c 为收缩系数，c 定义为

$$c=c_{\max}-t\cdot\frac{c_{\max}-c_{\min}}{t_{\max}} \tag{16.8}$$

其中，$c_{\max}$ 和 $c_{\min}$ 分别为系数 c 的最大值和最小值，分别等于 1 和 0.00001；t 为当前迭代次数；$t_{\max}$ 为最大迭代次数。

在式(16.7)中，c 使用了两次，但这两次 c 的作用不同。左边第一个 c 用于减缓蚱蜢群体在目标最优解附近的移动速率，反映最优解附近的搜索区域随着迭代次数的增加而减少，以平衡整个蚱蜢群体向最优解的探索和开发能力；第 2 个 c 用于压缩蚱蜢之间的吸引区、舒适区和排斥区，反映蚱蜢之间的吸引力和排斥力随着迭代次数的增加而线性递减。

16.5　蚱蜢优化算法的实现步骤及伪代码

蚱蜢优化算法的主要步骤如下。

(1) 初始化种群 $X_i(i=1,2,\cdots,N)$，种群维度 d；初始化算法参数：ub_d 和 lb_d、$c_{\max}$ 和 $c_{\min}$、最大迭代次数 $t_{\max}$ 等。

(2) 计算蚱蜢种群中每个个体适应度值，保存适应度值最好的蚱蜢位置，并将其记为 T。

(3) 使用式(16.8)更新参数 c。

(4) 使用式(16.7)更新蚱蜢位置，计算每个蚱蜢的适应度值，更新最优蚱蜢位置。

(5) 判断是否达到最大迭代次数终止条件，如果满足，则算法结束；否则返回步骤(3)。

蚱蜢优化算法的伪代码描述如下。

```
初始化种群 X_i(i=1,2,…,N)
初始化 c_max 和 c_min,最大迭代次数 t_max
计算每个搜索个体的适应度值
T = 最佳搜索个体
While(t<最大迭代次数)
    使用式(16.8)更新 c
    for 每个搜索个体
        蚱蜢之间的距离在[1,4]中归一化
        通过式(16.7)更新当前搜索个体的位置
        如果当前搜索个体超出边界,则做越界处理
    end for
    如果有更好的解 a,则用其更新 T
    t=t+1
end while
返回 T
```

第17章 飞蛾扑火优化算法

飞蛾扑火优化算法源于对飞蛾横向定位飞行方式的模拟。飞蛾夜间保持相对于月亮的固定角度长距离直线行进。遇灯光时，飞蛾误认是“月光”并试图直线上与光保持类似角度，导致它不停地绕灯光飞行，并朝向光源会聚，最后“扑火”而死去。算法视飞蛾和火焰都是解，迭代过程中对待和更新它们的方式不同。飞蛾是搜索主体，而火焰是飞蛾到目前为止获取的最佳位置。若找到一个更好解，飞蛾便标记并更新它，这样飞蛾永远不会错过最优解。本章介绍飞蛾的横向导航、飞蛾扑火的原理、飞蛾扑火优化算法的数学描述及其实现步骤。

17.1 飞蛾扑火优化算法的提出

飞蛾扑火优化(Moth-Flame Optimization，MFO)算法是2015年由澳大利亚Mirjalili提出的一种新颖的自然启发式优化算法，它的设计思想灵感源于飞蛾的一种称为横向定位的导航方法。夜间飞蛾相对于月亮保持一个固定角度来飞行，由于飞蛾远离月亮，这种导航方式对于长距离直线飞行非常有效。在实际中，飞蛾常把离它较近的点光源误认为月亮，并与其保持一个相同角度而做螺旋形飞行，导致了“扑火”行为的发生。MFO算法通过数学方法对这种行为进行建模以用于优化。MFO算法与其他众所周知的自然启发算法在29个基准函数和7个实际工程问题上进行仿真比较。基准函数的统计结果表明，该算法能够提供非常有前途的竞争结果。此外，用于实际问题的结果表明该算法在解决有限和未知搜索空间的优化问题具有优越性。

17.2 飞蛾的横向导航方法

飞蛾是奇特的昆虫，它非常类似于蝴蝶家族。基本上，飞蛾有超过16万种不同的种类。它们一生分成两个主要阶段：幼虫和成虫。幼虫被转换为蛾茧。最有趣的是飞蛾在夜间使用月光的横向导航方法，图17.1显示了飞蛾的横向定向的模型。利用这种横向导航方法，一只蛾子通过对月球保持一个固定的角度飞行。由于月亮离蛾甚远，这种横向定向机制保证蛾子直线飞行。这样的导航方法可以用人在地面上行走来说明。假设月亮在天空的南侧，人想要去东方。如果人在行走时保持月亮在右侧，他将能够沿直线向东移动。

图17.1 飞蛾的横向定向模型图

飞蛾等昆虫在夜间飞行活动时，主要是依靠月光来辨别方向的。当它们确定飞行方向时，飞蛾总是使月光从一个方向投射到它的眼里，它们会记住飞行方向和月光的夹角(注：月亮离地球很远，因此月光可以看作平行光)。飞蛾在逃避蝙蝠的追逐或者在遇到障碍物时，它们就可以依据这个角度来调整飞行路线，而又不至于偏离原来的飞行方向。飞蛾绕过障碍物转弯以后，只要再转一个弯，月光仍将从原先的方向射来，于是飞蛾也就找到了方向。

17.3　飞蛾扑火的原理

飞蛾遇到灯光时，因为飞蛾对灯的热辐射并不敏感却对灯光敏感，所以强烈的灯光使飞蛾错误地以为这就是“月光”。它们试图与直线上的光保持类似的角度。因为这样的光与月亮相比非常接近，导致飞蛾保持与光源类似的角度绕着灯光不停地绕圈飞行。因此，它也用这个假“月光”来辨别方向。月亮距离地球遥远得很，飞蛾只要保持同月亮的固定角度，就可以使自己朝一定的方向飞行。可是，灯光距离飞蛾很近，由于灯光是呈辐射状的，因此飞蛾本能地为了与所谓的月光保持固定夹角，只能绕着灯光不停地绕圈，越绕越接近光源的螺旋形路径，如图 17.2 所示。图 17.3 给出了飞蛾绕光源飞出的螺旋线轨迹。蛾子最终朝向光源会聚，直到它筋疲力尽，最后“扑火”而死去。这就是所谓的飞蛾扑火的原理。

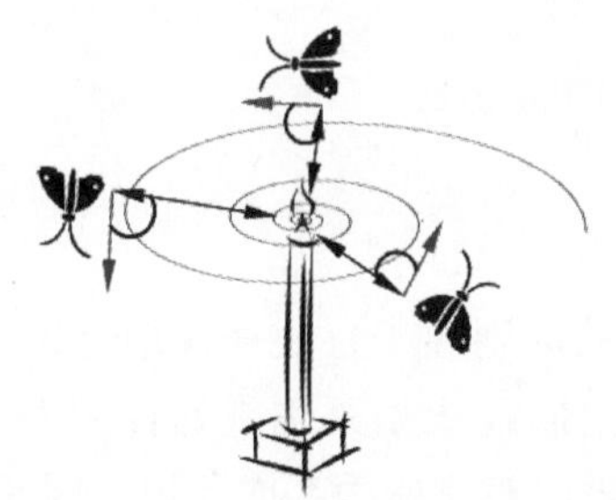

图 17.2　飞蛾接近光源飞的螺旋形图路径

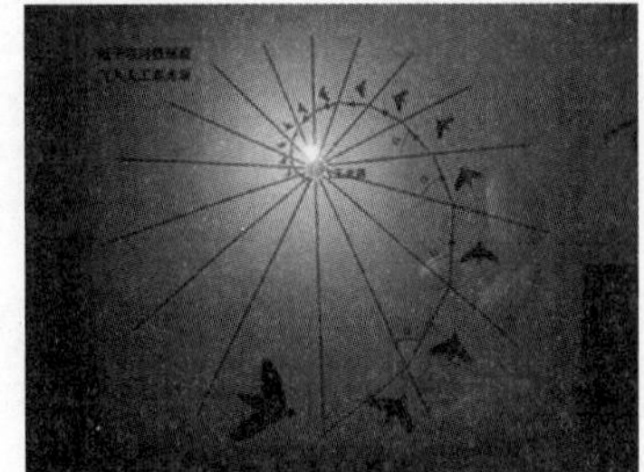

图 17.3　飞蛾绕光源飞出的螺旋线轨迹

17.4　飞蛾扑火优化算法的数学描述

在 MFO 算法中，假设候选解是飞蛾，问题的变量是飞蛾在空间中的位置。因此，飞蛾可以在一维、二维、三维或超高维空间中飞行，它们的位置向量用矩阵表示如下：

$$\boldsymbol{M}=\begin{bmatrix} m_{1,1} & m_{1,2} & \cdots & m_{1,d} \\ m_{2,1} & m_{2,2} & \cdots & m_{2,d} \\ \vdots & \vdots & & \vdots \\ m_{n,1} & m_{n,2} & \cdots & m_{n,d} \end{bmatrix} \tag{17.1}$$

其中，n 为飞蛾的数目；d 为变量的维数。

对于所有的飞蛾，假设有一个数组存储相应的值如下：

$$\mathbf{OM}=\begin{bmatrix}\mathrm{OM}_1\\\mathrm{OM}_2\\\vdots\\\mathrm{OM}_n\end{bmatrix}\tag{17.2}$$

其中,n 为飞蛾的数目。

注意,适应度值是每个蛾的适应目标函数的返回值。每个蛾的位置向量(如矩阵 $\boldsymbol{M}$ 中第一行)传递给适应度函数,并将适应度函数的输出分配给相应的飞蛾作为其适应度值(如矩阵 **OM** 中的 OM_1)。

在 MFO 算法中的另一个关键组件是火焰,用矩阵 $\boldsymbol{F}$ 表示如下:

$$\boldsymbol{F}=\begin{bmatrix}F_{1,1} & F_{1,2} & \cdots & F_{1,d}\\F_{2,1} & F_{2,2} & \cdots & F_{2,d}\\\vdots & \vdots & & \vdots\\F_{n,1} & F_{n,2} & \cdots & F_{n,d}\end{bmatrix}\tag{17.3}$$

其中,n 为飞蛾的数目;d 为变量的维数。

从式(17.3)可以看出,矩阵 $\boldsymbol{M}$ 和 $\boldsymbol{F}$ 的维数是相等的。对于火焰,还假定用一个数组 **OF** 存储对应的适应度值为

$$\mathbf{OF}=\begin{bmatrix}\mathrm{OF}_1\\\mathrm{OF}_2\\\vdots\\\mathrm{OF}_n\end{bmatrix}\tag{17.4}$$

其中,n 为飞蛾的数目。

应该注意的是,飞蛾和火焰都是可行解。它们之间的区别在于每次迭代中处理和更新它们的方式不同。飞蛾是在搜索空间移动的实际搜索的主体,而火焰是飞蛾到目前为止获得的最佳位置。换句话说,火焰可以被认为是在搜索空间搜索时被飞蛾丢弃的标记。因此,每个飞蛾在火焰周围的一个标记区域搜索,并在找到更好的解的情况下更新它。通过这种机制,飞蛾从不会错过其最优解。

MFO 算法近似于优化问题中全局最优的三元组,定义如下:

$$\mathrm{MFO}=(I,P,T)\tag{17.5}$$

其中,I 为一个随机产生飞蛾种群和相应适应度值的函数。该函数的模型如下:

$$I:\phi\rightarrow\{\boldsymbol{M},\mathbf{OM}\}\tag{17.6}$$

P 是使飞蛾围绕搜索空间移动的主函数。该函数接收矩阵 $\boldsymbol{M}$ 并最终返回更新的 $\boldsymbol{M}$。

$$P:\boldsymbol{M}\rightarrow\boldsymbol{M}\tag{17.7}$$

如果满足终止条件,T 函数返回真;如果不满足终止条件,则返回假:

$$T:\boldsymbol{M}\rightarrow\{\mathrm{true},\mathrm{false}\}\tag{17.8}$$

通过 I、P 和 T 描述 MFO 算法的一般框架定义如下:

```
M = I();
while T(M) is equal to false
  M = P(M);
end
```

函数 I 生成初始解，并计算它的目标函数值。这个函数可以使用任何随机分布，默认情况下使用以下方法：

```
for i= 1:n
  for j= 1:d
    M(i,j) = (ub(i) - lb(i)) * rand() + lb(i);
  end
end
OM = Fitness Function(M)
```

上述的 ub 和 lb 两个数组定义变量的上限和下限如下：

$$\mathrm{ub}=[\mathrm{ub}_1,\mathrm{ub}_2,\mathrm{ub}_3,\cdots,\mathrm{ub}_{n-1},\mathrm{ub}_n] \tag{17.9}$$

$$\mathrm{lb}=[\mathrm{lb}_1,\mathrm{lb}_2,\mathrm{lb}_3,\cdots,\mathrm{lb}_{n-1},\mathrm{lb}_n] \tag{17.10}$$

其中，ub_i 为第 i 变量的上限；lb_i 为第 i 变量的下限。

在初始化之后，P 函数迭代运行直到 T 函数返回。P 函数是主函数使飞蛾在搜索空间周围移动。为了对飞蛾横向定向行为进行建模，使用下式更新每个飞蛾相对于火焰的位置：

$$M_i=S(M_i,F_j) \tag{17.11}$$

其中，M_i 为第 i 飞蛾；F_j 为第 j 火焰；S 为螺旋线函数。

在飞蛾的更新机制中选择的对数螺旋线定义如下

$$S(M_i,F_j)=D_i\cdot \mathrm{e}^{bt}\cdot\cos(2\pi t)+F_j \tag{17.12}$$

其中，M_i 为第 i 飞蛾；F_j 为第 j 火焰；b 为定义对数螺旋线形状的常数；t 为$[-1,1]$中的随机数；D_i 为第 i 飞蛾与第 j 火焰间的距离。其值计算如下：

$$D_i=|F_j-M_i| \tag{17.13}$$

式(17.12)模拟飞蛾螺旋飞行路径，并确定飞蛾相对于火焰的下一个位置。螺旋线方程中的参数 t 定义为飞蛾的下一位置应该接近火焰的程度（$t=-1$ 是最接近火焰的位置，而 $t=1$ 表示离火焰最远的位置）。因此，可以假定飞蛾的下一个位置将在这个火焰所有方向上的超椭圆空间内。螺旋线方程让飞蛾"围绕"火焰飞行，而不是在它们之间的空隙中飞行。图 17.4 中给出了飞蛾围绕火焰空间不同 t 在对数螺旋线上的位置。图 17.5 给出在火焰周围飞蛾位置更新的概念模型。

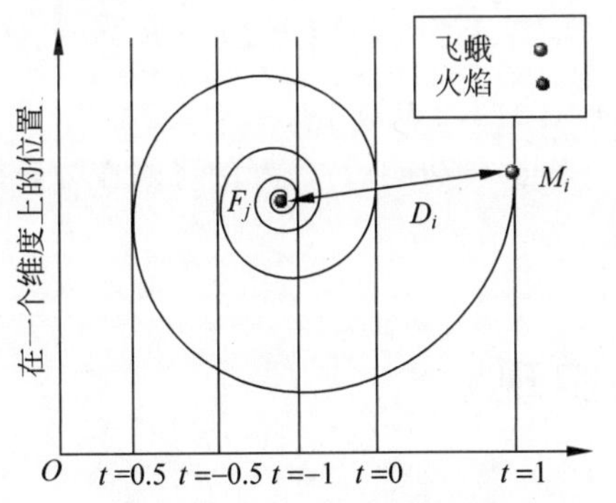

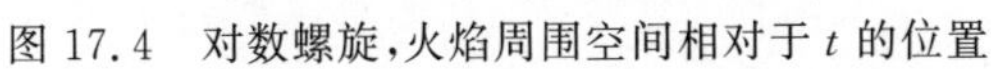
图 17.4 对数螺旋，火焰周围空间相对于 t 的位置

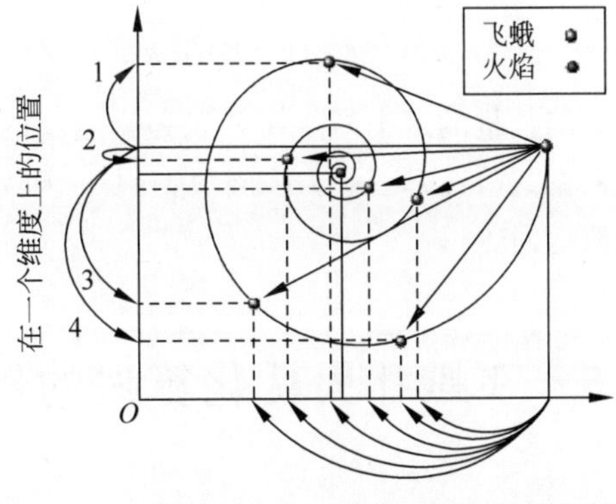

图 17.5 火焰周围一只飞蛾位置更新的概念模型

为了简便，图 17.5 中的垂直轴仅示出一个维度。飞蛾可以在火焰周围一维的搜索空间中探索和开发。当下一个位置在飞蛾和火焰之间的空间之外时，如在由箭头 1、3 和 4 标记的区域，进行探测；当下一个位置位于飞蛾和火焰之间的空间内时，如由箭头 2 标记的区域，进行

开发。显然,飞蛾可以通过改变 t 收敛到火焰邻近的任何点,t 越减少离火焰的距离越近。随着飞蛾越接近火焰,它在火焰两侧的位置更新频率增加。

由位置更新式(17.12)可知,只许飞蛾朝着火焰的方向移动,会导致 MFO 算法快速陷入局部最优。为了防止出现这种情况,每个飞蛾只能使用式(17.12)中的一个火焰来更新其位置。在每次迭代和更新列表之后,根据列的值对列表进行排序。然后将飞蛾相对于它们对应的火焰更新它们的位置。第一飞蛾总是相对于最佳飞行更新其位置,而最后飞蛾相对于列表中最差飞行更新其位置。图 17.6 给出了如何将列表中的火焰分配给每个飞蛾的情况。

将特定的火焰分配给每个飞蛾的目的是为了防止局部最佳停滞。如果所有飞蛾被吸引到一个单一的火焰,由于它们只能向着火焰飞而不是向外飞行,因此全都收敛到搜索空间中的一点。然而,要求它们围绕不同的火焰移动,会使在搜索空间具有更高的探索效率和更低的局部最优停滞概率。

因此,飞蛾可以在不同的火焰周围的位置更新,这种机制在搜索空间中引起飞蛾突然移动有利于促进勘探,即全局搜索。

飞蛾在搜索空间中 n 个不同的位置更新,不利于搜索到最优解。为了解决这个问题,图 17.7 给出了在迭代过程中采用下式自适应地减少火焰的数量:

$$\text{flame no} = \text{round}\left(N - l \cdot \frac{N-1}{T}\right) \tag{17.14}$$

其中,l 为当前迭代次数;N 为火焰最大值数量;T 为最大迭代次数。

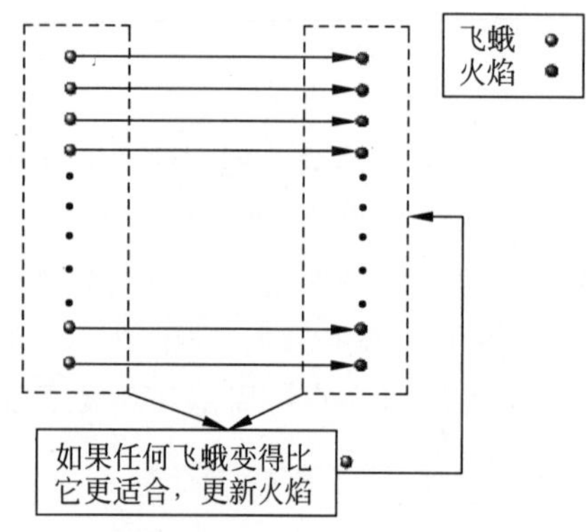

图 17.6 每个飞蛾分配到一个火焰

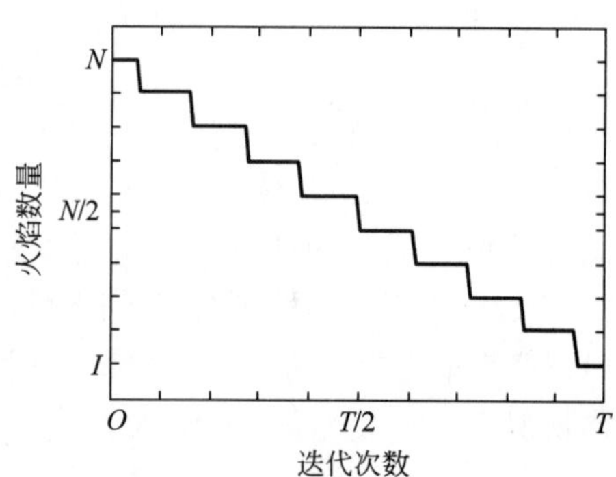

图 17.7 在迭代过程中自适应地减少火焰数

火焰数量的逐渐减少平衡了搜索空间的探索和开发之间的关系。

根据式(17.7),执行 P 函数直到 T 函数返回真。终止 P 功能后,最好的飞蛾作为获得的最优值返回。

17.5 飞蛾扑火优化算法的伪代码实现

飞蛾扑火优化算法的伪码描述(P 函数实现的一般步骤)如下。

```
Update flame no using Eg. (17.14)
OM = Fitness Function(M)
if iteration == 1
```

```
        F = sort(M)
        OF = sort(OM)
else
        F = sort(M_{t-1},M_t);
        OF = sort(M_{t-1},M_t);
end
for i = 1: n
    for j = 1:d
        Update r and t
        Calculate D using Eg.(17.13)with respect to the
    corresponding moth
        Update M(i,j) using Egs.(17.11)and(17.12)with respect
    to the corresponding moth
    end
end
```

如上所述，执行 P 函数直到 T 函数返回真。在终止 P 函数之后，最好的飞蛾作为获得的最优解返回。

第18章 蛾群算法

蛾群算法模拟飞蛾夜晚以月光或星光作为定向导航的飞行行为，该算法根据适应度值的不同把飞蛾分为探路蛾、勘探蛾和观察蛾，在迭代过程中，3种飞蛾的角色会转换。在算法中还融入交叉变异机制和学习机制，确保了种群的多样性，以便更有效地平衡算法的探测和开采能力。蛾群算法具有结构简单、参数较少、求解精度高以及鲁棒性强等优点。本章首先介绍飞蛾的生活习性及趋光性，然后阐述蛾群算法的数学描述、实现步骤及算法流程。

18.1 蛾群算法的提出

蛾群算法(Moth Swarm Algorithm，MSA)是2016年由Al-Attar Ali Mohamed提出的模拟飞蛾在夜间朝月光飞行行为的群智能优化算法。该算法把飞蛾分为3类：探路蛾、勘探蛾和观察蛾。MSA在模拟飞蛾自然行为的同时，在算法中还融入交叉变异和学习机制，确保了种群的多样性，更有效地平衡算法的探测和开采能力。

蛾群算法具有结构简单、参数较少、求解精度高以及鲁棒性强等优点，已应用于求解电力系统无功优化、水资源脆弱性评价、优化电力系统潮流计算、网络流量预测、电力系统环境经济调度、电容器组分配等问题。

18.2 飞蛾的生活习性及趋光性

飞蛾属于鳞翅目昆虫，多数蛾类在夜晚活动，通常还具有较强的趋光性。像飞蛾等具有趋光性的夜行性昆虫，在飞行时会以月光或星光作为定向导航的依据。飞蛾的眼睛是由很多单眼组成的复眼，它在夜晚飞行的时候，总是使月光从一个方向投射到它的眼里，当它绕过某个障碍物或是迷失方向的时候，只要转动身体，找到月光原来投射过来的角度，就能继续探索到前进的方向。

然而，飞蛾看见灯火时就会分辨不清月亮和灯火，由于月亮远在天边，灯火近在眼前，飞蛾就会把灯火误认为月亮。在这种情况下，它只要飞过灯火前面一点，就会觉得灯火射来的角度改变了，从侧面或者从后面射来，因此便把身体转回来，直到灯火以原来的角度投射到眼里为止。于是飞蛾就会不停地对着灯火转来转去，绕着灯火以对数螺旋线的方式飞向光源，如图18.1(a)所示，怎么也脱不了身，于是便有了“飞蛾扑火”说法，如图18.1(b)所示。

飞蛾是害虫。飞蛾的幼虫长有咀嚼式口器，它以植物的叶子为食物，是农林作物、果树、茶叶、蔬菜、花卉等的重要害虫。成虫无法咀嚼食物，而用类似吸管的长型口器吮吸树汁、花蜜等，如图18.1(c)所示。

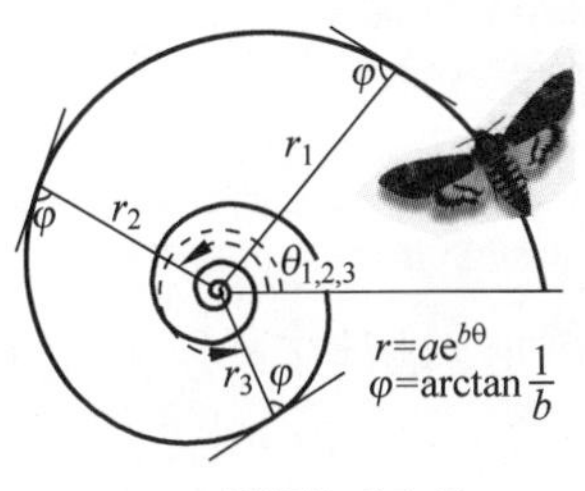

(a) 飞蛾螺旋式飞行

(b) 飞蛾扑火

(c) 飞蛾觅食

图 18.1　飞蛾觅食、飞蛾扑火及螺旋式飞行示意图

18.3　蛾群算法的数学描述

在 MSA 中，光源位置代表待优化问题的可行解，光源发光强度代表可行解的适应度值。根据适应度值的不同，MSA 把飞蛾分为探路蛾、勘探蛾和观察蛾。在每次迭代过程中，最好的适应度值被认为是探路蛾的空间位置所对应的发光强度。探路蛾的主要任务是找到最好的位置作为光源来引导飞蛾个体的移动。具有第 2、3 好适应度值的飞蛾分别定义为勘探蛾和观察蛾。勘探蛾的任务是围绕着被探路蛾标记出的最好光源附近以对数螺旋线的方式来移动。观察蛾的任务是直接移动到被探路蛾标记出的最亮光源处。

1. *初始化蛾群*

在 d 维搜索空间中，蛾群中飞蛾数量为 n，随机生成 $n\times d$ 只蛾初始候选解的位置如下：

$$x_{i,j}=\mathrm{rand}[0,1]\cdot(x_j^{\max}-x_j^{\min})+x_j^{\min}\quad i\in\{1,2,\cdots,n\},j\in\{1,2,\cdots,d\}\tag{18.1}$$

其中，$x_{i,j}$ 为第 i 只蛾的第 j 维位置；$x_j^{\max}$ 和 $x_j^{\min}$ 分别为飞蛾个体初始位置的上限和下限。

2. *探路阶段*

为了消除早熟及趋同现象，采用轮盘赌法选择若干只蛾作为下一阶段的探路蛾，采用多样性交叉操作以扩大种群的多样性，对于第 t 次迭代第 j 维蛾群个体归一化分散度 σ_j^t 描述为

$$\sigma_j^t=\frac{\sqrt{\dfrac{1}{n_p}\sum_{i=1}^{n_p}(x_{ij}^t-x_j^i)^2}}{\bar{x}_j^t}\tag{18.2}$$

其中，n_p 为探路蛾的数量；$\bar{x}_j^t=\sum_{i=1}^{n_p}x_{ij}^t$。

相对于分散度，变异系数 μ^t 可以表示为

$$\mu^t=\frac{1}{d}\sum_{j=1}^{d}\sigma_j^t\tag{18.3}$$

探路蛾分散的时候将纳入 c_p 种群进行变异操作，服从以下形式

$$i\in c_p\quad \sigma_j^t\leqslant\mu^t\tag{18.4}$$

蛾群的交叉点随着迭代的进行在动态变化。在 $n_c\in n_p$ 的交叉机制中，子向量 $\boldsymbol{v}_p=[v_{p1},v_{p2},\cdots,v_{pn_c}]$是通过扰乱所选择的主向量 $\boldsymbol{x}_p=[x_{p1},x_{p2},\cdots,x_{pn_c}]$生成的，公式如下：

$$\begin{gathered}\boldsymbol{v}_p^t=\boldsymbol{x}_{r^1}^t+L_{p1}^t\cdot(\boldsymbol{x}_{r^2}^t-\boldsymbol{x}_{r^3}^t)+L_{p2}^t\cdot(\boldsymbol{x}_{r^4}^t-\boldsymbol{x}_{r^5}^t)\\ \forall r^1\neq r^2\neq r^3\neq r^4\neq r^5\neq p\in\{1,2,\cdots,n_p\}\end{gathered}\tag{18.5}$$

其中，$L_t \sim \text{step} \oplus \text{Levy}(\alpha) \sim 0.01\dfrac{u}{|y|^{1/\alpha}}$；$u \sim N(0,\sigma_u^2)$；$y=N(0,\sigma_y^2)$；$\sigma_y=1$。

$$\sigma_u=\left\{\frac{\Gamma(1+\beta)\sin(\pi\beta/2)}{\Gamma[(1+\beta)/2]\beta 2^{(\beta-1)/2}}\right\}^{1/\beta} \tag{18.6}$$

为了获得较好的飞行路径，每只探路蛾通过和变异过后的子向量进行交叉操作来更新自身的位置。完整的飞行路径 V_{pj}^t 可定义如下：

$$V_{pj}^t=\begin{cases}V_{pj}^t, & j\in c_p\\ x_{pj}^t, & j\notin c_p\end{cases} \tag{18.7}$$

在以上迭代之后，每一代的适应度值都将会重新计算，并与探路蛾的适应度值进行比较。适应度值较好的飞蛾将继续保留到下一次迭代中，用于求解极小值的过程表示如下：

$$\boldsymbol{x}_p^{t+1}=\begin{cases}\boldsymbol{x}_p^t, & f(\boldsymbol{V}_p^t)\geqslant \boldsymbol{x}_p^t\\ \boldsymbol{v}_p^t, & f(\boldsymbol{V}_p^t)<\boldsymbol{x}_p^t\end{cases} \tag{18.8}$$

概率值 P_p 与发光强度 fit_p 成比例，计算如下：

$$P_p=\frac{\text{fit}_p}{\sum\limits_{p=1}^{n_p}\text{fit}_p} \tag{18.9}$$

目标函数的适应度值 f_p 表示光的强度，在用于求解极小值的问题中，表述如下：

$$\text{fit}_p=\begin{cases}\dfrac{1}{1+f_p}, & f_p\geqslant 0\\ 1+f_p, & f_p<0\end{cases} \tag{18.10}$$

3. 勘探阶段

勘探蛾感受到光的强度次于探路蛾，探路蛾的数量 n_f 随着迭代次数 T 的增加而减少，计算式为

$$n_f=\text{round}\left((n-n_p)\times\left(1-\frac{t}{T}\right)\right) \tag{18.11}$$

在探路蛾搜索完成之后，将光源强度的信息传递给勘探蛾，勘探蛾紧跟着更新自身的位置。每只勘探蛾 x_i 将绕着人工光源 x_p(轮盘赌法选择的探路蛾)做螺旋式盘旋。勘探蛾更新位置的公式如下：

$$x_i^{t+1}=|x_i^t-x_p^t|\cdot \mathrm{e}^\theta\cdot\cos 2\pi\theta+x_p^t\quad \forall p\in\{1,2,\cdots,n_p\};\ i\in\{n_p+1,n_p+2,\cdots,n_f\} \tag{18.12}$$

其中，θ 为飞蛾螺旋式盘旋常数，其取值为$[r,1]$区间的随机数；$r=-1-t/T$。

在 MSA 中，每只蛾的分类是随着迭代次数的变化而变化的。因此，每只蛾找到光源强度比较好的位置时，将有可能变换为探路蛾。也就是说，在这个阶段会产生新的光源。

4. 观察阶段

在优化的过程中，随着勘探蛾数量的减少，观察蛾数量($n_o=n-n_f-n_p$)将会增多。这种机制可以提高算法的收敛速度。在观察阶段，将观察蛾的数量分为两部分，一部分采用式(18.13)高斯游走方式更新位置如下：

$$x_i^{t+1}=x_i^t+\varepsilon_1+(\varepsilon_2\times \text{gbest}^t-\varepsilon_3\times x_i^t)\quad \forall i\in\{1,2,\cdots,n_G\}$$

$$\varepsilon_1 \sim \text{random}(\text{size}(d)) \oplus N\left(\text{best}_g^t, \frac{\log t}{t} \times (x_i^t - \text{best}_g^t)\right) \tag{18.13}$$

其中，ε_1 为高斯分布中随机生成的种群数量；gbest^t 为观察阶段中最好蛾的位置(包括探路蛾和勘探蛾)；ε_2 和 ε_3 为[0,1]区间的随机数。

另一部分采用式(18.14)加入即时记忆的联想学习机制进行位置更新如下：

$$x_i^{t+1} = x_i^t + 0.001G[x_i^t - x_i^{\min}, x_i^{\max} - x_i^t] + (1 - g/G) \cdot r_1 \cdot (\text{best}_p^t - x_i^t) + \left(\frac{2g}{G} \cdot r_2 \cdot (\text{best}_g^t - x_i^t)\right) \tag{18.14}$$

其中，$i \in \{1,2,\cdots,n_A\}$；$2g/G$ 为社会因子；$1-g/G$ 为认知因子；r_1 和 r_2 为[0,1]区间的随机数；best_p 为基于一定概率随机选出来的光源的位置。

18.4　蛾群算法的实现步骤

(1) 初始化参数：群体规模 n，最大迭代次数 iterMax。

(2) 初始化种群：按照式(18.1)在搜索空间随机产生飞蛾个体的位置。

(3) 根据目标函数计算适应度值，开始算法迭代过程。

(4) 在探路阶段，根据式(18.2)～式(18.9)对探路蛾进行位置更新，计算探路蛾的个体适应度值，与初始种群适应度值作比较，选择较优的个体作为光源，引导飞蛾群体的移动。

(5) 在勘探阶段，随着迭代次数增加，勘探蛾的数目减少。勘探蛾绕着探路蛾找到的光源按式(18.12)进行对数螺旋线飞行，计算适应度值，如果适应度值优于光源位置的适应度值，勘探蛾转变为探路蛾。

(6) 在观察阶段，随着勘探蛾数目的减少，观察蛾的数目增多。观察蛾根据式(18.13)和式(18.14)来更新位置，根据更新的位置计算适应度值，与勘探阶段计算的适应度值做比较，较优的观察蛾转变为勘探蛾，较差的作为探路蛾。

(7) 判断是否满足算法的终止条件(达到最大迭代次数)，若满足，则输出最优解；否则转到步骤(3)。

蛾群算法的流程如图 18.2 所示。

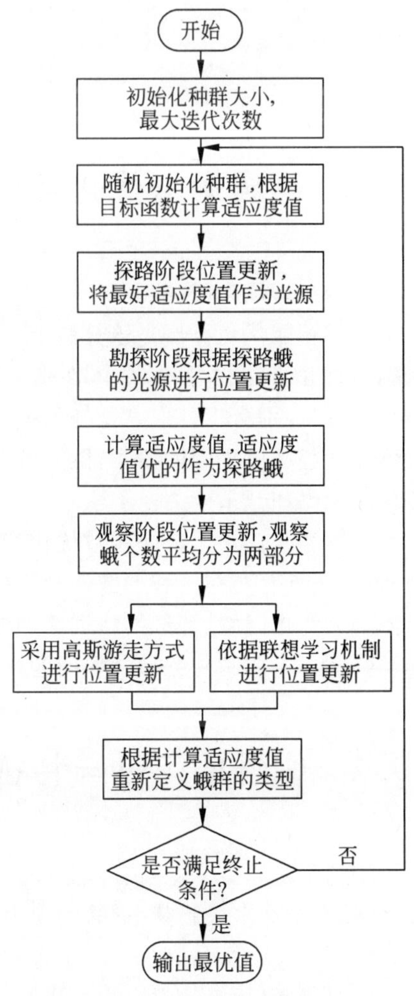

图 18.2　蛾群算法的流程图

第 19 章　群居蜘蛛优化算法

群居蜘蛛的个体之间保持有复杂的协作行为准则，种群依据个体雄雌分配不同的任务，如捕食、交配、蜘蛛网设计及群体协作等。个体之间通过蜘蛛网络振动的强弱传递有用信息。振动的强弱可被群居中个体解码成不同的信息，如猎物的大小、相邻个体特征等，而振动的强度取决于蜘蛛的重量和距离。蜘蛛优化算法在真实模拟群居蜘蛛群体内不同协作行为的基础上，引入新的计算机制，有效避免了常规群智能优化算法中存在早熟和局部收敛问题。本章介绍蜘蛛的习性与特征，以及蜘蛛优化算法的基本思想、数学描述、实现步骤及流程。

19.1　群居蜘蛛优化算法的提出

群居蜘蛛优化(Social Spider Optimization，SSO)算法是 2013 年由墨西哥学者 Cuevas 等提出的群智能优化算法。该算法模拟群居蜘蛛的捕食、织网交流、繁衍后代等协作行为。在群居蜘蛛优化算法模型中，个体性别分为雌、雄两类，雌、雄个体寻优过程中依照不同的搜索准则，并根据性别分工合作。这样的搜索模式不但更真实地模仿了群体的合作行为，也有效避免个体在优势群体周围的聚集，能有效避免早熟收敛和搜索结果的不稳定，也在一定程度上平衡了算法探测和开采能力。

该算法起初用于求解函数优化和工程优化问题，并与其他算法进行了对比。测试结果表明，该方法具有对初值和参数选择不敏感、稳健性强、收敛速度快的特点。目前该算法已用于求解约束优化问题、神经网络训练和帕金森病的鉴定、车辆调度和交通拥挤管理、电站优化调度、网络服务、能源防盗检测等问题。

19.2　蜘蛛的习性与特征

蜘蛛不是昆虫。昆虫有 6 条腿，绝大多数蜘蛛有 6 只眼睛和 8 条腿，如图 19.1 所示。不过，虽然有这么多只眼睛，蜘蛛的视力仍旧不太好。相反，它们的每条腿上都有 2～3 个爪子及一簇细绒毛，感觉十分敏锐，能像人的舌头、耳朵和手指那样感受刺激。蜘蛛的腿上长有一些特殊的毛，可以用来品尝实物的味道，并能感受到空气和蜘蛛网上的微小振动。蜘蛛也能利用腿上潮湿的绒毛吸附在垂直的墙上。

与许多昆虫不同的是，蜘蛛没有翅膀和触角。科学家已经命名了约 40 000 种蜘蛛，蜘蛛不但种类多，个体数量也多，而且它的某些结构和行为在动物界中十分奇特。所有已发现的蜘蛛都会“吐”丝，但并不是所有的蜘蛛都会结网。所有蜘蛛都有丝腺，而且用途很广，如制造卵

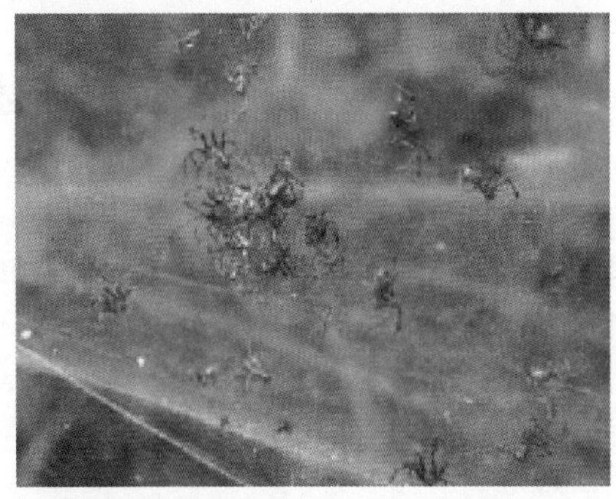

图 19.1 个体蜘蛛和群居蜘蛛的照片

袋、结网(或隐蔽所)、飞航、交配(精网、交配丝)、安全(拖丝)、传递信息(信号丝)及捆缚食物等都需用丝。蜘蛛已结过网的旧丝可以迅速回收,结新网时几乎不需要体内其他蛋白参与合成。雌性蜘蛛吐丝时会释放一种特别的化学物质附着在上面,当一只成年的雄性蜘蛛接触到丝,它会从化学物质得知附近有一只和它同种类的成年雌性蜘蛛在求爱。

大多数的蜘蛛独来独往,仅有 18 个品种属于群居蜘蛛,它们以互助合作取代互相残杀。群居蜘蛛一生住在一起,彼此合作捕猎,分享食物,修补巢穴,甚至互相照顾下一代。群居蜘蛛属母系社会,猎捕等粗活都由母蜘蛛担当,它们个头虽小,却能联手猎杀体型大过它们数十倍的蚱蜢。科学家还在厄瓜多尔发现群居蜘蛛合作编织的一张直径长达 100 多米的捕虫网,这简直像是发动上万的"宗亲"来修筑一道"万里长城"。

19.3 群居蜘蛛优化算法的基本思想

蜘蛛是一类倾向群居的物种,个体间保持有复杂的协作行为准则,根据雌雄执行多种任务,如捕食、交配、蜘蛛网设计及群体协作等。群居蜘蛛由个体和蜘蛛网络组成,个体分为雄性和雌性两种类别。种群依据个体雌雄分配不同的任务,个体之间通过直接或间接的协作将有用信息通过蜘蛛网传递给群居中的其他个体,并将此信息编码成振动的强弱在个体间进行协作。研究人员发现,蜘蛛能够感受到纳米级别的振动。振动的强弱可被群居中个体解码成不同的信息,如猎物的大小、相邻个体特征等,而振动的强度取决于蜘蛛的重量和距离。

SSO 算法模拟蜘蛛群集运动规律实现寻优过程,将整个搜索空间视为蜘蛛运动所依附的蜘蛛网,蜘蛛位置对应于优化问题的可能解,相应权值对应于评价个体好坏的适应度值。该算法在解决函数优化问题时,随机产生蜘蛛的位置,通过雌性蜘蛛和雄性蜘蛛的内部协作运动及婚配过程进行信息交互,最终获得问题的最优解。

SSO 算法在真实模拟群居蜘蛛群体内不同协作行为的基础上,引入新的计算机制,有效避免了目前常规群算法中存在的早熟收敛和局部极值问题。在解决连续变量优化问题时,SSO 算法是以迭代的方式不断地寻找最优值,最终个体蜘蛛所处的位置即优化问题的解。

19.4 群居蜘蛛优化算法的数学描述

1. 蜘蛛群体的初始化

群居蜘蛛优化算法的初始个体分雌性蜘蛛和雄性蜘蛛两类，其中雌性蜘蛛的数量 N_f 占全部群落个体数量 N 的 65%～90%，雌性蜘蛛的数量 N_f 可由式(19.1)计算如下：

$$N_f = \text{floor}[(0.9 - \text{rand} \cdot 0.25) \cdot N] \tag{19.1}$$

其中，floor(·)为取整函数；rand 为[0,1]区间的随机数。

雄性蜘蛛的数量 N_m 由式(19.2)计算如下：

$$N_m = N - N_f \tag{19.2}$$

把群居蜘蛛个体的总量 N 再分成 S 个子群，其中 F 表示雌性蜘蛛种群，$F=\{f_1, f_2, \cdots, f_{N_f}\}$；$M$ 表示雄性蜘蛛种群，$M=\{m_1, m_2, \cdots, m_{N_m}\}$。$S=F \cup M$，$S=\{s_1, s_2, \cdots, s_N\}$，由此可得：

$$S=\{s_1=f_1, s_2=f_2, \cdots, s_{N_f}=f_{N_f}, s_{N_{f+1}}=f_{N_{f+1}}=m_1, s_{N_{f+2}}=m_2, \cdots, s_N=m_{N_m}\}$$

雌雄蜘蛛分别根据式(19.3)和式(19.4)初始化位置：

$$f_{i,j}^0 = p_j^{\text{low}} + \text{rand}(0,1) \cdot (p_j^{\text{high}} - p_j^{\text{low}}) \quad i=1,2,\cdots,N_{\text{f}}; \quad j=1,2,\cdots,n \tag{19.3}$$

$$m_{k,j}^0 = p_j^{\text{low}} + \text{rand}(0,1) \cdot (p_j^{\text{high}} - p_j^{\text{low}}) \quad k=1,2,\cdots,N_{\text{m}}; \quad j=1,2,\cdots,n \tag{19.4}$$

2. 计算个体权重及适应度

从生物学角度来说，蜘蛛的大小是评估单个个体对指派任务完成好坏能力的特征值。因此，在 SSO 算法中，每个个体都获得一个权重 w_i 代表种群中个体 i 所对应的解决问题的能力。每个蜘蛛的权重由式(19.5)计算如下：

$$w_i = \frac{J(s_i) - \text{worst}_s}{\text{best}_s - \text{worst}_s} \tag{19.5}$$

其中，$J(s_i)$为蜘蛛 s_i 所在位置对应的适应度值，由目标函数 $J(\cdot)$计算获得。最优值 best_s 和最差值 worst_s 由式(19.6)计算如下：

$$\text{best}_s = \max_{k\in\{1,2,\cdots,N\}} (J(s_k)), \quad \text{worst}_s = \min_{k\in\{1,2,\cdots,N\}} (J(s_k)) \tag{19.6}$$

3. 蜘蛛网振动的建模

蜘蛛个体的相互协作是蜘蛛个体在编织的公共网络上通过振动相互交流，传递信息，寻找优势个体，不断进化。蜘蛛个体的相互作用取决于蜘蛛个体自身的适应度值、蜘蛛的性别和蜘蛛个体之间的距离。其中，蜘蛛个体的性别在初始化时已经确定，而蜘蛛个体的适应度值则通过目标函数 $J(\cdot)$计算。

蜘蛛在传递信息时，蜘蛛个体之间的相互作用通过蜘蛛网的振动，取决于蜘蛛个体间的距离，因而需要分别计算同性别的蜘蛛单个最优的蜘蛛个体与同性别的最差蜘蛛个体之间的距离，蜘蛛 i 接收来自蜘蛛 j 个体的振动信息，可以用下式进行描述为

$$\text{Vib}_{i,j} = w_j \cdot \mathrm{e}^{-d_{i,j}^2} \tag{19.7}$$

其中，$d_{i,j}$ 为蜘蛛和蜘蛛之间的欧氏距离，可用公式 $d_{i,j} = \| \boldsymbol{s}_i - \boldsymbol{s}_j \|$ 计算获得，其中，$\boldsymbol{s}_i$、$\boldsymbol{s}_j$ 分别为蜘蛛个体 i、j 所在位置的向量值。

蜘蛛个体之间是通过振动相互影响的，寻找距离其他蜘蛛个体最近的蜘蛛个体，判断最优

个体是雄性还是雌性，分情况计算蜘蛛个体对外界发出的振动。蜘蛛相互之间的振动有以下 3 种形式，振动传递信息示意图如图 19.2 所示。

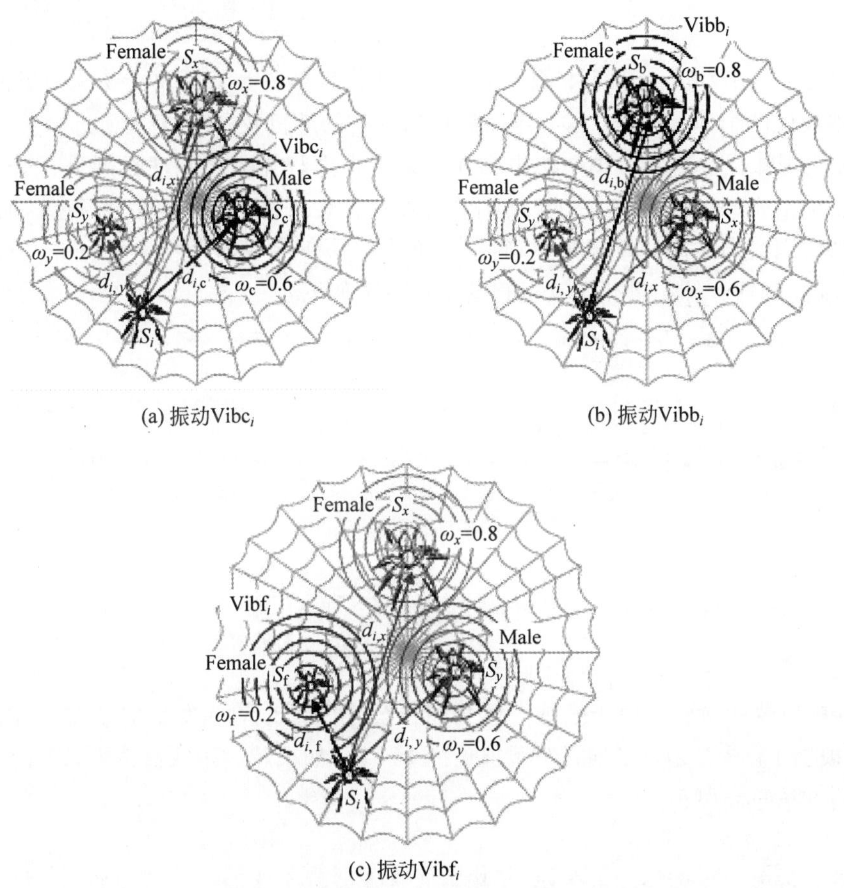

(a) 振动Vibc$_i$　(b) 振动Vibb$_i$

(c) 振动Vibf$_i$

图 19.2　蜘蛛相互之间振动传递信息示意图

(1) 振动 Vibc$_i$。它由个体 i 向觉察到的个体 c 传递信息，个体 c 有两个重要的特征：它距离个体 i 最近、它和个体 i 相比有更高的权重($w_c > w_i$)。其振动为

$$\text{Vibc}_i = w_c \cdot e^{-d_{i,c}^2} \tag{19.8}$$

(2) 振动 Vibb$_i$。它由个体 i 向觉察到的个体 b 传递信息，个体 b 的权重是全局最优的，即 $w_b = \max\limits_{k \in \{1,2,\cdots,N\}} (w_k)$。Vibb$_i$ 的计算为

$$\text{Vibb}_i = w_b \cdot e^{-d_{i,b}^2} \tag{19.9}$$

(3) 振动 Vibf$_i$。它由个体 i 向觉察到的个体 f 传递信息，个体 f 是距离个体 i 最近的雌性个体。Vibf$_i$ 的计算为

$$\text{Vibf}_i = w_f \cdot e^{-d_{i,f}^2} \tag{19.10}$$

4. 雌雄蜘蛛位置的更新

雌雄蜘蛛对外界振动的反应结果表现为雌雄蜘蛛位置的移动，即蜘蛛的位置更新。

(1) 雌性蜘蛛位置更新。雌性蜘蛛对外界的反应分为对其他蜘蛛的吸引或是排斥，可通过随机过程描述。首先产生一个[0,1]区间的均匀分布的随机数 r_m。如果 r_m 小于阈值 PF，那么就会产生吸引举动；反之，就会产生厌恶举动。因此，雌性蜘蛛位置更新如下：

$$f_i^{k+1}=\begin{cases}f_i^k+\alpha\cdot \mathrm{Vibc}_i\cdot(s_{\mathrm{c}}-f_i^k)+\beta\cdot \mathrm{Vibb}_i\cdot(s_{\mathrm{b}}-f_i^k)+\delta(\mathrm{rand}-0.5), & r_{\mathrm{m}}<\mathrm{PF}\\ f_i^k-\alpha\cdot \mathrm{Vibc}_i\cdot(s_{\mathrm{c}}-f_i^k)-\beta\cdot \mathrm{Vibb}_i\cdot(s_{\mathrm{b}}-f_i^k)+\delta(\mathrm{rand}-0.5), & r_{\mathrm{m}}\geqslant \mathrm{PF}\end{cases} \tag{19.11}$$

其中,α、β、δ 和 rand 为[0,1]区间的随机数;k 为迭代次数;s_{c} 为距离个体 i 最近的个体;s_{b} 为所有群体最优的个体;r_{m} 为[0,1]区间的均匀分布的随机数;PF 为阈值。

(2) 雄性蜘蛛位置更新。蜘蛛群中雄性蜘蛛会根据权重大小降序排列进行分类,分为统治蜘蛛与非统治蜘蛛。权重较大的统治蜘蛛会吸引异性蜘蛛进行繁殖交配行为,而权重较小的非统治蜘蛛则会向中间位置聚集,一起利用统治蜘蛛所浪费的食物和资源等。模拟雄性蜘蛛的行为,雄性蜘蛛个体的进化运动过程的位置更新如下:

$$m_i^{k+1}=\begin{cases}m_i^k+\alpha\cdot \mathrm{Vibf}_i\cdot(s_{\mathrm{f}}-m_i^k)+\delta\cdot(\mathrm{rand}-0.5), & w_{N_{\mathrm{f}}+i}>w_{N_{\mathrm{f}}+m}\\ m_i^k+\alpha\cdot\left(\dfrac{\sum_{h=1}^{N_m} m_{\mathrm{h}}^k\cdot w_{N_{\mathrm{f}}+h}}{\sum_{h=1}^{N_m} w_{N_{\mathrm{f}}+h}}-m_i^k\right), & w_{N_{\mathrm{f}}+i}\leqslant w_{N_{\mathrm{f}}+m}\end{cases} \tag{19.12}$$

其中,个体 s_{f} 为距离雄性蜘蛛 i 最近的雌性蜘蛛;$\left(\sum_{h=1}^{N_m} m_{\mathrm{h}}^k\cdot w_{N_{\mathrm{f}}+h}\Big/\sum_{h=1}^{N_m} w_{N_{\mathrm{f}}+h}\right)$ 为雄性蜘蛛权重的平均值。

(3) 蜘蛛位置的检验。由于蜘蛛个体只能在公共网上移动并发生信息交换,因此检验新的蜘蛛个体的向量是否超过了向量分量取值的上下限,如果超过了取值范围,则在取值范围内采用随机的方法重新赋值。

5. 交配选择机制

交配空间依赖于搜索空间的大小,采用下式计算雌雄个体的交配范围的半径:

$$r=\frac{1}{2n}\sum_{j=1}^{n}(p_j^{\mathrm{high}}-p_j^{\mathrm{low}}) \tag{19.13}$$

其中,p_j^{high}、p_j^{low} 分别为单个蜘蛛各个分量的最大值、最小值。

形成新个体的交配机制:雌雄蜘蛛个体通过交配行为在优势蜘蛛个体之间形成新的个体,雌雄蜘蛛的交配行为发生在雌性蜘蛛 S_{f} 与中级以上的雄性蜘蛛 S_{mm} 之间,而且雌雄蜘蛛之间的距离 $r_0<r$ 时交配行为才能发生。

(1) 选择交配的雌雄蜘蛛个体。将能够发生交配行为的蜘蛛个体放在一起形成如下矩阵:

$\boldsymbol{S}_1=(S_{\mathrm{mm1}},S_{\mathrm{mm2}},\cdots,S_{\mathrm{mm}i};\ S_{\mathrm{f1}},S_{\mathrm{f2}},\cdots,S_{\mathrm{f}j}),\quad i=1,2,\cdots,m;\quad j=1,2,\cdots,n;$

$\boldsymbol{S}=(x_1,x_2,\cdots,x_d)$

不妨设中级以上的雄性蜘蛛个数为 m,雌性蜘蛛个数为 n,单个蜘蛛个体的维数为 d,则 $\boldsymbol{S}_1$ 是维数为 $(m+n)\times d$ 的矩阵。将相应的蜘蛛个体的适应度值写成向量 $\boldsymbol{S}_2$,$\boldsymbol{S}_2=J(\boldsymbol{S}_1)$,$J()$为适应度函数。

(2) 新蜘蛛个体的生成。新生成的单个蜘蛛个体 $\boldsymbol{S}=(x_1,x_2,\cdots,x_d)$,$x_j$ 由下式确定:

$$x_j=\boldsymbol{S}_1(x_{ij}),\quad 如果\ J(\boldsymbol{S}_{1(i,j)})>\mathrm{rand}\cdot\mathrm{sum}(\boldsymbol{S}_2)$$

其中,sum($\boldsymbol{S}_2$)为适应度 $\boldsymbol{S}_2$ 的向量和;i 为矩阵 $\boldsymbol{S}_1$ 的行数;j 为矩阵 $\boldsymbol{S}_1$ 的列数。

(3) 个体的选择机制。有很高权重的个体影响新子代的可能性很大；相反，具有更小权重的个体影响新个体的可能性很小。因此根据个体的权重利用轮盘赌方法确定个体的交配概率如下：

$$Ps_i = \frac{w_i}{\sum_{j \in T^g} w_j} \tag{19.14}$$

其中，T^g 表示雄性蜘蛛在交配半径范围内有雌性蜘蛛和新生成的蜘蛛在内的所有个体构成的子种群。

新生成的蜘蛛由适应度函数 $J(\cdot)$ 计算适应度后，与原有的蜘蛛种群进行比较。优势蜘蛛将取代原有的劣势蜘蛛，这样的机制保证了雄性和雌性蜘蛛在全部种群中的比例，同时能够使蜘蛛群体向优势蜘蛛群体发展。在这样的机制下，为了发现更好的个体，算法在交配生成的全部个体中进行局部搜索。图 19.3 给出了群居蜘蛛优化算法数据流示意图。

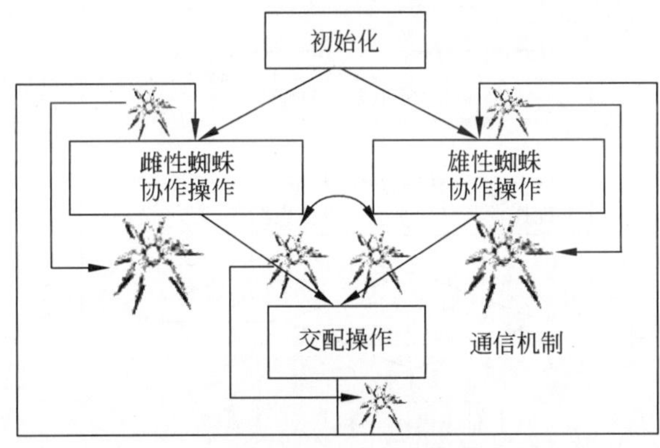

图 19.3　群居蜘蛛优化算法数据流示意图

19.5　蜘蛛优化算法的实现步骤及流程

SSO 的实现步骤可归纳如下。

(1) 设搜索空间的维度为 n；雌性蜘蛛数为 N_f；雄性蜘蛛数为 N_m；总的种群数量为 N。由式(19.1)、式(19.2)分别求出 N_f 及 N_m。根据式(19.3)和式(19.4)初始化个体在搜索空间的位置。

(2) 设种群 S 由 N 只蜘蛛个体组成；N 由两个子群的 F、M 组成。随机初始化雌性蜘蛛($F=\{f_1, f_2, \cdots, f_{N_f}\}$)和雄性蜘蛛($M=\{m_1, m_2, \cdots, m_{N_m}\}$)。根据式(19.13)计算交配半径 r。

(3) 根据式(19.5)和式(19.6)计算每一只蜘蛛的权重 w_i。

(4) 由式(19.8)及式(19.9)分别计算振动因子 Vibc_i 和 Vibb_i，再根据协作机制按式(19.11)更新雌性蜘蛛的位置 f_i^{k+1}。

(5) 由式(19.10)计算振动因子 Vibf_i，再按式(19.12)更新雄性蜘蛛的位置 m_i^{k+1}。

(6) 以每个个体权重定义交配概率，利用式(19.14)按轮盘赌法确定蜘蛛的交配概率 Ps_i。

(7) 判断是否满足终止条件，若满足则算法结束；否则，返回步骤(3)。

群居蜘蛛优化算法的流程如图 19.4 所示。

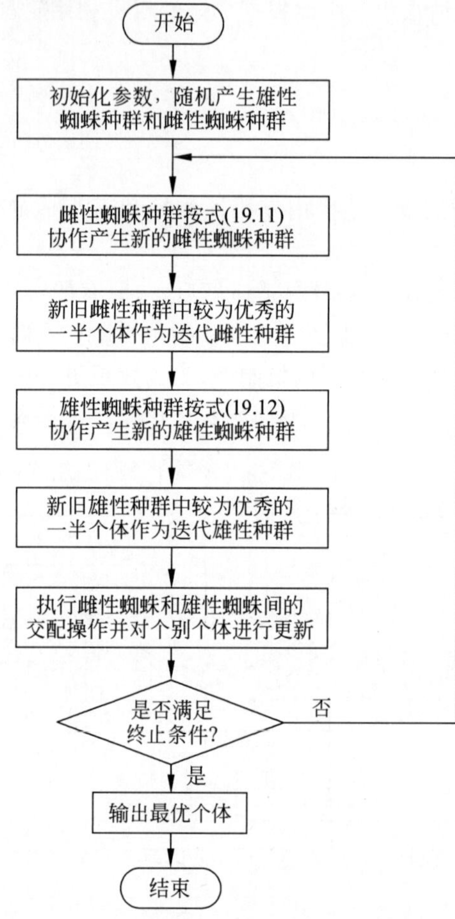

图 19.4　群居蜘蛛优化算法的流程图

第 20 章　黑寡妇优化算法

黑寡妇优化算法是一种模拟黑寡妇蜘蛛独特的交配方式和同类相食行为的群智能优化算法。该算法通过初始化种群、生育、变异和更新种群的反复迭代操作，实现对函数优化问题的求解。本章首先介绍黑寡妇蜘蛛繁殖方式和同类相食行为，以及算法的诱惑原理，然后阐述黑寡妇优化算的数学描述，最后给出了算法的实现步骤、伪代码描述及流程图。

20.1　黑寡妇优化算法的提出

黑寡妇优化(Black Widow Optimization，BWO)算法是 2020 年由伊朗 Hayyolalam 等提出的一种新的群智能优化算法。该算法设计的灵感来自黑寡妇蜘蛛独特的交配行为。通过 51 个基准函数和 3 个实际工程设计问题对 BWO 算法进行了性能测试，并与其他一些知名和最近的 11 种智能优化算法比较结果表明，BWO 算法有能力在开发和探索之间保持平衡，具有避免陷入局部最优并快速、高精度地收敛到全局最优解的寻找能力。因此在很大程度上，它可以被视为一个适合各种优化问题的智能优化算法。

20.2　黑寡妇蜘蛛繁殖方式和同类相食行为

黑寡妇蜘蛛是一种大型蜘蛛，有 8 条腿，带有毒牙，是闻名世界的剧毒蜘蛛之一。黑寡妇蜘蛛身体为黑色，雄蜘蛛腹部有红色斑点，身长为 2～8cm，如图 20.1 所示。由于这种蜘蛛的雌性在交配后会立即咬死雄性配偶，因此民间为之取名为“黑寡妇”。成年雌性黑寡妇蜘蛛腹部呈亮黑色，并有一个红色的沙漏状斑记，如图 20.2 所示。

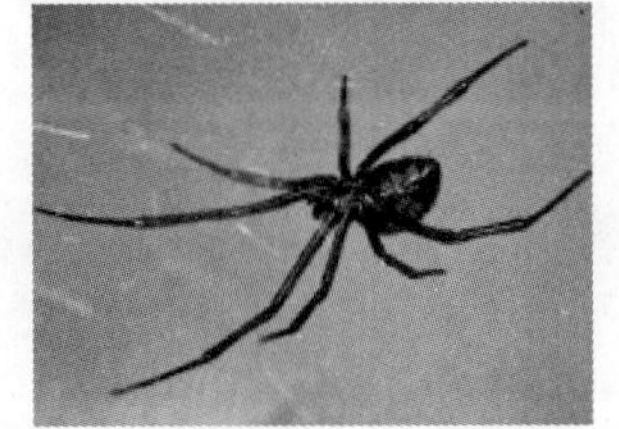

图 20.1　网上的一个雌性黑寡妇

雌性黑寡妇蜘蛛有在交配前、交配中或交配后立即吃掉雄性的同类相食行为。在交配过程中，三分之二的情况下，雌性会在交配过程中完全吃掉雄性。没有被吃掉的雄性在交配后不久就会死于伤病。似乎交配期间的牺牲赋予了更多卵子受精的机会。一只雌性黑寡妇可能产 4～10 个卵囊，每个卵囊平均约有 250 个卵囊，有卵囊的雌性黑寡妇如图 20.2 所示。

幼蛛从卵中孵化大约 8 天，在产卵后的 11 天内，它们可以从卵囊中出来。它们孵化后在卵囊内度过近一周的时间，以卵黄为食，并蜕皮一次。黑寡妇幼蛛与母体一起在蛛网上(见图 20.3)生活数天至一周，在此期间幼蛛将出现兄弟姐妹同类相食情况。

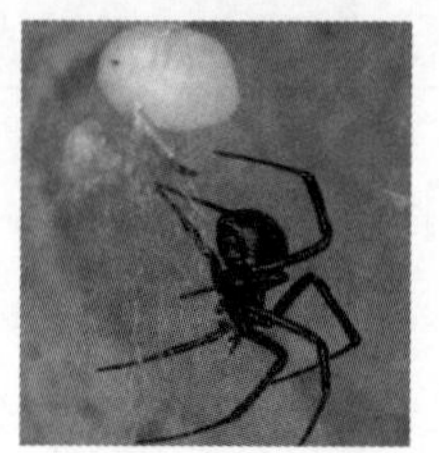

图 20.2 有卵囊的雌性黑寡妇

图 20.3 离开了卵囊的小蜘蛛

20.3 黑寡妇优化算法的优化原理

在自然界中，每对黑寡妇蜘蛛都在自己的蜘蛛网上进行繁殖，与其他的黑寡妇蜘蛛是分开的，每次大约生成 1000 枚卵，但只有适应度较高的小蜘蛛能存活下来。黑寡妇蜘蛛存在异于其他生物的习性，交配后的雌性黑寡妇蜘蛛会吞食雄性黑寡妇蜘蛛，当孵化出小黑寡妇蜘蛛后，同类的小黑寡妇蜘蛛会同类相食，小蜘蛛甚至会吃掉其母亲。从物种进化角度来看，这样产生的子代黑寡妇蜘蛛具有更强的环境适应能力。

BWO 算法为了模拟上述黑寡妇蜘蛛的特性，根据适应度值大小对蜘蛛种群排序，在参与生育的黑寡妇蜘蛛中，随机选择一对雌雄黑寡妇蜘蛛作为父母进行交配繁殖。同时模拟了性同类相食和兄弟姐妹同类相食，但未涉及子食母同类相食情况。通过摧毁父亲实现性同类相食，根据同类相食率摧毁一部分幼蛛达到兄弟姐妹同类相食的目的。使用适应度值确定幼蛛的强弱。此外，算法在模拟生育、同类相食基础上，通过变异、种群更新的反复迭代操作，最终实现对问题的优化求解。

20.4 黑寡妇优化算法的数学描述

黑寡妇优化算法包括初始化种群、生育、同类相食、变异、种群更新 5 个阶段，除了初始化种群和每次迭代需要种群更新两个阶段外，其他的生育、同类相食和变异是算法的 3 个主要操作。

1. *初始化种群*

在黑寡妇优化算法中，每个黑寡妇蜘蛛都被视为问题的潜在解。对于一个 N_{var} 维的优化问题，每个黑寡妇蜘蛛可以用一维数组描述如下：

$$\text{Widow}=[x_1,x_2,\cdots,x_{N_{var}}] \tag{20.1}$$

其中，每个变量值($x_1,x_2,\cdots,x_{N_{var}}$)都是浮点数。通过评估每个黑寡妇($x_1,x_2,\cdots,x_{N_{var}}$)的适应度函数 f，可以获得其适应度值为

$$\text{Fitness}=f(\text{Widow})=f(x_1,x_2,\cdots,x_{N_{var}}) \tag{20.2}$$

初始化种群时，需要生成 N_{pop} 个黑寡妇蜘蛛，使用初始蜘蛛种群生成大小为 $N_{pop}\times N_{var}$ 的候选寡妇矩阵。

2. *生育*

在生殖阶段，在黑寡妇优化算法中，每对父母借助数组模拟生殖过程的数学描述如下：

$$\begin{cases} y_1 = \alpha \times x_1 + (1-\alpha) \times x_2 \\ y_2 = \alpha \times x_2 + (1-\alpha) \times x_1 \end{cases} \tag{20.3}$$

其中，x_1 和 x_2 是父母；y_1 和 y_2 是后代；α 为生育率。

3. 同类相食

适应度高的蜘蛛吃掉适应度低的蜘蛛称为同类相食。黑寡妇蜘蛛的同类相食分为性同类相食、兄弟姐妹同类相食和子食母同类相食 3 种情况。性同类相食是指雌性黑寡妇蜘蛛会在交配时或交配后吃掉雄性黑寡妇蜘蛛，算法中适应度高的为雌性，适应度低的为雄性；兄弟姐妹同类相食发生在母蛛网上，幼蛛孵化后会在母蛛网上生活一周左右，期间会发生兄弟姐妹同类相食；子食母同类相食是指某些情况下会发生幼蛛吃掉母蛛的事件。在黑寡妇算法中，模拟了性同类相食和兄弟姐妹同类相食，并未涉及子食母同类相食情况。通过摧毁父亲实现性同类相食，根据同类相食率(Cannibalism Rate，CR)摧毁一部分幼蛛达到兄弟姐妹同类相食的目的。根据适应度值确定幼蛛的强弱。

4. 变异

变异阶段根据突变率随机选择多个黑寡妇蜘蛛，每个黑寡妇蜘蛛随机交换数组中的两个元素的特征值。变异的操作过程如图 20.4 所示，随机选择数组中的 2 和 n 两个元素并交换它们的特征值。

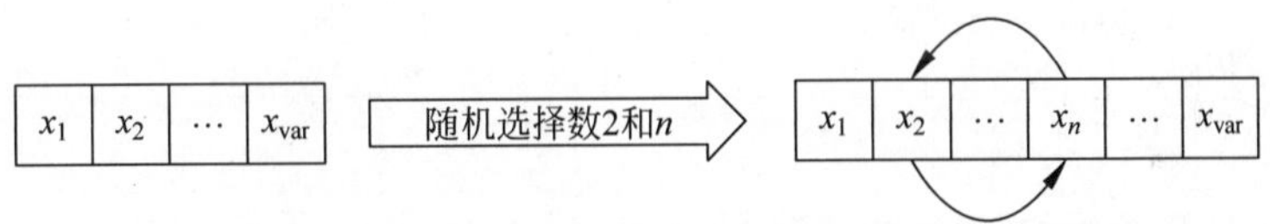

图 20.4　变异的操作过程示意图

5. 种群更新

黑寡妇优化算法在一次迭代之后，将同类相食阶段保留下来的黑寡妇蜘蛛和突变阶段得到的黑寡妇蜘蛛一起作为下一次迭代的初始种群，从而实现种群的更新。

20.5　黑寡妇优化算法的实现步骤、伪代码及流程

黑寡妇优化算法实现的主要步骤如下。

(1) 开始。

(2) 初始化黑寡妇蜘蛛种群。

(3) 计算初代蜘蛛种群适应度值。

(4) 选择双亲交配产生下一代。

(5) 种群内同类相食。

(6) 以一定概率选择小蜘蛛进行变异。

(7) 更新蜘蛛种群。

(8) 判断是否达到终止条件，如果满足终止条件，则算法结束，否则跳转步骤(3)。

黑寡妇优化算法的伪代码描述如下。

```
输入: 最大迭代次数,生殖率(PR),同类相食率(CR),变异率(MR)
输出: 目标函数的最优解
```

```
// 初始化
初始化黑寡妇蜘蛛种群
    每个黑寡妇蜘蛛都是一个 d 维问题染色体的 D 维数组
    生成 N 个黑寡妇蜘蛛种群 pop:
// 循环直到结束条件
基于生殖率 PR 计算繁殖数 nr
在 pop 中选择最佳的 nr 个黑寡妇蜘蛛,并保存到 pop1 中
// 生殖和同类相食
For i = 1: nr do
    从 pop1 中随机选择两个黑寡妇蜘蛛作为父母
    使用式(20.3)生成 D 个幼蛛
    摧毁父亲
    基于同类相食率 CR 摧毁一些幼蛛
    将剩余的黑寡妇蜘蛛保存到 pop2 中
End for
// 变异
根据变异率 MR 计算变异幼蛛的数量 nm
For i = 1: nm do
    从 pop1 中选择一个黑寡妇蜘蛛
    随机变异黑寡妇蜘蛛的一条染色体,产生一个新的黑寡妇蜘蛛
    将新的黑寡妇蜘蛛保存到 pop3 中
End for
// 更新种群
更新 pop = pop2 + pop3;
返回到最优解;
从 pop 返回最优解
```

黑寡妇优化算法的流程如图 20.5 所示。

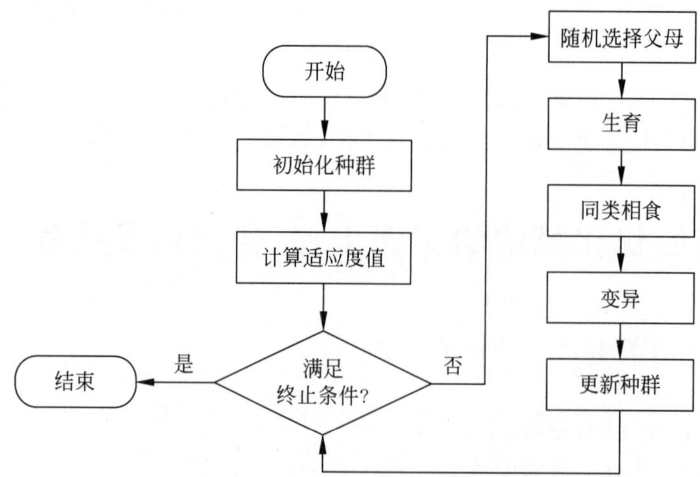

图 20.5 黑寡妇优化算法的流程图

第 21 章　蟑螂优化算法

蟑螂是一种群体居住的昆虫，虽然蟑螂的视力很差，但它的嗅觉极为灵敏。蟑螂社会是平等的，没有等级差别。尽管如此，它们仍然产生集体智慧。每一只蟑螂的行为，如觅食、寻找黑暗巢穴等都会引来其同伴的追随。模拟蟑螂觅食行为的蟑螂算法利用了蟑螂社会的平等特性和群体智慧，通过群体协作达到寻优的目的，再分配和大变异策略使算法具有较强的全局搜索和跳出局部最优的能力。本章介绍蟑螂的习性，以及蟑螂优化算法的原理、数学描述及实现步骤。

21.1　蟑螂优化算法的提出

蟑螂优化(Cockroach Swarm Optimization，CSO)算法是 2008 年由程乐提出的群智能优化算法。该算法通过简化模型模拟蟑螂的觅食行为，因而蟑螂优化算法公式简单，充分利用了蟑螂社会的平等特性和群体智慧，通过群体协作达到寻优的目的，再分配和大变异策略使算法具有较强的全局搜索和跳出局部最优的能力。

食物再分配策略充分考虑了在相对优秀解附近，查找更优秀解或最优解成功的可能性最大。基于这样的观点，使得算法具有较强的局部搜索能力。利用回巢、平等搜索、大变异等策略提高了算法全局搜索能力，加快了算法寻找到最优解或相对最优解的速度。对 TSP 问题的仿真表明了蟑螂优化算法的有效性及收敛性。2011 年程乐又将该算法用于函数优化问题。

21.2　蟑螂的习性

蟑螂是一种在地球上生存了 3.5 亿年最古老的群居昆虫。蟑螂的视力很差，但它的嗅觉极为灵敏。蟑螂能够生存至今的重要原因是它们属于社会性昆虫，群体居住，利用群体智慧。

图 21.1 给出了蟑螂个体与蟑螂群体的图片。昆虫学家 J. Halloy 研究蟑螂群体生活习性发现，蟑螂社会没有蚁群社会的等级差别，蟑螂的社会地位是平等的。即使如此，它们仍然产生集体智慧。每一只蟑螂的行为，如觅食、寻找黑暗巢穴等都会引来其同伴的追随。

蟑螂是杂食性昆虫，几乎无所不吃，它爬过的食品上，会留下一股让人恶心的异臭。它繁殖快，雄虫一生可多次交配，雌虫一次交配可终生产卵。雌雄蟑螂交配后，一只受精的雌性蟑螂在食料充足下，一年内可繁殖演化成数十万只，且可无性繁殖三代以上。蟑螂生存能力强，它善于爬行，会游泳，危机时也可飞行。蟑螂的扁平身体使其善于在细小的缝隙中生活，几乎有水和食物的地方都可生存。如果条件不好，较长时间内不吃不喝也不会死亡，甚至会互相咬

图 21.1　蟑螂个体与蟑螂群体

食，大吃小，强吃弱。蟑螂喜暖又爱潮，喜欢暗怕光，喜欢昼伏夜出，白天偶尔可见。一般在黄昏后开始爬出活动、觅食，清晨回窝。

21.3　蟑螂优化算法的优化原理

蟑螂优化算法是模拟蟑螂觅食行为而提出的群智能优化算法。下面通过求解旅行商问题(TSP)来说明蟑螂优化算法的原理。

在蟑螂优化算法中用 F_g 表示当前所有蟑螂到目前为止已知的最优解；用 F_p 表示每只蟑螂到目前为止已知的、除 F_g 以外的最优解。设算法中有 m 只蟑螂 $C_i(i=1,2,\cdots,m)$，则 $F_{p_i}(i=1,2,\cdots,m)$为每只蟑螂目前已知的、除 F_g 以外的最优解。

每只蟑螂每次向 F_p 或者 F_g 爬行前，蟑螂都回到初始的 TSP 解，然后从初始的 TSP 解爬向 F_p 或者 F_g，并且沿途搜索更优的解，即回巢策略。回巢策略使算法具有全局搜索能力，从而避免早熟。

蟑螂觅食的特点是每只蟑螂的爬行行为都会引发其他蟑螂的追随。因此，在 CSO 中，每只蟑螂 C_i 对应的 F_{p_i} 都会引来算法内其他所有蟑螂向其爬行，并沿途搜索更优秀的解。这种平等搜索策略使算法具有较强的全局和局部搜索能力。

当算法内所有蟑螂回巢后，向 F_g 和所有的 F_p 爬行完成后，作为完成一次总迭代。若 T 次总迭代完成后 F_g 不再进化，则大变异发生。大变异策略提高算法全局搜索能力和避免陷入局部最优解。

蟑螂优化算法就是通过蟑螂群体中的每只蟑螂爬行觅食、食物再分配、跟随平行搜索、大变异策略，从而达到了群体觅食的路径优化。

21.4　蟑螂优化算法的数学描述

下面针对 TSP 问题介绍蟑螂优化算法的基本概念、进化策略及计算公式。

设 $S=(s_1,s_2,\cdots,s_n)$是一个城市的集合；集合内所有城市连通。TSP 目的就是寻找一条遍历所有城市且每个城市只访问一次的路径，并且要求总的路线长度最短。

在一个规模为 n 的 TSP 问题中，蟑螂优化算法把一个由 S 表示的城市排列看作 n 维空间的一个位置坐标，其唯一标识 n 维空间中一个点的位置。S 可以是蟑螂的位置坐标，也可以是食物的位置坐标。例如，在一个城市规模为 6 的 TSP 问题中，蟑螂的当前位置在点 $A(4,2,1,6,5,3)$，食物的位置在点 $B(3,2,1,6,5,4)$。

1. 步(Step())

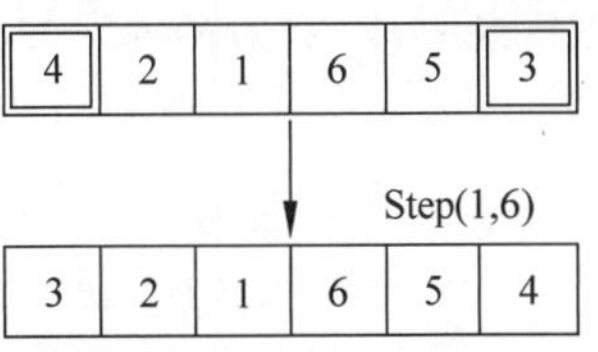

图 21.2　蟑螂爬行一步

Step()表示蟑螂向前爬行一步。在 TSP 问题中 Step(x,y)表示 TSP 解中第 x 个城市和第 y 个城市位置交换。如图 21.2 所示,若蟑螂在 A 点的坐标为(4,2,1,6,5,3),则蟑螂爬行 Step(1,6)以后到达 B 点,坐标为(3,2,1,6,5,4)。

2. 路径

路径(Road)表示蟑螂爬行的一段距离,由若干 Step()构成,即

$$\text{Road} = \text{Step}_1 + \text{Step}_2 + \cdots + \text{Step}_m \tag{21.1}$$

例如,若一只蟑螂从 A 点(4,2,1,6,5,3)到达 D 点(1,2,3,4,5,6)的情形,如图 21.3 所示,则 Road$=D-A=$Step(1,3)+Step(3,6)+Step(4,6)。

3. 食物再分配策略

蟑螂 C 向 F_p 及 F_g 爬行的公式如下:

$$F_\mathrm{p} - C = \text{Road} \tag{21.2}$$

$$F_\mathrm{g} - C = \text{Road} \tag{21.3}$$

随着蟑螂优化算法迭代的进行,将会出现 $F_\mathrm{g}=F_{\mathrm{p}_1}=F_{\mathrm{p}_2}=\cdots=F_{\mathrm{p}_m}$,此时需要对每只蟑螂 C_i 进行再分配 F_{p_i},分配策略是执行随机的一个 Step(),即 Rand() Step(),得出的解作为每只蟑螂新的 F_p,如图 21.4 所示。

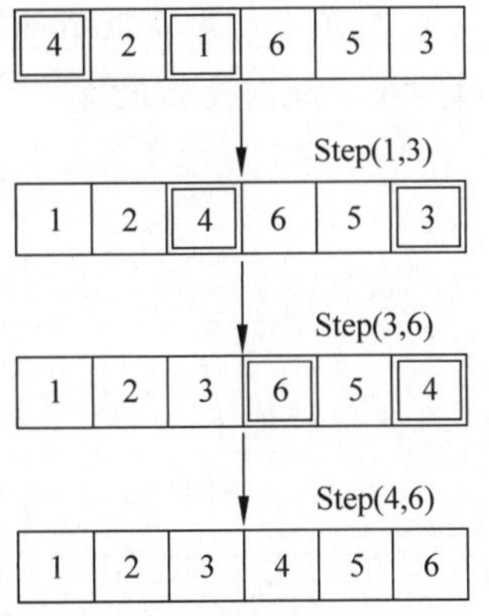

图 21.3　蟑螂爬行一段距离

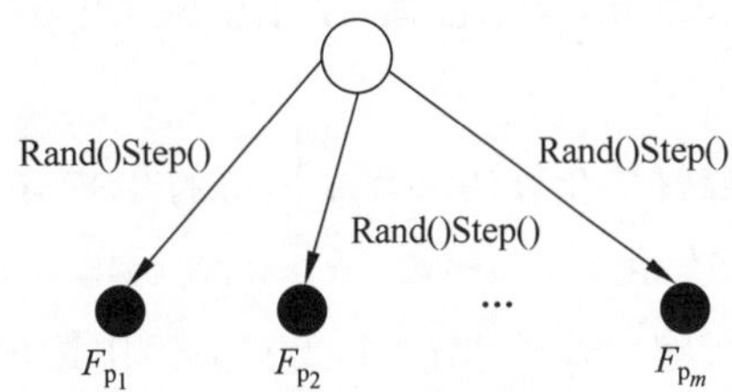

图 21.4　食物再分配策略

食物再分配的公式如下:

$$F_\mathrm{g} + \text{Road()Step()} = F_\mathrm{p} \tag{21.4}$$

4. 回巢策略

对 TSP 问题而言,蟑螂优化算法中蟑螂从一个解爬行到另一个目标解所需的 Step()是有限的,可以证明,一个 n 城市的 TSP 问题,从一个解到达另一个目标解最多需要 n Step()。因此,从 TSP 的一个随机解到达 TSP 的最优解最多需要 n Step(),而且一定可达。区别于 PSO、ACO 等算法,CSO 算法中的初始解不进化。每个蟑螂每次向 F_p 或者 F_g 爬行前,蟑螂都回到初始的 TSP 解,然后从初始的 TSP 解爬向 F_p 或者 F_g,并且沿途搜索更优的解,即回巢策略。回巢策略使算法具有全局搜索能力,从而避免早熟。

5. 平等搜索策略

蟑螂觅食的特点是每只蟑螂的爬行行为都会引发其他蟑螂的追随。因此,在 CSO 算法中

每个蟑螂 C_i 对应的 F_{p_i} 都会引来算法内其他所有蟑螂向其爬行，并沿途搜索更优秀的解。这种平等搜索策略使算法具有较强的全局和局部搜索能力。

6. 大变异策略

针对 TSP 问题的解空间特性，蟑螂优化算法采用食物再分配、平等搜索、回巢策略，使算法在某一相对优的解 F_g 附近充分挖掘更优的解。同时，为了进一步增强算法全局搜索能力、避免陷入局部最优，CSO 算法引入了大变异策略。当算法内所有蟑螂回巢后，向 F_g 和所有的 F_p 爬行完成后，作为完成一次总迭代。若 T 次总迭代完成后 F_g 不再进化，则大变异发生。

在 CSO 算法中 F_gRemb 记录了到目前为止 CSO 算法所查找到的最优解。每次变异新的 F_g 都由 F_gRemb 执行 X 次 Rand() Step()得出，每次变异 X 取 $1\sim n/5$(n 为 TSP 中城市数)的随机整数。实现大变异策略包括如下的步骤。

(1) CSO 算法判断 F_g 在 T 次迭代不进化后，CSO 算法更新当前的 F_gRemb，即如果 F_g 的解优于 F_gRemb，则执行 $F_g\text{Remb}=F_g$，否则 F_gRemb 保持不变。

(2) 由 F_gRemb 通过执行 X 步 Rand()Step()生成新的 F_g，即

$$F_g=F_g\text{Remb}+[\text{Rand()Step()}]_1+[\text{Rand()Step()}]_2+\cdots+[\text{Rand()Step()}]_x \tag{21.5}$$

其中，$x\in[1,n/5]$。

(3) 执行一次食物再分配生成新的 $F_{p_i}(i=1,2,\cdots,n)$。

(4) CSO 算法在新的 F_g 和 $F_{p_i}(i=1,2,\cdots,n)$下查找最优解。大变异策略最终目的使 CSO 算法跳出局部最优，使 F_g 在一个新的位置引领所有蟑螂在空间内搜索最优解。

21.5 蟑螂优化算法的实现步骤

利用蟑螂优化算法求解 n 城市的 TSP 组合优化问题的具体步骤如下。

(1) 初始化 $C_i(i=1,2,\cdots,m)$，初始化 $F_{p_i}(i=1,2,\cdots,m)$，此时 $C_i=F_{p_i}(i=1,2,\cdots,m)$ 对算法无影响。在 $F_{p_i}(i=1,2,\cdots,m)$中选出最优的作为 F_g，初始化 $F_g\text{Remb}=F_g$，初始化 T (算法 T 次迭代 F_g 不进化则执行大变异)。

(2) FOR($i=1$; $i\leqslant m$; i++)

① 由式(21.2)得出所有蟑螂到 F_{p_i} 的路径为 $F_{p_i}-C_1$；$F_{p_i}-C_2$；$F_{p_i}-C_3$；$F_{p_i}-C_mF_{p_i}$。

② 按步骤(2)由式(21.2)中所得出的路径 $C_i(i=1,2,\cdots,m)$开始爬行，用沿途搜索到的更优解来更新 F_{p_i}，如图 21.5 所示。

③ 所有 $C_i(i=1,2,\cdots,m)$返回初始状态(回巢)。

(3) 在所有 $F_{p_i}(i=1,2,\cdots,m)$中选出最优秀的作为 F_g。

(4) FOR($i=1$; $i\leqslant m$; i++)

① 由式(21.3)得出所有蟑螂到 F_g 的路径为 F_g-C_1；F_g-C_2；F_g-C_3；…；F_g-C_m。

② 按步骤(4)的①中所得出的路径 $C_i(i=1,2,\cdots,m)$开始爬行，用沿途搜索到的更优解来更新 F_{p_i}，如图 21.6 所示。

③ 所有 $C_i(i=1,2,\cdots,m)$返回初始状态(回巢)。

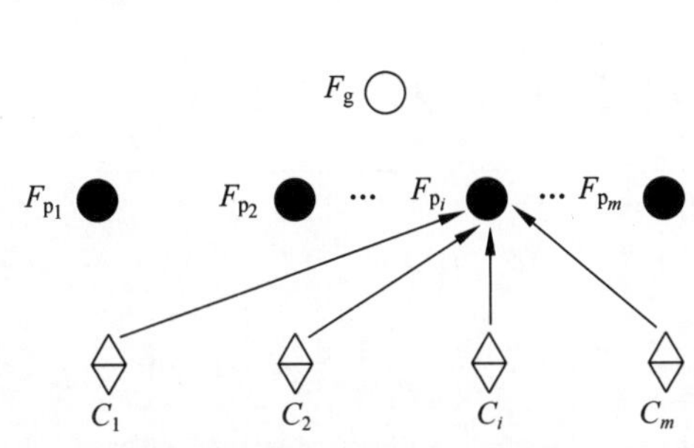

图 21.5 所有蟑螂向 F_{p_i} 爬行

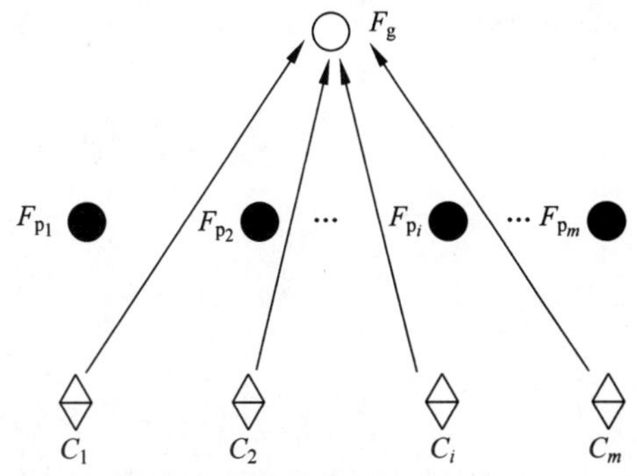

图 21.6 所有蟑螂向 F_g 爬行

(5) 所有 $F_{p_i}(i=1,2,\cdots,m)$中选出最优秀的作为 F_g。

(6) 判断是否 $F_g=F_{p_1}=F_{p_2}=\cdots=F_{p_n}$,若等式成立则用式(21.4)进行事物再分配,重新得到 $F_{p_i}(i=1,2,\cdots,m)$。

(7) 判断是否满足大变异条件(T 次迭代中 F_g 不进化),如果满足,则执行大变异。

(8) 判断是否得到最优解,如果得到,则退出算法;否则转至步骤(2)。

注:CSO 算法较 PSO 算法在解决 TSP 问题方面性能有所提高,但是 CSO 算法仍然存在一些不足。例如,算法中每个 C 的行为都引来其他所有 C 的追随,势必会影响算法执行效率。在真正的蟑螂社会中,一只蟑螂的行为也只是引来大部分同伴的追随,并不是绝对的全部。

第22章　天牛须搜索算法

天牛须搜索算法是模拟天牛觅食行为的一种智能优化算法。天牛用两只长长的触角探测气味强弱，并朝着气味强的方向移动。在移动一定距离后，再用触角感知、探索周围空间，寻找最大食物气味的方向，再转向、再移动，经过不断地探测、比较和移动，天牛最终能够找到食物最丰富的地方。本章首先介绍天牛的习性、天牛须的功能、天牛须搜索算法的优化原理，然后阐述天牛须搜索算法的数学描述、实现步骤、伪代码及算法流程。

22.1　天牛须搜索算法的提出

天牛须搜索(Beetle Antennae Search，BAS)算法是2017年由JIANG等受到天牛觅食原理的启发提出的一种新的智能优化算法。天牛有两只长长的触角(须)，在觅食时会用左右两个触角来探测气味的强弱，然后朝着气味强的方向移动，经过不断地探测、比较和移动，天牛最终能够找到食物最丰富的地方。

BAS算法最大的特点是在不知道函数的具体形式和梯度信息的情况下，通过天牛单个个体就可以实现高效寻优。因此，该算法具有易于实现、运算量小、寻优高效的优点。因而已成功应用于无线传感器网络覆盖、微电网能量管理、投资组合优化、疾病分类模型构建、灾害损失预测、船舶运动控制以及无人机回避等领域。

22.2　天牛的习性及天牛须的功能

天牛是一种常见的甲虫族，即长角的甲虫。天牛触角(天牛须)很长，多数具有两只比身体还长的触角，如图22.1(a)所示。天牛的触角中有许多嗅觉受体细胞，能够在很远的距离感受到食物的气味，并能获得潜在合适伴侣的性信息素。较长的触角可扩大检测面积，也可起到保护作用。

(a) 天牛(长角甲虫)

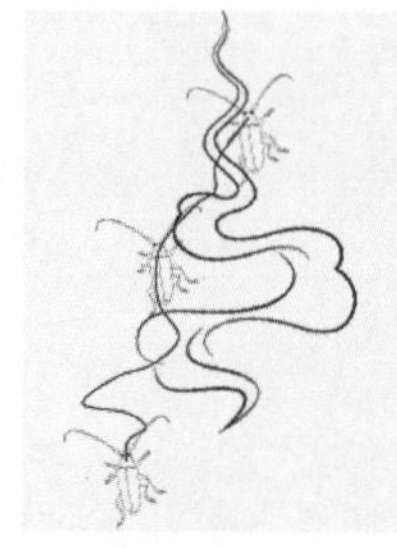

(b) 触角的搜寻轨迹

图22.1　天牛(长角甲虫)及其触角的搜寻轨迹

天牛在捕食或觅食过程中会在身体的一侧摆动每个触角，以吸收气味。当一侧的触角检测到较高的气味浓度时，天牛会朝向同一侧方向移动，否则，它将转向另一边。图 22.1(b)显示了天牛用长触角搜寻行为的轨迹，其中粗线条表示气味的传播区域，细线条表示天牛触角搜寻气味的轨迹。

22.3　天牛须搜索算法的优化原理

天牛的觅食行为主要分为移动行为和转向行为。当天牛觅食时，首先使用触角探索周围的空间，找到最大食物气味方向，并转向该方向，然后沿此方向进行移动。例如，右边触角感受到的气味强度比左边的大，则下一步天牛就往右边移动，否则就往左边移动。在移动一定距离后，再用触角感知探索周围空间，寻找最大食物气味的方向，再转向、再移动，如此进行下去，直到寻找到食物。

食物的气味可以看作优化问题中的适应度函数。这个函数在空间中的每个点的值都不同。天牛的目的是寻找食物的位置，也就是在全局中气味最大的点。为了简单起见，将天牛及其觅食行为简化、抽象为如下模型，如图 22.2 所示。

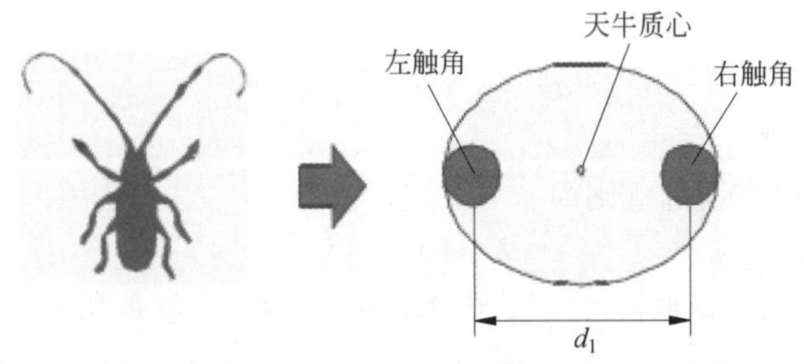

图 22.2　天牛觅食行为的抽象模型

(1) 天牛在三维空间运动，可以认为 BAS 算法对函数寻优时，天牛在一个任意维的空间觅食。

(2) 为了简化天牛的觅食运动，将天牛的身体抽象为一个质点，左右触角位于质点两边，并以质心的中心对称，两只触角的距离即为身长。

(3) 天牛的移动步长与身长呈固定比例。

(4) 为了简化转向行为，假设天牛每前进一个步长后，触角的朝向是随机的。

22.4　天牛须搜索算法的数学描述

BAS 算法采用两个基本规则来模拟天牛觅食行为——搜索行为和探测行为。用 x 定义 t 时刻天牛的位置作为所求解问题的一个可行解，适应度函数 $f(x)$ 定义 x 处气味的浓度，气味的源点对应于 $f(x)$ 的最大值。

1. 随机向量归一化

产生天牛左、右须朝向的随机向量并进行归一化为

$$\boldsymbol{b}=\frac{\mathrm{rnd}(k,1)}{\|\mathrm{rnd}(k,1)\|} \tag{22.1}$$

其中,rnd()为随机函数；k 为搜索空间维数。

2. 天牛左、右须位置

天牛左、右须搜索位置(坐标)的计算公式分别为

$$\begin{cases}x_{\mathrm{r}}=x^{t}+d^{t}\boldsymbol{b}\\ x_{\mathrm{l}}=x^{t}-d^{t}\boldsymbol{b}\end{cases} \tag{22.2}$$

其中,x_{r} 和 x_{l} 分别为天牛右须、左须搜索区域中的位置；x^t 为天牛在第 t 次迭代时的质心位置；d 为天牛须感应长度,代表天牛的探索能力,其长度应足够大,以覆盖适当的搜索区域,以使天牛须跳出局部最小点,然后随着时间的推移而衰减。

3. 天牛位置更新

考虑搜索行为并更新天牛位置来检测气味的迭代模型如下：

$$x^{t}=x^{t-1}+\delta^{t}\boldsymbol{b}\,\mathrm{sgn}(f(x_{\mathrm{r}})-f(x_{\mathrm{l}})) \tag{22.3}$$

其中,x^t 为天牛在第 t 次迭代时的质心位置；δ 为搜索步长,为保证收敛速度和精度需要,随着迭代次数 t 递减,δ 的初始化应该等于搜索区域；sgn()为一种符号函数。

4. 天牛须感应长度

天牛须感应长度 d 的更新规则为

$$d^{t}=0.95d^{t-1}+0.01 \tag{22.4}$$

5. 天牛须搜索步长

天牛须搜索步长 δ 的更新规则为

$$\delta^{t}=0.95\delta^{t-1} \tag{22.5}$$

其中,t 为当前迭代次数。值得指出的是,如果有必要,这两个参数都可以指定为常量。

22.5 天牛须搜索算法的实现步骤及流程

(1) 初始化参数：优化问题维数 k,天牛初始位置 x^0,初始身长 d^0,初始步长 δ^0。

(2) 利用式(22.1)产生一个天牛搜索方向向量。

(3) 获得方向向量后,利用式(22.2)求出右须和左须位置坐标。

(4) 计算天牛左、右两须的适应度值,根据两者的大小关系,判断天牛的前进方向。

(5) 用式(22.3)对天牛在第 t 次迭代时的位置更新,计算位置更新后的适应度值 $f(x^t)$,如果 $f(x^t)>f_{\mathrm{best}}$,则 $f_{\mathrm{best}}=f(x^t)$,$x_{\mathrm{best}}=x^t$。

(6) 用式(22.4)和式(22.5)分别对天牛须感应长度 d 和步长 δ 进行更新。

(7) 判断是否满足算法终止条件,若满足则算法结束,输出最优解；否则转到步骤(2)。

天牛须搜索算法(用于全局最小化问题)的伪代码实现描述如下。

```
输入:   建立目标函数 f(x^t),其中变量 x^t = [x_1, x_2, …, x_i]^T,
        初始化参数 x^0, d^0, δ^0
输出:   x_bst, f_bst
while   (t < T_max) 或(不满足迭代结束条件) do
        根据式(22.1)生成单位方向向量 b;
```

```
    根据式(22.2)利用两个触角在搜索空间进行搜索;
    根据式(22.3)更新状态变量 x^t;
    if f(x^t)<f_bst  then
        f_bst = f(x^t), x_bst = x^t
    根据式(22.4) 和式(22.5)分别利用相关函数更新感知长度 d 和步长 δ(设计者可进一步研究)
返回  x_bst, f_bst
```

天牛须搜索算法的流程如图 22.3 所示。

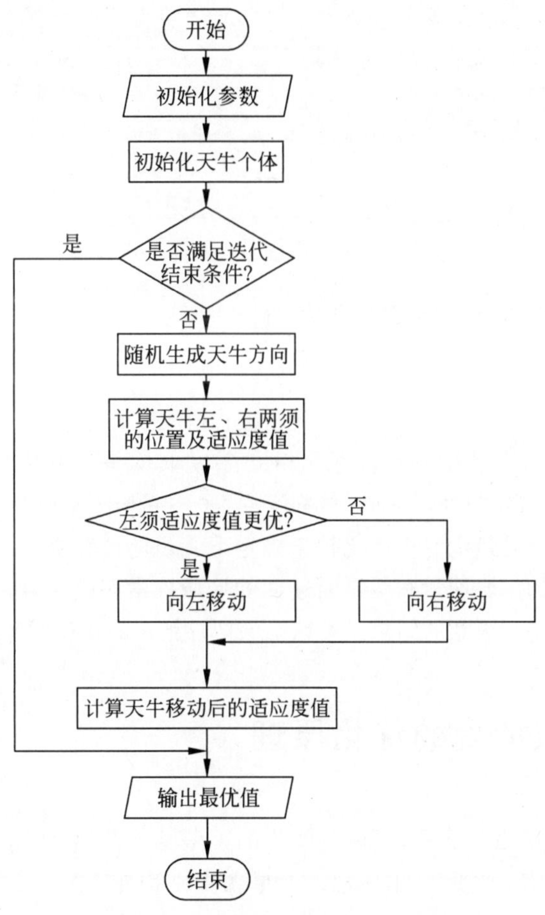

图 22.3 天牛须搜索算法的流程图

第 23 章　七星瓢虫优化算法

七星瓢虫优化算法是模拟瓢虫的捕食习性的一种群智能优化算法。该算法具有将种群分区进行广域、局域搜索相结合的特点。算法通过分区搜索、选优、迁徙、位置更新等操作实现对问题的优化求解。本章首先介绍七星瓢虫优化算法的提出、七星瓢虫的捕食的优化原理,然后阐述七星瓢虫优化算法的数学描述及其实现步骤,最后给出了七星瓢虫优化算法的实现流程。

23.1　七星瓢虫优化算法的提出

七星瓢虫优化(Seven-spot Ladybird Optimization,SLO)算法是 2013 年由王鹏等模拟七星瓢虫的捕食习性的一种群智能优化算法。SLO 算法具有分区和广域与局域搜索相结合的特点。在初始化种群之前先分区,每个区域都存在"子空间历史最优",个体要通过自身当前位置与子空间历史最优和全局最优的先后比较来确定下一步的位置更新,减少了不必要的搜寻工作。通过将线性而快速的广域搜索和缓慢而迂回的局域搜索有效结合,只需要相对较少的初始个体数和迭代次数就能得到满意的结果。可以确保搜寻结果的快速性和准确性,减少搜寻次数。

23.2　七星瓢虫捕食的优化原理

瓢虫为圆形突起的甲虫的通称,是体色鲜艳的小型昆虫,因其两鞘翅上的 7 个黑斑点而得名,常具红、黑或黄色斑点,如图 23.1 所示。七星瓢虫别称花大姐,某些品种因其分泌物带有臭味而俗称为臭龟子。

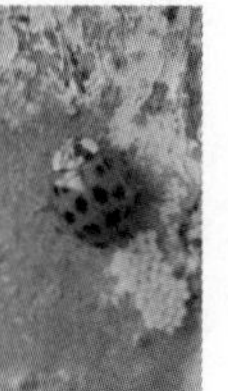

图 23.1　瓢虫的个体、交配及产卵的图片

幼虫的每天游弋在花草之间,疯狂地捕食蚜虫。瓢虫的生命非常短暂,从卵生长到成虫时期只需要大约一个月的时间,所以无论什么时候,我们都可以在花园里同时发现瓢虫的卵、幼虫和成虫。

七星瓢虫具有良好的捕食能力,对七星瓢虫捕食过程的观察发现,其在茎秆或叶片上寻找猎物时，总是用下颚须与下唇须不停地触碰茎秆与叶片，并沿着枝条与叶片往返爬行反复寻访，速度时快时慢，头部左右转动，触角与附着物呈平行前伸状态，而其侧向的振动可以扩大可能存在猎物的搜索区域。

瓢虫捕食过程如图 23.2 所示，它首先通过相对线性而快速的广域搜索对猎物进行定位，猎食后即在该区域进行缓慢而迂回的局域搜索，以判断该区域是否为猎物聚集区，若是，则在该区域进行缓慢而迂回的集中搜索；反之，飞离该区域寻找新的目标。当瓢虫在区域的捕食率低于一个临界值，或者在特定时间内依旧劳无所获时，瓢虫就会飞离所在区域而前往其他区域，这一过程称为迁徙。这样的搜索方式可以大大提高瓢虫的捕食率。七星瓢虫优化算法就是根据瓢虫的这种捕食习性而设计的。

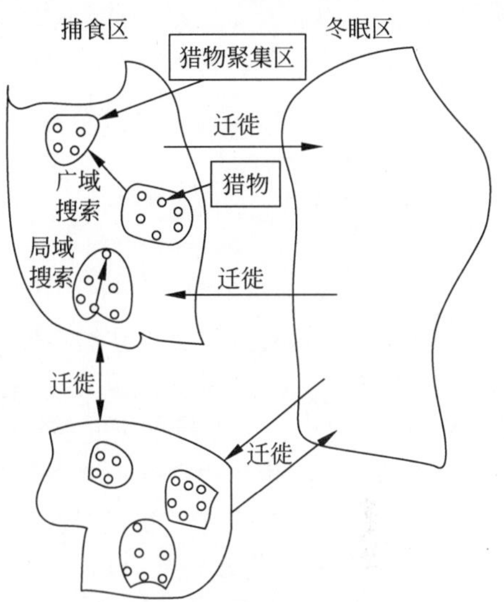

图 23.2　七星瓢虫的捕食过程

23.3　七星瓢虫优化算法的数学描述及实现步骤

七星瓢虫优化算法的步骤及数学描述如下。

(1) 分区：假设搜索空间(环境)是 D 维的。第 i 维空间被分为 n_i 个子空间，总的空间数即为 $n=\Pi n_i$。

(2) 初始化种群。

假设每只七星瓢虫都是 D 维空间中的一个点，第 i 只瓢虫被视为问题的一个潜在解，被记作 $X_i=(x_{i1},x_{i2},\cdots,x_{iD})$。七星瓢虫的种群数量为 $N=m\times n$，其中 m 是每个子空间中七星瓢虫的数量，n 是子空间的数量。

(3) 计算适应度值。

适应度值用于表明个体或解的优劣性。

(4) 选择最优瓢虫。

将空间中所有瓢虫的当前最佳位置分别与子空间历史最优(lbest)、全局最优(gbest)、个体历史最优(sbest)进行比较。如果当前值优于历史最优值，则进行替换，否则保持不变。

(5) 迁徙。

若经过一定循环后瓢虫的位置仍不改变，该位置即被舍弃，用式(23.1)在全局最优解的附近产生一个新位置取而代之，这个新位置能共享到全局最优信息。

$$x'_{i,j}=x_{\text{gebest},j}+\phi\omega \tag{23.1}$$

其中，ω 为全局最优解 gbest 的邻域；ϕ 为[−1,1]区间的随机数。

(6) 位置更新。

瓢虫的位置随着之前的运动更新。如果瓢虫上次循环未进行全局搜索，本次循环瓢虫将先进行局域搜索，位置更新公式如下：

$$V=c\cdot r_1\cdot(S_i(t)-X_i(t))+\varepsilon_1 \tag{23.2}$$

$$X_i(t+1)=X_i(t)+V,\quad |V|\leqslant V_{\max} \tag{23.3}$$

反之，瓢虫先进行全局搜索，位置更新公式如下：

$$X_i(t+1)=c\cdot r_2\cdot L_i(t)-X_i(t)+\varepsilon_2 \tag{23.4}$$

其中，$S_i(t)$、$L_i(t)$、$X_i(t)$分别为个体最优位置、子空间最优位置、当前最优位置；r_1 和 r_2 为 0～1 的两个随机数；ε_1 和 ε_2 通常设置为相对小的随机数；c 为常数，用于调整每次迭代的搜寻步数和搜寻方向。

一般情况下，V_{max} 设置如下：

$$V_{max}=0.2(ub-lb) \tag{23.5}$$

其中，ub 和 lb 分别是搜寻区域的上下限。在式(23.3)和式(23.5)中，每一维中瓢虫的速度都必须小于 V_{max}，这决定了瓢虫在结果域中的搜寻精度。如果 V_{max} 太大，那么瓢虫就会飞离最优解；如果 V_{max} 太小，那么瓢虫又会陷入局部搜索空间而无法继续全局搜索。

根据以上公式，可以得出速度更新由 3 部分组成：

① 局域搜索，由瓢虫缓慢而有条不紊地进行；

② 广域搜索，瓢虫沿着相对线性路径迅速地进行；

③ 效仿瓢虫的振动性能，以扩大潜在结果的搜索区域。

(7) 检验终止条件。

如果终止条件满足，即 SLO 算法达到了最大迭代数，那么 SLO 算法就会终止；否则，返回计算适应度值。

23.4 七星瓢虫优化算法的实现流程

七星瓢虫优化算法的实现流程如图 23.3 所示。

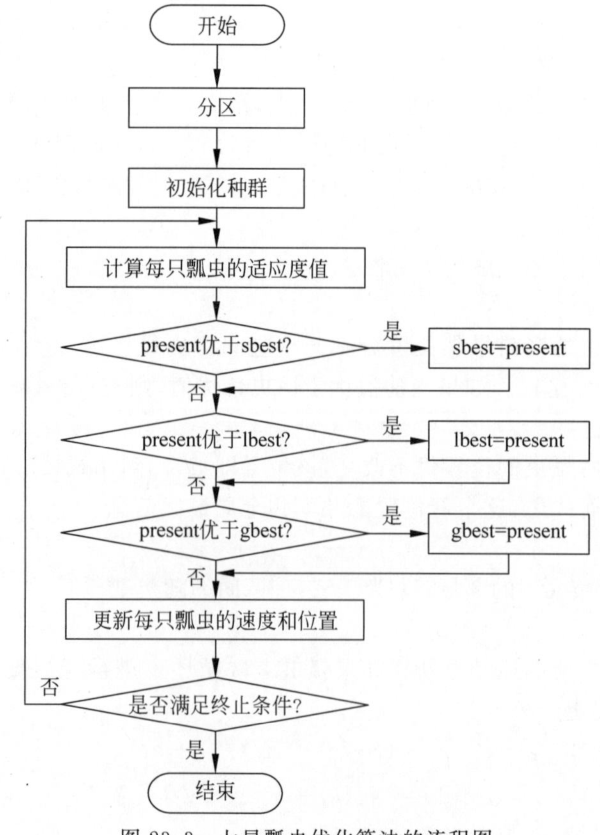

图 23.3 七星瓢虫优化算法的流程图

第 24 章 蚯蚓优化算法

蚯蚓优化算法是模拟自然界中蚯蚓的两种繁殖方式的群智能优化算法。该算法基于提出的蚯蚓繁殖行为的理想化规则，通过繁殖 1(仅产生一个后代)、繁殖 2(能产生一个或多个后代)、交叉算子、加权求和柯西突变操作，实现对连续和离散约束优化问题的求解。本章首先介绍蚯蚓的生活习性、蚯蚓优化算法的基本思想，然后阐述蚯蚓优化算法的数学描述、蚯蚓优化算法的伪代码及算法流程。

24.1 蚯蚓优化算法的提出

蚯蚓优化算法(Earthworm Optimization Algorithm，EWA)是 2018 年由王改革等提出的模拟蚯蚓两种繁殖方式的群智能优化算法，用于求解连续和离散约束优化问题。繁殖 1 本身仅产生一个后代；繁殖 2 每次能产生一个或多个后代，是通过几个改进的交叉算子完成的。这些交叉算子是对差分进化(DE)和遗传算法(GA)中使用的经典交叉算子的扩展。通过对所有后代进行加权求和，得到下一代的最后一条蚯蚓。为了使某些蚯蚓摆脱局部最优并改善搜索能力，增加了柯西突变(CM)操作。

针对 48 个基准函数和一个工程设计实例的测试，将 EWA 和 7 种最新的元启发式算法的优化性能比较结果表明，在大多数基准问题上，EWA 方法能比 7 个其他元启发式算法找到更好的解。

24.2 蚯蚓的生活习性

蚯蚓是环节动物门、寡毛纲的无脊椎动物，俗称地龙，又名曲蟮。蚯蚓种类约有 2500 种，我国有 100 多种。蚯蚓身体呈长圆柱形，长 30cm 左右，由 70～100 个体节组成。蚯蚓是一种低等的环节动物，它整个身体就像两头尖的管子套在一起组成的，体腔内充满液体。蚯蚓虽有头、有尾，有口腔、肠胃和肛门，但没有眼睛，但整个身体能感觉明暗。蚯蚓有中枢神经和末梢神经系统。它的运动取决于位于每一部分外边界的肌肉。

蚯蚓没有特别的呼吸器官，它是靠皮肤进行呼吸的，靠大气扩散到土壤里的氧气进行呼吸，以便补充氧气，排出二氧化碳。蚯蚓的身体必须保持湿润，怕太阳晒，愿意在地下通气良好的洞里生活。土壤通气越好，其新陈代谢越旺盛，不仅产卵多，而且成熟期缩短。

蚯蚓具有贯穿整个身体的强大消化系统，它生活在潮湿的环境中，能吸收活的和死的腐败有机物中的营养。蚯蚓喜阴暗，属夜行性动物，白昼蛰居在泥土洞穴中，夜间外出活动。蚯蚓也是变温动物，体温随外界温度的变化而变化。一般蚯蚓的活动温度为 5～30℃。

蚯蚓喜同代同居，具有母子两代不愿同居的习性。蚯蚓是雌雄同体、异体受精的动物，交配一次繁育终生，但必要时也能自我受精生殖，繁殖率极高，寿命1～3年。蚯蚓生活环境内充满了大量的微生物却无疫病，这与蚯蚓体内独特的抗生素和免疫系统有关。蚯蚓的再生能力很强，即使蚯蚓被切成两半，仍能活下来，并长成两条蚯蚓。

24.3 蚯蚓优化算法的基本思想

蚯蚓优化算法的设计灵感来自自然界中蚯蚓的两种繁殖方式。在EWA中，后代分别通过繁殖1(复制1)和繁殖2(复制2)生成，然后，使用对所有后代进行加权求和，以获得下一代的最终的一条蚯蚓。繁殖1本身仅产生一个后代，这也是自然界中的一种特殊繁殖；繁殖2一次生成一个或多个后代，这可以通过几个改进的交叉算子来完成。这些算子是通过对DE和GA中使用的经典交叉算子的扩展得到的。为了使某些蚯蚓摆脱局部最优并改善搜索能力，在EWA方法中，增加了柯西突变(CM)操作。这也可以帮助整个蚯蚓个体前进到更好的位置。

在EWA中，根据改进的9个交叉算子，提出了9种不同的EWA方法，分别具有1个、2个和3个后代。通过22个高维基准测试并将它们相互比较，结果表明EWA23的性能最佳。

24.4 蚯蚓优化算法的数学描述

为了模拟蚯蚓的繁殖行为求解优化问题，可以将蚯蚓的繁殖行为理想化为以下规则。

(1) 在种群中的所有蚯蚓都有能力繁殖后代，每条蚯蚓都有两种繁殖方式。

(2) 由任一种繁殖方式生成的每个子蚯蚓个体都包含所有长度与父代蚯蚓相等的基因。

(3) 适应性最好的蚯蚓会直接传给下一代，任何操作者都无法对其进行更改。这样才能保证蚯蚓种群不会随着世代的增加而恶化。

1. 第1种繁殖(复制1)

蚯蚓是雌雄同体，每个个体都携带雄性和雌性的性器官。因此，某些蚯蚓只能由一个母体生成，这种繁殖过程可以表述为

$$x_{i1,j}=x_{\max,j}+x_{\min,j}-\alpha x_{i,j} \tag{24.1}$$

其中，$x_{i,j}$为蚯蚓i第j维的位置；$x_{i1,j}$为蚯蚓$i1$的第j维新生成的位置；$x_{\max,j}$、$x_{\min,j}$分别为蚯蚓i位置的上界和下界；$\alpha\in[0,1]$为相似因子，可以决定父蚯蚓和子蚯蚓之间的距离。

如果α很小，它们之间的距离就很短。这使得该方法实现了对蚯蚓i的局部搜索，如图24.1(a)所示。当$\alpha=0$时，蚯蚓i和新生成的蚯蚓$i1$的最大距离为

$$x_{i1,j}=x_{\max,j}+x_{\min,j} \tag{24.2}$$

如果α较大，则两者之间的距离大，并且远离1。这就加强了探索，并使算法用大步进行全局搜索，如图24.1 (b)所示。

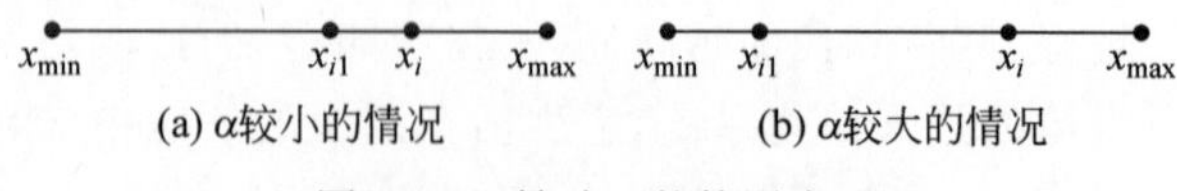

图24.1 繁殖1的简图表示

当 $\alpha=1$ 时,式(24.1)变为

$$x_{i1,j}=x_{\max,j}+x_{\min,j}-x_{i,j} \tag{24.3}$$

此时,蚯蚓 i 与新生成蚯蚓 $i1$ 的距离最小。蚯蚓 i 与新生成蚯蚓 $i1$ 的位置相对于 $(x_{\max,j}+x_{\min,j})/2$ 对称。式(24.3)在本质上是一种基于对立的学习方法,被广泛应用于各种随机优化方法中。

通过以上分析可以看出,EWA 方法可以通过调整相似因子 α 来平衡勘探与开发之间的关系。基本的 EWA 方法,实现全局搜索主要依赖于繁殖 1。因此,采用较大的 α。

2. 第 2 种繁殖(复制 2)

第 2 种繁殖是蚯蚓的一种特殊繁殖方式,即某些蚯蚓可以产生不止一个个体。设 N 为亲本蚯蚓数,N 必须是大于 1 的整数;M 表示繁殖 2 最终生成新的子蚯蚓数量,理论上 M 可以是不小于 0 的任何整数,而实际上,M 在大多数情况下是 1、2 或 3。

以下用 S、M 和 U 分别表示单点交叉、多点交叉和均匀交叉。用 $S1$ 表示单点交叉只产生 1 个子代,其余(如 $S2$、$S3$、$M1$、$M2$、$M3$、$U1$、$U2$、$U3$)可以类推。

1) $N=2$ 和 $M=1$ 的情况

通过轮盘赌法选择两个父代蚯蚓,分别称为 P_1 和 P_2,生成的后代由 P_1 和 P_2 组成,表示为

$$P=\{P_1,P_2\} \tag{24.4}$$

(1) 单点交叉($S1$)。

为了实现单点交叉,首先应计算两个临时变量,分别为

$$y_1=\mathrm{SD}\{P_1(r:D),P_2(r:D)\} \tag{24.5}$$

$$y_2=\mathrm{SD}\{P_2(r:D),P_1(r:D)\} \tag{24.6}$$

其中,SD 表示两个数组的集合差;SD(A,B)表示返回不属于 B 的 A 中的数据,A 和 B 为两个集合;$P_1(r:D)$和 $P_2(r:D)$分别表示 P_1 和 P_2 中从 r 到 D 的元素;r 为一个介于 1 和 D 之间的随机选择的整数;D 是一个蚯蚓个体的长度,即它是函数的维。随后,通过以下等式产生了两个后代分别为

$$x_{12}=\{P_2(1:D-|y_1|),y_1\} \tag{24.7}$$

$$x_{22}=\{P_1(1:D-|y_2|),y_2\} \tag{24.8}$$

其中,$|y_1|$ 和 $|y_2|$ 分别为 y_1 和 y_2 的长度。

$$x_{i2}=\begin{cases}x_{12}, & \text{rand}<0.5\\ x_{22}, & \text{rand}\geqslant 0.5\end{cases} \tag{24.9}$$

其中,rand 为可以得出一定分布的随机数。

(2) 多点交叉($M1$)。

多点交叉,首先随机生成两个整数 r_1 和 r_2,并设 r_1 始终小于 r_2,生成两个后代分别为

$$x_{12}=\{P_1(1:r_1),P_2(r_1+1:r_2),P_1(r_2+1:D)\} \tag{24.10}$$

$$x_{22}=\{P_2(1:r_1),P_1(r_1+1:r_2),P_2(r_2+1:D)\} \tag{24.11}$$

可以通过式(24.9)确定繁殖 2 所产生的子蚯蚓。

(3) 均匀交叉($U1$)。

当随机数 rand>0.5 时,均匀交叉可以生成两个后代 x_{12} 和 x_{22} 分别为

$$\begin{cases}x_{12,j}=P_{1,j}\\ x_{22,j}=P_{2,j}\end{cases} \tag{24.12}$$

其中,$x_{12,j}$ 和 $x_{22,j}$ 分别为后代 x_{12} 和 x_{22} 的第 j 元素。同样地,$P_{1,j}$ 和 $P_{2,j}$ 是两个父代蚯蚓 P_1 和 P_2 的第 j 元素。否则,它们被更新为

$$\begin{cases} x_{12,j}=P_{2,j} \\ x_{22,j}=P_{1,j} \end{cases} \tag{24.13}$$

再由式(24.9)确定繁殖2生成的蚯蚓 x_{i2}。

2) $N=2$ 和 $M=2$ 的情况

通过轮盘赌法选择两个父代蚯蚓 P_1 和 P_2，如式(24.4)所示。

(1) 单点交叉($S2$)。

为实现单点交叉，将 y_1 和 y_2 分别用式(24.5)和式(24.6)计算，然后分别由式(24.7)、式(24.8)生成两个子代 x_{12} 和 x_{22}。新生成的蚯蚓可以表示为

$$x_{i2}=\omega_1 x_{12}+\omega_2 x_{22} \tag{24.14}$$

其中，ω_1 和 ω_2 为权重因子，其计算式为

$$\begin{cases} \omega_1=\dfrac{E_2}{E_1+E_2} \\ \omega_2=\dfrac{E_1}{E_1+E_2} \end{cases} \tag{24.15}$$

其中，E_1 和 E_2 分别为蚯蚓 x_{12} 和 x_{22} 的适应度值。

(2) 多点交叉($M2$)。

分别用式(24.10)和式(24.11)生成两个子代 x_{12} 和 x_{22}，新生成的蚯蚓可由式(24.14)计算。

(3) 均匀交叉($U2$)。

均匀交叉分别由式(24.12)或式(24.13)生成两个子代 x_{12} 和 x_{22}，再根据它们新的适应度值由式(24.15)计算相应的权重因子 ω_1 和 ω_2。繁殖2新生成的蚯蚓可按式(24.14)计算。

3) $N=3$ 和 $M=3$ 的情况

3个蚯蚓的父母同样是通过轮盘赌法选择，分别称为 P_1、P_2 和 P_3，子代可以由3个父母组成，表示为

$$P=\{P_1,P_2,P_3\} \tag{24.16}$$

(1) 单点交叉($S3$)。

实现交叉操作首先需要计算以下临时变量：

$$y_1=\mathrm{SD}\{P_1(r:D),P_3(r:D)\} \tag{24.17}$$

$$y_2=\mathrm{SD}\{P_3(r:D),P_2(r:D)\} \tag{24.18}$$

$$y_3=\mathrm{SD}\{P_2(r:D),P_1(r:D)\} \tag{24.19}$$

然后，生成3个子代分别为

$$x_{31}=\{P_3(1:D-|y_1|),y_1\} \tag{24.20}$$

$$x_{32}=\{P_2(1:D-|y_2|),y_2\} \tag{24.21}$$

$$x_{33}=\{P_1(1:D-|y_3|),y_3\} \tag{24.22}$$

其中，$|y_1|$、$|y_2|$、$|y_3|$ 分别为 y_1、y_2、y_3 的长度。

(2) 多点交叉($M3$)。

多点交叉同样随机生成两个整数 r_1 和 r_2，且 $r_1<r_2$。生成的3个子代分别为

$$x_{31}=\{P_1(1:r_1),P_2(r_1+1:r_2),P_3(r_2+1:D)\} \tag{24.23}$$

$$x_{32}=\{P_2(1:r_1),P_3(r_1+1:r_2),P_1(r_2+1:D)\} \tag{24.24}$$

$$x_{33}=\{P_3(1:r_1),P_1(r_1+1:r_2),P_2(r_2+1:D)\} \tag{24.25}$$

(3) 均匀交叉($U3$)。

当随机数 rand>0.5 时,均匀交叉生成的 3 个子代 x_{31}、x_{32} 和 x_{33} 的每个元素分别为

$$\begin{cases} x_{31,j} = P_{2,j} \\ x_{32,j} = P_{3,j} \\ x_{33,j} = P_{1,j} \end{cases} \tag{24.26}$$

其中,$x_{31,j}$、$x_{32,j}$ 和 $x_{33,j}$ 分别为子代 x_{31}、x_{32} 和 x_{33} 的第 j 元素。同样地,$P_{1,j}$、$P_{2,j}$ 和 $P_{3,j}$ 是 3 个父元素 P_1、P_2 和 P_3 的第 j 元素。否则,它们将更新为

$$\begin{cases} x_{31,j} = P_{3,j} \\ x_{32,j} = P_{1,j} \\ x_{33,j} = P_{2,j} \end{cases} \tag{24.27}$$

在生成后代 x_{31}、x_{32} 和 x_{33} 后,繁殖 2 生成的新蚯蚓为

$$x_{i2} = \sum_{j=1}^{3} \omega_j x_{3j} = \omega_1 x_{31} + \omega_2 x_{32} + \omega_3 x_{33} \tag{24.28}$$

其中,ω_1、ω_2 和 ω_3 为权重因子,它们的计算式分别为

$$\begin{cases} \omega_1 = \dfrac{1}{2} \dfrac{E_2 + E_3}{E_1 + E_2 + E_3} \\ \omega_2 = \dfrac{1}{2} \dfrac{E_1 + E_3}{E_1 + E_2 + E_3} \\ \omega_3 = \dfrac{1}{2} \dfrac{E_1 + E_2}{E_1 + E_2 + E_3} \end{cases} \tag{24.29}$$

其中,E_1、E_2 和 E_3 分别为蚯蚓 x_{31}、x_{32} 和 x_{33} 的适应度值。

对于上述 $M=1,2,3$ 的情况,x_{i2} 的计算可以在 M 后代的基础上进行推广。

$$x_{i2} = \sum_{j=1}^{M} \omega_j x_{Mj} \tag{24.30}$$

其中,权重因子 ω_j 的计算式为

$$\omega_j = \frac{1}{M-1} \frac{\sum\limits_{k=1,k\neq j}^{M} E_k}{\sum\limits_{k=1}^{M} E_k} = \frac{1}{M-1} \frac{E_1 + E_2 + \cdots + E_{j-1} + E_{j+1} + \cdots + E_{M-1} + E_M}{E_1 + E_2 + \cdots + E_{j-1} + E_j + E_{j+1} + \cdots + E_{M-1} + E_M} \tag{24.31}$$

其中,E_k 为第 k 后代的适应度值。实施两种繁殖后,下一代 i 的位置可以形成为

$$x'_i = \beta x_{i1} + (1-\beta) x_{i2} \tag{24.32}$$

其中,β 为比例因子,它可以调整通过上述多种复制产生的 x_{i1} 和 x_{i2} 的比例,其计算式为

$$\beta^{i+1} = \gamma \beta^t \tag{24.33}$$

其中,t 为当前一代,当 $t=0$ 时,初始 β 设置为 1,即 $\beta_0=1$; γ 为一个常数,类似于模拟退火中冷却进度的冷却因子。

从式(24.33)可以看出,比例因子 β 相对较大,利用 x_{i1} 使 EWA 实现了全局搜索。比例因子 β 随着代数的增加而减小。这表明,随着代数的增加,繁殖 1 所产生的 x_{i1} 所占的比例越来越小,即由繁殖 2 产生的 x_{i2} 变得越来越多,这导致 EWA 主要在搜索过程的末尾进行局部

搜索。从以上分析可以得出结论,与相似因子 α 一样,比例因子 β 也能够有效地调整全局搜索和局部搜索之间的平衡。

3. 柯西突变

为了逃避局部最优和提高蚯蚓的搜索能力,在 EWA 中增加了柯西突变(Cauchy Mutation,CM),这也可以帮助整个蚯蚓个体前进到更好的位置。一维柯西密度函数定义为

$$f(x)=\frac{1}{\pi}\frac{t}{\tau^2+x^2},\quad x\in R \tag{24.34}$$

其中,$\tau>0$ 为比例参数。柯西分布函数为

$$F_\tau(x)=\frac{1}{2}+\frac{1}{\pi}\arctan\left(\frac{x}{\tau}\right) \tag{24.35}$$

这个变异算子很好地降低了陷入局部最优的可能性。

在 EWA 中,CM 算子的描述如下:

$$\boldsymbol{W}_j=\frac{1}{\mathrm{NP}}\left(\sum_{i=1}^{\mathrm{NP}}\boldsymbol{x}_{i,j}\right) \tag{24.36}$$

其中,$\boldsymbol{x}_{i,j}$ 为蚯蚓 i 的第 j 维位置向量;NP 为种群大小;$\boldsymbol{W}_j$ 为权重向量。

$$\boldsymbol{x}'_{i,j}=\boldsymbol{x}_{i,j}+\boldsymbol{W}_j\cdot C \tag{24.37}$$

其中,C 为从柯西(Cauchy)提取的随机数 $\tau=1$ 的分布。

24.5 蚯蚓优化算法的实现及流程

蚯蚓优化算法的伪代码描述如下。

```
开始
    1: 初始化.置生成计数器 t = 1;
       初始化的种群 P,将蚯蚓 NP 个体随机均匀分布在搜索空间;
       设置保留蚯蚓的数目 nKEW,最大代数 MaxGen,相似因子 α,
       比例系数 β 的初值 β0,常数 γ = 0.9
    2: 根据每个蚯蚓个体的位置评估其适应度值;
    3: While 没有找到最好的解或 t < MaxGen do
       将所有的蚯蚓个体按照它们的适应度值排序
       for i = 1 到 NP(对于所有蚯蚓个体),do
           //实现繁殖 1
           通过繁殖 1 生成 xi1;
           //实现繁殖 2
           //这个过程本质上是实现改进交叉操作
           if i > nKEW then
               定义所选父代(N)和已生成的后代(M)的数量;
               使用轮盘赌法选择 N 父代;
               生成 M 子代
               根据 M 用式(24.30)计算生成的后代 xi2;
           else
               随机选择一条蚯蚓个体作为 xi2
           end if
               用式(24.32)更新蚯蚓的位置
           end for i
           for j = nKEW + 1 to NP(对所有非保留蚯蚓个体)
               对蚯蚓 j 实现柯西突变;
```

```
        end for j
            根据最新更新的位置评估种群
        t = t + 1
    4:  end while
    5: 输出最优解
End
```

蚯蚓优化算法的流程如图 24.2 所示。

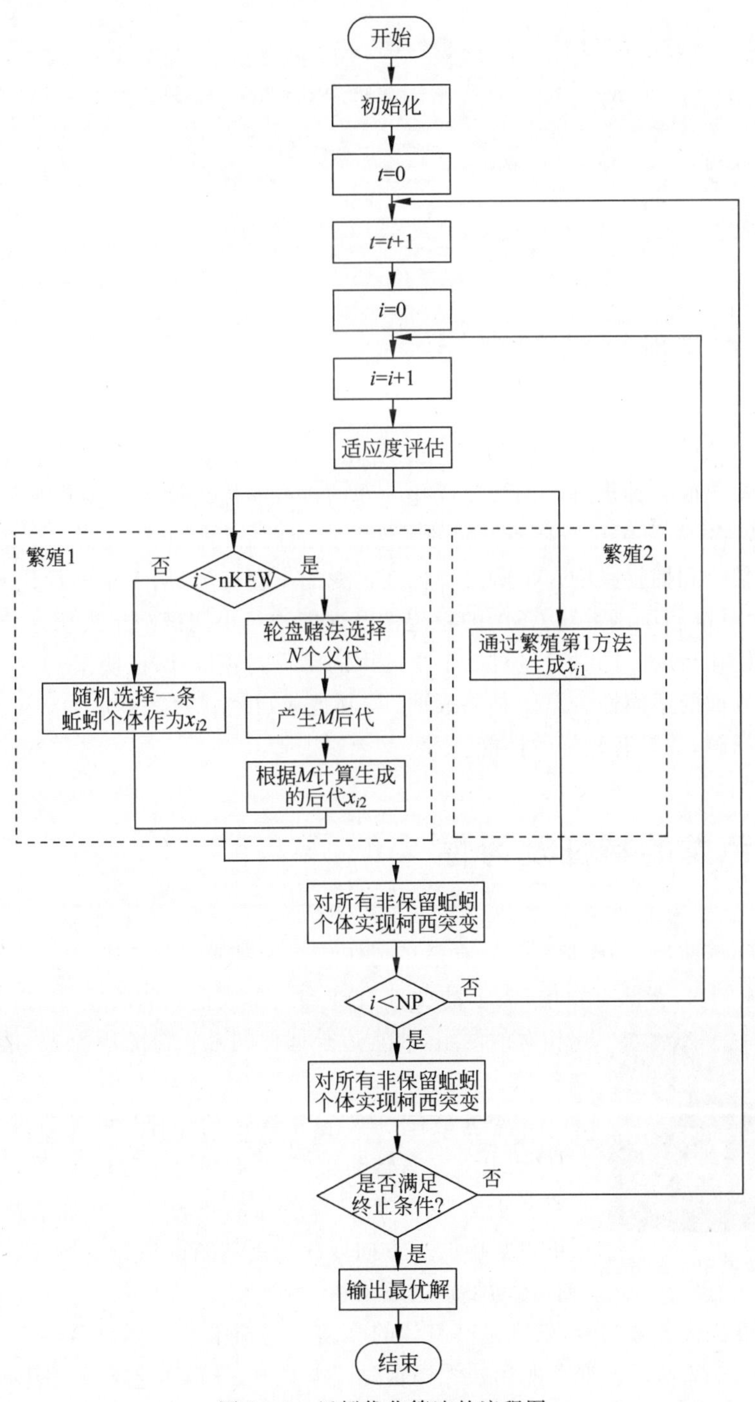

图 24.2　蚯蚓优化算法的流程图

第 25 章 变色龙群算法

变色龙群算法是一种模拟变色龙捕猎行为的群智能优化算法。变色龙群算法把变色龙的捕猎行为分为 3 个阶段,通过分别建立搜索猎物、眼睛旋转发现并追踪猎物和攻击猎物阶段的数学模型,实现对全局数值优化问题的求解。本章首先介绍变色龙的眼睛和舌头的特征及习性,然后阐述变色龙群算法的优化原理、变色龙群算法的数学模型、变色龙群算法的实现步骤及伪代码描述。

25.1 变色龙群算法的提出

变色龙群算法(Chameleon Swarm Algorithm,CSA)是 2021 年由约旦学者 Braik 受变色龙寻食启发而提出的一种求解全局数值优化问题的群智能优化算法。沙漠中变色龙的眼睛能 360°旋转观察猎物,并使用它们高速发射的黏性舌头捕捉猎物。变色龙群算法通过搜索猎物、眼睛旋转发现猎物和捕捉猎物 3 个阶段模拟变色龙的觅食行为,用于求解优化问题。

通过 67 个基准测试函数对 CSA 的稳定性及性能进行了测试结果表明,CSA 优于其他元启发式算法的优化精度。同时通过对 5 个受约束的工程问题设计,证明了 CSA 在可靠地解决现实世界问题方面的适用性。总体结果表明,与其他元启发式算法相比,CSA 提供了较好的全局或近似全局解,并具有较好的性能。

25.2 变色龙的特征及习性

变色龙是爬行动物,又称避役。它有适于树栖生活的种种特征和行为。变色龙的体长约 15～25cm,身体侧扁,背部有脊椎,头上的枕部有钝三角形突起;四肢很长,指和趾合并分为相对的两组,非常适于握住树枝;它的尾巴长,能缠卷树枝,如图 25.1 所示。

图 25.1 在沙漠中寻找猎物

变色龙有一双十分奇特的眼睛,两只眼球突出,可左右 180°、上下左右转动自如,左右眼可单独转动,分工注视前后,既有利于捕食,又能发现后面的敌害。当发现猎物时,两只眼睛可以集中同一方向以获得更清晰的视野。图 25.2 为变色龙向右转动眼睛追逐猎物。

变色龙有很长很灵敏的舌,长度是其身体的 2 倍。它捕猎时主要靠舌尖产生的强大吸力吸住猎物,如图 25.3 所示。变色龙用长舌捕食是闪电式的,只需 1/25s 便可以完成。

图 25.2 右转眼睛追逐猎物

图 25.3 用舌头捕捉猎物

变色龙以其改变颜色以与周围环境融为一体的能力而闻名。变色龙调整颜色以适应周围环境的能力是它们在附近有捕食者时保护自己的方式。

25.3 变色龙群算法的优化原理

像自然界中的任何生物一样,变色龙在沙漠和树木中漫游以寻找猎物过程中,它们的位置也会相应变化,会利用身体颜色的掩护在每个潜在区域中搜索猎物(全局搜索),并使用它们的眼睛全方位地扫描搜索范围(局部搜索)。当寻找到猎物时,它们会使用非常长而带黏液的舌头以非常高的速度快速捕捉猎物(全局最优解)。变色龙的狩猎行为很好地实现了探索和开发之间的平衡。

变色龙群算法通过变色龙寻找猎物、用眼睛旋转追踪猎物、用舌攻击猎物 3 个阶段模拟变色龙狩猎行为,体现了变色龙狩猎行为的优化原理。

变色龙群算法与自下而上聚类的变色龙算法(Chameleon Algorithm)完全不同,它是一种模拟变色龙狩猎行为用于求解约束和全局数值优化问题的优化算法。

25.4 变色龙群算法的数学模型

设在 d 维搜索空间中,有 n 个变色龙的种群,所有的变色龙代表问题的候选解可以用大小为 $n\times d$ 维矩阵 $\boldsymbol{X}$ 表示。变色龙 i 在第 t 次迭代处在搜索域中的位置可以用一个向量表示如下:

$$\boldsymbol{x}_i(t)=[x_{i,1}(t),x_{i,2}(t),\cdots,x_{i,d}(t)] \tag{25.1}$$

变色龙维度空间的位置初始化为

$$\boldsymbol{x}_i=\boldsymbol{l}_j+r\cdot(\boldsymbol{u}_j-\boldsymbol{l}_j) \tag{25.2}$$

其中,$\boldsymbol{x}_i$ 为变色龙 i 的位置初始向量,$i=1,2,\cdots,n$; $\boldsymbol{u}_j$ 和 $\boldsymbol{l}_j$ 分别指第 j 维搜索区域的上下界; r 是[0,1]区间均匀生成的随机数。

变色龙觅食行为的数学描述包括寻找猎物、追踪猎物和狩猎猎物 3 部分。

1. 寻找猎物

变色龙在觅食过程中寻找猎物的位置更新策略描述如下:

$$x_{i,j}(t+1)=\begin{cases}x_{i,j}(t)+p_1(p_{i,j}(t)-G_i(t))r_1+p_2(G_j(t)-x_{i,j}(t))r_2, & r_i\geqslant P_P\\ x_{i,j}(t)+\mu((u^j-l^j)r_3+l_{\mathrm{b}}^j)\operatorname{sgn}(\mathrm{rand}-0.5), & r_i<P_P\end{cases} \tag{25.3}$$

式(25.3)中的符号说明如下：

$x_{i,j}(t+1)$为第$(t+1)$次迭代中第 i 条变色龙在第 j 维的新位置；

$p_{i,j}(t)$为到目前为止，第 i 条变色龙在第 t 次迭代中第 j 维中的最佳位置；

$G_i(t)$为到目前为止，任何变色龙在第 t 次迭代中第 j 维的全局最佳位置；

p_1 和 p_2 为控制探索能力的两个正数；

r_1、r_2 和 r_3 是在[0,1]区间均匀生成的随机数；

r_1 是在[0,1]区间的索引 i 处均匀生成的随机数；

P_P 表示变色龙感知猎物的概率($P_P \geqslant 0.1$)；

sgn(rand−0.5)为影响探索和开发方向的符号函数，它可以是 1 或 −1；

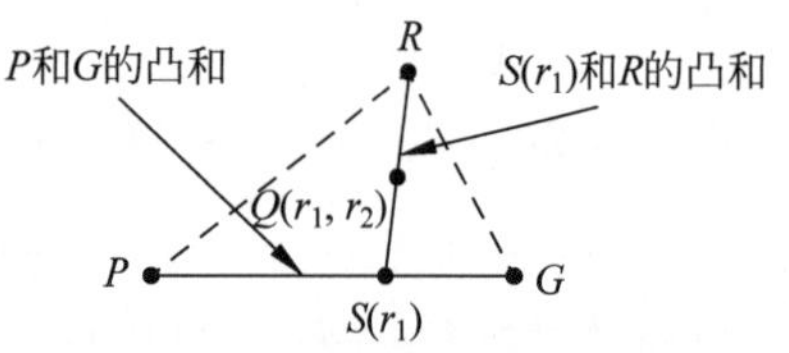

图 25.4　$P_p \geqslant 0.1$ 时 CSA 中位置更新策略

μ 是一个参数，定义为迭代函数，它随着方程中给出的迭代次数而减小。

式(25.3)的第一种情况($r_1 \geqslant P_P$)是通过取在仿射空间中形成一个平面，如图 25.4 所示。

从简单的几何图形可知，不在同一条线上的 3 个位置标识一个唯一的平面。假设 P、G 和 R 是仿射空间中的 3 个这样的位置。连接位置 P 和 G 的线段是方程中定义的位置集合

$$S(r_1)=r_1P+(1-r_1)G \tag{25.4}$$

其中，r_1 是在[0,1]区间内均匀分布的随机数。假设我们在这条直线上随机选择一个位置，并从这个任意位置形成一条路径到 R，如图 25.4 所示。使用随机参数 r_2，就可以描述沿这条直线路径的位置，如式(25.5)所示。

$$Q(r_1,r_2)=r_2S+(1-r_2)R,\quad 0 \leqslant r_2 \leqslant 1 \tag{25.5}$$

式(25.4)和式(25.5)表明在这条路径上的每个位置都有很大的探索潜力。从仿射空间模拟了这一特征，将式(25.3)中的主要符号与图 25.4 中的符号进行对比，其中 $X_{i,j}(t+1)=Q(r_1,r_2)$，$X_{i,j}(t)=R$，$P_{i,j}(t)=P$ 和 $G_j(t)=G$。这使得变色龙能够在搜索空间中探索每一个可能的位置。

式(25.3)中的 p_1 和 p_2 是控制 CSA 探索能力的标度因子。由于 p_1 和 p_2 的取值范围有大有小，CSA 可以在局部搜索和全局搜索之间交替进行。式(25.3)的第二种情况($r_1 < P_P$)允许变色龙在搜索空间中随机位置探索，以增强 CSA 的搜索能力。

$$\mu=\gamma \mathrm{e}^{(-\alpha t/T)^{\beta}} \tag{25.6}$$

其中，t 和 T 分别表示当前和最大迭代次数；γ、α 和 β 是用于控制探索和开发能力的 3 个常数值。CSA 求解所有基准测试函数的参数 γ、α 和 β 的值分别等于 1.0、3.5 和 3.0。此外，p_1 和 p_2 的值分别等于 0.25 和 1.50。式(25.6)是通过减慢搜索速度以及增强探索和开发能力来确保算法的收敛的。

2. 变色龙眼睛旋转追踪猎物

为了模拟变色龙能够利用眼睛的旋转功能识别猎物的位置，变色龙会根据猎物的位置更新自己的位置，通过旋转并移动到猎物身边，分为下面 4 个步骤来实现。

(1) 将变色龙的原始位置平移到重心(即原点)。

(2) 找到识别猎物位置的旋转矩阵。

(3) 使用重心处的旋转矩阵更新变色龙的位置。

(4) 将变色龙平移回原来的位置。

在利用上述 4 个步骤更新变色龙的位置时，可以使用向量在空间中的旋转和平移来实现。变色龙和猎物的位置可以表示为向量。在此连接中，使用以下策略旋转向量 $\overrightarrow{P_2P_1}$，如图 25.5(a)所示，在三维搜索空间中预置角度，利用角度更新变色龙的位置。

(1) 将向量 $\overrightarrow{P_2P_1}$ 平移到原点。这可以通过从向量的头部减去向量的尾部来实现 $\vec{V}=P_1-P_2$，如图 25.5(b)中的向量 $\vec{V}=P_2^tP_1^t$ 所示。

(2) 旋转图 25.5(c)中的 $\vec{V}=(V_x,V_y,V_z)$，其尾部在原点，头部为式(25.7)中的角度 ψ。这一步导致向量 $\vec{V}=(V_{2x},V_{2y},V_{2z})$ 位于 x-z 平面中，如图 25.5(c)中的位置②所示。

在图 25.5(c)中，旋转角 ψ 由向量 $\vec{V}$ 的分量 V_x 和 V_y 的计算使用以下公式：

$$\tan(\psi)=-V_y/V_x \tag{25.7}$$

式(25.7)中的角度 ψ 是负数，因为 V_y 使用正值并且 $\vec{V}$ 的旋转使用右手定则。旋转向量 $\overrightarrow{V_2}$ 在位置②处的 x 分量可以定义如下：

$$V_{2x}=\sqrt{V_x^2+V_y^2} \tag{25.8}$$

其中，向量 $\overrightarrow{V_2}$ 的 y 和 z 分量 V_y 和 V_z 分别为 0 和 $|V|$。

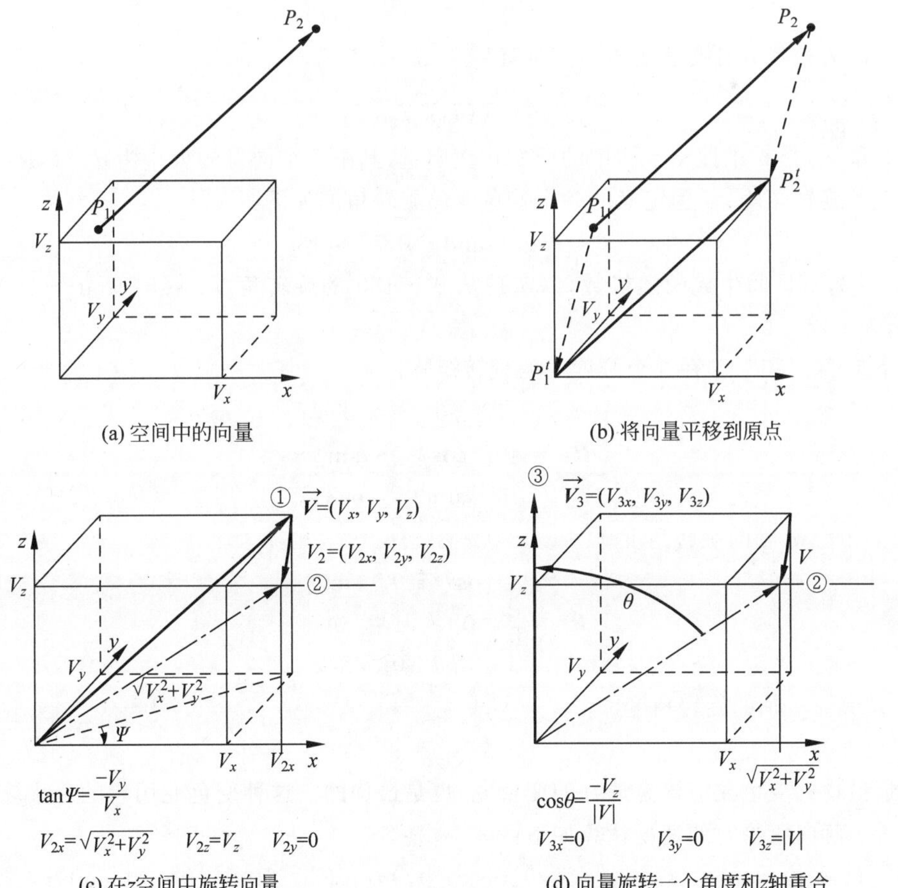

图 25.5　在三维空间中旋转和平移向量

(3) 将向量 $\overrightarrow{V_2}$ 在 x-z 平面中的位置②处旋转角度 θ 以使其与 z 轴对齐。这一步导致 $\overrightarrow{V_3}$ 如图 25.5(d)中的位置③所示。在图 25.5(d)中,角度 θ 可以根据下式计算。

$$\cos(\theta) = -V_z / |V| \tag{25.9}$$

其中,θ 是在位置②的 $\overrightarrow{V_2}$ 创建在位置 3 的 $\overrightarrow{V_3}$ 所旋转的角度,V_z 是向量 $\vec{V}$ 的 z 分量,$|V|$是向量 $\vec{V}$ 的大小。使用向量旋转的右手法则,图 25.5(d)中的角度 θ 为负。旋转向量 $\overrightarrow{V_3}$ 在位置③处的 z 分量,如图 25.5(d)所示,可以定义为如下:

$$V_{3z} = |V| \tag{25.10}$$

其中,$|V|$是向量 $\vec{V}$ 的大小;$\overrightarrow{V_3}$ 的 x 和 y 分量分别为 V_{3x} 和 V_{3y},均为 0。

上述步骤用于将向量从一个位置旋转到另一个位置,用于模拟变色龙使用眼睛旋转定位猎物时的位置更新。可以使用以下数学公式更新变色龙的新位置:

$$x_i(t+1) = x \cdot r_i(t) + \bar{x}_i(t) \tag{25.11}$$

其中,$x_i(t+1)$为变色龙旋转后的新位置;$\bar{x}_i(t)$为变色龙在旋转之前位置的中心;$x \cdot r_i(t)$表示变色龙在搜索空间中的旋转中心坐标,其定义如下式所示:

$$xr_i(t) = m \cdot xc_i(t) \tag{25.12}$$

其中,m 是一个旋转矩阵,表示变色龙的旋转;$xc_i(t)$表示迭代 t 处的中心坐标。

$$xc_i(t) = x_i(t) - \bar{x}_i(t) \tag{25.13}$$

其中,$x_i(t)$为迭代 t 时变色龙的当前位置。

$$m = R(\theta, \vec{V}\vec{z}_1, \vec{z}_2) \tag{25.14}$$

其中,$\vec{z}_1$ 和 $\vec{z}_2$ 是 n 维搜索空间中的两个正交向量,其中每个向量的大小为 $d \times 1$,R 为定义在各个轴上的旋转矩阵;θ 为定义的一个变色龙的旋转角度如下:

$$\theta = r\,\mathrm{sgn}(\mathrm{rand} - 0.5) \times 180° \tag{25.15}$$

其中,r 为[0,1]区间生成的随机数,以实现从 0°~180°的旋转角度;sgn(rand−0.5) 表示旋转方向,为 1 或−1。

以下是沿 x 和 y 轴在 3 个维度上的旋转矩阵:

$$\boldsymbol{R}_x = \begin{bmatrix} 1 & 0 & 0 \\ 0 & \cos\phi & -\sin\phi \\ 0 & \sin\phi & \cos\phi \end{bmatrix} \tag{25.16}$$

其中,ϕ 表示绕 x 轴的旋转角度。

$$\boldsymbol{R}_y = \begin{bmatrix} \cos\theta & 0 & \sin\theta \\ 0 & 1 & 0 \\ -\sin\theta & 0 & \cos\theta \end{bmatrix} \tag{25.17}$$

其中,θ 表示绕 y 轴的旋转角度。

3. 攻击猎物

接近猎物的变色龙应该是最好的变色龙,也是最优的。这种变色龙用它的舌头攻击猎物。变色龙舌头落向猎物时的速度计算如下:

$$v_{i,j}(t+1) = \omega v_{i,j}(t) + c_1(G_j(t) - x_{i,j}(t))r_1 + c_2(P_{i,j}(t) - x_{i,j}(t))r_2 \tag{25.18}$$

其中,$v_{i,j}(t+1)$为第 i 条变色龙在第$(t+1)$次迭代时第 j 维的新速度;$v_{i,j}(t)$为第 i 条变色龙第 j 维的当前速度;$x_{i,j}(t)$为第 i 条变色龙的当前位置;$P_{i,j}(t)$为第 i 条变色龙已知的最佳位置；$G_j(t)$为目前变色龙已知的全局最佳位置；c_1 和 c_2 为两个正常数，控制 $P_{i,j}(t)$和 $G_j(t)$对变色龙舌头降落速度产生影响；r_1 和 r_2 为两个分布在[0,1]区间的随机数；ω 为惯性权重，它随着下式中给出的迭代代数线性减少。

$$\omega = (1 - t/T)^{(\rho\sqrt{(t/T)})} \tag{25.19}$$

其中，ρ 为用于控制开发能力的正数，对于基准问题，ρ 等于 1；惯性权重参数 ω 用于改善 CSA 中的收敛性能。

变色龙舌头朝向猎物时的位置隐含地代表了猎物的位置，猎物的位置计算如下：

$$x_{i,j}(t+1) = x_{i,j}(t) + (v_{i,j}(t) - v_{i,j}(t-1)^2)/(2a) \tag{25.20}$$

其中，$v_{i,j}(t-1)$为第 i 条变色龙在第 j 维的先前速度；a 为变色龙舌头投影的加速度，该加速度逐渐增加，直到达到最大值 $2590\text{m}\cdot\text{s}^{-2}$。该速率可以定义如下：

$$a = 2590 \times (1 - \mathrm{e}^{-\log(t)}) \tag{25.21}$$

式(25.3)、式(25.11)和式(25.20)模拟了变色龙的觅食行为。这些公式有助于让变色龙在迭代过程中在搜索空间中探索不同的随机位置，并确定找到最佳猎物的最有希望的区域。

25.5 变色龙群算法的伪代码实现

变色龙群算法实现的基本步骤及伪代码描述如下。

```
Pp← 0.1(位置更新概率)
r1,r2,r3, r^i是[0,1]区间的随机数
u和 l 是搜索区域的上下界
d ← 问题的维度
x̄_i(t)是迭代 t 时变色龙 i 当前位置的中心
xr_i(t)是变色龙 i 在迭代 t 时的旋转中心坐标,可以使用式(25.12)定义
使用式(2)随机初始化 n 个变色龙群在搜索空间中的位置
初始化变色龙舌头降落速度
评估变色龙的位置
while (t < T) do
使用式(25.6)定义参数 μ
使用式(25.19)定义惯性权重 ω
使用式(25.21)定义加速度 a
for i = 1 to n do
  for j = 1 to d do
    if ri≥Pp then
      x_{i,j}(t+1) = x_{i,j}(t) + p_1(P_{i,j}(t) - G_i(t))r_1 + p_2(G_j(t) - x_{i,j}(t))r_2
    else
      x_{i,j}(t+1) = x_{i,j}(t) + μ((u^j - l^j)r_3 + l_b^j)sgn(rand - 0.5)
    end if
  end for
end for
for i = 1 to n do
  x_i(t+1) = x・r_i(t) + x̄_i(t)
end for
for i = 1 to n do
  for j = 1 to d do
```

$v_{i,j}(t+1)=\omega v_{i,j}(t)+c_1(G_j(t)-x_{i,j}(t))r_1+c_2(P_{i,j}(t)-x_{i,j}(t))r_2$

$x_{i,j}(t+1)=x_{i,j}(t)+(v_{i,j}(t)-v_{i,j}(t-1)^2)/(2a)$

```
    end for
end for
根据 u 和 l 调整变色龙的位置
评估变色龙的新位置
更新变色龙的位置
t = t + 1
end while
```

第 26 章　布谷鸟搜索算法

布谷鸟具有两个特性：一是它的借巢生蛋和借鸟孵化的侵略性繁殖行为；二是它的为产蛋寻窝的 Levy 飞行策略。受布谷鸟上述行为特性的启发而提出的布谷鸟搜索算法，对布谷鸟的寻窝产蛋行为进行了简化、抽象，提出了 3 个理想化的假设条件，来模拟布谷鸟寻窝产蛋的繁殖行为和寻窝过程的 Levy 飞行策略。本章介绍布谷鸟的繁殖行为、Levy 飞行，以及布谷鸟搜索算法的原理、数学描述、实现步骤及流程。

26.1　布谷鸟搜索算法的提出

布谷鸟搜索(Cuckoo Search，CS)算法是 2009 年由英国剑桥大学学者 Xin-She Yang 和 Suash Deb 在世界自然和生物启发计算大会(NaBIC'09)上首次发表的论文 *Cuckoo search via Lévy flights* 中提出的一种基于 Levy 飞行的启发式智能优化算法。2010 年，Yang 等将 CS 算法应用于多目标优化和工程优化中。CS 算法因简单、参数少、易于实现等优点受到了学者们的关注。

CS 算法已用于弹簧优化设计、焊接梁优化设计、AUV 路径规划、背包问题、无线传感器网络、车间调度、交通流量预测等方面。

26.2　布谷鸟的繁殖行为与 Levy 飞行

1. 布谷鸟的繁殖行为

布谷鸟的中文名杜鹃，如图 26.1 所示，它不仅可以发出动听的声音，还具有侵略性的繁殖策略。多数居住在热带和温带地区的树林中。许多种类的布谷鸟喜欢在公共巢穴产蛋，所以它们可能会将其他鸟类的蛋移走，或者常常选择在巢主鸟刚刚产蛋的鸟窝里放置自己的鸟蛋，从而增加其蛋的孵化率。寄生布谷鸟的蛋一般会比巢主鸟蛋先孵化出来，一旦小布谷鸟孵化出来，它能本能地将巢主鸟蛋推出巢外，它还会模仿巢主鸟幼鸟的叫声，以得到更多的喂养机会。

图 26.1　布谷鸟

布谷鸟通过 Levy 飞行随机选择与其蛋形相似，雏鸟形态也相似的巢主，在巢主孵蛋之前，趁巢主鸟离巢期间产蛋并将巢主的蛋移走。这样就由巢主鸟对布谷鸟的蛋进行孵化。在从蛋到雏鸟的整个过程中,一旦巢主发现自己鸟窝中的蛋异常,它要么把蛋或雏鸟移走;要么放弃此鸟窝重新搭建一个。

2. Levy 飞行

20 世纪二三十年代,法国数学家莱维(Levy)研究了在什么情况下,N 个独立分布的随机变量的和的概率分布与其中的任意的一个随机变量的概率分布相同。这基本上是一个分形问题,也就是说,在什么情况下部分与整体的性质相同。莱维完全解决了这个问题,满足这个条件的概率分布称为莱维(Levy)分布。

近年来,人们在物理、化学、生物及金融系统中发现了许多以 Levy 飞行为形式的反常扩散行为。从物理上来看,Levy 飞行来源于粒子和周围环境之间的强烈地相互作用。它是以发生长程跳跃为特征的一类具有马尔可夫性质的随机过程,其跳跃的长度满足莱维分布。

莱维提出的一种随机游走模式,它的步长服从莱维分布,通常简单的表示为

$$L(s) \sim |s|^{-1-\lambda}, \quad 0<\lambda \leqslant 2$$

其中,s 为步长;$L(s)$为步长为 s 时的概率。

从数学角度来看,莱维分布定义如下:

$$L(s,\gamma,\mu)=\begin{cases}\sqrt{\dfrac{\gamma}{2\pi}}\exp\left[-\dfrac{\gamma}{2(s-\mu)}\right]\dfrac{1}{(s-\mu)^{3/2}}, & 0<\mu<s<\infty \\ 0, & \text{其他}\end{cases} \tag{26.1}$$

其中,γ 为数量级参数;$\mu>0$ 为最小步长。显然,当 $s\to\infty$时,有

$$L(s,\gamma,\mu) \approx \sqrt{\frac{\gamma}{2\pi}} \cdot \frac{1}{s^{3/2}} \tag{26.2}$$

通常情况,逆积分 $L(s)=\dfrac{1}{\pi}\displaystyle\int_0^{\infty}\cos(ks)\exp[-\alpha\mid k\mid^{\beta}]\mathrm{d}k$,在 $s\to\infty$ 时估算为

$$L(s)=\frac{\alpha\cdot\beta\cdot\Gamma(\beta)\sin(\pi\beta/2)}{\pi\mid s\mid^{1+\beta}}, \quad s\to\infty \tag{26.3}$$

其中,$\Gamma(\beta)$是 Gamma 函数 $\Gamma(\beta)=\displaystyle\int_0^{\infty}t^{z-1}\mathrm{e}^{-t}\mathrm{d}t$,当 $z=n$ 是整数时,$\Gamma(n)=(n-1)!$。

在 Mantegna 提出的 CS 算法中,步长 $s=\dfrac{u}{|v|^{1/\beta}}$,其中 u 和 v 均服从标准正态分布,即

$$u \sim N(0,\sigma_u^2), \quad v \sim N(0,\sigma_v^2) \tag{26.4}$$

其中,

$$\sigma_u=\left\{\frac{\Gamma(1+\beta)\sin(\pi\beta/2)}{\Gamma(1+\beta)/\beta 2^{(\beta-1)/2}}\right\}^{1/\beta}, \quad \sigma_v=1$$

此种莱维分布只是针对$|s|\geqslant|s_0|$的情况满足,其中 s_0 是步长的最小值。理论上,$s_0\to 0$,但现实中通常取 0.1~1。

图 26.2 为莱维分布的一种特例,它展示了 $\beta=1$ 时从原点(0,0)开始的 50 次 Levy 飞行的轨迹。由于 Levy 飞行的长尾渐进形式,其分布二次矩是发散的,而对于一般的布朗运动来说,粒子的各次矩都是有限的,如图 26.3 所示。因此,Levy 飞行的这一独特性质有别于布朗运动。通过观察粒子的布朗运动和 Levy 飞行的轨迹图可以看出,对于布朗运动,粒子的运动轨迹中不存在长跳跃,而对于 Levy 飞行,粒子在某些区域偶尔出现长跳跃。Levy 飞行是一种长时间的小范围搜索与偶尔较大范围勘探相配合的随机飞行方式,具有小步移动的特点,但间

或有很大步的位移，使得飞行主体不会重复在一个地方。Levy 飞行方向是随机的，而它的运动的步长是按幂次率分布的。

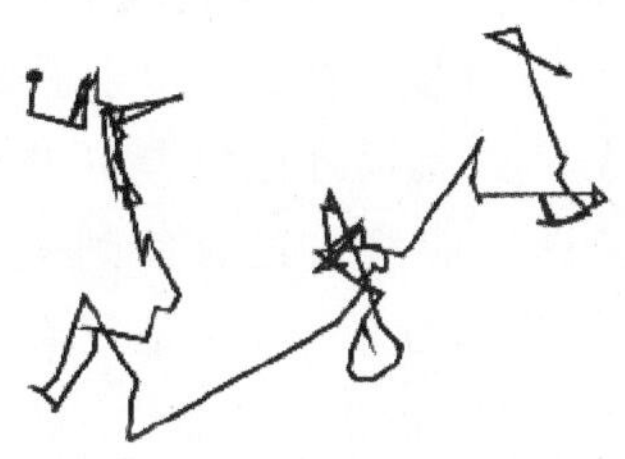
图 26.2　50 次 Levy 飞行的轨迹

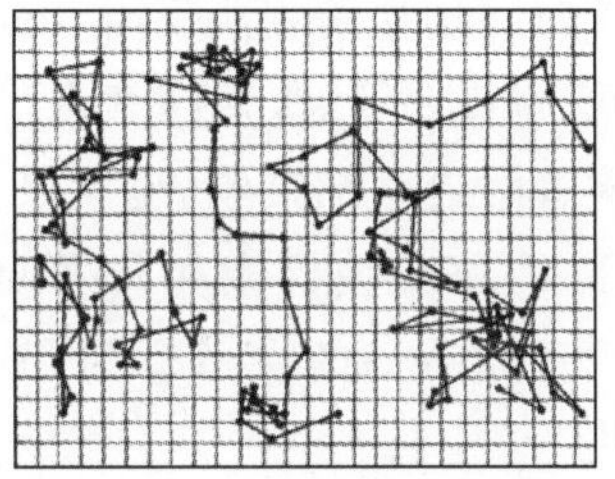
图 26.3　布朗运动图示

在自然界中，动物以随机或拟随机的方式来觅食。许多飞行动物像信天翁、蜘蛛猴等，其飞行间隔服从幂率分布。信天翁是南极地区最大的飞鸟，也是世界飞鸟之王，如图 26.4 所示。它身披洁白色羽毛，尾端和翼尖带有黑色斑纹，躯体呈流线型，展翅飞翔时，翅端间距可达 3.4m。图 26.5 是信天翁的飞行轨迹，将其与图 26.2 中的 50 次 Levy 飞行的轨迹对比，不难看出鸟的飞行轨迹是符合莱维分布的。

图 26.4　信天翁

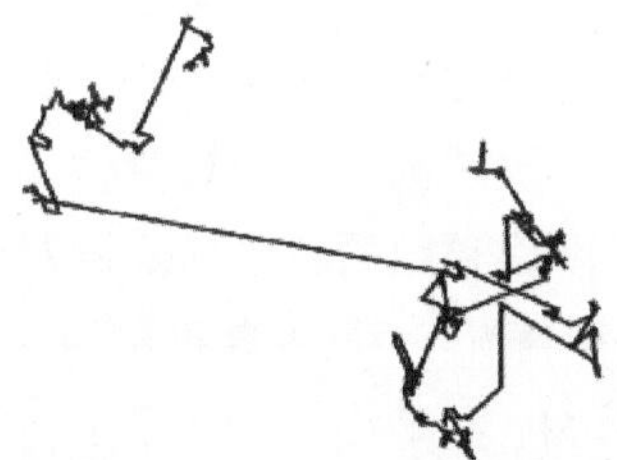
图 26.5　信天翁的飞行轨迹

研究信天翁的飞行轨迹(图 26.5)发现，较长线段出现的频率与无标度的负二次方莱维分布相像，都具有 Levy 飞行的特征。Levy 飞行的上述独有特性，特别适用作优化算法的最优化搜索策略。

26.3　布谷鸟搜索算法的原理

布谷鸟搜索算法设计灵感源于布谷鸟的繁殖后代行为和 Levy 飞行搜索模式。布谷鸟繁殖后代的时候不会为自己孵化后代，总是把蛋产在其他鸟的巢中，由它们代为孵化。而其他鸟类不愿孵化外来的蛋，当它们发现外来的蛋就将其扔掉，有时候甚至抛弃整个鸟巢，另做新巢。为了降低被发现的风险，布谷鸟将自己的蛋模仿成所选鸟类的卵。

Levy 飞行是一种长时间的小范围搜索与偶尔较大范围勘探相配合的随机飞行方式。个体在 Levy 飞行运动中，短距离小步长和长距离大步长交替出现。布谷鸟搜索算法采用 Levy 飞行方式，能拓宽搜索领域、丰富种群多样性，更容易跳出局部最优解。

布谷鸟搜索算法主要包括 3 个组成部分。

(1) 选择最优。通过保留最好的鸟窝，确保搜索移动在局部最优解的邻域内，以保证最优解被保留到下一代。

(2) 局部随机移动。利用局部随机移动搜索最优解。

(3) 全局 Levy 飞行进行随机搜索。这一过程模拟布谷鸟在树林中通过 Levy 飞行去寻找最好的为自己的鸟蛋孵化的鸟窝,相当于优化问题的最优解。

由于布谷鸟搜索算法采用 Levy 飞行方式,因此在搜索开始时,采用较大步长有利于搜索整个空间,也就是说,全局搜索占优势,使得算法不陷入局部极小值;在搜索后期,个体以小步长在最优解附近仔细搜索,也就是说,局部搜索占优势。这就很好地协调局部搜索和全局搜索的关系,更好地使探索和开发间达到平衡,从而使算法能够快速收敛到全局最优解。通过算法模拟布谷鸟的繁殖行为和 Levy 飞行策略对优化问题求解,就是布谷鸟搜索算法的基本思想。

26.4 布谷鸟搜索算法的数学描述

自然界中的布谷鸟选择鸟窝产蛋的方式是随机的或是类似随机的。在模拟布谷鸟寻窝产蛋方式时,为了使得布谷鸟寻窝孵蛋行为能够适用于解决优化问题,Yang 等对布谷鸟寻窝产蛋行为进行了简化、抽象化、理想化处理,提出了以下 3 个理想化的假设条件。

假设 1 每个布谷鸟每次只产一只蛋,并随机选择鸟窝来放置它。

假设 2 每次随机选择的鸟窝位置中适应度最好的鸟窝位置被保留到下一代。

假设 3 可以利用的巢主鸟窝的数量 n 是固定的,巢主鸟能发现外来鸟蛋的概率是 $p_a \in [0,1]$。在这种情况下,巢主鸟可将该鸟蛋丢弃,或者干脆抛弃这个鸟窝,在一个新的位置建立一个全新的鸟窝。

上述的假设 3 可以近似理解为这 n 个鸟窝的 p_a 值被新的鸟窝所取代(在新的位置具有新的随机解)。对于一个最大化问题而言,解的质量及适应度可以简单地由目标函数来权衡,其他形式的适应度可以类比遗传算法的适应度函数。

CS 算法将局部随机过程和全局搜索随机过程结合,它们之间的转换由转换参数 p_a 来控制。下面分别给出局部随机过程和全局随机过程的描述。

1. *局部随机移动*

局部随机过程可以描述为

$$x_i^{(t+1)} = x_i^{(t)} + \alpha s \oplus H(p_a - \varepsilon) \otimes (x_j^t - x_k^t) \tag{26.5}$$

其中,x_j^t 和 x_k^t 为两个不同的随机序列;s 为步长;α 为步长比例因子;$\oplus$为点对点的乘法;$H(u)$为海维赛德函数;ε 为取自随机分布中的一个随机数。

2. *全局 Levy 飞行*

全局随机过程按 Levy 飞行过程描述为

$$x_i^{(t+1)} = x_i^{(t)} + \alpha L(s,\lambda) \tag{26.6}$$

$$L(s,\lambda) = \frac{\lambda \Gamma(\lambda)\sin(\pi\lambda/2)}{\pi} \frac{1}{s^{1+\lambda}}, \quad s \gg s_0 > 0, \quad 1 < \lambda \leqslant 3 \tag{26.7}$$

其中,$x_i^{(t)}$ 为第 i 鸟窝在第 t 代的位置;L 为问题利害关系的特征范围,大多数情况下取 $\alpha = o(L/10)$,但取 $\alpha = o(L/100)$更加有效且避免飞行距离过远。s_0 为步长最小值。

式(26.6)实质上是一个随机过程的随机方程。一般情况下,一个随机过程就是一个马尔可夫链,它的下一个位置完全取决于当前位置及向下一个位置转移的可能性。

26.5　布谷鸟搜索算法的实现步骤及流程

布谷鸟搜索算法的实现步骤包括：初始化布谷鸟搜索算法参数；更新鸟窝位置；抛弃被巢主鸟发现概率较大的鸟窝位置；选出全局最优的鸟窝位置；判断终止条件。具体步骤如下。

(1) 随机产生 n 个鸟窝的初始位置 $\boldsymbol{p}_0=[x_1^{(0)},x_2^{(0)},\cdots,x_d^{(0)}]^{\mathrm{T}}$，并进行测试找出最优鸟窝的位置 $x_b^{(0)}$，$b\in[1,2,\cdots,n]$和初始全局最优位置，保留到下一代。

(2) 利用式(26.5)和式(26.6)进行位置更新，并测试更新后的位置与上一代鸟窝比较，如果现有的鸟窝好于上一代鸟窝位置，则将其作为当前的最好位置。

(3) 生成服从正态分布的随机数 $r\in(0,1)$和布谷鸟的鸟蛋被巢主鸟发现的概率 $p_a=0.25$ 比较，如果 $r>p_a$，则对 $x_i^{(t+1)}$ 进行随机改变；否则鸟窝位置不变被保存下来。

(4) 再对上一步改变后得到的鸟窝进行测试，与上一代一组鸟窝位置进行对比，取对应测试值较好的鸟窝位置，并选出当代的全局最优位置 pb_t^*。

(5) 判断 $f(\mathrm{pb}_t^*)$是否满足终止条件，如果满足，则 pb_t^* 为全局最优解 gb；否则返回步骤(2)。

基本布谷鸟搜索算法的流程如图 26.6 所示。

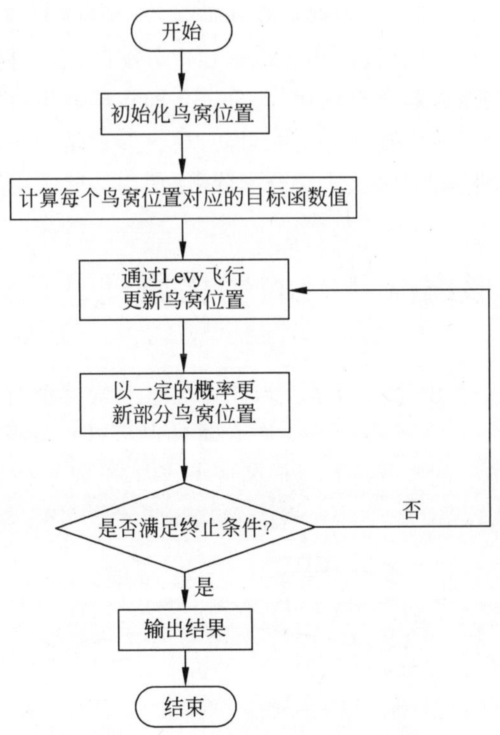

图 26.6　基本布谷鸟搜索算法的流程图

第 27 章　候鸟优化算法

候鸟迁徙过程中采用 V 字形飞行编队既可以节省能量消耗，又可避免相互碰撞。候鸟优化算法模拟候鸟的自然迁徙行为来实现对组合优化问题求解。该算法包括初始化、领飞鸟进化、跟飞鸟进化和领飞鸟替换 4 个阶段。该算法具有并行搜索特点，个体进化机制独特，每个个体不仅在其邻域内搜索较优的解，还可以利用前面个体产生的未使用的、较优的邻域解来更新个体。通过更新领飞鸟，增加算法的局部搜索能力。本章介绍候鸟 V 字形编队飞行的优化原理，以及候鸟优化算法的描述、实现步骤及流程等。

27.1　候鸟优化算法的提出

候鸟优化(Migrating Birds Optimization, MBO)算法是 2012 年由土耳其 Duman 等提出的一种新的邻域搜索算法。该算法模拟候鸟在迁徙过程中保持 V 字形飞行编队，以减少能量损耗的过程来实现优化。该算法首先被用于求解二次分配问题，获得了比模拟退火算法、禁忌搜索算法、遗传算法、散射搜索、粒子群优化、差分进化和指导进化的模拟退火算法更高质量的解。从对 QAPLIB 获得的许多基准问题进行测试，在大多数情况下，它能够获得最优解。目前已被成功应用于求解作业车间调度、二次分配问题、信用卡欺诈检测等问题。

27.2　候鸟 V 字形编队飞行的优化原理

鸟翼的形状称为翼型，如图 27.1 所示。当翼型通过空气移动时，气流在上表面的移动必须比翼的下部移动得更远。为了使得两股空气流同时到达翼的边缘，顶部气流必须更快。因此，上部的空气比在下部流动的空气具有较低的压力，该压力差可使翼获得升力。

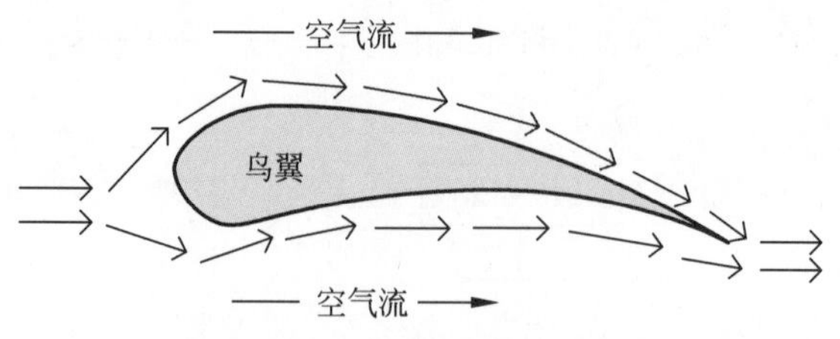

图 27.1　一只鸟翅膀的翼型

对于一只单独的鸟，速度是实现升力的最重要因素。可以提高鸟翼通过空气的前进速度来提高升力。因为当速度较高时，应该以压力差时间除以较短的时间，从而实现更高的提升压力。产生这种提升动力所需的功率被称为诱导功率，它不同于通过空气抵抗表面摩擦移动鸟所需的外形功率。

鸟翼下方的高压空气围绕翼尖并向内跨过背侧翼表面流动。后者的流形成从后缘进入鸟尾翼的平面湍流空气流。该平面涡流板卷起成两个集中的管状涡流，分别从每个翼尖发出。在翼尖内侧微小的涡流，在翼的外侧产生大的上冲区域和更集中的下流区域，如图 27.2 所示。上冲区域有助于后续鸟的升力，从而降低其对诱导功率的要求。

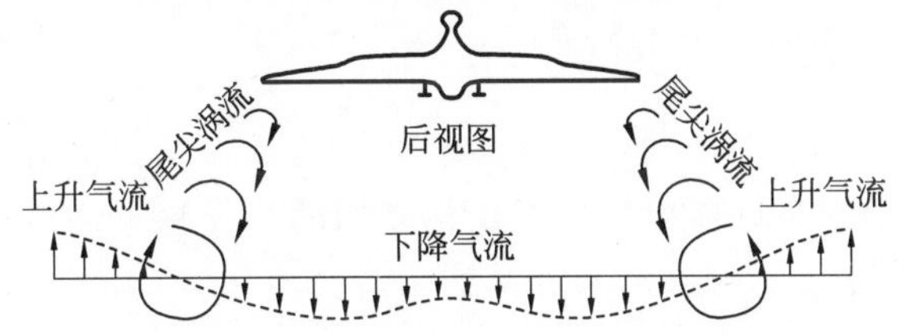

图 27.2　拖尾涡流产生的上流和下流区域

生物学家研究表明，候鸟迁徙过程中采用 V 字形编队飞行可以节省 70%左右的能量消耗。影响能量损耗的两个重要参数：一是相邻飞行两只鸟翼尖之间的横向距离（WTS）；二是鸟群中每只鸟与前一只鸟翼尖间的纵向距离称为深度（depth），它决定了 V 字形的开度，如图 27.3 所示。

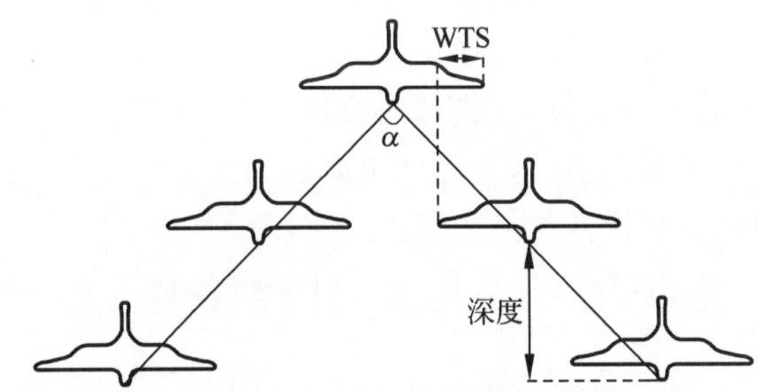

图 27.3　候鸟迁徙过程中的 V 字形编队飞行

鸟类使用 V 字形编队飞行，一是可能节省能量，二是鸟群之间的视觉关系及避免相互碰撞。生物学家对 V 字形编队飞行节能的研究表明，当鸟互相接近（一个较小的 WTS）和鸟类的数目增加将节省更多的能量。例如，25 只鸟一组比单只鸟将增加约 71%的飞行范围。这些结果从空气动力学理论获得，其中假设鸟为飞机的大小，仅假设 WTS 为正值，即不考虑重叠的情况。

生物学家对加拿大鹅的实验研究表明，当翼展宽度为 1.5m，而两只鹅的翼间重叠 16cm 时获得最大节能，获得最佳 WTS 为

$$\mathrm{WTS}_{\mathrm{opt}} = -0.05b \tag{27.1}$$

其中，b 为翼展。

除了 WTS，相邻飞行候鸟之间的位置距离节能也可能受到深度的影响。在固定翼后面的涡旋片在稳定的水平卷起来在翼的两个弦长（最大翼宽）内形成两个集中的涡流。因此，最佳深度可以表示为

$$D_{\mathrm{opt}} = 2w \tag{27.2}$$

其中，w 为翼的最大宽度。实际上，深度是由翼展、WTS 和角度 α 确定的。这提供了鸟之间的舒适的视觉接触。如果鸟类有一个固定的跨宽比，那么，一旦跨度是已知的，可以计算深度。在这方面，它似乎不是一个独立的飞行参数。也许正因为如此，深度的影响不像 WTS 那么重

要,大多数研究人员忽略了深度的影响。

在 V 字形编队中,领飞鸟是消耗最多能量的鸟。除了领飞鸟外,同样其他鸟也是节能的,节省更多是在中间部分的一只鸟。通常,假设当领飞鸟在飞行一段时间后疲劳时,它就到达编队的队尾,其后的一只鸟取代领头位置。

27.3 候鸟优化算法的描述

MBO 算法把鸟群中的每只鸟视为对应优化问题的一个解,鸟的进化过程就是执行一系列邻域搜索。算法从倒 V 字形排列鸟的许多初始解开始,其中领飞鸟对应第 1 个解,其余排在两边朝着行进尾部的是跟飞鸟。

进化过程中每只鸟(解)都在其邻域内进行搜索,并试图通过其邻域解来改进自己,因此,如果搜索到的邻域解优于当前解,则被那个解替换(对于 QAP 问题的实现,邻域解是通过任意两个位置的成对交换获得)。同时,较好的、未使用的邻域解存到某个集合中,以供给跟飞鸟进化时使用(这里的"未使用"意味着不用于替换现有解的邻域解)。

每只跟飞鸟通过其自身的邻域解,以及前面个体未使用的、较好的邻域解进化,若它们中最优的优于当前解,则当前解被最优的替换。

一旦所有解都通过邻域解得到改进(或试图改进),直到所有的个体都完成进化。这样的过程经过几次巡回,更新领飞鸟。然后,第一个解就变为最后一个解,第二个解的之一变为第一个解。该算法开始循环,在多次迭代之后停止。

候鸟优化算法包括初始化、领飞鸟进化、跟飞鸟进化、领飞鸟替换 4 个阶段,分别描述如下。

(1) 初始化。初始化包括设置鸟群的数量及算法所需要的各种参数。

(2) 领飞鸟进化。在鸟群中首个个体称为领飞鸟,领飞鸟搜索自己的邻域解,并用其中最优个体替代自身。

(3) 跟飞鸟进化。除了领飞鸟外的其余个体称为跟飞鸟,跟飞鸟搜索自己的邻域解及排在自己前面的个体在上一次搜索过程中产生的未使用的较优邻域解,并在这些解中找到最优解来替换自身。

(4) 领飞鸟替换。鸟群的进化一直从 V 字形飞行编队的队头向 V 字形的两边进行到队尾。重复进化过程到达一定的巡回次数后,领飞鸟移动到队伍的队尾,在领飞鸟后面的鸟(左边或右边)成为新的领飞鸟。然后开始下一次搜索过程。重复上述步骤,直到满足终止准则为止。

27.4 候鸟优化算法的实现步骤及流程

MBO 算法的实现步骤分为初始化、领飞鸟进化、跟飞鸟进化和领飞鸟替换 4 个阶段。

初始鸟群的数量为 n;要考虑的邻域解的数目为 k;与下一个解共享的邻域解的数量为 x;巡回次数为 m;最大迭代次数为 K(算法中生成邻域解的总数)。

MBO 算法的伪代码描述如下。

```
初始化种群,并对个体进行 V 字形编队,设置算法参数和终止条件;
设置 i = 0;
while (i < K)
  for (j = 0; j < m; j++)
      产生 k 个邻域解,更新领飞鸟;
      i = i + k;
      for (跟飞鸟进化完毕)
          对于每只跟飞鸟在自身(k - x)个邻域和排前个体 x 个未使用的较优邻域解中搜索最优
          解进行更新;
          i = i + (k - x)
      end for
  end for
  更新领飞鸟
end while
输出最优解
```

候鸟优化算法的流程如图 27.4 所示。

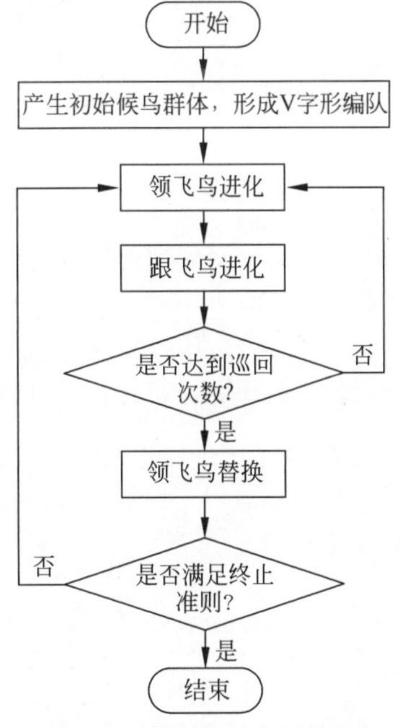

图 27.4　候鸟优化算法的流程图

27.5　候鸟优化算法的特点及参数分析

MBO 算法与鸟类迁徙过程有很大的相似之处：MBO 算法将解视为在 V 字形上排列的鸟；生成的邻居的数量 k 可以解释为所需的诱导功率，其与速度成反比；假设用更大的 k，鸟类以低速飞行时，勘探周围的过程更为细致；尊重鸟类之间的利益共享机制，通过在后面产生更少的相邻的解，使得它们有可能通过使用前面的解的邻居来减少疲劳和节省能量。

因为候鸟优化算法基于迁徙鸟 V 字形编队飞行优化原理，所以 MBO 算法与其他群智能算法相比具有以下特点。

(1) 并行搜索。并行解进化方式可以扩大搜索范围，更容易搜索到全局最优解。

(2) 个体进化机制是目前群智能算法中独特的，每个个体不仅在其邻域内搜索较优的解，还可以利用前面个体产生的未使用的、较优的邻域解来更新个体。这种进化机制使得种群中的个体不仅并行优化，个体之间还会分享较优的解，增加了算法的全局搜索能力。

(3) 在一定的巡回次数后，更新领飞鸟，每个个体都会在它的邻域内充分搜索，从而增加算法的局部搜索能力。

为了使 MBO 算法更好地执行，有必要确定一些参数的最佳值，包括鸟群的数量 n、飞行速度 k、WTS(x)和鸟翼的数量 m。参数 m 可以认为是鸟翼的数量或需要的轮廓功率，可以假设因为每只鸟行进相同的距离，它们都花费相同的盈利能量。根据鸟的飞行常识，可以预期利用这些参数某些值的组合可以提高算法的性能。参数 x 被视为可寻求最优值的 WTS，其最优值可以解释为翼尖的最佳重叠量。期望 x 较小的值可以预期执行得更好，因为最佳 WTS 显示为非常小的重叠量。k 和 m 的适当取值可被认为是在外形和感应功率之间的折中。另一个参数是迭代极限 K，为获得更好的解，需要取更高的 K 值，但会花费更多的运行时间。

第 28 章　雁群优化算法

雁群优化算法根据雁群结队飞行理论的能量节省和视觉交流的两种假说，归纳和提出 5 条雁群飞行规则假设，即强壮假设、视野假设、全局假设、局部假设和简单假设。在此基础上，将雁群飞行规则和假设同标准粒子群优化算法相结合，并将一只雁视为一个粒子，从而改进了标准粒子群优化算法，使其变为一种新的雁群优化算法。本章介绍雁群结队飞行理论的能量节省和视觉交流的两种假说、雁群飞行规则及其假设，以及雁群优化算法的基本思想、数学描述、实现步骤及流程。

28.1　雁群优化算法的提出

雁群优化(Geese Swarm Optimization,GSO)算法是 2013 年由戴声奎、庄培显等提出的一种新的群智能优化算法。他们在分析雁群结队飞行的群体智能现象及借鉴前人的研究成果基础上，根据空气动力学原理，除头雁外，在每一只大雁飞行的过程中会产生涡流，后面相邻大雁正好处于此位置上，有利于节省后一只大雁的飞行体力，从而有助于整个群体的省力飞行，因此这种飞行方式会增加雁群的飞行距离。因此，认为能量节省假说更为合理。在此理论研究的基础上，归纳和提出雁群飞行的 5 条规则假设，构建出一个较为合理的雁群飞行理论框架，并将其同粒子群优化算法相结合，设计出雁群优化算法。

仿真结果表明，与粒子群的两种改进算法 SPSO 和 GPSO 相比较，GSO 算法在收敛速度、收敛精度、算法的鲁棒性及优异比率等性能指标上都有明显提高。目前，GSO 算法已用于图像分割、几何约束求解等问题。

28.2　雁群飞行规则及其假设

雁群“一”字形和 V 字形编队飞行是常见而又神奇的自然现象，如图 28.1 所示。从国内外学者对雁群编队飞行的智能现象研究成果来看，主要有能量节省和视觉交流两种假说。

1. 能量节省假说

在雁群 V 字形飞行的过程中，大雁在拍动翅膀时，尾部会引发涡旋，而这些气流的流动处于上升的方向，如果后面紧邻的大雁刚好处在这些气流中，则该大雁会节省很多体力，从而能飞行更远的距离。不相邻的大雁刚好处在上升的空气涡流中，此大雁将会受到向上的抬升力，不同角度下观察大雁飞行原理和不同风速下提升力示意图，如图 28.2 所示。

此假说是由德国的空气动力学家 Wieselsberger 首次提出的。此后 Lissaman 等利用空气动力学理论首次对雁群结队飞行进行一个模拟估算：在顺风条件下，一个由 25 只大雁组成的

(a) “一” 字形编队飞行

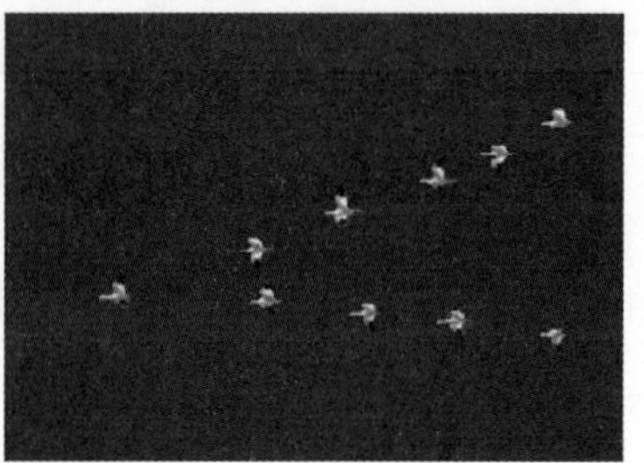

(b) V字形编队飞行

图 28.1 大雁“一”字形和 V 字形的编队飞行现象

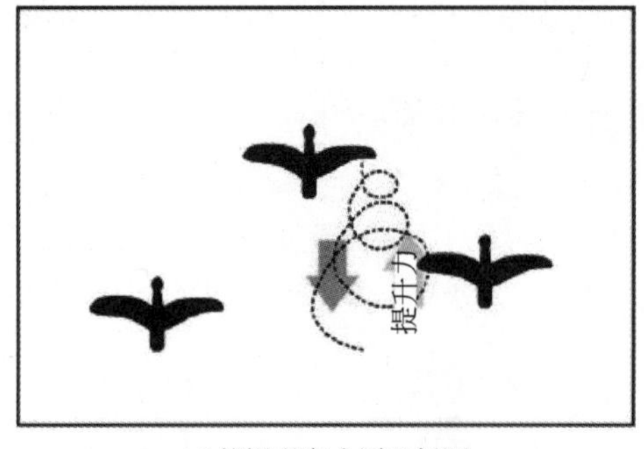

(a) 俯视观察大雁飞行图

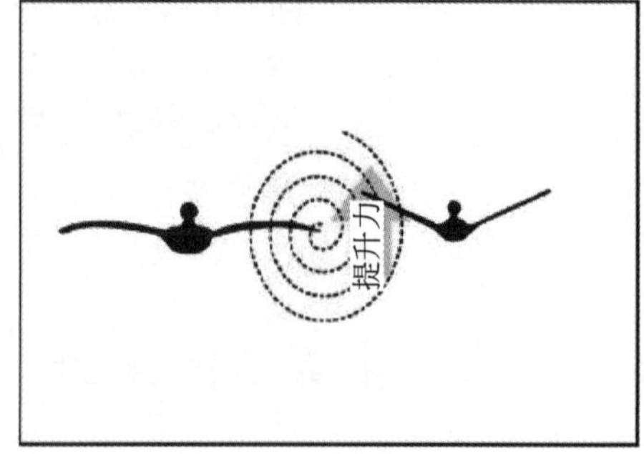

(b) 正视观察大雁飞行图

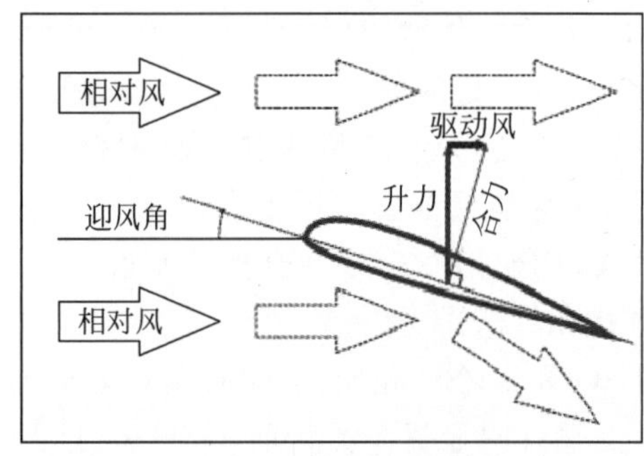

(c) 慢速风中大雁间提升力图

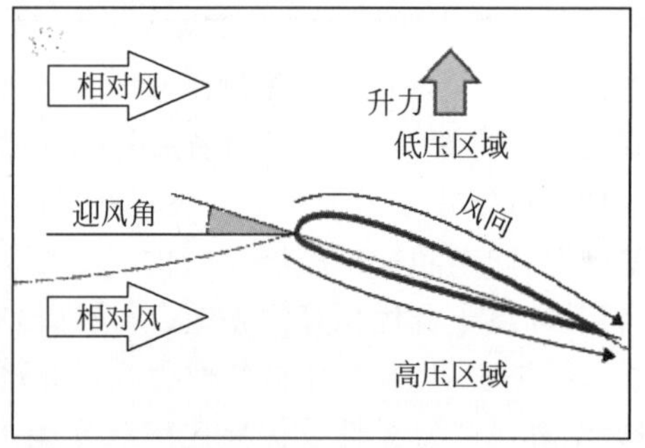

(d) 快速风中大雁间提升力图

图 28.2 雁群结队飞行原理示意图

雁群的协作飞行方式要比孤雁单独飞行时增加大约 70% 的飞行距离，并且 V 字形的最佳省力夹角为 120°。但是，他们在模拟中采用简单的模型，假设这些大雁的翅膀与飞机的机翼相同，不考虑机翼和翅膀间的本质区别。然而，此后的理论研究结果表明，大雁结队飞行的能量节省率远小于此模拟估计值。

2. 视觉交流假说

雁群在长途飞行时需要完成两件重要的事情：一是信息交流；二是躲避天敌的进攻。雁群编队飞行时采用一定的角度，使每一只大雁都能看见整个编队，从而能够更好地调整自己在队列中的位置，避免相互碰撞，又可以进行相互交流；同时通过叫声相互加油和鼓劲儿，编队飞行有利于共同防御天敌的进攻，提高整体生存概率。因此每只大雁都可以获得雁群整体的经验信息，实现更高的群体合作效率，体现出雁群内信息交流和共享的重要性。虽然上述雁群假设都有相关的研究和分析，但是雁群智能飞行理论还有待进一步研究。

通过深入分析雁群结队飞行的现象和前人的研究成果，庄培显以雁群结队飞行的省力假说为核心思想进行扩展，归纳和提出了以下 5 条雁群飞行的规则假设。

(1) 强壮假设：大雁结队飞行时，从头雁到尾雁的强壮程度逐渐降低。

因为没有前面的空气涡流可以利用，所以雁群中最强壮的大雁作为头雁。其飞行强度最大，其他大雁产生涡流有利于后面紧邻大雁的省力飞行，因此雁群按照大雁的强壮程度进行排序飞行。当头雁疲劳时则退后到雁群的尾部，原来排在第二位的大雁此时在雁群中最强壮，所以由其充当头雁带领大家继续飞行，其后大雁都向前移动一位。

(2) 视野假设：大雁飞行时的视野有限，只能看见前方的部分大雁。

要借用前面大雁飞行时产生的空气涡流，大雁需要一直跟随在前一只大雁的斜后方，大雁飞行的“一”字形队伍实际上是一个斜阵。有研究表明，大雁的视野范围有 128°，大雁结队飞行时可以看见整个队伍，飞行队伍的视野角度在 20°～120°变化。但当前大雁为了利用涡流，只需要看见视野前方部分队伍即可。

(3) 全局假设：每只大雁飞行时根据视野前方内所有大雁的状态进行自身位置调整。

在雁群呈斜阵形飞行时，位置靠前的大雁对雁群队伍有引导作用。其余大雁都在其前方大雁的指引下，通过对自身状态调整来保持队形的完整性以便达到整体最优。这也是大雁综合利用视野前方大雁产生的涡流的综合效应，所以全局假设是视野假设的自然延伸。

(4) 局部假设：大雁根据前面最靠近自己的那只大雁的状态快速调整自己的位置。

当前大雁为了快速和有效地利用前面大雁产生的涡流，所以要根据前面大雁的状态快速调整自己的飞行位置，因为前面大雁产生的涡流最直接、最有效和最有利用价值。局部假设是全局假设的细节体现。

(5) 简单假设：大雁采用简单有效的方法调整自己的状态。

在雁群飞行过程中，除头雁外，其他所有大雁对自己位置的调整都是一个动态过程。根据以上符合群体智能的 5 条基本原则，假设大雁采用一种简单有效的方法，以便快速和实时地调整自己以达到一个局部最优或次优位置。分析可知，雁群中每只大雁都能感知到自身、群体状态(即群体全局极值)和前一大雁的状态(即个体极值)。

28.3　雁群优化算法的基本思想

由于粒子群优化算法在搜索后期会出现粒子多样性不足，使得算法容易陷入局部极值区域，导致算法的收敛精度较差。通过对雁群飞行时特性的分析和研究，刘金洋等提出基于雁群启示的粒子群优化算法(Geese Particle Swarm Optimization，GPSO)，将雁群飞行原理应用到 PSO 算法。庄培显对此算法进行详细分析和研究，通过仿真验证 GPSO 算法在一定程度上提高了 PSO 算法的收敛精度和收敛速度等性能，在一定程度上解决了搜索后期粒子过早同一化的问题。但是 GPSO 算法还存在一些缺陷，仍具有进一步改进和提高的空间。

通过分析雁群结队飞行的群体智能现象及借鉴前人的研究成果，庄培显认为能量节省假说更为合理。根据空气动力学原理，除头雁外，在每一只大雁飞行的过程中会产生涡流，后面相邻大雁正好处于此位置上，有利于节省后一只大雁的飞行体力，从而有助于整个群体的省力飞行，因此这种飞行方式会增加雁群的飞行距离。在此理论研究的基础上，归纳和提出雁群飞行的 5 条规则假设，构建出一个较为合理的雁群理论框架，然后将雁群结队飞行特性中的基本原理应用到群体智能优化，提出了雁群优化算法。

雁群优化算法是应用雁群结队飞行理论对标准粒子群优化算法的一种改进的群智能优化算法。标准 PSO 算法在搜索最优解的后期，粒子会趋向于同一化，这种“同一化”限制了粒子的搜索范围。要想扩大搜索范围，就要增加粒子群的粒子数，或者减弱粒子对全局最优点的追逐。增加粒子个数将导致算法计算复杂度增高，而减弱粒子对全局最优点的追逐又将使算法不易收敛。雁群算法将全局极值变为排序后其前面那个较优粒子的个体极值，则所有粒子不止向一个方向飞去，这就避免了粒子趋向于同一化，保持了粒子的多样性，平衡了算法搜索速度和精度之间的矛盾。

28.4 雁群优化算法的数学描述

为方便起见，将雁群中的个体仍称为粒子。随机初始化一个雁群 M，其中第 i 粒子在 N 维空间中位置为 $X_i=(x_{i1},x_{i2},\cdots,x_{iN})$，速度为 $V_i=(v_{i1},v_{i2},\cdots,v_{iN})$，该粒子个体极值和全局极值分别表示为 $\text{pbest}_i=(p_{i1},p_{i2},\cdots,p_{iN})$ 和 $\text{gbest}_i=(\text{gbest}_1,\text{gbest}_2,\cdots,\text{gbest}_N)$。

首先，GSO 算法根据强壮假设的原则将算法中的粒子在每次迭代过程中进行排序，以便得到按照粒子优异强度（即粒子适应度）统一排列的雁群队列；然后根据视野、全局和简单规则和假设来计算每一只大雁感受到的群体最优值（即有多个全局极值）。根据群体智能中的 5 条基本原则（相似性原则、品质性原则、多样性原则、稳定性原则及适应性原则）的启示，采用简单平均方法计算视野内大雁的个体极值作为当前大雁感受到的全局极值，即

$$\text{gbest}_i(k)=\frac{1}{i}\sum_{m=1}^{i}\text{pbest}_m(k) \tag{28.1}$$

然后，根据视野、局部和简单规则假设来调整大雁自己的个体最优值，同样采用一种简单方法更新自己的个体极值，直接采用前一只大雁的个体极值作为当前大雁的个体极值，即

$$\text{pbest}_i(k)=\text{pbest}_{i-1}(k) \tag{28.2}$$

根据以上雁群飞行规则的两点改进后，在 GSO 算法中第 i 粒子的速度更新公式为

$$V_i(k+1)=w(k)\cdot V_i(k)+c_1\cdot r_1\cdot(\text{gbest}_{i-1}(k)-X_i(k))+ c_2\cdot r_2\cdot(\text{pbest}_i(k)-X_i(k)) \tag{28.3}$$

第 i 粒子的位置更新公式为

$$X_{id}(k+1)=X_{id}(k)+V_{id}(k+1) \tag{28.4}$$

其中，$w(k)$为第 k 次迭代时的惯性权重，在一定程度上平衡算法的全局和局部收敛能力；$V_{id}(k)$、$X_{id}(k)$分别为第 i 粒子在第 k 次迭代时的速度和位置；粒子维数 $d=1,2,\cdots,N$；r_1 和 r_2 为服从$[0,1]$均匀分布的随机数；c_1 和 c_2 为非负的加速度学习因子，分别用于调节向当前粒子的个体极值和全局极值方向上的最大移动步长。

权重系数 $w(k)$的更新公式为

$$w(k)=w_{\max}-\frac{(w_{\max}-w_{\min})}{\text{iter}_{\max}}\times\text{iter} \tag{28.5}$$

其中，$w_{\max}$ 和 $w_{\min}$ 分别为 w 的最大值和最小值；iter 为当前迭代次数；$\text{iter}_{\max}$ 为最大迭代次数。w 在开始时较大，在较大范围中搜索解的大体位置，随着迭代次数增加，w 逐步减小，在局部范围内搜索到精细的解，此方法均衡了粒子群优化算法的局部和全局搜索能力，在一定程度上提高了算法的搜索精度和收敛性能。

28.5　雁群优化算法的实现步骤及流程

雁群优化算法的具体实现步骤如下。

(1) 随机初始化一个雁群 M。每只雁的初始位置和初始速度及相关参数；将每只大雁的初始位置设置为其初始的个体极值；将雁群中个体极值中选择最好的个体极值作为初始群体的全局极值；选择算法参数并给定其初始值。

(2) 利用目标函数来计算所有大雁对应的函数适应度值。

(3) 按照大雁的强壮程度(粒子适应度高低)来排序雁群，并且选出最好适应度值的大雁作为头雁。

(4) 根据计算式(28.1)和式(28.2)分别更新雁群内的当前大雁的全局极值和个体极值，然后对其他大雁都进行相同操作。

(5) 根据式(28.3)和式(28.4)来更新当前大雁的速度和位置，然后对其他大雁都进行该操作。

(6) 判断是否满足终止条件(最大收敛次数或最小误差阈值)，如果满足，则算法迭代结束；否则，转至步骤(2)进行下一次循环迭代。

雁群优化算法实现的流程如图 28.3 所示。

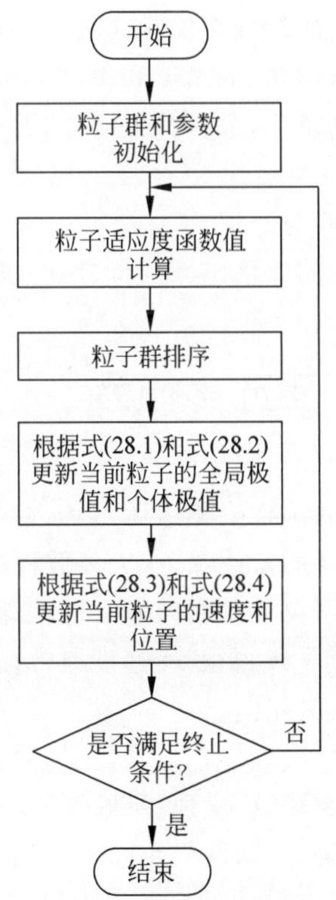

图 28.3　雁群优化算法实现的流程图

第 29 章　燕群优化算法

燕群优化算法是模拟燕子群体觅食行为的群智能优化算法。该算法将燕群在迁徙和觅食过程中的燕子分工为引领燕、探索燕和漫游燕 3 种角色。燕子个体之间在迁徙或觅食中不断地根据自身位置改变其角色，进行分工协作，并时刻掌握群体信息，最大限度地保证燕子尽可能快地找到食物源。本章首先介绍燕子的生活习性及觅食行为、燕群优化算法的优化原理，然后阐述燕群优化算法的数学描述、实现步骤、算法伪代码及算法流程。

29.1　燕群优化算法的提出

燕群优化(Swallow Swarm Optimization，SSO)算法是 2013 年由 Neshat 等基于对燕子群体觅食行为的模拟提出的一种新的群智能优化算法。该算法将燕群在迁徙和觅食过程中根据自己在群体中的位置分工分为引领燕、探索燕和漫游燕 3 种角色。燕子个体之间在迁徙或觅食时不断地根据自身位置改变其角色，进行分工协作，并时刻掌握群体信息，最大限度地保证燕子群体的整体优势。

通过 19 个基准测试函数测试并与 PSO 等算法对比结果表明，SSO 算法在多模式、旋转和移位模式下函数优化均取得了良好的效果，具有收敛速度快、不会陷入局部最小值等优点。

29.2　燕子的生活习性及觅食行为

燕子是雀形目燕科 74 种鸟类的统称。燕子体形小，翅尖窄，凹尾短喙，足弱小，羽毛不算太多。羽衣呈单色，或有带金属光泽的蓝或绿色，大多数种类两性都很相似。

燕子细长而尖的流线型翅膀，不仅使其在高速飞行或滑翔中具有很高的机动性、灵活性和耐力，而且允许它们高效地飞行。燕子飞得很快，速度通常在 30～40km/h，最高可达 170km/h。燕子用出色的飞行技能来觅食和吸引配偶。

燕子消耗大量时间在空中捕捉蚊、蝇等害虫和昆虫，是人类的益鸟。在树洞或缝中营巢，或在沙岸上钻穴，或在城乡把泥黏在楼道、房顶、屋檐等的墙上或突出部上筑巢。一般在 4～7 月繁殖，每次产 3～7 枚卵，繁殖结束后，幼鸟仍跟随成鸟活动，并逐渐集成大群。燕子是典型的迁徙鸟，在第一次寒潮到来前，从它们的故乡北方南迁越冬。图 29.1 是一只燕子，图 29.2 是飞行中的燕群。

燕子是非常聪明的鸟类。在群体成员之间的互动中，它们会在不同的情况下使用不同的声音，用来表达警告、寻求帮助、邀请进食、准备繁殖，或者在捕食者进入时发出警报等，这些声音的种类比其他鸟类要多。

图 29.1　燕子

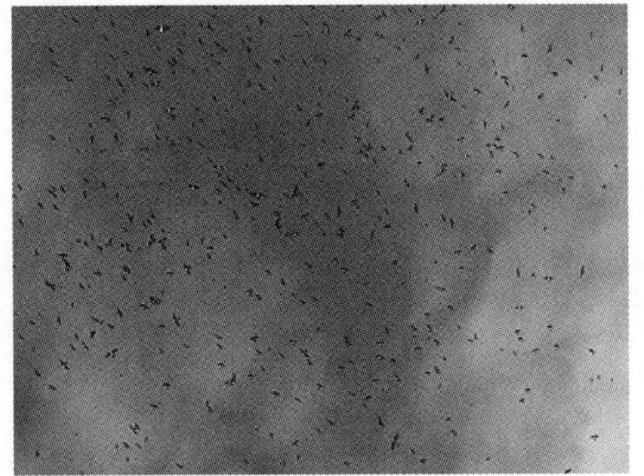

图 29.2　飞行中的燕群

29.3　燕群优化算法的优化原理

燕子是一种有高级智慧的动物，为了躲避严寒，它们每年秋季会向南方迁徙过冬，到了春季，它们又返回北方生活。燕子在迁徙的过程中，为了有效躲避天敌，高效捕食猎物，快速达到目标地，燕子会以群体的形式一起迁徙。

燕群在作为一个群体存在的同时，其内部还划分为更小的群落，这样有明确的分工，有利于燕子各司其职，使整个群体高效运转。在燕群优化算法中，燕子在开始阶段根据自己在群体中的位置优劣分为 3 种不同的角色：引领燕、探索燕和漫游燕。

引领燕是处于燕群中位置比较优的燕子，它们负责控制整个群体的飞行方向，其中处于最优位置的燕子为当前群体的最优燕子，处于较优位置的燕子为自己所在群落的最优燕子。

探索燕是处于燕群中次要位置的燕子，它们的主要任务是在根据当前群体最优个体位置及群落的最优位置探索自己周边区域是否存在更优位置，它们会根据群体及群落的最优位置动态地调整速度以向最优位置靠近，在飞行的过程中，它们与漫游燕动态地交换信息。

漫游燕是当前群体中较差的一部分燕子，它们根据自己当前位置及飞行状态随机地调整飞行状态，如果它们在飞行过程中发现更优的位置，它会将自己的位置信息告诉离自己最近的探索燕，然后自己继续保持飞行。

燕子个体在每个时刻都会根据当时自己在群体中位置优劣不断地变更自己的角色，分工协作，使燕群整体向着食物源的位置靠近，最终寻找到食物源。上述思想就是燕群优化算法实现对函数优化问题求解的基本原理。

29.4　燕群优化算法的数学描述

为了模拟自然界真实燕子的群体行为，在燕群算法中，将一个大的燕群分成若干子群（称为群落）。将燕子个体又分为探索燕、漫游燕及引领燕 3 种类型，如图 29.3 所示。

1. *探索燕*

探索燕（e_i）的主要任务是负责在当前飞行空间进行探索，如果它探索到群体中当前最优位置，那么它就担当群体的引领燕（HL_i），当前位置对应的速度为 V_{HL_i}；如果它在探索到自己所在群落的最优位置，那么它就是当前群落的引领燕（LL_i），当前对应位置的速度为 V_{LL_i}。随

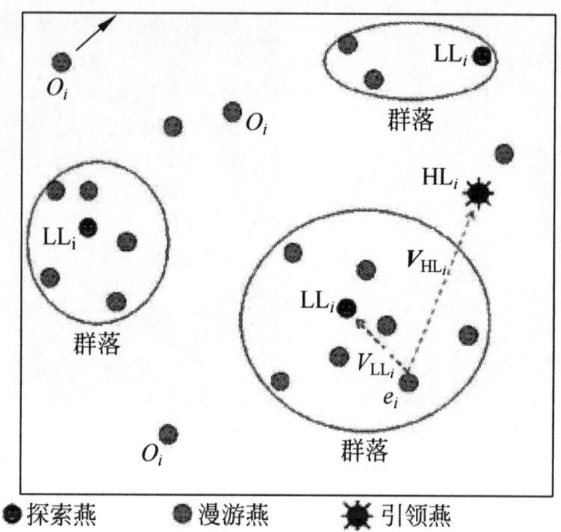

图 29.3　燕子种类以及探索燕的运动示意图

着时间的推移，它们的速度和位置会按照下式进行变化：

$$V_{\mathrm{HL}_{i+1}}=V_{\mathrm{HL}_i}+\alpha_{\mathrm{HL}}\mathrm{rand}()(e_{\mathrm{best}}-e_i)+\beta_{\mathrm{HL}}\mathrm{rand}()(\mathrm{HL}_i-e_i) \tag{29.1}$$

其中，α_{HL}、β_{HL} 分别为

$$\alpha_{\mathrm{HL}}=\{\mathrm{if}(e_i=0 \parallel e_{\mathrm{best}}=0)\rightarrow 1.5\} \tag{29.2}$$

$$\alpha_{\mathrm{HL}}=\begin{cases}\mathrm{if}(e_i<e_{\mathrm{best}})\&\&(e_i<\mathrm{HL}_i)\rightarrow \dfrac{\mathrm{rand}()\cdot e_i}{e_i\cdot e_{\mathrm{best}}}, & e_i\cdot e_{\mathrm{best}}\neq 0\\ \mathrm{if}(e_i<e_{\mathrm{best}})\&\&(e_i>\mathrm{HL}_i)\rightarrow \dfrac{2\mathrm{rand}()\cdot e_{\mathrm{best}}}{1/(2e_i)}, & e_i\neq 0\\ \mathrm{if}(e_i>e_{\mathrm{best}})\rightarrow \dfrac{e_{\mathrm{best}}}{1/(2\mathrm{rand}())}\end{cases} \tag{29.3}$$

$$\beta_{\mathrm{HL}}=\{\mathrm{if}(e_i=0 \parallel e_{\mathrm{best}}=0)\rightarrow 1.5\} \tag{29.4}$$

$$\beta_{\mathrm{HL}}=\begin{cases}\mathrm{if}(e_i<e_{\mathrm{best}})\&\&(e_i<\mathrm{HL}_i)\rightarrow \dfrac{\mathrm{rand}()\cdot e_i}{e_i\cdot\mathrm{HL}_i}, & e_i,\mathrm{HL}_i\neq 0\\ \mathrm{if}(e_i<e_{\mathrm{best}})\&\&(e_i>\mathrm{HL}_i)\rightarrow \dfrac{2\mathrm{rand}()\cdot\mathrm{HL}_i}{1/(2e_i)}, & e_i\neq 0\\ \mathrm{if}(e_i>e_{\mathrm{best}})\rightarrow \dfrac{\mathrm{HL}_i}{1/(2\mathrm{rand}())}\end{cases} \tag{29.5}$$

其中，V_{HL_i} 为探索燕的速度向量，它对探索燕的行为具有重要影响；e_i 为探索燕在搜索空间的当前位置；e_{best} 是从开始到现在燕子记住的最佳位置；HL_i 为引领燕在群体中当前的最佳位置；α_{HL} 和 β_{HL} 为自适应控制加速度系数，这两个参数在燕子运动过程中会根据位置发生变化。

如果粒子是一个最小点(最小化问题)，燕子的位置比 e_{best} 和HL_i 处于更好的位置，则应考虑该粒子位置成为全局最优位置的可能性，并且控制系数估计会减小以使粒子运动降至最低。如果燕子的位置处于比 e_{best} 更好，但要比HL_i 更糟，则它应以平均量向HL_i 移动。如果粒子的位置比 e_{best} 差，那么它也比HL_i 差，所以它可以向HL_i 移动更大的量。速度 V_{LL_i} 影响这一运动描述如下：

$$V_{\mathrm{LL}_{i+1}}=V_{\mathrm{LL}_i}+\alpha_{\mathrm{LL}}\mathrm{rand}()(e_{\mathrm{best}}-e_i)+\beta_{\mathrm{LL}}\mathrm{rand}()(\mathrm{LL}_i-e_i) \tag{29.6}$$

其中，α_{LL}、β_{LL} 分别为

$$\alpha_{LL}=\{\text{if}(e_i=0 \parallel e_{best}=0)\rightarrow 2\} \tag{29.7}$$

$$\alpha_{LL}=\begin{cases}\text{if}(e_i<e_{best})\&\&(e_i<\text{LL}_i)\rightarrow \dfrac{\text{rand}()\cdot e_i}{e_i\cdot e_{best}}, & e_i,e_{best}\neq 0\\ \text{if}(e_i<e_{best})\&\&(e_i>\text{LL}_i)\rightarrow \dfrac{2\text{rand}()\cdot \text{LL}_i}{1/(2e_i)}, & e_i\neq 0\\ \text{if}(e_i>e_{best})\rightarrow \dfrac{\text{LL}_i}{1/(2\text{rand}())} & \end{cases} \tag{29.8}$$

$$\beta_{LL}=\{\text{if}(e_i=0 \parallel e_{best}=0)\rightarrow 2\} \tag{29.9}$$

$$\beta_{LL}=\begin{cases}\text{if}(e_i<e_{best})\&\&(e_i<\text{LL}_i)\rightarrow \dfrac{\text{rand}()\cdot e_i}{e_i\cdot \text{LL}_i}, & e_i,\text{LL}_i\neq 0\\ \text{if}(e_i<e_{best})\&\&(e_i>\text{LL}_i)\rightarrow \dfrac{2\text{rand}()\cdot \text{LL}_i}{1/(2e_i)}, & e_i\neq 0\\ \text{if}(e_i>e_{best})\rightarrow \dfrac{\text{LL}_i}{1/(2\text{rand}())} & \end{cases} \tag{29.10}$$

$$V_{i+1}=V_{\text{HL}_{i+1}}+V_{\text{LL}_{i+1}} \tag{29.11}$$

$$e_{i+1}=e_i+V_{i+1} \tag{29.12}$$

每只燕子 e_i 利用最近的燕子LL_i 来计算速度 V_{LL_i}。

2. 漫游燕子

漫游燕(o_i)在初始阶段处于群体较差的位置，它们的职责是探索性和随机搜索，可以漫无目的地来回飞翔，监视各个群落中个体状况。如果在漫游过程中发现了一个当前群落中最优的位置，它立即将自己所在的位置信息告诉最近的探索燕个体 e_i，自己继续漫游，漫游个体处于自主状态，漫游个体按照下式更新自身的位置：

$$o_{i+1}=o_i+\left[\text{rand}(\{-1,1\})\cdot\frac{\text{rand}(\min_s,\max_s)}{1+\text{rand}()}\right] \tag{29.13}$$

3. 引领燕

引领燕(l_i)在初始阶段处于群体的一个较好位置，靠近食物和一个休息的地方，它们主要负责确定整个群体的飞行方向。处于整个群体最前面位置的是群体引领燕，它负责带领整个群体向最优目标飞行；处于群落位置最前面的位置的是群落引领燕，它负责带领本群落个体向最优目标飞行。

燕子个体虽然在燕群中有明确的分工，但是燕子个体在迁徙的过程中会不间断地进行信息交换，并且根据自己在群体中的位置不断调整角色，使它们尽可能快地到达目的地。

29.5　燕群优化算法的实现步骤及伪代码

燕群优化算法的主要步骤如下。

(1) 初始化燕群，随机确定每只燕子的速度、位移，设置最大迭代次数等参数。

(2) 检查是否达到最大迭代次数，如果是，则转步骤(6)；否则，转步骤(3)。

(3) 根据目标函数值，确定燕群中最优个体 e_i 为群体的引领燕 HL，将排名为 $m-1$ 的个体确定为群落的引领燕LL_i，将排名最后的 b 个体作为漫游燕 o_i，其他个体作为探索燕。

(4) 分别按照探索燕速度、位移公式更新每只燕子对应的速度、位移信息，根据目标函数值调整群体引领燕信息，并依次调整每个群落的引领燕信息。

(5) 计算每个漫游燕目标函数值 $f(o_i)$，如果 $f(o_i)<f(\mathrm{LL}_i)$，即当前的漫游燕优于当前群落的最优个体LL_i，将距离当前漫游燕最近的探索燕位置更新为当前漫游燕；当 $f(o_i)<f(\mathrm{HL}_i)$时，即当前群落最优位置处于群体最优位置，当前的LL_i 同时担当群体最优位置HL_i，转步骤(2)。

(6) 算法停止，输出最优解。

燕群优化算法的伪代码描述如下。

```
初始化种群(随机生成所有粒子 e_i)
Iter = 1
While(iter < max_iter)
for 每个粒子(e_i)计算 f(e_i)
将 f(e_1, e_2, …, e_n)从最小到最大排序
所有粒子 e_i = f(e_i)
HL = e_min
for(j = 2 至 j < m)LL_i = e_j
for(j = 1 至 j < b)o_j = e_{n-j+1}
i = 1
While(k < iter)
While(j < n)
if(e_best > e_i)e_best = e_i
While(i < N)
搜索 (最近的 LL_i 到 e_i)
α_HL = {if(e_i = 0 ‖ e_best = 0)→1.5}
利用式(29.3)计算 α_HL
β_HL = {if(e_i = 0 ‖ e_best = 0)→1.5}
利用式(29.5)计算 β_HL
V_HL_{i+1} = V_HL_i + α_HL rand()(e_best - e_i) + β_HL rand()(HL_i - e_i)
α_LL = {if(e_i = 0 ‖ e_best = 0)→2}
利用式(29.8)计算 α_HL
β_LL = {if(e_i = 0 ‖ e_best = 0)→2}
利用式(29.10)计算 β_LL
V_LL_{i+1} = V_LL_i + α_LL rand()(e_best - e_i) + β_LL rand()(LL_i - e_i)
V_{i+1} = V_HL_{i+1} + V_LL_{i+1}
e_{i+1} = e_i + V_{i+1}
利用式(29.13)计算 o_{i+1}
if(f(o_{i+1}) > f(HL_i))e_nearest = o_{i+1}→go to 30
While (k_o ≤ b)
While (l ≤ n_l)
if(f(o_{k_o}) > f(LL_i))
e_nearest = o_{i+1}
Loop//i < N
Loop//iter < max_iter
End
```

第 30 章　麻雀搜索算法

麻雀搜索算法是一种模拟麻雀觅食行为和反捕食行为的群智能优化算法。麻雀喜欢群居，麻雀非常聪明，有很强的记忆力。麻雀通常可以采用"发现者"和"共享者"这两种行为策略进行觅食。在捕食和反捕食群体活动中，麻雀能够用叫声交流信息。本章首先介绍麻雀的生活习性、麻雀搜索算法的优化原理、麻雀搜索算法中的假设规则，然后阐述麻雀搜索算法的数学描述、算法的伪代码实现。

30.1　麻雀搜索算法的提出

麻雀搜索算法(Sparrow Search Algorithm，SSA)是 2020 年由 Jiankai Xue 和 Bo Shen 受麻雀群体智慧、觅食和反捕食行为的启发而提出的一种新的群智能优化算法。

通过 19 个基准函数测试 SSA 的性能，并与灰狼优化算法(GWO)、重力搜索算法(GSA)、粒子群优化算法(PSO)等算法进行性能比较，结果表明 SSA 在精度、收敛速度、稳定性和鲁棒性等方面均优于 GWO 算法、PSO 算法和 GSA 算法。通过两个工程实例也验证了该算法的有效性。

30.2　麻雀的生活习性

麻雀(Sparrow)是雀科、麻雀属的小型鸟类，通常是群居，种类繁多，常见的有树麻雀、家麻雀和山麻雀。树麻雀是最常见的麻雀，通称麻雀。如图 30.1 所示，麻雀体长 13～15cm，上体呈棕、黑色的斑杂状，嘴短粗、强壮，呈圆锥状，嘴峰稍曲。麻雀的适应性好，飞行能力强。在地面，麻雀通常是双脚跳跃前进。

图 30.1　树麻雀、家麻雀和山麻雀的照片

麻雀是一种非常容易接近人的鸟类，胆子很大。无论是树麻雀还是家麻雀，它们主要在人类的居住地附近觅食，以谷粒、草子、种子、果实等植物性食物为食。它们的栖息地大都远离人

类的居住地。为了自身的安全，麻雀通常会选择田野里比较隐秘的草丛里或者是小树上筑巢。繁殖期间会吃大量昆虫，特别是雏鸟，几乎全以昆虫和昆虫幼虫为食。

树麻雀是世界分布广、数量多和最为常见的一种小鸟。树麻雀一般均为地方性留鸟，一年四季均为集群活动。麻雀的繁殖能力很强，基本上一年三季都处于繁殖时期，一般产卵的数量在 6 个左右。每年大概能繁殖两窝幼鸟。雏鸟刚出生时都是靠成年麻雀出去觅食喂养它，要半个月以后才能够自己觅食。成年麻雀的寿命通常为 7～8 年，个别麻雀可以活到 10 年。

30.3 麻雀搜索算法的优化原理

麻雀是常见的留鸟，而且非常喜欢群居。麻雀除了繁殖期和育雏期外，秋季时容易形成成百上千的大群体，而在冬季时它们则多是十几只或几十只聚集起来的小群体。

麻雀非常聪明，有很强的记忆力。有研究表明，麻雀中有两种不同类型的麻雀——发现者和共享者。发现者在种群中负责寻找食物并为整个麻雀种群提供觅食区域和方向，而共享者则是利用发现者来获取食物。此外，鸟类通常可以灵活地使用这些行为策略，也就是能够在发现者和共享者这两种个体行为之间进行转换。由此可知，为了获得食物，麻雀通常可以采用发现者和共享者这两种行为策略进行觅食。

研究还发现，种群中个体会监视群体中其他个体的行为，并且该种群中的攻击者会与高摄取量的同伴争夺食物资源，以提高自己的捕食率。在麻雀种群中选择不同的觅食行为与能量储备是密不可分的。此外，处在种群外围的鸟更容易受到捕食者的攻击，因此这些外围的麻雀要不断地调整位置以获得更好的位置。与此同时，处在种群中心的动物会去接近它们相邻的同伴，这样就可以尽量减少它们的危险区域。

麻雀的警惕性非常高，它们会时刻观察周围环境的变化。当群体中有麻雀发现周围有捕食者时，群体中的一个或多个个体会发出啁啾声，一旦发出这样的声音整个种群就会立即躲避危险，进而飞到其他安全区域进行觅食。

作为群居的智慧鸟类，麻雀在捕食和反捕食群体活动中，能够用叫声交流信息，相互协作，麻雀群体智慧体现着一种优化机制。麻雀搜索算法就是模拟麻雀群体智慧、觅食和反捕食行为，实现对优化问题求解。

30.4 麻雀搜索算法中的假设规则

为了使算法数学描述更加简洁，将麻雀的某些行为理想化，特制定如下假设规则。

(1) 发现者通常拥有较高的能源储备并且在整个种群中负责搜索到具有丰富食物的区域，为所有共享者提供觅食的区域和方向。在模型建立过程中，能量储备的高低取决于麻雀个体所对应的适应度的好坏。

(2) 一旦麻雀发现了捕食者，个体开始发出鸣叫作为报警信号。当报警值大于安全值时，发现者会将共享者带到其他安全区域进行觅食。

(3) 发现者和共享者的身份是动态变化的。只要能够寻找到更好的食物来源，每只麻雀都可以成为发现者，但是发现者和共享者所占整个种群数量的比重是不变的。也就是说，若有一只麻雀变成发现者,则必然有另一只麻雀变成共享者。

(4) 共享者的能量越低,它们在整个种群中所处的觅食位置就越差。一些饥肠辘辘的共享者更有可能飞往其他地方觅食,以获得更多的能量。

(5) 在觅食过程中,共享者总是能够搜索到提供最好食物的发现者,然后从最好的食物中获取食物或者在该发现者周围觅食。与此同时,一些共享者为了增加自己的捕食率可能会不断地监控发现者进而争夺食物资源。

(6) 当意识到危险时,群体边缘的麻雀会迅速向安全区域移动,以获得更好的位置,位于种群中间的麻雀则会随机走动,以靠近其他麻雀。

30.5 麻雀搜索算法的数学描述

1. 麻雀种群的表示

由 n 只麻雀组成的种群可用矩阵形式表示如下:

$$\boldsymbol{X}=\begin{bmatrix}\boldsymbol{x}_{1,1} & \boldsymbol{x}_{1,2} & \cdots & \boldsymbol{x}_{1,d}\\ \boldsymbol{x}_{2,1} & \boldsymbol{x}_{2,2} & \cdots & \boldsymbol{x}_{2,d}\\ \vdots & \vdots & & \vdots\\ \boldsymbol{x}_{n,1} & \boldsymbol{x}_{n,2} & \cdots & \boldsymbol{x}_{n,d}\end{bmatrix} \tag{30.1}$$

其中,d 为待优化问题变量的维数; n 为麻雀的数量。所有麻雀的适应度值可以表示如下:

$$\boldsymbol{F}_X=\begin{bmatrix}f(\boldsymbol{x}_{1,1} & \boldsymbol{x}_{1,2} & \cdots & \boldsymbol{x}_{1,d})\\ f(\boldsymbol{x}_{1,1} & \boldsymbol{x}_{1,2} & \cdots & \boldsymbol{x}_{1,d})\\ \vdots & \vdots & & \vdots\\ f(\boldsymbol{x}_{1,1} & \boldsymbol{x}_{1,2} & \cdots & \boldsymbol{x}_{1,d})\end{bmatrix} \tag{30.2}$$

其中,$\boldsymbol{F}_X$ 表示适应度矩阵; f 表示适应度值。

2. 发现者位置更新

在 SSA 中,具有较好适应度值的发现者在搜索过程中会优先获取食物。发现者负责为整个麻雀种群寻找食物并为所有共享者提供觅食的方向。因此,发现者可以获得比共享者更大的觅食搜索范围。根据 30.4 节中假设规则(1)和规则(2),在每次迭代的过程中,发现者的位置更新描述如下:

$$\boldsymbol{x}_{i,j}^{t+1}=\begin{cases}\boldsymbol{x}_{i,j}^{t}\cdot\exp\left(\dfrac{-i}{\alpha\cdot\mathrm{iter}_{\max}}\right), & R_2<\mathrm{ST}\\ \boldsymbol{x}_{i,j}^{t}+Q\cdot\boldsymbol{L}, & R_2\geqslant\mathrm{ST}\end{cases} \tag{30.3}$$

其中,$\boldsymbol{x}_{i,j}$ 为第 i 只麻雀在第 j 维中的位置信息; $j=1,2,\cdots,d$; t 为当前迭代数; $\mathrm{iter}_{\max}$ 为最大的迭代次数; $\alpha\in(0,1]$为一个随机数; $R_2\in[0,1]$和 $\mathrm{ST}\in[0.5,1]$分别为预警值和安全值; Q 为服从正态分布的随机数; $\boldsymbol{L}$ 为一个 $1\times d$ 的矩阵,该矩阵内每个元素都为 1。

当 $R_2<\mathrm{ST}$ 时,意味着此时的觅食环境周围没有捕食者,发现者可以执行广泛的搜索操作。当 $R_2\geqslant\mathrm{ST}$ 时,表示种群中的一些麻雀已经发现了捕食者并向种群中其他麻雀发出警报,此时所有麻雀都需要迅速飞到其他安全的地方进行觅食。

3. 共享者位置更新

对于共享者,它们需要执行假设规则(4)和规则(5)。如前所述,在觅食过程中,一些共享者会时刻监视发现者。一旦它们察觉到发现者已经找到了更好的食物，它们会立即离开现在的位置去争夺食物。如果它们赢了，则可以立即获得该发现者的食物，否则需要继续执行假设规则(5)。共享者的位置更新如下：

$$\boldsymbol{x}_{i,j}^{t+1}=\begin{cases}Q\cdot\exp\left(\dfrac{\boldsymbol{x}_{\text{worst}}^{t}-\boldsymbol{x}_{i,j}^{t},}{i^{2}}\right), & i>\dfrac{n}{2}\\ \boldsymbol{x}_{p}^{t+1}+\left|\boldsymbol{x}_{i,j}^{t}-\boldsymbol{x}_{p}^{t+1}\right|\cdot\boldsymbol{A}^{+}\cdot\boldsymbol{L}, & i\leqslant\dfrac{n}{2}\end{cases}\tag{30.4}$$

其中，$\boldsymbol{x}_p$ 是目前发现者所占据的最优位置；$\boldsymbol{x}_{\text{worst}}$ 为当前全局最差的位置；$\boldsymbol{A}$ 为一个 $1\times d$ 的矩阵，其中每个元素随机赋值为 1 或 −1，并且 $\boldsymbol{A}^{+}=\boldsymbol{A}^{\mathrm{T}}(\boldsymbol{A}\boldsymbol{A}^{\mathrm{T}})^{-1}$。当 $i>n/2$ 时，这表明，适应度值较低的第 i 共享者没有获得食物，处于十分饥饿的状态，此时需要飞往其他地方觅食，以获得更多的能量。

在模拟实验中，假设这些意识到危险的麻雀占总数量的 10%～20%。这些麻雀的初始位置是在种群中随机产生的。根据假设规则(6)，其数学表达式如下：

$$\boldsymbol{x}_{i,j}^{t+1}=\begin{cases}\boldsymbol{x}_{\text{best}}^{t}+\beta\cdot|\boldsymbol{x}_{i,j}^{t}-\boldsymbol{x}_{\text{best}}^{t}|, & f_i>f_{\text{g}}\\ \boldsymbol{x}_{i,j}^{t}+K\cdot\left(\dfrac{|\boldsymbol{x}_{i,j}^{t}-\boldsymbol{x}_{\text{worst}}^{t}|}{(f_i-f_{\text{w}})+\varepsilon}\right), & f_i=f_{\text{g}}\end{cases}\tag{30.5}$$

其中，$\boldsymbol{x}_{\text{best}}$ 为当前的全局最优位置；β 为步长控制参数，是服从均值为 0 且方差为 1 的正态分布的随机数；$K\in[-1,1]$为一个随机数；f_i 为当前麻雀个体的适应度值；f_{g} 和 f_{w} 分别为当前全局最佳和最差的适应度值；ε 是小的常数，以避免分母出现零。

为简单起见，当 $f_i>f_{\text{g}}$ 时表示此时的麻雀正处于种群的边缘，极其容易受到捕食者的攻击。$\boldsymbol{x}_{\text{best}}$ 表示麻雀种群的中心位置，它的周围也是十分安全的。$f_i=f_{\text{g}}$ 时表示处于种群中间的麻雀意识到了危险，需要靠近其他麻雀以尽量减少它们被捕食的风险。K 表示麻雀移动的方向，同时也是步长控制参数。

30.6 麻雀搜索算法的伪代码实现

麻雀搜索算法的伪代码描述如下。

```
输入:
G: 最大迭代次数
PD: 发现者麻雀的数量
SD:感知到危险的麻雀数量
R2: 告警值
n: 麻雀的数量
初始化 n 只麻雀的种群并定义其有关参数
输出: x_best, f_g
while (t<G)
按适应度值进行排序,找出当前最佳个体和当前最差个体
R_2 = rand(1)
for i = 1: PD
    利用式(30.3)更新麻雀的位置;
end for
```

```
for i = (PD + 1): n
    利用式(30.4)更新麻雀的位置;
end for
for i = 1: SD
    利用式(30.5)更新麻雀的位置;
end for
获取当前的新位置;
如果新位置比以前好,用新位置更新它;
t = t + 1
end while
返回 x_best,f_g
```

第 31 章　鸽群优化算法

鸽群优化算法是一种模拟鸽子归巢行为的导航机制的新型群体智能优化算法。大量研究结果表明,鸽子距离目标较远时利用地磁场导航,距离目标较近时利用地标导航。该算法通过建立地图和指南针算子、地标算子来模拟鸽子在寻找目标的不同阶段使用不同导航工具的寻优机制。本章首先介绍鸽子自主归巢行为的导航机制,然后阐述鸽群优化算法的数学描述、实现步骤及算法流程。

31.1　鸽群优化算法的提出

鸽群优化(Pigeon-Inspired Optimization,PIO)算法是 2014 年由段海滨等提出的一种基于鸽子归巢行为的新型群体智能优化算法。该算法通过建立地图和指南针算子模型、地标算子模型来模仿鸽子在寻找目标的不同阶段使用不同导航工具的固有机制,从而实现对函数优化问题的求解。由于该算法具有原理简单、调整参数少、易于实现等优点,已在无人机编队、控制参数优化、图像处理以及生命科学等多个领域获得应用。

31.2　鸽子自主归巢导航的优化原理

在久远的时代人们就知道鸽子有归巢的能力,之后不久鸽子就被用作通信工具。这种鸽子就是我们所熟知的信鸽,如图 31.1 所示;归巢中的鸽群如图 31.2 所示。鸽子究竟是如何做到远距离条件下的准确归巢,在很长的一段时间里都是未解之谜,吸引了很多研究者去探寻。相关的研究成果多次发表在包括 *Nature*、*Science* 等顶级学术刊物上。研究结果表明,影响鸽群归巢的关键因素分为 3 类:一是太阳,二是地磁场,三是地形地标。

图 31.1　信鸽

图 31.2　归巢中的鸽群

1. 太阳对鸽子归巢的影响

美国的Keeton做了一个有趣的实验,将磁铁安置在飞行娴熟的鸽子的背后,选了一个阴沉的天气,在一个离目的地27～50km的位置将鸽子放飞,最终实验表明鸽子也会失去方向,而在晴天做同样的实验时,就不会出现这样的情况。英国学者Whiten同样认为,太阳是鸽子巡航中一个至关重要的要素。德国的Wiltschko和他的学生通过实验得出结论:鸽子在归巢的过程中,它的导航能力会因为太阳的高度改变而改变,是将来自太阳而确定的方向信息与地磁感知的信息结合起来,一起完成导航。

2. 地磁场对鸽子导航的影响

美国的Schiffne等经过验证表明,有规律的地磁场不但能够引导鸽子的起始的飞行,还在鸽子飞行过程中表现出极大的影响。奥地利Ioall等将Helmholtz线圈安置在鸽子的脖子和头部,然后发出频率为14Hz的磁场进行干扰,这个实验表明,磁场振荡波形为长方形的时候,鸽子飞行的起始方向都会受到严重的干扰,形状为三角形或者正弦形的时候,就不会有干扰发生。德国的Vislberghi等发现,地磁场对鸽子回到起始的地方起到重要的作用。英国的Wiltschko等经过多次实验表明,在鸽子的上喙结构处有一种磁感应的结构,经过实验发现此种结构在鸽子飞行的过程中有着非凡的意义。美国的More等和他的学生就磁场对鸽子的飞行所产生影响进行了深入的研究,发现磁场的信号是通过鸽子鼻子从三叉神经传输到头部的。

3. 地形地标对鸽子导航的影响

澳大利亚的Breithwaite等认为,通常鸽子没有把眼睛作为飞行的重要工具之一,实验表明,相像的环境会给鸽子的归巢飞行产生影响。美国的Bire等在释放鸽子的时候,假如给鸽子6min用于观察所释放位置的地貌情况,就能够促进鸽子回到释放位置的过程。荷兰的DellAricce等在实验中发现,放飞鸽子前,增加鸽子在起始位置等待的时间,可以加快鸽子的归巢速度和减少鸽子的归巢时间,还能够极大地减短鸽子飞回所放飞点上空的盘旋时间。放飞前让鸽子在原地的等待不仅仅能够提升鸽子飞到放飞点过程中的巡航能力,还可以加强鸽子的归巢意愿。

综上所述,鸽子在飞行的过程中,根据不同的情况会使用不同的导航工具。当鸽子距离自己目的地较远时,利用地磁场来辨别大概的方向;当距离目的地比较近时,就利用地形地标来进行导航,利用地貌景象对目前的方向实施修正,直至到达精确的目的地。不难看出,鸽子自主归巢行为的导航机制蕴含着优化的原理。

31.3 鸽群优化算法的数学描述

PIO算法通过建立地图和指南针算子模型、地标算子模型来模仿鸽子在寻找目标的不同阶段使用不同导航工具,从而实现对函数优化问题的求解。

1. 地图和指南针算子

鸽子可以使用磁性物体感知地磁场,然后在头脑中形成地图。它们把太阳高度作为指南针来调整飞行方向,当它们接近目的地的时候,对太阳和磁性物体的依赖性便减小。

在鸽群优化模型中,使用虚拟的鸽子模拟导航过程。如图31.3所示,依据地图和指南针算子模型初始化鸽子的位置和速度,并且在多维搜索空间中,鸽子的位置和速度在每一次迭代时都会更新。

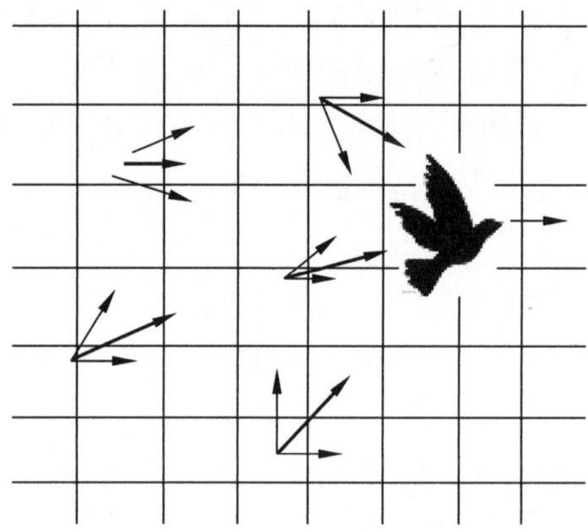

图 31.3 地图和指南针算子模型

将第 i 只鸽子的位置和速度分别记为 $X_i=\{x_{i1},x_{i2},\cdots,x_{iD}\}$和 $V_i=\{v_{i1},v_{i2},\cdots,v_{iD}\}$。其中 $i=1,2,\cdots,N$; D 为空间维度。第 i 只鸽子的速度和鸽子的位置将分别用式(31.1)和式(31.2)进行更新如下:

$$V_i(t)=V_i(t-1)\cdot \mathrm{e}^{-Rt}+\mathrm{rand}\cdot(X_{\mathrm{g}}-X_i(t-1)) \tag{31.1}$$

$$X(t)=X_i(t-1)+V_i(t) \tag{31.2}$$

其中,R 为地图和指南针因子,取值范围为 0～1; rand 是取值范围为 0～1 的随机数; t 为目前迭代次数; X_{g} 是在 $t-1$ 次迭代循环后,通过比较所有鸽子的位置得到的全局最优位置。当该循环次数达到所要求的迭代次数后,停止地图和指南针算子的工作,进入地标算子中继续运行。

2. 地标算子

地标模型是根据鸽子利用地标来进行导航而建立的。在利用地标导航时,距离目的地的位置比利用地图导航的距离更近。如果鸽子对现在所处的位置地标不熟悉时,则在附近鸽子的带领下进行飞行;当找到标志性建筑物或者熟悉位置时,则根据经验自由飞行。

在地标算子中,那些远离目的地的鸽子对地标不熟悉,它们将不再有分辨路径的能力,因而被舍去。如图 31.4 所示,每一次迭代后鸽子的数量都会减少一半,在每一代中用 N_{p} 来记录一半鸽子的个数。$X_{\mathrm{c}}(t)$为第 t 代所有鸽子的中心位置,将被当作地标,即作为飞行的参考方向,由此依据下列方程:

$$N_{\mathrm{p}}(t)=\frac{N_{\mathrm{p}}(t-1)}{2} \tag{31.3}$$

$$X_{\mathrm{c}}(t)=\frac{\sum X_i(t)\cdot \mathrm{fitness}(X(t))}{N_{\mathrm{p}}\sum \mathrm{fitness}(X(t))} \tag{31.4}$$

$$X_i(t)=X_i(t-1)+\mathrm{rand}\cdot(X_{\mathrm{c}}(t)-X_i(t-1)) \tag{31.5}$$

其中,fitness($X(t)$)为鸽子的个体适应度。对于最大化问题选 $\mathrm{fitness}(X_i(t))=f_{\max}(X_i(t))$; 对于最小化问题选 $\mathrm{fitness}(X_i(t))=1/(f_{\min}(X_i(t))+\varepsilon)$。

对于每只鸽子,第 t 次迭代的最佳位置可用 X_{p} 表示,而 $X_{\mathrm{p}}=\min(X_{i1},X_{i2},\cdots,X_{it})$。

图 31.4 地标算子模型

31.4 鸽群优化算法的实现步骤及流程

鸽群优化算法的实现步骤如下。

(1) 根据给定的环境建模,初始化地形信息和威胁信息(包括威胁所在地的中心坐标、半径和威胁级别)。

(2) 初始化 PIO 算法参数,解空间维度 D,种群规模 N_p,地图和指南针因子 R,两算子的最大迭代次数 Nc_{1max} 和 Nc_{2max},其中要求 $Nc_{1max}>Nc_{2max}$。

(3) 给每只鸽子设置随机速度和路径。比较每只鸽子的适应度值,找出目前最好的解。

(4) 操作地图和指南针因子。使用式(31.1)和式(31.2)更新每一只鸽子的速度和路径,比较所有鸽子的适应度值,找到目前最好的解。

(5) 如果 $Nc>Nc_{1max}$,停止操作地图和指南针因子,转到下一个操作;否则,转到步骤(4)。

(6) 根据适应度对所有鸽子进行排序。根据式(31.3),一半适应度低的鸽子被舍弃。再根据式(31.4)找到所有剩余鸽子的中心,这个中心是理想的目的地。所有的鸽子将飞到目的地,根据式(31.5)调整它们的飞行方向。然后,存储最优解的参数。

(7) 如果 $Nc>Nc_{2max}$,停止地标算子的操作,并输出结果;否则,转到步骤(6)。

鸽群优化算法的基本流程如图 31.5 所示。

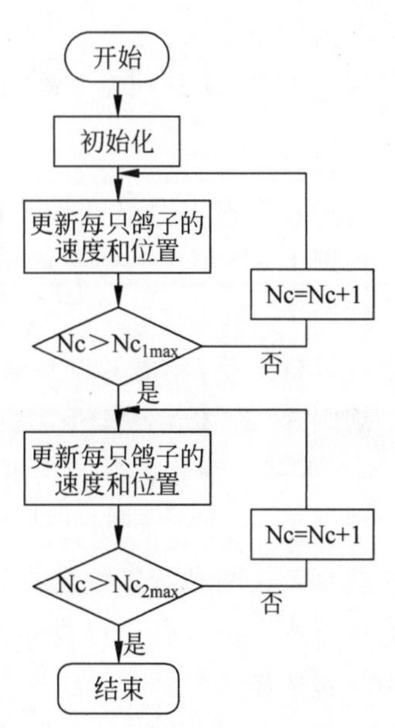

图 31.5 鸽群算法的基本流程图

第32章　鸟群算法

鸟群算法是一种模拟鸟类种群觅食、警惕和飞行行为的群智能优化算法。该算法从鸟类群体的社交行为和社交互动过程中提取群体智能并获取信息，提出了描述鸟群种群觅食、警惕和飞行行为的5个简化规则及其搜索策略。本章首先介绍鸟群觅食、警惕和飞行行为的理想化规则，然后阐述鸟群算法的数学描述、伪代码描述及算法流程图。

32.1　鸟群算法的提出

鸟群算法(Bird Swarm Algorithm，BSA)是2015年由Meng等提出的一种基于鸟类种群飞行和觅食行为的群智能优化算法。BSA提出鸟类群体活动主要有3种行为：觅食行为、警惕行为和飞行行为。BSA通过从鸟类群体的社交行为和社交互动中提取群体智能并获取信息进行建模，并制定了5个简化的规则及其搜索策略。基于对18个基准测试问题的仿真结果比较表明，BSA具有寻优精度高、稳定性好等优点。该算法已应用到气动调节阀黏滞检测系统和微电网多目标运行优化中。

32.2　鸟群觅食、警惕和飞行行为规则

鸟群算法为了模拟自然界的鸟群觅食、警惕和飞行行为，提出了如下理想化规则。

规则1　鸟群中的每只鸟都可以选择觅食和警惕这两种状态，选择的方式是随机的。

规则2　在觅食状态下，每只鸟都会将经过的最优觅食位置以及鸟群最优觅食位置记录下来并进行更新，该信息也会被传递到整个鸟群中进行信息共享。

规则3　在警惕状态下，每只鸟都会试图飞往鸟群的中心，但这种行为被种群间竞争所干扰，拥有更多食物储备量的鸟更容易接近群体的中心。

规则4　鸟群会周期性地向其他地点转移，当飞往另一个地点时，鸟群中个体将会在生产者和掠食者这两种状态中选择。拥有最高食物储备量的鸟将成为生产者，拥有最少食物储备量的鸟将成为掠食者。食物储备量介于最高和最低之间的其他鸟在生产者和掠食者这两个角色中随机选择。

规则5　生产者主动积极地寻找食物，掠食者会被生产者影响，随机选择跟随一个生产者开始寻找食物。

32.3 鸟群算法的数学描述

根据上述鸟群觅食、警惕和飞行行为的5条理想化规则，鸟群算法的数学描述如下。

设有N只鸟在D维空间中飞行觅食，第i只鸟在t时刻的位置为$x_i^t(i=1,2,\cdots,N)$。根据规则1，由于每只鸟个体在觅食和警惕状态的选择是随机的，所以可设置一个常数P，在[0,1]区间等概率地产生一个随机数P_{m}。当$P_{\mathrm{m}}>P$时，选择觅食状态，否者则选择警惕状态。

1. 觅食行为

根据规则2，每只鸟都根据自己的经验和鸟群的经验来寻找食物，每只鸟在觅食状态下的位置变化更新如下：

$$\begin{aligned} x_{i,j}^{t+1}=x_{i,j}^t+(p_{i,j}-x_{i,j}^t)\cdot C\cdot \mathrm{rand}(0,1)+ \\ (g_i-x_{i,j}^t)\cdot S\cdot \mathrm{rand}(0,1) \end{aligned} \tag{32.1}$$

其中，$x_{i,j}^t$为第t代鸟群中第i只鸟第j维所处的位置($i=1,2,\cdots,N$；$j=1,2,\cdots,D$)；rand(0,1)为(0,1)独立均匀分布的随机数；C为认知系数；S为社会加速系数；$p_{i,j}$为第i只鸟的最好位置；g_i为种群共享的最好位置。

2. 警惕行为

根据规则3，鸟类在保持警惕行为时会尝试向种群中心移动，当一只鸟朝着群的中心移动过程中，不可避免地会出现与其他的鸟竞争的情况。因此，种群中的鸟不会直接移动到种群的中心，它们的位置变化更新如下：

$$\begin{aligned} x_{i,j}^{t+1}=x_{i,j}^t+A_1\cdot(\mathrm{mean}_j-x_{i,j}^t)\cdot \mathrm{rand}(0,1)+ \\ A_2\cdot(p_{k,j}-x_{i,j}^t)\cdot \mathrm{rand}(-1,1) \end{aligned} \tag{32.2}$$

其中，$x_{i,j}^t$为第t代鸟群中第i只鸟第j维所处的位置；mean_j为整个鸟群平均适应度值；$p_{k,j}$为第k只鸟的最佳位置，k为从1到N中随机选择的正整数；rand(0,1)为(0,1)独立均匀分布的随机数；rand(−1,1)为保证正负两个方向都能进行搜索的随机系数；A_1为一只鸟个体向种群中心转移引起的间接作用；A_2为整个种群向中心移动时引发的直接作用。

A_1和A_2分别由式(32.3)和式(32.4)计算如下：

$$A_1=a_1\cdot\exp\left(-N\cdot\frac{p\mathrm{Fit}_i}{\mathrm{sumFit}+\varepsilon}\right) \tag{32.3}$$

$$A_2=a_2\cdot\exp\left(\frac{p\mathrm{Fit}_i-p\mathrm{Fit}_k}{|p\mathrm{Fit}_k-p\mathrm{Fit}_i|+\varepsilon}\cdot\frac{N\cdot p\mathrm{Fit}_i}{\mathrm{sumFit}+\varepsilon}\right) \tag{32.4}$$

其中，a_1和a_2为[0,2]区间的正数；N为种群规模；k为小于N且不等于i的正整数；$p\mathrm{Fit}_i$为第i只鸟的最佳适应度值；sumFit为种群最佳适应度值的总和；ε为避免分母为零而选择的计算机中的最小常数。

由于鸟在向种群中心移动时会间接影响周围环境，因此种群的平均适应度值也会改变。实际上，每只鸟儿都想处在种群的中心，因此，A_1和rand(0,1)的乘积不能大于1。A_2用来表示鸟飞行过程中所造成的影响。如果第k只鸟的最佳适应度值优于第i只鸟，则$A_2>a_2$，这意味着第i只鸟会受到比第k只鸟更大的干扰。虽然这一特征不可预测而且又具有一定的随机性，但是第 k 只鸟会比第 i 只鸟更容易到达种群中心。

3. 飞行行为

鸟类为了躲避天敌、觅食或者由于一些其他原因，鸟群会从一个地方迁移到另一个地方，在新的地点鸟群会重新开始寻找食物。一些作为生产者的鸟类会开始觅食，另一些作为掠食者的鸟类会跟随生产者寻找食物。根据规则，生产者和掠食者可以从种群中分离开来，它们的位置变化分别更新如下：

$$x_{i,j}^{t+1} = x_{i,j}^{t} + x_{i,j}^{t} \cdot \mathrm{randn}(0,1) \tag{32.5}$$

$$x_{i,j}^{t+1} = x_{i,j}^{t} + (x_{k,j}^{t} - x_{i,j}^{t}) \cdot \mathrm{FL} \cdot \mathrm{randn}(0,1) \tag{32.6}$$

其中，randn(0,1)为均值为 0 标准差为 1 的高斯分布随机数；$k \in [1,N]$且 $k \neq i$；$j \in [1,D]$；$\mathrm{FL} \in [0,2]$为掠食者跟随生产者寻找食物的因子。

为简单起见，这里假设每只鸟在每个 FQ 单位间隔内都会飞到另一个地方，其中 FQ 是一个正整数。

32.4 鸟群算法的伪代码描述及流程

鸟群算法(BSA)的伪代码描述如下。

```
输入: 种群所包含鸟的个体数量 N
      最大迭代次数 M
      鸟类飞行行为的频率 FQ
      觅食的概率 P
      5 个常量参数 C,S,a1,a2,FL
t = 0; 初始化种群并定义相关参数
对 N 个体的适应度值进行评估,找出最优解
While(t < M)
    If (t % FQ≠0)
        For i = 1:N
            If rand(0,1)< P
                根据式(32.1)鸟类觅食
            Else
                根据式(32.2)鸟类保持警惕
            End if   End for
    Else
        把鸟群分成两部分: 生产者和掠食者
        For i = 1:N
            If i 是一个生产者
                根据式(32.5)生产者位置更新
                Else
                根据式(32.6)掠食者位置更新
            End if   End for
    End if 评估新的解,结束
    If 新的解比先前的解更好就用新的解更新它
    找到目前最好的解
t = t + 1; End while
输出: 种群中适应度值最好的个体
```

鸟群算法的流程如图 32.1 所示。

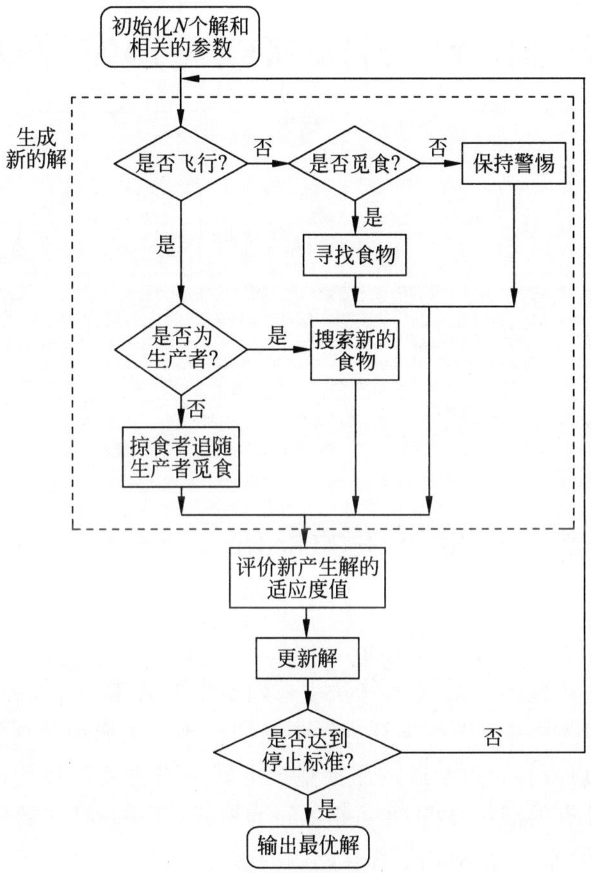

图 32.1　鸟群算法的流程图

第33章　希区柯克鸟启发算法

希区柯克鸟启发算法模拟希区柯克的影片《鸟类》中表现出的鸟类具有潜伏、攻击和重组的攻击模式。该算法是一种随机群智能算法,它通过鸟群初始化、搜索空间中的移动策略和局部最小逃生策略等,实现对函数优化问题的求解。本章首先介绍影片中希区柯克鸟的攻击行为、希区柯克鸟启发算法的原理,然后阐述希区柯克鸟启发算法的数学描述,最后给出了希区柯克鸟启发算法的实现步骤及伪代码。

33.1　希区柯克鸟启发算法的提出

希区柯克鸟启发算法(Hitchcock Bird-Inspired Algorithm,HBIA)是2020年由巴西的Morais等提出的一种新型的元启发式算法——随机群智能算法。设计灵感来自希区柯克1963年的惊悚片《鸟类》中表现出鸟类具有侵略性的行为。电影中的鸟类行为是受到极端条件下鸟类自然行为的启发。HBIA通过捕捉整个电影中虚构鸟类行为的本质为优化机制建模,模拟电影中鸟类具有的潜伏、攻击和重组的行为模式,其中包括初始化、搜索空间中的移动策略和局部最小逃生策略,实现对函数优化问题的求解。

该算法具有使用自适应参数、离散化随机初始化和使用β分布的特点,通过与PSO、ABC和CS算法以及正弦余弦算法、鲸鱼优化算法、教学优化和涡流搜索算法的性能比较,可以得出HBIA对于优化高维大型搜索空间问题具有优越性的结论。

33.2　希区柯克鸟的攻击行为

希区柯克(1899—1980年)是英国电影制造商,被认为是悬疑大师和心理悬疑电影的先驱。他的惊悚片《鸟》是根据史蒂芬·雷贝洛的同名纪实文学改编的,剧本反映了鸟类对人类意外的攻击。

起初,在城市的几个地方,鸟潜伏在居民身边,准时发动攻击。然后各种鸟类,尤其是乌鸦和海鸥,开始成群结队地攻击城市里的人类。随着攻击波的出现,鸟的行为呈现出一种微妙的模式。它们攻击人类的强度越来越大,带来最大可能的混乱,当攻击效果不再被感知时停止攻击。

影片中的鸟类具有以下特征。

(1) 鸟类从城市的不同地方聚集:鸟类不是完全随机分散的,分布在环境中的不同点。

(2) 攻击时的动作没有组织性,攻击时没有成群结队的动作,每一只鸟只攻击一个目标。

(3) 一种对人类的愤怒和报复的感觉。这是电影人物推测的鸟类攻击的原因之一,这些感觉暗示了鸟类的智慧和推理，在它们的动作中具有灵活性和前瞻性。

(4) 鸟类使用攻击、停止和聚集的模式。

(5) 一些鸟在攻击前会停留在目标附近。

(6) 每一波攻击都有新的鸟出现，由于攻击的侵略性，很多鸟在攻击过程中死亡，需要补充新的鸟来替代以维持鸟群的数量。这些鸟来自不同的地方，飞向即将被攻击的地方。

33.3　希区柯克鸟启发算法的优化原理

HBIA 通过捕捉希区柯克在电影中揭露的鸟类虚构行为的本质，并对优化机制建模。按照电影中发生的事件，算法中使用的行为类比将每只鸟视为一个粒子，将被攻击的区域视为搜索空间，将鸟造成的伤害作为解的适应度，将造成最大伤害的鸟视为最优解。

HBIA 通过跟踪鸟类的攻击性、与目标的距离、最佳鸟的位置和停滞的攻击结果，利用数学公式来定义它们的位移强度。攻击结果的停滞是算法整体功能的核心，代表了攻击缺乏进展。停滞的攻击结果在 HBIA 中是对鸟类运动行为具有很大影响的因素。这个因素既可以体现在一只鸟身上，也可以体现在鸟群的集体活动中。当该因素在每次迭代中单独起作用时，它确定每只没有获得更好适应度结果的鸟的攻击性增加。当集体使用时，决定了鸟群发生攻击停滞时的替换，即最佳整体适应度不变。

HBIA 是一种追求最大化的优化算法，其基本思想是在每一步迭代中，建立鸟群中每只鸟的运动，以达到具有比前一个更大价值的结果。定义鸟类攻击策略的过程可以概括为 3 部分：潜伏、攻击和重组。潜伏代表鸟群在搜索空间中的初始化，旨在更好地定位。攻击代表鸟类达到一个目标的运动。重组是停滞之后鸟类的替换。HBIA 通过创建一群鸟并将这些鸟移动到搜索空间来求解优化问题。

33.4　希区柯克鸟启发算法的数学描述

HBIA 包括鸟群的潜伏、攻击、停滞与重组，对它们分别进行数学描述如下。

1. 潜伏(初始化)

在 HBIA 中，潜伏代表鸟在搜索空间中的初始化，初始化过程包括如下步骤。

(1) 通过随机分配鸟群中鸟的一个离散位置坐标来生成一个初始鸟群，其中每个坐标的值只能假设在步长为 0.1 的离散区间[0,1]的 11 个可能值。因此，每个值代表搜索空间网格的一个分区。

(2) 利用式(33.1)将区间[0,1]的坐标转换为搜索空间的实际区间。

$$x_i^d = (\max_d - \min_d) \cdot \hat{x}_i^d + \min_d \tag{33.1}$$

其中，x_i^d 为第 i 只鸟第 d 维坐标，$\hat{x}_i^d$ 为第 i 只鸟在区间[0,1]的第 d 个有限坐标；$\max_d$ 和 $\min_d$ 分别为搜索空间中第 d 维坐标的最大值和最小值。

(3) 根据适合度对鸟进行判定，每只鸟获得一个等级 r_i，其中 1 代表最好的鸟，k 代表最差的鸟，k 为鸟群的大小。

(4) 验证在这些产生的位置中哪个是最好的，并根据其排序确定每个鸟的位置的近似值。

鸟的位移按式(33.2)计算。

$$\tilde{x}_i = x_i - ((x_{\text{best}} - x_i)/r_i) \tag{33.2}$$

其中,$\tilde{x}_i$ 为第 i 只鸟的新位置;x_i 为第 i 只鸟的先前位置;x_{best} 为最佳鸟的位置;r_i 为第 i 只鸟在排序中的分类。r_i 在式中起到不让鸟儿离搜索空间局部最小区域太近的作用。

(5) 在确定了鸟的新位置后,对新适应度进行验证,并对位移值进行评价。如果之前的位置比新位置的适合度更好,鸟就会保持之前的位置。

上述的初始化过程伪代码描述如下。

```
开始
    设 k 为鸟的数量
    令 f(x_i)为鸟 x_i 的适应度
    生成具有随机离散坐标的 k 只鸟
    用式(33.1)在实际搜索空间中变换坐标值
    用 f(x_i)评估每个 x_i
    将 f(x_i)从最好到最差排序
    根据 f(x_i)的位置分配一个顺序值 r_i
    找到群中最好的鸟作为 x_best
    for i = 1,2, …,k do
        X̃_i = x_i - ((x_best - x_i)/r_i)
        if f(x̃_i)> f(x_i) then
            x_i = x̃_i
        end
    end
    返回 x_best
end
```

2. 攻击

希区柯克在片中暴露的鸟类的攻击行为与某些鸟类的围攻行为极为相似。围攻的特点是接近潜在危险的捕食者,其次是频繁的位置变化,运动指向捕食者。

HBIA 制定的攻击行为考虑了两种攻击策略,即鸟类在攻击区域的远处或近处的攻击策略。然后对精英鸟数量、攻击性水平和攻击范围等参数进行自适应调整。

精英鸟的数量由式(33.3)定义如下:

$$e = \lceil \sqrt{k} \rceil \tag{33.3}$$

其中,k 代表鸟群的总数;e 代表该鸟群中的精英鸟。

在 HBIA 中,攻击性的强度可以被视为一个连续的随机变量,因为它的值位于一组实数集合内。在算法构建中,希望攻击强度在开始时采用较小的随机值,攻击结束时采用较大的随机值。为此,选择具有连续变量概率分布的 β 分布,它的概率密度函数没有封闭的形式,其密度曲线会根据其参数的不同而变化。β 分布的概率密度函数 $g(x)$ 的一般表达式由式(33.4)给出。

$$g(x) = \begin{cases} \dfrac{(x-a)^{\alpha-1} \cdot (b-x)^{\beta-1}}{B(\alpha,\beta) \cdot (b-a)^{\alpha+\beta+1}}, & a \leqslant x \leqslant B(\alpha,\beta) > 0 \\ 0, & \text{其他} \end{cases} \tag{33.4}$$

其中,α 和 β 为区间[0,1]内的两个参数。$B(\alpha,\beta)$的定义如下:

$$B(\alpha,\beta) = \int_0^1 x^{\alpha} \cdot (1-x)^{\beta-1} \mathrm{d}x \tag{33.5}$$

由于β分布的[0,1]区间以及概率密度函数根据α和β的指定值可以有各种形式,因此它适合于比例建模。α和β两个参数定义如下:

$$\begin{cases}\alpha = \theta_i \\ \beta = \Theta - \theta_i + 1\end{cases} \tag{33.6}$$

其中,θ_i是鸟类x_i的攻击性水平;Θ等于确定重组攻击结束的值,该参数的取值与问题的复杂程度相适应,以搜索空间的维数为参考,攻击结束的计算式如下:

$$\Theta = \lceil \log d + 1 \rceil \tag{33.7}$$

其中,d为维数。攻击强度是在区间[0,1]随机产生的值,其发生的概率遵循β分布,参数根据其攻击程度由式(33.8)定义如下:

$$\rho_i = \text{Beta}(\alpha = \theta_i, \beta = \Theta - \theta_i + 1) \tag{33.8}$$

攻击性水平越高,表明攻击强度接近1的百分比值的概率越大,θ_i达到Θ。在下一次攻击中,θ_i以初始值1重新开始。除了攻击性的强度,它还被认为是一种"近视",因为与天资更高的鸟的位置的距离决定了鸟将遵循的策略,飞向这个目标。为了选择所假设的攻击策略,将其视为欧氏距离的标准化,如式(33.9)所示:

$$\Delta(x_i, x_{\text{best}}) = \frac{\delta(x_i, x_{\text{best}})}{\max(\delta(x_i, x_{\text{best}}), \delta(x_{i+1}, x_{\text{best}}), \cdots, \delta(x_k, x_{\text{best}}))} \tag{33.9}$$

其中,$\Delta(x_i, x_{\text{best}})$是鸟类$x_i$和适应度较好的鸟类间的标准欧氏距离;$\delta(x_i, x_{\text{best}})$是鸟类$x_i$和最佳鸟$x_{\text{best}}$之间的欧氏距离,$\max(\delta(x_i, x_{\text{best}}), \delta(x_{i+1}, x_{\text{best}}), \cdots, \delta(x_k, x_{\text{best}}))$是一群鸟和最佳鸟$x_{\text{best}}$之间的最大距离。

图33.1展示了攻击策略,根据攻击性的强度和与x_{best}的距离,图中最暗的区域是最有可能在运动中被击中的区域。

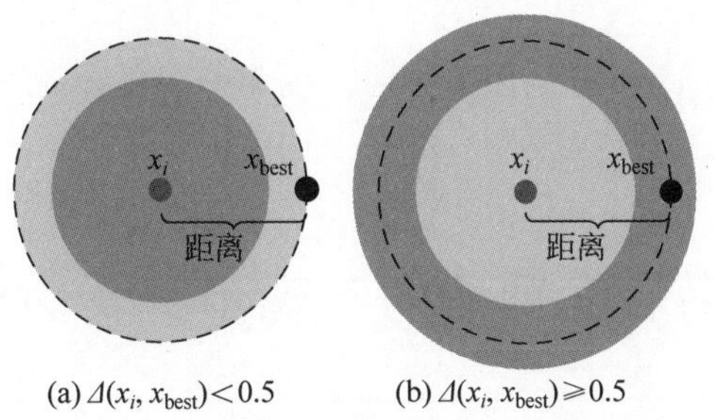

图33.1　可能的攻击移动和各自的移动区域

如果鸟的$\Delta(x_i, x_{\text{best}})$小于0.5,考虑$\alpha$和$\beta$等于$g$当前迭代的$\beta$分布,随着$g$的增长,它呈现类似于以0.5为中心的正态分布的形式,因此将这种运动置于鸟i和最佳鸟的中间,概率就更高。对于这个攻击动作,可以用式(33.10)来计算。

$$\tilde{x}_i^v = x_{\text{best}}^v + W \cdot (2 \cdot \text{Beta}(\alpha = g, \beta = g) - 1) \cdot (x_{\text{best}}^v \cdot \beta_i - x_i^v) \tag{33.10}$$

$$W = \rho_i - (\rho_i \cdot (g-1)/G) \tag{33.11}$$

其中,$\tilde{x}_i^v$为第i只鸟在第v维度集合中随机选择的新值;x_{best}^v为最佳鸟在第v维同一集合中随机选取的值;ρ_i为攻击强度;G为最大迭代次数。

对于大于0.5的标准距离,使用固定的余弦函数分布在$0\sim 2\pi$的范围,因为它的分布倾向于$-1\sim 1$的极值,从而使鸟类以最佳方式向更不连贯的方向移动。

在这里,在鸟x_i和x_{best}之间的比较中有一个受到惩罚ρ_i,因而维度都可以发生变化。对于这种攻击运动，可以使用方程式(33.12)计算：

$$\tilde{x}_i = x_{\text{best}} + W \cdot \cos(u(0,2\pi)) \cdot (x_{\text{best}} \cdot u(0,1) - x_i) \tag{33.12}$$

其中，$\tilde{x}_i$ 为第 i 只鸟的新位置；x_{best} 是鸟群中最佳的鸟；$u(0,1)$为一个均匀分布的随机数。

3. 停滞与重组

在 HBIA 中，一系列未遂攻击的结束是由于停滞，当停滞发生时，会检查这些鸟的表现以确定哪些鸟会被宣布死亡。除去那些精英鸟，死亡鸟的选择是根据它们的适合度概率选出的，每只鸟的死亡概率由式(33.13)计算如下：

$$P(x_i = \text{"dead"}) = \frac{f(x_i)}{\sum_{i=1}^{k} f(x_i)} \tag{33.13}$$

其中，k 为鸟类 x_i 的适应度 $f(x_i)$中鸟类的数量。

在计算出每只鸟的死亡概率后，从样本中进行替换，选择将被排除在鸟群之外的鸟，该鸟被排除的概率用死亡概率 $P(x_i = \text{"dead"})$表示。

“死亡”的鸟选择算法创建了 M 组适合度小于所有鸟的平均适合度的鸟。这些鸟可能会被排除在鸟群之外。考虑到每只鸟死亡的可能性，随机将在一组鸟类中选择一个随机大小的补充样本，这将选择哪些候选者将被排除在鸟群之外。

新鸟会考虑一个离散空间，类似于初始化。然而，区间[0,1]中的 11 种可能性之一出现在坐标中的频率越大，新鸟出现的机会就越小。式(33.14)给出了每个 q_i 对于 x_i^d 值的概率计算如下：

$$P(x^d = q_j) = \frac{1/n_j^d}{\sum_{i=1}^{11} (1/n_j^d)} \tag{33.14}$$

其中，q_j 是区间[0,1]中的 11 种可能性之一；x^d 是k 只鸟集合的第 d 个坐标；n_j^d 是 11 种可能性之一出现在第 d 个坐标的次数。

33.5 希区柯克鸟启发算法的实现步骤及伪代码

希区柯克鸟启发算法的实现步骤如下。

(1) 在算法开始时，定义鸟群大小和搜索空间的维数、搜索空间的最大和最小限制。确定停止标准、最大迭代次数等。

(2) 鸟群初始化位置随机离散生成。算法的第一次迭代计算精英鸟参数和攻击波结束的值。

(3) 计算鸟群中每只鸟的适应度值。对鸟群进行评估后，提取鸟群中找到的最佳位置。

(4) 如果停止攻击计数器(C)尚未达到攻击结束值，则评估每只鸟应执行哪种类型的攻击运动。攻击后，更新每只鸟的攻击强度。如果在当前迭代中没有找到更好的整体适应度值，则停止攻击计数器(C)增加一个单位。

(5) 如果 C 大于攻击结束值，则执行鸟类的重组，并且 C 和 θ_i 的值重新开始。

(6) 如果针对新的位置已经达到停止标准，则输出问题的解；否则，循环继续，直到达到停止标准。

希区柯克鸟启发算法的伪代码描述如下。

```
开始
设 k 为鸟的数量
设搜索空间参数 D、max_d 和 min_d
设最大的评估,最大的迭代次数或容错误差定义停止标准
C := 0. θ_i := 1
使用随机离散方式初始化鸟群
使用式(33.3)计算精英鸟
使用式(33.7)计算攻击波结束的值 Θ
while 停止标准不满足 do
    由目标函数评估每个 x_i
    更新迄今为止最好的 x_best
    if C ⩽ Θ then
        for i = 1,2, … ,k do
            if Δ(x_i,x_best) < 0.5 then
                通过式(33.10)执行攻击动作 1
            end
            else
                通过式(33.12)执行攻击动作 2
            end
            if f(x̃_i) < f(x_i) then
                θi = θi + 1
                使用式(33.8)更新 ρi
            end
          end
          if 所有 f(x̃_i) ⩽ f(x_best),i = 1,2, … ,k then
                增加 C
          end
        end
        else
          使用式(33.13)选择和排除"死"鸟
          使用式(33.14)生成新鸟
          重新启动 C 和 θi
        end
    end
    返回 x_best 和 f(x_best)
end
```

第 34 章　乌鸦搜索算法

乌鸦搜索算法模拟了乌鸦群体之间相互追踪窃取食物的社会行为。乌鸦具有很好的记忆力和非凡的智力,被认为是世界上最聪明的动物之一。若乌鸦通过观察发现了其他鸟类隐藏食物的地点,一旦食物的主人离开,乌鸦将立即偷走食物,并转移食物的储藏地点,从而避免将来被偷走。本章介绍乌鸦的生活习性和乌鸦搜索算法的优化原理,然后阐述乌鸦搜索算法的数学描述、实现步骤、伪代码描述及实现流程。

34.1　乌鸦搜索算法的提出

乌鸦搜索算法(Crow Search Algorithm,CSA)是 2016 年由伊朗学者 Alireza Askarzaden 提出的一种新兴的元启发式算法。该算法基于对乌鸦习性的研究,模拟了乌鸦群体之间相互追踪窃取食物的社会行为,这一特性使算法种群的多样性不会随着迭代次数的增加而有较大的降低,因而提高了跳出局部最优的能力。

CSA 算法具有很强的收敛能力;结构简单,只需要设置乌鸦飞行距离和感知概率两个可调参数;控制参数少,易于学习和掌握,使用灵活等优点。已被证明在工程优化方面比 GA、PSO、DE 等算法效果更好,已被应用于图像分割、地下水质评价、潮流预测、配电系统电容器布置、电磁优化等工程优化和函数优化问题中。

34.2　乌鸦的生活习性

乌鸦是鸟类的一种,它被认为是世界上最聪明的动物之一。相对于乌鸦的体型,它拥有最大的大脑。根据大脑与身体的比例来看,乌鸦的大脑仅略低于人类的大脑,如图 34.1 所示。作为一个群体,乌鸦表现出非凡的智力。乌鸦是人类以外的动物中具有独到的使用甚至制造

图 34.1　乌鸦的图片

工具达到目的的能力，能借助石块砸开坚果，它们还能够根据容器的形状准确判断所需食物的位置和体积。它们可以记住同伴的“脸”，用复杂的方式与同伴进行交流，当不友好的乌鸦靠近时，它们会发出警告。

乌鸦通过观察其他鸟类发现它们隐藏食物的地点，一旦食物的主人离开，乌鸦将立即偷走食物。一旦偷取成功，乌鸦会采取措施保护食物，例如转移食物的储藏地点，从而避免未来成为受害者。事实上，乌鸦利用自己偷取食物时的经验预测盗窃者的行为，并且能确定最安全的方法来防止它们储藏的食物被盗。

乌鸦具有很好的记忆力，能在不同的季节藏匿多余的食物，可以回忆起几个月之前的隐藏食物的地点，并在需要时取回。同时它们也互相跟随，窃取别的乌鸦所藏匿的食物以获得更好的食物来源。但是当一只乌鸦发现被跟随时，它会试图通过改变藏匿地点来避免被盗。

34.3　乌鸦搜索算法的优化原理

乌鸦是一种聪明且贪婪的鸟类，它可以识别同伴的“脸”，用不同方式与同伴进行交流，为了获得更多的食物，它会偷偷地跟踪其他乌鸦，发现它们存储食物的地点，并偷取食物。如果乌鸦发现被其他乌鸦跟踪，则该乌鸦将随机飞行，从而迷惑跟踪它的乌鸦。

为了模拟乌鸦的社会行为，乌鸦搜索算法采用以下原则。

(1) 乌鸦以群居形式生活。

(2) 每只乌鸦都能清楚地记住各自藏匿食物的位置。

(3) 乌鸦相互之间随机选择盗窃其他乌鸦藏匿的食物。

(4) 乌鸦对于跟随者有一定的感知能力，若感知到被跟随就会改变藏匿地点，并能保证它们所藏匿的食物在一定概率下不被偷窃。

乌鸦搜索算法为了模拟上述乌鸦的智慧行为，类比一群乌鸦在特定环境中飞行，隐藏食物，记忆并保护它们储藏的食物，同时相互跟踪，从而找到更好的食物来源。从优化的角度看，乌鸦是搜索者，周围的飞行环境是搜索空间，环境中随机存储食物的每一个位置对应优化算法的一个可行解，食物来源位置的优劣对应于某一位置的目标函数值（适应度值）的大小，存放最多食物的位置被认为是全局最优解。

乌鸦在寻找食物的过程中不断改变位置，如果新位置没有比当前的位置更优，只要新位置在搜索空间范围内，它依然会飞向新位置。这样可以增加产生解的多样性，使得算法寻到最优解的概率增大。乌鸦在搜索过程中会随机地选择一只乌鸦进行跟踪，从而增大了搜索空间，所以 CSA 算法具有全局搜索能力。在迭代过程中，所有乌鸦都会不断地更新储藏食物的地点，从而保证目前所藏食物的地点是最优的，并通过记忆记录最优的储存食物的位置。在迭代结束后，找到种群中乌鸦的适应度值最优的记忆作为最后得到的最优解。

34.4　乌鸦搜索算法的数学描述

假设存在一个包含 N 只乌鸦的 d 维环境。在搜索空间中，第 i 只乌鸦迭代时的位置用向量表示为 $x^{i,\text{iter}}=[x_1^{i,\text{iter}},x_2^{i,\text{iter}},\cdots,x_d^{i,\text{iter}}]$，其中 $i=1,2,\cdots,N$；iter 和 $\text{iter}_{\max}$ 分别表示迭代

次数和最大迭代次数，iter＝1，2，…，$iter_{max}$。显然，N 为乌鸦种群的数量，d 是决策变量的维数。

每只乌鸦都有记忆中最佳的藏食之处。在第 iter 次迭代时，藏食的位置为 $m^{i,iter}$。乌鸦试图搜索和跟踪其他乌鸦来发现比现有的更好的食物来源。

在 CSA 的每一次迭代中，为了更新乌鸦 i 的位置，乌鸦 i 随机选择另一只乌鸦 j。乌鸦 i 试图跟随乌鸦 j 接近它的藏食之处 $m^{i,iter}$。根据感知概率 AP，将有如下两种情况：

情况 1：如果乌鸦 j 不知道被乌鸦 i 跟踪，乌鸦 i 更新它的位置为

$$x^{i,iter+1}=x^{i,iter}+r_1\cdot fl^{i,iter}\cdot(m^{j,iter}-x^{i,iter}) \tag{34.1}$$

其中，r_1 为在[0,1]区间均匀分布的随机数；$fl^{i,iter}$ 是乌鸦 i 在第 iter 次迭代中的飞行距离。飞行距离决定移动到选定隐藏位置的步长。若飞行距离较小，则局部搜索能力强，飞行距离较大则全局搜索能力强。

图 34.2 显示了在情况 1 中乌鸦飞行位置及 fl 的值对搜索能力的影响。fl 较小的值会导致在 $x^{i,iter}$ 附近进行局部搜索，较大的值会导致远离 $x^{i,iter}$ 进行全局搜索。如图 34.2(a)所示，如果选择的 fl 值小于 1，则乌鸦 i 的下一个位置在 $x^{i,iter}$ 和 $m^{i,iter}$ 之间的虚线上；如果选择 fl 的值大于 1 时，下一个乌鸦 i 的位置在虚线上，可能超过 $m^{i,iter}$，如图 34.2(b)所示。

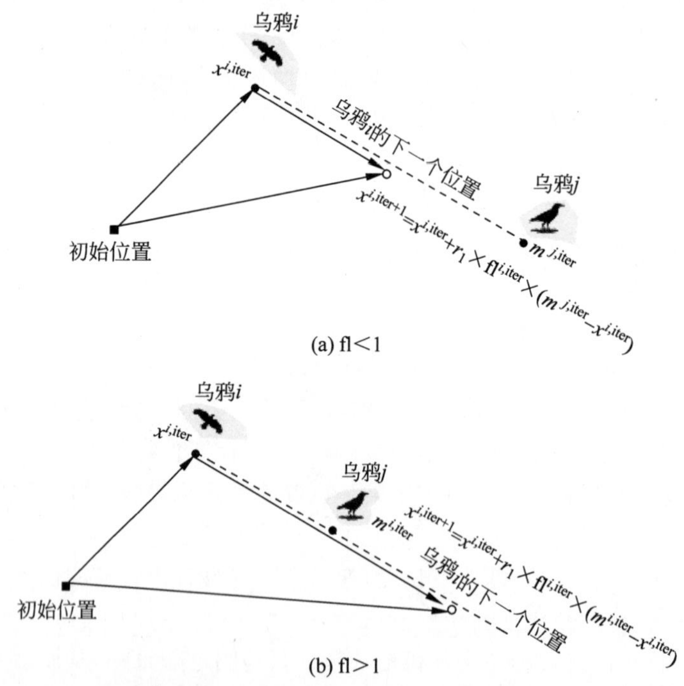

图 34.2　在 CSA 情况 1 中乌鸦 i 可以到达虚线上每个位置的示意图

情况 2：如果乌鸦 j 发现被乌鸦 i 跟踪，它会随机进入搜索空间的位置来愚弄乌鸦 i。根据情况 1 与情况 2，乌鸦的位置更新为

$$x^{i,iter+1}=\begin{cases}x^{i,iter}+r_1\cdot fl^{i,iter}\cdot(m^{j,iter}-x^{i,iter}) & r_j\geqslant AP^{j,iter}\\ \text{任意位置} & r_j<AP^{j,iter}\end{cases} \tag{34.2}$$

其中，r_j 为在区间[0,1]均匀分布的随机数；$AP^{j,iter}$ 为乌鸦 j 在第 iter 次迭代后的 AP。

为了实现全局优化，需要将元启发式中的多样化和集约化进行良好组合。多样化就是在全局范围内进行搜索，生成不同的解；集约化就是专注于在局部搜索空间生成一个好的解。

为了提高算法的收敛速度，在选择最优解时，要在多样化和集约化之间取得良好的平衡。在 CSA 中，通过感知概率(AP)来平衡多样化和集约化。

当 AP 较小时，乌鸦不容易发现自己被跟踪，算法倾向于局部搜索，增强了集约化；当 AP 较大时，算法倾向于全局搜索，增加了解的多样性。

34.5　乌鸦搜索算法的实现步骤及流程

乌鸦搜索算法的实现步骤如下。

(1) 初始化参数。定义决策变量，设置乌鸦的数量(N)、最大迭代次数($\text{iter}_{\max}$)、飞行距离(fl)和感知概率(AP)。

(2) 初始化乌鸦的位置和记忆。N 只乌鸦随机分布在一个 d 维搜索空间可用矩阵表示为

$$\boldsymbol{C}=\begin{bmatrix} x_1^1 & x_2^1 & \cdots & x_d^1 \\ x_1^2 & x_2^2 & \cdots & x_d^2 \\ \vdots & \vdots & & \vdots \\ x_1^N & x_2^N & \cdots & x_d^N \end{bmatrix} \tag{34.3}$$

每只乌鸦表示问题的一个可行解，d 为决策变量的数量。在首次迭代中，假设乌鸦把食物隐藏在初始位置，用矩阵表示为

$$\boldsymbol{M}=\begin{bmatrix} m_1^1 & m_2^1 & \cdots & m_d^1 \\ m_1^2 & m_2^2 & \cdots & m_d^2 \\ \vdots & \vdots & & \vdots \\ m_1^N & m_2^N & \cdots & m_d^N \end{bmatrix} \tag{34.4}$$

(3) 评估适应度(目标)函数。计算每只乌鸦对应的适应度值。

(4) 更新乌鸦位置。根据式(34.2)生成新的位置。

(5) 检测每只乌鸦的新位置的可行性。如果乌鸦的新位置是可行的，乌鸦则会更新它的位置。否则，乌鸦停留在当前位置，不会移动到新的位置。

(6) 评估新位置的适应度函数。计算每只乌鸦新位置的适应度值。

(7) 更新记忆。如果乌鸦的新位置的适应度值比记忆位置的适应度值更好，乌鸦就通过新的位置更新它的记忆；否则保持原来的记忆，如式(34.5)所示。

$$m^{i,\text{iter}+1}=\begin{cases} x^{i,\text{iter}+1}, & f(x^{i,\text{iter}+1})\text{ 优于 }f(m^{i,\text{iter}}) \\ m^{i,\text{iter}}, & f(x^{i,\text{iter}+1})\text{ 次于 }f(m^{i,\text{iter}}) \end{cases} \tag{34.5}$$

(8) 判断终止条件。当满足终止条件时，输出最优适应度值对应的位置，算法结束；否则重复步骤(4)～步骤(7)直至达到最大迭代次数。

CSA 的伪代码描述如下。

```
设置参数步长 fl、感知概率 AP、迭代次数 iter、种群大小 N、维度 n;
初始化 N 只乌鸦的位置和藏食位置;
    while  iter < iter_max
        for i = 1 : N
        随机选择一只乌鸦 j
            if r_j ≥ AP^{j, iter}
                x^{i, iter+1} = x^{i, iter} + r_i · fl^{i, iter} · (m^{j, iter} − x^{i, iter})
```

```
            else
                x^{i,iter+1} = 任意位置
        end If
    end for
计算适应度值 FIT(iter)
评估乌鸦的新位置
更新乌鸦的记忆
end while
迭代完毕后,m 中存储的最优位置即为最优解的位置
```

乌鸦搜索算法的流程如图 34.3 所示。

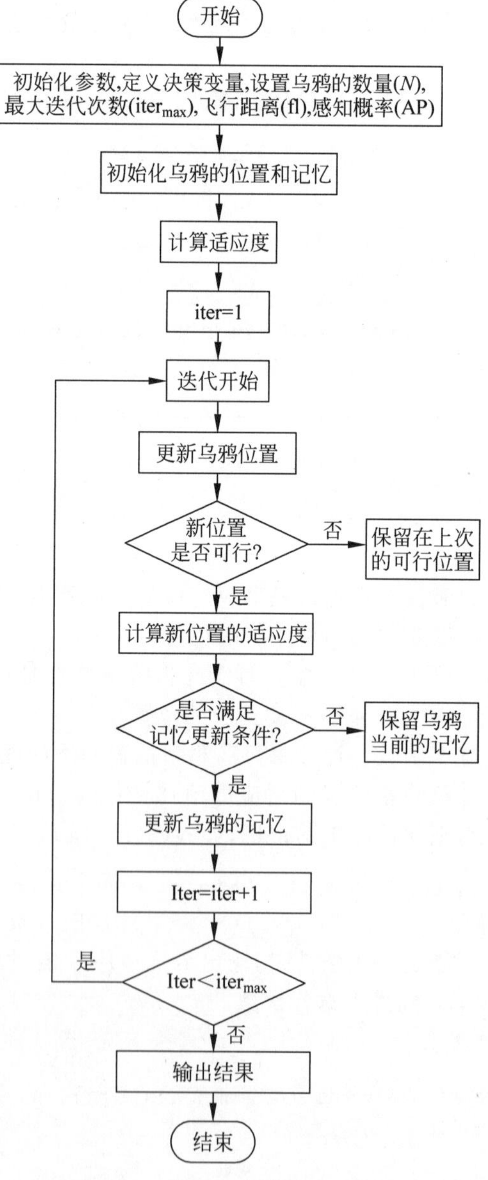

图 34.3　乌鸦搜索算法的流程图

第 35 章　缎蓝园丁鸟优化算法

缎蓝园丁鸟优化算法是模拟雄性缎蓝园丁鸟搭建鸟巢，吸引雌性缎蓝园丁鸟求偶机制的一种新的群智能优化算法。该算法通过随机生成初始鸟巢种群、计算鸟巢对雌性缎蓝园丁鸟的吸引概率、精英化、鸟巢位置的更新和鸟巢变异等步骤来实现对函数优化问题的求解。本章首先介绍缎蓝园丁鸟的习性及求偶机制，然后阐述缎蓝园丁鸟优化算法的数学描述、算法伪代码及算法流程。

35.1　缎蓝园丁鸟优化算法的提出

缎蓝园丁鸟优化(Satin Bowerbird Optimizer，SBO)算法是 2017 年由 Samareh Moosavi 等提出的模拟雄性缎蓝园丁鸟搭建鸟巢求偶机制的群智能优化算法。由于 SBO 算法具有易于理解、结构简单、算法灵活、高效、稳定性较强的特点，因此已被成功应用于自适应神经模糊推理系统、软件开发代价的估算、固体氧化物燃料电池稳态和动态模型规划、发电机实时功率调度和非连续型函数优化等问题。

35.2　缎蓝园丁鸟的习性及求偶机制

缎蓝园丁鸟(学名为 Ptilonorhynchus violaceus，英文名为 Satin Bowerbird)是园丁鸟科园丁鸟属的鸟类，又称紫光园丁鸟。体形略似鸽子，体长 27～33cm，属于中型鸣禽，体羽光亮。雄性缎蓝园丁鸟全身长着蓝黑色的羽毛，犹如绸缎，泛着幽幽的蓝光，紫色的眼睛炯炯有神，而雌性缎蓝园丁鸟为黄绿色。园丁鸟栖息于热带、温带和山区的雨林、河边林地和稀树林地，以及岩石峡谷、草地和干旱地带。以食用果实为主，但也会摄取花、花蜜、叶、昆虫和小型脊椎动物。

缎蓝园丁鸟有园丁般的园艺天才和高超的建筑艺术才能，能够设计建造一个美丽的新婚洞房和求偶舞池以吸引雌鸟进来交配，因此被称为“园丁鸟”。雄性缎蓝园丁鸟和它建造的洞房和求偶舞池如图 35.1 所示。紫光园丁鸟的求偶炫耀行为十分奇特。每年当进入繁殖期时，雄鸟先是在森林里到处游荡，选择既通风透光又有林间空地，食物和水源都比较丰富的幽静处所建造鸟巢和舞池，以吸引雌鸟与自己一同生活。

在整个繁殖季节中，雄鸟在美丽的舞池中不停地唱歌和跳舞，这种表演一直继续到赢得雌鸟的爱慕为止，然后双双进入洞房。交配之后，雌鸟另在几百米远的空地上或树枝上，营造一个简单的杯形巢，独自孵卵和抚育 1～3 只幼鸟。而雄鸟仍然继续维修和装饰它的洞房和舞池，试图再吸引来新的雌鸟。至于能够吸引到多少雌鸟，很大程度上取决于它建造的鸟巢及求偶舞池有多大的吸引力。

图 35.1　雄性缎蓝园丁鸟和它建造的鸟巢及求偶舞池

35.3　缎蓝园丁鸟优化算法的数学描述

1. *初始化鸟巢种群*

在搜索空间中随机生成一组鸟巢，每个鸟巢对应一个 N 维向量。这些值均匀分布在上限和下限之间，每个鸟巢的参数数量与优化问题的变量数量相同。

2. *求偶鸟巢的吸引概率*

为了吸引配偶，每只雄性缎蓝园丁鸟建造求偶鸟巢被选择的概率由式(35.1)计算如下：

$$p_i = \frac{fit_i}{\sum_{n=1}^{N} fit_n} \tag{35.1}$$

其中，p_i 求偶鸟巢被选择的概率，取值为 0～1；fit_i 为第 i 个求偶鸟巢的适应度值；N 为鸟巢的数量，即种群个数；fit_i 由式(35.2)计算如下：

$$fit_i = \begin{cases} \dfrac{1}{1+f(X_i)} & f(X_i) \geqslant 0 \\ 1+|f(X_i)| & f(X_i) < 0 \end{cases} \tag{35.2}$$

其中，$f(X_i)$为第 n 个鸟巢的适应度值。

3. *精英化和鸟巢位置更新*

为了模拟经验丰富的雄性园丁鸟更善于建造自己的鸟巢，在每次迭代完成后，具有最佳适应度值的园丁鸟被保存为精英。在算法的每次迭代中，每只鸟的鸟巢位置变化由式(35.3)更新如下：

$$X_{ik}(t+1) = X_{ik}(t) + \lambda_k\left(\left(\frac{X_{jk} + X_{\text{best},k}}{2}\right) - X_{ik}(t)\right) \tag{35.3}$$

其中，X_i 为第 i 鸟巢；$X_{ik}(t)$为第 t 次迭代中第 i 鸟巢的第 k 维分量；X_{jk} 为当前搜索到最优位置的第 k 维分量；j 由轮盘赌公式得出，这意味着每一个鸟巢的改变可能会影响到其他鸟巢的位置变化；$X_{\text{best},k}$ 为整个种群当前最优位置的第 k 维分量；λ_k 为步长因子，由式(35.4)计算如下：

$$\lambda_k = \frac{\alpha}{1+p_j} \tag{35.4}$$

其中，α 为步长的最大值；p_j 为求偶鸟巢被选择的概率，当求偶鸟巢被选中概率越大时，步长越小；当求偶鸟巢被选中概率为 0 时，步长最大，为 α；当目标位置被选中概率为 1 时，步长最小，为 $\alpha/2$。

4. 鸟巢变异

由于雄性园丁鸟在忙着建造自己的鸟巢的同时，鸟巢可能会被其他雄性园丁鸟破坏，并且搭建鸟巢的材料被抢走甚至鸟巢被摧毁。因此，在算法的每次迭代中，鸟巢以一定的概率随机变异，在变异过程中，X_{ik} 服从正态分布，由式(35.5)表示为

$$X_{ik}(t+1) \sim N(X_{ik}(t), \sigma^2) \tag{35.5}$$

为了便于编程模拟，变异概率由式(35.6)计算如下：

$$X_{ik}(t+1) = X_{ik}(t) + (\sigma \cdot N(0,1)) \tag{35.6}$$

其中，标准差 σ 的计算如下：

$$\sigma = z \cdot (\mathrm{var}_{\max} - \mathrm{var}_{\min}) \tag{35.7}$$

其中，$\mathrm{var}_{\max}$ 和 $\mathrm{var}_{\min}$ 分别为位置的上下界；z 为缩放因子，取 0～1 之间随机数。

35.4　缎蓝园丁鸟优化算法的实现

CSBO 算法伪代码描述如下。流程图见图 35.2。

```
初始化种群：鸟巢的第一个种群 X_i(i = 1,2,…,n)
初始化参数：α = 0.94,z = 0.023
计算鸟巢的适应度值
找到最好的鸟巢并把它作为精英
While 不满足结束标准或 iter < max
用式(35.1)和式(35.2)计算鸟巢被选择的概率
For 每个鸟巢
  For 鸟巢的每个分量
    使用轮盘赌法选择一个鸟巢
    使用式(35.4)计算 λ_k
    使用式(35.3)和式(35.6)更新鸟巢的位置
    End for
  End for
计算所有鸟巢的适应度值
对鸟巢种群从最佳到最差进行排序
如果鸟巢比精英更适合，更新精英
End while
Return 最佳鸟巢
```

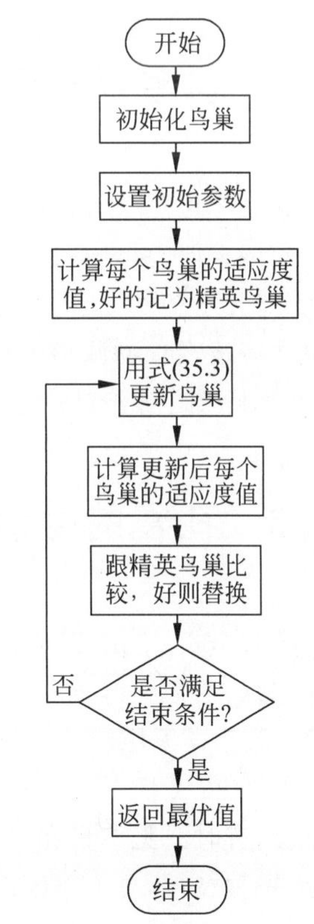

图 35.2　缎蓝园丁鸟优化算法的流程图

第 36 章　孔雀优化算法

孔雀优化算法是一种模拟孔雀觅食、求偶和追逐行为的一种群智能优化算法。孔雀常由一雄数雌和幼鸟成群活动。该算法通过雄孔雀开屏求偶，一只孔雀发现了最好的食物源，激励周围的其他孔雀向它靠拢，幼孔雀自适应搜索食物和雄孔雀间的互动机制来达到寻优的目的。本章首先介绍孔雀优化算法的提出，孔雀的生活习性；然后阐述孔雀优化算法的优化机制，孔雀优化算法的数学描述；最后给出了孔雀优化算法的伪代码实现。

36.1　孔雀优化算法的提出

孔雀优化算法(Peafowl Optimization Algorithm，POA)是 2022 年由王景博等提出的模拟孔雀的求偶、觅食和追逐行为的一种群智能优化算法。该算法中的孔雀群体包括成年的雄孔雀、雌孔雀和幼孔雀，并把它们分为 3 组，通过雄孔雀求偶、雌孔雀自适应接近雄孔雀、幼孔雀自适应搜索食物源和雄孔雀交互 4 种寻优机制反复迭代更新，以实现对优化问题的求解。POA 及其改进算法已用于控制器参数优化、配电网储能系统的优化配置等方面。

36.2　孔雀的生活习性

孔雀全长达 2m 以上，其中尾屏约 1.5m，为鸡形目体型最大者。如图 36.1 所示，雄孔雀头顶翠绿，羽冠蓝绿而呈尖形，尾上覆羽特别长，形成尾屏，鲜艳美丽；真正的尾羽很短，呈黑褐色；雌孔雀无尾屏，羽色暗褐而多杂斑。

如图 36.2 所示，孔雀常成群活动，由一雄数雌和亚成体组成小群，多成 5～10 只小群边走边觅食，有时亦见单只和成对活动。一般清晨和临近傍晚时觅食，以植物性饲料为主。孔雀善奔走，不善飞行，行走时姿态轻盈矫健、一步一点头；一般在逃避敌害时多大步急驰，逃窜于密林中。

图 36.1　雄孔雀和雌孔雀

图 36.2　成群孔雀觅食行为

雄孔雀尾屏主要由尾部上方的覆羽构成，这些覆羽极长，羽尖有眼圈式的虹彩光泽，周围绕以蓝色及青铜色。如图 36.3 所示，雄孔雀求偶时，将尾屏下的尾部竖起。从而将尾屏竖起及向前，求偶表演达到高潮时，尾羽颤动，闪烁发光，并发出嘎嘎响声。

图 36.3 雄孔雀开屏向雌孔雀求偶

36.3 孔雀优化算法的优化机制

孔雀优化算法设计灵感源于孔雀的交配和食物搜索行为。在孔雀找到食物源后，它会在食物源周围展尾、旋转和抖羽，炫耀和吸引雌孔雀，作为求偶的一种方式。雄孔雀表现为尾巴以舞蹈行为展开，拍打羽毛产生诱人的声音，并在被接近的孔雀周围旋转。以数学方式描述孔雀的上述行为主要表现在旋转方面，在迭代期间适应度值较高的孔雀更有可能以较小的半径围绕食物源旋转，而适应度值较低的孔雀更有可能在半径较大的区域旋转。

在寻找食物和求偶的过程中，雄孔雀在不同阶段使用接近方式、自适应搜索方式动态改变它的姿态及行为。POA 把孔雀群体分组并通过个体适应度值评级分配角色。幼孔雀充当搜索个体，在 Levy 飞行分布中随机探索搜索区域内的最优质食物来源。此外，幼孔雀还接近具有高适应度值的优质食物来源的雄性孔雀。

在雄孔雀求偶、雌孔雀自适应接近雄孔雀、幼孔雀自适应搜索食物源和雄孔雀交互 4 种寻优机制完成迭代后更新，并将所有孔雀根据其适应度值的排序进行角色分配，通过上述操作的反复迭代过程，以逐渐逼近问题最优解。

36.4 孔雀优化算法的数学描述

孔雀优化算法为了模拟孔雀的交配和食物搜索行为，将孔雀群体分为 3 组：第一组是成年雄孔雀，第二组是成年雌孔雀，第三组是幼孔雀。在实际优化中问题，对每只孔雀都根据适应度值排序进行角色分配，其中适应度值最优的前 5 个孔雀被视为成年雄孔雀，分别命名为孔雀 1，孔雀 2，……，孔雀 5。剩余的 30% 的个体归类为成年孔雀，其余的归类为幼孔雀。

孔雀优化算法寻优过程包括雄孔雀求偶、雌孔雀自适应接近雄孔雀、幼孔雀自适应搜索食物源和雄孔雀交互 4 种操作。它们的数学描述分别介绍如下。

1. *雄孔雀求偶*

雄孔雀为了求偶需要不断改变它的位置. 因此雄孔雀的位置更新可描述如下：

$$X_{\mathrm{Pc1}}=X_{\mathrm{Pc1}}(t)+R_{\mathrm{S}}\cdot\frac{X_{r1}}{\|X_{r1}\|} \tag{36.1}$$

$$X_{\mathrm{Pc2}}=\begin{cases}X_{\mathrm{Pc2}}(t)+1.5R_{\mathrm{S}}\cdot\dfrac{X_{r2}}{\|X_{r2}\|}, & r2<0.9\\ X_{\mathrm{Pc2}}(t), & r2\geqslant 0.9\end{cases} \tag{36.2}$$

$$X_{\mathrm{Pc3}}=\begin{cases}X_{\mathrm{Pc3}}(t)+2R_{\mathrm{S}}\cdot\dfrac{X_{r3}}{\| X_{r3}\|}, & r3<0.8\\ X_{\mathrm{Pc3}}(t), & r3\geqslant 0.8\end{cases}\tag{36.3}$$

$$X_{\mathrm{Pc4}}=\begin{cases}X_{\mathrm{Pc4}}(t)+3R_{\mathrm{S}}\cdot\dfrac{X_{r4}}{\| X_{r4}\|}, & r4<0.6\\ X_{\mathrm{Pc4}}(t), & r4\geqslant 0.6\end{cases}\tag{36.4}$$

$$X_{\mathrm{Pc5}}=\begin{cases}X_{\mathrm{Pc5}}(t)+5R_{\mathrm{S}}\cdot\dfrac{X_{r5}}{\| X_{r5}\|}, & r5<0.3\\ X_{\mathrm{Pc5}}(t), & r5\geqslant 0.3\end{cases}\tag{36.5}$$

$$X_r=2\mathrm{rand}(1,\mathrm{Dim})-1\tag{36.6}$$

其中，$X_{\mathrm{Pc}i}$ 为第 i 只雄性孔雀的位置向量，$i=1,2,\cdots,5$；X_r 为随机向量；$\| X_r\|$ 为 X_r 的模；Dim 为变量的维数；R_{S} 为雄孔雀围绕食物源旋转的半径，R_{S} 设计为随着迭代而动态变化形式为

$$R_{\mathrm{S0}}=R_{\mathrm{S0}}-(R_{\mathrm{S0}}-0)(t/t_{\max})^{0.01}\tag{36.7}$$

其中，t 和 $t_{\max}$ 分别为当前迭代次数和最大迭代次数；0 为孔雀绕圈旋转的圆心；R_{S0} 为初始旋转半径，由下式确定如下：

$$R_{\mathrm{S0}}=C_{\mathrm{v}}(X_{\mathrm{UB}}-X_{\mathrm{LB}})\tag{36.8}$$

其中，C_{v} 为雄孔雀旋转因子，取 $C_{\mathrm{v}}=0.2$；X_{UB} 和 X_{LB} 分别为决策变量的上界和下界。

在该机制下，适应度值越高的雄孔雀围绕食物源旋转的概率越大，且绕圈半径越小，因此更趋近于局部最优解。可见，雄孔雀位置代表的决策变量解趋近最优解的能力与其适应度值正相关，与绕圈半径负相关。

2. *雌孔雀自适应接近雄孔雀*

雌孔雀自适应接近雄孔雀，其位置更新计算如下：

$$X_{\mathrm{Ph}}=\begin{cases}X_{\mathrm{Ph}}(t)+3\mu(X_{\mathrm{Pc1}}-X_{\mathrm{Ph}}(t)), & 0.6<r5\leqslant 1\\ X_{\mathrm{Ph}}(t)+3\mu(X_{\mathrm{Pc2}}-X_{\mathrm{Ph}}(t)), & 0.4<r5\leqslant 0.6\\ X_{\mathrm{Ph}}(t)+3\mu(X_{\mathrm{Pc3}}-X_{\mathrm{Ph}}(t)), & 0.2<r5\leqslant 0.4\\ X_{\mathrm{Ph}}(t)+3\mu(X_{\mathrm{Pc4}}-X_{\mathrm{Ph}}(t)), & 0.1<r5\leqslant 0.2\\ X_{\mathrm{Ph}}(t)+3\mu(X_{\mathrm{Pc5}}-X_{\mathrm{Ph}}(t)), & 0\leqslant r5\leqslant 0.1\end{cases}\tag{36.9}$$

$$\mu=\mu_0+(\mu_1-\mu_0)\cdot t/t_{\max}\tag{36.10}$$

其中，X_{Ph} 为雌孔雀的新位置；$X_{\mathrm{Pc}i}$ 为第 i 只雄性孔雀的位置，$i=1,2,\cdots,5$；$r5$ 为[0,1]区间的随机数；μ 为雌孔雀全局探索和局部搜索平衡因子，设为 $\mu_0=0.1$，$\mu_1=1$。

当 $\mu<1/3$ 时（迭代初期），雌孔雀趋向于所选择的雄孔雀，进行局部勘测；当 $\mu>1/3$ 时（迭代中后期），雌孔雀倾于向所选雄孔雀相对的位置移动，进行全局搜索。因此，较小的 μ 值有利于雌孔雀在局部勘测过程中寻找高质量的解；较大的 μ 值有利于增强算法的随机性和全局搜索能力，避免陷入局部最优。

3. *幼孔雀自适应搜索食物源*

幼孔雀自适应搜索食物源. 幼孔雀向雄孔雀移动的同时借助 Levy 飞行机制在搜索空间进行随机搜索，该过程描述如下：

$$X_{\mathrm{SPc}}=\begin{cases}X_{\mathrm{Pc1}}(t), & 0.8<r8\leqslant 1\\ X_{\mathrm{Pc2}}(t), & 0.6<r8\leqslant 0.8\\ X_{\mathrm{Pc3}}(t), & 0.4<r8\leqslant 0.6\\ X_{\mathrm{Pc4}}(t), & 0.2<r8\leqslant 0.4\\ X_{\mathrm{Pc5}}(t), & 0<r8\leqslant 0.2\end{cases}\tag{36.11}$$

$$X_{\mathrm{PcC}}=X_{\mathrm{PcC}}(t)+\gamma\cdot\mathrm{Levy}(X_{\mathrm{Pc1}}(t)-X_{\mathrm{PcC}}(t))+\sigma\cdot(X_{\mathrm{SPc}}-X_{\mathrm{PcC}}(t))\tag{36.12}$$

其中，X_{PcC} 和 X_{SPc} 分别为幼孔雀位置和幼孔雀跟随的雄孔雀位置；$r8$ 为[0,1]区间的均匀分布的随机数；γ 和 σ 为在迭代过程中随迭代次数动态变化的系数因子，它们分别计算如下：

$$\gamma=\gamma_0-(\gamma_0-\gamma_1)\cdot(t/t_{\max})^2\tag{36.13}$$

$$\sigma=\sigma_0-(\sigma_1-\sigma_0)\cdot(t/t_{\max})^{0.5}\tag{36.14}$$

其中，$\gamma_0=0.9$，$\gamma_1=0.4$；$\sigma_0=0.1$，$\sigma_1=1$。

当 $\gamma>\sigma$ 时(迭代初期)，幼孔雀主要进行随机搜索；当 $\gamma<\sigma$ 时(迭代中后期)，幼孔雀逐渐向 5 只雄孔雀收敛。可见，γ 和 σ 共同指导幼孔雀的位置更新，引导劣势解向最优解移动，并加快收敛过程。

4. 雄孔雀交互行为

孔雀之间的互动行为开始于拥有最好食物源的孔雀 1。如图 36.4 所示，其余 4 只孔雀将在孔雀 1 和其他孔雀之间的直线 90°内以随机方向向孔雀 1 移动，其数学关系描述如下：

$$\begin{cases}X_1=X_{\mathrm{Pc1}}-X_{\mathrm{Pc2}}\\ X_2=X_{r6}-\dfrac{X_{r6}\cdot X_1}{X_1\cdot X_1}X_1\\ X_{\mathrm{Pc2}}=X_{\mathrm{Pc2}}(t)+\mu\cdot X_1+r9\cdot\dfrac{X_2}{\|X_2\|}\end{cases}\tag{36.15}$$

$$\begin{cases}X_3=X_{\mathrm{Pc1}}-X_{\mathrm{Pc3}}\\ X_4=X_{r7}-\dfrac{X_{r7}\cdot X_3}{X_3\cdot X_3}X_3\\ X_{\mathrm{Pc3}}=X_{\mathrm{Pc3}}(t)+\mu\cdot X_3+r10\cdot\dfrac{X_4}{\|X_4\|}\end{cases}\tag{36.16}$$

$$\begin{cases}X_5=X_{\mathrm{Pc1}}-X_{\mathrm{Pc4}}\\ X_6=X_{r8}-\dfrac{X_{r8}\cdot X_5}{X_5\cdot X_5}X_5\\ X_{\mathrm{Pc4}}=X_{\mathrm{Pc4}}(t)+\mu\cdot X_5+r11\cdot\dfrac{X_6}{\|X_6\|}\end{cases}\tag{36.17}$$

$$\begin{cases}X_7=X_{\mathrm{Pc1}}-X_{\mathrm{Pc5}}\\ X_8=X_{r9}-\dfrac{X_{r9}\cdot X_7}{X_7\cdot X_7}X_7\\ X_{\mathrm{Pc5}}=X_{\mathrm{Pc5}}(t)+\mu\cdot X_7+r12\cdot\dfrac{X_8}{\|X_8\|}\end{cases}\tag{36.18}$$

其中，X_{r6}、X_{r7}、X_{r8} 和 X_{r9} 由式(36.6)得到；r_6、r_7、r_8 和 r_9 为[0,1]区间均匀分布的随机

数。由式(36.15)～式(36.18)可以看出，剩下的 4 只孔雀也会逐渐向靠近孔雀 1 的位置方向搜索。

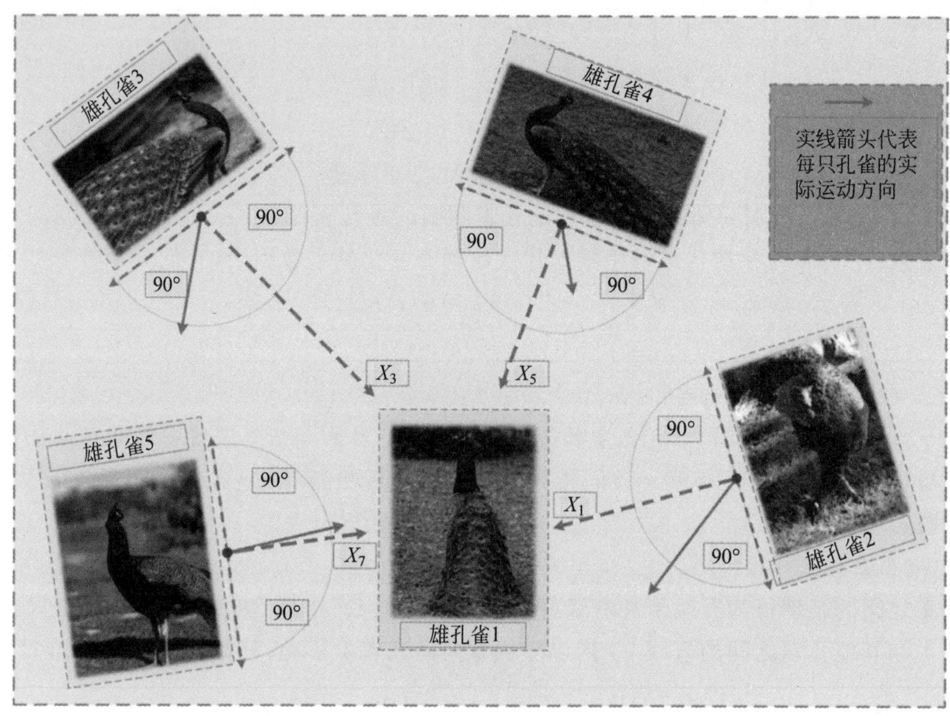

图 36.4　不同孔雀之间相互作用的机制

36.5　孔雀优化算法的伪代码实现

POA 算法的伪代码描述如下。

```
设置 POA 参数
使用式(36.8)根据给定的变量的上界和下界计算 R_s0
初始化孔雀种群的位置
根据适应度值分配角色
FOR t = 1: t_max
通过式(36.10)、式(36.13)和式(36.14)分别更新 μ、γ 和 σ
根据式(36.1)～式(36.6)评估 X_Pc1, X_Pc2, X_Pc3, X_Pc4 和 X_Pc5
FOR k = 1: 5
检查并纠正 X_Pci 使其处于正确范围内
IF 适应度值 X_Pci 优于 X_Pci(t)
X_Pci(t + 1) = X_Pci
END IF
END FOR
FOR j = 1: 孔雀数量
使用式(36.9)计算 X_Ph
检查并纠正 X_Ph 使其处于正确范围内
IF 适应度值 X_Ph 优于 X_Ph(t)
X_Ph(t + 1) = X_Ph
END IF
```

```
END FOR
对于 j = 1: 幼孔雀数
使用式(36.11)估计 X_{SPc}
使用式(36.12)计算 X_{PcC}
检查并纠正 X_{PcC} 使其处于正确范围内
IF 适应度值 X_{PcC} 优于 X_{PcC}(t)
X_{PcC}(t + 1) = X_{PcC}
END IF
END FOR
根据式(36.15)～式(36.18)评估 X_{Pc2},X_{Pc3},X_{Pc4} 和 X_{Pc5}
FOR i = 2: 5
检查并纠正 X_{Pci} 使其处于正确范围内
IF 适应度值 X_{Pci} 优于 X_{Pci}(t + 1)
X_{Pci}(t + 1) = X_{Pci}
END IF
END FOR
根据适应度值重新分配角色
END FOR
```

第37章　哈里斯鹰优化算法

哈里斯鹰优化算法是模拟哈里斯鹰捕食行为的群智能优化算法。哈里斯鹰的捕食策略采用合作和追逐方式，几只老鹰合作，从不同的方向扑向猎物，对猎物进行突然袭击。哈里斯鹰可以根据捕猎场景的动态性和猎物的逃跑模式选择出追踪、围攻和攻击猎物的多种模式。该算法具有原理简单、结构灵活、调整参数较少、全局搜索能力强等特点。本章首先介绍哈里斯鹰的习性及觅食策略，然后阐述哈里斯鹰优化算法的数学描述和算法流程。

37.1　哈里斯鹰优化算法的提出

哈里斯鹰优化(Harris Hawk Optimization，HHO)算法是2019年由Heidari等模拟哈里斯鹰捕食行为提出的群智能优化算法。该算法通过哈里斯鹰对猎物探索、探索与开发的转换、开发3个阶段来模拟哈里斯鹰的捕食行为。通过29个基准问题和几个实际工程问题测试，并与其他成熟的元启发算法比较的统计结果表明，HHO算法提供了非常有前途的结果，有时甚至具有竞争性。HHO算法具有原理简单、结构灵活、调整参数较少、全局搜索能力强等特点，已被用于图像分割、神经网络训练、电机控制等领域。

37.2　哈里斯鹰的习性及觅食策略

栗翅鹰是鹰科鵟属最典型的中型猛禽的学名，别名称为哈里斯鹰，如图37.1所示。哈里斯鹰长度为46～76cm，翼展为100～120cm，体重为700～1000g。全身覆盖有棕色羽毛，翅膀上下方是栗子色，大腿稍带黑棕色。尾巴的末端和臀部是白色，相间黑带。雌鸟体型大于雄鸟10%。幼鸟和成鸟有相似的斑纹。

图37.1　哈里斯鹰的图片

哈里斯鹰分布在美国新墨西哥州和亚利桑那州的部分地区。它们喜欢集群，经常发现几只鸟同时寻找、休息或者徘徊。它们一同掠食、巡航、合作狩猎。在同一棵树上可以栖息两只或多只哈里斯鹰。哈里斯鹰的食物很杂，经常搜寻捕食所在地的鸟、松鼠、狐尾林鼠和其他长耳大野兔等啮齿目动物，也吃蛇、蜥蜴，还时常用夜苍鹭和鸭子作为哺养小鸟的食物。

哈里斯鹰在自然界中采取合作和追逐方式的捕食策略，几只老鹰合作从不同的方向扑向猎物，对猎物进行突然袭击。哈里斯鹰可以根据捕猎场景的动态性和猎物的逃跑模式选择出多种追逐模式。HHO算法正是在数学上模拟哈里斯鹰追踪、围攻和攻击猎物的动态模式和行为而开发的群智能优化算法。

37.3　哈里斯鹰优化算法的数学描述

哈里斯鹰优化算法包括探索、探索到开发的转换和开发3个阶段。

1. 探索阶段

在探索阶段，哈里斯鹰随机在一些地点栖息，通过敏锐的眼睛探测和跟踪猎物，并以下列两种机会均等的策略进行狩猎。

$$X(t+1)=\begin{cases}X_{\text{rand}}(t)-r_1\left|X_{\text{rand}}(t)-2r_2X(t)\right|, & q\geqslant 0.5\\ X_{\text{prey}}(t)-X_a(t)-r_3(LB+r_4(UB-LB)), & q<0.5\end{cases} \tag{37.1}$$

其中，$X(t)$为哈里斯鹰的当前位置；$X(t+1)$为下一次迭代哈里斯鹰的位置；$X_{\text{prey}}(t)$为猎物的位置；$X_{\text{rand}}(t)$为种群中随机选择的鹰；r_1、r_2、r_3、r_4和q为(0,1)区间的随机数；UB和LB分别为种群位置的上下界；$X_{\text{m}}(t)$为哈里斯鹰所有个体的平均位置，如下式所示：

$$X_{\text{m}}(t)=\frac{1}{N}\sum_{i=1}^{N}X_i(t) \tag{37.2}$$

其中，$X_i(t)$为每只鹰在当前迭代t中的位置；N为所有鹰的数量。

2. 探索到开发的转换阶段

哈里斯鹰在追赶和狩猎过程中，它的能量减少了。因此，鹰从全局搜索向局部搜索的转换主要依靠逃逸能量E来控制。一个猎物的逃逸，能量可以定义为

$$E=2E_0\left(1-\frac{t}{T}\right) \tag{37.3}$$

其中，E为猎物逃逸能量；E_0为初始能量；T为最大迭代次数。在此阶段，由$|E|$的大小来控制探索到开发的转换。当$|E|\geqslant 1$时，为执行探索；当$|E|<1$时，为执行开发。

3. 开发阶段

哈里斯鹰在找到猎物后，根据猎物的逃逸和老鹰的追赶，在攻击阶段提出4种策略，并通过参数E和一个0～1的随机数来决定使用哪种策略。HHO算法的不同阶段如图37.2所示。

1）软包围

当$r\geqslant 0.5$和$|E|\geqslant 0.5$时，猎物有足够的能量，试图通过随机地跳跃逃出包围圈，但最终无法逃脱，因此哈里斯鹰使用软包围方式进行狩猎的公式如下：

$$X(t+1)=\Delta X(t)-E\left|JX_{\text{prey}}(t)-2X(t)\right| \tag{37.4}$$

$$\Delta X(t)=X_{\text{prey}}(t)-X(t) \tag{37.5}$$

其中，ΔX为当前迭代t中最优个体鹰的位置与猎物位置之间的差值；J是逃逸时猎物的随机跳跃强度因子，$J=2(1-r_5)$，r_5为0～1均匀分布的随机数。

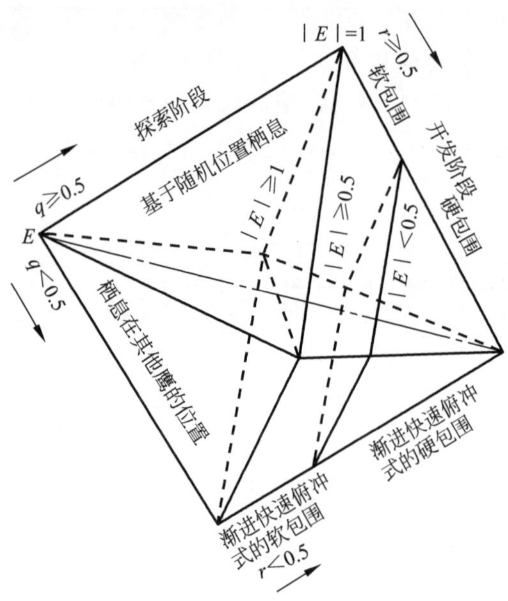

图 37.2　HHO 算法的不同阶段

2）硬包围

当 $r \geqslant 0.5$ 和 $|E| < 0.5$ 时，猎物既没有足够的能量摆脱，也没有逃脱的机会。因此，哈里斯鹰通过硬包围的方式进行狩猎，公式如下：

$$X(t+1) = X_{\text{prey}}(t) - E_n \cdot |\Delta X(t)| \tag{37.6}$$

图 37.3 描绘了用一只鹰执行对猎物兔子硬包围的简单示例。

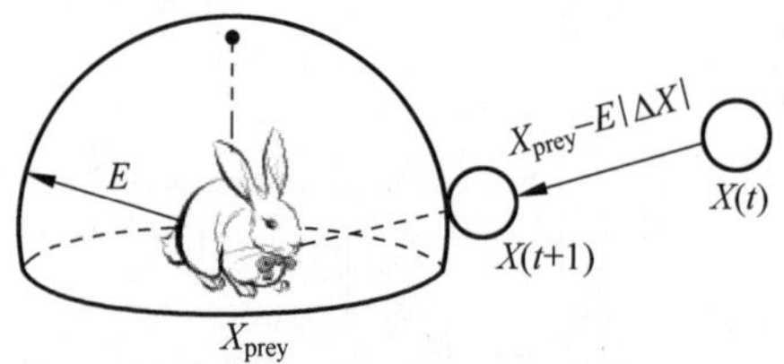

图 37.3　鹰硬包围猎物示例

3）使用渐进快速俯冲式的软包围

当 $r < 0.5$ 和 $|E| \geqslant 0.5$ 时，猎物逃逸能量足够，有机会从包围圈中逃脱，因此哈里斯鹰需要在进攻前形成一个更加智能的软包围圈，通过以下两个策略实施。当第一个策略无效时，执行第二个策略。第一个策略更新公式为

$$Y = X_{\text{prey}}(t) - E\,|\,J X_{\text{prey}}(t) - X(t)\,| \tag{37.7}$$

第二个策略更新公式为

$$Z = Y + S + \text{LF}(D) \tag{37.8}$$

其中，D 为问题的维度；S 为随机数；LF 为 Levy 飞行函数，公式如下：

$$\text{LF}(x) = 0.01 \times \frac{u\sigma}{|v|^{\frac{1}{\beta}}} \tag{37.9}$$

$$\sigma = \left(\frac{\Gamma(1+\beta)\sin(\pi\beta/2)}{\Gamma\left(\frac{1+\beta}{2}\right)\beta \times 2^{\frac{\beta-1}{2}}}\right)^{\frac{1}{\beta}} \tag{37.10}$$

其中，u 和 v 为 0～1 均匀分布的随机数；β 为取值 1.5 的常数。因此，该阶段更新策略最终如下：

$$X(t+1)=\begin{cases}Y, & f(Y)<f(X(t))\\ Z, & f(Z)<f(X(t))\end{cases} \tag{37.11}$$

4）使用渐进快速俯冲式的硬包围

当 $r<0.5$ 和 $|E|<0.5$ 时，猎物有机会逃逸，但逃逸能量不足，因此哈里斯鹰在突袭前形成一个硬包围圈，缩小它们和猎物的平均距离，采用以下策略进行狩猎：

$$X(t+1)=\begin{cases}Y=X_{\text{prey}}(t)-E\mid JX_{\text{prey}}(t)-X_{\text{m}}(t)\mid, & f(Y)<f(X(t))\\ Z=Y+S+\text{LF}(D), & f(Z)<f(X(t))\end{cases} \tag{37.12}$$

其中，$X_{\text{m}}(t)$可由式(37.2)得到。

37.4 哈里斯鹰优化算法的实现

哈里斯鹰优化算法的伪代码描述如下。

```
输入: 种群规模 N 和最大迭代次数 T
输出: 猎物的位置及其适应度值
初始化种群 X_i(i = 1,2, …, N)
while (不满足停止条件) do
    计算鹰的适应度值
    将 X_prey 设置为猎物的位置(最佳位置)
    for (每只鹰 (Xi)) do
        更新初始能量 E_0 和跳跃强度 J          ▷ E_0 = 2rand() - 1, J = 2(1 - rand())
        使用式(37.3)更新 E
        if (|E| ≥ 1) then                      ▷ 探索阶段
            使用式(37.1)更新位置
        if (|E| < 1) then                      ▷ 开发阶段
            if (r ≥0.5 且 |E| ≥ 0.5) then      ▷ 软包围
                使用式(37.4)更新位置
            else if (r ≥0.5 且 |E| < 0.5) then ▷ 硬包围
                使用式(37.6)更新位置
            else if (r < 0.5 且 |E| ≥ 0:5) then ▷ 用渐进式快速俯冲软包围
                使用式(37.10)更新位置
            else if (r < 0.5 且 |E| < 0:5) then ▷ 用渐进式快速俯冲硬包围
                使用式(37.11)更新位置
返回 X_prey
```

第 38 章　秃鹰搜索算法

秃鹰搜索算法是模拟秃鹰寻找鱼的狩猎策略和智能社交行为的群智能优化算法。该算法将秃鹰的狩猎行为分为选择搜索空间、搜索空间猎物和俯冲捕获猎物 3 个阶段，通过上述 3 个阶段的迭代运算来实现对各类复杂数值优化问题的求解。该算法具有较强的全局搜索能力。本章首先介绍秃鹰的习性及其狩猎策略，然后阐述秃鹰搜索算法的思想描述、秃鹰搜索算法的伪代码实现。

38.1　秃鹰搜索算法的提出

秃鹰搜索(Bald Eagle Search，BES)算法是 2020 年由马来西亚学者 Alsattar 等提出的模拟秃鹰寻找鱼的狩猎策略和智能社交行为的群智能优化算法。BES 算法通过将秃鹰的狩猎行为分为选择搜索空间、搜索空间猎物和俯冲捕获猎物 3 个阶段循环迭代，实现对优化问题的求解。

通过 CEC 2005 和 CEC 2014 的两次会议中提供的基准测试组件对 BES 算法进行测试，并与其他多种优化算法比较，结果表明，BES 算法具有较强的竞争能力和全局搜索能力，能够有效地解决各类复杂数值优化问题。它的改进算法已被用于优化支持向量机的特征选择问题。

38.2　秃鹰的习性及其狩猎策略的优化机制

白头鹰又称白头海雕、美洲雕，常被人们习惯上从英文直译为秃鹰。实际上，成年后的秃鹰全身羽毛丰满，头部、颈部和尾部的羽毛逐渐变成白色，如图 38.1 所示。秃鹰为北美洲所特有的一种大型猛禽，一只完全成熟的秃鹰，体长可达 1m，翼展 2m。它的眼、嘴和脚为淡黄色，头、颈和尾部的羽毛为白色，身体其他部位的羽毛为暗褐色，十分雄壮美丽。它的体重为 5～10kg，平均寿命为 15～20 年。

图 38.1　秃鹰及其狩猎期间的行为

秃鹰拥有一副轻而薄且中空的骨架，空隙中充满空气，骨架重量还不到羽毛重量的一半。秃鹰的两足强壮有力，4 个足趾顶端长有长而弯曲锋利的爪，这是它捕杀猎物最厉害的武器。秃鹰的眼睛不仅和人的眼睛一样大，而且飞行时视力敏锐，是人类视力的 4 倍。依靠颈部灵活地活动可以使头部转动 270°，便于在高空搜索猎物。秃鹰被认为是食腐动物，吃任何现成的、简单的、富含蛋白质的食物。它通常选择(活的或死的)鱼类，特别是鲑鱼作为主要食物。

秃鹰寻找鱼的狩猎策略分为 3 个阶段：第 1 阶段选择空间，秃鹰会选择拥有最多猎物的空间，该阶段相当于全局搜索；第 2 阶段秃鹰在所选空间内移动以寻找猎物，相当于局部搜索；第 3 阶段秃鹰一旦发现猎物，它们将在高空逐渐下降，高速俯冲到达猎物，并从水中捕获鲑鱼。图 38.2 为秃鹰狩猎 3 个主要阶段的示意图。

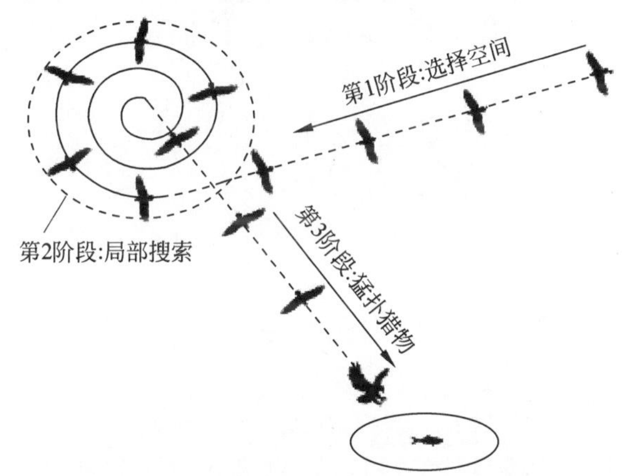

图 38.2　秃鹰狩猎 3 个主要阶段的示意图

38.3　秃鹰搜索算法的数学描述

秃鹰搜索算法包括选择阶段、搜索阶段和捕获阶段 3 部分。

1. 选择搜索空间

在选择阶段，秃鹰通过识别猎物数量来选择最佳搜寻区域，便于搜索猎物，该阶段秃鹰位置 $P_{i,\text{new}}$ 更新由随机搜索的先验信息乘以 α 来确定，其数学描述如下：

$$P_{i,\text{new}} = P_{\text{best}} + \alpha r(P_{\text{mean}} - P_i) \tag{38.1}$$

其中，α 控制位置变化的参数，取值在 1.5 和 2 两者之间；r 为一个介于 0 和 1 之间的随机数；P_{best} 为当前秃鹰搜索确定的最佳搜索位置；P_{mean} 为先前搜索结束后秃鹰的平均分布位置；P_i 为第 i 只秃鹰的位置。

2. 搜索空间猎物

在搜索阶段，秃鹰在选定搜索空间内以螺旋形状向内飞行搜索猎物，从不同方向加速搜索进程，寻找最佳俯冲捕获位置。螺旋飞行数学描述采用极坐标方程进行位置更新，如下所示：

$$P_{i,\text{new}} = P_i + y(i)(P_i - P_{i+1}) + x(i)(P_i - P_{\text{mean}}) \tag{38.2}$$

$$x(i) = \frac{xr(i)}{\max(|xr|)}, \quad y(i) = \frac{yr(i)}{\max(|yr|)} \tag{38.3}$$

$$xr(i) = r(i)\sin(\theta(i)), \quad yr(i) = r(i)\cos(\theta(i)) \tag{38.4}$$

$$\theta(i)=a\pi\cdot\text{rand} \tag{38.5}$$

$$r(i)=\theta(i)+R\cdot\text{rand} \tag{38.6}$$

其中，P_{i+1} 为第 i 只秃鹰下一次更新的位置；式(38.3)～式(38.6)为描述螺旋轨迹的极坐标方程，$x(i)$与 $y(i)$表示极坐标中秃鹰位置，取值均为$(-1,1)$；$\theta(i)$与 $r(i)$分别为螺旋方程的极角与极径；a 与 R 为控制螺旋轨迹形状变化的参数，它们的变化范围分别为(0,5)和(0.5,2)；rand 为(0,1)内的随机数。

图 38.3 显示了秃鹰在选定的搜索空间内以螺旋方向移动，并确定了俯冲和捕猎的最佳位置。图 38.4 显示的是一组参数 $a=5$ 和 $R=1.5$ 时的螺旋形状。

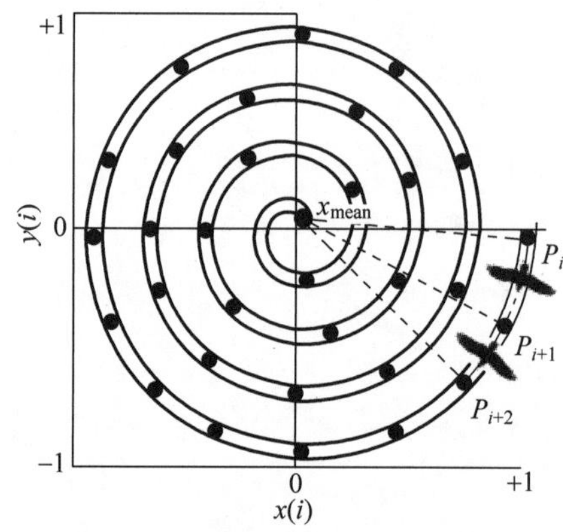

图 38.3　秃鹰在螺旋形空间内搜寻

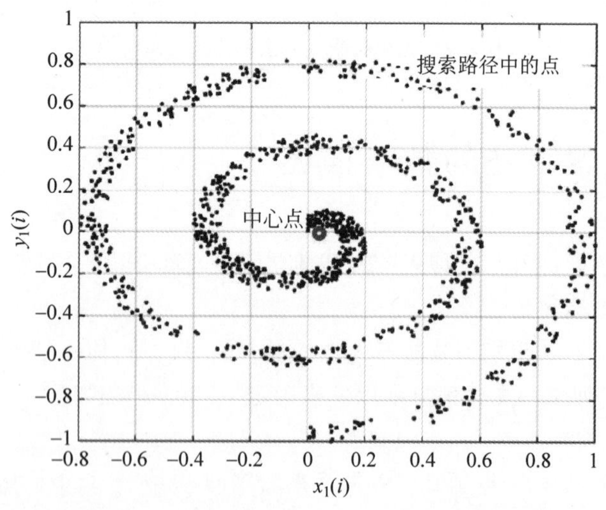

图 38.4　参数 $a=5$ 和 $R=1.5$ 时的螺旋形状

3. 俯冲捕获猎物

秃鹰一旦发现猎物，就从搜索空间的最佳位置快速俯冲飞向目标猎物，种群内的其他个体也同时向最佳位置移动并攻击猎物，俯冲攻击运动状态用极坐标方程描述如下：

$$P_{i,\text{new}}=\text{rand}\cdot P_{\text{best}}+x_1(i)(P_i-c_1\cdot P_{\text{mean}})+y_1(i)(P_i-c_2\cdot P_{\text{best}}) \tag{38.7}$$

$$x_1(i)=\frac{xr(i)}{\max(|xr|)},\quad y_1(i)=\frac{yr(i)}{\max(|yr|)} \tag{38.8}$$

$$xr(i)=r(i)\cdot\sinh[\theta(i)],\quad yr(i)=r(i)\cdot\cosh[\theta(i)] \tag{38.9}$$

$$\theta(i)=a\pi\cdot \text{rand},\quad r(i)=\theta(i) \tag{38.10}$$

其中，c_1、c_2 分别描述秃鹰向中心位置和最佳位置的移动强度，c_1、$c_2 \in [1,2]$。

38.4 秃鹰搜索算法的伪代码实现

秃鹰搜索算法的伪代码描述如下。

```
对 Pi 的 n 点随机初始化
计算初始点 Pi 的适应度值
WHILE (终止条件不满足)
选择空间
For (种群中的每个点)
P_new = P_best + α * rand(P_mean - P_i)
If f(P_new) < f(P_i)
P_i = P_new
If f(P_new) < f(P_best)
P_best = P_new
End If
End If
End For
搜索空间
For (种群中的每个点)
P_new = P_i + y(i) * (P_i - P_i+1) + x(i) * (P_i - P_mean)
If f(P_new) < f(P_i)
P_i = P_new
If f(P_new) < f(P_best)
P_best = P_new
End If
End If
End For
俯冲袭击
For (种群中的每个点)
P_new = rand·P_best + x1(i) * (P_i - c1·P_mean) + y1(i) * (P_i - c2·P_best)
If f(P_new) < f(P_i)
P_i = P_new
If f(P_new) < f(P_best)
P_best = P_new
End If
End If
End For
k := k + 1
END WHILE
```

第 39 章　非洲秃鹫优化算法

非洲秃鹫优化算法是一种模拟非洲秃鹫觅食行为的群智能优化算法。该算法把秃鹫群体分组，利用各组秃鹫之间在寻找食物和争夺食物的斗争过程，不断更新各组内的最优秃鹫、饥饿秃鹫，通过秃鹫群体寻找食物的全局搜索和局部搜索的反复迭代，实现对优化问题的求解。本章首先介绍非洲秃鹫的特征及觅食行为，然后阐述非洲秃鹫优化算法的优化原理、非洲秃鹫优化算法的数学描述，最后给出了非洲秃鹫优化算法的伪代码描述及流程。

39.1　非洲秃鹫优化算法的提出

非洲秃鹫优化算法(African Vultures Optimization Algorithm，AVOA)是 2021 年由 Abdollahzadeh 等模拟非洲秃鹫的觅食和导航行为提出的一种新的群智能优化算法。

通过 36 个标准基准函数和 11 个工程设计问题对 AVOA 进行了测试，并与几种优化算法进行了比较，结果表明，在 36 个基准测试中，AVOA 在 30 个基准测试中取得了比几种对比算法更好的结果，并且在大多数工程问题设计上具有更好的性能。应用 Wilcoxon 秩和检验统计进行评估的结果表明，AVOA 算法在 95％置信区间内具有显著优势。

39.2　非洲秃鹫的特征及觅食行为

大多数秃鹫是秃头，以防止在以尸体为食时受到污染，裸露的皮肤在调节体温方面起着至关重要的作用。非洲的白背秃鹫和垂头秃鹰如图 39.1 所示。另一个特征是它们不筑巢。秃鹫很少攻击健康的动物，但可能会杀死受伤或患病的动物。

图 39.1　非洲的白背秃鹫和垂头秃鹰

非洲的秃鹫种类繁多，大多生活方式相同。生活在非洲的每只秃鹫都有一些独特的身体特征。秃鹫可以分为 3 类：第一类包括比所有秃鹫身体更强壮的秃鹫；第二类包括体力比第一类弱的秃鹫；第三类包括比其他两组体力更弱的秃鹫。

在自然环境中，秃鹫不断长途跋涉寻找食物。秃鹫最常见的飞行形式之一是盘旋飞行。在寻找食物时，秃鹫会移动寻找已找到食物的一种秃鹫，有时可能会有几种秃鹫移动到一个食物来源，这些秃鹫会为了获取食物而相互冲突。秃鹫的饥饿感会使它们变得更具攻击性。

39.3 非洲秃鹫优化算法的优化原理

基于秃鹫的生活习性，非洲秃鹫优化算法提出用于模拟人工秃鹫的4个假设如下。

(1) 一个环境中最多可能有 N 只秃鹫。

(2) 根据秃鹫的适应度值把种群分为3组，最优解作为第一组秃鹫，次优解作为第二好的秃鹫，剩余的秃鹫作为第三组，每次迭代移动或取代两只全局最好的秃鹫之一。

(3) 将秃鹫群体分组旨在模拟秃鹫集体寻找食物的自然功能。每一组不同类型的秃鹫在种群中扮演着不同的角色。

(4) 假设最坏解是种群中最弱、最饥饿的秃鹫，其余的秃鹫会试图远离最差秃鹫。两个最优解被认为是最强和最好的秃鹫，而其他秃鹫会试图接近最好的。

在上述假设条件下，非洲秃鹫优化算法把秃鹫群体分组，利用不同种类秃鹫在寻找食物过程中展开的围攻和争夺食物的斗争，不断地更新组内的最优秃鹫和最差秃鹫，通过秃鹫群体寻找食物过程中的全局搜索和局部搜索反复迭代，实现对优化问题的求解。

39.4 非洲秃鹫优化算法的数学描述

1. 分组组内最优秃鹫

初始化种群后，计算种群中每个个体的适应度值，将适应度最佳的个体作为第一组最优秃鹫，适应度次之的作为第二组最优秃鹫，其他的秃鹫使用式(39.1)向第一组和第二组的最优秃鹫移动。在每次适应度迭代中，将重新对整个种群分组。

$$R_i(t)=\begin{cases}\text{BestVulture}_1, & p_i=L_1\\ \text{BestVulture}_2, & p_i=L_2\end{cases} \tag{39.1}$$

其中，BestVulture_1 和 BestVulture_2 分别为第 t 次迭代时的最优秃鹫和次优秃鹫；L_1 和 L_2 为搜索操作前要计算每组中选中的秃鹫将其他秃鹰向最优解之一移动的概率参数，取值为0～1，两个参数之和为1。使用式(39.2)(即轮盘赌法)获得每组最优解的选择概率计算如下：

$$p_i=\frac{F_i}{\sum_{i=1}^{n}F_i} \tag{39.2}$$

2. 秃鹫的饥饿度

秃鹫经常在寻找食物，它们在不感到饥饿的情况下，会有很高的能量，可以飞行更长的距离去寻找食物。但如果它们饿了，它们就没有足够的能量长时间飞行。秃鹫通常会在强壮的秃鹫旁边寻找食物，并且在饥饿时变得具有攻击性。通过式(39.3)模拟秃鹫饥饿行为的程度，即饥饿度，它被用于决定是否从探索阶段转移到开发阶段。

$$F=(2\times \text{rand}_t+1)\times z\times\left(1-\frac{t}{T}\right)+h\times\left(\sin^w\left(\frac{\pi}{2}\times\frac{t}{T}\right)+\cos\left(\frac{\pi}{2}\times\frac{t}{T}\right)-1\right) \tag{39.3}$$

其中,F 为秃鹫的饥饿度;t 为当前的迭代次数;T 为迭代的总次数;z 为一个介于-1~1 的随机数,每次迭代都会改变,当 z 值低于 0 时,表示秃鹫处于饥饿状态,如果增加到 0,则表示秃鹫处于饱腹状态;h 为一个-2~2 的随机数;rand_t 为一个 0~1 的随机数。

在式(39.3)中,sin 和 cos 分别代表正弦和余弦的函数。w 为优化操作前设置的一个固定的参数,随着 w 值的增加,优化阶段进入探索阶段的概率增加,反之,通过减小参数 w,可降低进入探索阶段的概率。式(39.3)用于提高解决复杂优化问题的性能,从而提高逃离局部最优点的可靠性。

在迭代 t 期间饥饿度 F 与 w 参数的值有关。随着迭代的进行,饥饿秃鹫所占的比例在下降,而且随着每次重复,下降的幅度更大。当$|F|$的值大于 1 时,秃鹫在不同区域寻找食物,AVOA 进入探索阶段。如果值$|F|$小于 1,那么 AVOA 进入开发阶段,此时秃鹫在最优解的附近寻找食物。

3. 探索阶段

当$|F|\geqslant 1$ 时,饥饿的秃鹫都会在环境中随机寻找食物,AVOA 在探索阶段将秃鹫群体分为两种方式进行探索,并由设定的参数 P_1 来决定采用哪种探索方式,如式(39.4)所示。

$$P_i(t+1)=\begin{cases}R(t)-D(t)\times F, & P_1\geqslant \text{rand}_{P1}\\ R(t)-F+\text{rand}_2\times((\text{ub}-\text{lb})\times\text{rand}_3+\text{lb}), & P_1<\text{rand}_{P1}\end{cases} \tag{39.4}$$

$$D(t)=|C\times R(t)-P(t)| \tag{39.5}$$

其中,$P_i(t+1)$为第 $t+1$ 次迭代中秃鹫 i 的位置;$R(t)$为最优秃鹫之一;$D(t)$为秃鹫与当前最优秃鹫或次优秃鹫之间的距离,由式(39.5)计算获得;F 为当前迭代中使用式(39.3)获得的秃鹫饥饿度;P_1 为预设的探索参数,用于控制探索策略;rand_{P1} 为[0,1]区间的随机数;rand_2 和 rand_3 均为[0,1]区间均匀分布的随机数,用以增加搜索不同空间区域的多样性;C 为[0,2]区间均匀分布的随机数;ub 和 lb 分别为变量的上限和下限。

4. 开发阶段(前期)

当|F|<1 时,AVOA 的开发阶段分为开发前期和开发后期两个阶段。开发前期包括秃鹫争夺食物和秃鹫的盘旋飞行;开发后期包括聚集行为和攻击行为。

1) 秃鹫争夺食物

当 $0.5\leqslant|F|<1$ 时,表明秃鹫比较饱,精力较为充沛。此时,当许多秃鹫聚集在一个食物源上时,身体强壮的秃鹫不喜欢与其他秃鹫分享食物,而较弱的秃鹫会尝试对强壮的秃鹫发起进攻来获取食物。因此,可能会在食物获取方面引起严重的冲突。在这种情况下,如图 39.2 所示。它们会聚集在强壮的秃鹫周围,制造小规模的冲突。利用式(39.6)和式(39.7)对这种情况进行数学描述如下:

$$P_i(t+1)=D(t)\times(F+\text{rand}_4)-d(t) \tag{39.6}$$

$$d(t)=R(t)-P(t) \tag{39.7}$$

其中,$P_i(t+1)$为下一次迭代中的秃鹫 i 的位置;$D(t)$用式(39.5)计算;F 是使用式(39.4)计算秃鹫的饥饿度;rand_4 为一个 0~1 的随机数;$d(t)$为秃鹫与两组中最好的秃鹫之一的距离;$R(i)$是在当前迭代中选择的两组中最好的秃鹰之一;$P(t)$是秃鹫当前的位置向量。

2) 秃鹫盘旋飞行

应用螺旋运动模型模拟秃鹫盘旋飞行,如图 39.3 所示。在所有秃鹫和两个最好的秃鹫之间创建了一个螺旋方程，式(39.8)和式(39.9)描述秃鹫的盘旋飞行形式，具体如下。

$$S_1 = R(t) \times \left(\frac{\text{rand}_5 \times P(t)}{2\pi}\right) \times \cos(P(t)) \tag{39.8}$$

$$S_2 = R(t) \times \left(\frac{\text{rand}_6 \times P(t)}{2\pi}\right) \times \sin(P(t)) \tag{39.9}$$

其中，$R(t)$表示当前迭代中两个最好的秃鹫之一的位置，由式(39.1)得到；cos 和 sin 分别为正弦和余弦函数；rand_5 和 rand_6 为 0～1 的随机数。

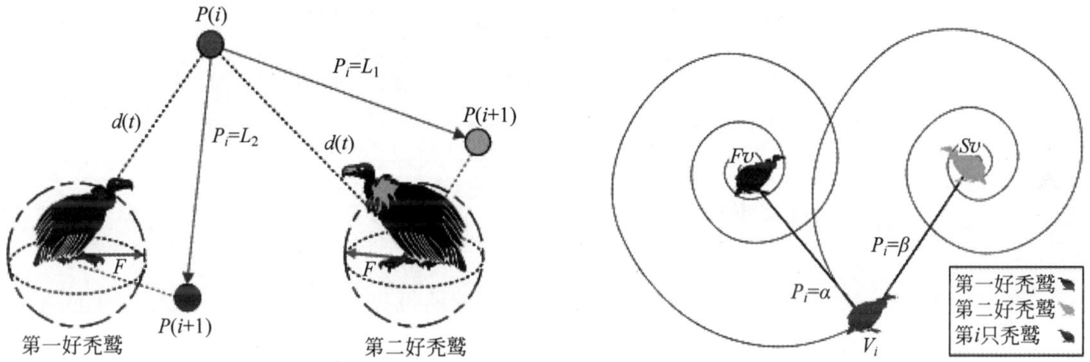

图 39.2　食物竞争案例示例　　　　图 39.3　秃鹫盘旋飞行情况示例

AVOA 通过一个随机数 rand_{P2} 和一个固定参数 P_2 比较大小来决定秃鹫是进行争夺食物还是进行盘旋飞行，秃鹫 i 在第 $t+1$ 次迭代中位置更新的计算公式如下：

$$P_i(t+1) = \begin{cases} D(t) \times (F + \text{rand}_4) - d(t), & P_2 \geqslant \text{rand}_{P2} \\ R(t) \times \left(\frac{\text{rand}_6 \times P(t)}{2\pi}\right) \times (\sin P(t) + \cos P(t)), & P_2 < \text{rand}_{P2} \end{cases} \tag{39.10}$$

其中，$R(t)$为最优秃鹫之一；P_2 为一个[0,1]区间的固定参数；rand_4、rand_6 和 rand_{P2} 均为[0,1]区间的随机数。

5. 开发阶段(后期)

如果$|F|<0.5$时，则算法进入后期开发阶段。由于秃鹫陷入疲劳和饥饿，甚至连强壮的秃鹫都变得缺乏活力。因此，这群饥饿的秃鹫变得具有攻击性，此时，秃鹫大致有两种行为类型：一种是逐渐向食物源聚集靠拢，另一种是对领头的强壮秃鹫发起围攻。

1) 聚群行为

所有秃鹫朝向食物来源运动，偶尔会有秃鹫饿死。为了争夺食物会在一个食物源上聚集多种秃鹫。通过式(39.11)和式(39.12)来描述秃鹫的这种聚群行为。

$$A_1 = \text{BestVulture}_1(t) - \frac{\text{BestVulture}_1(t) \times P(t)}{\text{BestVulture}_1(t) - P(t)^2} \times F \tag{39.11}$$

$$A_2 = \text{BestVulture}_2(t) - \frac{\text{BestVulture}_2(t) \times P(t)}{\text{BestVulture}_2(t) - P(t)^2} \times F \tag{39.12}$$

其中，$\text{BestVulture}_1(t)$和 $\text{BestVulture}_2(t)$分别为当前迭代中第一组和第二组的最优秃鹫；F 为使用式(39.4)计算的秃鹫饥饿度；$P(t)$为秃鹫当前迭代中的位置向量。

下一次迭代中秃鹫的位置表示为

$$P(t+1) = \frac{A_1 + A_2}{2} \tag{39.13}$$

其中，$P(t+1)$为下一次迭代中秃鹫的位置，它表示所有激烈竞争食物的秃鹫位置向量的聚合；A_1 和 A_2 分别用式(39.11)和式(39.12)获得。

2）攻击行为

一些已经到达食物源的饥饿秃鹫，它们朝着领头秃鹫的不同方向移动，并会对它发起围攻，制造混乱，借此增加获得食物的机会，秃鹫这种运动可描述如下：

$$P_i(t+1)=R(t)-|d(t)|\times F\times \mathrm{Levy}(d) \tag{39.14}$$

其中，$d(t)$为秃鹫与两组中最好的秃鹫之一的距离，由式(39.11)计算得出。在式(39.14)中增加了 Levy 飞行模式，它通过使用式(39.15)计算如下：

$$\mathrm{LF}(x)=0.01\times\frac{u\times\sigma}{|v|^{1/\beta}},\quad \sigma=\left(\frac{\Gamma(1+\beta)\times\sin\left(\frac{\pi\beta}{2}\right)}{\Gamma(1+\beta2)\times\beta\times 2\left(\frac{\beta-1}{2}\right)}\right)^{\frac{1}{\beta}} \tag{39.15}$$

其中，$\mathrm{FL}(x)$为 Levy 飞行函数；d 为问题的维度；u 和 v 为 0～1 的随机数；β 为固定的默认数 1.5。

在 AVOA 开发后期的开始阶段，生成一个 0～1 的随机数 rand_3。如果 rand_3 大于或等于参数 P_3，则执行几种秃鹫向食物源上聚集靠拢的策略；如果生成的随机数 rand_3 小于参数 P_3，则实施积极的围攻策略。开发后期过程用式(39.16)表示如下：

$$P_i(t+1)=\begin{cases}\frac{1}{2}(A_1+A_2), & P_3\geqslant \mathrm{rand}_{P3}\\ R(t)-|d(t)|\times F\times \mathrm{Levy}(d), & P_3<\mathrm{rand}_{P3}\end{cases} \tag{39.16}$$

其中，$\frac{1}{2}(A_1+A_2)$由式(39.13)获得；$R(t)-|d(t)|\times F\times \mathrm{Levy}(d)$由式(39.14)获得。

39.5 非洲秃鹫优化算法的伪代码描述及流程

非洲秃鹫优化算法的伪代码描述如下。

```
输入:种群大小 N 和最大迭代次数 T
输出:秃鹫的位置及其适应度值
初始化随机种群 P_i(i=1,2,…,N)
while(不满足停止条件)do
   计算秃鹫的适应度值
   设置 P_BestVulture1 为第 1 组最好的秃鹫位置
   设置 P_BestVulture2 为第 2 组最好的秃鹫位置
   for(每只秃鹫(Pi))do
      使用式(39.1)选择 R(i)
       使用式(39.3)更新 F
       if (|F|≥1) then
          if (P1≥rand_P1) then
             使用式(39.4)的第一式更新秃鹫的位置
          else
       使用式(39.4)的第二式更新秃鹫的位置
    if (|F|<1) then
       if (|F|≥0.5) then
          if (P2≥rand_P2) then
```

```
                使用式(39.10)的第一式更新秃鹫的位置
            else
                使用式(39.10)的第二式更新秃鹫的位置
        else
            if (P3≥rand_P3) then
                使用式(39.16)的第一式更新秃鹫的位置
            else
                使用式(39.16)的第二式更新秃鹫的位置
返回秃鹫最好位置 P_BestVulture1
```

非洲秃鹰优化算法的流程如图 39.4 所示，其中 r_{P1}、r_{P2} 和 r_{P3} 分别代表 rand_{P1}、rand_{P2} 和 rand_{P3}。

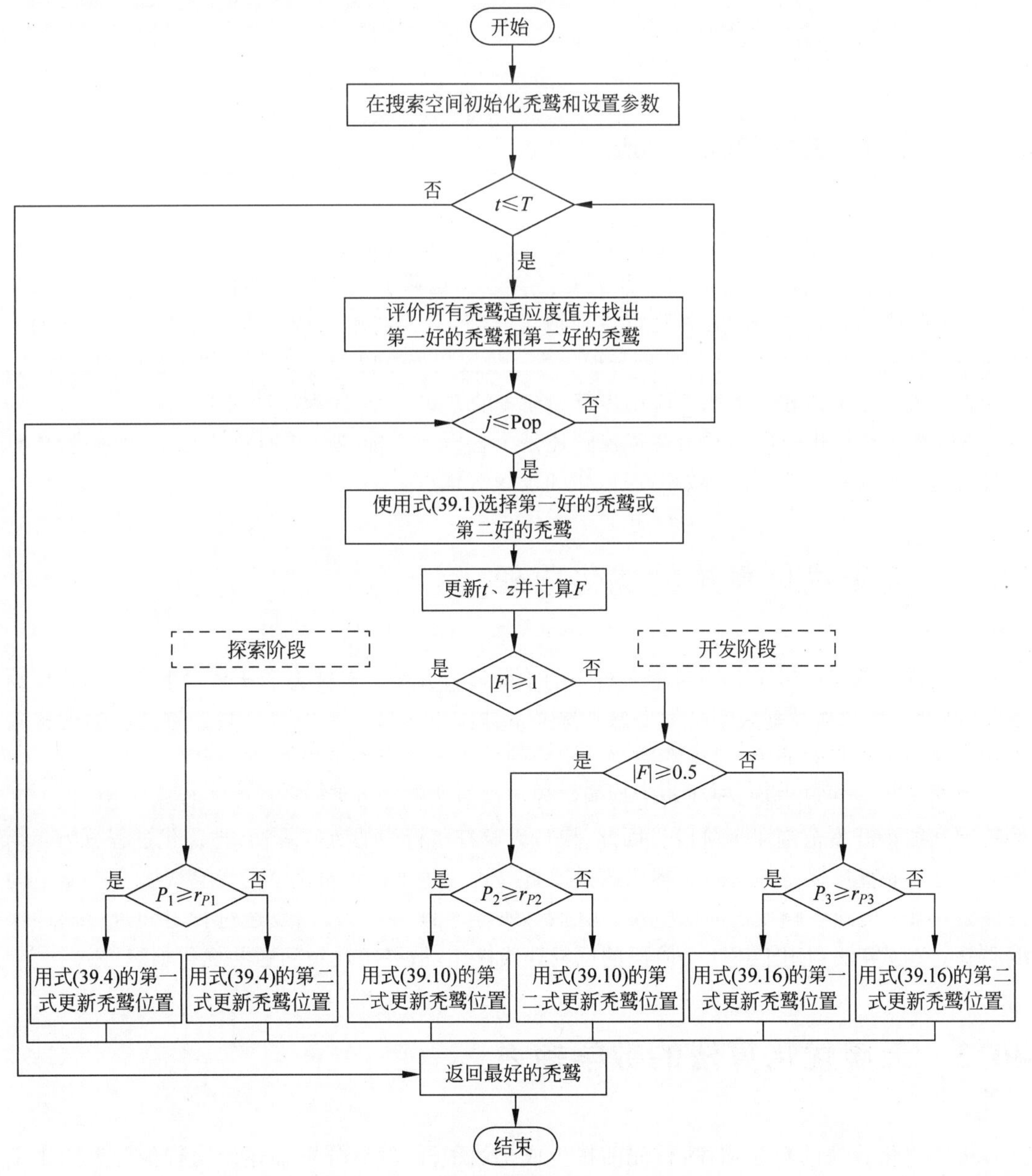

图 39.4　非洲秃鹫优化算法的流程图

第 40 章　天鹰优化算法

天鹰优化算法是一种模拟天鹰捕猎行为的智能优化算法。天鹰在高空大范围搜索目标猎物，一旦发现猎物，就要快速飞向猎物，在猎物上方盘旋锁定猎物，低速接近猎物，直到俯冲攻击捕获猎物。本章首先介绍天鹰优化算法的提出、天鹰优化算法的优化原理；然后阐述天鹰优化算法的数学描述；最后给出了天鹰优化算法的实现流程。

40.1　天鹰优化算法的提出

天鹰优化(Aquila Optimizer，AO)算法是 2021 年由 Abualigah 等受到自然界中天鹰在捕获猎物过程中行为的启发提出的一种新的群智能优化算法。该算法的优化过程分为 4 个阶段：第一阶段用垂直弯曲的方式飞行选择搜索空间，称为陡峭飞翔；第二阶段用短滑翔的方式在发散搜索空间内探索，称为轮廓导航；第三阶段用慢下降的方式在收敛搜索空间内探索，称为低空慢速下降攻击；第四阶段用步行和捕食的方式突袭，称为俯冲攻击。

AO 算法在优化过程中不论在宽视野还是窄视野下都能成功进行搜索区域的创建，该算法具有全局勘探能力强、搜索效率高、收敛速度快等优点。

40.2　天鹰优化算法的优化原理

天鹰优化算法模拟了天鹰对不同猎物的不同捕猎方式。天鹰为了从高空来搜索猎物所在空间的区域，为此通过垂直弯腰的姿态来选择最佳狩猎区域。天鹰对于快速移动猎物的狩猎方式反映了全局探索能力，对于慢速移动猎物的狩猎方式反映了局部开发能力。

天鹰从高空搜寻猎物，到捕获猎物的过程可以分为高空扩展探索、缩小探索范围、扩大开发范围和缩小开发范围 4 个阶段。因此，模拟天鹰狩猎行为的 AO 算法，把优化过程分为 4 个部分：通过垂直弯腰姿态的高空翱翔选择搜索空间；通过短滑翔攻击的等高飞行在搜索空间内探索；通过慢速下降攻击的低空飞行在收敛搜索空间内探索，以及通过行走和进行俯冲抓取猎物。AO 算法利用上述 4 个阶段的反复迭代操作，最终实现对问题的优化求解。

40.3　天鹰优化算法的数学描述

天鹰优化算法的数学描述，首先随机生成初始种群，然后分别描述天鹰狩猎行为的 4 个阶段。

1. 种群初始化

AO算法与群体群智能优化算法一样,建立天鹰优化算法从候选解的种群初始化开始,用矩阵 $\boldsymbol{X}$ 表示如下:

$$\boldsymbol{X}=\begin{bmatrix} x_{1,1} & x_{1,2} & \cdots & x_{1,D} \\ x_{2,1} & x_{2,2} & \cdots & x_{2,D} \\ \vdots & \vdots & & \vdots \\ x_{n,1} & x_{n,2} & \cdots & x_{n,D} \end{bmatrix} \tag{40.1}$$

其中,n 为变量的个数;D 为变量的维数。在AO算法中,每一个 x 视为一个候选解,当前解的计算如下:

$$x_{i,j}=\mathrm{LB}_j+r\times(\mathrm{UB}_j-\mathrm{LB}_j) \tag{40.2}$$

其中,$i=1,2,\cdots,n$;$j=1,2,\cdots,D$;UB_j 和 LB_j 分别为解 $x_{i,j}$ 的第 j 维变量取值的上限和下限;r 为[0,1]区间的一个随机数。

2. 第一阶段:扩展探索

天鹰为了从高空盘旋,通过高展翅和垂直弯腰的姿态来选择最佳狩猎区域,如图40.1所示。

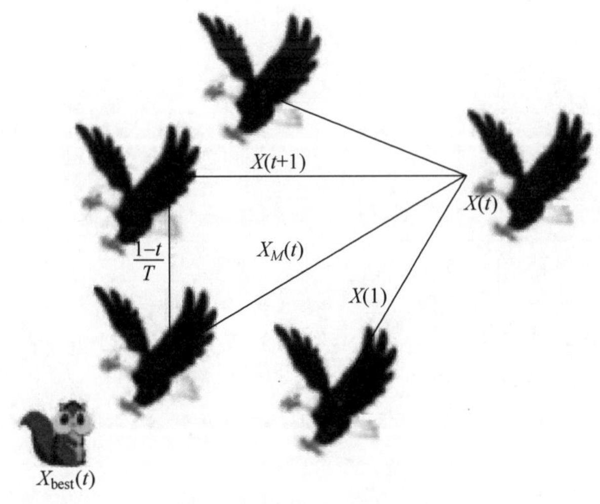

图40.1 天鹰高展翅和垂直弯腰的姿态

天鹰的上述行为可用式(40.1)表示为

$$x_1(t+1)=x_{\mathrm{best}}(t)\times\left(1-\frac{t}{T}\right)+(x_{\mathrm{M}}(t)-x_{\mathrm{best}}(t))\times \mathrm{rand} \tag{40.3}$$

其中,t 和 T 分别表示当前迭代次数和最大迭代次数;$x_1(t+1)$ 为由第一搜索阶段第 t 次迭代生成的下一次迭代解;$x_{\mathrm{best}}(t)$ 为第 t 次迭代的最优解;$(1-t/T)$ 为通过迭代次数控制探索的系数;rand 为[0,1]区间的随机数。$x_{\mathrm{M}}(t)$ 为当前解在第 t 次迭代时的平均值,其计算如下:

$$x_{\mathrm{M}}(t)=\frac{1}{N}\sum_{i=1}^{N}x_i(t),\quad \forall j=1,2,\cdots,D \tag{40.4}$$

其中,N 是候选解的个数;D 为变量的维数。

3. 第二阶段:缩小探索范围

当天鹰从高空找到猎物区域时,会在目标猎物上方形成了一个圆形轮廓,从而缩小了狩猎的区域。此时天鹰会围绕猎物的轮廓在猎物上方低速向下盘旋,为发动攻击猎物做准备。天鹰等高盘旋低滑翔攻击猎物的行为如图 40.2 所示。

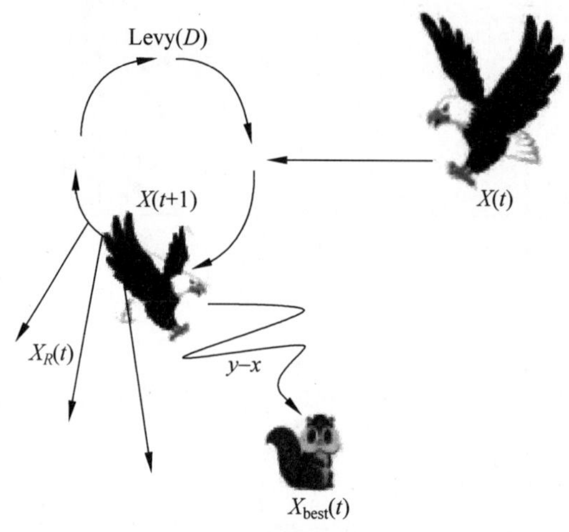

图 40.2　天鹰等高盘旋低滑翔攻击猎物的行为

天鹰的上述行为用数学式描述如下:

$$x_2(t+1)=x_{\text{best}}(t)\times \text{Levy}(D)+x_{\text{R}}(t)+(y-x)\times \text{rand} \tag{40.5}$$

$$\text{Levy}(D)=s\times \frac{u\times \sigma}{|\,v\,|^{\frac{1}{\beta}}} \tag{40.6}$$

$$\sigma=\frac{\Gamma(1+\beta)\times \sin\left(\frac{\pi\beta}{2}\right)}{\Gamma\left(\frac{1+\beta}{2}\right)\times \beta\times 2^{\left(\frac{\beta-1}{2}\right)}} \tag{40.7}$$

其中,$x_2(t+1)$是在第二阶段第 t 次迭代生成的下一次迭代解; D 为空间维度; Levy(D)是莱维飞行分布函数,$x_{\text{R}}(t)$是取值范围在$[1,N]$的随机解; u 和 v 为[0,1]区间的随机数; s 为步长参数,取为 1.5。y 和 x 在搜索中呈现螺旋形式,其计算公式如下:

$$y=r\times \cos\theta \tag{40.8}$$

$$x=r\times \sin\theta \tag{40.9}$$

$$r=r_1+U\times D_1 \tag{40.10}$$

$$\theta=-\omega\times D_1+\theta_1 \tag{40.11}$$

其中,$\theta_1=(3\pi)/2$; r_1 为 1～20 的固定周期指数; D_1 为 1 到搜索空间长度的整数; U 的值为 0.00565; ω 的值为 0.005。

4. 第三阶段:扩大开发范围

在锁定捕食区域后,天鹰准备好着陆和攻击,随后垂直下降并进行初步攻击来试探猎物的反应。天鹰的这种低空飞行和慢速下降攻击猎物行为如图 40.3 所示。

天鹰的上述捕猎行为用数学式描述如下:

$$x_3(t+1)=(x_{\text{best}}(t)-x_M(t))\times \alpha-\text{rand}+((\text{UB}-\text{LB})\times \text{rand}+\text{LB})\times \delta \tag{40.12}$$

其中,$x_3(t+1)$是由第三阶段第 t 次迭代生成的下一次迭代解,α 和 δ 是开发调整参数,其值较小,在(0,1)的范围内; UB 和 LB 分别为给定问题的上限和下限。

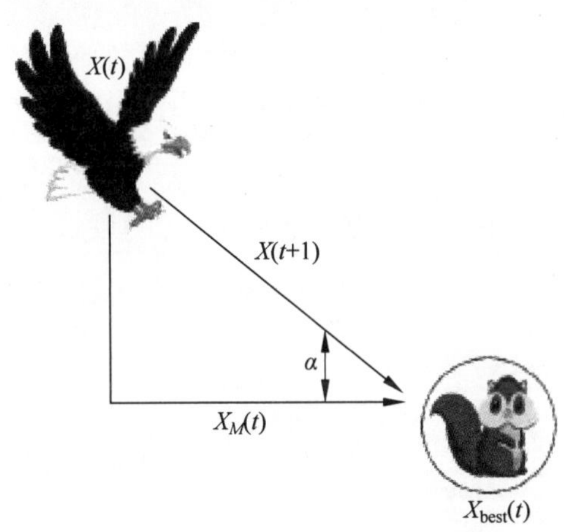

图 40.3　天鹰低空飞行缓慢下降攻击猎物的行为

5. 第四阶段：缩小开发范围

当天鹰接近猎物时，它会根据猎物的随机移动俯冲攻击，捕获猎物，这种行为如图 40.4 所示，其数学描述如下：

$$x_4(t+1)=\mathrm{QF}(t)\times x_{\mathrm{best}}(t)-G_1\times x(t)\times \mathrm{rand}-G_2\times \mathrm{Levy}(D)+\mathrm{rand}\times G_1 \tag{40.13}$$

其中，$x_4(t+1)$为由第四阶段第 t 次迭代生成的下一次迭代解；$\mathrm{QF}(t)$表示用于平衡搜索策略的质量函数；G_1 表示猎物在逃逸过程中天鹰采用的各种运动；G_2 为 2～0 的递减值，代表了天鹰在追踪猎物时从第一个位置到最后一个位置时的飞行坡度。$\mathrm{QF}(t)$、G_1 和 G_2 分别用数学式描述如下：

$$\mathrm{QF}(t)=t^{\frac{2\times \mathrm{rand}-1}{(t-T)^2}} \tag{40.14}$$

$$G_1=2\times \mathrm{rand}-1 \tag{40.15}$$

$$G_2=2\times\left(1-\frac{t}{T}\right) \tag{40.16}$$

其中，rand 是(0,1)的随机数；t 和 T 分别表示当前和最大的迭代次数。

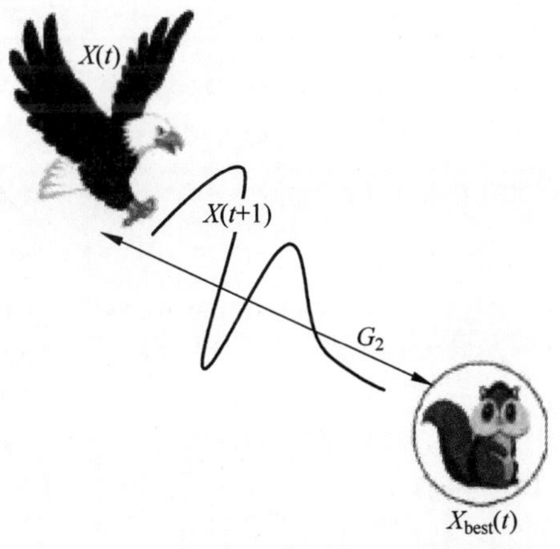

图 40.4　天鹰俯冲攻击捕获猎物的行为

40.4 天鹰优化算法的实现流程

天鹰优化算法的实现流程如图 40.5 所示。

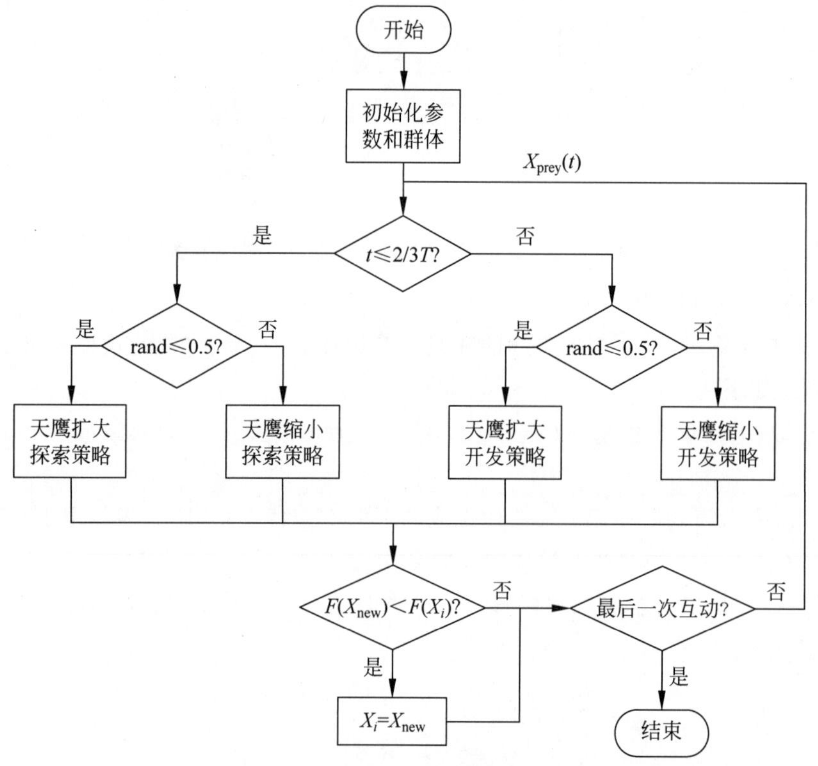

图 40.5 天鹰优化算法的实现流程图

第 41 章　北苍鹰优化算法

北苍鹰优化算法是一种模拟北苍鹰捕食行为的群智能优化算法。该算法模拟北苍鹰捕猎策略：第一阶段探索识别猎物；第二阶段追逃捕获猎物。通过这两个阶段的反复迭代以实现对数学建模优化问题的求解。本章首先介绍北苍鹰优化算法的提出，北苍鹰的习性和狩猎策略；然后阐述北苍鹰优化算法的数学描述；最后给出了北苍鹰优化算法的伪代码及实现流程。

41.1　北苍鹰优化算法的提出

北苍鹰优化(Northern Goshawk Optimization，NGO)算法是 2021 年由 Dehghani 等提出的一种模拟北苍鹰捕食行为的群智能优化算法。NGO 算法通过模拟北苍鹰的狩猎捕食策略，包括猎物捕食和捕食过程两个阶段的反复迭代，实现对数学建模优化问题的求解。

为了评价 NGO 算法解决优化问题的能力，通过 68 个不同的目标函数对其进行了测试，并对优化结果与 8 种著名的算法(粒子群优化算法、遗传算法、教与学优化算法、引力搜索算法、灰狼优化器、鲸鱼优化算法、群体算法和海洋捕食者算法)进行比较，结果表明，NGO 算法明显优于其他 8 种算法。此外，采用 NGO 算法解决了 4 个工程设计问题。模拟和实验结果表明，通过在探索和开发之间创造适当的平衡，NGO 算法在解决优化问题上有很好的表现，比同类算法更有竞争力。

41.2　北苍鹰的习性和狩猎策略

北苍鹰是森林中一种中小体型肉食性猛禽，它分布于欧亚大陆和北美洲。体长可达 60cm，翼展约 1.3m。头顶、枕和头侧黑褐色，枕部有白羽尖，眉纹白杂黑纹；背部棕黑色；胸以下密布灰褐和白色相间的横纹；尾灰褐色，方形。飞行时，双翅宽阔，翅下白色，但密布黑褐色横带。北苍鹰的照片如图 41.1 所示。

图 41.1　北苍鹰(左为幼鸟，中为成鸟，右为成鸟两翅扇动的姿态)

北苍鹰视觉敏锐，善于飞翔；白天活动；性甚机警，亦善隐藏。通常单独活动，叫声尖锐洪亮。在空中翱翔时两翅水平伸直，或稍稍向上抬起，偶尔亦伴随着两翅的扇动，但除迁徙期间外，很少在空中翱翔，多隐蔽在森林中树枝间窥视猎物，飞行快而灵活，能利用短的翅膀和长的尾羽来调节速度和改变方向，在林中或上或下或高或低穿行，并能加快飞行速度在树林中追捕猎物，有时也在林缘开阔地上空飞行或沿直线滑翔，窥视地面动物活动，一旦发现森林中的鼠类、野兔、雉类、榛鸡、鸠鸽类等中小型鸟类的猎物，则迅速俯冲，呈直线追击，用利爪抓捕猎获物。它的体重虽然比中型猛禽要轻五分之一左右，但速度要快3倍以上，伸出爪子打击猎物时的速度为22.5m/s，所以其捕食特点是猛、准、狠、快，具有较大的杀伤力。

北苍鹰捕猎行为是一个智能过程，其捕猎策略可以分为两个阶段：第一阶段北苍鹰在广阔的区域探索识别、发现猎物；第二阶段发现猎物后，它会以高速尾随追踪、攻击猎物。

41.3 北苍鹰优化算法的数学描述

北苍鹰优化算法在对种群初始化后，分两个阶段模拟北苍鹰狩猎期间的策略：一是攻击和捕食猎物；二是追逃行动。

1. *初始化过程*

北方苍鹰是NGO算法中的搜索者个体。每一个个体用一个向量表示，这些向量共同组成NGO算法中的种群矩阵，如式(41.1)所示。

$$\boldsymbol{X}=\begin{bmatrix}\boldsymbol{X}_1\\ \vdots\\ \boldsymbol{X}_i\\ \vdots\\ \boldsymbol{X}_N\end{bmatrix}=\begin{bmatrix}x_{1,1} & \cdots & x_{1,j} & \cdots & x_{1,m}\\ \vdots & & \vdots & & \vdots\\ x_{i,1} & \cdots & x_{i,j} & \cdots & x_{i,m}\\ \vdots & & \vdots & & \vdots\\ x_{N,1} & \cdots & x_{N,j} & \cdots & x_{N,m}\end{bmatrix} \tag{41.1}$$

其中，$\boldsymbol{X}$ 为北方苍鹰的种群；$\boldsymbol{X}_i$ 为第 i 个可能解；$x_{i,j}$ 是解的第 j 变量的值；N 为种群中的个体数目；m 为问题变量的数目。

待优化问题的目标函数值可表示为

$$F(\boldsymbol{X})=\begin{bmatrix}\boldsymbol{F}_1=F(\boldsymbol{X}_1)\\ \vdots\\ \boldsymbol{F}_i=F(\boldsymbol{X}_i)\\ \vdots\\ \boldsymbol{F}_N=F(\boldsymbol{X}_N)\end{bmatrix} \tag{41.2}$$

其中，$\boldsymbol{F}_i$ 为第 i 个可能解的目标函数值。

2. *第一阶段：探索识别猎物（探索）*

北苍鹰在狩猎的最初阶段，随机选择一个猎物，然后迅速攻击它。由于在搜索空间中随机选择猎物，这一阶段增加了NGO的全局搜索能力，目的是识别猎物所在的最佳区域。图41.2显示了北苍鹰在这个阶段的行为示意图，包括猎物选择和攻击。第一阶段北苍鹰的狩猎行为可用式(41.3)～式(41.5)描述如下：

图41.2 北苍鹰选择捕食猎物的示意

$$P_i=X_k,\quad i=1,2,\cdots,N;\quad k=1,2,i-1,i+1,\cdots,N \tag{41.3}$$

$$x_{i,j}^{\text{new},P_1}=\begin{cases}x_{i,j}+r(p_{i,j}-Ix_{i,j}), & F_{P_i}<F_i\\ x_{i,j}+r(Ix_{i,j}-p_{i,j}), & F_{P_i}\geqslant F_i\end{cases} \tag{41.4}$$

$$X_i = \begin{cases} X_i^{\text{new},P_1}, & F_i^{\text{new},P_1} < F_i \\ X_i, & F_i^{\text{new},P_1} \geqslant F_i \end{cases} \tag{41.5}$$

其中，P_i 为第 i 只北苍鹰的猎物位置；F_{P_i} 为其目标函数值；k 为$[1,N]$区间的随机自然数；X_i^{new,P_1} 为第 i 个解的新状态，$x_{i,j}^{\text{new},P_1}$ 为其第 j 维；F_i^{new,P_1} 为基于 NGO 算法第一阶段的目标函数值；r 为$[0,1]$区间的随机数；I 为 1 或 2。参数 r 和 I 是随机数，用于在搜索和更新中生成 NGO 算法随机的行为。

3. 第二阶段：追逃捕获猎物(开发)

北苍鹰攻击猎物后，猎物试图逃跑。因此，北苍鹰继续尾随追逐猎物，由于北苍鹰速度快，几乎可以在任何情况下追逐猎物，并最终捕食。北苍鹰与猎物之间的追逐过程如图 41.3 所示。对北苍鹰这种行为的模拟增加了算法的局部搜索能力。在 NGO 算法中，假设这一次猎取接近攻击位置，半径为 r。在第二阶段北苍鹰追逃猎物的行为可用式(41.6)～式(41.8)描述如下：

图 41.3　北苍鹰对猎物的追逐

$$x_{i,j}^{\text{new},P_2} = x_{i,j} + R(2r-1)x_{i,j} \tag{41.6}$$

$$R = 0.02\left(1 - \frac{t}{T}\right) \tag{41.7}$$

$$X_i = \begin{cases} X_i^{\text{new},P_2} & F_i^{\text{new},P_2} < F_i \\ X_i & F_i^{\text{new},P_2} \geqslant F_i \end{cases} \tag{41.8}$$

其中，t 为迭代计数器；T 为最大的迭代次数；X_i^{new,P_2} 为第 i 个候选解的新状态，$x_{i,j}^{\text{new},P_2}$ 为它的第 j 维；F_i^{new,P_2} 是基于 NGO 算法第二阶段的目标函数值。

4. 循环迭代过程

在执行完 NGO 算法的第一阶段和第二阶段，更新了种群的所有个体之后，算法完成了一次迭代，并确定了种群个体的新值、适应度值和最优解。然后进入下一次迭代，根据式(41.3)～式(41.8)继续更新种群个体，直到算法的最后一次迭代。迭代过程中最终得到的最优解作为给定优化问题的最优解。

41.4　北苍鹰优化算法的伪代码及实现流程

NGO 算法的伪代码描述如下。

```
Start NGO
输入优化问题信息
设置迭代次数(T)和种群个体的数量(N)
北苍鹰位置的初始化和目标函数的评价
For t = 1: T
  For i = 1: N
 第一阶段:猎物识别(探索阶段)
     使用式(41.3)随机选择猎物
     For j = 1: m
       用式(41.4)计算第 j 维的新状态
    end for j = 1: m
         使用式(41.5)更新种群个体
```

```
第二阶段：追逃行动操作(开发)
    使用式(41.7)更新 R
    For j = 1: m
        用式(41.6)计算第 j 维的新状态
    end for j = 1: m
    使用式(41.8)更新种群个体
end for i = 1: N
保存到目前为止的最优解
end for t = 1: T
输出 NGO 得到的最优解
End NGO
```

NGO 算法的流程如图 41.4 所示。

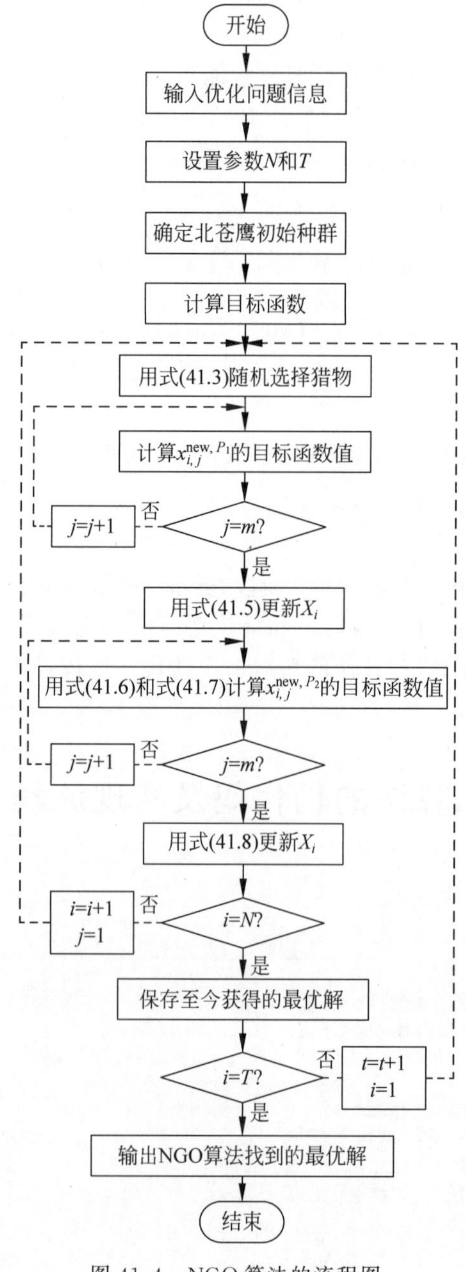

图 41.4　NGO 算法的流程图

第 42 章 金鹰优化算法

金鹰优化算法是一种模拟金鹰捕食行为的群智能优化算法。与其他方法相比，该算法具有收敛速度快、寻优能力强的特点，已被用于对电梯滑移量进行预测，取得了较好的结果。本章首先提出了金鹰优化算法，介绍了金鹰的习性，然后阐述金鹰优化算法的基本原理，金鹰优化算法的数学描述，最后给出了金鹰优化算法的实现步骤。

42.1 金鹰优化算法的提出

金鹰优化(Golden Eagle Optimizer，GEO)算法是 2021 年由 Mohammadi-Balani 等提出的一种模拟金鹰捕食行为的群智能优化算法。与其他算法相比，GEO 算法具有收敛速度快、寻优能力强的特点。该算法已被用于对电梯滑移量进行预测，取得了较好的结果。

42.2 金鹰的习性

金鹰(Aquila chrysaetos)属于鹰科，是北半球上一种广为人知的猛禽。金鹰以其突出的外观和敏捷有力的飞行而著名；成鸟的翼展平均超过 2m，体长则可达 1m，其腿爪上全部都有羽毛覆盖。金鹰图片如图 42.1 所示。

图 42.1 金鹰图片

一般生活于多山或丘陵地区，特别是山谷的峭壁以及筑巢于山壁凸出处。栖息于高山草原、荒漠、河谷和森林地带，冬季亦常到山地丘陵和山脚平原地带活动，最高海拔高度可到 4000m 以上，以大中型的鸟类和兽类为食。

42.3 金鹰优化算法的基本原理

GEO 算法灵感源于金鹰的狩猎智慧行为。金鹰进行狩猎时，在螺旋轨迹的不同阶段调整飞行速度。在狩猎的初期，它们表现出更多的巡游和寻找猎物的倾向；在最后阶段，它们表现出更多的攻击倾向。金鹰调整飞行方式，以便能在最短的时间内，在可行的区域内捕捉到最佳的猎物。通过这两种飞行方式的转换，在寻优过程中进行全局探索和局部开发的平衡。

在 GEO 算法的每次迭代中，每只金鹰必须选择一个猎物来执行巡航和攻击操作。猎物被视为到目前为止找到的最优解。每只金鹰都能记住目前为止找到的最好的解。在每次迭代中，每个搜索个体从整个群体的记忆中选择目标猎物。然后计算每只金鹰相对于选定猎物的攻击和巡航向量。如果新的位置(通过攻击和巡航向量计算)优于内存中的前一个位置，则更新内存。GEO 算法通过反复迭代，直到获得问题的最优解。

42.4 金鹰优化算法的数学描述

金鹰优化算法的数学描述包括 4 个部分：猎物选择、攻击行为、巡航行为和位置更新。

1. 猎物选择

猎物选择策略在地理信息系统中占有重要地位。选择可以采用每只金鹰只在自己的记忆中选择猎物。为了让金鹰更好地探索这片土地，GEO 算法提出了一个随机的一对一映射方案，即每只金鹰从其他鸟群成员的记忆中，随机选择当前迭代中的猎物。值得注意的是，被选中的猎物不一定是最近或最远的猎物。在这种选择方案中，记忆中的每一个猎物，都被分配或映射给一只金鹰，然后每只金鹰对选定的猎物进行攻击和巡航。

2. 攻击行为(开发阶段)

攻击行为可以通过一个向量来模拟，从金鹰当前的位置开始，到金鹰记忆中猎物的位置结束。金鹰的攻击向量为

$$\boldsymbol{A}_i = \boldsymbol{X}_f^* - \boldsymbol{X}_i \tag{42.1}$$

其中，$\boldsymbol{A}_i$ 为第 i 只金鹰的攻击向量；$\boldsymbol{X}_f^*$ 为当前金鹰所到达的最佳捕猎地点；$\boldsymbol{X}_i$ 为第 i 只金鹰当前的位置。

3. 巡航行为(探索阶段)

巡航向量根据攻击向量来计算，巡航向量是圆的切向量，为了计算巡航向量，需要首先计算切线超平面的方程。超平面的维数方程可以由超平面的任意点和与超平面垂直的向量确定，该向量称为超平面的法向量。超平面方程在三维空间中的标量形式为

$$h_1x_1 + h_2x_2 + \cdots + h_nx_n = d \Rightarrow \sum_{j=1}^{n} h_jx_j = d \tag{42.2}$$

其中，$\boldsymbol{H}=[h_1,h_2,\cdots,h_n]$为法向量；$\boldsymbol{X}=[x_1,x_2,\cdots,x_n]$为变量向量；设超平面上的任意点 $\boldsymbol{P}=[p_1,p_2,\cdots,p_n]$；$d=\boldsymbol{HP}=\sum_{j=1}^{n} h_jp_j$。

把 $\boldsymbol{A}_i$(攻击向量)看作超平面的法线，那么 $\boldsymbol{C}_i^t$(在迭代中的金鹰巡航向量)就可以根据式(42.3)表示出它所属的超平面。

$$\sum_{j=1}^{n} a_jx_j = \sum_{j=1}^{n} a_j^t x_j^* \tag{42.3}$$

其中，$\boldsymbol{A}=[a_1,a_2,\cdots,a_n]$为攻击向量；$\boldsymbol{X}=[x_1,x_2,\cdots,x_n]$为决策变量向量；$\boldsymbol{X}^*=[x_1^*,x_2^*,\cdots,x_n^*]$为被选中猎物的位置。

为了在巡航超平面上找到一个随机向量，首先必须在超平面上找到一个随机目的点，而不是已经有的金鹰的当前位置。注意，巡航向量的起点是金鹰的当前位置。由于超平面比它们的环境空间小一维，不能简单地生成一个随机目的点。

三维空间中的简单随机点不能保证位于巡航超平面上。位于三维巡航超平面上的一个新点具有自由度，意味着可以自由选择维度，但超平面方程决定了最后的一个维度，如式(42.2)所示。必须选择最后一个维度使其满足超平面方程，因此，有了自由变量和一个固定变量。可以通过下面步骤来找到位于金鹰的巡航超平面上一个随机维度的目的地点，具体步骤如下：

(1) 从变量中随机选择一个变量作为固定变量。

(2) 将随机值赋给除第 k 个变量以外的所有变量，因为第 k 个变量是固定的。

(3) 用式(42.4)求出固定变量的值。固定变量的值计算如下：

$$c_k = \frac{d - \sum_{j,j \neq k} a_j}{a_k} \tag{42.4}$$

其中，c_k 为目标点的第 k 个元素；a_j 为攻击向量的第 j 个元素，a_k 为攻击向量的第 k 个元素。依此可以找到飞行超平面上的随机目标点。目标点的一般表示为

$$\boldsymbol{C}_i = \left(c_1 = \text{random}, c_2 = \text{random}, \cdots, c_k = \frac{d - \sum_{j,j \neq k} a_j}{a_k}, c_n = \text{random}\right) \tag{42.5}$$

其中，random 为[0,1]区间的随机数，随机数更新使得金鹰可以向随机目标点探索。

4. 位置更新

金鹰的位移由攻击向量和目标位置组成，迭代步长

$$\Delta x_i = \boldsymbol{r}_1 \cdot p_{\mathrm{a}} \cdot \frac{\boldsymbol{A}_i}{\|\boldsymbol{A}_i\|} + \boldsymbol{r}_2 \cdot p_{\mathrm{c}} \cdot \frac{\boldsymbol{C}_i}{\|\boldsymbol{C}_i\|} \tag{42.6}$$

$$\|\boldsymbol{A}_i\| = \sqrt{\sum_j^n a_j^2}, \quad \|\boldsymbol{C}_i\| = \sqrt{\sum_j^n c_j^2} \tag{42.7}$$

其中，p_{a} 为攻击系数；p_{c} 为巡航系数；$\boldsymbol{r}_1$、$\boldsymbol{r}_2$ 为[0,1]区间的随机向量。由此可以求出金鹰的下一个位置为

$$x^{t+1} = x^t + \Delta x_i^t \tag{42.8}$$

其中，x^{t+1} 为金鹰的第 $t+1$ 次迭代的位置；x^t 为金鹰的第 t 次迭代的位置；Δx_i^t 为金鹰的移动的步长。

如果金鹰新位置的适应度值比它记忆中的位置更好，那么这只鹰的记忆会被新位置更新。否则，记忆仍然不变，但是鹰会处于新的位置上。在新的迭代中，每只金鹰从种群中随机选择一只金鹰，围绕其最佳访问位置旋转，计算攻击向量，计算巡航向量，最后计算下一次迭代的步长和新位置。这个循环将一直执行，直到满足任何终止条件。

在式(42.6)中有两个系数，即攻击系数 p_{a} 和巡航系数 p_{c}，用来分别控制攻击和巡航的步长，它们通过式(42.9)计算如下：

$$\begin{cases} p_{\mathrm{a}} = p_{\mathrm{a}}^0 + \dfrac{t}{T} \left| p_{\mathrm{a}}^T - p_{\mathrm{a}}^0 \right| \\ p_{\mathrm{c}} = p_{\mathrm{c}}^0 + \dfrac{t}{T} \left| p_{\mathrm{c}}^T - p_{\mathrm{c}}^0 \right| \end{cases} \tag{42.9}$$

其中，p_{a}^0 和 p_{a}^T 分别为 p_{a} 的初始和最终的值；p_{c}^0 和 p_{c}^T 分别为 p_{c} 的初始和最终的值；t 和

T 分别为当前迭代次数和最大迭代次数。

金鹰在巡航时会记住所经过的最佳捕猎位置，当金鹰的新位置适应性低于记忆位置时，金鹰为丢弃新位置重新寻找目标。不难看出，金鹰会在前期更专注于全局探索，在后期则具有更高的攻击倾向，这使得金鹰优化算法更不容易陷入局部最优解。

42.5 金鹰优化算法的实现步骤

(1) 初始化金鹰的数量。

(2) 计算适应度值初始化群体记忆。

(3) 初始化 p_a 和 p_c。

(4) 根据式(42.9)更新 p_a 和 p_c。

(5) 根据种群的记忆用式(42.1)计算攻击向量中随机选择猎物。

(6) 用式(42.2)～式(42.5)计算巡航向量，用式(42.6)～式(42.7)计算步长向量，用式(42.8)的更新位置，评估新位置的适应度函数。

(7) 更新最优解及最优位置。

(8) 判断是否满足最大迭代次数，若满足，则输出最优金鹰位置和全局最优解；否则，返回步骤(4)重新迭代计算。

第43章　蝙蝠算法

蝙蝠算法是一种模拟微蝙蝠的回声定位原理的随机搜索算法。微型蝙蝠尽管很小，但它发出短暂的脉冲超声波，并能利用探测回声的时间延迟、双耳的时间差、回声的响度变化探测猎物的距离与方向、猎物的种类、猎物的移动速度及周围环境的三维场景。蝙蝠算法把蝙蝠看作分布在搜索空间中的解，蝙蝠算法通过发射频率控制蝙蝠个体位置的不断更新来实现全局搜索，同时与通过脉冲发生率和响度来进行局部搜索相配合，以实现对优化问题的求解。本章介绍蝙蝠的习性及回声定位，以及蝙蝠算法的基本思想、数学描述、实现步骤及流程。

43.1　蝙蝠算法的提出

蝙蝠算法(Bat Algorithm, BA)是2010年由英国剑桥学者Xi-She Yang受蝙蝠回声定位行为的启发提出的一种新的元启发式算法。微型蝙蝠具有惊人的回声定位能力，即使在完全黑暗的环境中，这些蝙蝠也能找到猎物并能区分不同种类的昆虫。蝙蝠算法的思想源于对蝙蝠高级回声定位能力的模拟，通过对蝙蝠回声定位行为的公式化描述，从而形成了一种新的群智能优化算法。

在适当条件下，蝙蝠算法看作和声算法和粒子群算法的混合算法。已有研究将蝙蝠算法用于函数优化、分类、特征提取、调度、车辆路径问题、数据挖掘等方面。

43.2　蝙蝠的习性及回声定位

蝙蝠是唯一长有翅膀的哺乳动物，自然界约有千种不同种类蝙蝠，它们体型千差万别，有大到翼展约1.56m，质量约1kg的巨型蝙蝠，也有小到翼展约2cm，质量1.5～2g的大黄蜂蝙蝠——微型蝙蝠。多数微型蝙蝠都是食虫类动物，习惯在夜间活动，因为它们的视觉辨别能力很差，即使在白天它的观察能力也很弱，但是蝙蝠的听觉器官却异常发达，所以大多数蝙蝠具有敏锐的回声定位能力，即超声波定位。

微型蝙蝠靠一种声呐，也称为回声定位器，来探测猎物，避开障碍物，在黑暗中找到它们的栖息地。这些蝙蝠发出响亮尖锐的脉冲叫声，然后用灵敏的耳朵聆听从周围的物体反弹回来的回声。回声会告诉蝙蝠附近物体的位置和大小，以及物体是否在移动。这种回声定位法可以帮蝙蝠在黑暗中找到方向以及捕捉飞行中的昆虫等猎物。蝙蝠尖锐的回声属于超声，人们是听不到的，但蝙蝠发出的其他声音有些是我们能听得到的。

根据回声定位的声学原理，尽管蝙蝠发出的每个脉冲只持续几毫秒(最高为10ms)，然而，它有一个恒定频率,通常为 25～150Hz,每次发射的声波通常会持续 5～20s。微型蝙蝠每秒发出 10～20 个这样的声波,而在寻找猎物时,蝙蝠可以每秒发出大约 200 个这样的声波脉冲。如此急促的声波发射意味着蝙蝠有超强的信号处理能力。由于声音在空气中的速度通常为 340m/s,而超声波在 f 频率下的波长为 $\lambda=v/f$,相对于频率 25～150kHz,它在 2～14mm 的范围,这样的波长正好等同于猎物的大小。发出在超声波范围内的声波,响度能达到 100dB,并且响度在搜索猎物时最高,而在靠近猎物时最低。蝙蝠发出这样短暂的脉冲的传送距离通常只有几米。微型蝙蝠通常能够设法避开障碍物,哪怕障碍物只有发丝细小。飞行中的蝙蝠如图 43.1 所示。

图 43.1　飞行中的蝙蝠

由于物种的不同,蝙蝠所发出的脉冲性质不同,这与它们的猎物策略有关。大多数蝙蝠用短波、调频信号,通过对一个音阶横扫,另一些蝙蝠则更经常使用固定频率的定位信号。它们的信号带宽变化取决于物种,并经常通过更多使用谐波来提高。

研究表明,微型蝙蝠利用发出和探测回声的时间延迟,利用双耳的时间差,利用回声的响度变化去建立周围环境的三维场景。蝙蝠能够探测目标物的距离与方向、猎物的种类、猎物的移动速度,哪怕猎物只是一只小昆虫。蝙蝠似乎能够通过目标昆虫鼓翼所引起的多普勒效应的变化区分目标物。

蝙蝠进化得如此成功,关键还在于它们具有超强的飞行能力。研究表明,蝙蝠具有比滑翔复杂得多的动力飞行能力,这主要归功于翼的特殊结构。由指骨形成的框架能改变蝙蝠翼的形状,进而能灵活地改变它的翼向背部隆起的程度和前伸的位置。它的这种能力超过鸟类,飞行具有很强的机动性,在飞行时能产生复杂的空气动力轨迹,并且飞行时都具有局部自相似性。

43.3　蝙蝠算法的基本思想

有些蝙蝠拥有良好的视力,大多数蝙蝠也有很敏感的嗅觉。事实上,它们将用所有的感官联合运用使探测猎物的效率最大化,使飞行能够顺利无误。然而,从设计新优化算法的角度出发,人们感兴趣的只是微型蝙蝠回声定位及其相关的行为。因为微型蝙蝠这样的回声定位行为方式可以与优化目标的功能相关联,这正是设计蝙蝠优化算法的基本思想。

蝙蝠算法把蝙蝠看作分布在搜索空间中的解,模拟在复杂环境中精确捕获食物的机制解决优化问题。

首先,在搜索空间随机分布若干蝙蝠,确定种群个体的初始位置及初始速度,对种群中各个蝙蝠进行适应度评价,寻找出最优个体位置。

然后,通过调整频率产生新的解并修改个体的飞行速度和位置。在蝙蝠的速度和位置的更新过程中,频率本质上控制着这些蝙蝠群的移动步伐和范围。

蝙蝠在寻优过程中,通过调节脉冲发生率和响度促使蝙蝠朝着最优解方向移动。蝙蝠在刚开始搜索时具有较小的脉冲发生率,蝙蝠有较大的概率在当前最优解周围进行局部搜索,同时较大的响度使得局部搜索的范围比较大,有较大的概率勘探到更好的解。随着迭代的增加,脉冲发生率增加,响度减小,局部搜索概率减小,局部挖掘的范围也很小,蝙蝠不断扫描定位目标,最终搜索到最优解。

43.4 蝙蝠算法的数学描述

1. 蝙蝠回声定位的理想化规则

要把微型蝙蝠回声定位机制形成算法,就可以设计基于蝙蝠回声原理的蝙蝠算法。为简单起见,假设蝙蝠回声定位及飞行速度、位置使用下面的理想化规则。

(1) 所有的蝙蝠利用超声波回声的感觉差异来判断食物/猎物和障碍物之间的差异。

(2) 蝙蝠是以速度 v_i、位置 x_i 和固定频率 $f_{\min}$、可变化波长 λ 和响度 A_0 随机飞行的,并用不同的波长 λ(或频率 f)和响度 A_0 去搜索猎物。它们会根据接近猎物的程度自动调整它们发出脉冲的波长(或频率)。

(3) 尽管响度会以很多方式变化,可以假定它的变化是从一个很大的值 A_0(正值)到最小值 $A_{\min}$。

另一个简化是用无限追踪来估计时间的延迟和三维地形的。尽管它在几何计算中的应用很好,但是一般不会使用它,因为它在多维问题中会增大计算量。

除了上面的假设外,为简单起见还使用一些近似值。在一般的频率范围 $[f_{\min}, f_{\max}]$ 内对应的波长范围为 $[\lambda_{\min}, \lambda_{\max}]$。例如,频率范围[20kHz, 500kHz]对应的波长范围为0.7~17mm。

对于一个给定的问题,为便于算法实现,可以使用任何的波长,并可以通过调整波长(或频率)来调整搜索范围,而可探测的区域(或最大的波长)的选择方式为先选择感兴趣的区域,然后慢慢缩小。因为波长 λ 和频率 f 之积 λf 为常数,所以可以在固定波长 λ 时改变频率。

为简单起见,可以假定 $f \in [0, f_{\max}]$。显然,较高的频率有较短的波长和较短的搜索距离。通常蝙蝠的搜索范围在几米以内。脉冲发生率可以设定在[0,1]范围内,其中,0表示没有发出脉冲,1表示脉冲发生率最大。

2. 蝙蝠的速度和位置更新

在一个 d 维搜索空间中,定义蝙蝠 i 的位置 x_i 和速度 v_i,在 t 时刻更新的位置 x_i^t 和更新的速度 v_i^t 的计算公式如下:

$$f_i = f_{\min} + (f_{\max} - f_{\min})\beta \tag{43.1}$$

$$v_i^t = v_i^{t-1} + (X_i^{t-1} - X_*)f_i \tag{43.2}$$

$$x_i^t = x_i^{t-1} + v_i^t \tag{43.3}$$

其中,f_i 为蝙蝠 i 发射的频率; $\beta \in [0, 1]$为一个随机数; X_* 为当前全局最优位置(解),它是在所有 n 只蝙蝠搜索到的解中进行比较后确定的位置。

由于乘积 $\lambda_i f_i$ 是速度增量，因此可根据待优化问题的类型，固定一个变量 λ_i（或 f_i），同时使用另一个变量 f_i（或 λ_i）调整速度变化。在实际操作中，可以根据问题搜索范围的大小，使用 $f_{\min}=0$ 和 $f_{\max}=100$。初始时，每只蝙蝠是按照$[f_{\min}, f_{\max}]$间的均匀分布赋给一个频率。

对于局部搜索，一旦从现有的最优解中选中了一个解，那么每只蝙蝠按照随机游走法则产生局部新解为

$$x_{\text{new}}=x_{\text{old}}+\varepsilon A^t \tag{43.4}$$

其中，$\varepsilon\in[-1, 1]$为一个随机数；$A^t=\langle A_i^t\rangle$为所有蝙蝠在同一时间段里的平均响度。

蝙蝠的速度和位置更新步骤有些类似标准粒子群优化算法，如 f_i 基本上控制了聚焦粒子运动的节奏和范围。在某种程度上，BA 被视为标准粒子群优化和强化的局部搜索的一种均衡组合，而均衡是受响度和脉冲发生率控制的。

3. 响度和脉冲发生率更新

脉冲发射的响度 A_i 和脉冲发生率 r_i 要随着迭代过程的进行来更新。蝙蝠一旦发现了猎物，响度会逐渐降低，同时脉冲速率就会提高，响度会以任意简便值改变。例如，可以用 $A_0=100$ 和 $A_{\min}=1$。为简单起见，也可以用 $A_0=1$ 和 $A_{\min}=0$，假设 $A_{\min}=0$ 意味着一只蝙蝠刚刚发现一只猎物并暂时停止发出任何声音。响度 A_i 和脉冲发生率 r_i 的更新公式为

$$A_i^{t+1}=\alpha A_i^t,\quad r_i^{t+1}=r_i^0[1-\exp(-\gamma t)] \tag{43.5}$$

其中，α 和 γ 是常量。事实上，α 类似于模拟退火算法中冷却进程表中的冷却因素。对于任何 $0<\alpha<1$ 和 $\gamma>0$ 的量都有

$$A_i^t\to 0,\quad r_i^t\to r_i^0,\quad t\to\infty \tag{43.6}$$

最简单的情况，令 $\alpha=\gamma=0.9$。参数选择需要一定的经验。初始时，每只蝙蝠所发出的响度和脉冲发生率的值都是不同的，这可以通过随机选择。例如，初始的响度 A_i^0 通常在$[1,2]$区间，而初始的脉冲发生率 r_i^0 一般取在 0 附近，或由式(43.5)得出的 $r_i^0\in[0, 1]$中的任何值。如果搜索到了更优的解，蝙蝠的响度和发生率将随之更新，这意味着这些蝙蝠能够不断飞向最优解。

43.5 蝙蝠算法的实现步骤及流程

蝙蝠算法实现的具体步骤如下。

(1) 确定目标函数和初始化相关参数。

(2) 初始化蝙蝠种群位置 $x_i(i=1,2,\cdots,N)$和速度 v_i，定义第 i 只蝙蝠在位置 x_i 处的脉冲频率 f_i，初始化脉冲发生率 r_i 及响度 A_i。

(3) 计算每只蝙蝠的初始适应度值。

(4) 通过调整频率用式(43.1)～式(43.3)更新蝙蝠的速度 v_i^t 和位置 x_i^t 而产生后代个体。

(5) 若随机产生的随机数大于脉冲发生率 r_i^t，则在当前所有个体中选择一个个体为全局最优个体 x_*，且在选择的最优个体附近利用式(43.4)产生一个局部个体，并计算这个局部个体的适应度值。

(6) 若由步骤(5)产生局部个体的适应度值较全局最优个体有改进且产生的随机数小于响度 A_i^t,则接受该新解为当前全局最优个体,保存这个个体的适应度值,用式(43.5)增大 r_i^t 和减小 A_i^t。

(7) 更新算法迭代次数,判断是否达到终止条件,若是,则打印结果算法结束;否则,转入步骤(4)进行循环。

蝙蝠算法的计算流程如图 43.2 所示。

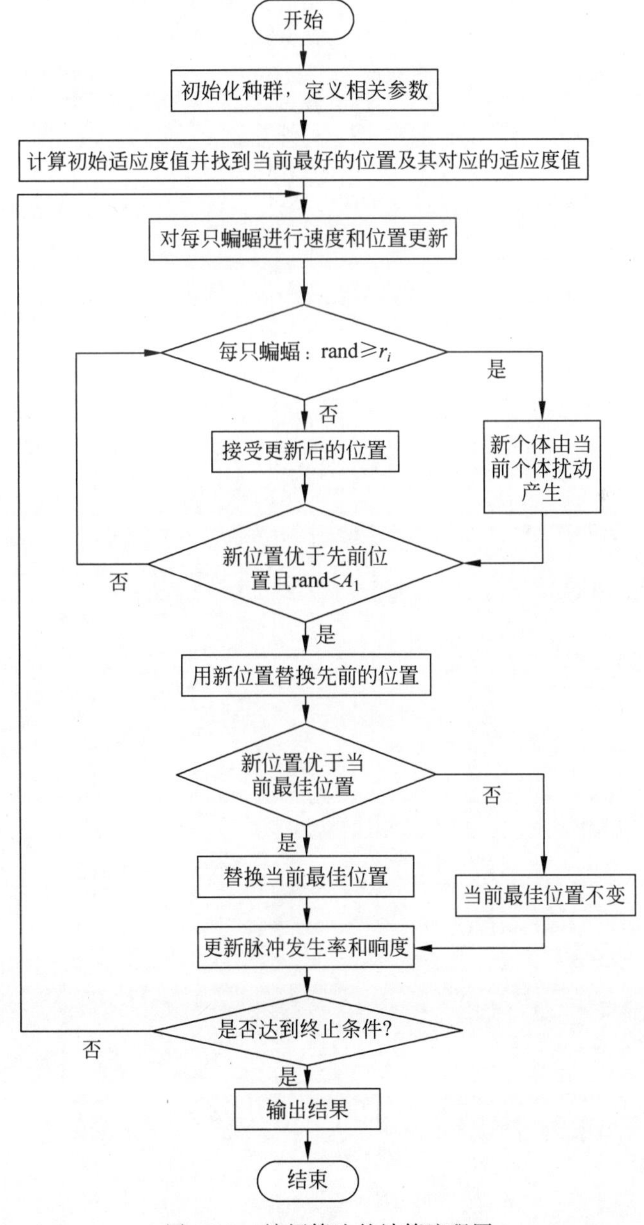

图 43.2 蝙蝠算法的计算流程图

从蝙蝠算法计算过程来看,实质上是通过发射频率来控制蝙蝠个体位置的更新,相当于一个步长因子,这里的频率是随机变化的,这个过程可称为“位置更新”。第二个过程是通过脉冲发生率和响度来进行局部搜索。算法最后,局部搜索有效后需要进一步加强,减小搜索范围，同时为了保证一定的种群多样性，需要减小局部搜索的概率。这个过程可称为“步伐控制”。在位置更新过程中，频率的更新属于随机选择，随机性较强；同时，种群之间进行了种群最优个体和蝙蝠个体之间的交流，具有一定的搜索指导性。在局部搜索中，蝙蝠个体在种群最优个体周围进行勘探，使得算法具有较快的收敛速度。步伐控制过程中，脉冲发生率的增加和响度的减小是在局部搜索有效后进行的，减小响度表示蝙蝠个体在靠近猎物，直至搜索到最优解。

第 44 章　动态虚拟蝙蝠算法

动态虚拟蝙蝠算法是只用两只动态虚拟蝙蝠模拟蝙蝠狩猎时回声定位功能的智能优化算法。蝙蝠通过发出声波并聆听回声，可以生成其环境的 3D 蓝图，并利用延迟的时间和响度来区分微小猎物的形状、大小和质地，以及猎物前进方向，甚至猎物的速度。蝙蝠还可以通过改变脉冲的频率和传播范围来搜索猎物。本章首先介绍蝙蝠的回声定位功能、动态虚拟蝙蝠算法的优化原理，然后阐述动态虚拟蝙蝠算法的数学描述、算法的伪代码实现。

44.1　动态虚拟蝙蝠算法的提出

动态虚拟蝙蝠算法(Dynamic Virtual Bats Algorithm，DVBA)是 2016 年由 Topal 等提出的一种新的群智能优化算法。该算法模拟蝙蝠狩猎时能够操纵所发射声波的频率和波长的回声定位功能。在 DVBA 中，只有两个蝙蝠——探险者蝙蝠和开发者蝙蝠。当探险者蝙蝠探索搜索空间时，开发者蝙蝠以最大的概率对本地进行密集搜索，以找到所需目标。蝙蝠根据它们的位置动态交换探险和开发的角色。

通过 CEC 2014 的 30 个有约束的优化问题对 DVBA 的性能进行测试，并与 4 种标准优化算法、4 种改进的 BA 算法和 6 种最新算法进行比较，结果表明，就最优解的质量和收敛速度等大多数测试性能上，总体而言，DVBA 优于或与其他算法相当。

44.2　蝙蝠的回声定位功能

蝙蝠具有独特的能力，能够使用基于高频声音的系统回声定位技术来检测昆虫并避开障碍物。蝙蝠通过发出声波并聆听回声，可以生成其环境的 3D 蓝图。蝙蝠可以利用延迟的时间和响度来区分微小猎物的形状、大小和质地，猎物前进的方向，甚至猎物的速度。蝙蝠还具有改变其发出声音脉冲方式的能力。通过改变脉冲的频率，蝙蝠可以改变脉冲的传播范围。频率 f 与波长 λ 成反比，它们的乘积 $v=f\lambda$ 可得到声音在空气中的速度 $v=340\text{m/s}$。

蝙蝠狩猎时，它们会发出频率较低且波长较长的声音脉冲，因此声音脉冲可以传播更远的距离。在这种远距离模式下，很难检测到猎物的确切位置，但是搜索大面积区域变得容易。当蝙蝠检测到猎物时，脉冲会以更高的频率和更短的波长发出，因此蝙蝠能够更频繁地更新猎物的位置。根据猎物种类不同，声音脉冲的范围为 2.4～62m。

除了频率和波长以外，蝙蝠还能改变声音的响度，寻找猎物时的声音最大，接近猎物时的声音更小。因此，我们可以说，声音脉冲的响度和频率(脉冲率)成反比。总的来说，蝙蝠狩猎策略有两个明显的特点。

(1) 当蝙蝠搜寻猎物时,其声音频率较低,波长较长且声音很大,如图 44.1(a)所示。

(2) 当蝙蝠检测到猎物时,其声音频率更高,波长更短且更安静,如图 44.1(b)所示。显然,蝙蝠对猎物的搜索自然解决了勘探与开发之间的平衡问题。

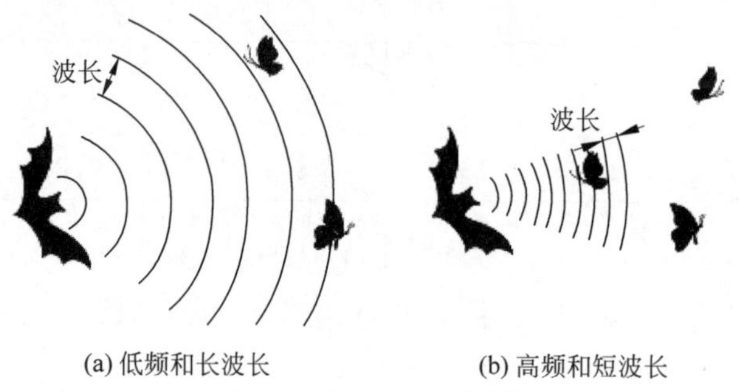

图 44.1　蝙蝠发出声波的频率和波长成反比关系示意图

44.3　动态虚拟蝙蝠算法的优化原理

动态虚拟蝙蝠算法与蝙蝠算法(BA)的设计思想不同,只专注于蝙蝠如何在搜索过程中改变声音频率和波长,而不考虑声音响度。当蝙蝠在寻找猎物时,有两种搜索行为。一种是探索行为,蝙蝠发出低频和较长波长的声波。波就像一个灯泡,照亮一个宽阔的圆圈,如图 44.2(a)所示。另一种是开发行为,当蝙蝠靠近猎物时,它将增加频率并减小声波的波长,以获取猎物的确切位置。此时声波就像一股闪光,发散出狭窄的光束,如图 44.2(b)所示。

DVBA 受到蝙蝠上述两种搜索行为的启发,只需要通过使用两只蝙蝠就成功地处理典型的探索和开发之间的平衡问题,不需要有庞大数量的种群规模就可以提供最优解。每只蝙蝠在算法中都有自己的角色,在搜索过程中,它们根据各自的角色进行位置交换。这两种蝙蝠分别称为探险家蝙蝠和开发者蝙蝠。处于有利位置的蝙蝠成为开发者,另一个蝙蝠成为探险者。

当开发者蝙蝠加大对有利位置周围的搜索力度时,探索者蝙蝠会继续寻找更好的位置,直到蝙蝠找到更好的位置。每一次迭代后,开发者蝙蝠会加大搜索力度以获得最优解。图 44.2(a)、(b)中的三角形▲代表蝙蝠,加号(+)代表了猎物。黑点是波上的位置,为了得到更好的解,将对它们进行检查。如图 44.2(a)所示,在搜索过程中,搜索蝙蝠创建的搜索点在搜索空间中分布广泛。然而在图 44.2(b)中,蝙蝠创造了一个非常小的搜索范围,搜索点之间越来越近。

DVBA 通过两个虚拟蝙蝠——探索者蝙蝠和开发者蝙蝠的不断探索和开发行为的竞争中交换角色,算法经过反复迭代,最终获得优化问题的最优解。

44.4　动态虚拟蝙蝠算法的数学描述

1. 虚拟蝙蝠的搜索范围

与真正的蝙蝠类似,虚拟蝙蝠也在其搜索范围内寻找更好的猎物(解)。它们使用默认的搜索范围从随机位置 X_i 和随机速度 V_i 开始飞行。在搜索过程中,搜索范围会动态变化:

图 44.2(a)所示的搜索范围扩大,或者如图 44.2(b)所示的靠近猎物时搜索范围会缩小。搜索范围的长度和宽度分别由波长 λ_i 和频率 f_i 控制。利用波向量 $\boldsymbol{V}_j^i$ 和搜索点 $\boldsymbol{h}_{jk}$ 向量模拟搜索范围,如图 44.2(a)、(c)所示。

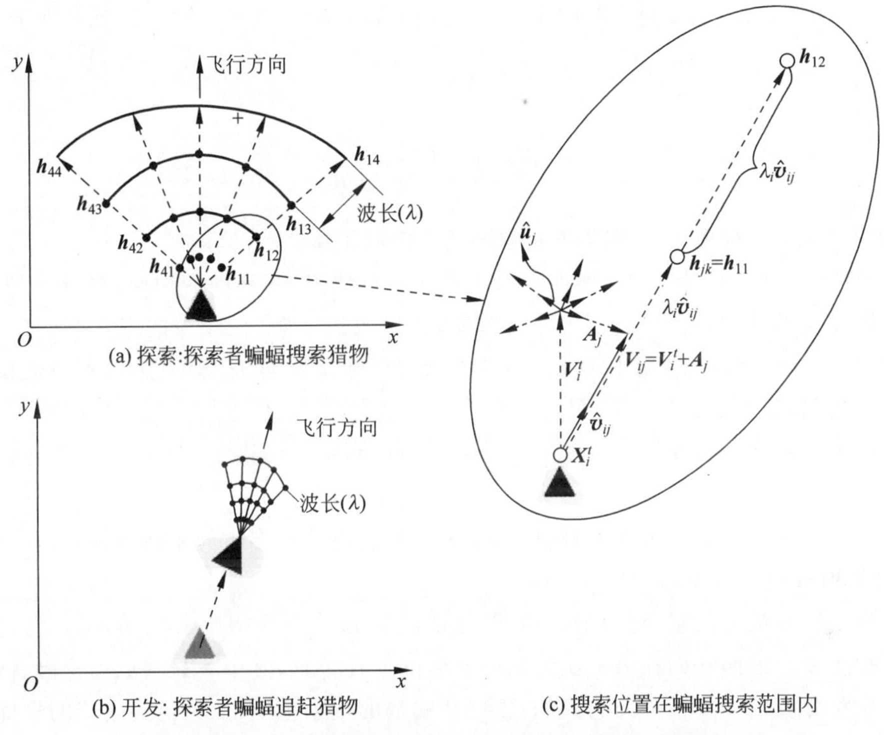

图 44.2 探索者蝙蝠搜索：追赶猎物范围的示意图

为了在搜索范围内分布波向量,需要生成单位向量$\hat{\boldsymbol{u}}_j$,它给出了范围宽度向量 $\boldsymbol{A}_j$ 的方向。如图 44.2(c)所示,单位向量$\hat{\boldsymbol{u}}_j$ 是随机生成的;因此,波向量也在搜索范围内随机分布。$\boldsymbol{A}_j$ 的大小会改变搜索范围的宽度,并与波的频率 f_i 成反比。如图 44.2(b)所示,当频率 f 增加时,通过以与波长 λ_i 相同的长度缩放单位向量$\hat{\boldsymbol{v}}_{ij}$ 来分布搜索点 $\boldsymbol{h}_{jk}$。图 44.2(c)示出的搜索范围宽度向量 $\boldsymbol{h}_{jk}$、单位向量$\hat{\boldsymbol{u}}_j$、波向量 $\boldsymbol{V}_j^i$,以及在时间步 t 处蝙蝠的搜索范围内搜索点 $\boldsymbol{h}_{jk}$ 的位置由式(44.1)~式(44.5)分别计算如下:

$$\boldsymbol{A}_j=\frac{\hat{\boldsymbol{u}}_j b}{f_i}\quad j=1,2,\cdots,w\quad i=1,2,\cdots,n \tag{44.1}$$

$$\boldsymbol{V}_{ij}=\boldsymbol{V}_i^t+\boldsymbol{A}_j \tag{44.2}$$

$$\hat{\boldsymbol{v}}_{ij}=\frac{\boldsymbol{V}_{ij}}{\|\boldsymbol{V}_{ij}\|} \tag{44.3}$$

$$\boldsymbol{h}_{jk}=X_i^t+\hat{\boldsymbol{v}}_{ij}k\lambda_i\quad k=1,2,\cdots,m \tag{44.4}$$

$$\boldsymbol{H}_{j,k}=\begin{bmatrix} h_{1,1} & h_{1,2} & \cdots & h_{1,k} \\ h_{2,1} & h_{2,2} & \cdots & h_{2,k} \\ \vdots & \vdots & & \vdots \\ h_{j,1} & h_{j,2} & \cdots & h_{j,k} \end{bmatrix} \tag{44.5}$$

其中,w 为波向量的数量;i 为蝙蝠的序号(最大值为 2),$b\in(20,40)$为波向量宽度变量;m

为波向量上搜索位置的数量。

增加 m 和 w 的数量将提供更详细的搜索,但将需要更长的计算时间。如果频率增加,向量将越来越近,波长(搜索点之间的距离)将越来越短,这是从蝙蝠的动态搜索能力中获得启发的。频率 f_i 和波长 λ_i 的变化在时间步 $t+1$ 时由式(44.6)~式(44.8)分别计算如下:

$$f_i^{t+1}=f_i^t \pm \rho \tag{44.6}$$

$$\lambda_i^{t+1}=\lambda_i^t \pm \rho \tag{44.7}$$

$$\rho=\text{mean}\left(\frac{U-L}{\beta}\right) \quad \{\beta \in \mathbf{R}:\beta>0\} \tag{44.8}$$

其中,ρ、β 为正常数;U 和 L 分别为搜索空间的上限和下限。

在原 DVBA 中,β 取为 100。增加 β 可能会导致蝙蝠陷入多峰问题的局部最优,但在单峰问题中会提高准确性。选择波长范围非常重要,如果波长太短,在较大的搜索空间中,收敛可能会非常缓慢;相反地,如果波长过长,则可能会绕过全局最佳波长,无法找到最佳位置。为了克服这个问题,波长的长度与问题的范围有关。为简单起见,在$[\lambda_{\min},\lambda_{\max}]=[\rho,5\rho]$的波长范围内选取 λ 对应于频率$[f_{\min},f_{\max}]=[\rho,5\rho]$的范围。在测试 β 值对算法收敛特性的影响表明,当 β 增加时,DVBA 性能会变差。这是因为它降低了 ρ 的增量率,导致两只蝙蝠的搜索范围变小。这对于开发者蝙蝠更好,但探索者蝙蝠将需要更多时间来找到最优解。

2. *虚拟蝙蝠的搜索行为*

两只蝙蝠从随机的位置、随机的方向、默认的波长和频率开始搜索。一开始,它们都像蝙蝠一样开始搜寻。根据它们在第一次尝试中找到的最佳位置,其中一只将成为探险者蝙蝠,另一只成为开发者蝙蝠。为了分配它们的角色,从蝙蝠的搜索范围 H 中找到它们的最优解 h_*,并对它们进行比较。在确定了它们的角色之后,蝙蝠在下一步$(t+1)$中将 x_i^t 与 h_* 进行比较,可能采取以下 3 种行动。

(1) 如果搜索范围的最佳位置 h_* 优于蝙蝠的当前位置 x_i^t,则蝙蝠会飞向该位置。同时它的方向也将朝下一个位置改变。蝙蝠将成为开发者蝙蝠,其波长将缩短,频率将增加。只要它在声波范围内具有更好的位置,它就会增加搜索强度。为了避免 V_i^{t+1} 非常小或很大,使用等式对其进行归一化。因此,当 V_i^{t+1} 接近零时,它将始终在[0,1]区间。

如果 h_* 比蝙蝠的当前位置更差,算法将检查当前位置 x_i^t 是否为已经找到迄今为止的最佳位置 x_{gbest}。

$$x_i^{t+1}=h_* \tag{44.9}$$

$$V_i^{t+1}=\mid x_i^{t+1}-x_i^t \mid \tag{44.10}$$

$$\hat{v}_i=\frac{V_i^{t+1}}{\| V_i^{t+1} \|} \tag{44.11}$$

(2) 如果当前解不是最优解,则蝙蝠将成为探索者蝙蝠,随机改变其方向,增加波长,并降低频率,扩大搜索范围。这些动作有助于蝙蝠继续探索搜索空间,而不会陷入局部最优状态,并提供了随机行走的能力。

(3) 如果蝙蝠已经在最佳位置 x_{gbest},则该蝙蝠将成为开发者蝙蝠。波长将被最小化$(\lambda_i^{t+1})=(\lambda_{\min})$,频率将被最大化$(f_i^{t+1})=(f_{\max})$,并且搜索方向将随机改变,因此,蝙蝠可以增加对周围的搜寻强度。

44.5　虚拟蝙蝠算法的伪代码实现

求解最小化 $f(x)$问题的虚拟蝙蝠算法的伪代码描述如下，其中 x_{gbest} 是全局最优解，d 是维数。

```
目标函数 f(x),x = (x_1,x_2,…,x_d)^T
初始化蝙蝠种群 x_i(i = 1,2)和 v_i
初始化波长 λ_i 和频率 f_i
初始化波数
while(t <最大迭代次数)do
    for 每只蝙蝠 do
        创建声波范围
        评估波上的解
        选择波上的最优解 h_*
     if (f(h_* )< f(x_i)) then
        将 x_i 移至 h_*
        减小 λ_i 并增大 f_i
    else (f(x_i)> f_gbest ) then
        随机改变方向
        增加 λ_i 并减小 f_i
    else if (x_i = x_gbest ) then
        最小化 λ_i 并最大化 f_i
        随机改变方向
    end if
    对蝙蝠进行排序并找到当前最好的蝙蝠 x_gbest
end while
```

第45章　飞鼠搜索算法

飞鼠搜索算法是一种模拟飞鼠智能动态觅食行为的群智能优化算法。飞鼠自身能够根据外界环境供给的营养数量的变化,选择最佳地利用两种食物源的营养方式。实际上,飞鼠并不会飞,而是使用一种特殊的滑行方式在树与树之间移动,这样可以节省能量、躲避捕食者,更有利于觅食和节省觅食成本。本章首先介绍飞鼠的生活习性和飞鼠搜索算法的优化原理,然后阐述飞鼠搜索算法的数学描述、算法的伪代码及程序流程。

45.1　飞鼠搜索算法的提出

飞鼠搜索算法(Squirrel Search Algorithm,SSA)是2019年由Jain等提出的群智能优化算法,用于解决单模态、多模态和多维优化问题。该算法模拟南方飞鼠的动态觅食行为及其古老的滑翔运动方式。飞鼠自身能够随着季节变化供给营养数量的变化,选择最佳地利用两种食物源营养的觅食行为,这体现出一种寻优的机制。飞鼠还能用一种滑行方式在树与树之间移动,这样既可以节省能量、躲避捕食者,又有利于觅食和节省觅食成本。

通过对经典和现代CEC2014基准函数的测试,并与其他现有的优化算法比较,统计结果的分析表明,SSA具有更高的优化精度和收敛速度。

45.2　飞鼠滑行及觅食行为的寻优机制

飞鼠是小型啮齿哺乳动物,它们大多生长在欧亚的落叶林区,树栖夜行,善于滑行。如图45.1所示,飞鼠有一个类似降落伞的薄膜,它能够调整升力和阻力,从一棵树上滑翔到另一棵树上,如图45.2所示。因此,从空气动力学角度看,飞鼠是滑行方式最为复杂的动物。

图45.1　飞鼠自然环境下滑行实景图

图45.2　飞鼠在两棵树之间滑行的示意图

飞鼠并不会飞，它们使用一种特殊的"滑翔"方式进行移动，滑翔是一种节省能量的方式，可以让小型哺乳动物快速而有效地跨越很远的距离。研究表明，飞鼠进化出滑行能力是为了躲避天敌，并且滑行更有利于觅食和节省觅食成本。

飞鼠有一种智能动态觅食行为。例如，为了保证秋天的营养供给充足，它们更喜欢吃橡子，同时在它们的巢、洞穴或者地面上储存山核桃之类坚果。在冬季，由于温度较低、营养需求较高，在觅食过程中发现的山核桃会被迅速吃掉，如果营养不够，就吃秋天的储备粮食。飞鼠能够根据外界环境供给的营养数量的变化，有选择地吃一些坚果并且储存其他坚果，可以最佳地利用这两种食物源，体现了飞鼠动态觅食的智能行为。

模拟飞鼠的智能动态觅食行为和特殊的滑行方式体现出的寻优机制，正是飞鼠搜索算法的优化原理。

45.3　飞鼠搜索算法的数学描述

1. 飞鼠的位置随机初始化

在 d 维搜索空间中，飞鼠的位置由 d 维向量表示，d 可以是一维、二维和三维甚至更高的维度。设森林里有 n 只飞鼠，所有飞鼠的位置向量可以用矩阵表示为

$$\begin{bmatrix} FS_{1,1} & FS_{1,2} & \cdots & FS_{1,d} \\ FS_{2,1} & FS_{2,2} & \cdots & FS_{2,d} \\ \vdots & \vdots & & \vdots \\ FS_{n,1} & FS_{n,2} & \cdots & FS_{n,d} \end{bmatrix} \tag{45.1}$$

其中，$FS_{i,j}$ 为第 i 只飞鼠的 j 维分量。采用均匀分布对飞鼠位置进行随机初始化为

$$FS_{i,j} = FS_L + U(0,1)(FS_U - FS_L) \tag{45.2}$$

其中，FS_U、FS_L 分别为第 i 只飞鼠 j 维分量的上限和下限；$U(0,1)$为在[0,1]区间均匀分布的随机数。

2. 适应度值估计

适应度函数是飞鼠所处位置的函数，每只飞鼠的适应度值由预先定义的适应度函数确定如下：

$$\boldsymbol{f} = \begin{bmatrix} f_1([FS_{1,1}, FS_{1,2}, \cdots, FS_{1,d}]) \\ f_2([FS_{2,1}, FS_{2,2}, \cdots, FS_{2,d}]) \\ \vdots \\ f_n([FS_{n,1}, FS_{n,2}, \cdots, FS_{n,d}]) \end{bmatrix} \tag{45.3}$$

每只飞鼠位置的适应度值描述了食物源的等级，最佳食物源为山核桃树，正常食物源为橡树，没有食物来源的树为普通树。处在最佳质量食物源树上的飞鼠更容易生存下来。

3. 排序、分类和随机选择

在存储了每只飞鼠位置的适应度值后，数组按升序排序。最小适应度值的飞鼠停留在山核桃树上，接下来的 3 只飞鼠停留在橡树上，它们可以向山核桃树飞行，其余飞鼠停留在普通树上。通过随机选择方式，选择已经满足每日所需能量的飞鼠朝着山核桃树移动，剩余飞鼠将朝着橡树移动，以获取每日所需能量。飞鼠的觅食行为会受到天敌的影响，松鼠具体采用哪种

移动策略也要根据天敌出现的概率而定。

4. 飞鼠的位置更新

在飞鼠的飞行觅食过程中，可能会出现3种情况。在每种情况假设没有天敌的情况下，飞鼠在整个森林中滑行并高效地搜寻它最喜欢的食物，而天敌的存在使它变得谨慎，飞鼠被迫在小范围内随机行走，来搜寻附近的躲藏地点。

(1) 情况1。在橡树上的飞鼠会向山核桃树移动的位置更新公式为

$$\mathrm{FS}_{\mathrm{at}}^{t+1}=\begin{cases}\mathrm{FS}_{\mathrm{at}}^{t}+d_{\mathrm{g}}G_{\mathrm{c}}(\mathrm{FS}_{\mathrm{ht}}^{t}-\mathrm{FS}_{\mathrm{at}}^{t}), & R_1\geqslant P_{\mathrm{dp}}\\ \text{随机位置}, & R_1<P_{\mathrm{dp}}\end{cases}\tag{45.4}$$

其中，d_{g} 为随机滑行距离；R_1 为在[0,1]区间均匀分布的随机数；P_{dp} 为天敌出现的概率；$\mathrm{FS}_{\mathrm{at}}^{t}$ 为橡子树的位置；$\mathrm{FS}_{\mathrm{ht}}^{t}$ 为山核桃树的位置；t 为目前的迭代次数。G_{c} 为滑动常数，用于全局探索与局部探索之间的平衡。通过不断尝试，G_{c} 取1.9。

(2) 情况2。在普通树上的松鼠会向橡树移动的位置更新公式为

$$\mathrm{FS}_{\mathrm{nt}}^{t+1}=\begin{cases}\mathrm{FS}_{\mathrm{nt}}^{t}+d_{\mathrm{g}}G_{\mathrm{c}}(\mathrm{FS}_{\mathrm{at}}^{t}-\mathrm{FS}_{\mathrm{nt}}^{t}), & R_2\geqslant P_{\mathrm{dp}}\\ \text{随机位置}, & R_2<P_{\mathrm{dp}}\end{cases}\tag{45.5}$$

其中，R_2 为[0,1]均匀分布的随机数；$\mathrm{FS}_{\mathrm{nt}}^{t}$ 为普通树的位置；$\mathrm{FS}_{\mathrm{at}}^{t}$ 为橡树的位置。

(3) 情况3。一些在普通树上的松鼠已经吃了橡果，它们为了储存山核桃来应对食物短缺而向山核桃树移动的位置更新公式为

$$\mathrm{FS}_{\mathrm{nt}}^{t+1}=\begin{cases}\mathrm{FS}_{\mathrm{nt}}^{t}+d_{\mathrm{g}}G_{\mathrm{c}}(\mathrm{FS}_{\mathrm{ht}}^{t}-\mathrm{FS}_{\mathrm{nt}}^{t}), & R_3\geqslant P_{\mathrm{dp}}\\ \text{随机位置}, & R_3<P_{\mathrm{dp}}\end{cases}\tag{45.6}$$

其中，R_3 为[0,1]均匀分布的随机数；$\mathrm{FS}_{\mathrm{nt}}^{t}$ 为普通树的位置；$\mathrm{FS}_{\mathrm{ht}}^{t}$ 为山核桃树的位置。天敌出现的概率 P_{dp} 取0.1。

5. 飞鼠滑行的空气动力学

飞鼠在树与树之间滑行过程的受力分析如图45.3所示。飞鼠滑行产生的空气浮力 L 和阻力 D 的合力 R，其大小与松鼠的重力大小相等，方向相反。合力 R 为松鼠提供了恒定的速度以沿着一条直线路径滑行，如图45.4所示。

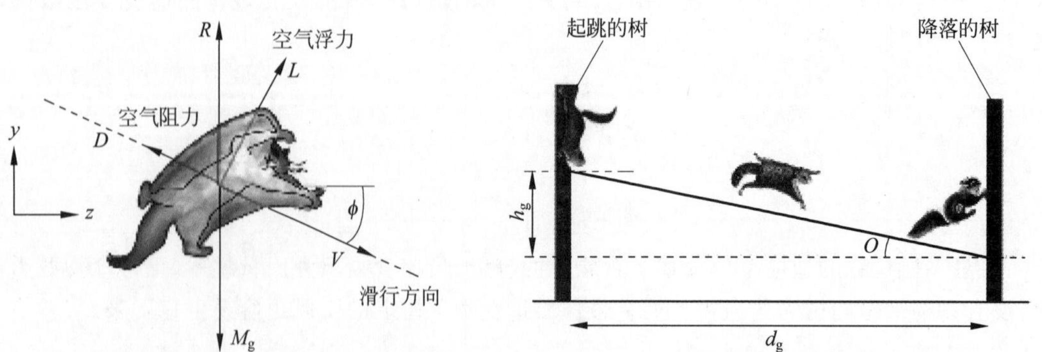

图45.3　飞鼠滑行过程的受力分析

图45.4　飞鼠以恒定速度滑行的情况

当飞鼠恒定速度滑行时，空气浮力与阻力比值的表达式为

$$\frac{L}{D}=\frac{1}{\tan\phi}\tag{45.7}$$

其中，L 为空气浮力；D 为空气阻力；ϕ 为滑行角度。

飞鼠翼膜所受到的空气浮力 L 和空气阻力 D 分别表示为

$$L=\frac{1}{2}\rho V^2 SC_{\mathrm{L}} \tag{45.8}$$

$$D=\frac{1}{2}\rho V^2 SC_{\mathrm{D}} \tag{45.9}$$

其中，ρ 为空气密度；V 为飞鼠滑行速度；S 为飞鼠与空气接触的表面积；C_{L} 为提升因子，取[0.675,1.5]的随机数；C_{D} 为阻力因子，取 $C_{\mathrm{D}}=0.6$。

滑行角度的表达式为

$$\phi=\arctan\left(\frac{D}{L}\right) \tag{45.10}$$

滑行距离的表达式为

$$d_{\mathrm{g}}=\frac{h_{\mathrm{g}}}{(\tan\phi)s_{\mathrm{f}}} \tag{45.11}$$

其中，$h_{\mathrm{g}}=8\mathrm{m}$，为飞鼠滑行后下降高度；$s_{\mathrm{f}}$ 为缩放因子，用于调节算法的局部搜索能力与全局搜索能力之间的平衡。仿真实验表明，$s_{\mathrm{f}}=18$ 时的效果最好。此时，$0.5\leqslant d_{\mathrm{g}}\leqslant 1.11$。飞鼠滑行距离是随机的，它可以通过控制提升力和阻力的比例来改变滑行的距离。在 SSA 模型中，滑行距离为 9～20m。

6. 季节变化对飞鼠觅食的影响

季节变化极大地影响飞鼠的觅食活动，在 SSA 中通过检查季节变化条件，防止算法过早地收敛到局部最优值，具体步骤如下。

(1) 计算季节常数 S_{c}。

$$S_{\mathrm{c}}^t=\sqrt{\sum_{k=1}^{d}(\mathrm{FS}_{\mathrm{at},k}^t-\mathrm{FS}_{\mathrm{ht},k})^2} \tag{45.12}$$

其中，$t=1,2,3$。

(2) 检验季节改变条件 $S_{\mathrm{c}}^t<S_{\min}$ 是否成立，$S_{\min}$ 是季节常数最小值，计算式为

$$S_{\min}=\frac{10E^{-6}}{(365)^{(t/t_{\max})/2.5}} \tag{45.13}$$

其中，t 为当前的迭代次数；$t_{\max}$ 为最大迭代次数；$S_{\min}$ 影响 SSA 的局部寻优能力和全局寻优能力，若取得大一些，算法的全局寻优能力更强，取得小一些，算法的局部寻优能力更强。

式(45.4)～式(45.6)中的参数 G_{c} 由大到小自适应改变是为了平衡好全局寻优与局部寻优两者之间的关系。

(3) 若季节改变条件成立(冬季结束)，则随机更新那些普通树上的飞鼠位置更新公式为

$$\mathrm{FS}_{\mathrm{nt}}^{\mathrm{new}}=\mathrm{FS}_{\mathrm{L}}+\mathrm{Levy}(n)\cdot(\mathrm{FS}_{\mathrm{U}}-\mathrm{FS}_{\mathrm{L}}) \tag{45.14}$$

其中，Levy 飞行是一类步长服从 Levy 分布的特殊的随机行走，步长服从幂律分布 $L(S)\sim|S|^{-1-\beta}$，其中 $0<\beta\leqslant 2$。Levy 分布可以表示为

$$L(s,\gamma,\mu)=\begin{cases}\sqrt{\dfrac{\gamma}{2\pi}}\exp\left[-\dfrac{\gamma}{2(s-\mu)}\right]\dfrac{1}{(s-\mu)^{3/2}}, & 0<\mu<s<\infty\\ 0, & \text{其他}\end{cases} \tag{45.15}$$

其中，γ 为缩放参数，$\gamma>0$；μ 为平移参数，$\mu>0$。Levy 分布还可以用下列简单的式子描述为

$$\mathrm{Levy}(x)=0.01\frac{r_{\mathrm{a}}\sigma}{|r_{\mathrm{b}}|^{1/\beta}} \tag{45.16}$$

其中，r_{a}、r_{b} 是服从均值为 0、方差为 1 的正态分布随机数；$\beta=1.5$。方差表达式为

$$\sigma=\left[\frac{\Gamma(1+\beta)\sin\left(\frac{\pi\beta}{2}\right)}{\Gamma\left(\frac{1+\beta}{2}\right)\beta\cdot 2^{\frac{\beta-1}{2}}}\right]^{\frac{1}{\beta}} \tag{45.17}$$

其中，$\Gamma(x)=(x-1)!$。SSA 算法的终止条件为最大迭代次数。

45.4 飞鼠搜索算法的伪代码实现及流程

飞鼠搜索算法的伪代码描述如下。

```
定义输入参数: Iter max,NP,n,P_dp,sf,G_c,FS_U,FS_L
种群初始化,用式(45.2)随机生成 n 只飞鼠的初始位置
评估每只飞鼠位置的适应度值
根据飞鼠的适应度值按升序对飞鼠的位置进行排序
将飞鼠分配到山核桃树、橡树和普通树
随机选择一些普通树上的飞鼠向山核桃树移动,剩下的将向橡树移动
While 不满足终止条件
    For t = 1:n1                    //n1 为在橡树上向山核桃树移动的飞鼠数量
        if R_1 ≥ P_dp
            FS_at^(t+1) = FS_at^t + d_g G_c (FS_ht^t - FS_at^t)
        else
            FS_at^(t+1) 为搜索空间的随机位置
        end
    end
    For t = 1:n2                    //n2 为普通树上向橡树移动的飞鼠数量
        if R_2 ≥ P_dp
            FS_nt^(t+1) = FS_nt^t + d_g G_c (FS_at^t - FS_nt^t)
        else
            FS_nt^(t+1) 为搜索空间的随机位置
        end
    end
    For t = 1:n3                    //n3 为普通树上向山核桃树移动的飞鼠数量
        if R_3 ≥ P_dp
            FS_nt^(t+1) = FS_nt^t + d_g G_c (FS_ht^t - FS_nt^t)
        else
            FS_nt^(t+1) 为搜索空间的随机位置
        end
    end
计算季节常数(S_c)
    if  满足季节变化条件
        使用式(45.14) 随机更新那些普通树上的飞鼠的位置
    end
利用式(45.13)更新季节常数(S_min)的最小值
end
飞鼠在山核桃树上的位置是最终的最优解
End
```

飞鼠搜索算法的流程如图 45.5 所示。

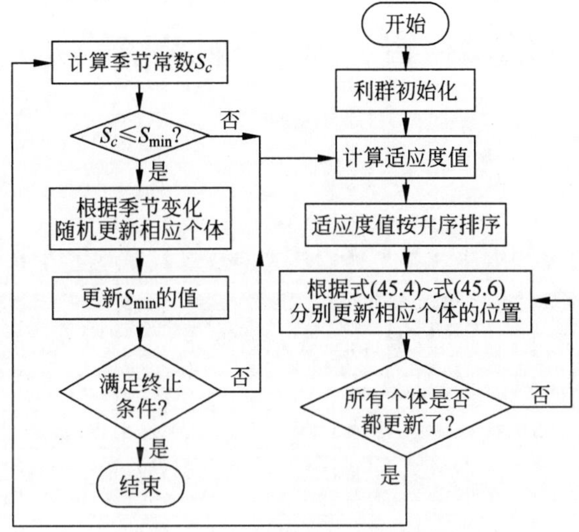

图 45.5　飞鼠搜索算法的流程图

第46章 混合蛙跳算法

混合蛙跳算法模拟青蛙在沼泽地中跳动觅食的行为。它基于文化算法框架，采用类似粒子群优化算法的局部搜索策略，而全局搜索则包含混合操作。随机生成初始青蛙种群后再分成若干族群，每个族群先进行局部搜索，然后各个族群进行信息交换。族群中适应度越好的蛙被选中进入子族群的概率就越大。按照适应度值的大小将族群内的青蛙重新排序，重新生成子族群。全局性的信息交换和族群内部交流机制结合，可指引算法搜索过程向着全局最优点的方向进行搜索。本章介绍混合蛙跳算法的基本原理、描述、实现步骤及流程。

46.1 混合蛙跳算法的提出

混合蛙跳算法(Shuffled Frog Leaping Algorithm，SFLA)是2001年由美国学者Eusuff和Lansey等为解决水资源网络管径优化设计问题而提出的一种群智能优化算法，并在2003年和2006年对此算法又做了详细的说明。混合蛙跳算法基于文化算法框架，根据青蛙群体中个体在觅食过程中交流文化基因来构建算法模型，采用类似粒子群优化算法的个体进化的局部搜索和混合操作的全局搜索策略。在算法中，虚拟青蛙是文化基因的宿主并作为算法最基本的单位。这些文化基因由最基本的文化特征组成。

SFLA具有思想简单、寻优能力强、实验参数少、计算速度快等特点，已被用于成品油管网优化、函数优化、生产调度、网络优化、数据挖掘、图像处理、多目标优化等领域。

46.2 混合蛙跳算法的基本原理

混合蛙跳算法的基本思想如图46.1所示，模拟了一群青蛙在一片沼泽地中不断地跳跃来寻找食物的行为。混合蛙跳算法从随机生成一个覆盖整个沼泽的青蛙种群开始，然后这个种群被均匀分为若干族群。这些族群中的青蛙采用类似粒子群算法的进化策略朝着不同的搜索方向独立进化。在每一个文化基因体内，青蛙们能被其他青蛙的文化基因感染，进而发生文化进化。为了保证感染过程中的竞争性，算法使用三角概率分布来选择部分青蛙进行进化，保证适应度较好的青蛙产生新文化基因的贡献比较差的青蛙大。

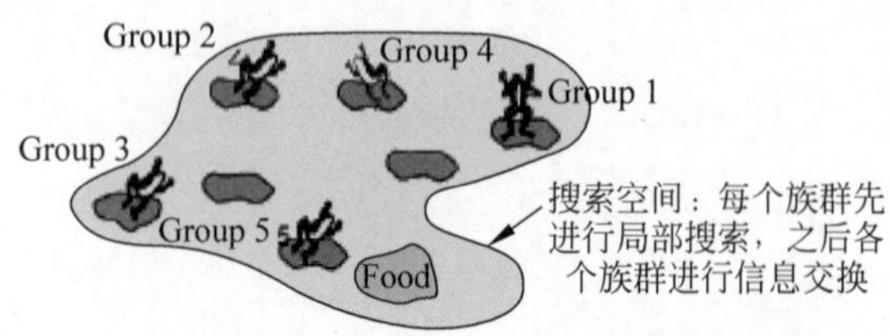

图46.1 混合蛙跳算法的基本思想

在进化过程中，青蛙们可以使用文化基因体中最佳和种群最佳的青蛙信息改变文化基因。青蛙每一次跳跃的步长作为文化基因的增量，而跳跃达到的新位置作为新文化基因。这个新文化基因产生后就随即用于下一步传承进化。

在达到预先定义的局部搜索(传承进化)迭代步数后,这些文化基因体被混合,重新确定种群中的最佳青蛙,并产生新的文化基因族群。这种混合过程提高了新文化基因的质量,这一过程不断重复演进,保证算法快速满足预先定义的收敛性条件,直到获得全局最优解。总之,混合蛙跳算法的局部搜索和全局信息交换一直持续交替进行到满足收敛条件结束为止。

不难看出,混合蛙跳算法随机性和确定性相结合。随机变量保证搜索的灵活性和鲁棒性,而确定性则允许算法积极有效地使用响应信息来指导启发式搜索。混合蛙跳算法全局信息交换和局部深度搜索的平衡策略使得算法具有避免过早陷入局部极值点的能力,从而指引算法搜索过程向着全局最优点的方向进行搜索。

46.3　基本混合蛙跳算法的描述

下面介绍基本混合蛙跳算法的基本概念及算法描述。

1. 蛙群、族群及其初始化

混合蛙跳算法把每只青蛙作为优化问题的可行解。开始时,随机生成一个覆盖整个沼泽地(解空间,可行域)的青蛙种群(蛙群)。再把整个蛙群按照某种具体原则(如均分原则)划分成多个相互独立排序的族群(子种群)。每个族群具有不同文化基因体,所以族群又被称为文化基因体或模因组。

选取族群的数量为 n,每个族群中青蛙数量为 m,蛙群中总的青蛙数为 $S=m\times n$。设在可行域 $\Omega\in\mathbf{R}^d$ 中,有青蛙 $F(1),F(2),\cdots,F(S)$,其中 d 为决策变量数(每只青蛙基因所含的特征数)。第 i 只青蛙用决策变量表示为 $F(U_i^1,U_i^2,\cdots,U_i^d)$。

每只青蛙用适应度为 $f(i)$来评价其好坏程度。个体青蛙被看作元信息的载体,每个元信息包含多个信息元素,这与遗传算法中基因和染色体的概念相类似。

2. 族群划分

将青蛙种群 S 中的青蛙平均分到 m 族群 $M^1,M^2,\cdots,M^m$ 中,每个包含 n 只青蛙。分配方式为

$$M^k=[F^k(j),f^k(j)\mid F^k(j)=F(k+m(j-1)),f^k(j)=f(k+m(j-1))$$
$$j=1,2,\cdots,n;\ k=1,2,\cdots,m] \tag{46.1}$$

这些族群可以朝着不同的搜索方向独立进化。根据具体的执行策略,族群中的蛙在解空间中进行局部搜索,使得元信息在局部个体之间进行传播,这就是元进化过程。图46.2给出了将一个由 F 只青蛙组成的蛙群划分为 m 个族群的例子。

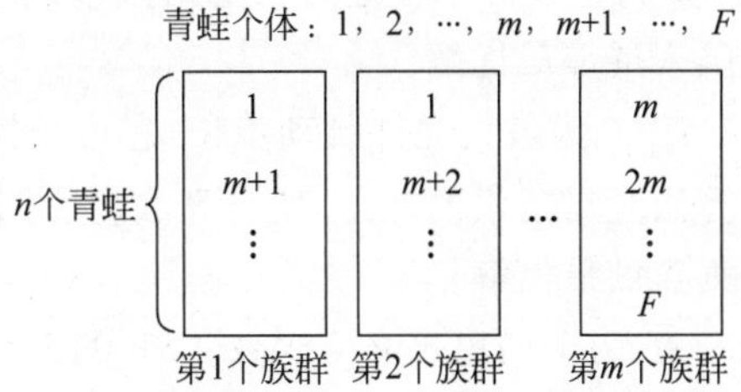

图46.2　青蛙族群的划分

3. 构建子族群

子族群是为了预防算法陷于局部最优值而设计的,它由族群中按照适应度进行选择后产生的青蛙所构成。族群中的青蛙具有的适应度越好,则被选中进入子族群的概率就越大。子族群代替族群在解空间进行局部搜索,每次完成子族群内的局部搜索,族群内的青蛙就需要按照适应度的大小进行重新排序,并重新生成子族群。

选取族群中的青蛙进入子族群是通过如下三角概率分布公式完成的：

$$p_j = 2(n+1-j)/n(n+1) \quad j = 1,2,\cdots,n \tag{46.2}$$

即文化基因体中适应度最好的青蛙有最高的被选中的概率 $p_j = 2(n+1)$，而适应度最差的青蛙有最低的被选中的概率 $p_j = 2/n(n+1)$。选择过程是随机的，这样就保证选出的 $q(q<n)$ 只青蛙能全面反映该文化基因体中青蛙的适应度分布。将选出的 q 只青蛙组成子文化基因体 Z，并将其中青蛙按照适应度递增的顺序排序。分别记录适应度最好的青蛙($iq=1$)为 P_B，最差的青蛙($iq=q$)为 P_W。

4. 青蛙位置的更新

计算子文化基因体中适应度最差青蛙的跳跃步长为

$$L = \begin{cases} \min\{r(P_B - P_W), L_{max}\}, & \text{正文化特征} \\ \max\{r(P_B - P_W), -L_{max}\}, & \text{负文化特征} \end{cases} \tag{46.3}$$

其中，r 为[0,1]区间的随机数；P_B 和 P_W 分别为子文化基因体中对应于青蛙最好位置和最差位置；L_{max} 为青蛙被感染之后最大跳跃步长。

青蛙的新位置的计算公式为

$$F(q) = P_W + L \tag{46.4}$$

若更新的最差青蛙位置不能产生较好的结果，则需要再次更新最差青蛙位置，并根据式(46.5)计算跳跃步长为

$$L = \begin{cases} \min\{r(P_X - P_W), L_{max}\}, & \text{正文化特征} \\ \max\{r(P_X - P_W), -L_{max}\}, & \text{负文化特征} \end{cases} \tag{46.5}$$

其中，P_X 为青蛙的全局最好位置。更新最差青蛙位置的计算仍采用式(46.4)。

5. 算法参数

混合蛙跳算法的计算包括如下一些参数。

S 为种群中青蛙的数量；m 为族群的数量；n 为族群中青蛙的数量；P_X 为全局最优解；P_B 为局部最优解；P_W 为局部最差解。

S 的值一般和问题的复杂性相关，样本容量越大，算法找到或接近全局最优的概率也就越大。对于族群数量 m 的选择，要确保子族群中青蛙数量不能太小。如果 n 太小，则局部进行进化搜索的优点就会丢失。

q 为子族群中青蛙的数量，引入该参数的目的是保证青蛙族群的多样性，同时也是为了防止陷入局部最优解。

L_{max} 为最大允许跳动步长，它可以控制算法进行全局搜索的能力。如果 L_{max} 太小，会减少算法全局搜索的能力，使得算法容易陷入局部搜索；如果 L_{max} 太大，又很可能使得算法错过真正的最优解。

SF 为全局思想交流次数。SF 的大小一般也和问题的规模相关，问题规模越大，其值相应也越大。

LS 为局部迭代进化次数，它的选择也要大小适中。如果太小，会使得青蛙子族群频繁地跳跃，减少了信息之间的交流，失去了局部深度搜索的意义，算法的求解精度和收敛速度就会变差；相反，虽然可以保证算法的收敛性能，但是进行一次全局信息交换的时间过长，而导致算法的计算效率下降。

6. 算法停止条件

SFLA通常可以采用如下条件来控制算法停止：一是可定义一个最大的迭代次数；二是至少有一只青蛙达到最佳位置；三是在最近的K次全局思想交流过程之后，全局最优解没有得到明显的改进。无论哪个停止条件得到满足，算法都要被强制退出整个循环搜索过程。

46.4 混合蛙跳算法的实现步骤

混合蛙跳算法的实现过程分为全局搜索过程和局部搜索过程，分别介绍如下。

1. 全局搜索过程

(1) 青蛙种群初始化。

(2) 青蛙分类。对种群S中的青蛙按照适应度递增的顺序排序，记录S中适应度最好的青蛙位置P_X为$F(1)$。

(3) 按式(46.1)划分族群(文化基因体)。

(4) 文化基因体传承进化。每个文化基因体$M^k(k=1,2,\cdots,m)$根据局部搜索步骤独立进化。

(5) 将各文化基因体进行混合。在每个文化基因体都进行过一轮局部搜索之后，将重新组合种群S，并再次根据适应度递增排序，更新种群中最优青蛙，并记录全局最优青蛙的位置P_X。

(6) 检验停止条件。若满足了算法收敛条件，则停止算法执行过程；否则，转到步骤(3)。

2. 局部搜索过程

局部搜索过程是对上面全局搜索过程中步骤(4)的进一步展开，具体过程如下。

(1) 定义计算器。设im=0，其中im是文化基因体的计数器，标记当前进化文化基因体的序号；设ie=0，其中ie是独立进化次数的计数器，标记并比较当前文化基因体的独立进化次数是否小于最大独立进化次数。

(2) 初始化计算器im=im+1。

(3) 初始化计算器ie=ie+1。

(4) 按式(46.2)构建子文化基因体。

(5) 按式(46.3)更新最差青蛙位置，并利用式(46.4)计算新位置$F(q)$，若$F(q)$在可行域，计算新的适应度$f(q)$；否则进入步骤(6)。若新的适应度比旧的适应度好，即产生一个更好的结果，则用新$F(q)$替换旧$F(q)$，并转入步骤(8)；否则进入步骤(6)。

(6) 若上一步不能产生较好的结果，再次更新最差青蛙位置。根据式(46.5)计算跳跃步长。若$F(q)$在可行域，则计算新的适应度$f(q)$，否则转入步骤(7)；若新的适应度比旧的适应度好，即产生一个更好的结果，则用新$F(q)$替换旧$F(q)$，并转入步骤(8)，否则进入步骤(7)。

(7) 随机产生青蛙的新位置。若新位置不可行，又不比旧位置好，则在可行域内随机产生一个新青蛙$F(r)$取代原来青蛙，以终止有缺陷文化基因的传播，并计算适应度$f(r)$。

(8) 升级文化基因体。子文化基因体中最差青蛙经过传承进化后，替换其在文化基因体M^{im}的出处，并以适应度递减的顺序排列M^{im}。

(9) 检查进化次数。若ie$<e$，则跳转到步骤(3)，进行下一次传承进化。

(10) 检查文化基因体数。若im$<m$，则跳转到步骤(2)，进行下一个文化基因体传承进化，否则回到全局搜索以混合文化基因体。

46.5 混合蛙跳算法实现的流程

混合蛙跳算法实现的流程如图 46.3 所示。图中左侧部分为全局搜索主程序流程图,而右侧部分为进入主程序流程图中的局部搜索程序的流程图。局部搜索部分给出了文化基因体传承进化过程。当完成局部搜索后,将所有文化基因体内的青蛙重新混合并排序和划分文化基因体,再进行局部搜索;如此反复,直到定义的收敛条件结束为止。全局信息交换和局部深度搜索的平衡策略使得算法能够跳出局部极值点,向全局最优方向进行。

混合蛙跳算法是全局搜索过程和局部搜索过程交叉实现的。

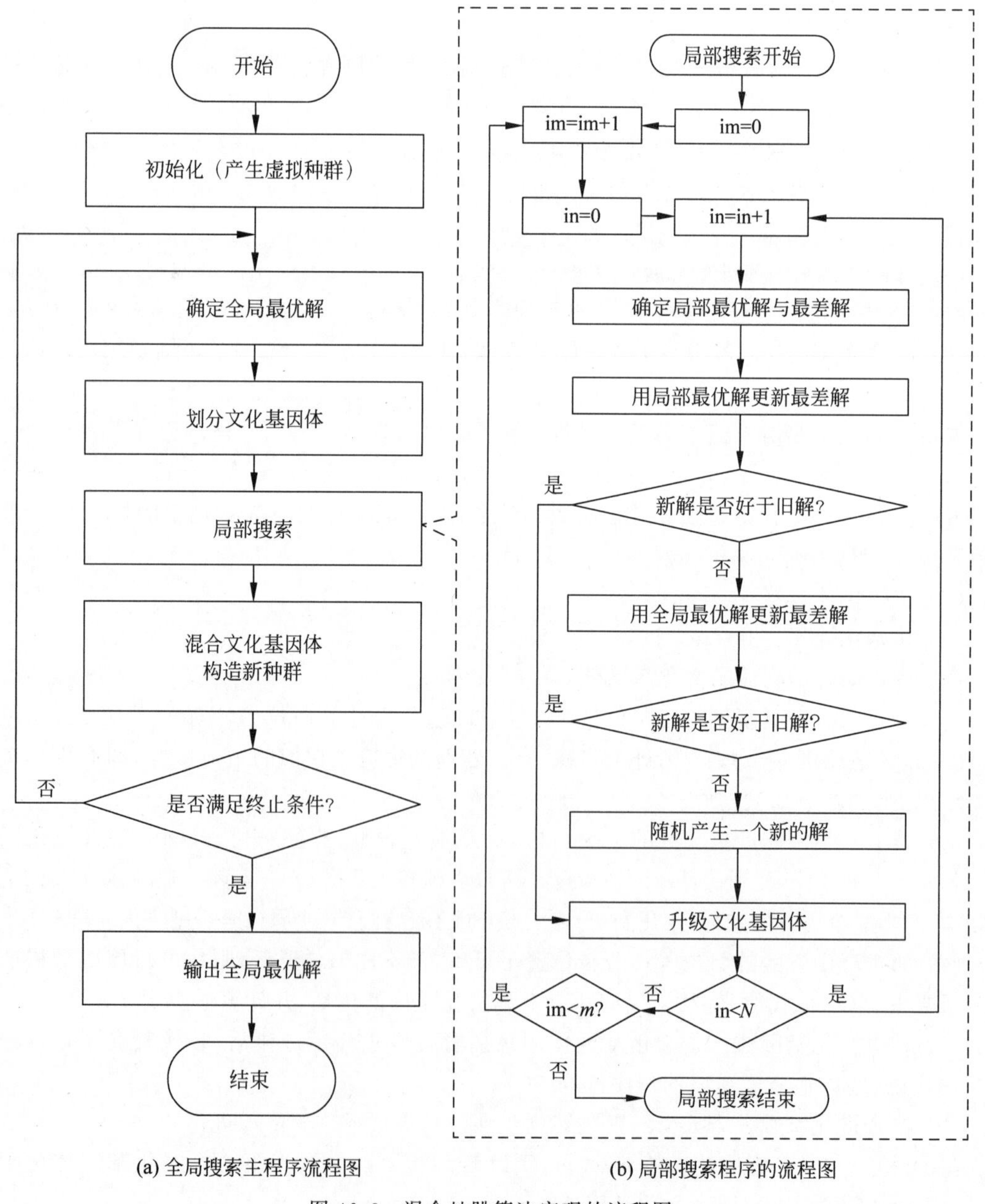

(a) 全局搜索主程序流程图　　(b) 局部搜索程序的流程图

图 46.3　混合蛙跳算法实现的流程图

第 47 章　人工鱼群算法

人工鱼群算法是一种模拟鱼群觅食、聚群、追尾、随机等行为的群智能优化算法。动物自治体模型是用来展示动物在复杂多变环境里能够自主地产生自适应智能行为的模式，该算法将鱼视为自治体的概念引入优化算法，应用这种模型结构具有自下而上的特点，同基于行为主义的人工智能方法相结合，具有良好的全局优化能力。本章介绍动物自治体模型与鱼类的觅食行为，以及人工鱼群算法的基本原理、数学描述及算法流程。

47.1　人工鱼群算法的提出

人工鱼群算法(Artificial Fish Swarm Algorithm，AFSA)是 2002 年由李晓磊等基于动物自治体的模型，通过模拟鱼群觅食行为提出的一种群智能优化算法。该算法将动物自治体的概念引入优化算法，使得该算法的自下而上的寻优模式具有良好的全局优化能力。由于该算法对初值和参数的选择不敏感，具有鲁棒性强、简单易实现等优点，因此在组合优化、生产调度、聚类分析、系统辨识、图像处理、电力规划、负荷预测等领域获得了应用。

47.2　动物自治体模型与鱼类的觅食行为

大自然中存在着形形色色的生物经历了漫长的自然界的优胜劣汰，作为一个种群生存至今。它们所形成的觅食和生存方式为人类解决问题的思路带来了不少启发。动物一般不具有人类所具有的复杂逻辑推理能力和综合判断能力的高级智能，它们的目标是在个体的简单行为中通过群体的表现而突现出来的。

动物自治体是一种从底层来研究生物的适应性行为，或者说是生物的智能行为的模型。与传统的基于知识的顺序结构的智能系统相比较，它是一种基于行为的多通路的并行结构，如图 47.1 所示。动物自治体具有以下特点。

(1) 并行性：自治体的各行为是并行处理的。

(2) 自下而上的设计方法：它从分析自治体的底层行为出发，来实现整体的设计。

(3) 任务分解：对于自治体的某一种行为仅限于执行某一任务。

(4) 分散智能：自治体不需要一个总体的完善的知识库和推理库，而是由一系列分散的、简单的适应性反应行为表现出来的。

(5) 突现性：自治体的单一行为与总体目标之间有时候没有必然的逻辑关系，总体目标的实现往往是在自治体内部各行为间、自治体与其所处环境的相互作用中突现出来的。

通过对鱼类生活习性的观察，如图 47.2 所示，可以总结并提取出几种典型的鱼群行为。

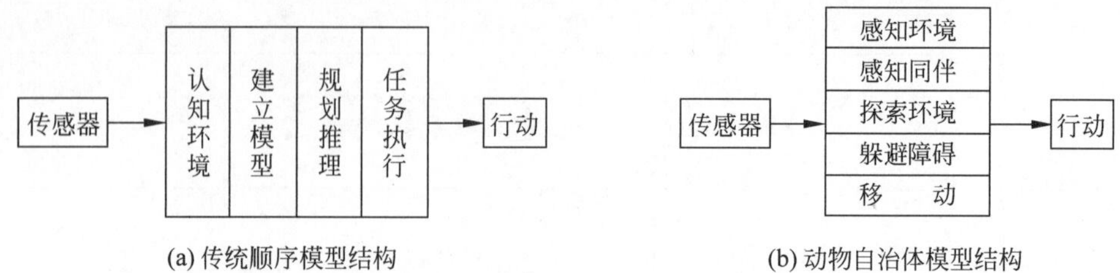

图 47.1 动物自治体模型与传统顺序模型的结构对比

图 47.2 几种鱼类聚群觅食行为

(1) 鱼的觅食行为：一般认为，鱼类通过视觉或味觉感知水中的食物量或浓度来选择游动趋向。当发现食物时，会向着食物逐渐增多的方向快速游去；若没有发现食物或周围食物浓度都较低，则自由随机游动。

(2) 鱼的聚群行为：一般的鱼类属于群体生物，为了保证群体的生存和躲避危害而形成一种聚集成群的生活习性。于是鱼群中的个体在水中游动所采用的规则有 3 条：

① 尽量避免与邻近伙伴过于拥挤的分隔规则；

② 尽量与邻近伙伴平均方向一致的对准规则；

③ 尽量朝邻近伙伴中心移动的内聚规则。

(3) 鱼的追尾行为：在鱼群的游动过程中，当其中一条或几条发现食物时，其临近的伙伴会尾随其快速到达食物所在位置。

上述鱼的几个典型行为在不同时刻会相互转换，而这种转换通常是鱼通过对环境的感知来自主实现的，这些行为与鱼的觅食和生存都有着密切的关系。

47.3 人工鱼群算法的基本原理

在一片水域中，鱼生存数目最多的地方一般就是该水域中富含营养物质最多的地方，依据这一特点来模仿鱼群的觅食等行为，以期完成寻优目的，从而实现全局寻优，这就是鱼群算法的基本思想。

在鱼类的活动中，觅食行为、聚群行为、追尾行为和随机行为与寻优问题的解决有着较密切关系。觅食行为是循着食物多的方向游动的一种行为，在寻优算法中则是向较优方向前进的迭代方式，如鱼群模式中的视觉概念。在聚群行为中，每条人工鱼遵守两个规则：一是尽量向临近伙伴的中心移动；二是避免过分拥挤。追尾行为是向邻近的最活跃者追逐的行为，在寻优算法中可以理解为是向附近的最优伙伴前进的过程。

在人工鱼群算法中，每个备选解被视为一条"人工鱼"，多条人工鱼共存，实现合作寻优(类似鱼群寻找食物)。人工鱼是真实鱼个体的一个虚拟实体，它采用动物自治体的概念来构造，如图 47.3 所示。人工鱼通过感官接收环境的刺激信息，并通过控制尾鳍做出相应的应激活动，它采用的是基于行为的多并行通路结构。

人工鱼所处环境是问题的解空间和其他人工鱼的状态，它在下一时刻的行为取决于目前自身状态和目前环境状态(包括问题当前解的优劣和其他同伴的状态)，并且通过它及自身活动同时影响环境，进而影响其他同伴的活动。

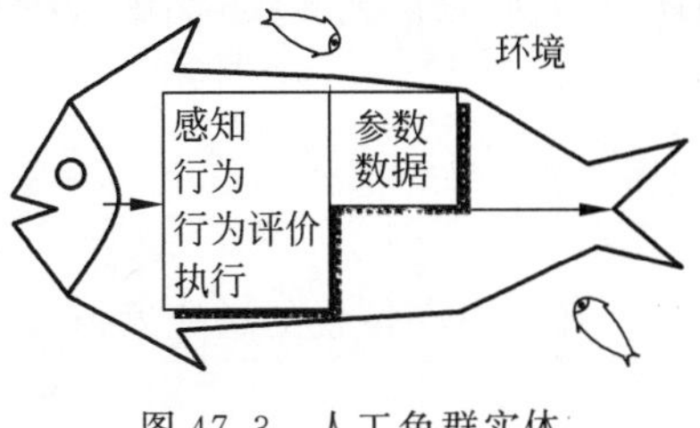

图47.3 人工鱼群实体

47.4 人工鱼群算法的数学描述

首先初始化为一群人工鱼(随机解)，然后通过迭代搜寻最优解。在每次迭代过程中，人工鱼通过觅食、聚群及追尾等行为来更新自己，从而实现寻优。也就是说，算法的进行是人工鱼个体的自适应行为活动，即每条人工鱼根据周围的情况进行游动，人工鱼的每次游动就是算法的一次迭代。算法具体过程的数学描述如下。

人工鱼个体的状态表示为向量 $\boldsymbol{X}=(x_1,x_2,\cdots,x_n)$，其中 $x_i(i=1,2,\cdots,n)$ 为欲寻优的变量；人工鱼当前所在位置的食物浓度表示为 $Y=f(x)$，其中 Y 为目标函数值；人工鱼个体之间的距离表示为 $d_{i,j}=|x_i-x_j|$；Visual 表示人工鱼的感知距离；Step 表示人工鱼移动的最大步长；δ 为拥挤度因子。

(1) 觅食行为。觅食行为是鱼循着食物多的方向游动的一种行为。

设第 i 条人工鱼的当前状态为 X_i，适应度值为 Y_i，执行式(47.1)，在其感知范围内随机选择一个状态 X_j，根据适应度函数计算该状态的适应度值 Y_j，如果在求极大值问题中，$Y_i<Y_j$(或在求极小值问题中 $Y_i>Y_j$)，则向该方向前进一步，执行式(47.2)，使得 X_i 到达一个新的较好状态 $X_{i|\text{next}}$；否则，执行式(47.1)，继续在其感知范围内重新随机选择状态 X_j，判断是否满足前进条件，如果不能满足，则重复该过程，直到满足前进条件或试探次数达到预设的最大的试探次数 Try_number。

当人工鱼试探次数达到预设的最大试探次数 Try_number 后仍不能满足前进条件，则执行式(47.3)，在感知范围内随机移动一步，即执行随机行为使得 X_i 到达一个新的状态 $X_{i|\text{next}}$。

$$X_j=X_i+\text{rand}()\times\text{Visual} \tag{47.1}$$

$$X_{i|\text{next}}=X_i+\text{rand}()\times\text{Step}\times\frac{X_j-X_i}{\|X_j-X_i\|} \tag{47.2}$$

$$X_{i|\text{next}}=X_i+\text{rand}()\times\text{Step} \tag{47.3}$$

其中，X_i 为第 i 条人工鱼当前的状态；$X_{i|\text{next}}$ 为第 i 条人工鱼的下一步状态；rand()为产生0～1之间的随机数；$\|X_j-X_i\|$ 为 X_j 与 X_i 之间的距离。

(2) 聚群行为。聚群行为是每条鱼在游动过程中，尽量向临近伙伴的中心移动以避免过分拥挤的行为。

设人工鱼当前状态为 X_i，勘探当前邻域内(即 $d_{i,j}<\text{Visual}$)的伙伴的数目 n_f 及中心位置 X_c。如果 $(Y_c/n_f)>\delta Y_i$，表明伙伴中心有较多的食物并且不太拥挤，则朝伙伴的中心位置方向前进一步；否则执行觅食行为。

设第 i 条人工鱼的当前状态为 X_i，适应度函数值为 Y_i，以自身位置为中心在感知范围内的人工鱼数目为 N_f，这些人工鱼形成集合 S_i 表示为

$$S_i=\{X_i \mid \|X_j-X_i\|\leqslant\text{Visual}\quad j=1,2,\cdots,i-1,i+1,\cdots,N\} \tag{47.4}$$

若集合 $S_i\neq\varnothing$($\varnothing$为空集)，表明第 i 条人工鱼 X_i 的感知范围内存在其他伙伴，即 $N_f\geqslant 1$，

则按式(47.5)计算该集合的中心位置为

$$X_c = \frac{\sum_{j=1}^{N_f} X_j}{N_f} \tag{47.5}$$

计算该中心位置的适应度值 Y_c 如果满足

$$Y_c < Y_i \quad 和 \quad N_f Y_c < \delta Y_i \quad (\delta > 1) \tag{47.6}$$

表明该中心位置状态较优并且不太拥挤，则执行式(47.7)朝该中心位置方向前进一步；否则，执行觅食行为。

$$X_{i|\text{next}} = X_i + \text{rand}() \times \text{Step} \times \frac{X_c - X_i}{\| X_c - X_i \|} \tag{47.7}$$

其中，$\| X_c - X_i \|$ 为 X_c 与 X_i 之间的距离。若集合 $S_i = \varnothing$，则表明第 i 条人工鱼 X_i 的感知范围内不存在其他伙伴，即 $N_f = 0$，则执行觅食行为。

(3) 追尾行为。追尾行为是鱼向邻近的最活跃者追逐的行为。

设第 i 条人工鱼的当前状态为 X_i，适应度值为 Y_i，人工鱼 X_i 根据自己当前状态搜索其感知范围内的所有伙伴中适应度值为最小的伙伴 $X_{\min}$，适应度值为 $Y_{\min}$。如果 $Y_{\min} \geqslant Y_i$，则执行觅食行为；否则，以 $X_{\min}$ 为中心搜索其感知范围内的人工鱼数目为 N_f，如果满足

$$Y_{\min} < Y_i \quad 和 \quad N_f Y_{\min} < \delta Y_i \quad (\delta > 1) \tag{47.8}$$

则表明该位置状态较优并且其周围不太拥挤，则执行式(47.9)朝最小伙伴 $X_{\min}$ 的方向前进一步；否则，执行觅食行为。

$$X_{i|\text{next}} = X_i + \text{rand}() \times \text{Step} \times \frac{X_{\min} - X_i}{\| X_{\min} - X_i \|} \tag{47.9}$$

其中，$\| X_{\min} - X_i \|$ 为 $X_{\min}$ 与 X_i 之间的距离。若第 i 条人工鱼 X_i 的感知范围内不存在其他伙伴，也执行觅食行为。

(4) 行为选择。根据所要解决的问题性质，对人工鱼当前所处的环境进行评价，从上述各行为中选取一种合适的行为。

常用的方法有以下两种。

① 先进行追尾行为，如果没有进步则进行聚群行为；如果依然没有进步则进行觅食行为。也就是选择较优行为前进，即任选一种行为，只要能向较优的方向前进即可。

② 试探执行各种行为，选择各行为中使得向较优方向前进最快的行为，如果没有能使下一状态优于当前状态的行为，则采取随机行为。

(5) 设立公告板。在人工鱼群算法中，设置一个公告板，用以记录当前搜索到的最优人工鱼状态及对应的适应度值。

各条人工鱼在每次行动后，将自身当前状态的适应度与公告板上的值进行比较，如果优于公告板上的值，则用自身状态及其适应度取代公告板上的相应值，以使公告板能够记录搜索到的最优状态及该状态的适应度。算法结束时，最终公告板上的值就是系统的最优解。

人工鱼群算法通过这些行为的选择形成了一种高效的寻优策略，最终，人工鱼集结在几个局部极值的周围，且在值较优的极值区域周围一般能集结较多人工鱼。

(6) 人工鱼群算法中的参数。巡视次数 Try_ number，在觅食行为中人工鱼的个体总是尝试向更优的方向前进，如果巡视次数达到一定的次数，Try_ number 仍旧没有找到更优的状态，那么就做随机的游动；视野 Visual 越大，越容易使人工鱼发现全部极值并收敛；步长 Step 采用随机步长 Random(Step)(在 0～Step 范围内随机取值)；拥挤度因子 δ 在求极大的问题

中 δ 选取规则如下：

$$\delta = 1/(\alpha n_{\max}) \quad (0 < \alpha < 1) \tag{47.10}$$

其中，α 为极值接近水平；$n_{\max}$ 为期望在该邻域内聚集的最大人工鱼数目。

在求极小值的问题中 δ 选取规则如下：

$$\delta = \alpha n_{\max} \quad (0 < \alpha < 1) \tag{47.11}$$

其中，α 为极值接近水平；$n_{\max}$ 为期望在该邻域内聚集的最大人工鱼数目。

人工鱼群数目 Number 越多，跳出局部极值的能力越强，且收敛的速度也越快。在使用过程中，满足稳定收敛的前提下，应尽可能减少个体的数目。

47.5 人工鱼群算法的流程

人工鱼群算法的基本流程如图 47.4 所示。

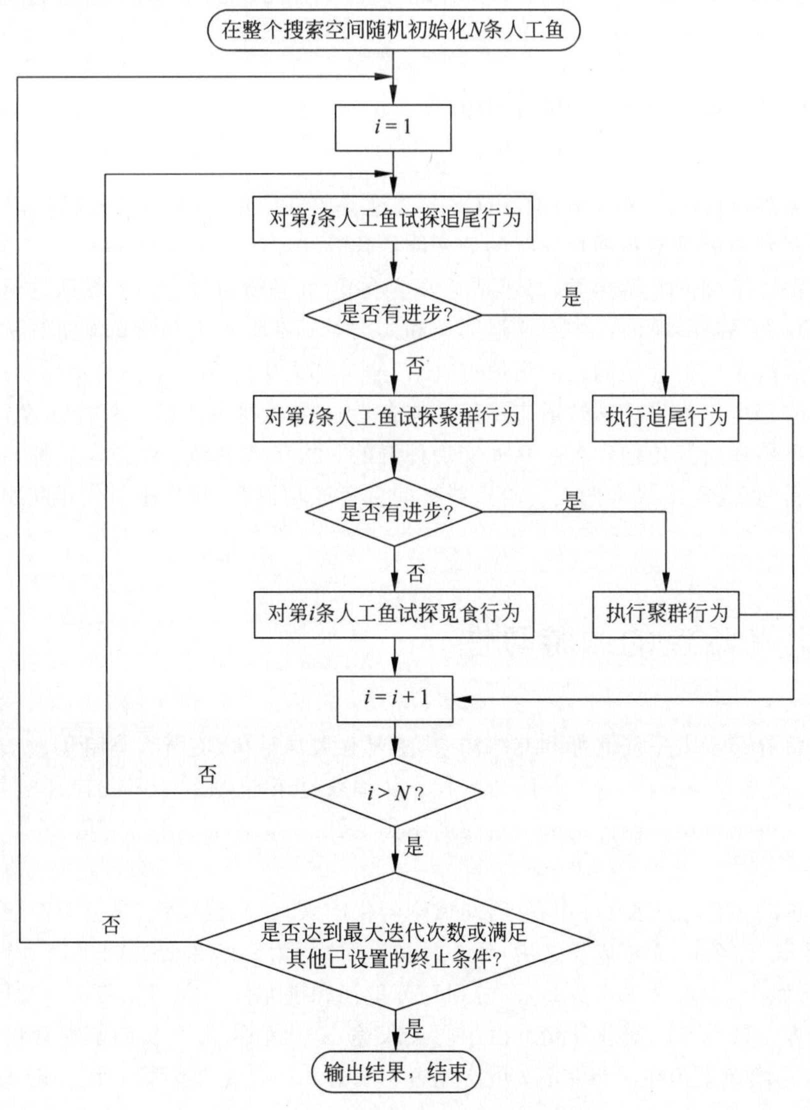

图 47.4 人工鱼群算法的基本流程图

第 48 章　大马哈鱼洄游算法

大马哈鱼洄游算法把鱼群密度最大的位置视为优化问题的极值点。算法假设大马哈鱼通过两条不同的路径回到出生地，在洄游的过程中，大马哈鱼群会分为很多个小群体，这些小组鱼群视为搜索空间的个体，小组鱼群密度作为目标函数适应度值。捕食者每搜索到一个新的鱼群密度较大的区域，表示种群完成一次位置更新。经过不断地对鱼群密度较大区域的更新，直至密集度最大的大马哈鱼群被成功捕获，相当于对优化问题求解获得了极值点。本章介绍大马哈鱼的洄游习性，以及大马哈鱼洄游算法的原理、描述、实现步骤及流程。

48.1　大马哈鱼洄游算法的提出

大马哈鱼洄游(Great Salmon Run，GSR)算法是 2012 年由 Mozaffari 等提出的一种模拟熊类和人类对洄游大马哈鱼捕食策略的群智能优化算法。

大马哈鱼属于溯河洄游鱼类，每年到了繁殖季节，大马哈鱼就会成群结队地返回出生地繁殖下一代。在大马哈鱼洄游途中会遭遇熊类和人类对其捕捉。大马哈鱼洄游算法把大马哈鱼群密度最大的位置作为优化问题的极值点，模拟熊类和人类对洄游大马哈鱼捕食策略，算法以大马哈小鱼的密度作为目标函数适应度值。捕食者每搜索到一个新的鱼群密度较大的区域，就会通过信息传递给其他捕食者。从而实现种群的一次位置更新。经过不断地对鱼群密度较大区域的更新，直至密度最大的大马哈鱼群被捕食者成功捕获，相当于对优化问题求解获得了极值点。

48.2　大马哈鱼的洄游习性

大马哈鱼分布于太平洋北部和北冰洋中，主要有大马哈鱼、驼背大马哈鱼、红大马哈鱼、大鳞大马哈鱼、孟苏大马哈鱼、银大马哈鱼 6 种。从渔获量来看，无论亚洲沿岸还是美洲沿岸，驼背大马哈鱼均占据首位。国内的大马哈鱼产于黑龙江、乌苏里江，大马哈鱼又称“大麻哈鱼”，属鱼纲、鲑科。

大马哈鱼的习性很古怪，每年春天，幼鱼刚孵化出来，就从黑龙江、乌苏里江顺水而下进入大海，摄食生长。经 3～5 年成长之后，到 9 月初，成熟的大马哈鱼要产卵了，它便离开海洋进入江河，溯流而上，越过鄂霍次克海，洄游到乌苏里江和黑龙江。它们凭着特异功能，寻找到自己出生的地方，进行产卵、孵化幼鱼。由于历经长途艰辛溯游，加之长期不吃食物和生殖期间体力消耗，大马哈鱼亲鱼在产卵后不久就会死去。根据大马哈鱼的特殊习性，一般每年 9～10 月为捕获旺季。

到达性成熟后，驼背大马哈鱼便开始洄游到河中产卵。在洄游过程中，它们逐渐完成精卵的发育，来到产卵场时，精卵已经成熟，特别是雄鱼，两颌部显著扩大，背部明显隆起(驼背大马哈鱼的名字便由此而来)，体色改变。每年 7 月底，黑龙江驼背大马哈鱼便开始产卵，8 月达到盛期；产卵时，先在砾石底质的河床上建起一个坑状巢，然后将卵产于其中，产完后，便用沙石将卵埋藏起来。尽管如此，驼背大马哈鱼的鱼卵还是大量地被凶猛鱼类(如红点鲑)所吞食，最后能孵化成仔鱼的已经微乎其微。驼背大马哈鱼的产卵量极少，其平均产卵量为 10 000 粒左右，孵化期高达 110～130 天。幼鱼一般在同年的 12 月孵出，一直等到第二年的春天都在产卵巢中生活。幼鱼离开产卵巢后，便开始向海中洄游，并在那里长大。

大马哈鱼洄游是北美洲最壮阔的自然景观之一，每年到了繁殖季节，大马哈鱼就会成群结队地返回出生地繁殖下一代。在大马哈鱼洄游途中危机重重，除了自然地理位置带来的不便，更多的危机主要来自棕熊、灰熊的觅食及人类的捕鱼。棕熊和灰熊觅食洄游的大马哈鱼时，通过彼此间的信息交流，能够迅速找到鱼群密度最大的区域，以便它们捕食更多的猎物；而在一些宽阔的水域，等待大马哈鱼的则是人类的捕捞。不同于熊，人类的捕鱼船队通过无线电来交流信息，以找到鱼群密度最大的地方，以便获得丰厚的利润。

图 48.1 给出了大马哈鱼洄游及棕熊对其捕获的觅食行为。

图 48.1　大马哈鱼洄游及棕熊对其捕获的觅食行为

48.3　大马哈鱼洄游算法的优化原理

大马哈鱼洄游算法把大马哈鱼鱼群密度最大的位置作为优化问题的极值点，对大马哈鱼的捕捞可对应于搜寻极值点。为了将熊类和人类的不同捕食策略引入大马哈鱼洄游算法，假设大马哈鱼通过两条不同的路径回到出生地：一条路径是通过深林山沟的溪流；另一条路径是通过一些较为宽阔的水域(如大河、江、湖等)。

按照上述假设，整个大马哈鱼群将分为两部分：第一部分经第一条路径洄游；第二部分通过第二条路径洄游。在洄游的过程中，大马哈鱼群会分为很多个小群体，把每个小群体的大马哈鱼当作一个小组，这小组鱼群在算法中视为搜索空间的一个个体，小组的鱼群密度可以视为目标函数适应度值。

熊类捕食者每搜索到一个新的鱼群密度较大的区域，就会通过信息传递给其他熊，则表示算法中的种群完成一次位置更新；而人类的多艘捕鱼船每搜索到一个新的鱼群密度较大的区域，也会通过无线电相互交流信息，从而实现种群的一次位置更新。

经过熊类或人类这样不断地对鱼群密度较大的捕鱼区域的更新，直至密度最大的大马哈鱼群被成功捕获，相当于对优化问题求解获得了极值点。这就是大马哈鱼洄游算法对优化问题求解的原理。

48.4 大马哈鱼洄游算法的描述

熊捕食大马哈鱼的策略很简单。在熊捕食大马哈鱼的过程中，每当熊搜索到一个鱼群密度较高的位置时，就会把其当前位置信息分享给附近的熊，然后整个的熊群会向鱼群密度较高的区域靠近，并在靠近过程中不断搜索其附近区域。熊的位置更新方式表示如下：

$$X_{t+1}=\cos(\phi)(X_{\text{best}}-X_t)+X_t \tag{48.1}$$

其中，X_{t+1} 为熊的新位置；X_t 为熊的当前位置；X_{best} 为熊群所找到的当前鱼群密度最高的位置；$\phi\in[0,2\pi]$为熊移动的方向角度。

为了节省人力、物力和财力，捕鱼船队会雇用信息侦察船来获取鱼群的位置信息，信息侦察船负责获取鱼群的位置信息并反馈给捕鱼船。一般一个捕鱼船队包括两艘捕鱼船和一艘信息侦察船，当捕鱼船获取到鱼群密度(目标函数适应度)较大的区域，会通知它们雇用的信息侦察船在其附近搜索鱼群密度最大位置。信息侦察船的位置按以下公式更新位置：

$$\begin{cases}X_t=X_{t-1}+\delta(t,(\text{ub}-X_{t-1}))\\ \text{或}\\ X_t=X_{t-1}+\delta(t,(X_{t-1}-\text{lb}))\\ \delta(x,y)=y\cdot\text{rand}\left(1-\dfrac{x}{T}\right)^b\end{cases} \tag{48.2}$$

其中，X_t 为信息侦察船在 t 时刻的位置；X_{t-1} 为 $t-1$ 时刻的位置；t 为算法当前迭代的次数；T 为算法最大的迭代的次数；ub 与 lb 分别为优化问题的定义域的上界与下界；b 为一个大于 1 的常数。

当信息侦察船搜索到鱼群密度比现在大的位置时，会更新到新的位置。如果鱼群密度比现在小，则会分为两种情况考虑：当 rand $<a$ 时(a 为[0, 1]均匀分布的随机数)，更新到新的位置；或者信息侦察船退回到原来的位置。捕鱼船的位置更新如下：

$$X_i'=\beta\cdot(X_i-X_j)+X_i \tag{48.3}$$

其中，β 为[0,1]均匀分布的一个随机数；X_i 和 X_j 为从所有捕鱼船中随机选择的两个捕鱼船，并把 X_i 和 X_j 视为一个捕鱼船队的两艘捕鱼船；X_i'为捕鱼船队信息侦察船在两个捕鱼船附近搜索的位置；X_i、X_j 和 X_i'选择两个鱼群密度最大的位置作为捕鱼船的更新位置。

48.5 大马哈鱼洄游算法的实现步骤及流程

大马哈鱼洄游算法的步骤如下。

(1) 初始化算法中的各个参数大小及算法种群。

(2) 把算法种群分为两部分：一部分转步骤(3)；另一部分转步骤(4)。

(3) 执行熊捕食策略，更新位置。

(4) 执行人类船队捕捞策略，更新位置。

(5) 如果满足终止准则，则输出最优解；否则，转到步骤(2)处执行。

大马哈鱼洄游算法的流程如图 48.2 所示。

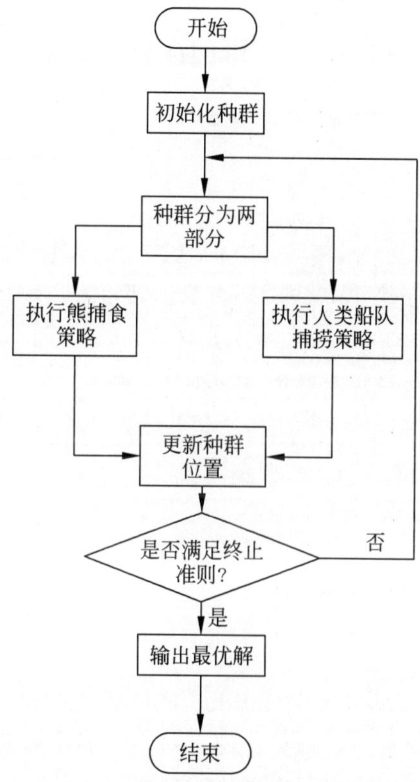

图 48.2　大马哈鱼洄游算法的流程图

第 49 章　鲸鱼优化算法

鲸鱼是以群居为主，觅食成群磷虾和小鱼的世界上最大的哺乳动物。鲸鱼独特的泡泡网捕食行为分为两个阶段：在向上螺旋阶段，先在 12m 下潜水，开始围绕猎物螺旋形成泡泡并向上游去；双循环阶段包括珊瑚循环、尾叶拍打水面和捕获循环。鲸鱼优化算法设计了收缩包围机制和螺旋更新位置模拟鲸鱼群体包围、追捕、攻击猎物等过程实现优化搜索，该算法具有原理简单、参数设置少、在处理连续函数优化方面具有较强的全局搜索能力等特点。本章介绍鲸鱼的泡泡网觅食行为，以及鲸鱼优化算法的原理、数学描述、实现步骤及流程。

49.1　鲸鱼优化算法的提出

鲸鱼优化算法(Whale Optimization Algorithm，WOA)是 2016 年由澳大利亚学者 Mirialili 等提出的一种新型群体智能优化算法。该算法源于对自然界中座头鲸群体捕食行为的模拟，通过鲸鱼群体包围、追捕、攻击猎物等过程实现优化搜索。

WOA 算法具有原理简单、参数设置少、较强的全局搜索能力等特点，在处理连续函数优化方面，已被证明在求解精度和收敛速度上均优于 PSO 算法和引力搜索算法。

49.2　鲸鱼的泡泡网觅食行为

鲸鱼被认为是世界上最大的哺乳动物。已知最大的鲸是蓝鲸，最大的体长可达 30 多米，质量约 180t；最小的也超过了 6m，质量约 40kg。鲸鱼的眼小，嘴形较短，前肢进化呈平鳍状，后肢退化，有贝鳍，尾巴宽大且平并呈水平鳍状，有一个气孔，用肺呼吸。

过去的研究显示，鲸鱼们利用鲸须(Baleen)锁定食物的位置。然而，最新的研究指出鲸鱼中的弓头鲸，又称北极鲸，具有嗅觉，更可能利用此能力锁定食物的位置。

生物科学家——汉斯先生(Hans Thewissen)在一次生物解剖的研究过程中发现，弓头鲸的脑部不但有连接装置直达鼻子，而且有嗅觉接收器；还发现弓头鲸的鼻孔是分开的，这也让生物学家进一步假设，弓头鲸能通过嗅觉确认食物(如磷虾)的方向。

鲸鱼是以群居为主的食肉动物，行动上都采取群体活动较多，鲜少单独行动。寻食的时候喜欢玩乐，如跃身击浪、鲸尾扬升、鲸尾击浪及浮窥等。它们最喜欢的食物是成群的磷虾和小鱼。鲸鱼有一种独特的捕食行为，即泡泡网觅食方法，如图 49.1 所示。鲸鱼的捕食行为分为两个阶段：向上螺旋和双循环。在向上螺旋阶段，鲸鱼首先在 12m 下潜水，开始围绕猎物螺旋形成泡泡并向上游去；双循环阶段包括珊瑚循环、用尾叶拍打水面和捕获循环。

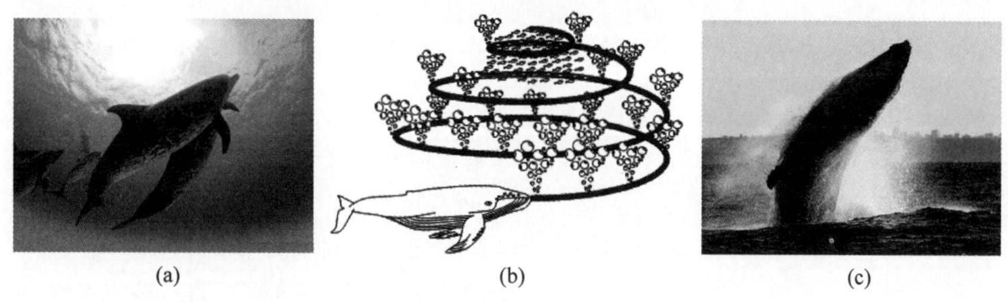

图 49.1　鲸鱼及其泡泡网觅食行为

49.3　鲸鱼优化算法的优化原理

鲸鱼优化算法模拟鲸鱼的泡泡网捕食行为，该算法设计收缩包围机制和螺旋更新位置模拟鲸鱼群体包围、追捕、攻击猎物等过程实现优化搜索。算法开始先在搜索空间中随机产生 N 个鲸鱼个体组成初始种群；然后，在进化过程中，群体根据当前最优鲸鱼个体或随机选取一个鲸鱼个体更新各自的位置；最后，根据随机产生的数 p 决定鲸鱼个体进行螺旋或包围运动，通过循环迭代直至 WOA 算法满足终止条件。

49.4　鲸鱼优化算法的数学描述

在鲸鱼优化算法中，假设鲸鱼种群规模为 N，搜索空间为 d 维，第 i 只鲸鱼在 d 维空间中的位置可表示为 $\boldsymbol{X}_i=(x_i^1,x_i^2,\cdots,x_i^d)$，$i=1,2,\cdots,N$，猎物的位置对应于问题的全局最优解。

鲸鱼能够识别猎物的位置并包围它们。由于在求解优化问题前对搜索空间中的全局最优位置没有任何先验知识，在 WOA 算法中，假设当前群体中的最优位置为猎物，群体中其他鲸鱼个体均向最优个体包围。利用式(49.1)更新位置：

$$\boldsymbol{D}=|\boldsymbol{C}\cdot\boldsymbol{X}^*(t)-\boldsymbol{X}(t)| \tag{49.1}$$

$$\boldsymbol{X}(t+1)=\boldsymbol{X}^*(t)-\boldsymbol{A}\cdot\boldsymbol{D} \tag{49.2}$$

其中，t 为当前迭代次数；$\boldsymbol{X}^*(t)$为猎物位置；$\boldsymbol{A}$ 和 $\boldsymbol{C}$ 为系数向量。$\boldsymbol{A}$ 和 $\boldsymbol{C}$ 可定义为

$$\boldsymbol{A}=2a\cdot\boldsymbol{r}_1-a \tag{49.3}$$

$$\boldsymbol{C}=2\cdot\boldsymbol{r}_2 \tag{49.4}$$

其中，$\boldsymbol{r}_1$ 和 $\boldsymbol{r}_2$ 为[0,1]区间的随机向量；a 为收敛因子，随着迭代次数增加，它从 2 线性地减小到 0，即

$$a=2-\frac{2t}{t_{\max}} \tag{49.5}$$

其中，$t_{\max}$ 为最大迭代次数。

图 49.2(a)解释了式(49.2)对二维问题的位置更新的基本原理，一个搜索个体的位置(X,Y)可以根据式(49.2)更新为当前的最优位置(X^*,Y^*)。在最好个体周围的不同位置可以通过调整 $\boldsymbol{A}$ 和 $\boldsymbol{C}$ 的向量值来到达最优位置。图 49.2(b)描述了式(49.2)对三维空间位置更新的原理。应该注意的是，通过定义随机向量($\boldsymbol{r}$)可以达到搜索空间中位于图 49.3 所示的关

键点之间的任何位置。

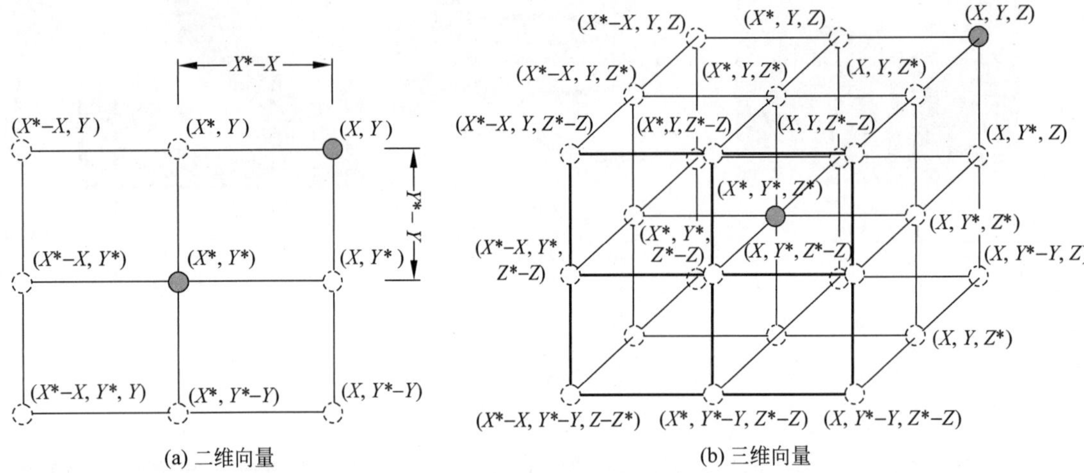

(a) 二维向量　　(b) 三维向量

图 49.2　目前获得的最优解 X^* 的二维向量与三维向量下一个可能的位置分布

为了从数学上描述鲸鱼的泡泡网捕食行为，在 WOA 算法中，设计了两种不同的方法，即收缩包围机制和螺旋更新位置。收缩包围机制通过式(49.1)、式(49.2)和式(49.5)随着收敛因子 a 的减小而实现。

图 49.3(a)显示了在 $0 \leqslant A \leqslant 1$ 情况下，在二维空间位置 (X,Y) 可能到达的位置 (X^*, Y^*)。从图 49.3(b)可以看出，鲸鱼螺旋更新位置的方法，先计算位于 (X,Y) 的鲸鱼与位于 (X^*,Y^*) 的猎物之间的距离，再建立一个模拟鲸鱼和猎物的位置螺旋形运动的螺旋方程。

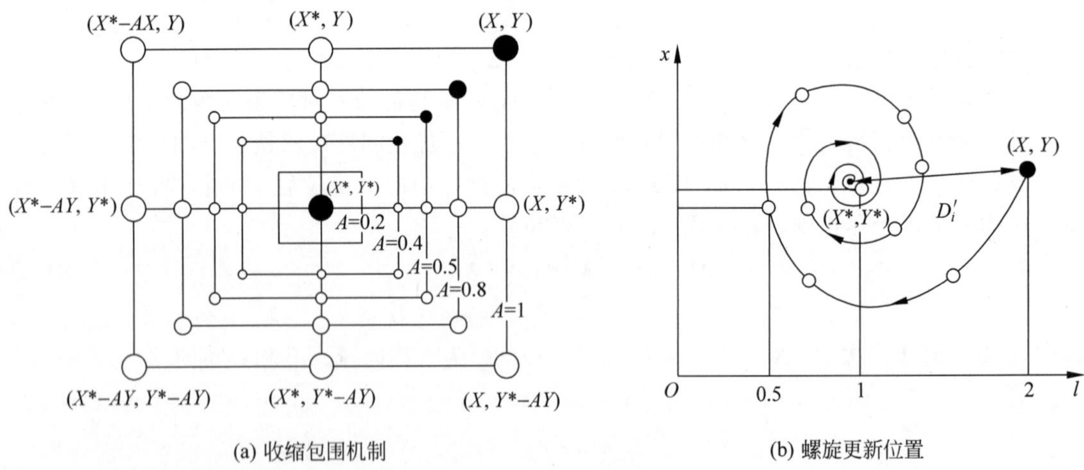

(a) 收缩包围机制　　(b) 螺旋更新位置

图 49.3　鲸鱼优化算法的泡泡网搜索机制的实现(X^* 是目前获得的最优解)

在螺旋更新位置方法中，模拟鲸鱼螺旋式运动以捕获猎物，其数学模型如下：

$$\boldsymbol{X}(t+1)=\begin{cases}\boldsymbol{X}^*(t)-\boldsymbol{A}\cdot\boldsymbol{D}, & p<0.5\\ \boldsymbol{D}'\cdot \mathrm{e}^{bl}\cdot\cos(2\pi l)+\boldsymbol{X}^*(t), & p\geqslant 0.5\end{cases} \tag{49.6}$$

其中，$\boldsymbol{D}'=|X_p(t)-X(t)|$ 为第 i 只鲸鱼和猎物之间的距离；b 为用于限定对数螺旋形状的常数；l 为$[-1,1]$区间的随机数。需要指出的是，鲸鱼在猎物收缩圈周围游来游去，同时沿着螺旋形路径进行。为了模拟该行为，在优化过程中，选择收缩包围机制和螺旋位置更新概率 p 均为 0.5。

除了泡泡网捕食行为，鲸鱼也可随机寻找食物。事实上，鲸鱼个体根据彼此位置进行随机搜索，其数学模型可表示为

$$\boldsymbol{D}=|\boldsymbol{C}\cdot\boldsymbol{X}_{\mathrm{rand}}-\boldsymbol{X}| \tag{49.7}$$

$$\boldsymbol{X}(t+1)=\boldsymbol{X}_{\mathrm{rand}}-\boldsymbol{A}\cdot\boldsymbol{D} \tag{49.8}$$

其中，$\boldsymbol{X}_{\mathrm{rand}}$ 为从当前群体中随机选取的鲸鱼个体位置向量。

图 49.4 描述了在一个特解(X^*,Y^*)周围满足 $A>1$ 的一些可能的位置。

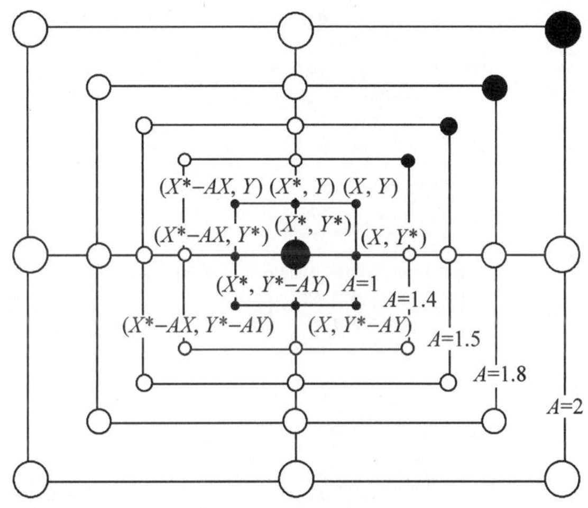

图 49.4　WOA 的搜索机制(X^* 是随机选择搜索个体)

49.5　鲸鱼优化算法的实现步骤及流程

鲸鱼优化算法的寻优过程是：首先，在搜索空间中随机产生 N 个鲸鱼个体组成初始种群；接着，在进化过程中，群体根据当前最优鲸鱼个体或随机选取一个鲸鱼个体更新各自的位置；然后，根据随机产生的数 p 决定鲸鱼个体进行螺旋或包围运动；最后，循环迭代至 WOA 算法满足终止条件。

基本 WOA 的伪代码描述如下。

```
begin
  设置种群规模,产生初始化鲸鱼种群 X_i(i=1,2,…,N);
  计算群体中每个个体的适应度值 f(X_i),i=1,2,…,N,并记录当前最优个体 X* 及位置;
  while (t<t_max)do
    for i=1 to N do
      根据式(49.5)计算收敛因子 a 的值;
      更新其他参数 A、C、l 和 p
      if 1 (p<0.5) do
        if 2 (|A|<1) do
          根据式(49.6)更新每个个体的位置;
        else if 2 (|A|≥1) do
          在群体中随机选择一个个体(X_rand);
          根据式(49.8)更新每个个体的位置;
        end if 2
      else if 1 (p≥0.5) do
```

```
            根据式(49.6)更新每个个体的位置;
        end if 1
      end for
      检查超出搜索空间的个体并修改它;
      计算群体中每个搜索个体的适应度值;
      更新当前最优个体 X* 及位置;
      t = t + 1
    end while
end
```

鲸鱼优化算法的流程如图 49.5 所示。

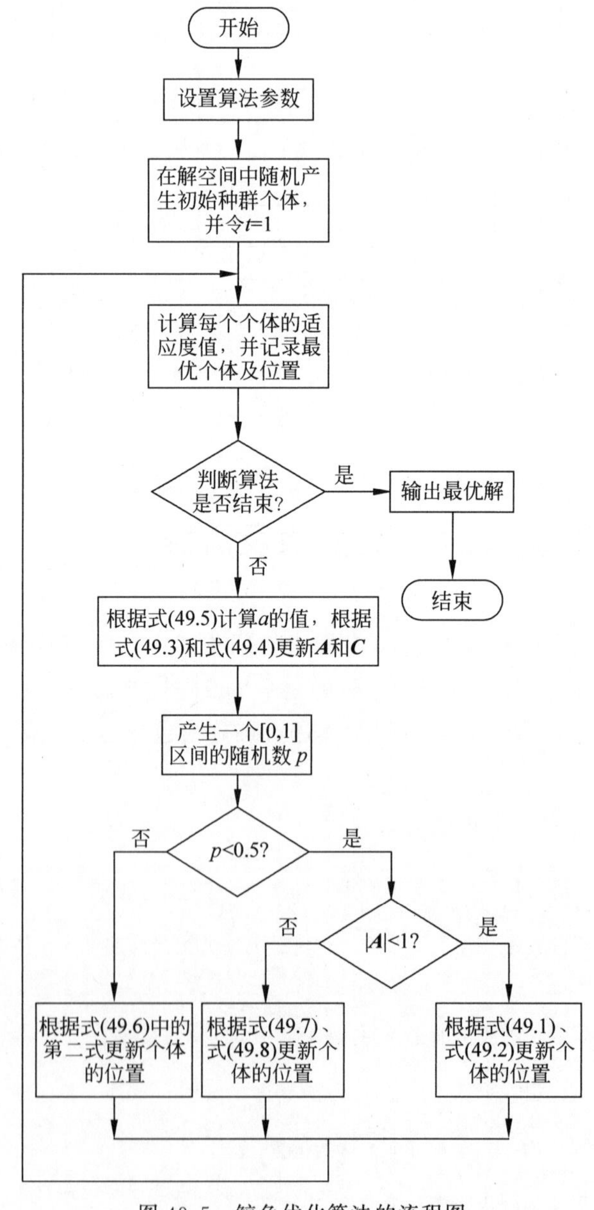

图 49.5　鲸鱼优化算法的流程图

第50章 海洋捕食者算法

海洋捕食者算法是一种模拟海洋捕食者觅食策略的新型群智能优化算法。研究结果表明,海洋中的许多物种在寻找猎物或猎物逃避觅食时呈现出类似Levy运动或/和布朗运动的轨迹特征。海洋捕食者算法根据捕食者和猎物运动速度之比,把捕食者的觅食策略分为3个阶段,以实现对优化问题的求解。本章首先介绍海洋捕食者算法的提出,海洋捕食者觅食的轨迹特征;然后阐述海洋捕食者算法的优化原理,海洋捕食者算法的数学描述;最后给出海洋捕食者算法的伪代码及实现流程。

50.1 海洋捕食者算法的提出

海洋捕食者算法(Marine Predators Algorithm,MPA)是2020年由澳大利亚学者Faramarzi等提出的一种模拟海洋捕食者觅食策略的新型群智能优化算法。

通过29个测试函数和CEC-BC-2017套件的测试并与多种著名算法进行比较,结果表明,MPA的统计性能优于PSO、GA、GSA、CS、SSA,同CMEAS、SHADE等算法的性能接近。由于MPA具有调整参数少、实现简单、搜索能力强等特点,已成功用于0-1背包问题特征选择、图像分割、参数辨识、参数优化、电网优化、多目标优化等领域。

50.2 海洋捕食者觅食的轨迹特征

研究结果表明,在海洋生物中,包括鲨鱼、巨蜥、金枪鱼、海洋鱼、太阳鱼和剑鱼等在内的许多物种在寻找猎物时表现出类似Levy运动和布朗运动的轨迹特征。海洋捕食者与猎物之间不同的移动速率促使捕食者在Levy运动和布朗运动中选择觅食策略。下面分别介绍Levy运动和布朗运动的数学模型。

1. Levy运动

许多飞行动物表现出具有Levy飞行特征行为。Levy飞行是一种随机游走方式,其中,步长的概率密度函数是重尾的,这意味着根据Levy飞行移动的粒子执行偶尔的大步长移动,穿插许多频繁的小步长移动。其运动模式通常遵循以下规律:粒子先在局部移动,执行小步长移动,随后在全局空间执行一个大步长位移,接着交替执行以上两种位移操作。一个二维Levy运动轨迹如图50.1所示。Levy飞行的相关定义如下:

$$\mathrm{Levy}(\alpha)=0.05\cdot\frac{x}{|y|^{1/\alpha}} \tag{50.1}$$

$$x = N(0, \sigma_x^2), \quad y = N(0, \sigma_y^2) \tag{50.2}$$

$$\sigma_x = \left[\frac{\Gamma(1+\alpha) \cdot \sin\left(\frac{\pi\alpha}{2}\right)}{\Gamma\left(\frac{(1+\alpha)}{2}\right) \cdot \alpha \cdot 2^{\frac{(\alpha-1)}{2}}}\right]^{\frac{1}{\alpha}} \tag{50.3}$$

其中，x 和 y 是标准差分别为 σ_x 和 σ_y 的两个正态分布变量。$\sigma_y = 1, \alpha = 1.5$。

2. 布朗运动

布朗运动是具有连续时间参数和连续状态空间的一个随机过程，二维布朗运动的轨迹如图 50.2 所示。布朗运动在点 x 处的概率密度函数如下：

$$f_B(x) = \frac{1}{\sqrt{2\pi\sigma^2}} \operatorname{epx}\left(-\frac{(x-\mu)^2}{2\sigma^2}\right) = \frac{1}{\sqrt{2\pi}} \operatorname{epx}\left(-\frac{x^2}{2}\right) \tag{50.4}$$

其中，标准布朗运动是具有零均值($\mu = 0$)和单位方差($\sigma^2 = 1$)的正态分布定义的概率函数。

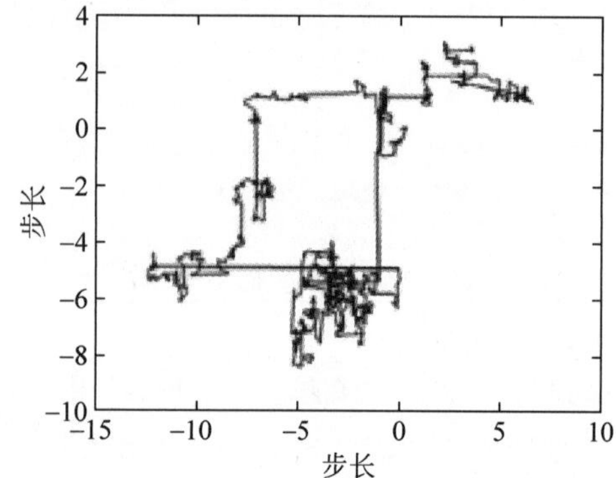

图 50.1　二维 Levy 运动轨迹的示例

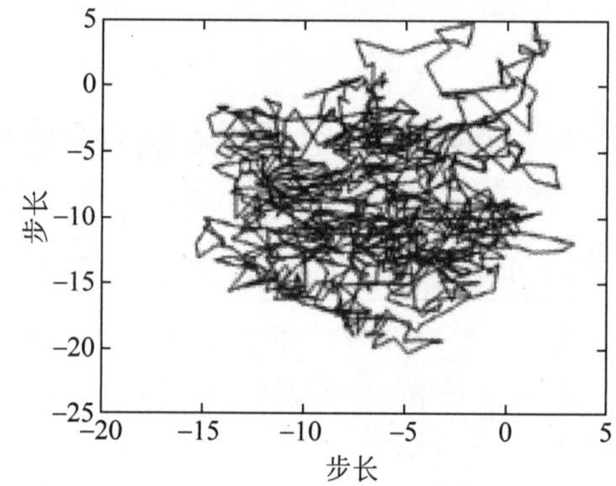

图 50.2　二维布朗运动轨迹的示例

50.3　海洋捕食者算法的优化原理

自然界中许多动物的觅食一般采用随机游走策略，实际上是一个随机过程，其中下一个位置依赖于当前状态和到下一个位置的转移概率。一类特殊的随机游走称为 Levy 运动，其特征是许多小步走与大步走相结合的游走方式，但有相对较高的概率出现大跨步行走。从理论上讲，在自然环境中，Levy 运动是最有效的捕食模式。基础研究收集了海洋捕食者的行为数据，证明了在捕食过程中，Levy 运动是一种最优的搜索策略。还有一些研究模拟了捕食者与猎物之间的大小比和速度比的影响，以找出捕食者与猎物之间的最大相遇率出现在哪个比例。海洋捕食者优化算法在 Levy 运动和布朗运动之间的权衡为设计优化方法寻找最优策略提供了灵感。

海洋捕食者算法主要由 3 个阶段组成：第一个阶段是猎物比捕食者移动得快，捕食者采取的觅食策略是布朗运动；第二个阶段是捕食者与被捕食者以几乎相同的速度移动，捕食者采取的觅食策略是 Levy 运动和布朗运动同时进行，一半种群数量的捕食者进行 Levy 运动，另外一半进行布朗运动；第三个阶段是当捕食者移动速度比猎物快时，捕食者采取的觅食策略是 Levy 运动。海洋捕食者算法模拟捕食者通过搜索、跟踪和攻击猎物行为的反复迭代，实现对问题的优化求解。

50.4 海洋捕食者算法的数学描述

海洋捕食者算法在初始化后的优化过程，根据猎物和捕食者的速度比分为3个阶段进行。MPA 同时考虑海洋中涡流形成和鱼类聚集策略对捕食的影响以及捕食者以往成功捕食的经验。

1. 初始化

MPA 模拟了海洋捕食者的觅食行为，通过搜索、跟踪和攻击猎物执行优化过程。与大多数基于种群迭代的群智能优化算法一样，MPA 通过式(50.5)在搜索空间中随机产生一组解构成初始种群，具体如下：

$$X_0 = X_{\min} + \text{rand}(X_{\max} - X_{\min}) \tag{50.5}$$

其中，$X_{\max}$ 和 $X_{\min}$ 分别为变量的上限和下限；rand 为 0～1 范围内的随机量。

根据适者生存理论，捕食者群体中捕食能力最强的个体称为顶级捕食者。利用顶级捕食者来构建一个精英(Elite)矩阵，这个矩阵中的每个数组为每一个捕食者在下一次觅食中提供目前所发现的猎物位置信息。

$$\textbf{Elite} = \begin{bmatrix} X_{1,1}^{\mathrm{I}} & X_{1,2}^{\mathrm{I}} & \cdots & X_{1,d}^{\mathrm{I}} \\ X_{2,1}^{\mathrm{I}} & X_{2,1}^{\mathrm{I}} & \cdots & X_{2,d}^{\mathrm{I}} \\ \vdots & \vdots & & \vdots \\ X_{n,1}^{\mathrm{I}} & X_{n,2}^{\mathrm{I}} & \cdots & X_{n,d}^{\mathrm{I}} \end{bmatrix}_{n\times d} \tag{50.6}$$

其中，$\mathbf{X}^{\mathrm{I}}$ 为顶层捕食者向量，将其复制 n 次，构建精英矩阵。n 为搜索个体的数量；d 为维数。值得指出的是，捕食者和猎物都被认为是搜索个体。在每次迭代结束时，如果顶层捕食者被更好的捕食者取代，那么精英矩阵将被更新。

另一个与“精英矩阵”维度相同的矩阵叫作“猎物矩阵”，捕食者根据这个矩阵更新位置。简言之，初始化创造了初始猎物，而捕食者构建了精英。猎物矩阵如下：

$$\textbf{Pery} = \begin{bmatrix} X_{1,1} & X_{1,2} & \cdots & X_{1,d} \\ X_{2,1} & X_{2,1} & \cdots & X_{2,d} \\ \vdots & \vdots & & \vdots \\ X_{n,1} & X_{n,2} & \cdots & X_{n,d} \end{bmatrix}_{n\times d} \tag{50.7}$$

其中，$X_{i,j}$ 为第 i 个猎物的第 j 维。优化过程主要与这两个矩阵直接相关。

2. 优化过程

MPA 的优化过程考虑模拟捕食者和猎物的整个生命周期，并按照捕食者和猎物的不同速度比，分为高速比($t<T/3$)、等速比($T/3<t<2T/3$)和低速比($t>2T/3$)3个阶段。

如图 50.3 所示，阶段1猎物的速度比捕食者快；阶段2捕食者和猎物的速度几乎相同；阶段3在低速比时捕食者比猎物移动得快。

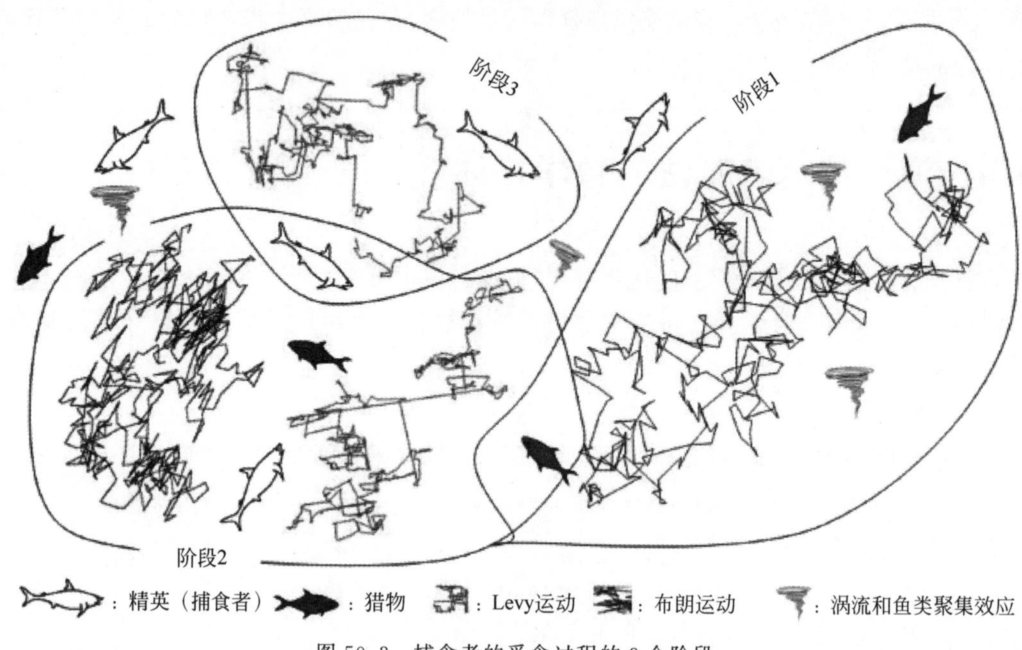

图 50.3　捕食者的觅食过程的 3 个阶段

下面是对这 3 个阶段的数学描述。

第一阶段：在高速比或当捕食者比猎物移动得快。这种情况发生在优化的迭代初期，猎物以布朗运动形式搜索整个解空间，捕食者保持不动。这种情况发生在总迭代的前三分之一期间，$t<T/3$ 这一阶段的数学描述为

$$\boldsymbol{S}_i(t)=\boldsymbol{R}_{\mathrm{B}}\otimes(\boldsymbol{E}_i(t)-\boldsymbol{R}_{\mathrm{B}}\otimes\boldsymbol{P}_i(t)) \tag{50.8}$$

$$\boldsymbol{P}_i(t+1)=\boldsymbol{P}_i(t)+p\cdot\boldsymbol{R}\otimes\boldsymbol{S}_i(t) \tag{50.9}$$

其中，t 为当前迭代次数；T 为最大迭代次数；$\boldsymbol{R}_{\mathrm{B}}$ 为基于布朗运动的随机向量；$\boldsymbol{E}_i$ 为捕食者 i 的向量；$\boldsymbol{P}_i$ 为猎物 i 的向量；R 为[0,1]区间的均匀随机量；$\otimes$为逐项乘法运算符；$i=1,2,\cdots,n$；n 为种群规模，p 为 0.5 的常数。

第二阶段：在单位速度比或当捕食者和猎物都以相同的速度移动时。此时模拟捕食者和猎物都在寻找猎物。这一段发生在优化过程的中间阶段（$T/3<t<2T/3$），在此阶段，探索和开发同等重要。因此，群体的一半指定用于探索，另一半指定用于开发。在这个阶段，猎物负责开发（做 Levy 运动），捕食者负责探索（做布朗运动）。具体规则描述如下：

$$\boldsymbol{S}_i(t)=\begin{cases}\boldsymbol{R}_{\mathrm{L}}\otimes(\boldsymbol{E}_i(t)-\boldsymbol{R}_{\mathrm{L}}\otimes\boldsymbol{P}_i(t)), & i=1,2,\cdots,n/2\\ \boldsymbol{R}_{\mathrm{B}}\otimes(\boldsymbol{R}_{\mathrm{B}}\otimes\boldsymbol{E}_i(t)-\boldsymbol{P}_i(t)), & i=n/2,\cdots,n\end{cases} \tag{50.10}$$

$$\boldsymbol{P}_i(t+1)=\begin{cases}\boldsymbol{P}_i(t)+p\cdot R\otimes\boldsymbol{S}_i(t), & i=1,2,\cdots,n/2\\ \boldsymbol{E}_i(t)+p\cdot\mathrm{CF}\otimes\boldsymbol{S}_i(t), & i=n/2,\cdots,n\end{cases} \tag{50.11}$$

$$\mathrm{CF}=(1-t/T)^{2t/T} \tag{50.12}$$

其中，$\boldsymbol{R}_{\mathrm{L}}$ 为基于 Levy 飞行的随机向量；$\boldsymbol{R}_{\mathrm{B}}$ 为基于布朗运动的随机向量；CF 是用来控制捕食者步长的自适应参数；T 为最大迭代次数。

第三阶段：低速比阶段（$t>2T/3$）发生在优化过程的最后阶段，捕食者的移动速度要远快于猎物，猎物为了避免被捕食，以 Levy 飞行方式进行运动。这一阶段的数学描述为

$$\boldsymbol{S}_i(t)=\boldsymbol{R}_\mathrm{L}\otimes(\boldsymbol{R}_\mathrm{L}\otimes\boldsymbol{E}_i(t)-\boldsymbol{P}_i(t)) \tag{50.13}$$

$$\boldsymbol{P}_i(t+1)=\boldsymbol{E}_i(t)+p\cdot\mathrm{CF}\otimes\boldsymbol{S}_i(t)) \tag{50.14}$$

其中，$\boldsymbol{R}_\mathrm{L}$ 和 $\boldsymbol{E}$ 的乘法在模拟捕食者的 Levy 运动，同时在 E 的位置上增加步长来模拟捕食者的运动，以帮助更新猎物的位置。

3. 涡流形成和鱼类聚集策略的影响

海洋的环境因素影响着捕食者行为的改变，如形成涡旋或鱼类聚集策略（FADs）效应。FADs 可以认为是局部最优，作用是在搜索空间中捕获这些点。在模拟过程中考虑这些较长的跳跃可以避免局部最优中的停滞。因此，将 FADs 效应用数学形式表示为

$$\boldsymbol{P}_i(t+1)=\begin{cases}\boldsymbol{P}_i(t)+CF[\boldsymbol{X}_{\min}+\boldsymbol{R}\otimes(\boldsymbol{X}_{\max}-\boldsymbol{X}_{\min})]\otimes\boldsymbol{U}, & r\leqslant \mathrm{pf}\\ \boldsymbol{P}_i(t)+[pf(1-r)+r](\boldsymbol{P}_{r1}(t)-\boldsymbol{P}_{r2}(t)), & r>\mathrm{pf}\end{cases} \tag{50.15}$$

其中，pf=0.2 为鱼类聚集效应影响优化过程的概率；$\boldsymbol{U}$ 为二进制向量，其数组包括 0 和 1。这是通过在[0,1]区间生成一个随机量，如果该随机量小于 0.2，则将其更改为 0，如果该随机量大于 0.2 则将其数组更改为 1。r 为[0,1]中的均匀随机数。$\boldsymbol{X}_{\max}$ 和 $\boldsymbol{X}_{\min}$ 分别是维度向量的上限和下限；下标 $r1$ 和 $r2$ 分别为猎物矩阵的随机指标。

4. 海洋中的记忆

海洋捕食者有很好的记忆力来记住它们曾经成功觅食过的地方，这种记忆力在算法中是通过存储来模拟的。在更新猎物和实现 FADs 影响后，对该矩阵进行适应度评估，来更新精英位置。将当前迭代的每个解的适应度值与其在前一次迭代中的解进行比较，如果当前解的适应度值更大，则当前解将取代旧解。随着迭代的推移，这个过程提高了解的质量，也模拟了捕食者返回到猎物丰富的地区，并成功觅食。

50.5　海洋捕食者算法的伪代码及实现流程

海洋捕食者算法的伪代码描述如下。

```
参数设置以及根据式(50.5)～式(50.7)进行初始化种群
while Iter < Max_Iter
计算适应度值,建立精英矩阵和完成记忆存储
   If Iter < Max_Iter/3
      根据式(50.8)和式(50.9)更新猎物向量
   Else if Max_Iter/3 < Iter < 2 * Max_Iter/3
      for i = 1:n/2
      根据式(50.10)和式(50.11)更新猎物向量
      for i = n/2:n
      根据式(50.10)、式(50.11)和式(50.12)更新猎物向量
   Else if Iter > 2 * Max_Iter/3
      for i = 1:n
      根据式(50.13)和式(50.14)更新猎物向量
   End(if)
      完成数据存储及更新精英种群
      施加 FADs 效应并根据式(50.15)更新
End while
```

海洋捕食者算法的流程图如图 50.4 所示。

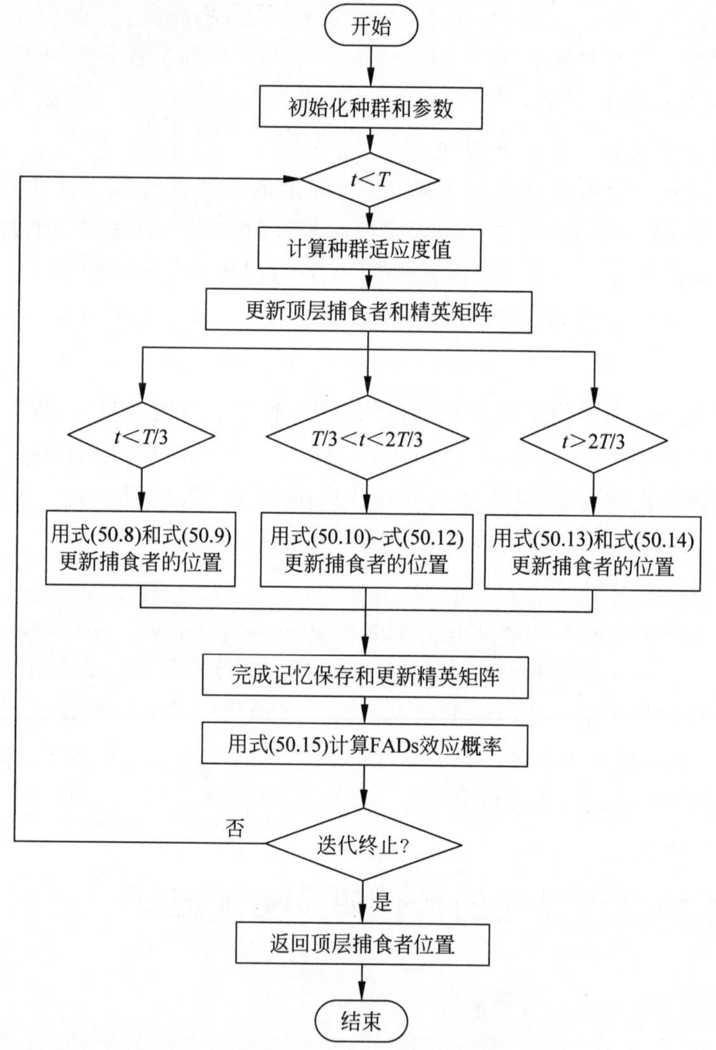

图 50.4 海洋捕食者算法的流程图

第51章　爬行动物搜索算法

爬行动物搜索算法是一种模拟鳄鱼狩猎行为的新型智能优化算法。该算法将总的迭代次数分成4部分，分别模拟鳄鱼高位步行、腹部爬行、狩猎协调、狩猎合作4种位置更新策略以及它们之间的转换，经过反复迭代以实现对问题的优化求解。本章首先介绍爬行动物搜索算法的提出，鳄鱼狩猎的习性，然后阐述爬行动物搜索算法的数学描述，最后给出爬行动物搜索算法的伪代码及实现流程。

51.1　爬行动物搜索算法的提出

爬行动物搜索算法(Reptile Search Algorithm，RSA)是2022年由Laith等提出的一种模拟鳄鱼狩猎行为的新型智能优化算法。与其他智能优化算法相比，RSA具有需调节参数少、寻优稳定性强、易于编程实现等优点。该算法及其改进算法已用于水文时间序列多步预测、焊接梁优化设计、图像检索、特征选择等方面。

51.2　鳄鱼狩猎的习性

鳄鱼为脊椎类两栖爬行动物，世界上现存的鳄鱼共有20余种。鳄鱼又称湾鳄或海鳄。鳄鱼一般长6～7m，最长达10m，是现存最大的爬行动物。鳄鱼具有行走时把腿抬到一边的能力，靠腹部爬行和游泳。这些特性使它们在野外成为强大的猎人。

鳄鱼的脸长、嘴长，眼球由层膜保护，如图51.1所示。鳄鱼是食肉动物，它的牙齿深深地植于牙床之上，呈圆锥形或柱形。鳄鱼的牙齿可将猎物咬死但不能咀嚼食物，遇到硬食物而掉牙时新牙很快就会长出来，鳄鱼一生都在长新牙，而食物靠胃部来消化。

图51.1　鳄鱼的照片

鳄鱼性情大都凶猛暴戾，喜食鱼类和蛙类等小动物，甚至噬杀人畜。成年鳄鱼经常在水下，只有眼鼻露出水面。它们耳目灵敏，受惊立即下沉。午后鳄鱼多会浮水晒日，夜间其目光敏锐。

鳄鱼除少数生活在温带地区外，大多生活在热带、亚热带地区的河流、湖泊和多水的沼泽等地。湾鳄生活在海湾里或远渡大海。在淡水江河边的林荫丘陵营巢。雄鳄独占属于自己的领地,往往是一雄鳄鱼率群雌鳄鱼驱斗闯入领地的入侵者。

51.3 爬行动物搜索算法的数学描述

爬行动物搜索算法模拟鳄鱼觅食过程中的包围和狩猎策略。该算法将总的迭代次数 T 分成 4 部分,分别模拟鳄鱼高位步行、腹部爬行、狩猎协调、狩猎合作 4 种位置更新策略以及它们之间的转换,从而实现对问题的优化求解。

1. *初始化*

设置鳄鱼种群规模 N,鳄鱼个体的初始位置,表示如下:

$$x_{i,j}=\text{LB}+\text{rand}\cdot(\text{UB}-\text{LB}),\quad i=1,2,\cdots,N;\ j=1,2,\cdots,n \tag{51.1}$$

其中,$x_{i,j}$ 为第 i 条鳄鱼第 j 维空间位置;N 为种群规模;n 为问题维度;UB、LB 分别为搜索空间的上限、下限;rand 为在[0,1]区间均匀分布的随机数。

2. *包围机制(探索阶段)*

RSA 的包围机制主要执行高位步行、腹部爬行策略,以探索更广阔的搜索区域和寻找更优解。包围机制位置更新的数学描述如下:

$$x_{i,j}(t+1)=\begin{cases}\text{Best}_j(t)-\eta_{i,j}(t)\times\beta-R_{i,j}(t)\times\text{rand}, & t\leqslant T/4 \quad (51.2\text{a})\\ \text{Best}_j(t)\times x_{r1,j}(t)\times\text{ES}(t)\times\text{rand}, & T/4\leqslant t<2T/4 \quad (51.2\text{b})\end{cases}$$

其中,$x_{i,j}(t+1)$为第 $t+1$ 次迭代第 i 条鳄鱼第 j 个位置;$\text{Best}_j(t)$为迄今为止获得的最优解的第 j 个位置;$x_{r1,j}$ 为第 i 条鳄鱼的随机位置;t 为当前迭代次数;T 为最大迭代次数;β 为控制包围机制探索精度的敏感参数,取 0.1;$\eta_{i,j}$ 为第 i 条鳄鱼第 j 个位置的狩猎算子;$R_{i,j}(t)$为种群探索范围;ES(t)为个体探索过程中的进化因子。$\eta_{i,j}$、$R_{i,j}(t)$和 ES(t)分别描述如下:

$$\eta_{i,j}=\text{Best}_j(t)\times P_{i,j} \tag{51.3}$$

$$R_{i,j}(t)=\frac{\text{Best}_j(t)-x_{r2,j}}{\text{Best}_j(t)+\varepsilon} \tag{51.4}$$

$$\text{ES}(t)=2\times r3\times(1-1/T) \tag{51.5}$$

$$P_{i,j}=\alpha+\frac{x_{i,j}-M(x_i)}{\text{Best}_j(t)\times(\text{UB}_j-\text{LB}_j)+\varepsilon} \tag{51.6}$$

$$M(x_i)=\frac{1}{n}\sum_{j=1}^{n}x_{i,j} \tag{51.7}$$

其中,$P_{i,j}$ 表示找到最优解的第 j 个位置与当前解的第 j 个位置之差;$x_{i,j}$ 为第 i 条鳄鱼第 j 个位置;$M(x_i)$为第 i 条鳄鱼第 j 个位置的平均值;UB_j、LB_j 分别为第 j 个位置的上限、下限;α 为控制狩猎机制探索精度的敏感参数,取 0.1;ε 为极小常数;$r2$ 为[1,N]区间的随机数;$r3$ 为−1~1 的随机整数。

3. *狩猎机制(开发阶段)*

鳄鱼在狩猎过程中主要通过狩猎协调和狩猎合作策略进行开发搜索。与包围机制不同,鳄鱼狩猎机制使它们能够轻松接近目标猎物,即算法最优解。狩猎机制位置更新描述如下:

$$x_{i,j}(t+1)=\begin{cases}\text{Best}_j(t)\times P_{i,j}(t)\times\text{rand}, & T/2<t\leqslant 3T/4 \quad (51.8\text{a})\\ \text{Best}_j(t)-\eta_{i,j}(t)\times\varepsilon-R_{i,j}(t)\times\text{rand}, & 3T/4<t<T \quad (51.8\text{b})\end{cases}$$

其中的参数含义同上。

51.4　爬行动物搜索算法的伪代码及实现流程

爬行动物搜索算法的伪代码描述如下。

```
初始化阶段:
初始化 RSA 参数 α,β 等
初始化所有解 X(i=1,2,…,N)的初始位置
while (不满足终止条件) do
计算所有候选解 X 的适应度值
找到迄今为止的最优解
用式(51.5)更新 ES
启动 RSA
for (i = 1 to N) do
    for (j = 1 to N) do
    分别用式(51.3)、式(51.4)和式(51.6)更新 η、R、P 的值
        if (t ≤ T/4) then
        x(i,j)(t+1) = Best_j(t) - η(i,j)(t) × β
                - R(i,j)(t) × rand.                    {高位步行}
        else if (t ≤ 2T/4 and t ≤ T/4) then
        x(i,j)(t+1) = Best_j(t) × x_r1,j × ES(t) × rand.    {腹部爬行}
        else if (t ≤ 3T/4 and t > 2T/4) then
        x(i,j)(t+1) = Best_j(t) × P(i,j)(t) × rand.         {狩猎协调}
        else
        x(i,j)(t+1) = Best_j(t) - η(i,j)(t) × ε
                - R(i,j)(t) × rand.                    {狩猎合作}
        end if
    end for
end for
t = t + 1
end while
返回到最优解 Best(X)
```

爬行动物搜索算法的实现流程如图 51.2 所示。

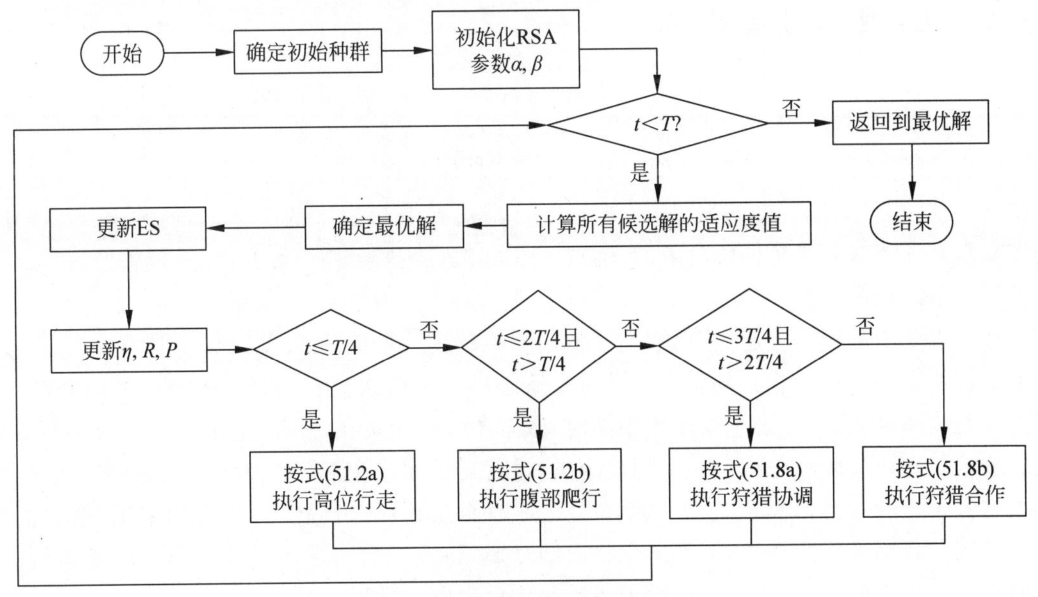

图 51.2　爬行动物搜索算法的实现流程图

第 52 章　蝠鲼觅食优化算法

蝠鲼觅食优化算法是一种模拟蝠鲼鱼链式觅食、旋风式觅食和翻筋斗式觅食行为的群智能优化算法。该算法首先在链式觅食行为和旋风式觅食行为之间进行切换，然后搜索个体根据在翻筋斗觅食过程中迄今为止找到的最佳位置来更新自己的位置。所有的更新和计算都是交互进行的，直到满足停止标准。本章首先介绍蝠鲼鱼的特性及觅食行为，然后阐述蝠鲼觅食优化算法的思想，最后给出蝠鲼觅食优化算法的伪代码。

52.1　蝠鲼觅食优化算法的提出

蝠鲼觅食优化(Manta Ray Foraging Optimization，MRFO)算法是 2020 年由 Zhao Weiguo 等提出的一种群智能优化算法。该算法通过 3 个觅食算子分别模拟蝠鲼的链式觅食、旋风式觅食和翻筋斗式觅食行为。该算法几乎没有可调整的参数，易于实施，因此该算法在许多工程领域中具有很大应用潜力。

通过包括单峰、多峰、低维和复合函数的 31 个基准函数的性能测试，并与其他多个知名算法进行比较，结果表明，MRFO 算法通常优于竞争对手。此外，通过 8 个实际工程设计问题的应用结果表明，该算法对于解决复杂工程设计问题在计算效率和精度方面具有明显的优势。

52.2　蝠鲼的觅食行为

蝠鲼是一种热带鱼类，它的形状很像一张毯子，又像夜空中的蝙蝠，因此被称为蝠鲼。蝠鲼体型巨大，呈菱形；有 6m 多宽，就像一只大风筝；身体青褐色；口阔，齿细而多，呈石状排列；眼睛在下侧位，可以侧视和俯视；头的侧面有一对胸鳍分化出来的头鳍，向前突出；背鳍小，胸鳍呈翼状；尾巴又细又长像鞭子，有尾刺。图 52.1(a)描绘了一条觅食的蝠鲼，图 52.1(b)显示了一条蝠鲼的结构。

蝠鲼以水中的浮游生物为食，它们会使用喇叭状的头叶将水和猎物倒入嘴中。然后用改良的鳃耙从水中过滤猎物。蝠鲼有 3 种觅食策略。一是链式觅食，它们一条接一条形成一条链。二是旋风觅食，当浮游生物浓度很高时，数十条蝠鲼聚集在一起。它们的尾巴末端与头部呈螺旋状相连在旋风眼中产生一个螺旋顶点，过滤后的水向上移动到表面。这会将浮游生物拉入它们张开的嘴巴，如图 52.1(c)所示。三是翻筋斗觅食，当蝠鲼找到食物来源时，它们会做一系列向后翻筋斗的动作，在浮游生物周围盘旋，将其拉向自己。翻筋斗是一种随机的、频繁的、局部的、周期性的运动，这有助于蝠鲼优化食物摄入过程。

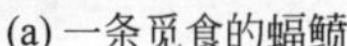
(a) 一条觅食的蝠鲼

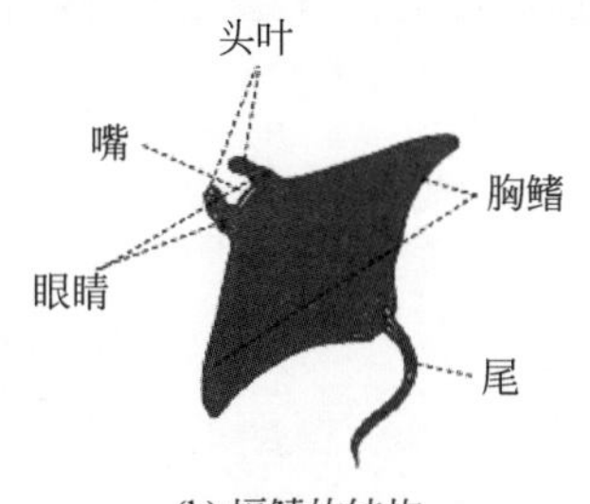

(b) 蝠鲼的结构

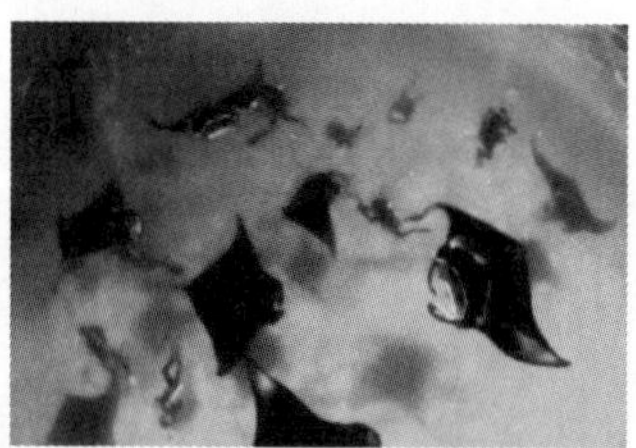
(c) 蝠鲼的集体觅食

图 52.1 蝠鲼的结构及其觅食行为

52.3 蝠鲼觅食优化算法的优化原理

MRFO 算法的设计源于对蝠鲼链式、旋风式和翻筋斗式 3 种觅食行为的模拟。链式觅食是指 50 条或更多的蝠鲼开始觅食时会一条接一条形成一条链，这样可以将最多的浮游生物汇集到它们的鳃中，从而提高它们的觅食效率。旋风觅食是指当浮游生物的浓度很高时，数十条蝠鲼聚集在一起。它们的尾巴末端与头部呈螺旋状相连在旋风眼中产生一个螺旋顶点，过滤后的水向上移动到表面。这会将浮游生物拉入它们张开的嘴巴。翻筋斗觅食指当蝠鲼找到食物来源时，它们会做随机的、频繁的、局部的、周期性一系列向后翻筋斗的动作，在浮游生物周围盘旋，将其拉向自己。翻筋斗这种行为有助于蝠鲼优化食物摄入过程。

MRFO 算法可以在链式觅食行为和旋风式觅食行为之间进行切换。然后个体根据翻筋斗觅食迄今为止找到的最佳位置更新自己的位置。所有的更新和计算都是交互迭代执行的，直到满足停止标准。最终实现对函数优化问题的求解。

52.4 蝠鲼觅食优化算法的数学描述

MRFO 算法模拟蝠鲼群体链式觅食、螺旋式觅食和翻筋斗式觅食 3 种觅食行为的数学描述如下。

1. 链式觅食

在 MRFO 中，蝠鲼可以观察到浮游生物的位置并朝它游去。一个位置的浮游生物浓度越高，位置越好。虽然目前尚不清楚最优解决方案，但 MRFO 假设目前找到的最优解决方案是蝠鲼想要靠近并吃掉的高浓度浮游生物。蝠鲼头尾相接，形成一条觅食链。除了第一条以外，其他个体不仅会游向食物，还会游向食物前面的个体。这种链式觅食的数学模型表示如下：

$$x_i^d(t+1)=\begin{cases}x_i^d(t)+r\cdot(x_{\text{best}}^d(t)-x_i^d(t))+\alpha\cdot(x_{\text{best}}^d(t)-x_i^d(t)), & i=1\\ x_i^d(t)+r\cdot(x_{i-1}^d(t)-x_i^d(t))+\alpha\cdot(x_{\text{best}}^d(t)-x_i^d(t)), & i=2,3,\cdots,N\end{cases} \tag{52.1}$$

$$\alpha=2\cdot r\cdot\sqrt{|\log(r)|} \tag{52.2}$$

其中，$x_i^d(t)$为第 i 个个体在时间 t 在 d 维的位置；r 为[0,1]区间的随机量；α 为权重系数；$x_{\text{best}}^d(t)$为高浓度的浮游生物。

图 52.2 描绘了在二维空间中的这种觅食行为。第 i 个体的位置更新由第 $i-1$ 个当前个体的位置 $x_{i-1}(t)$ 和食物的位置 x_{best} 决定。

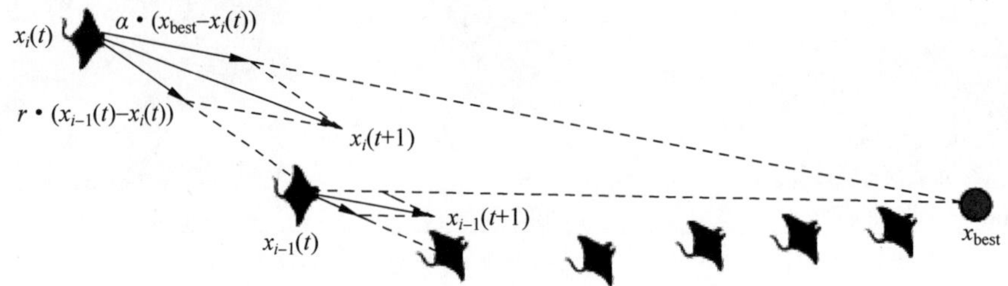

图 52.2　蝠鲼在二维空间中的觅食行为

2. 螺旋式觅食

当一群蝠鲼识别出深水中的一片浮游生物时,它们会形成一条长长的觅食链,并以螺旋状游向食物。每条蝠鲼除了螺旋式地向食物移动外,还会向前方游动。也就是说,蝠鲼成群结队地展开螺旋式觅食。图 52.3 展示了蝠鲼在二维空间中的螺旋式觅食行为。一个个体不仅跟随它前面的那个,而且会沿着螺旋路径向食物移动。模拟二维空间中蝠鲼螺旋式运动的数学表达式定义为

$$\begin{cases} X_i(t+1)=X_{\text{best}}+r\cdot(X_{i-1}(t)-X_i(t))+\mathrm{e}^{bw}\cdot\cos(2\pi w)(X_{\text{best}}-X_i(t)) \\ Y_i(t+1)=Y_{\text{best}}+r\cdot(Y_{i-1}(t)-Y_i(t))+\mathrm{e}^{bw}\cdot\sin(2\pi w)(Y_{\text{best}}-Y_i(t)) \end{cases} \tag{52.3}$$

其中,w 为[0,1]区间的随机数。这种运动行为可以扩展到 n 维空间。为简单起见,这种螺旋式觅食行为的数学表达式定义为

$$x_i^d(t+1)=\begin{cases} x_{\text{best}}+r\cdot(x_{\text{best}}^d(t)-x_i^d(t))+\beta\cdot(x_{\text{best}}^d(t)-x_i^d(t)), & i=1 \\ x_{\text{best}}+r\cdot(x_{i-1}^d(t)-x_i^d(t))+\beta\cdot(x_{\text{best}}^d(t)-x_i^d(t)), & i=2,3,\cdots,N \end{cases} \tag{52.4}$$

$$\beta=2\mathrm{e}^{r_1\frac{T-t+1}{T}}\cdot\sin(2\pi r_1) \tag{52.5}$$

其中,β 为权重系数;t 为当前迭代次数;T 为最大迭代次数,r_1 为[0,1]区间的随机数。

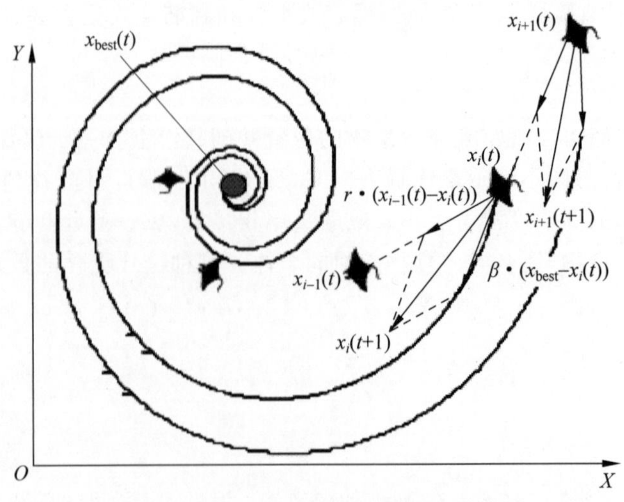

图 52.3　蝠鲼在二维空间中的螺旋式觅食行为

所有个体以食物为参考位置随机进行搜索，因此螺旋式觅食行为具有迄今为止找到的最佳的局部开发能力。这种行为也会显著改善探索能力。

可以通过在整个搜索中分配一个新的随机位置来强制每个个体搜索一个远离当前最佳位置的新位置作为它们的参考位置。该机制主要侧重于探索，使 MRFO 算法能够实现广泛地全局搜索，其数学表达式如下：

$$x_{\text{rand}}^d = \text{Lb}^d + r \cdot (\text{Ub}^d - \text{Lb}^d) \tag{52.6}$$

$$x_i^d(t+1) = \begin{cases} x_{\text{rand}}^d + r \cdot (x_{\text{rand}}^d(t) - x_i^d(t)) + \beta \cdot (x_{\text{rand}}^d(t) - x_i^d(t)), & i = 1 \\ x_{\text{rand}} + r \cdot (x_{i-1}^d(t) - x_i^d(t)) + \beta \cdot (x_{\text{rand}}^d(t) - x_i^d(t)), & i = 2,3,\cdots,N \end{cases} \tag{52.7}$$

其中，x_{rand}^d 为在搜索空间中随机产生的随机位置；Ub^d 和 Lb^d 分别为第 d 维的上限和下限。

3. 翻筋斗觅食

在这种觅食行为中，食物的位置被视为一个支点。每个个体都倾向于围绕枢轴和翻筋斗来回游动到一个新的位置。因此，它们总是在迄今为止找到的最佳位置周围更新它们的位置。其数学模型表达如下：

$$x_i^d(t+1) = x_i^d(t) + S \cdot (r_2 \cdot x_{\text{best}}^d - r_3 \cdot x_i^d(t)), i = 1,2,\cdots,N \tag{52.8}$$

其中，S 为决定蝠鲼空翻范围的空翻因子，$S=2$；r_2 和 r_3 为[0,1]区间的随机数。

从式(52.8)可以看出，它定义了翻筋斗的范围，每个个体都可以移动到一个新的搜索域中的任何位置，该搜索域是当前位置与其围绕目前找到的最佳位置的对称位置之间的区域。随着单个位置与目前找到的最佳位置之间的距离减小，当前位置的扰动也会减小。所有个体逐渐逼近搜索空间中的最优解。

随着迭代次数的增加，翻筋斗觅食的范围会自适应地减小。图 52.4 为 3 条蝠鲼翻筋斗觅食的示意图。

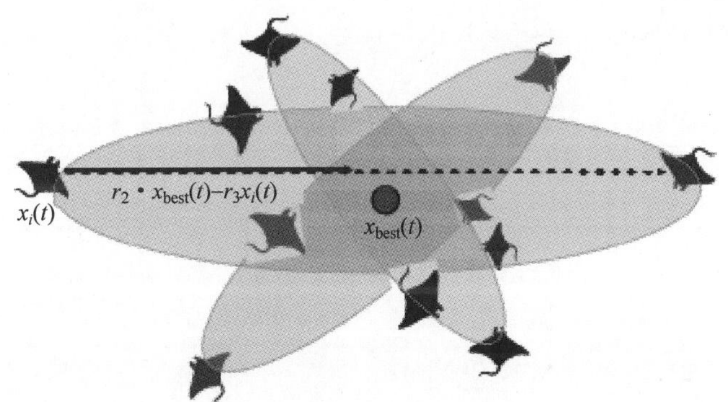

图 52.4 3 条蝠鲼翻筋斗觅食的示意图

与其他元启发式优化算法类似，MRFO 算法在搜索空间中随机生成初始群体。在每次迭代中，每个个体都更新其相对于它前面的那个和参考位置的位置。t/T 值减小从 $1/T$ 到 1 分别进行探索性搜索和利用性搜索。3 个个体在二维空间中的翻筋斗觅食行为。$t/T < \text{rand} t/T > \text{rand}$ 时开发，而当 $t/T > \text{rand}$ 时，选择搜索空间中随机生成的随机位置作为探索的参考位置。同时，根据随机数，MRFO 算法首先在链式觅食行为和旋风式觅食行为之间进行切换，然后搜索个体根据翻筋斗觅食迄今为止找到的最佳位置更新自己的位置。所有的更新和计算都是交互执行的，直到满足停止标准。最终返回最佳个体的位置和适应度值。

52.5 蝠鲼觅食优化算法的伪代码实现

MRFO 优化算法的伪代码描述如下。

```
初始化种群规模 N,最大迭代次数 T,
计算每个个体的适应度值 f_i = f(x_i),x_i(t) = x_l + rand·(x_u - x_l),i = 1, …,N; t = 1,
其中 x_u 和 x_l 分别为搜索空间的上下限
找到迄今为止最好的解 x_best
While 不满足停止条件 do
  for i = 1 : N do
    if rand<0.5 then            // 旋风式觅食
      if t/T_max<rand then
      x_rand = x_l + rand·(x_u - x_l)
      x_i(t+1) = { x_best + r·(x_rand(t) - x_i(t)) + β·(x_rand(t) - x_i(t)),   i = 1
                 { x_best + r·(x_{i-1}(t) - x_i(t)) + β·(x_best(t) - x_i(t)),   i = 2, …,N
      else
      x_i(t+1) = { x_best + r·(x_best(t) - x_i(t)) + β·(x_best(t) - x_i(t)),   i = 1
                 { x_best + r·(x_{i-1}(t) - x_i(t)) + β·(x_best(t) - x_i(t)),   i = 2, …,N
      end if
   else // 链式觅食
   x_i(t+1) = { x_i(t) + r·(x_best(t) - x_i(t)) + α·(x_best(t) - x_i(t)),   i = 1
              { x_i(t) + r·(x_{i-1}(t) - x_i(t)) + α·(x_best(t) - x_i(t)),   i = 2, …,N
   end if
   计算每个蝠鲼的适应度 f(x_i(t+1)),if f(x_i(t+1))<f(x_best)
   then x_best = x_i(t+1)
   // 翻筋斗觅食
   for i = 1 : N do
   x_i(t+1) = x_i(t) + S·(r_2 · x_best - r_3 x_i(t))
   计算每个蝠鲼的适应度 f(x_i(t+1)),if f(x_i(t+1))<f(x_best)
   then x_best = x_i(t+1)
  end for
end While
返回已找到的最优解 x_best
```

第 53 章　绯鲵鲣算法

绯鲵鲣算法是一种模拟绯鲵鲣鱼群协作狩猎行为的群智能优化算法，该算法将每条绯鲵鲣视为搜索空间优化问题的可行解，通过初始化、追击者、拦截者、角色互换及更改区域5种行为模式的迭代实现问题的优化求解。本章首先介绍绯鲵鲣的习性及狩猎行为、绯鲵鲣算法的优化原理，然后阐述绯鲵鲣算法的数学描述，最后给出绯鲵鲣算法的实现步骤及伪代码。

53.1　绯鲵鲣算法的提出

绯鲵鲣算法（Yellow Saddle Goatfish Algorithm，YSGA）是 2018 年由 Zaldívar 等提出的一种群智能优化算法。该算法模拟绯鲵鲣群协作狩猎行为，将绯鲵鲣鱼群狩猎区域设为搜索空间，每条绯鲵鲣视为优化问题的可行解，通过选定追逐者与拦截者个体的并行迭代搜索以实现对优化问题的求解。该算法具有待调节参数少、迭代寻优效率高且易于实现等优点，因此在无线传感器、PID 控制器的优化设计中获得应用。

53.2　绯鲵鲣的习性及狩猎行为

绯鲵鲣主要分布在太平洋、地中海、大西洋、印度洋的温暖浅水域中。由于种类不同，绯鲵鲣大小各异，其中夏威夷绯鲵鲣体长达 8～10 英尺（1 英尺＝0.3048 米）。它有多刺的背鳍，分叉的尾巴，头顶有一对大眼睛。它是以那两条长触须来命名的，触须垂悬在下颌可以提高它的触觉和味觉。绯鲵鲣具有大鳞片，皮肤有许多种颜色，但经常是红色或粉红。绯鲵鲣会根据外界环境改变自身的体表颜色，如图 53.1 所示。

图 53.1　多种绯鲵鲣的照片

通常而言，绯鲵鲣成群狩猎，一旦选择了一个区域，它们就分成几个子种群。在狩猎过程中，各子种群间并没有冲突行为，因为各子种群都只对获得猎物的群体感兴趣。

绯鲵鲣群体内最重要的就是追击者、拦截者。种群中只有一个成员可以担任追击者，剩下的个体为拦截者。当狩猎开始时，猎物会试图从珊瑚丛中逃走，此时拦截者策略性地包围珊瑚丛，而追击者直接对猎物进行攻击。

53.3 绯鲵鲣算法的优化原理

该算法模拟绯鲵鲣群协作狩猎行为，将绯鲵鲣鱼群狩猎区域设为搜索空间，每条绯鲵鲣视为优化问题的可行解，通过 K-means 方法将绯鲵鲣种群划分为 k 个相互独立的子种群，以实现空间邻域内的并行搜索，并使绯鲵鲣在探索空间内扮演两种搜索个体角色，即追击者和拦截者，以执行不同的搜索路径的操作。在狩猎过程中，因鱼群随机游走可发生角色互换机制，若狩猎区域被过度开发，则绯鲵鲣鱼群将执行区域更新策略以寻找新的捕食区域继续狩猎。根据绯鲵鲣群体协作狩猎行为的特点，YSGA 通过初始化、追击者、拦截者、角色互换与更改区域 5 种不同行为模式的反复迭代以最终实现对问题的优化求解。

53.4 绯鲵鲣算法的数学描述

YSGA 模拟绯鲵鲣群体协作狩猎行为，包括初始化、追击者、拦截者、角色互换及更改区域 5 种行为模式，其数学描述如下。

1. *种群初始化*

在初始化阶段，首先对个体位置进行初始化

$$P_i^j = \text{rand} \cdot (b_j^{\text{high}} - b_j^{\text{low}}) + b_j^{\text{low}}, \quad i=1,2,\cdots,m; \quad j=1,2,\cdots,n \tag{53.1}$$

其中，rand 为[0,1]区间的一个随机数；b_j^{high}、b_j^{low} 分别为搜索空间的上限、下限；m 为种群规模；n 为搜索空间决策变量的维度。

绯鲵鲣通常会形成多个子群进行捕食，利用 K-means 方法进行聚类分析，如图 53.2 所示将种群分为 k 个相互独立的子种群$\{c_1, c_2, \cdots, c_k\}$，通过计算 k 个子种群中的每个决策变量与该子种群中心的欧氏距离之和来定义适应度值，以表示捕获猎物的成功率，具体计算如下：

$$e(c_l) = \sum_{P_g \in c_l} \| P_g - \mu_l \|^2, \quad g=1,2,\cdots,h; \quad l=1,2,\cdots,k \tag{53.2}$$

$$E(C) = \sum_{l=1}^{k} e(c_l) \tag{53.3}$$

其中，$e(c_l)$为每个子种群 c_l 的均值 μ_l 与子群中每个决策变量 P_g 之间的欧氏距离；$E(C)$为适应度值。

2. *追击者的位置更新*

每个子种群中适应度值最优的绯鲵鲣定义为该区域的追击者以引领捕猎，在搜索区域内利用 Levy 飞行模式产生随机游动以寻找猎物的藏身之处，其位置更新的计算式为

$$\Phi_l^{t+1} = \Phi_l^t + S \tag{53.4}$$

$$S = \alpha \oplus \text{Levy}(\beta) \sim \alpha \frac{u}{|v|^{1/\beta}} (\Phi_l^t - \Phi_{\text{best}}^t) \tag{53.5}$$

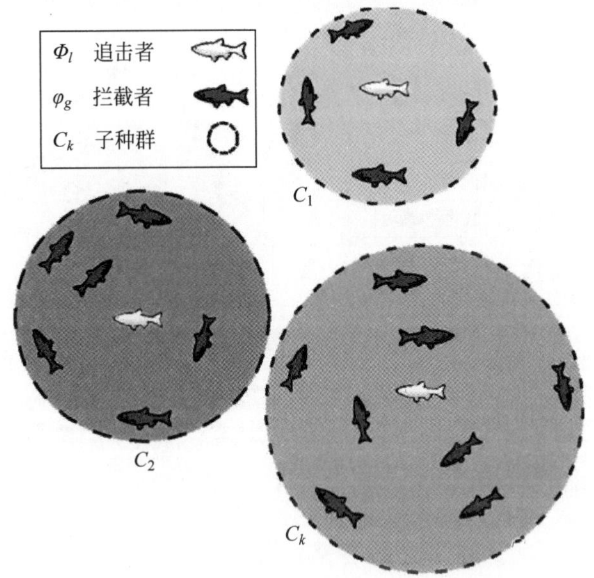

图 53.2　绯鲵鲣群体内的角色划分

$$\sigma_u = \left\{ \frac{\Gamma(1+\beta)\sin\frac{\pi\beta}{2}}{\Gamma\left(\frac{1+\beta}{2}\right)\beta 2^{(\beta-1)/2}} \right\}^{1/\beta}, \quad \sigma_v = 1 \tag{53.6}$$

其中，Φ_l^t 为追击者当前的位置；S 为 Levy 飞行模式通过 Levy 分布生成的随机步长；α 为步长因子，$\alpha=1$；β 为 Levy 指数，$0<\beta\leqslant 2$；u 和 v 均服从正态分布，$u\sim N(0,\sigma_u^2)$，$v\sim N(0,\sigma_v^2)$；Φ_{best}^t 为当前所有集群中最优追击者，其位置更新的计算式为

$$\Phi_{\text{best}}^{t+1} = \Phi_{\text{best}}^t + S' \tag{53.7}$$

$$S' = \alpha \frac{u}{|v|^{1/\beta}} \tag{53.8}$$

其中，S'为新定义的随机步长。追击者的位置更新就是当前个体加一个 Levy 飞行扰动。

3. 拦截者的位置更新

每个绯鲵鲣子种群中确定追击者后，其余的绯鲵鲣就成为拦截者对猎物实行包围策略以阻止其逃跑，并沿着如图 53.3 所示的螺旋路径围绕在此时试图捕食猎物的追击者周围，其位置更新算式为

$$\varphi_g^{t+1} = D_g \cdot e^{b\rho} \cdot \cos 2\pi\rho + \Phi_l, \quad \{\Phi_l, \varphi_g^t\} \in c_l \tag{53.9}$$

$$D_g = |r \cdot \Phi_l - \varphi_g^t| \tag{53.10}$$

其中，D_g 为拦截者 φ_g^t 和追击者 Φ_l 在子种群 c_l 中当前位置的距离；b 为一个常数，取 $b=1$；r 为$[-1,1]$区间的随机数；ρ 为$[0,1]$区间的随机数。为了增强算法的开发能力，ρ 在每次迭代中从-1 线性减少到-2。图 53.4 给出了随 ρ 的变化拦截者产生的可能位置。

4. 角色互换

在追捕猎物过程中，若拦截者比追击者距离猎物更近，则在 $t+1$ 迭代中执行角色互换机制，如图 53.5 所示，以更新最佳追击者的位置。该机制可在每个子种群中独立完成以实现并行的本地搜索，从而避免算法的不稳定性。

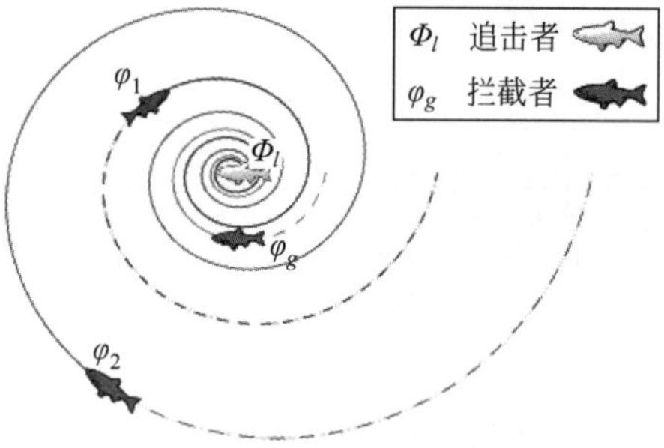

图 53.3　拦截者的螺旋路径

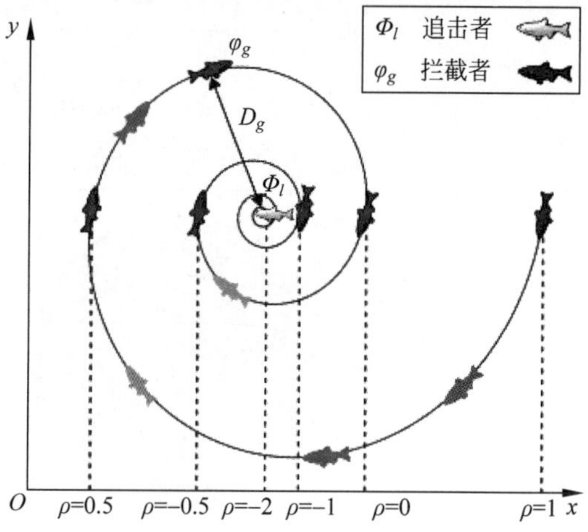

图 53.4　拦截者的可能位置

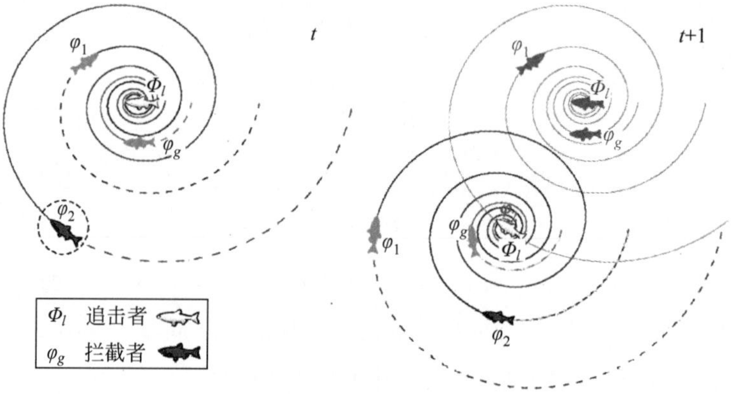

图 53.5　绯鲵鲣的角色互换机制

5. 更改区域

当一个搜索区域所有猎物均被猎杀，为了寻找新的猎物，各子种群将转移到其他区域。因此对于每个子种群，如果算法在预定的 10 次迭代之内没有找到更好的解，则对子种群中的所有个体执行区域更改策略，以增强算法逃离局部最优的能力。具体数学描述如下：

$$P_g^{t+1}=\frac{\Phi_{\text{best}}+P_g^t}{2} \tag{53.11}$$

其中，绯鲵鲣群体 P 不分拦截者或是追击者，所有的绯鲵鲣都更改捕食区域，如图 53.6 所示。

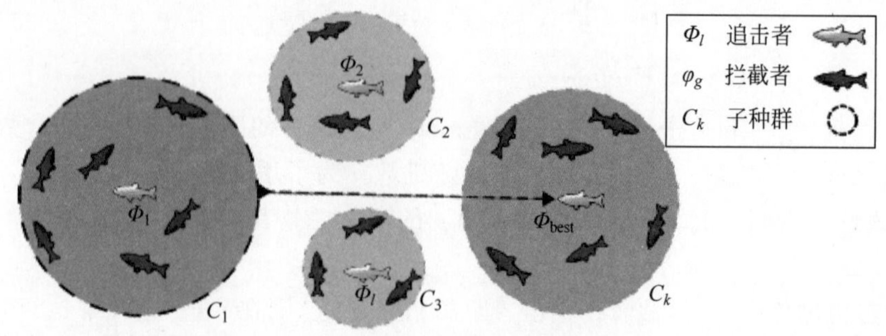

图 53.6　绯鲵鲣群体更改捕食区域

53.5 绯鲵鲣算法的实现步骤及伪代码

绯鲵鲣算法的实现步骤如下。

(1) 利用式(53.1)将绯鲵鲣种群 P 初始化，使所有绯鲵鲣个体均匀分布在预定义的搜索空间上下界内。

(2) 计算每条绯鲵鲣的适应度值，并确定全局最优的绯鲵鲣 Φ_{best}。

(3) 应用 K-means 算法将绯鲵鲣种群划分为 k 个子种群，并将对于每个子种群中适应度值较高的绯鲵鲣作为该子种群的追击者，其余的作为拦截者。

(4) 根据式(53.5)生成随机步长，利用式(53.4)对追击者的位置更新。

(5) 根据式(53.10)得到追击者与拦截者的距离，并利用式(53.9)对拦截者的位置更新。

(6) 计算每条绯鲵鲣的适应度值。在每个子种群中，如果拦截者的适应度值优于追击者，则执行追击者和拦截者角色更替机制；如果所有子种群中的任何一条追击者的适应度值优于全局最好的追击者，那么全局最优的追击者将被更新。

(7) 对于每次迭代和每个子种群群，如果追击者没有得到改进，则意味着在该区域不再有猎物可猎食，利用式(53.11)对所有绯鲵鲣进行区域更换。

(8) 判断终止条件，若达到最大迭代次数，则输出全局优解，算法结束；否则，转到步骤(2)。

绯鲵鲣优化算法执行伪码描述如下。

```
输入参数: m,k,t_max,S
初始化绯鲵鲣种群 P = {p_1,p_2,…,p_m}
计算每条绯鲵鲣的适应度值
选择出全局最优的绯鲵鲣 Φ_best
把绯鲵鲣种群分为 k 个相互独立的子种群{c_1,c_2,…,c_m}
识别每个子种群中的追击者 Φ_1 和拦截者 φ_g
While (t<t_max)
    For 每一个绯鲵鲣 c_1
        执行追击者的狩猎程序
        为拦截者执行拦截程序
        计算每条绯鲵鲣的适应度值
        If φ_g 的适应度值比 Φ_1 的适应度值好
          用 φ_g 替换 Φ_1
        End If
        If Φ_1 的适应度值比 Φ_best 的适应度值好
          更新 Φ_best
        End If
        If Φ_1 的适应度值没有改善
          q←q+1
        End If
        If q>λ
          执行更改区域的程序
          0←q
        End If
    End for
    t←t+1
End While
输出 Φ_best—
```

第 54 章　被囊群算法

被囊群算法是一种模拟了海洋中被囊动物在导航和觅食过程中的喷射推进及其集群行为的群智能优化算法。算法提出满足 3 个条件：避免搜索种群之间的冲突，向最佳搜索个体的位置移动，保持与最佳搜索个体的距离，根据个体的最优解更新位置，最终获得全局最优解。本章首先介绍被囊动物的习性、被囊群算法的优化原理，然后给出被囊群算法的数学描述，最后给出被囊群算法的实现步骤、伪代码及实现流程。

54.1　被囊群算法的提出

被囊动物群算法（Tunicate Swarm Algorithm，TSA）是 Satnam Kaur 等在 2020 年提出的一种群智能优化算法。该算法模拟了被囊动物在导航和觅食过程中的喷射推进及其集群智能行为。利用 74 个基准测试问题对 TSA 的性能进行敏感性、收敛性和可扩展性评价分析以及方差分析的结果表明，TSA 在获得全局最优解方面与其竞争对手相比具有更好的收敛性。此外，将 TSA 用于 6 个受约束和一个不受约束的工程设计问题的仿真结果也证明了其有效性和效率。

由于操作简单、调整参数少并具有一定的跳出局部最优的能力，所以 TSA 及其改进算法已用于解决光伏电池组件未知参数的优化、配电系统中寻找最优、特征选择等问题。

54.2　被囊动物的习性

被囊动物是明亮的生物发光体，发出浅蓝色和绿色的光，可以在数米之外看到。被囊动物呈圆柱形，一端开口，另一端闭合。在每个被囊组织中都有一个共同的胶状被膜，它有助于连接所有个体。然而，每一个被囊动物各自从周围的海水中取水，并通过心房虹吸管产生喷气推进。被囊动物是唯一的能以这种流体喷射式推进力在海洋中移动的动物。这种推进力非常强大，可以使被膜动物在海洋中垂直迁移。被囊动物通常出现在 500～800m 深处，并在夜间向上迁移到地表水的上层。被囊动物的大小从几厘米到超过 4m 不等。被囊动物的喷气推进和群体行为如图 54.1 所示。

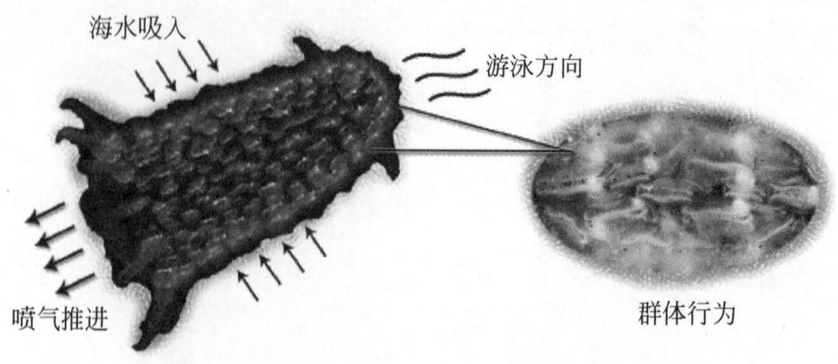

图 54.1　被囊动物的喷气推进和群体行为

54.3　被囊群算法的优化原理

被囊动物具有在海洋中找到食物来源位置的能力。然而，在给定的搜索空间中，我们不知道食物的来源空间。被囊动物群算法模拟被囊动物利用其自身的两种行为寻找食物来源来寻找最优解。这两种行为包括喷气推进和群体行为。为了对喷气推进行为进行数学建模，被囊动物应满足 3 个条件：一是避免搜索种群中两个个体之间的冲突；二是向最佳搜索个体的位置移动；三是保持与最佳搜索个体的距离。然后，群体行为将会根据最优位置更新个体的位置。被囊群算法通过对上述 3 种喷气推进行为的反复迭代，最终实现对问题的优化求解。

54.4　被囊群算法的数学描述

被囊群算法模拟被囊动物的觅食过程中的喷射推进和群体行为的数学描述如下。

1. 避免搜索个体之间的冲突

为了避免搜索个体之间冲突，使用向量 $\boldsymbol{A}$ 计算搜索个体新的位置。

$$\boldsymbol{A}=\frac{\boldsymbol{G}}{\boldsymbol{M}} \tag{54.1}$$

$$\boldsymbol{G}=c_1+c_2+\boldsymbol{F} \tag{54.2}$$

$$\boldsymbol{F}=2\cdot c_1 \tag{54.3}$$

其中，$\boldsymbol{G}$ 为重力；$\boldsymbol{F}$ 为深海中的水流平流；c_1、c_2、c_3 均为[0,1]区间的随机数；$\boldsymbol{M}$ 代表搜索个体间的互相作用力。$\boldsymbol{M}$ 的计算如下式：

$$\boldsymbol{M}=\lfloor P_{\min}+c_1(P_{\max}-P_{\min})\rfloor \tag{54.4}$$

其中，$P_{\min}$ 和 $P_{\max}$ 分别代表搜索个体互动的初始速度和从属速度，一般分别设定为 1 和 4。

2. 向最佳搜索个体的位置移动

被囊个体向最优邻居移动：

$$\boldsymbol{PD}=|\boldsymbol{FS}-\text{rand}\cdot\boldsymbol{P}_p(x_i^t)| \tag{54.5}$$

其中，$\boldsymbol{PD}$ 为搜索个体与食物之间的距离；$\boldsymbol{FS}$ 为食物的位置；$\boldsymbol{P}_p(x_i^t)$为个体 i 在当前迭代 t 中的位置；rand 为[0,1]区间的随机数。

被囊个体向最优位置移动的位置更新如下式：

$$\boldsymbol{P}_p(x)=\begin{cases}\boldsymbol{FS}+\boldsymbol{A}\cdot\boldsymbol{PD}, & \text{rand}\geqslant 0.5\\ \boldsymbol{FS}-\boldsymbol{A}\cdot\boldsymbol{PD}, & \text{rand}<0.5\end{cases} \tag{54.6}$$

3. 保持与最佳搜索个体的距离

为了从数学上模拟被囊动物的群体行为，保存前两个最优解，并根据最佳搜索个体的位置更新其他搜索个体的位置。被囊动物的群体行为描述如下：

$$\boldsymbol{P}_p(x_i^{t+1})=\frac{\boldsymbol{P}_p(x_i^t)+\boldsymbol{P}_p(x_i^{t-1})}{2+c_1} \tag{54.7}$$

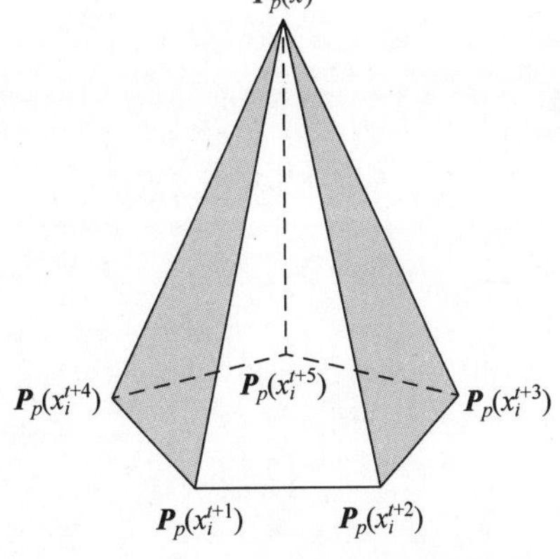

图 54.2　被囊的三维位置向量

图 54.2 显示了搜索个体如何根据 $\boldsymbol{P}_p(x_i^t)$的位置更新自己的位置。最终位置是一个随机的位置，在由被

囊的位置所确定的圆锥形或圆柱形内的。

在 TSA 中,使用 ***A***、***G*** 和 ***F*** 保证解在给定搜索空间中的随机行为,避免不同搜索个体之间的冲突;通过向量 ***A***、***G*** 和 ***F*** 的变化能够更好地实现探索和开发;利用前两个最优解,并根据最佳搜索个体的位置更新其他搜索个体的位置,这体现了被囊动物觅食过程的群体行为。

54.5 被囊群算法的实现步骤及流程

被囊群算法的实现步骤如下。

(1) 初始化种群。

(2) 初始化种群参数,边界条件。

(3) 计算每个个体的适应度值。

(4) 搜索最佳个体的位置。

(5) 根据群体行为更新每个个体位置。

(6) 调整超出给定搜索空间边界的个体位置。

(7) 计算更新后的群体每个个体的适应度值,如果适应度优于之前的值,则更新。

(8) 如果满足停止条件,则算法停止。否则,重复步骤(5)~(8)。

(9) 返回目前得到的最优解。

被囊群算法的伪代码描述如下。

```
输入:被囊类种群 P_p
输出:最优适应度值 FS
程序 TSA
初始化参数 A,G,F,M,Max - iterations
    设 Pmin←1
    设 Pmax←4
    设 Swarm←0
    while(x < Max - iterations)do
        for i ← 1 to 2 do                              /* 循环计算 */
            FS←计算适应度值 P_p                          /* 计算每个搜索个体的适应度值 */
    /* 喷气推进行为 */
            c1,c2,c3,rand←Rand() /* Rand()为在[0,1]区间生成随机数的函数 */
            M←⌊Pmin + c1 × (Pmax - Pmin)⌋
            F←2 × c1
            G←c2 + c3 - F
            A←G/M
            PD←ABS(FS - rand × P_p(x))
    /* 群体行为 */
            if (rand≤0.5) then
                Swarm←Swarm + FS + A × PD
            else
                Swarm←Swarm + FS - A × PD
            end if
        end for
        P_p(x)←Swarm/(2 + c1)
        Swarm←0
        更新参数 A,G,F,M
        x←x + 1
    end while
```

```
返回 FS
end 程序
程序：计算适应度(P_p)
    for i ← 1: n do                               /* n 为给定问题的维度 */
     FITp[i]←FitnessFunction(P_p(i,:)),           /* 计算每个个体的适应度 */
    end for
    FITp best←BEST(FITp[])                        /* 使用 BEST 函数计算最佳适应度值 */
返回 FITpbest
end 程序
程序：最好的(FITp)
    Best←FITp[0]
    for i←1: n do
      if (FITp[i] < Best) then
         Best←FITp[i]
      end if
    end for
返回 Best                                         /* 返回最佳适应度值 */
```

被囊群算法的流程如图 54.3 所示。

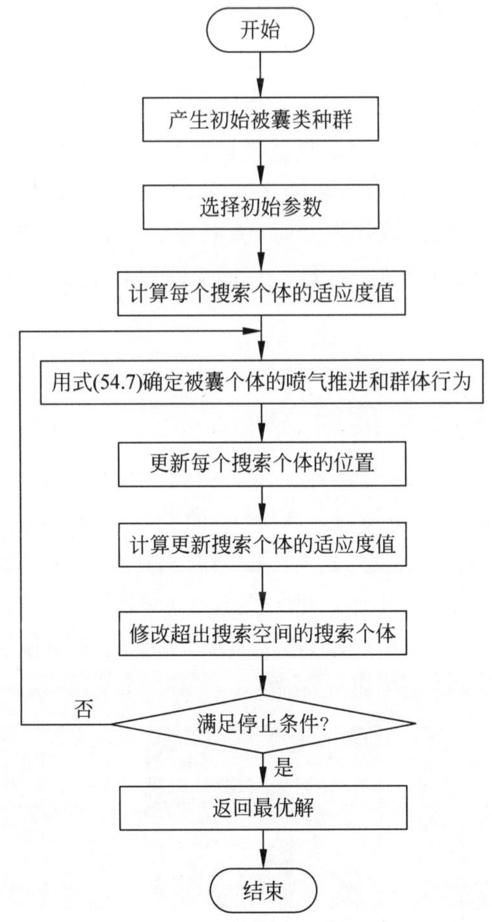

图 54.3　被囊群算法的流程图

第55章　人工水母搜索优化算法

人工水母搜索优化算法是一种模拟海洋中水母觅食运动的群智能优化算法。海洋中的水母群中水母的觅食运动包括跟随洋流的运动、在群内自身周围的被动运动和向其他位置运动的主动运动。该算法模拟水母不同的运动形式并通过运动形式的转换实现对问题的优化求解。本章首先介绍水母的习性及觅食行为，人工水母搜索优化算法的优化原理，然后阐述人工水母搜索优化算法的数学描述，最后给出人工水母搜索优化算法的实现步骤。

55.1　人工水母搜索优化算法的提出

人工水母搜索优化(Artificial Jellyfish Search Optimization，AJSO)算法是2021年由Jui-Sheng Chou等提出的一种模拟海洋中水母觅食运动行为的群智能优化算法。

AJSO算法在迭代搜索过程中包括跟随洋流运动、被动运动和主动运动等多种运动搜索形式，具有较强的搜索能力；每次迭代搜索时，确定每个人工水母运动搜索形式的时间控制机制具有随机性，降低“早熟”的可能性；水母生存的海洋环境较为复杂，因而容易提出对AJSO的改进型。

55.2　水母的习性及觅食行为

水母是一种无脊椎海洋浮游动物，是一种低等的腔肠动物。海洋中的水母在形状上像一个钟，其生活状况受海水盐碱度、温度、氧气含量和海水运动等海洋环境的变化影响。水母的种类有200余种。图55.1列举了几种水母的图片。水母体内的含水量在95%以上，由内外两胚层组成，两层间有一个很厚的中胶层，不但透明，而且有漂浮作用。它们利用体内喷水反射向前运动，就好像一顶圆伞在水中迅速漂游。

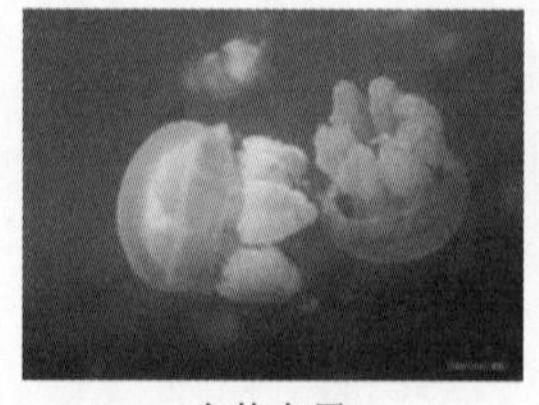
伞状水母

钵水母

立方水母

图55.1　几种水母的图片

水母的伞状体内有一种特别的腺，可以放出一氧化碳，使伞状体膨胀。而当水母遇到敌害或者在遇到大风暴的时候，就会自动将气放掉，沉入海底。海面平静后，它只需几分钟就可以生产出气体让自己膨胀并漂浮起来。在捕猎食物的过程中，水母表现出依靠自己收缩向后推水而前进、参照其他水母运动和跟随洋流运动等多种运动形式。大量水母向食物丰富和海洋环境舒适区聚集，形成"水母花"。水母没有呼吸器官与循环系统，只有原始的消化器官，所捕获的食物会立即在腔肠内被消化吸收。

水母触手中间的细柄上有一个小球，里面有一粒小小的听石，这是水母的"耳朵"。由海浪和空气摩擦而产生的次声波冲击听石，刺激着周围的神经感受器，使水母在风暴来临之前的十几个小时就能够得到信息，从海面一下子全部消失。

55.3 人工水母搜索优化算法的优化原理

AJSO 算法基于以下 3 条假设：

(1) 水母在海洋中要么跟随海洋运动，要么在水母群内运动，两种运动的转换存在一种时间控制机制；

(2) 在海洋中，水母寻找食物，它们更容易被食物数量多的位置吸引；

(3) 找到的食物数量由该位置和对应位置的目标函数值所决定。

AJSO 算法利用食物的位置模拟待优化的问题解空间中的解，以某位置上食物的丰富程度模拟相应解的优劣。算法通过种群初始化、跟随洋流运动(全局搜索)、水母种群内运动(局部搜索，分为被动运动和主动运动)、时间控制机制(两种运动的转换)和边界处理等反复迭代操作实现对优化问题的求解。

55.4 人工水母搜索优化算法的数学描述

AJSO 算法包括初始化和搜索两个阶段，搜索阶段又分为跟随洋流运动和在水母群内运动两类形式。通过时间控制机制对这两类运动加以控制。

1. *初始化阶段*

设待优化问题的解表示为 n 维向量 $\boldsymbol{x}=(x_1,x_2,\cdots,x_n)$，数量为 N_P 的水母种群可形式化地表示为 $\boldsymbol{X}=(x_1,x_2,\cdots,x_{N_P})$。首先对种群数量 N_P、最大迭代次数 N_{inter}、分布系数和运动系数等参数进行初始化。然后 AJSO 算法采用逻辑斯蒂(Logistic)混沌映射方式对种群初始化的计算如下：

$$X_{i+1}=\eta X_i(1-X_i),\quad 0\leqslant X_0\leqslant 1 \tag{55.1}$$

其中，X_i 为第 i 个人工水母位置的逻辑斯蒂映射值；X_0 为水母初始位置的映射值，$X_0\in(0,1)$ 且 $X_0\notin\{0.0,0.25,0.75,0.5,1.0\}$；$\eta$ 的值通常取 4。

2. *跟随洋流运动*

洋流因富含食物而对人工水母具有较强的吸引力，对其觅食运动产生重要影响。洋流的方向被模拟为最优人工水母位置与种群中每个水母位置差的平均值，其具体计算如式(55.2)。基于人工水母位置在解空间中呈现出正态分布的假设，种群中的人工水母以较大概率分布在种群平均位置附近。基于此，式(55.2)可被更新为式(55.3)，进而新的人工水母位置可由式(55.4)计算如下：

$$v_{\text{trend}}=\frac{1}{N_P}\sum_{i=1}^{N_P}(x^*-e_c x_i)=x^*-\frac{e_c}{N_P}x_i \tag{55.2}$$

$$v_{\text{trend}}=x^*-\beta\text{rand}(0,1)\frac{1}{N_P}x_i \tag{55.3}$$

$$x_i(t+1)=x_i(t)+\text{rand}(0,1)v_{\text{trend}} \tag{55.4}$$

其中，x^* 为当前最优人工水母的位置；e_c 为洋流中含有的食物对人工水母的吸引因子；β 为分布因子，通常取为 3。

3. *水母群内运动*

在人工水母群中，水母有两种运动方式：在自身周围运动（被动运动）或向其他位置运动（主动运动）。当种群刚形成时，大多数水母进行被动运动。随着时间的推移，水母越来越多地表现为主动运动。

被动运动是一个人工水母 i 在自身周围实现搜索的运动形式，无须借助其他人工水母的信息，其计算式如下：

$$x_i(t+1)=x_i(t)+\gamma\text{rand}(0,1)(U_{\text{b}}-L_{\text{b}}) \tag{55.5}$$

其中，U_{b} 和 L_{b} 分别为解空间的每一维向量的上限和下限；γ 为运动系数，通常取 0.1。

主动运动是一个人工水母 i 借助另一个人工水母 j 的位置实现其搜索的运动形式，其具体计算分别如式(55.6)和式(55.7)所示。

$$v_{\text{dir}}=\begin{cases}x_i(t)-x_j(t), & x_j(t)\text{ 劣于 }x_i(t)\\ x_j(t)-x_i(t), & x_j(t)\text{ 优于 }x_i(t)\end{cases} \tag{55.6}$$

$$x_i(t+1)=x_i(t)+\text{rand}(0,1)\cdot v_{\text{dir}} \tag{55.7}$$

其中，$x_j(t)$为随机选择不同于 $x_i(t)$的人工水母 j 的位置；当 $x_j(t)$劣于 $x_i(t)$时，$x_i(t)$远离 $x_j(t)$；反之，$x_i(t)$向 $x_j(t)$靠拢。不难看出，水母的主动运动实现了与其他人工水母的信息交流，可在较大范围内实现有目的的搜索。

4. *搜索阶段的时间控制机制*

人工水母在觅食过程中，跟随洋流运动和在水母群内运动的两类形式是通过时间控制机制在时间维度上进行调控的，其时间特性通常用搜索迭代次数来模拟。时间控制机制由时间控制函数 $c(t)$和常数 c_0 组成。时间控制函数由式(55.8)表示：

$$c(t)=\left|\left(1-\frac{t}{N_{\text{iter}}}\right)\times(2\times\text{rand}(0,1)-1)\right| \tag{55.8}$$

其中，t 为当前迭代次数；$c(t)$为一个 0～1、受迭代次数影响的随机数。当 $c(t)\geqslant c_0$ 时，人工水母跟随洋流运动；否则，人工水母在种群内运动。当 $\text{rand}(0,1)>1-c(t)$时，人工水母进行被动运动；反之，进行主动运动。常数 c_0 取 0.5。

5. *边界处理*

在种群初始化和迭代搜索过程中，新产生的位置分量有时会超出边界。此时，位置中的超出边界的分量按式(55.9)处理如下：

$$x'_{i,d}=\begin{cases}(x_{i,d}-U_{\text{bd}})+L_{\text{bd}}, & x_{i,d}>U_{\text{bd}}\\ (x_{i,d}-L_{\text{bd}})+U_{\text{bd}}, & x_{i,d}<L_{\text{bd}}\end{cases} \tag{55.9}$$

其中，$x_{i,d}$ 为第 i 个水母位置的第 d 维分量；U_{bd} 和 L_{bd} 分别为第 d 维分量的上限和下限。

55.5　人工水母搜索优化算法的实现步骤

人工水母搜索优化算法的实现步骤如下。

(1) 初始化种群。

(2) 计算水母当前位置，确定目前水母最优位置 x^*。

(3) 当前迭代次数是否小于最大迭代次数，如果是，则进行下一步，否则迭代终止并输出当前水母最优位置为全局最优位置。

(4) 应用式(55.8)计算时间控制函数，当 $c(t) \geqslant 0.5$ 时，执行洋流运动并更新位置，跳转到步骤(6)，否则进入步骤(5)。

(5) 判断并执行水母种群内运动，包括被动运动和主动运动(两种形式)，并分别更新水母位置。

(6) 检查边界，计算并更新当前最佳位置 x^*、迭代次数加 1 并返回步骤(3)。

第 56 章　磷虾群算法

在磷虾觅食过程中个体的运动明显受到食物位置和虾群密度的影响，每只磷虾个体通过全局最优食物信息和相邻个体的局部位置信息的共同引导向全局最优点进行移动，从而形成稳定的虾群结构，并不断地朝着食物位置移动。磷虾群算法同时模拟磷虾觅食过程中个体的多种运动特性，兼顾了全局勘探能力与局部开采能力之间的平衡，具有控制参数少、易于实现等优点。本章介绍磷虾群聚习性，以及磷虾群算法的原理、描述、实现步骤及流程。

56.1　磷虾群算法的提出

磷虾群(Krill Herd, KH)算法是在 2012 年由美国学者 Gandomi 和 Alavi 首先提出的一种模拟磷虾群觅食行为求解优化问题的生物启发式算法。Gandomi 等在研究磷虾的觅食过程中的运动特点时，发现磷虾个体的运动明显受到食物位置和虾群密度的影响，每个磷虾个体通过全局最优食物信息和相邻个体的局部位置信息的共同引导向全局最优点进行移动，从而形成稳定的虾群结构并不断地朝着食物位置移动。KH 算法同时考虑了磷虾个体的多种运动特性，兼顾了全局勘探能力与局部开采能力之间的平衡，并具有控制参数少、易于实现等优点。经仿真和实验测试，其性能优于目前多数群体智能算法。

56.2　磷虾群算法的优化原理

磷虾是一种海洋无脊椎动物。磷虾分为头部、胸部及腹部 3 部位。大部分磷虾的外骨骼均是透明的。磷虾有复杂的复眼，一些磷虾可以用变色来适应不同环境的光线。它们有两条触角和一些在胸部的脚，称为胸肢或胸足。所有磷虾均有 5 对游泳的足，称为腹肢或“游泳足”，与一般的淡水龙虾很相似。成年的磷虾大多长为 1～2cm，而一些磷虾的物种可长达 15cm，如图 56.1 所示。

图 56.1　成年磷虾

南极磷虾同样有群聚的习性，虾群聚集后一般会形成长、宽数十米到数百米的种群，每只虾的头部均朝着同一个方向排列，且整个群落会保持几小时甚至几天，这种密集且庞大的种群是该物种活动的基本单元。当遭遇天敌时，会有一部分磷虾被掠食，造成种群密度降低。为了恢复原有状态，磷虾群会朝着两个主要目标重新聚集：增加种群密度和觅得食物。

磷虾群算法是对磷虾群对于生活进程和环境演变响应行为的模拟。磷虾个体对海洋环境适应能力的大小体现为其距离食物源所处位置的远近，以及是否处于种群密度最集中地带的周围。在磷虾群算法中，这两个指标被当作判断算法目标函数值大小的标准。也就是说，磷虾个体所处位置到最大种群密度和食物源的距离越近，其目标函数值就越小。每只磷虾个体代表优化问题的一个可行解。将上述两个目标作为优化问题的目标函数，那么磷虾个体重新聚集的过程，就是算法搜索最优解的过程。

56.3 磷虾群算法的数学描述

由于遭遇天敌或者其他捕食者侵犯后，磷虾种群到食物源的距离及种群密度都会发生变化，因此把磷虾群被捕食的过程当作算法的初始化阶段。在海洋生活中，每只磷虾的位置都会随着时间的变化而发生改变。具体来说，其变化主要受 3 个因素的影响：①受磷虾群位置变化引起的游动；②觅食行为；③个体的随机游动。

在 KH 算法中，n 维空间的决策问题由拉格朗日模型计算如下：

$$\frac{\mathrm{d}\boldsymbol{X}_i}{\mathrm{d}t}=\boldsymbol{N}_i+\boldsymbol{F}_i+\boldsymbol{D}_i \tag{56.1}$$

其中，$\boldsymbol{N}_i$ 为磷虾个体受种群位置变化引起的游动；$\boldsymbol{F}_i$ 为觅食行为；$\boldsymbol{D}_i$ 为个体的随机游动。

1. *种群迁移引起的个体游动*

在一个种群中，每只虾的游动使得整个磷虾群的位置每时每刻都在发生变化。为了达到群体的整体迁移，每只磷虾个体之间都会相互影响，使得种群保持高密集中。对一只磷虾来说，它的游动方向 i 受到来自其邻近个体、种群位置最优个体及种群排斥效应的影响。具体表示如下：

$$\boldsymbol{N}_i^{\text{new}}=N^{\max}\boldsymbol{\alpha}_i+w_n\boldsymbol{N}_i^{\text{old}} \tag{56.2}$$

$$\boldsymbol{\alpha}_i=\boldsymbol{\alpha}_i^{\text{local}}+\boldsymbol{\alpha}_i^{\text{target}} \tag{56.3}$$

其中，$N^{\max}$ 为最大诱导速度，通常取 0.01m/s；w_n 为惯性权重，取值范围为[0, 1]；$\boldsymbol{N}_i^{\text{old}}$ 为上次产生的位置变化；$\boldsymbol{\alpha}_i$ 为个体游动方向向量；$\boldsymbol{\alpha}_i^{\text{local}}$ 为邻近个体的诱导方向向量；$\boldsymbol{\alpha}_i^{\text{target}}$ 为最优个体提供的方向向量。

在 KH 算法中，每只磷虾的邻近虾群对它的影响可以表现为吸引或者排斥两种情况。具体来说，$\boldsymbol{\alpha}_i^{\text{local}}$ 的构成由下式决定：

$$\boldsymbol{\alpha}_i^{\text{local}}=\sum_{j=1}^{\text{NN}}\hat{K}_{i,j}\hat{\boldsymbol{X}}_{i,j} \tag{56.4}$$

$$\hat{\boldsymbol{X}}_{i,j}=\frac{\boldsymbol{X}_j-\boldsymbol{X}_i}{\|\boldsymbol{X}_j-\boldsymbol{X}_i\|+\varepsilon} \tag{56.5}$$

$$\hat{K}_{i,j}=\frac{K_j-K_i}{K^{\text{worst}}-K^{\text{best}}} \tag{56.6}$$

其中，K^{best} 和 K^{worst} 分别为目前最大和最小的适应度值；K_i 为第 i 只磷虾个体的适应度值；K_j 为第 $j(1,2,\cdots,\text{NN})$ 相邻个体的适应度值；$\boldsymbol{X}$ 为该只磷虾的位置；NN 为邻近个体的数量。

通过采用不同的策略来选择相邻的个体。例如，邻近比可以被简单定义为寻找最近磷虾个体的数量。利用磷虾个体的实际行为，把能够发现的相邻个体到这只磷虾的最大距离定义为感应距离(d_s)，如图 56.2 所示。

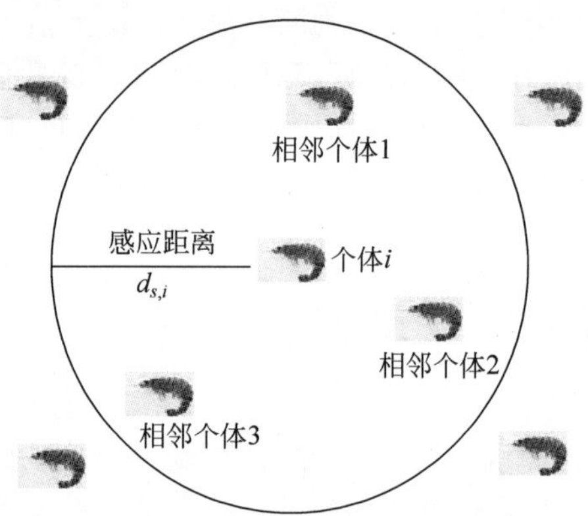

图 56.2　磷虾个体感应范围的示意图

每只磷虾的周围都有很多磷虾个体，根据磷虾群的真实游动规律，在一只磷虾的周围规定一个半径，在此半径范围内的磷虾被看作该只磷虾的邻近个体。该半径定义如下：

$$d_{s,i}=\frac{1}{5N}\sum_{j=1}^{N}\|\boldsymbol{X}_i-\boldsymbol{X}_j\| \tag{56.7}$$

其中，$d_{s,i}$ 为第 i 只磷虾的邻近个体半径，如图 56.2 所示；N 为磷虾群的总体数量。

另外，种群中处于最优位置的磷虾个体对于第 i 只磷虾的引导方向向量可以使算法搜索到全局最优解。该向量定义如下：

$$\boldsymbol{\alpha}_i^{\text{target}}=C^{\text{best}}\hat{K}_{i,\text{best}}\hat{\boldsymbol{X}}_{i,\text{best}} \tag{56.8}$$

其中，C^{best} 为位置最优个体(即最优解)对第 i 只磷虾产生影响的有效系数；$\boldsymbol{\alpha}_i^{\text{target}}$ 可以相对更加有效地引导当前解趋向于全局最优解。这里 C^{best} 为

$$C^{\text{best}}=2\left(\text{rand}+\frac{I}{I_{\max}}\right) \tag{56.9}$$

其中，rand 为 0～1 的随机数，有利于提高全局搜索能力；I 为当前迭代次数；$I_{\max}$ 为算法最大迭代次数。

2. 觅食行为

磷虾个体的觅食活动受两个主要因素影响：当前食物源位置和上一次觅食(迭代)时食物源所处位置。在种群数为 N 的磷虾群中，将第 i 只磷虾个体的觅食行为描述如下：

$$\boldsymbol{F}_i=v_f\boldsymbol{\beta}_i+w_f\boldsymbol{F}_i^{\text{old}} \tag{56.10}$$

$$\boldsymbol{\beta}_i=\boldsymbol{\beta}_i^{\text{food}}+\boldsymbol{\beta}_i^{\text{best}} \tag{56.11}$$

其中，v_f 为觅食速度，取 0.02m/s；w_f 为惯性权重，取值范围为[0,1]；$\boldsymbol{\beta}_i^{\text{food}}$ 为食物源对个体吸引的方向向量；$\boldsymbol{\beta}_i^{\text{best}}$ 为目前第 i 个个体最优的目标函数值。

在 KH 算法中，受质心定义的启发，食物源位置的虚拟中心由每只磷虾个体的适应度值，

即每个可行解的适应度函数分布情况计算得出。每次迭代时，食物源位置描述如下：

$$\boldsymbol{X}^{\text{food}}=\frac{\sum_{i=1}^{N}\frac{1}{K_i}\boldsymbol{X}_i}{\sum_{i=1}^{N}\frac{1}{K_i}} \tag{56.12}$$

因此，第 i 只磷虾个体受食物源的吸引程度可以定义为

$$\boldsymbol{\beta}_i^{\text{food}}=C^{\text{food}}\hat{K}_{i,\text{food}}\hat{\boldsymbol{X}}_{i,\text{food}} \tag{56.13}$$

其中，$\boldsymbol{\beta}_i^{\text{food}}$为食物对于磷虾个体游动引导的方向向量；$C^{\text{food}}$ 为方向系数。由于食物对于磷虾群的吸引随着时间减弱，因此 C^{food} 定义为

$$C^{\text{food}}=2\left(1-\frac{I}{I_{\max}}\right) \tag{56.14}$$

此外，位置最优磷虾个体的方向引导$\boldsymbol{\beta}_i^{\text{best}}$表示为

$$\boldsymbol{\beta}_i^{\text{best}}=\hat{K}_{i,\text{best}}\hat{\boldsymbol{X}}_{i,\text{best}} \tag{56.15}$$

其中，$K_{i,\text{best}}$ 为第 i 只磷虾上次迭代时所寻找到的最优食物源位置。

总之，在 KH 算法中，食物源总是吸引着每只磷虾(可行解)朝着最优位置(目标函数最优)的方向游动。经过多次迭代后，磷虾会聚集在最优位置(最优解)周围，觅食行为提高了算法的全局搜索能力。

3. 磷虾个体的随机游动

每只磷虾的游动除了受种群迁移和觅食行为的影响外，其自身也会随机游动。磷虾个体自身的游动情况由最大游动速度和一个随机的方向向量决定：

$$\boldsymbol{D}_i=D^{\max}\boldsymbol{\delta} \tag{56.16}$$

其中，$D^{\max}$ 为个体最大扩散速度；$\boldsymbol{\delta}$ 为一个随机的方向向量，其元素均为$-1\sim1$ 的随机数。从理论上说，磷虾个体的位置越好，则其随机扩散游动越不明显。随着时间的推移，即迭代次数增加，种群迁移和觅食行为对磷虾个体游动的影响越小，为了使个体的随机游动随时间减弱，需向式(56.16)中引入新的随机向量为

$$\boldsymbol{D}_i=D^{\max}\left(1-\frac{I}{I_{\max}}\right)\boldsymbol{\delta} \tag{56.17}$$

4. 磷虾群算法的寻优过程

一般来说，磷虾会朝向具有最好适应度值的位置不停移动。根据对第 i 只磷虾个体运动的公式化描述可知，如果上述每一个有效因子(K_j、K^{best}、K^{food} 或者 K_i^{best})的相关适应度值比第 i 只磷虾个体的适应度值好，说明它具有吸引的效果；否则，说明其有排斥的效果。

由上面的方程可以清楚地看到：适应度值越好，第 i 只磷虾个体的运动效果越好。物理扩散是一个随机过程，通过使用不同的运动有效参数，在 $t\sim t+\Delta t$ 的时间间隔内，磷虾个体的位置向量按如下方程计算：

$$\boldsymbol{X}_i(t+\Delta t)=\boldsymbol{X}_i(t)+\Delta t\frac{\mathrm{d}\boldsymbol{X}_i}{\mathrm{d}t} \tag{56.18}$$

其中，Δt 为速度向量的比例因子。其值取决于搜索空间，即

$$\Delta t=C_t\sum_{j=1}^{\text{NV}}(\text{UB}_j-\text{LB}_j) \tag{56.19}$$

其中，NV 为变量的总数；LB_j 和 UB_j 分别为第 j 个变量的下限和上限($j=1,2,\cdots,\text{NV}$)，两

者相减的绝对值代表整个搜索空间的范围。由经验可知,C_t 为[0,2]区间的一个常数,其值越小,算法的搜索步长就越小。

5. 遗传操作

为了提高磷虾群算法的性能,将遗传繁殖机制引入到该算法。自适应遗传繁殖机制是由经典的差分进化(DE)算法发展而来的,主要包括交叉操作和变异操作。

(1) 交叉操作。交叉操作是遗传算法的一种有效的全局优化策略,在 KH 算法中采用了一种自适应的向量化交叉操作。实数交叉可以通过二项式和指数两种方式来实现。X_i 的第 m 个参量 $X_{i,m}$ 定义为

$$X_{i,m}=\begin{cases}X_{r,m} & \text{rand}_{i,m}<C_r\\ X_{i,m} & \text{其他}\end{cases} \tag{56.20}$$

$$C_r=0.2K_{i,\text{best}} \tag{56.21}$$

其中,$\text{rand}_{i,m}$ 为[0,1]区间均匀分布的随机数;C_r 为交叉概率,随着 C_r 的增大适应度值不断减少,它可以控制整个交叉操作过程。

(2) 变异操作。变异操作在优化算法中发挥着重要的作用。它是由变异概率 M_u 控制的。这里使用的自适应变异操作定义为

$$X_{i,m}=\begin{cases}X_{\text{gbest},m}+\mu(X_{p,m}-X_{q,m}) & \text{rand}_{i,m}<M_u\\ X_{i,m} & \text{其他}\end{cases} \tag{56.22}$$

$$M_u=0.05/\hat{K}_{i,\text{best}} \tag{56.23}$$

其中,$p,q\in\{1,2,\cdots,i-1,i+1,\cdots,K\}$;$\mu$ 为[0,1]区间的数;$\hat{K}_{i,\text{best}}=K_i-K^{\text{best}}$,同样随着 M_u 的增大,适应度值不断减小。

56.4 磷虾群算法的实现步骤及流程

磷虾群算法采用实数编码,初始种群是随机产生的,种群个体进化受 3 种运动分量(邻居诱导、觅食活动和随机扩散)的协同影响,个体进化后,为了增大种群多样性,对每个种群个体进行交叉或变异操作,通过迭代直到满足终止条件。

实现磷虾群算法的具体步骤如下。

(1) KH 算法参数设定。确定种群大小 NK;待优化参数维数 NP;最大迭代次数 MI;最大诱导速度 $N^{\max}$;觅食速度 v_f;个体最大扩散速度 $D^{\max}$ 等。

(2) 种群初始化。在搜索空间内随机产生一组初始化种群,种群内每只磷虾个体代表待优化问题的一个可行解。

(3) 适应度评价。根据磷虾所处位置分别计算磷虾个体的适应度。

(4) 运动计算。计算种群迁移、觅食行为和个体游动引起的磷虾位置变化量。

(5) 遗传操作。加入遗传算子后综合计算变化后磷虾个体的位置。

(6) 位置更新。更新磷虾个体在搜索空间中的位置。

(7) 迭代计算。返回步骤(3)计算个体适应度值。

(8) 算法结束。检查是否满足终止条件,若满足,则输出最优个体位置(优化问题的最优

解)；否则，返回步骤(3)。

实现上述磷虾群算法的流程如图 56.3 所示。

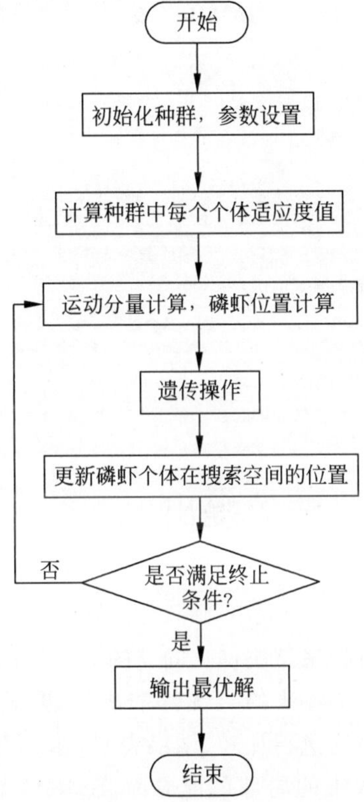

图 56.3　磷虾群算法流程图

第 57 章　藤壶交配优化算法

藤壶交配优化算法是一种模仿节肢动物藤壶交配行为的群智能优化算法。藤壶是附着于海边岩石上的甲壳类动物。它的特点是雌雄同体，体型虽小但雄性藤壶生殖器却是身长的 7～8 倍。它的交配行为基于哈迪-温伯格原理。本章首先介绍藤壶交配优化算法的提出、藤壶的习性及交配行为、哈迪-温伯格原理，然后阐述藤壶交配优化算法的数学描述，最后给出藤壶交配优化算法的伪代码实现。

57.1　藤壶交配优化算法的提出

藤壶交配优化(Barnacles Mating Optimizer，BMO)算法是 2020 年由 Sulaiman 等提出的一种模仿自然界中藤壶的交配行为来解决优化问题的群智能优化算法。

通过 23 个测试函数对 BMO 算法的寻优性能进行测试，并与 ALO、DA、GOA、MFO、SCA、SSA、WOA、GA 和 PSO 算法进行比较，结果表明，在获得单峰函数的全局最优、多峰函数的探索能力以及避免复合函数中的局部最优方面，BMO 算法一般可提供更好的结果。此外，BMO 算法在解决电力系统工程实际优化问题方面展示出了巨大潜力。

57.2　藤壶的习性及交配行为

藤壶俗称触、马牙等。藤壶是一种附着于海边岩石上的有着石灰质外壳的节肢动物，与螃蟹、龙虾等同属甲壳类动物。它们的体型很小，在海洋里面，常形成密集的群落。

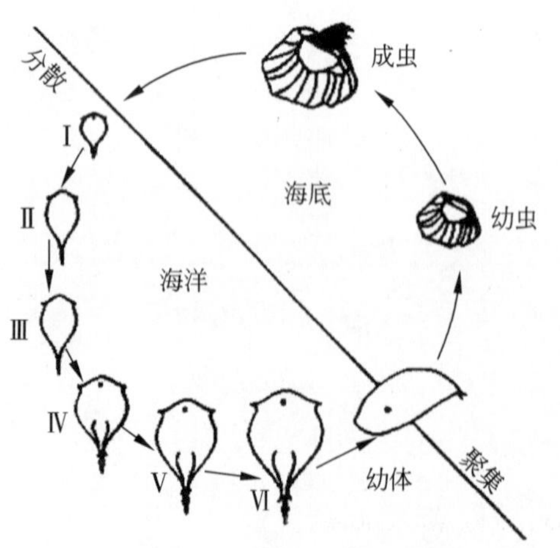

图 57.1　藤壶的生命周期

藤壶是雌雄同体，大多异体受精。藤壶的雄性生殖器(输精管)可长至体长的 7～8 倍，生殖期间用能伸缩的细输精管将精子送入别的藤壶中使卵受精。受精卵经历变态发育，从幼体发育为藤壶成体的生命周期历经 3 个阶段，如图 57.1 和图 57.2 所示。

藤壶在出生时可以游泳，当它们到达成年阶段时，它们能够通过分泌蛋白质物质在水下顽强地黏附在其他动物和物体上，并长出一个贝壳。藤壶堪称“海中一霸”，它们不仅能欺负海龟，连鲸鱼对它们都无可奈何。

无节幼虫

腺介幼虫

成虫

图 57.2　藤壶从出生到长大经历 3 次变身

57.3　哈迪-温伯格原理

哈迪-温伯格(Hardy-Weinberg)原理是指在理想状态下，种群中等位基因的遗传频率保持不变，即保持着基因平衡。该原理用在生物学、生态学、遗传学的条件是，群体足够大，种群中个体间随机交配，没有突变，没有选择，没有迁移，没有遗传漂变。

BMO 算法将哈迪-温伯格原理用于下一代。在最简单的情况下，用两个等位基因的 D 和 M 分别表示父和母的频率 $f(D)=p$ 和 $f(M)=q$，正常交配下预期基因型频率可以表示为 $f(DD)=p^2$ 代表 DD 纯合子，$f(MM)=q^2$ 代表 MM 纯合子，$f(DM)=2pq$ 代表杂合子。形成下一代基因型的不同方式可用如图 57.3 所示的庞尼特(Punnett)方格图表示。

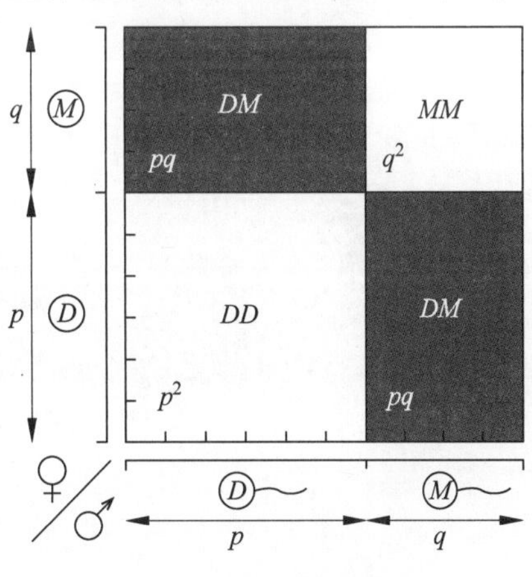

图 57.3　庞尼特方格图

由图 57.3 中可以看出，$p=0.6$，$q=0.4$，其中矩形的面积表示基因型频率为 $DD:DM:MM=0.36:0.48:0.16$。这些项的和 $p^2+2pq+q^2=1$。可以看出 $p+q=1$。因此，为了简化，新的后代的产生是基于藤壶父母的 p 和 q。

57.4　藤壶交配优化算法的数学描述

1. 初始化

在 BMO 算法中，假设藤壶是候选解，藤壶向量可以表示如下：

$$\boldsymbol{X}=\begin{bmatrix} x_1^1 & x_1^2 & \cdots & x_1^N \\ x_2^1 & x_2^2 & \cdots & x_2^N \\ \vdots & \vdots & & \vdots \\ x_n^1 & x_n^2 & \cdots & x_n^N \end{bmatrix} \tag{57.1}$$

其中，N 为控制变量的数量；n 为种群数量或藤壶数量。式(57.1)中待求解问题控制变量的上限和下限为

$$\mathbf{ub}=[\mathrm{ub}_1,\mathrm{ub}_2,\cdots,\mathrm{ub}_i] \tag{57.2}$$

$$\mathbf{lb}=[\mathrm{lb}_1,\mathrm{lb}_2,\cdots,\mathrm{lb}_i] \tag{57.3}$$

其中，ub_i 和 lb_i 分别为第 i 个变量的上限和下限。首先对向量 $\boldsymbol{X}$ 求值，然后执行排序过程，在向量的顶部找到目前为止的最优解 $\boldsymbol{X}$。

2. 选择过程

BMO 算法与遗传算法等进化算法相比，采用了不同的选择方法进行配对。因为选择两个藤壶是基于它们输精管的长度。选择过程模仿了藤壶的行为，基于以下假设：

(1) 选择过程是随机进行的，但仅限于雄藤壶的输精管长度 pl。

(2) 每只藤壶既可以提供自己的精子，也可以接受其他藤壶的精子，每只藤壶一次只能被一只藤壶授精，但雌藤壶可能会被多个雄藤壶授精。

(3) 如果在某一点，选择相同的藤壶，这意味着应该发生自交或自受精。自交非常罕见，因此在 BMO 算法中，不考虑自交。

(4) 如果某次迭代选择的藤壶大于已设置的 pl，则发生精子投射过程。

根据上述假设，算法中强制执行开发过程(假设(1)和(2))和探索(假设(4))。10 只藤壶的择偶过程如图 57.4 所示。

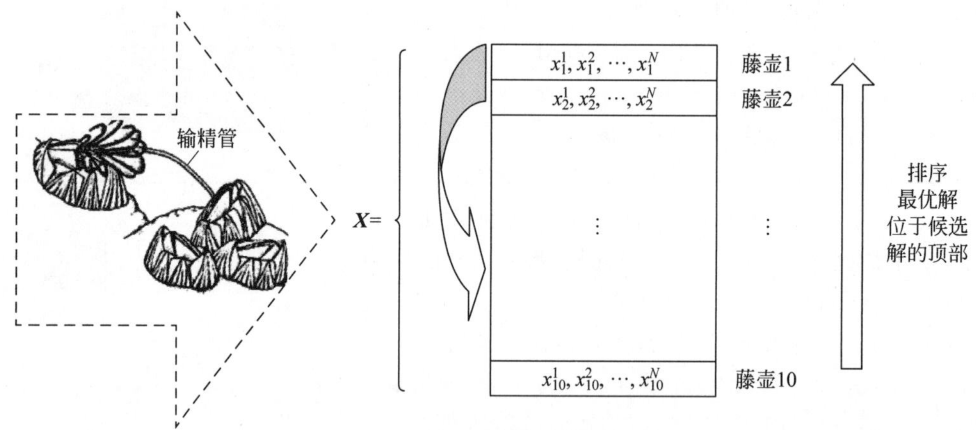

图 57.4　BMO 择偶过程的选择

从图 57.4 可以看出，到目前为止，最优解位于 X 的候选解的顶部。假设藤壶的输精管的最大长度是其大小的 7 倍(pl=7)，因此在某一次迭代中，1 号藤壶只能与 2～7 号藤壶中的一个交配。如果 1 号藤壶选择 8 号藤壶，则超过了限制，因此不会发生正常的交配过程。所以，后代的产生是通过精子投射探索进行的。当然，这只是算法在虚拟距离方面的操作方式，与藤壶的真实距离没有关系。简单选择的形式用数学描述如下：

$$\text{barnacle\_d}=\text{randperm}(n) \tag{57.4}$$

$$\text{barnacle\_m}=\text{randperm}(n) \tag{57.5}$$

其中，barnacle_d 和 barnacle_m 为要交配的亲本；n 为种群数量。式(57.4)和式(57.5)表明选择是随机进行的，并满足前面的假设(1)。

3. 繁殖

BMO 算法提出的繁殖过程与其他进化算法略有不同，没有具体公式来描述藤壶的繁殖过程。基于哈迪-温伯格原理，BMO 算法主要强调藤壶亲本在产生后代时的遗传特征或基因型频率。如果选择要交配的雄藤壶的输精管长度在设定的 pl 值范围内，那么 BMO 算法提出从藤壶的父母产生新的后代变量的简单表达式如下：

$$x_i^{N\_new} = px_{barnacle,d}^{N} + qx_{barnacle,m}^{N} \tag{57.6}$$

其中，$x_{barnacle,d}^{N}$ 和 $x_{barnacle,m}^{N}$ 分别为由式(57.4)和式(57.5)随机选择的要交配的父母；p 为在[0,1]区间正态分布的伪随机数；$q=(1-p)$。

可以说，p 和 q 代表了父和母的特征在新子代中所占的百分比。因此，后代根据 0～1 的随机数概率继承父和母的行为。

当要交配的雄藤壶的输精管长度选择超过最初设定的 pl 值时，就会进行精子投射，其过程表示如下：

$$x_i^{n,new} = rand \times x_{barnacle\_m}^{n} \tag{57.7}$$

其中，rand 为 [0,1]区间的随机数。

式(57.7)描述了藤壶后代进化的简单规律。新的后代是由探索过程的雌藤壶接收了其他地方的藤壶释放在水中的精子产生的。

57.5　藤壶交配优化算法的伪代码实现

BMO 算法通过创建一组随机解来启动优化过程。藤壶的新后代是根据式(57.6)和式(57.7)生成的。到目前为止的最优解在每次迭代中更新，它位于向量 **X** 的顶部。为了从种群规模上控制基体扩展，对藤壶的每个新后代进行评估并与亲本合并。完成此过程可以选择适合种群规模一半的最优解，其余一半的藤壶被认为是死亡的并被淘汰。

BMO 优化算法的伪代码描述如下。

```
初始化藤壶种群 X
计算每一个藤壶的适应度值
对藤壶种群排序并把排在最前面的 T 作为最优解
while(l < 最大迭代次数)
    设定 pl 值
    用式(57.4)和式(57.5)选择要交配的父母
    if 选择的父和母 = pl
        for 每一个变量
            用式(57.6)产生后代
        end for
    else if 选择的父母 > pl
        for 每一个变量
        用式(57.7)产生后代
        end for
    else if
    如果当前的藤壶超出界限,修改回到界内
    计算每一个藤壶的适应度值
    如果排序有更好的解则更新最优解 T
    l = l+1
end while
返回最优解 T
```

第 58 章　口孵鱼算法

口孵鱼算法基于生物在生态系统中生存和繁殖所采用的共生交互策略，模拟口孵鱼产出的卵要在其口中孵化成小鱼，并用大嘴作为保护幼鱼免受外界危险的屏障的优生优育机制。该算法包括口孵鱼的自主运动行为、弱小鱼苗的附加运动、轮盘赌法选择的交配个体，以及鲨鱼攻击或外界危险对口孵鱼游动的影响等环节。本章首先介绍口孵鱼的习性及其特点，以及口孵鱼算法的优化原理，然后阐述口孵鱼算法的数学描述及实现步骤。

58.1　口孵鱼算法的提出

口孵鱼(Mouth Brooding Fish，MBF)算法是 2017 年由 Jahani 和 Chizari 提出的一种新颖的群智能优化算法。该算法模拟生物在生态系统中生存和繁殖所采用的共生交互策略。自然界的口孵鱼用大嘴作为保护幼鱼免受外界危险的屏障，算法考虑了口孵鱼的运动行为、移动距离和在母鱼口附近对幼鱼的散布行为，提出了口孵鱼运动、幼鱼散布和保护行为算子，帮助算法寻找潜在的最优解。通过 CEC2013 和 CEC2014 基准函数进行单目标优化测试，并与其他先进优化算法比较，结果表明，该算法具有良好的性能。

58.2　口孵鱼的习性

口孵鱼是慈鲷鱼属的一种鱼类。口孵鱼产出的卵要在其口中孵化成小鱼，最大特点是在卵孵化后仍能继续保护其幼鱼并投入大量精力抚养小鱼。这些鱼类不通过生产大量鱼卵这种形式去消耗能量和资源，而是繁殖相对较少的后代并在后代完全独立之前尽心呵护。尽管后代独立以后仍然是小鱼，但它们与其他小鱼相比更成熟、体型更大并且速度更快，可以获取更好的生存机会。虽然许多水下生物都有保护自己免受伤害的策略，但并不是所有的水下生物都有保护自己幼仔的方法。口孵鱼类以其照顾和保护后代的能力而闻名。

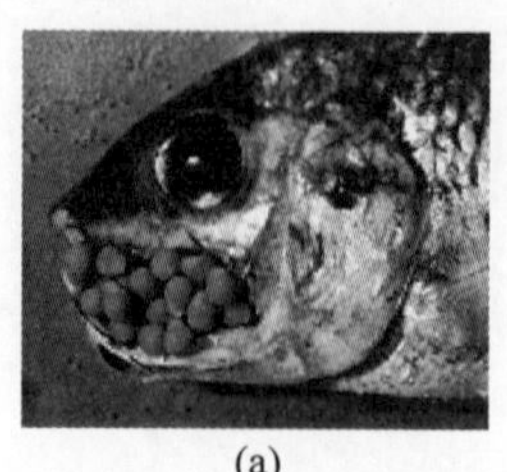
(a)

(b)

图 58.1　口孵鱼用嘴孵卵及庇护幼鱼的情景

如图 58.1(a)所示，口孵鱼类用它们的嘴把卵孵化成幼鱼。在幼鱼长大过程中，作为幼鱼庇护所母鱼的嘴并没有足够的空间容纳所有小鱼，在危险的时候，一些弱小的幼鱼不得不独自面对危险和自然环境，如图 58.1(b)所示。

58.3　口孵鱼算法的优化原理

口孵鱼产出的卵要在母鱼口中孵化成小鱼，在卵孵化后母鱼仍能继续用口保护着幼鱼，并投入大量精力抚养小鱼。这种鱼类不通过大量产卵的形式去消耗母体的能量和资源，而是繁殖相对较少的后代并在后代完全独立之前尽心呵护，蕴含着一种优生优育的机制，体现出一种优化的思想。

口孵鱼算法通过创建人工口孵鱼群，模拟口孵鱼用大嘴作为保护幼鱼免受外界危险的屏障。在算法中考虑了口孵鱼的运动行为、移动距离和在母鱼口附近对幼鱼的散布行为，提出了口孵鱼运动、幼鱼散布和保护行为算子，帮助算法寻找潜在的最优解，并通过算法不断地迭代来实现对优化问题的求解。

58.4　口孵鱼算法的数学描述

在口孵鱼算法中，创建的每条人工口孵鱼都由一些细胞组成，如图58.2中所示，这些细胞代表了优化问题的变量。口孵鱼的运动行为和受外界影响的主要因素包括自主活动、弱小鱼苗的附加运动、轮盘赌法选择的交配个体，以及鲨鱼攻击或外界危险对口孵鱼游动的影响。

1. 母鱼的力量或源点对口孵鱼移动的影响

这个因素只影响移动距离，对移动方向没有任何影响。源点SP是控制参数之一，取值为0～1。从图58.3中可以看出，通过增加母亲鱼的力量，移动距离增加，意味着口孵鱼有一个强壮的母亲，必须在海里紧紧跟随。应该注意的是，增加力量值并不总是能找到最好的解。第1影响因素可描述为

$$\text{Effect}^{(1)} = \text{SP} \times \text{Cichlids.Movements} \tag{58.1}$$

其中，SP为母鱼的源点；Cichlids. Movements为上一次运动。

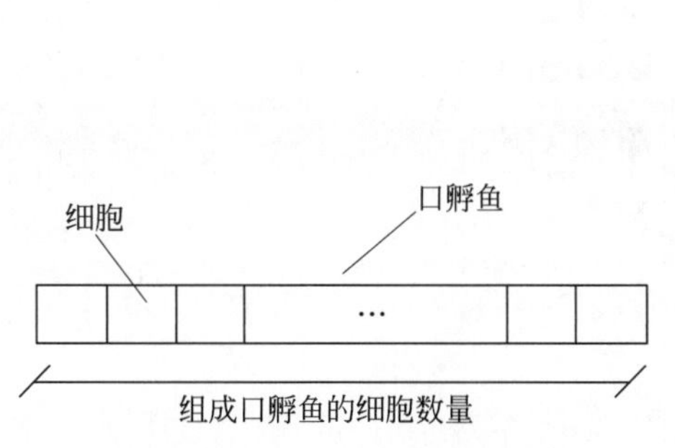

图58.2　人工口孵鱼的组成

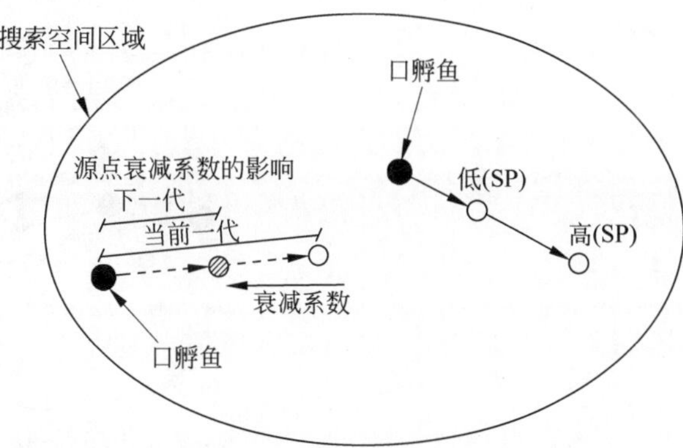

图58.3　衰减系数和源点对口孵鱼移动的影响

在自然界中，考虑到母鱼的力量会逐渐减弱，用衰弱系数SPdamp(0.85～0.95)描述对口孵鱼游动产生的影响。在每次迭代结束时，母亲鱼的新源点计算如下：

$$\text{SP} = \text{SP} \times \text{SPdamp} \tag{58.2}$$

2. 个体最优解对口孵鱼移动的影响

每条口孵鱼喜欢移动到它们通过迭代得到的最佳位置，这些迭代与当前位置不同，如图 58.4 所示的相同口孵鱼的最佳位置。这种移动效果可以由用户通过扩散参数来控制。

$$\text{Effect}^{(2)} = \text{Dis} \times (\text{Cichlid. Best} - \text{Cichlid. Position}) \tag{58.3}$$

其中，Dis 为扩散距离；Cichlid. Best 为个体的最优解；Cichlid. Position 为个体当前位置。

3. 全局最优解对口孵鱼移动的影响

所有的幼鱼都倾向于移动到整个口孵鱼的最佳位置，如图 58.5 所示，各口孵鱼种群通过迭代，可以计算出向最佳位置移动的趋势：

$$\text{Effect}^{(3)} = \text{Dis} \times (\text{Clobal. Best} - \text{Cichlid. Position}) \tag{58.4}$$

其中，Clobal. Best 为全局最优解。

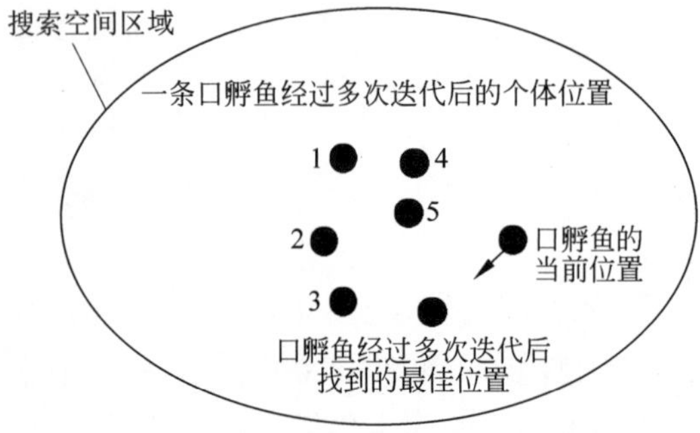

图 58.4　各口孵鱼最佳位置对运动的影响

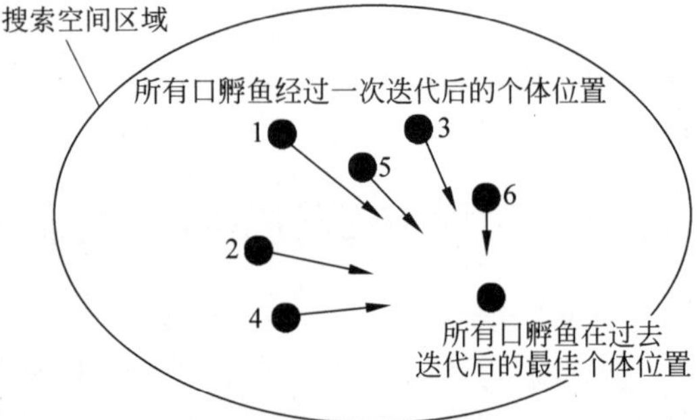

图 58.5　全局最佳位置对运动的影响

4. 大自然对口孵鱼移动的影响

大自然力量作用下口孵鱼移动的新位置 NewN. F. P 为

$$\text{NewN. F. P} = 10 \times \text{SP} \times \text{NatureForce. Position(SelectedCells)} \tag{58.5}$$

其中，NatureForce. Position(SelectedCells)为从上一代和当前一代找到最佳位置的口孵鱼所有细胞有超过 60%差异的个体中选择的个体。如图 58.6 所示，NewN. F. P 为新的位置。通过分散量来考虑大自然对口孵鱼游动的影响计算如下：

$$\text{Effect}^{(4)} = \text{Dis} \times (\text{NewN. F. P} - \text{NatureForce. Position}) \tag{58.6}$$

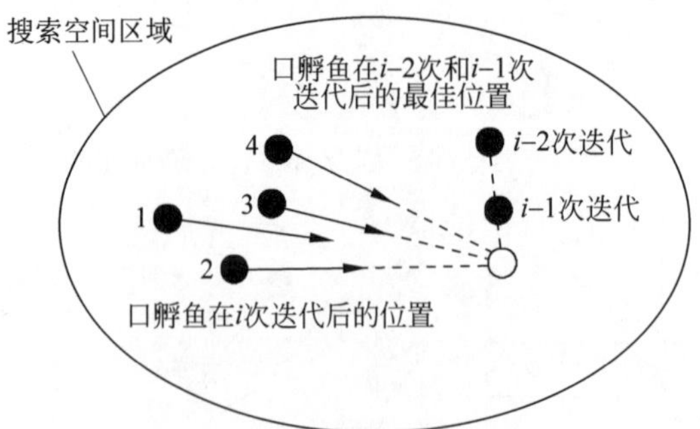

图 58.6　自然趋势对运动的影响

自然作用的因素仅仅在算法收敛效果不好时(当前迭代后得到的全局最优解较之前所有迭代中出现的全局最优解的改进不足 15%时)才会起作用。

5．幼鱼的移动距离及超出界限的处理

在口孵鱼的基本动作中，每个幼鱼最多只能移动 ASDN 或 ASDP 的距离为

$$\text{ASDP}=0.1\times(\text{VarMax}-\text{VarMin}),\quad \text{ASDN}=-\text{ASDP} \tag{58.7}$$

其中，VarMin 和 VarMax 分别为每个维度上的最小值和最大值。

随着幼鱼的移动，它有可能移动到搜索空间以外，这时需要在口孵鱼移动之前，根据镜像效应改变鱼的移动方向为

$$\text{Cichlids.Movements}=-\text{Cichlids.Movements} \tag{58.8}$$

6．被母鱼遗弃小鱼的数量和移动距离

在 MBF 算法中，母鱼仅能保护口腔容纳下的小鱼，其余不得不面对自然挑战的小鱼被命名为被遗弃小鱼，算法确定出被母亲鱼会遗弃小鱼的数量为

$$\text{nm}=0.04\times\text{nFish}\times\text{SP}^{-0.431} \tag{58.9}$$

其中，nm 为遗弃小鱼的母鱼数量；nFish 为种群大小；SP 为母鱼的源点。

被遗弃小鱼的移动距离 UASDP、UASDN 分别为

$$\text{UASDP}=4\times\text{ASDP},\quad \text{UASDN}=-\text{UASDP} \tag{58.10}$$

被遗弃小鱼的移动及移动范围限制如图 58.7 所示。

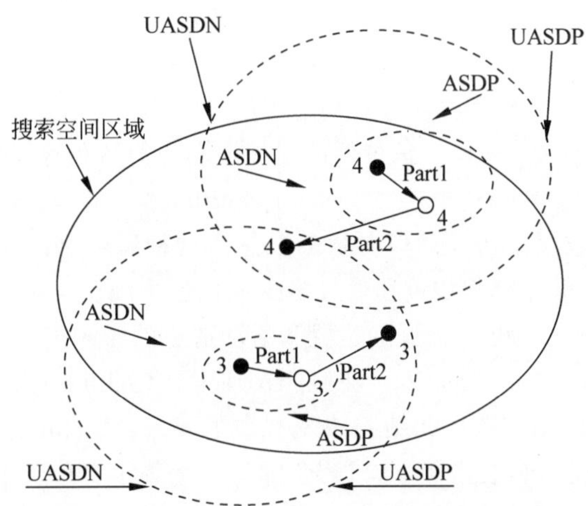

图 58.7　被遗弃小鱼的移动及移动范围限制

在图 58.6 中，口孵鱼算法使用的另一个控制参数——扩散概率(Pdis)，其取值范围为 0～1。扩散概率用于计算被选中的和未被选中的口孵鱼的数量。

口孵鱼算法使用扩散概率计算遗弃小鱼的数量数为

$$\text{NCC}=[\text{nVar}\times\text{Pdis}] \tag{58.11}$$

其中，nVar 为维度个数；Pdis 为分散概率；符号[·]为四舍五入取最接近的整数。

NCC 是一个显著影响鱼类直接分散的参数。于是一些个体就相当于根据 NCC 随机选择的。如图 58.7 所示，运动的第 2 部分是由被遗弃的口孵鱼随机挑选个体减去 UASDP 或 UASDN 后得到的。

$$\text{LeftCichlids.Position}=\text{UASDP}\pm\text{Cichlids.P(SelectedCells)} \tag{58.12}$$

其中，Cichlids. P(SelectedCells)为按 NCC 数目随机选取的口孵鱼个体；LeftCichlids. Position 为被遗弃的口孵鱼第 2 部分移动后的新位置。如图 58.7 所示，口孵鱼在第 2 次移动后可能离开搜索空间区域，因此，用搜索空间界限再次检查移动后的新位置。

7. 交叉与轮盘赌法选择对口孵鱼移动的影响

通过使用概率分布或轮盘赌法从每一对口孵鱼中选择一对作为父母。单点交叉是由65%的较好亲本(即具有较好的适应度值的亲本)和35%的另一个亲本以交叉概率产生的新鱼,如图 58.8 所示。这些新出生的口孵鱼用新的位置,取代了它们的父母,它们的迁移将是零。在用适应度函数对新生鱼进行评估之前,应该检查生成的子鱼的新位置是否在搜索空间内。

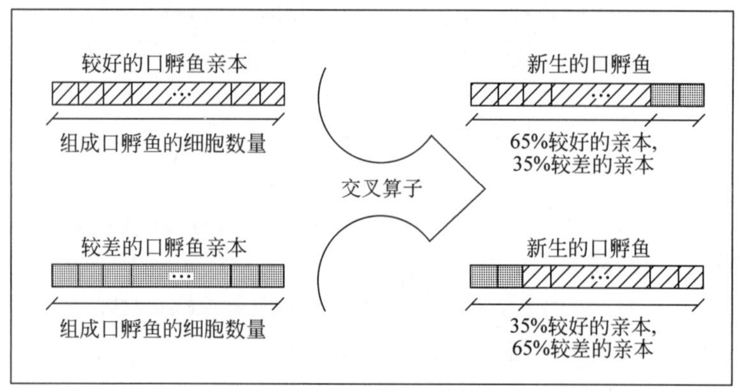

图 58.8 交叉算子

8. 鲨鱼攻击或危险对口孵鱼游动的影响

在 MBF 算法中,通过 4%的口孵鱼种群的附加运动作为鲨鱼攻击影响。

$$n_{\text{shark}} = 0.04 \times \text{nFish} \tag{58.13}$$

其中,n_{shark} 为鲨鱼攻击效应而选择的口孵鱼的数量。这种影响利用了每一代 60%的个体变化差异的自然趋势,通过保存细胞数量和通过多少世代这个细胞与上一代的最佳结果有 60%的差异。鲨鱼袭击对 4%的口孵鱼种群的位置和活动造成的影响描述如下:

$$\text{Cichlids. NewPosition} = \text{SharkAttack} \times \text{Cichlids. Position} \tag{58.14}$$

其中,SharkAttack 为保存细胞数量和细胞改变次数的矩阵;Cichlids. Position 为从 4%种群中随机挑选的口孵鱼。受鲨鱼袭击影响,口孵鱼的运动量等于鲨鱼袭击前后口孵鱼的位置差。

58.5 口孵鱼算法的伪代码实现

口孵鱼算法的伪代码描述如下。

```
输入参数: nFish,SP,SPdamp,Dis,Pdis
首先计算: 用式(58.9)计算被母亲鱼遗弃小鱼的数量 nm; 用式(58.13)计算鲨鱼攻击效应而选择的口孵鱼数量 n_shark
然后计算: 用式(58.7)计算每条幼鱼的移动距离 ASOP、ASDN; 用式(58.10)计算被遗弃小鱼移动距离的限制 UASOP、UASDN
生成种群数量为 nFish 的幼鱼的初始位置
为生成的幼鱼移动赋值 0
评估所有幼鱼位置的适应度
分配当前幼鱼位置到它们最好的位置
找到所有幼鱼的最佳位置并添加到全局解
While 不满足停止条件 do                              //MBF 主循环
    For 所有幼鱼(nFish)do                            //主要运动
```

```
        if 当前迭代后的全局最优解与之前所有迭代中
            获得的全局最优解的比值小于 0.85   then
                用式(58.1)、式(58.3)和式(58.4)分别更新第 1、第 2 和第 3 影响因素后的移动;
            Else
                用式(58.1)、式(58.3)、式(58.4)和式(58.6)更新第 1、第 2、第 3 和第 6 影响因素后的移动;
        用式(58.7)检查 ASOP、ASDN 的移动越界情况;
        用计算得到的移动位置更新幼鱼的位置;
        用镜像效应通过式(58.8)和位置限制(VarMin,VarMax)处理位置越界情况;
        评价所有幼鱼新位置的适应度;
        更新幼鱼的局部和全局最好位置;
        检查停止条件(NFE 的最大数)
    For 被遗弃的小鱼(nm)do                          //被遗弃的小鱼移动
        用式(58.11)计算被遗弃的小鱼数量 NCC
        随机选择 (NCC)小鱼个体的数量
        For 改变细胞的数量 do
            UASOP 随机加减被选择遗弃小鱼的细胞;
        用新、旧位置相减计算遗弃小鱼的移动位置;
        用式(58.7)和 UASOP、UASDN 检查移动界限;
        用计算后的移动位置更新遗弃小鱼的位置;
        用镜像效应通过式(58.8)和位置限制(VarMin,VarMax)处理位置越界情况;
        评价遗弃小鱼的新位置的适应度;
        更新幼鱼的局部和全局最好位置;
        检查停止条件(NFE 的最大数)
    用计算出的适应度值通过轮盘赌法计算交叉概率        //交叉
    For 每一对口孵鱼 do
        通过轮盘赌法选择一对作父母;
        使用 65 条较好的和 35 条较差的口孵鱼交叉操作以生成新的幼鱼,反之亦然;
        检查处理位置越界(VarMin,VarMax)情况;
        评价新生幼鱼的适应度
        更新幼鱼的局部和全局最好位置
        检查停止条件(NFE 的最大数)
```

第 59 章　河豚圆形结构算法

河豚圆形结构算法是模拟雄性河豚在海床上建造一种独特的圆形结构的过程，来实现对函数优化问题的求解。起初，河豚在圆形结构的中心移动形成山峰的图案，然后，峰谷变得更加明显，最后河豚在中央形成了随机图案。该算法的最大特点是算法参数设计来自河豚的真实圆形结构，不存在人为确定参数的困难。与其他元启发式算法相比，该算法降低了复杂度，适合于并行计算过程。

59.1　河豚圆形结构算法的提出

河豚圆形结构(Circular Structures Of Puffer Fish，CSOPF)算法是 2018 年由土耳其学者 Catalbas 和 Gulten 受到河豚建造圆形物体过程的启发，提出的一种新的元启发式优化算法。通过常用的 13 个优化测试函数对 CSOPF 算法性能进行测试，并与遗传算法(GA)进行比较，结果表明，CSOPF 算法比遗传算法具有更好的性能。

CSOPF 算法的最大特点是算法参数的设计来自河豚的真实圆形结构，而人为确定参数的困难被自然消除。与其他元启发式算法相比，该算法降低了复杂度，适合于并行计算过程。

59.2　河豚的习性

河鲀(tetraodontidae; puffer fishes)是硬骨鱼纲鲀科鱼类的统称。因从河水中捕获出水时，河鲀发出类似于猪叫声的唧唧声，因而俗称河豚。河豚的种类很多，图 59.1 为一种特殊类型的河豚。

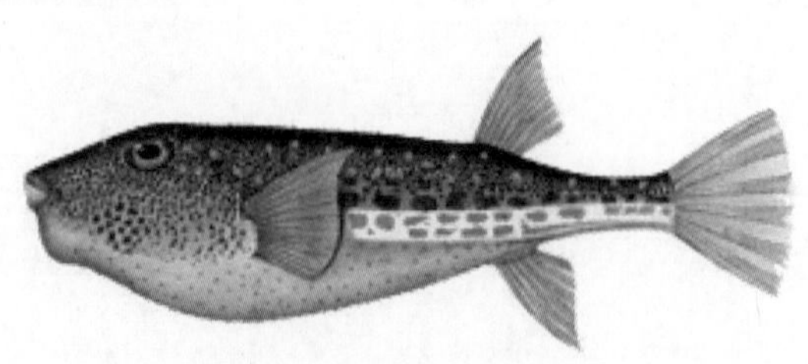

图 59.1　一种特殊类型的河豚

河豚的身体短而肥厚，体型浑圆，主要依靠胸鳍推进。这样的体型虽然可以灵活旋转，但速度不快。河豚生有毛发状的小刺，河豚的皮坚韧而厚实。

河豚的上下颌的牙齿都是连接在一起的，好像一块锋利的刀片。这使河豚能够轻易地咬碎硬珊瑚的外壳。河豚的食性杂，以鱼、虾、蟹、贝壳类为食，亦食昆虫幼虫、枝角类以及高等植物的叶片和丝状藻类。

河豚受到威胁时，能够快速地将水或空气吸入极具弹性的胃中，在短时间内会膨胀得很大，吓退掠食者。膨胀时河豚全身的刺便会竖起，令掠食者难以吞食。

59.3　河豚建造圆形结构的过程

研究人员对图59.1所示的一种特殊类型的河豚进行了研究，发现这种鱼有一种非常特殊的能力。这种鱼的雄性有能力在海床上建造独特而迷人的一种圆形结构，如图59.2所示。

这些圆形结构多年来一直是海边的谜。近年来，研究揭示了这些结构是如何构建的，以及由哪些生物构建的。研究人员发现是雄性河豚构造了神秘结构以打动雌性河豚。另外，圆形结构的直径约为2m，所有的圆形结构在其内部都具有独特的图案。圆形结构的构建由几个子维度规则组成。建造过程分为3个阶段：早期、中期和最终阶段。在建造的早期，河豚在圆形结构的中心移动，并形成山峰的图案；在中间阶段，峰谷变得更加清晰，结构也变得更加明显；在最后阶段，河豚在中央形成了随机的花样。不同区域的沙子类型不同，外部区域使用大块沙子，中央区域使用小尺寸沙子。雄性河豚建造这样圆形结构，使中心区域水的流量减少了24.2%。

图59.2　神秘的圆形结构

59.4　河豚圆形结构算法的数学描述

受雄性河豚建造圆形结构过程的启发，Catalbas等认为这一建造过程适合作为元启发式优化算法来解决最小化问题。河豚圆形结构算法的步骤实际上类似于雄性河豚构造圆形结构的步骤。

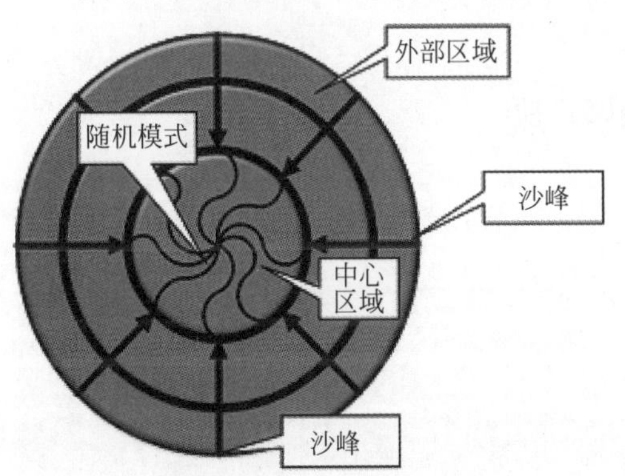

图59.3　圆形结构的示意图

最初，用户必须为圆形结构确定一些参数：峰的数量、起始点、内部和外部区域的半径以及迭代次数。在中心区域中，将创建随机向心图案。此外，必须添加新参数——半径缩小率以提高算法的成功率。圆形结构的示意如图59.3所示。

CSOPF算法的中心区与外围区的直径比和沙峰数(简称峰数)均取自河豚的真实结构。由每次迭代计算得到的最低点作为为新的起点，这样可以保证该算法成功收敛到全局最小点。

1. 定义初始参数

在开始时，用户需要定义的初始参数：外部区域的半径(r_{out})、中心区域半径(r_{cen})、峰数(n_{peak})和半径缩小比(d_{red})。该算法还对沙子的大小进行了建模。大块沙(s_{large})通过外部区域的大步长建模，小沙粒(s_{small})以中心区域的小步长建模。c_{max}是最大圆形结构数。r_c为定义的特定值参数。

2. 圆形结构半径更新

半径取决于圆形结构的数量，对式(59.1)进行更新，具体如下：

$$r_{c+1} = d_{red} r_c \tag{59.1}$$

3. 圆形结构初始参数设置

河豚圆形结构算法的初始参数设置如下：$n_{peak}=24$；$c_{max}=50$；$r_{out}/r_{cen}=1.5$；$s_{large}/s_{small}=5$；$d_{red}=0.7$。

4. 圆形结构随迭代次数的变化

根据迭代次数圆形结构的变化如图 59.4 所示，圆形结构的半径随着迭代次数的增加而减少，并且在中心区域的某个值以下开始出现随机模式。此外，计算点在中心区域的步长也在增加。这种增加代表了圆形结构处沙粒的大小。从图 59.4 不难看出，在少量圆形结构的情况下，该算法就可以很容易地得到函数的真实最小值。

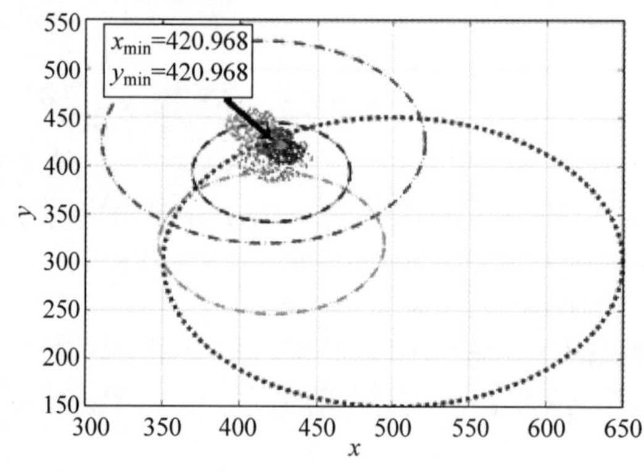

图 59.4　圆形结构的变化

参数的确定是元启发式算法最困难的问题之一，而该算法的主要贡献就是算法的参数设计灵感来自河豚的真实圆形结构，确定参数的困难在该算法中已经自然消除。CSOPF 算法与其他元启发式算法相比，复杂度降低了，适用于并行计算过程。

59.5　河豚圆形结构算法的伪代码实现

河豚的圆形结构算法的伪代码描述如下。

```
Begin
    目标函数 f(x),x = (x_1,x_2,…,x_d)^T
    定义初始参数(r_out,r_cen,n_peat,d_red)
    初始化位置向量(x_i,y_i)
    圆形结构的最大数量(S_max)
    误差指标(ε)
While (c < c_max)或满足误差指标
        评估其质量/适合度值
        根据式(59.1)更新半径
    If  (r_s < r_cen)
        增加解的分辨率(步长),并在中心区域随机创建图案
    End
        通过沙峰的圆形结构创建面向图案中心的图案
        使用最佳位置作为新的初始位置
        c = c + 1
End While
```

第 60 章　樽海鞘群算法

樽海鞘群算法是一种模拟海洋生物樽海鞘群体觅食行为的群智能优化算法。樽海鞘群体在导航和觅食过程中会自发地首尾相连聚集成樽海鞘链，位于链首的樽海鞘为领导者，起引领作用，其余为跟随者。该算法采用优胜劣汰策略不断地更新领导者和跟随者，直至樽海鞘群体成功捕到食物。本章首先介绍樽海鞘的生活习性及樽海鞘群觅食的优化机制，然后阐述樽海鞘群算法的数学描述、实现步骤、伪代码描述及其算法流程。

60.1　樽海鞘群算法的提出

樽海鞘群算法(Salps Swarm Algorithm，SSA)是 2017 年由澳大利亚的 Mirjalili 等提出的模拟海洋中樽海鞘群体觅食行为的群智能优化算法。该算法结构较为简单，只有一个主要控制参数，易于实现。SSA 内含能避免陷入局部最优的自适应机制，具有收敛速度快、鲁棒性强、处理低维问题优化性能良好等特点。其寻优性能优于飞蛾扑火算法、灰狼优化算法和人工蜂群算法等。SSA 算法已被用于光伏系统、网络系统管理、特征选择、图像处理、目标分类、数字微分器、混合动力系统等问题的优化设计中。

多目标樽海鞘群算法(MSSA)的优化结果表明，该算法可以逼近具有较高收敛性和覆盖率的 Pareto 最优解。Mirjalili 等用 SSA 和 MSSA 解决机翼设计和船用螺旋桨设计等具有挑战性且计算量大的工程优化设计问题，结果证明，樽海鞘群算法在解决函数优化难题和未知搜索空间的实际问题中具有优越性。

60.2　樽海鞘的生活习性

樽海鞘(英文名 Salps)是一种类似海蜇的海洋无脊椎动物，以水中的浮游植物海藻等为食，通过吸入海水再喷出以获得动力，完成在水中的移动。它们是类似于水母的半透明、稍扁平桶状的海洋生物，如图 60.1 所示，体成桶形，单体或多体飘浮生活；背囊薄而透明，其上有环状肌肉带。樽海鞘在繁殖期会形成链式结构，如图 60.2 所示，后面的樽海鞘会紧贴着前面的一个，这称为樽海鞘链的群体行为，有关学者认为，这种行为是为了帮助它们快速觅食和躲避天敌。

樽海鞘通常生活在寒冷海域，它们的身体呈胶状，其透明形态可保护自己免受天敌伤害。

图 60.1 樽海鞘的个体

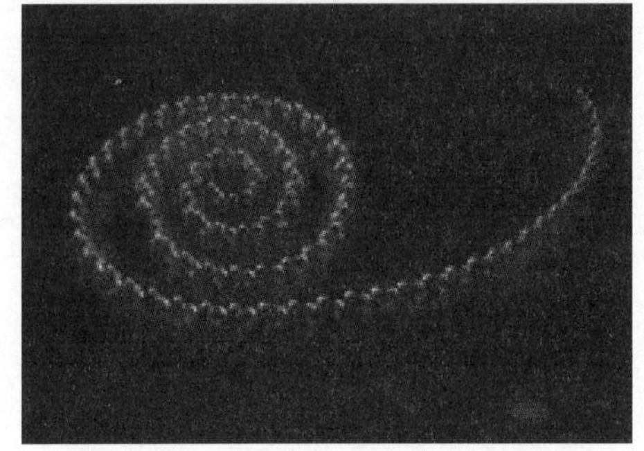

图 60.2 樽海鞘链式结构

60.3 樽海鞘群觅食的优化机制

海洋生物学家通过研究发现，在导航和觅食的过程中，樽海鞘的群体会自发地首尾相连聚集成樽海鞘链，作为种群单位进行快速游动以捕获食物。图 60.3 为单体樽海鞘与多体樽海鞘链的结构示意图。

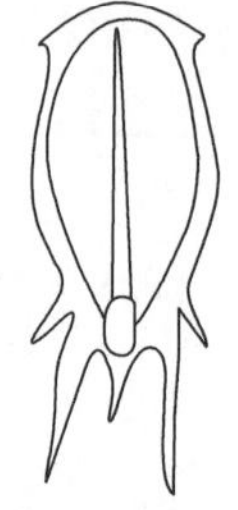

(a) 单体樽海鞘

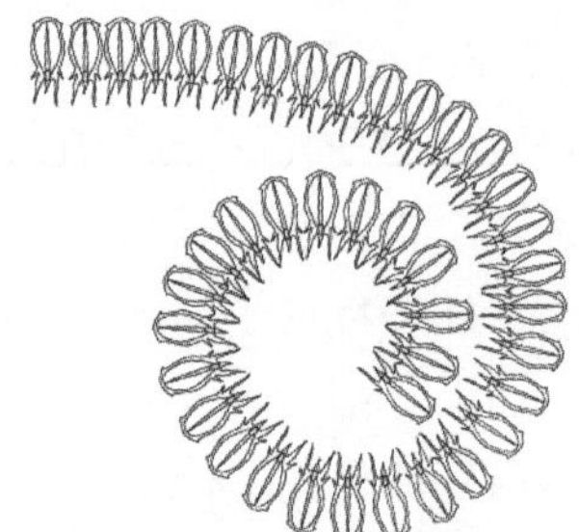

(b) 多体樽海鞘链

图 60.3 单体樽海鞘与多体樽海鞘链的结构示意图

樽海鞘群在觅食的过程中分为领导者和跟随者。领导者位于樽海鞘链之首起带领作用。跟随者是樽海鞘链中其余的樽海鞘，其仅受紧邻的前一个樽海鞘的影响来更新自己的位置。领导者会根据空间中食物的位置来调整自身的位置，同时跟随者会跟随领导者移动从而靠近食物。从图 60.2 可明显看出，呈螺旋形式的樽海鞘链在移动过程中，像一张大网，非常有利于捕食。领导者受食物源（即当前的全局最优解）牵引进行全局探索，而跟随者则充分进行局部探索，大大减少了陷入局部最优的情况。

SSA 采用优胜劣汰策略，通过计算所有樽海鞘个体的适应度值，比较当前迭代的适应度值与先前最优适应度值以更新领导者和跟随者的位置，从而不断接近食物源位置。由此，可以模拟樽海鞘群的觅食行为，实现对最优化问题的求解。

60.4 樽海鞘群算法的数学描述

设搜索空间为一个 $N\times D$ 维空间，其中 N 为种群的数量，D 为空间的维度。每个樽海鞘的位置为 $x_j^i=(x_1^i,x_2^i,\cdots,x_D^i)$；目标位置为 $F=(F_1,F_2,\cdots,F_D)$。ub 和 lb 分别为各维度

搜索范围的上限、下限。食物源的位置在实际寻优过程中是未知的,因此设定具有最大适应度值的樽海鞘的位置为当前食物的位置。

1. 随机初始化种群

在 SSA 中,作为种群的樽海鞘链由领导者和跟随者两种类型的樽海鞘组成。领导者是位于樽海鞘链首的第一个樽海鞘,其他樽海鞘则为跟随者。

根据搜索空间每一维的上限和下限,初始化樽海鞘位置为

$$x_j^i = \mathrm{rand}(N,D)\times(\mathrm{ub}(j)-\mathrm{lb}(j))+\mathrm{lb}(j) \tag{60.1}$$

其中,$i=1$ 时 x_j^i 为领导者在第 j 维空间的位置; $i=2,\cdots,N$ 时 X_j^i 为跟随者 i 在第 j 维空间的位置; ub_j 和 lb_j 分别为第 j 维搜索空间的上限和下限; N 为樽海鞘群的种群规模; D 为空间维度; $j=1,2,\cdots,D$。

2. 领导者位置更新

在 SSA 中,食物源的位置是所有樽海鞘个体的目标位置,领导者的位置更新与目标位置有关,且必须有一定的随机性,以发挥它在整个环境搜索过程中的带头作用,即牵引着跟随者向目标运动。领导者的位置更新公式如下:

$$x_j^i=\begin{cases}F_j+c_1((\mathrm{ub}_j-\mathrm{lb}_j)c_2+\mathrm{lb}_j), & c_3\geqslant 0.5\\ F_j-c_1((\mathrm{ub}_j-\mathrm{lb}_j)c_2+\mathrm{lb}_j), & c_3<0.5\end{cases} \tag{60.2}$$

其中,x_j^i 为樽海鞘领导者 i 在第 j 维空间的位置; F_j 为食物源在第 j 维空间的位置; c_2、c_3 均为(0,1)区间均匀分布的随机数,决定领导者位置更新的方向及步长; c_1 为收敛因子,随迭代次数增加而自适应递减,用于平衡算法在迭代过程中的收敛速度,如式(60.3)所示:

$$c_1=2\exp[-(4\times t/T_{\max})^2] \tag{60.3}$$

其中,t 为当前迭代次数; $T_{\max}$ 为最大迭代次数。参数 c_1 在迭代过程中自适应降低,当值较大时,有助于提升探索能力。而当值较小时,则有助于具体开发能力。系数 c_1 可以使 SSA 的探索能力和开发能力处于平衡状态,因而系数 c_1 是 SSA 中最重要的参数。

3. 跟随者位置更新

跟随者在领导者的基础上进行位置更新,不是随机移动的。为了更新跟随者的位置,利用牛顿运动定律:

$$x_j^i=\frac{1}{2}at^2+v_0t \tag{60.4}$$

其中,$i\geqslant 2$,x_j^i 为跟随者 i 在第 j 维中的位置; t 为迭代时间; v_0 为初始速度; a 为加速度,$a=(v_t-v_0)/\Delta t$。

由于两次迭代时间差 $\Delta t=1$,每次迭代开始时,跟随者的初速度 $v_0=0$。由于跟随者位置的更新只与它前一个樽海鞘的位置有关,因此其速度 $v_t=(x_j^{i-1}-x_j^i)/\Delta t$。在这个位置更新式(60.4)可以表示为

$$x_j^i(t)=\frac{1}{2}(x_j^i(t-1)+x_j^{i-1}(t-1)) \tag{60.5}$$

其中,t 为当前迭代次数; $x_j^i(t)$ 为当前迭代樽海鞘跟随者 i 在第 j 维中的位置; $i=2,\cdots,N$。

式(60.5)表明跟随者只受其紧邻的前一个樽海鞘的影响来更新自己的位置,因此领导者对跟随者的影响逐级递减,跟随者能够保持自己的多样性,从而降低了 SSA 陷入局部最优的概率。

60.5 樽海鞘群算法的实现步骤及伪代码

樽海鞘群算法的实现步骤如下：

(1) 初始化参数。设定种群规模 N、最大迭代次数 $T_{\max}$ 以及收敛因子 c_1 的初值。

(2) 初始化种群。根据搜索空间每一维的上下限，用式(60.1)初始化每只樽海鞘的位置。

(3) 根据目标函数计算每只樽海鞘的适应度值。对樽海鞘的适应度值进行排序，将最优樽海鞘的位置选定为食物源的初始位置。

(4) 算法开始进入循环迭代。确定领导者和跟随者，位于樽海鞘链前一半数目的樽海鞘为领导者，其余为跟随者。

(5) 利用式(60.2)更新樽海鞘领导者的位置。

(6) 利用式(60.5)更新樽海鞘跟随者的位置。

(7) 对更新后个体的每一维进行边界处理，并根据更新后新的全局最优樽海鞘位置，更新食物源的位置。

(8) 判断是否满足迭代次数，若是，则输出结果；否则，返回步骤(4)。

樽海鞘群算法(SSA)的伪代码描述如下。

```
初始化樽海鞘种群 x_i(i = 1,2, … ,n))并考虑 ub 和 lb
While (不满足结束条件)
计算每个樽海鞘的适应度值
F = 最佳樽海鞘
通过式(60.3)更新 c_1
    for 每个樽海鞘(x_i)
        if (i == 1)
            通过式(60.2)更新领导者的位置
        else
            通过式(60.4)更新跟随者的位置
        end
    end
    根据变量的上限和下限修改樽海鞘的位置
end
返回 F
```

以上重点介绍了单目标樽海鞘群算法(SSA)，由于篇幅的关系，并没有详细介绍多目标樽海鞘群算法，这里只给出 MSSA 的伪代码描述如下。

```
初始化樽海鞘种群 x_i(i = 1,2, … ,n)并考虑 ub 和 lb
While (不满足结束条件)
    计算每个樽海鞘的适应度值
    确定非支配的樽海鞘
    考虑获得的非支配的樽海鞘更新存储库
    if 存储库已满
        调用存储库维护程序来删除一个存储库驻留
        将非支配樽海鞘添加到存储库中
    end
    从存储库中选择一个食物来源：F = Select Food (repository)
    通过式(60.3)更新 c_1
    for 每个樽海鞘(x_i)
```

```
        if (i == 1)
            通过式(60.2)更新领导者的位置
        else
            通过式(60.4)更新跟随者的位置
        end
    end
    根据变量的上限和下限修改樽海鞘的位置
end
返回存储库
```

第 61 章 珊瑚礁优化算法

珊瑚礁优化算法是一种模拟珊瑚虫繁衍生存行为和珊瑚礁筑成的群智能优化算法。珊瑚虫是海生无脊椎动物,珊瑚主要为碳酸钙,是珊瑚虫分泌出的外壳,珊瑚礁是由大量死亡珊瑚虫骨骼长期形成的礁石,已成为珊瑚虫群的生活环境。因珊瑚礁中自由空间有限,珊瑚虫之间相互争夺空间。本章首先介绍珊瑚虫、珊瑚和珊瑚礁筑成,然后阐述珊瑚礁优化算法的优化原理、珊瑚礁优化算法的数学描述及实现流程。

61.1 珊瑚礁优化算法的提出

珊瑚礁优化(Coral Reefs Optimization,CRO)算法是 2014 年由西班牙的 Salcedo-Sanz 等提出的一种模拟珊瑚虫繁衍生存行为和珊瑚礁筑成的群智能优化算法。珊瑚虫群的生存行为分成繁殖、竞争、淘汰等环节。CRO 算法对一些标准测试函数测试的结果表明,相对于粒子群算法、遗传算法及和声搜索算法,它有更好的寻优精度和收敛速度。

珊瑚礁优化算法具有结构简单、易于理解、鲁棒性强、稳定性高等特点,已成功应用于多峰函数值优化,移动网络、风电场的设计等工程优化问题。

61.2 珊瑚虫生活习性及珊瑚礁筑成

珊瑚虫是海生无脊椎动物。珊瑚是珊瑚虫分泌出的外壳,其化学成分主要为碳酸钙,因此"珊瑚"一词也指这些动物的骨骼,尤其是石灰质者。珊瑚身体的细胞层由内外 2 个胚层组成,两胚层之间有很薄的、没有细胞结构的中胶层。食物从口进入,食物残渣从口排出,这类动物无头与躯干之分,没有神经中枢,只有弥散神经系统。当受到外界刺激时,整个动物体都有反应。

珊瑚分布在热带、亚热带地区,生活方式是在海水中自由漂浮或固着底层栖息地,其形态多呈放射状和树枝状,颜色鲜艳美丽,如图 61.1(a)、(b)所示。

珊瑚虫的繁殖分为有性繁殖和无性繁殖。珊瑚虫的卵和精子由隔膜上的生殖腺产生,经口排入海水中。通常受精仅发生于来自不同个体的卵和精子之间,受精通常发生于海水中,这种称为有性繁殖,如图 61.1(c)所示。有时受精亦发生在珊瑚虫自身的胃循环腔内,称为无性繁殖。

珊瑚礁是由大量珊瑚虫骨骼在长期的生长过程中形成的礁石,它为珊瑚虫及许多动植物提供了生活环境。

(a) 放射状外形

(b) 树枝状外形

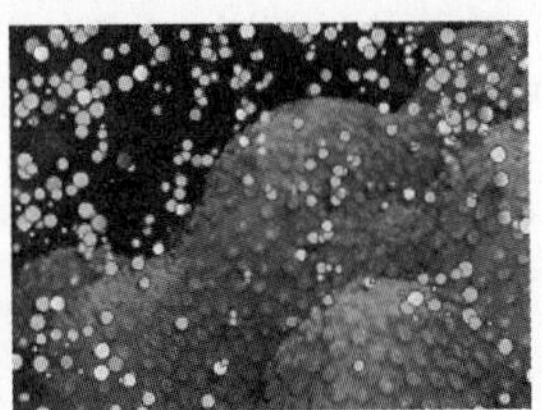

(c) 有性繁殖

图 61.1　珊瑚虫的外形及有性繁殖

61.3　珊瑚礁优化算法的优化原理

珊瑚的品种繁多，其中一个重要子类是造礁珊瑚，也称为硬珊瑚。珊瑚礁是由数百个硬珊瑚产生的碳酸钙黏合而成的。珊瑚礁通常是珊瑚群居或独自生活的场所。

一般来说，硬珊瑚需要自由空间来定居和成长。实际上在珊瑚礁环境中，自由空间是极端有限的资源。于是，物种之间相互竞争，通过不同策略争夺空间或表现出侵略性行为。当生长迅速的珊瑚虫靠近生长缓慢的珊瑚时，前者通过超越后者来攻击后者。随着时间的流逝，快速的生长中的物种杀死了下面生长较慢的物种。

珊瑚礁优化算法通过珊瑚的繁殖、竞争、淘汰等环节，来模拟不同的珊瑚虫(作为优化问题的解)在珊瑚礁礁石上进行生长和繁殖，通过与其他珊瑚虫在珊瑚礁上竞争生存空间，来实现对优化问题的求解。

61.4　珊瑚礁优化算法的数学描述

CRO 算法的数学描述除珊瑚礁初始化外，主要包括有性繁殖、更替机制、无性繁殖和毁灭机制，下面给出它们的数学描述。

1. *初始化*

设珊瑚礁的大小为 $U\times V$ 的矩形，上面有 $U\times V$ 个结点可供珊瑚虫附着，此时已被附着的珊瑚礁占所有珊瑚的比例为 ρ。设珊瑚虫有雌雄异体的比例为 ξ，分裂繁殖比例为 γ，子代珊瑚虫尝试附着极限次数为 μ，每次循环淘汰的概率为 ε，淘汰数量比例为 δ，最大迭代次数为 ψ。模拟珊瑚礁的矩形网格及珊瑚虫附着的情况如图 61.2 所示。

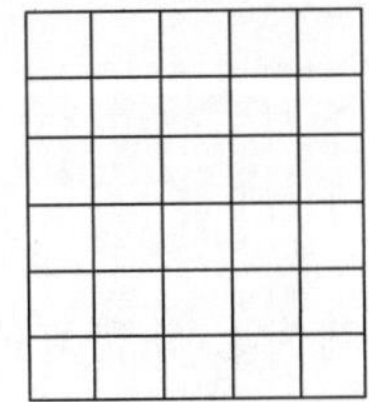

(a) 网格

(b) 珊瑚虫附着的情况

图 61.2　模拟珊瑚礁的矩形网格及珊瑚虫附着的情况

2. 外部有性繁殖和内部有性繁殖

为了模拟珊瑚虫外部有性繁殖,设有数量为 $U\times V\times\rho$ 的珊瑚虫已附着在珊瑚礁上,其中比例为 ξ 的雌雄异体珊瑚虫 $U\times V\times\rho\times\xi$ 作为双亲 C_1 和 C_2,并通过二进制交叉的方式结合,根据式(61.1)产生 2 个子代珊瑚虫 c_1 和 c_2 分别为

$$\begin{cases}c_{1,\alpha}=[(1+\phi)c_{1,\alpha}+(1-\phi)c_{2,\alpha}]/2\\ c_{2,\alpha}=[(1-\phi)c_{1,\alpha}+(1+\phi)c_{2,\alpha}]/2\end{cases},\quad \alpha=1,2,\cdots,\psi \tag{61.1}$$

其中,α 为迭代次数,ϕ 为按式(61.2)生成的随机变量

$$\phi=\begin{cases}(2\tau)^{\frac{1}{k+1}}, & \tau<0.5\\ [2(1-\tau)]^{-\frac{1}{k+1}}, & \tau\geqslant 0.5\end{cases} \tag{61.2}$$

其中,τ 为(0,1)区间的随机数;k 为交叉常数。

为了模拟珊瑚虫内部有性繁殖,将除雌雄异体珊瑚虫以外的剩余 $U\times V\times\rho\times(1-\xi)$ 数量的雌雄同体珊瑚虫 C 进行内部有性繁殖,根据式(61.3)产生一个子代珊瑚虫 c 为

$$c_{\alpha}=C_{\alpha}+\text{rand}(-1,1)\times(C_{\alpha}^{\max}-C_{\alpha}^{\min}) \tag{61.3}$$

3. 更替机制

新产生的子代珊瑚虫需要寻找珊瑚礁进行附着,此时有数量为 $U\times V\times(1-\rho)$ 的珊瑚礁未被附着。子代珊瑚虫随机寻找珊瑚礁,若该珊瑚礁为空,子代珊瑚虫便可以成功附着;若该珊瑚礁已经被其他珊瑚虫附着,则需计算出各自的适应度值 $f(p)$,较优的将抢占该珊瑚礁。未成功附着的珊瑚虫按上述步骤重复寻找,若子代珊瑚虫在极限次数 μ 内仍未能成功附着,该珊瑚虫死亡。

4. 无性繁殖

所谓无性繁殖,即是分裂繁殖,将比例 γ 为优势的珊瑚虫通过分裂的方式产生子代珊瑚虫,并按上述更替机制寻找珊瑚礁进行附着尝试。

5. 毁灭机制

珊瑚虫会遭遇包括鱼类和海星,以及鹦鹉状等许多类型的掠食者淘汰。此外,海洋污染和气候变化也会造成损失。为模拟上述原因造成的珊瑚虫数量的损失,CRO 算法在每轮循环有 ε 的概率会进行淘汰,淘汰比例为 δ 的适应度较差的珊瑚虫。被淘汰的珊瑚虫会自动死亡,空出珊瑚礁以便其他珊瑚虫进行竞争。

61.5 珊瑚礁优化算法的实现步骤及流程

珊瑚礁优化算法的实现步骤概括如下。

(1) 初始化。设定珊瑚礁的大小 $U\times V$,随机生成 N 个个体作为初始种群,被附着的珊瑚礁占所有珊瑚的比例为 ρ,珊瑚虫有雌雄异体的比例为 ξ,分裂繁殖比例为 γ,子代珊瑚虫尝试附着极限次数为 μ,每次循环淘汰的概率为 ε,淘汰数量比例为 δ,最大迭代次数为 ψ。

(2) 外部有性繁殖。选择雌雄异体珊瑚虫作为双亲 C_1 和 C_2,并通过二进制交叉的方式结合,再根据式(61.1)产生 2 个子代珊瑚虫 c_1 和 c_2。

(3) 内部有性繁殖。将除雌雄异体珊瑚虫以外的剩余数量的雌雄同体珊瑚虫 C 进行内部

有性繁殖，根据式(61.3)产生一个子代珊瑚虫 c。

(4) 幼虫安置。生成的子代珊瑚虫都会尝试随机寻找珊瑚礁，若该珊瑚礁为空，子代珊瑚虫便可以成功附着；若该珊瑚礁已经被其他珊瑚虫附着，则需计算出各自的适应度值 $f(p)$，较优的将抢占该珊瑚礁。若未成功附着的子代珊瑚虫按上述步骤重复寻找到极限次数 μ 仍未能成功附着，则该珊瑚虫死亡。

(5) 无性繁殖。在珊瑚礁上的所有存在的珊瑚虫都将根据它们的健康水平排序(通过适应度值)，选择比例为 γ 的珊瑚虫进行复制。

(6) 毁灭机制。在每轮循环中以 ε 的概率对珊瑚礁上存在一些不健康的珊瑚虫进行淘汰，淘汰比例为 δ 的适应度较差的珊瑚虫，被淘汰的珊瑚虫会自动死亡。

重复上述步骤(2)～步骤(6)，直至达到最大迭代次数 ψ 的终止条件时，珊瑚礁上适应度最优的珊瑚虫 c 即为最优解。

珊瑚礁优化算法的实现流程如图 61.3 所示。

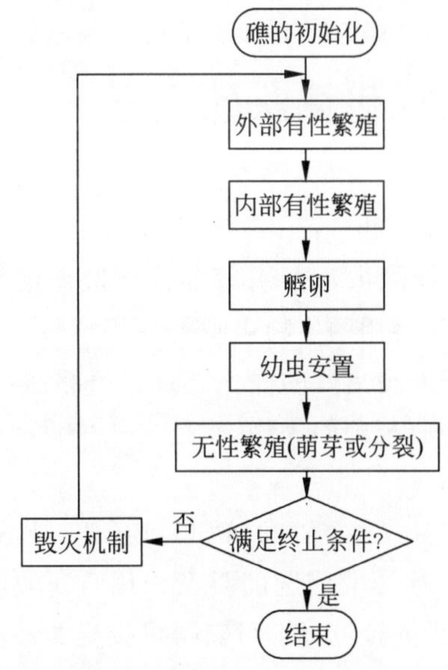

图 61.3　珊瑚礁优化算法的实现流程图

第 62 章　海豚回声定位优化算法

海豚回声定位优化算法是模拟海豚依靠回声定位导航和狩猎所使用的生物声呐原理的群智能优化算法。海豚能够以点击的形式发出声音，通过持续发声并接受回声之间的时间间隔大小来判断，海豚不仅能够发现猎物，而且能够评估到猎物的距离，通过全局搜索和局部搜索，不断跟踪、瞄准直至捕捉猎物。本章首先介绍海豚的生活习性、海豚回声定位优化的原理，然后阐述海豚回声定位优化算法的描述、实现步骤及算法流程。

62.1　海豚回声定位优化算法的提出

海豚回声定位优化(Dolphin Echolocation Optimization，DEO)算法是 2013 年由伊朗的 Kaveh 和 Farhoudi 提出的群智能优化算法，用于解决离散优化问题。该算法模拟了海豚在海洋中依靠回声定位导航和狩猎所使用的生物声呐的原理。研究表明，元启发式算法具有某些控制规则，知道这些规则有助于获得更好的优化结果。海豚回声定位优化算法同许多现有的优化方法相比，不仅具有利用控制规则的优势，而且它几乎没有要设置的参数，使用较少的计算量即可获得出色的结果。

与现有的元启发式算法（如 GA、ACO、PSO、BB-BC、HS、ES、SGA、TS、ICA、IACO、PSOPC）相比，DEO 算法能够根据当前问题的类型采用自身具有的合理的收敛速度，并能在用户指定的多个循环中使用较少的计算量即可获得可接受的最优结果。

62.2　海豚的生活习性

海豚是小到中等尺寸的鲸类大型食肉动物，处于食物链的顶端，除了较为凶猛的鲨鱼之外，其他海洋生物基本不对其构成威胁。多数海豚头部额隆特征显著，有助于聚集回声定位和觅食发出的声音。海豚多栖息于热带的温暖海域，通常生活在浅水或至少停留在海面附近。海豚不像其他鲸类那样长时间深度潜水，其游泳方式是整个身体以小角度跃离水面再以小角度入水，海豚游速为每小时 30～40km。

有些海豚是高度社会化的物种，生活在大群体中(有时超过 100 000 头个体组成)，呈现出许多有趣的集体行为。群内成员间有多种合作方式，如集群的海豚有时会攻击鲨鱼，通过撞击杀死它们。成员间也会协作救助受伤或生病的个体。海豚主要以鱼类和乌贼等为食，像其他齿鲸类动物一样，海豚依赖回声定位进行捕食，甚至可以用高声强击晕猎物。

62.3 海豚回声定位的优化原理

回声定位的动物包括一些哺乳动物和一些鸟类。海豚能够以点击的形式产生声音，这些咔嗒声的频率高于用于交流声音的频率，并且在物种之间有所不同。当声音撞击物体，声波的一些能量被反射回海豚，海豚收到回声后，会再次发出咔嗒声。单击和回声之间的时间间隔使海豚能够评估它到物体的距离。海豚头部的两侧接收到的不同强度的信号，使它能够评估方向。通过持续发出咔嗒声并以这种方式接收回声，海豚可以跟踪物体。当越接近它感兴趣的猎物时，点击频率就会提高，直至瞄准并捕获猎物，如图62.1所示。

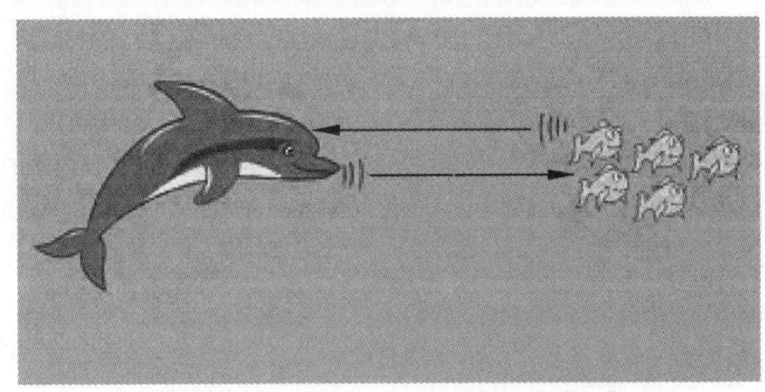

图62.1 一只海豚正在捕捉猎物

回声定位在某些方面与优化相似，海豚利用回声定位寻找猎物的过程类似于寻找问题的最优解。最初海豚会在搜索空间里四处寻找猎物。一旦海豚接近目标，它就会限制自己的搜索，并逐渐增加它的点击量，以把注意力集中在目标位置上，直至成功捕获猎物。

通过限制海豚与目标之间的距离成比例的探索来模拟海豚回声定位的优化算法，搜索过程分为两个阶段：第一阶段在搜索空间中进行全方位的全局搜索，因此它应该寻找未探索的区域，通过探索搜索空间中的一些随机位置来执行此任务；第二阶段主要围绕前一阶段取得较好的全局搜索结果的基础上，执行局部搜索。算法通过全局搜索与局部搜索的不断迭代，实现对优化问题的求解。

62.4 海豚回声定位优化算法的数学描述

在开始优化之前，要对搜索空间排序和确定循环次数。

1. 搜索空间排序

对于要优化的每个变量，按升序或降序对搜索空间的候选项进行排序。如果候选项包括不止一个特征，则根据最重要的特征进行排序。利用这种方法，对于变量 j 创建长度为 LA_j 的向量 $\boldsymbol{A}_j$，该向量包括第 j 变量所有可能的候选项。将这些向量放在一起，作为矩阵的列，创建矩阵 $\mathrm{Alternatives}_{\mathrm{MA}\times\mathrm{NV}}$，其中MA为 $\max(\mathrm{LA}_j)_{j=1:\mathrm{NV}}$，NV为变量的个数。

在优化过程中，收敛因子CF的变化被认为是曲线：

$$\mathrm{PP}(\mathrm{Loop}_i)=\mathrm{PP}_1+(1-\mathrm{PP}_1)\frac{\mathrm{Loop}_i^{\mathrm{Power}}}{(\mathrm{LoopNumber})^{\mathrm{Power}}-1} \tag{62.1}$$

其中，PP 为预定义的概率；PP_1 为随机选择解的第一次循环的收敛因子；$Loop_i$ 为当前循环次数；P 为曲线弯曲程度的幂指数，如图 62.2 所示。

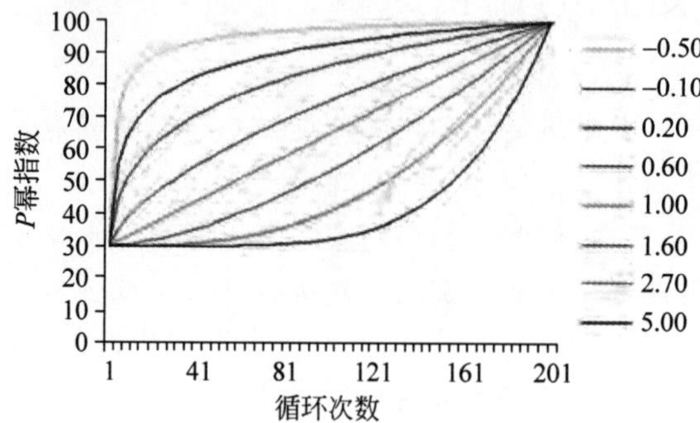

图 62.2　式(62.1)表示的收敛曲线随幂指数的变化情况

2. 循环次数

循环次数是指算法到达收敛点所经历的迭代次数。循环次数应该由用户根据算法所能提供的计算量来选择。

3. 计算累积适应度

在候选矩阵的第 j 列中找到 $L(i,j)$ 的位置，并将其命名为 A。根据海豚规则，对于 $k=-R_e$ 到 R_e，使用式(62.2)计算累积适应度为

$$AF_{(A+K)j}=\frac{1}{R_e}\cdot(R_e-|k|)\text{Fitness}(i)+AF_{(A+K)j} \tag{62.2}$$

其中，$AF_{(A+K)j}$ 为第 j 变量选择的第$(A+K)$候选的累积适应度(候选解的编号与候选矩阵的顺序相同)；R_e 为备选 A 的邻居的累积适应度受其影响的有效半径。建议该半径不大于搜索空间的 1/4；Fitness(i)为位置 i 的适合度值。找到此循环的最佳位置(j)并将其命名为“最佳位置”，找出分配给最佳位置变量的候选解，让它们的 AF 为零，即

$$AF_{ij}=0 \tag{62.3}$$

应补充一点，对于靠近边缘的候选解，若 $A+K<0$ 或 $A+K>LA_j$ 则是无效的，应使用反射特性计算 AF。在这种情况下，如果候选解到边缘的距离小于 R_e，如果将镜子放在边缘上，则假设能看到上述候选项图片的地方存在相同的候选项。

为了在搜索空间中均匀分布，将一个小的 ε 值添加到所有数组中，即 AF=AF+ε，其中 ε 应该根据适应度的定义方式来选择，最好小于适应度达到的最小值。

4. 候选概率

对变量 $j_{(j-1,\cdots,NV)}$ 选择 $i_{(i-1,\cdots,AL_j)}$ 的候选概率计算如下：

$$P_{ij}=\frac{AF_{ij}}{\sum_{i=1}^{LA_j}AF_{ij}} \tag{62.4}$$

对最优位置的所有变量选择的所有候选解赋等于 PP 的概率，将剩余的概率赋给其他候选解，分别用公式表示如下：

$$P_{ij}=PP \tag{62.5}$$

$$P_{ij}=(1-PP)P_{ij} \tag{62.6}$$

62.5　海豚回声定位优化算法的实现步骤及流程

(1) 随机初始化海豚的位置。创建 $\boldsymbol{L}_{\mathrm{NL}\times\mathrm{NV}}$ 矩阵,其中 NL 是位置数,NV 是变量数(或每个位置的维数)。

(2) 使用式(62.1)计算 PP。

(3) 计算每个位置的适应度值。定义的优化目标是使适应度值最大化。

(4) 根据海豚规则,使用式(62.2)和式(62.3)计算累积适应度。

(5) 对于变量 $j_{(j-1,\cdots,\mathrm{NV})}$ 根据式(62.4)计算选择 $i_{(i-1,\cdots,\mathrm{AL}_j)}$ 的候选概率。

(6) 对最优位置所有变量选择的所有候选解,按式(62.5)分配等于 PP 的概率,按式(62.6)将剩余概率分配给其他候选解,根据分配给每个候选解的概率计算下一步位置。

(7) 将步骤(2)～步骤(6)重复到循环次数,输出最优解。

海豚回声定位优化算法的流程如图 62.3 所示。

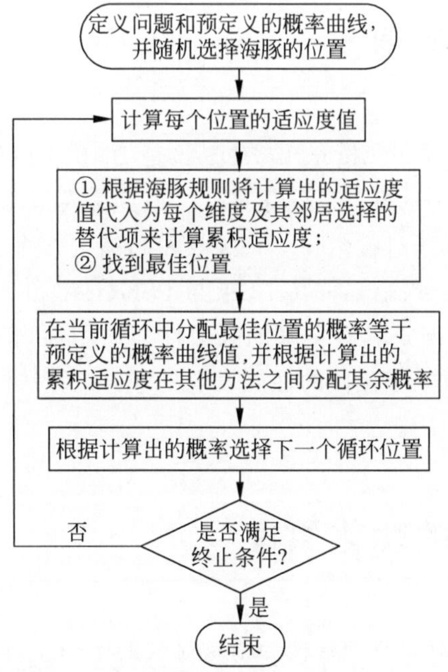

图 62.3　海豚回声定位优化算法的流程图

第 63 章　海豚群算法

海豚群算法是模拟海豚回声定位、信息交流、分工合作捕食行为的群智能优化算法。海豚通过回声定位搜寻周围区域的食物，回波强度可以帮助海豚预估猎物的位置及大小。海豚群算法通过海豚搜索、呼叫、接收和捕食 4 种操作的迭代寻优以实现对函数优化问题的求解。传统群体智能优化算法只采用前进式求解方法，而海豚群算法利用回声定位的不同策略，更易求得最优解。本章首先介绍海豚回声定位的优化原理，然后阐述海豚群算法的数学描述及实现步骤。

63.1　海豚群算法的提出

海豚群算法(Dolphin Swarm Algorithm，DSA)是 2016 年由伍天琪等提出的一种模拟海豚通过回声定位搜寻猎物行为的群智能优化算法。该算法模拟海豚回声定位、信息交流、分工合作等生物特性和生活习性，通过搜索、呼叫、接收和和捕食 4 个关键阶段实现对函数优化问题求解。通过对 10 个基准函数测试，并将 DSA 与 PSO、GA 和 ABC 这 4 种算法性能进行比较，结果表明，DSA 在多数情况下具有良好的收敛性和适用性，特别是对于低维单峰函数、高维多峰函数、阶跃函数及随机数字函数的性能表现更好。该算法已被用于空中目标威胁评估、建筑资源调度、桁架优化等问题。

63.2　海豚群算法的优化原理

海豚群算法的机理源于对海豚种群搜寻猎物过程的模拟。海豚通过回声定位搜寻周围区域的食物，回波强度可以帮助海豚预估猎物的位置及大小。海豚搜寻到较大猎物后，将利用不同频率的声波与同伴进行信息交流，以此获取更优位置，引导个体逐渐进化，海豚群向最优位置移动，接近猎物。随后进入捕猎阶段。海豚群算法通过模拟海豚搜索、呼叫、接收和捕食行为，通过迭代进而实现对函数优化问题的求解。

63.3　海豚群算法的数学描述

1. *种群初始化及最优解的定义*

每个海豚个体 i 代表优化问题的一个可行解，表示为$\mathbf{Dol}_i=\{x_1,x_2,\cdots,x_D\}(i=1,2,\cdots,N)$，

其中 N 为种群数目，D 为优化问题的维度，$x_j(j=1,2,\cdots,D)$ 为海豚个体在第 j 维的取值。按照式(63.1)随机产生 N 海豚个体 Dol_i：

$$\mathrm{Dol}_{i,j}=F_j+\mathrm{rand}\times(H_j-F_j),\quad j=1,2,\cdots,D \tag{63.1}$$

其中，H_j 和 F_j 分别为第 j 维变量搜索范围的上限和下限；rand 为[0,1]区间的随机数。

在 DSA 中，为每个海豚 $\mathrm{Dol}_i(i=1,2,\cdots,N)$ 定义了两个相关变量：个体最优解 $L_i(i=1,2,\cdots,N)$ 和邻域最优解 $K_i(i=1,2,\cdots,N)$，其中 L_i 代表海豚 Dol_i 在一次找到的最优解，而 K_i 代表海豚 Dol_i 自己发现的或从其他相邻个体发现而得到的最优解。

在初始化的基础上，DSA 搜索过程包括搜寻、呼叫、接收、捕猎 4 个阶段。

2. 搜寻阶段

在搜索阶段，每只海豚通过发出声波来搜索自己附近的区域。设海豚个体 Dol_i 随机在 M 方向发出声音 $V_i=\{v_1,v_2,\cdots,v_D\}(i=1,2,\cdots,M)$，$V_j(j=1,2,\cdots,D)$ 为每个维度的分量，即声音的方向属性。声音满足 $\|v_i\|=\mathrm{speed}(i=1,2,\cdots,M)$，其中 speed 代表声音速度属性的常数。在最大搜索时间 T_1 内，海豚个体 $\mathrm{Dol}_i(i=1,2,\cdots,N)$ 在 t 时刻发出的声音 V_j 搜索到的新解 X_{ijt} 可表示为

$$X_{ijt}=\mathrm{Dol}_i+V_j t \tag{63.2}$$

搜索到的新解的适应度为

$$E_{ijt}=\mathrm{Fitness}(X_{ijt}) \tag{63.3}$$

求出在最大搜索时间 T_1 内海豚 Dol_i 搜寻到的个体最优解 L_i 和邻域最优解 K_i，其中 L_i 满足

$$L_i=\min_{j=1,2,\cdots,M;t=1,2,\cdots,T_1}\mathrm{Fitness}(X_{ijt}) \tag{63.4}$$

最大搜索半径 $R_1=T_1\times\mathrm{speed}$。$K_i$ 代表海豚 Dol_i 自身与其他相邻个体发现的最优位置，在本阶段 K_i 更新为

$$K_i=\begin{cases}L_i, & \mathrm{Fitness}(L_i)<\mathrm{Fitness}(K_i)\\ K_i, & \text{其他}\end{cases} \tag{63.5}$$

3. 呼叫阶段

在呼叫阶段，每只海豚都会发出声音，将其搜索结果通知其他海豚。声音传输需要时间，定义 $N\times N$ 维传输时间矩阵 TS，用 $\mathrm{TS}_{i,j}$ 表示声音从海豚 Dol_j 到海豚 Dol_i 的剩余传播时间。初始值均为最大传输时间 T_2(人为设定)，算法每迭代一次 $\mathrm{TS}_{i,j}$ 减 1，代表声音在一个单位时间内传播。

在各次迭代中，当 Dol_j 的邻域最优解 K_j 优于 Dol_i 的邻域最优解 K_i，并且 $\mathrm{TS}_{i,j}$ 大于两者之间的声音传播时间时，按式(63.6)对 $\mathrm{TS}_{i,j}$ 更新为

$$\mathrm{TS}_{i,j}=\begin{cases}\left\lceil\dfrac{\mathrm{DD}_{i,j}}{A\times\mathrm{speed}}\right\rceil, & \mathrm{Fitness}(K_j)<\mathrm{Fitness}(K_i),\mathrm{TS}_{i,j}>\left\lceil\dfrac{\mathrm{DD}_{i,j}}{A\times\mathrm{speed}}\right\rceil\\ \mathrm{TS}_{i,j}, & \text{其他}\end{cases} \tag{63.6}$$

其中，$\mathrm{DD}_{i,j}$ 为海豚 Dol_i 与海豚 Dol_j 间的距离，$\mathrm{DD}_{i,j}=\|\mathrm{Dol}_i-\mathrm{Dol}_j\|$，$i,j=1,2,\cdots,N,i\neq j$；$A$ 是调节声音传播速度的加速度常数。

4. 接收阶段

当算法进入接收阶段时，传输时间矩阵中所有的项 $\mathrm{TS}_{i,j}(i,j=1,2,\cdots,N)$ 均减 1，表示声音在一个单位时间内传播。$\mathrm{TS}_{i,j}$ 完成更新后，判断是否满足 $\mathrm{TS}_{i,j}=0$ 条件。若满足条件，表

示海豚Dol_j 发出的声音已经被海豚Dol_j 接收。此时将$\mathrm{TS}_{i,j}$ 重新标记为最大传播时间 T_2，选取 K_i 和 K_j 中较优者更新 K_i，具体如式(63.7)所示：

$$K_i = \begin{cases} K_j, & \mathrm{TS}_{i,j} = 0, \mathrm{Fitness}(K_j) < \mathrm{Fitness}(K_i) \\ K_i, & \text{其他} \end{cases} \tag{63.7}$$

5. 捕猎阶段

海豚Dol_i 与邻域最优解 K_i 之间的距离为$\mathrm{DK}_i = \| \mathrm{Dol}_i - K_i \|$，邻域最优解 K_i 与最优解 L_i 之间的距离为$\mathrm{DKL}_i = \| L_i - K_i \|$。根据$\mathrm{Dol}_i$、$L_i$、$K_i$ 三者之间的位置关系和 R_1 大小不同，分为 3 种情况给出捕猎的位置更新公式。

(1) $\mathrm{DK}_i \leqslant R_1$，如图 63.1 所示，表示海豚$\mathrm{Dol}_i$ 的邻域最优解 K_i 在搜索范围之内，此时 $K_i = L_i$，海豚Dol_i 移动的新位置如图 63.2 所示，位置更新公式为

$$\begin{cases} \mathrm{NewDol}_i = K_i + \dfrac{\mathrm{Dol}_i - K_i}{\mathrm{DK}_i} \times R_2 \\ R_2 = \left(1 - \dfrac{2}{e}\right) \times \mathrm{DK}_i, \quad e > 2 \end{cases} \tag{63.8}$$

其中，e 叫作“半径缩减”的常系数，e 大于 2，通常设为 3 或 4。不难看出，R_2 逐渐收敛到零。

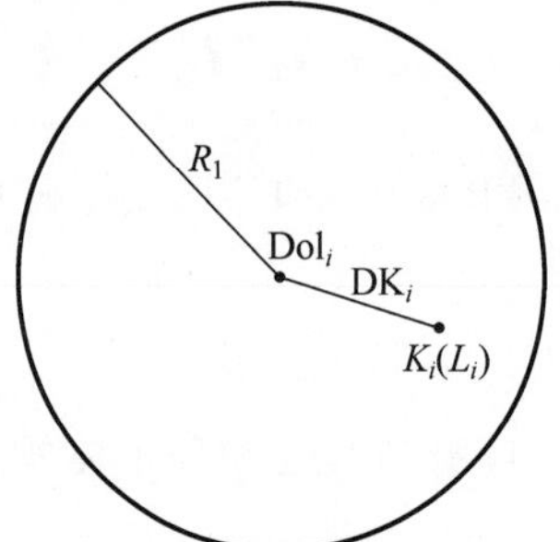

图 63.1　海豚Dol_i 处在情况(1)的捕猎阶段

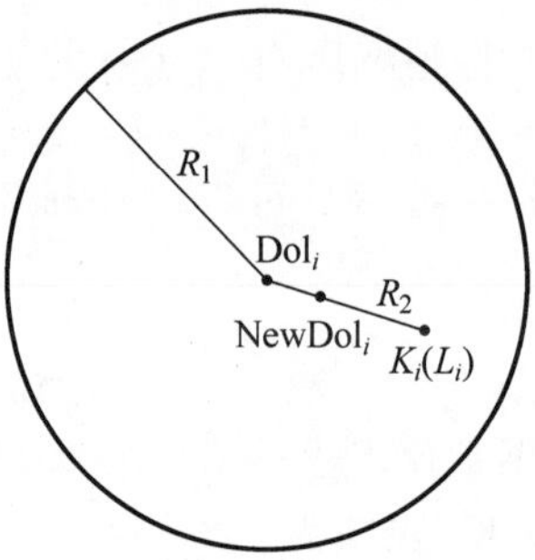

图 63.2　在情况(1)下海豚Dol_i 移动的结果

(2) $\mathrm{DK}_i > R_1$ 且$\mathrm{DK}_i \geqslant \mathrm{DKL}_i$，如图 63.3 所示，表示海豚$\mathrm{Dol}_i$ 的邻域最优解 K_i 在搜索范围之外，且 L_i 比Dol_i 更接近 K_i，海豚Dol_i 移动的新位置如图 63.4 所示，位置更新公式为

$$\begin{cases} \mathrm{NewDol}_i = K_i + \dfrac{\mathrm{Random}}{\| \mathrm{Random} \|} \times R_2 \\ R_2 = \left[1 - \dfrac{\dfrac{\mathrm{DK}_i}{\mathrm{Fitness}(K_i)} + \dfrac{\mathrm{DKL}_i - \mathrm{DK}_i}{\mathrm{Fitness}(L_i)}}{e \times \mathrm{DK}_i \times \dfrac{1}{\mathrm{Fitness}(K_i)}} \right] \times \mathrm{DK}_i, \quad e > 2 \end{cases} \tag{63.9}$$

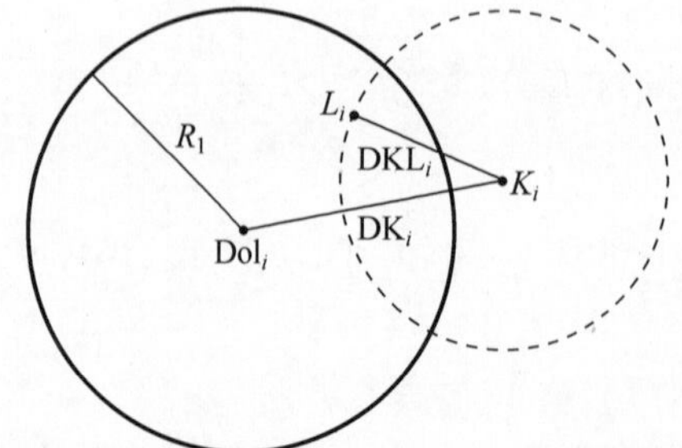

图 63.3　海豚Dol_i 处在情况(2)的捕猎阶段

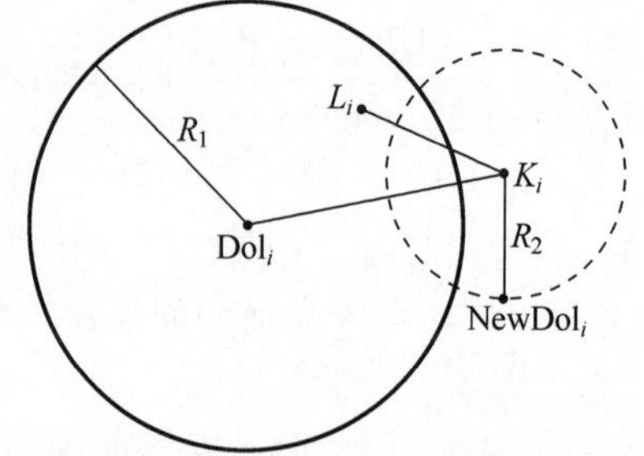

图 63.4　在情况(2)下Dol_i 移动的结果

(3) $DK_i > R_1$ 且 $DK_i < DKL_i$，如图 63.5 所示，表示海豚Dol_i 的邻域最优解 K_i 在搜索范围之外，且Dol_i 比 L_i 更接近 K_i，海豚Dol_i 移动的新位置如图 63.6 所示，位置更新公式为

$$\begin{cases} NewDol_i = K_i + \dfrac{Random}{\| Random \|} \times R_2 \\ R_2 = \left[1 - \dfrac{\dfrac{DK_i}{Fitness(K_i)} - \dfrac{DKL_i - DK_i}{Fitness(L_i)}}{e \times DK_i \times \dfrac{1}{Fitness(K_i)}} \right] \times DK_i, \quad e > 2 \end{cases} \tag{63.10}$$

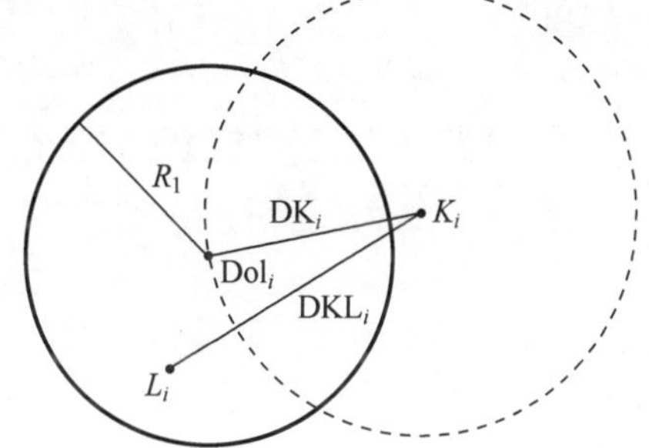

图 63.5 海豚Dol_i 处在情况(3)的捕猎阶段

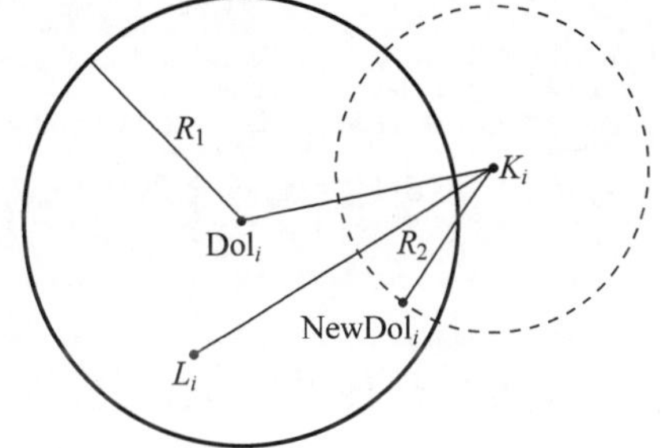

图 63.6 在情况(3)下Dol_i 移动的结果

获得海豚的新位置$NewDol_i$ 后，重新计算其适应度值，并将其与Dol_i 的邻域最优解 K_i 进行比较，如果$Fitness(NewDol_i) < Fitness(K_i)$，则更新 K_i，即 $K_i = NewDol_i$。海豚群进入新一轮搜寻，直至满足终止条件。

63.4 海豚群算法的实现步骤

海豚群算法的实现步骤如下。

(1) 初始化种群。在 D 维空间中随机均匀地产生初始海豚种群$Dol = \{Dol_1, Dol_2, \cdots, Dol_N\}$；计算每只海豚的适应度$Fit_K = \{Fit_{K,1}, Fit_{K,2}, \cdots, Fit_{K,N}\}$。

(2) 搜寻阶段。利用式(63.3)～式(63.5)求出海豚Dol_i 的邻域最优解 K_i。

(3) 呼叫阶段。为了更新海豚Dol_i 邻域最优解 K_i，利用式(63.6)对声音从海豚Dol_j 到海豚Dol_i 的剩余传播时间$TS_{i,j}$ 进行更新。

(4) 接收阶段。$TS_{i,j}$ 完成更新后，判断若$TS_{i,j} = 0$，则用式(63.7)更新邻域最优解 K_i。

(5) 捕食阶段。计算DK_i 和DKL_i：如果$DK_i \leqslant R_1$，则用式(63.8)计算海豚Dol_i 捕猎的新位置；如果$DK_i > R_1$ 且$DK_i \geqslant DKL_i$，则用式(63.9)计算海豚Dol_i 捕猎的新位置；如果$DK_i > R_1$ 且$DK_i < DKL_i$，则用式(63.10)计算海豚Dol_i 捕猎的新位置。Dol_i 的位置更新后，计算其适应度，然后更新 K_i。

(6) 终止条件判断。若满足终止条件，则输出最优解，算法结束；否则，转到步骤(2)。

第 64 章　海鸥优化算法

海鸥优化算法是模拟海鸥迁徙行为和海鸥攻击行为的群智能优化算法。海鸥是具有智慧的群居鸟类。它们最重要的特征是迁徙行为和攻击行为。迁徙是为了获得最丰富的食物来源的全局搜索过程。海鸥在局部搜索一旦发现猎物就会以螺旋形运动形态对猎物发动攻击,并捕获猎物,该过程相当于求解优化问题获得最优解。本章首先介绍海鸥的习性及迁徙和攻击行为,然后阐述海鸥优化算法的数学描述、实现步骤及流程。

64.1　海鸥优化算法的提出

海鸥优化算法(Seagull Optimization Algorithm,SOA)是 2018 年由 Dhiman 等提出的一种新的群智能优化算法。该算法模拟全局搜索的海鸥迁徙和局部搜索的海鸥攻击行为。海鸥优化算法是一个鲁棒的全局优化算法,具有处理高维问题的能力。该算法简单,既可以得到全局最优解,又具有较高的搜索精度和搜索效率,已被应用于滚动轴承设计、井区页岩气储层最优评价问题中。

64.2　海鸥的习性及迁徙和攻击行为

海鸥是遍布全球的海鸟,海鸥种类繁多且大小和身长各不相同。大多数海鸥的身体覆盖着白色的羽毛。海鸥是杂食动物,吃昆虫、鱼、爬行动物、两栖动物和蚯蚓等。海鸥是具有智慧的鸟类,经常用面包屑来吸引鱼群。它们可以用脚发出雨水落下的声音来吸引藏在地下的蚯蚓和攻击蚯蚓。海鸥可以喝淡水和盐水,通过眼睛上方的一对特殊腺体,将盐从它们的体内排出。

海鸥是以群居式生活,它们最重要特征是迁徙和攻击行为。海鸥迁移是一种季节更替性移动,通常从一个地方飞到另外一个地方去获得最丰富的食物来源,以便获得充足的能量。在迁移的途中,海鸥通常以群为单位进行行动。而且,迁徙时每只海鸥的所在位置不同,这样可以防止它们相互碰撞。在迁徙过程中,海鸥群体会朝着最佳位置的方向前进,每只海鸥会自适应更新自身所在的位置。

海鸥经常会在海面攻击迁移中的候鸟。在进攻时,海鸥群体做出螺旋形的运动形态,如图 64.1 所示。

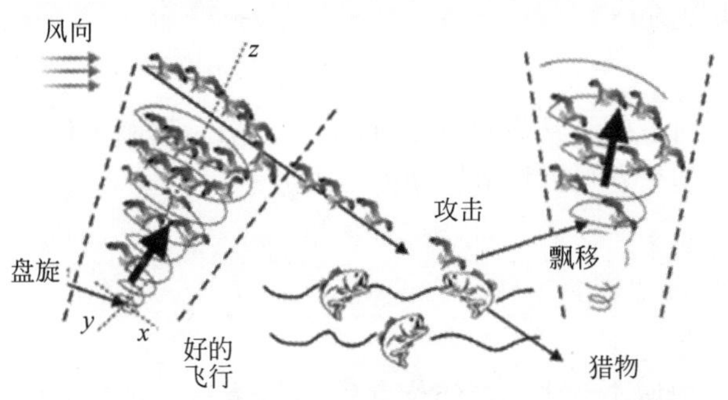

图 64.1　海鸥迁徙和攻击猎物运动方式示意图

64.3　海鸥优化算法的数学描述

海鸥优化算法是通过模拟海鸥迁徙行为和攻击行为这两个操作的迭代来寻求最优解。

1. 迁徙行为

海鸥群体从某一地方转移到另一个地方的迁徙过程，实现全局搜索。在这个阶段，海鸥应该满足以下 3 个条件。

1）避免碰撞

为了防止海鸥之间的相互碰撞，如图 64.2(a)所示，算法通过采取添加额外变量 A 的方法来计算其转移后新位置，表达式为

$$C_s(t+1)=AP_s(t) \tag{64.1}$$

其中，t 为当前迭代；$P_s(t)$为海鸥现在所在位置；$C_s(t+1)$为海鸥迁徙之后的新位置，与其他海鸥的位置没有矛盾；A 为海鸥在指定空间中运动行为的描述：

$$A=f_c-[t(f_c/\mathrm{Max}_{\mathrm{iteration}})] \tag{64.2}$$

其中，f_c 为可以调节变量 A 的频率，将 A 的取值从 2 线性降低到 0；$\mathrm{Max}_{\mathrm{iteration}}$ 为迭代最大次数。

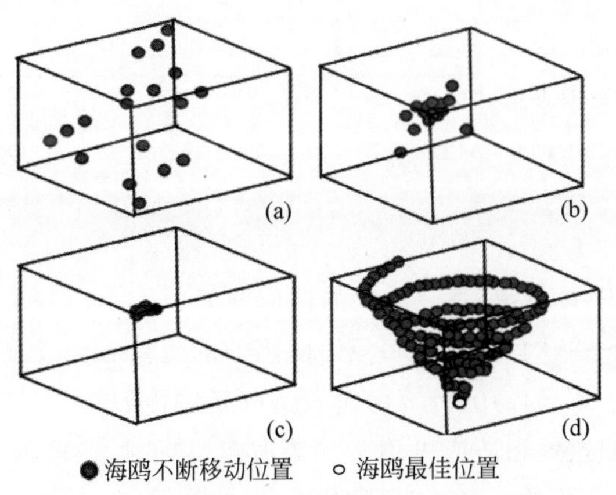

图 64.2　海鸥迁徙行为和攻击行为示意图

2）最佳位置方向

为了避免在移动过程中与其他海鸥的位置发生冲突，如图 64.2(b)所示，海鸥会向最佳位

置所在方向移动，表达式为

$$M_s(t+1)=B(P_{bs}(t)-P_s(t)) \tag{64.3}$$

其中，$M_s(t+1)$为海鸥向最佳位置移动的方向；$P_{bs}(t)$表示海鸥最佳位置；$P_s(t)$为海鸥当前位置；B 为起平衡全局搜索和局部搜索作用的随机数

$$B=2A^2r_d \tag{64.4}$$

其中，r_d 为[0,1]区间的随机数。

3）靠近最佳位置

海鸥移动到与其他海鸥不发生相撞的位置后，就朝着最佳位置方向移动，如图 64.2(c)所示，海鸥到达新位置所移动的距离为

$$D_s=|C_s+M_s| \tag{64.5}$$

其中，$D_s(t)$为海鸥移动到最佳位置（适合度值较小的最佳海鸥）的距离。

2. 攻击（局部搜索）

海鸥在迁徙过程中，通过翅膀的运动和身体重量之间的关系来保持攻击的最佳高度。当发现猎物时，海鸥通过不断改变攻击角度和速度，会以螺旋状的运动方式攻击猎物，如图 64.2(d)所示，x、y 和 z 平面中的运动行为描述如下：

$$x=r\cos(k) \tag{64.6}$$

$$y=r\sin(k) \tag{64.7}$$

$$z=rk \tag{64.8}$$

$$r=u\mathrm{e}^{kv} \tag{64.9}$$

其中，r 为半径；k 为[0,2π]范围内的随机角度值；u 和 v 为螺旋形状的相关常数。

海鸥的攻击位置由式(64.5)～式(64.9)计算如下：

$$P_s(t)=(D_s xyz)+P_{bs}(t) \tag{64.10}$$

其中，$P_s(t)$为海鸥的攻击位置，保存这一最优解，并更新其他搜索个体的位置。

64.4 海鸥优化算法的实现步骤及伪代码

海鸥优化算法实现要步骤如下。

(1) 初始化算法参数：A，B，$\mathrm{Max}_{\mathrm{iteration}}$，$f_c=2$，$u=1$，$v=1$，$r_d$ 为[0,1]区间的随机数，k 为[0,2π]区间的随机数。

(2) 初始化海鸥种群 P_s。

(3) 使用目标函数 $P_s(t)$计算每只海鸥的适应度值。

(4) 使用式(64.1)～式(64.5)计算每只海鸥当前的位置 $D_s(t)$。

(5) 使用式(64.6)～式(64.10)计算海鸥攻击的新位置 $P_s(t)$。

(6) 更新最佳海鸥的位置和适应度值。如果海鸥(i)的适应度值小于最佳值，用海鸥(i)的适应度值替代最佳值，用海鸥(i)的位置替代 Best 的位置。

(7) 判断终止条件，若满足终止条件，则输出最佳海鸥位置和适应度值，算法结束；否则，转到步骤(3)。

海鸥优化算法的伪代码描述如下。

```
输入：海鸥种群 P_s
输出：最优海鸥 P_bs 位置
程序：SOA
初始化参数 A,B 和 Max_iteration
    置 f_c←2
    置 u←1
    置 v←1
    While (t < Max_iteration) do
        P_bs ←计算 P_s 的适应度          /* 使用目标函数计算每个个体的适应度值 */
  /* 迁移行为 */
        r_d ← Rand(0,1)                  /* 在[0,1]区间生成随机数 */
        k ← Rand(0,2π)                   /* 在[0,2π]区间生成随机数 */
  /* 攻击行为 */
        r←u × e^kv                       /* 在迁移过程中产生螺旋行为 */
        用式(64.5)计算距离 D_s
        P←x × y × z                      /* 使用式(64.5)～式(64.9)在 x,y,z 平面计算 P */
        P_s(t)←(D_s × P) + P_bs
        t←t + 1
    end while
返回 P_bs
end 程序
```

```
程序：计算 P_bs 适应度
    for i←1 to n do                                /* 其中 n 表示给定问题的维数 */
        FIT_s[i] ← Fitness Function(P_s(i,:))      /* 计算每个个体的适应度值 */
    end for
    FITs_best ← BEST(FIT_s[])                      /* 使用 BEST 函数计算最佳适应度值 */
返回 FITs_best
end 程序
```

```
程序：BEST(FIT_s[])
    Best←FIT_s[()]
    for i←1 to n do
        if (FIT_s[i] < Best) then
            Best←FIT_s[(i)]
        end if
    end for
返回 Best                                  /* 返回最佳适应度值 */
end 程序
```

第 65 章 乌燕鸥优化算法

乌燕鸥优化算法是模拟乌燕鸥群体迁徙和捕猎行为的群智能优化算法。该算法将乌燕鸥的迁徙过程视为全局搜索，将乌燕鸥攻击猎物视为局部搜索，乌燕鸥的活动应满足避免碰撞、聚集行为和位置更新 3 个条件。该算法通过乌燕鸥的迁徙过程和攻击猎物两种搜索过程的反复迭代，最终实现对问题的优化求解。本章首先介绍乌燕鸥优化算法的提出，乌燕鸥的特征及习性，然后阐述乌燕鸥优化算法的优化原理、乌燕鸥优化算法的数学描述，最后给出乌燕鸥优化算法的实现步骤及伪代码。

65.1 乌燕鸥优化算法的提出

乌燕鸥优化算法（Sooty Tern Optimization Algorithm，STOA）是 2019 年由印度学者 Dhiman 和 Kaur 提出的一种模拟乌燕鸥群体迁徙和捕猎行为的群智能优化算法，用于解决工业工程优化问题。

该算法通过 44 个基准函数测试并与 9 种著名的优化算法进行了对比，结果表明，STOA 提供了非常有竞争力的结果。单峰和多峰测试函数的结果分别显示了 STOA 的探索和开发能力。对 CEC2005 和 CEC2015 基准函数的测试结果表明，STOA 能够解决具有挑战性和高维约束的实际问题。此外，STOA 还用于 6 种受约束的工程设计问题以验证和演示其在给定搜索空间上的性能。

65.2 乌燕鸥的特征及习性

乌燕鸥属于鸟纲燕鸥科，是海洋性鸟类的一种。乌燕鸥体长约 44cm，体重 120～285g，背黑色，尾深开叉；似褐翅燕鸥，但上翼及背深烟褐色，无灰色后领环，白色的前额也不延伸成眉线。成鸟如图 65.1 所示。

乌燕鸥分布于大西洋、印度洋及太平洋的热带海域。栖息于远离海岸的洋面或多岩礁多沙岛屿。乌燕鸥是杂食性动物，主要以爬行动物、昆虫、蚯蚓、鱼类、两栖动物等为食。有趣的是，为了吸引隐藏在地下的蚯蚓，乌燕鸥会用它们的脚发出雨滴落的声音。

乌燕鸥在繁殖期主要栖息于海岸、岛屿岩石和沙石地上。非繁殖期主要栖息于开阔的海洋，持久而频繁地在海面上空飞翔，如图 65.2 所示，并不断掠过水面捕食。乌燕鸥最具特色的是它们的迁徙和攻击行为。

图 65.1　乌燕鸥

图 65.2　成群飞翔的乌燕鸥

65.3　乌燕鸥优化算法的优化原理

乌燕鸥优化算法设计的主要灵感来源于自然界中海鸟乌燕鸥的迁徙行为和攻击行为。乌燕鸥群从一个地方到另一个地方的季节性迁徙是为了寻找最丰富的食物来源。这样的迁徙过程被视为在问题解空间对可行解的全局搜索。

当乌燕鸥发现猎物时，会通过翅膀提高飞行高度，调整它们的速度和攻击角度，在攻击猎物的时候，它们在空中螺旋式地飞行，从高到低，从远到近，直至捕获猎物。攻击猎物的过程相当于搜索最优解的过程。

乌燕鸥优化算法通过对乌燕鸥的迁徙行为和攻击行为的数学建模，模拟在给定的搜索空间对可行解的反复开发和探索，最终实现对问题的优化求解。

65.4　乌燕鸥优化算法的数学描述

乌燕鸥的迁徙行为和攻击行为的数学描述如下。

1. 迁徙行为

迁徙过程被视为全局搜索，乌燕鸥应满足避免碰撞、聚集行为和位置更新 3 个条件。

1）避免碰撞

为了避免乌燕鸥与邻近个体之间的碰撞，乌燕鸥新的位置采用附加移动方式计算如下：

$$\boldsymbol{C}_{\mathrm{st}}=S_{\mathrm{A}}\times\boldsymbol{P}_{\mathrm{st}}(t) \tag{65.1}$$

其中，$\boldsymbol{C}_{\mathrm{st}}$ 为乌燕鸥不与其他乌燕鸥发生碰撞所迁移的位置；$\boldsymbol{P}_{\mathrm{st}}$ 为乌燕鸥的当前位置；t 为当前迭代次数；S_{A} 为乌燕鸥在给定搜索空间中的移动方式，计算如下：

$$S_{\mathrm{A}}=C_f-(t\times(C_f/\mathrm{Max}_{\mathrm{iteration}})) \tag{65.2}$$

其中，$t=0,1,\cdots,\mathrm{Max}_{\mathrm{iteration}}$；$\mathrm{Max}_{\mathrm{iteration}}$ 为最大迭代次数；C_f 为调整 S_{A} 的控制变量，它从 2 线性减小到 0。

2）聚集行为

聚集是指在避免碰撞的前提下向乌燕鸥群中最好的位置靠拢，即向最优解的位置靠拢，其计算式如下：

$$\boldsymbol{M}_{\mathrm{st}}=C_{\mathrm{B}}\times(\boldsymbol{P}_{\mathrm{best}}(t)-\boldsymbol{P}_{\mathrm{st}}(t)) \tag{65.3}$$

其中，$\boldsymbol{M}_{\mathrm{st}}$ 为不同位置的乌燕鸥 $\boldsymbol{P}_{\mathrm{st}}$ 向处于最优位置的乌燕鸥 $\boldsymbol{P}_{\mathrm{best}}$ 的移动向量，C_{B} 为一个使

探索更加全面的随机变量，由以下公式确定：

$$C_B = 0.5 \times R_{\text{rand}} \tag{65.4}$$

其中，R_{rand} 为在[0,1]区间的随机数。

3）位置更新

乌燕鸥向着处于最优位置的乌燕鸥所在方向进行移动，位置更新的计算式如下：

$$\boldsymbol{D}_{\text{st}} = \boldsymbol{C}_{\text{st}} + \boldsymbol{M}_{\text{st}} \tag{65.5}$$

其中，$\boldsymbol{D}_{\text{st}}$ 为搜索个体乌燕鸥和最佳乌燕鸥之间的距离。

2. 攻击行为

在迁徙过程中，乌燕鸥可以通过翅膀提高飞行高度，也可以调整它们的速度和攻击角度，在攻击猎物的时候，它们在空中的盘旋产生螺旋行为可以用公式描述如下：

$$x' = R_{\text{adjus}} \times \sin i \tag{65.6}$$

$$y' = R_{\text{adjus}} \times \cos i \tag{65.7}$$

$$z' = R_{\text{adjus}} \times i \tag{65.8}$$

$$r = u \times \mathrm{e}^{kv} \tag{65.9}$$

其中，R_{adjus} 为螺旋的半径；i 为在 $0 \leqslant k \leqslant 2\pi$ 范围内的变量；u 和 v 为定义螺旋形状的常数；e 为自然对数的底。常数 u 和 v 的值设为 1。

因此，乌燕鸥为攻击猎物更新位置计算如下：

$$\boldsymbol{P}_{\text{st}}(t) = (\boldsymbol{D}_{\text{st}} \times (x' + y' + z')) \times \boldsymbol{P}_{\text{best}}(t) \tag{65.10}$$

其中，$\boldsymbol{P}_{\text{st}}(t)$为其他乌燕鸥更新的位置，并保存最优解。

65.5 乌燕鸥优化算法的实现步骤及伪代码

乌燕鸥优化算法的实现步骤如下。

(1) 初始化算法参数、迭代次数、种群数量等。

(2) 计算每一只乌燕鸥的适应度值。

(3) 利用式(65.4)对乌燕鸥进行迁徙操作。

(4) 利用式(65.10)对乌燕鸥进行攻击操作。

(5) 乌燕鸥更新位置。

(6) 计算乌燕鸥适应度值，并记录全局最优值。

(7) 判断是否满足结束条件，如果满足，则输出最优解，算法结束，否则转到步骤(2)。

乌燕鸥优化算法实现的伪码描述如下。

```
输入：种群 P_st
输出：最佳乌燕鸥 P_best：
程序 STOA
初始化参数 S_A 和 C_B
计算每个乌燕鸥的适应度
P_best ←最佳乌燕鸥
    while (t < Max_iteration) do
        for 每一个乌燕鸥 do
            使用式(65.10)更新乌燕鸥的位置
```

```
        end for
        更新参数 S_A 和 C_B
        计算每个乌燕鸥的适应度值
        如果有比之前的最优解更好的解更新 P_best
        t←t + 1
    end while
返回 P_best
结束程序
```

第 66 章　白骨顶鸡优化算法

白骨顶鸡优化算法是模拟白骨顶鸡在水面上觅食行为的群智能优化算法。算法通过白骨顶鸡个体的随机移动、群体的链式运动、从群体中选择领导者和领导者位置更新的反复迭代操作，实现对函数优化问题的求解。本章首先介绍白骨顶鸡优化算法的提出，白骨顶鸡的习性，然后是白骨顶鸡优化算法的原理、白骨顶鸡优化算法的数学描述，最后给出白骨顶鸡优化算法的伪代码实现。

66.1　白骨顶鸡优化算法的提出

白骨顶鸡优化算法(Coot Optimization Algorithm)是 2021 年由伊朗学者 Naruei 和 Keynia 模仿白骨顶鸡在水面上个体的随机运动和群体的链式运动两种觅食模式的群智能优化算法。通过使用 2017 年的测试函数(包括 30 个单峰函数、多模函数、混合函数、合成函数)结果表明，与其他著名的优化算法的性能相比 COA 算法具有良好的竞争力。此外，应用于多个著名的工程设计问题表明，该算法能有效地解决未知搜索空间的问题。

66.2　白骨顶鸡的习性

白骨顶鸡为鹤形目秧鸡科，属于小型水鸟；嘴长度适中，高而侧扁；头具额甲，白色，端部钝圆；翅短圆。跗趾短，短于中趾不连爪，趾均具宽而分离的瓣蹼；体羽全黑或暗灰黑色，多数尾下覆羽有白色，两性相似。白骨顶鸡个体如图 66.1 所示。

(a) 白骨顶鸡个体

(b) 白骨顶鸡在飞翔

(c) 白骨顶鸡水面上的链式运动

图 66.1　白骨顶鸡的图片

白骨顶鸡一般栖息于有水生植物的大面积静水或近海水域，善游泳，能潜水捕食小鱼和水草，游泳时尾部下垂，头前后摆动，遇有敌害能较长时间潜水。白骨顶鸡在水中游泳包括个体的随机运动，以及群体的同步运动、链式运动，如图 66.1 所示。

白骨顶鸡主要以植物为食，其中以水生植物的嫩芽、叶、根、茎为主，也吃昆虫、蠕虫、软体动物等。

66.3　白骨顶鸡优化算法的优化原理

白骨顶鸡优化算法设计的灵感来自白骨顶鸡在水面上的规则和不规则运动。在第一阶段，白骨顶鸡个体是不规则的随机运动；在第二阶段，运动是有规律的，例如，由一只作为领导者的白骨顶鸡带领的群体和群体末端形成的链式运动，每只白骨顶鸡都在其前面的白骨顶鸡后面移动。整个鸡群向领导者移动以到达食物源。

白骨顶鸡群链式运动的觅食行为蕴含着寻优机制，领导者起着全局寻找食物源的作用，跟随着领导者的白骨顶鸡们有着局部搜索的作用，通过选择领导者和领导者的位置更新，避免算法陷入局部最优，并实现了全局探索与局部开发的平衡。因而，该算法可以实现对优化问题的求解。

66.4　白骨顶鸡优化算法的数学描述

白骨顶鸡优化算法是模拟白骨顶鸡在水面上的规则和不规则的集体运动，整个群体运动指向目标——食物。白骨顶鸡在水面上有4种不同的活动：随机运动、链式运动、选择领导者，领导者位置的更新。

1. 个体的随机运动

为了模拟个体的随机运动，在搜索空间中考虑一个随机位置，并将个体移动到这个随机位置Q的描述如下：

$$Q=\mathrm{rand}(1,d)\cdot(\mathrm{ub}-\mathrm{lb})+\mathrm{lb} \tag{66.1}$$

其中，d为问题变量的维数；ub、lb分别为搜索空间的上限、下限。随机运动使得算法能够对搜索空间进行充分探索。如果算法陷入局部最优，那么个体通过位置更新方式帮助算法及时跳出局部最优，个体位置的更新为

$$\mathrm{CootPos}(i)=\mathrm{CootPos}(i)+A\times R2\times(Q-\mathrm{CootPos}(i)) \tag{66.2}$$

其中，$R2$为[0,1]区间的随机数，A的更新方式为

$$A=1-L\times\frac{1}{\mathrm{Iter}} \tag{66.3}$$

其中，L为当前迭代次数；Iter为最大迭代次数。图66.2为个体随机运动过程的示意图。

2. 链式运动

实现链式运动的一种方法是首先计算两个个体之间的距离向量，然后将一个个体向另一个个体移动大约一半的距离向量。该算法采用樽海鞘优化算法中Mirjalili两个个体的平均位置来模拟链式运动，其计算形式如下：

$$\mathrm{CootPos}(i)=0.5\times\mathrm{CootPos}(\mathrm{CootPos}(i-1)+\mathrm{CootPos}(i)) \tag{66.4}$$

其中，CootPos(i)和CootPos($i-1$)分别为个体i和与它相邻的一个个体($i-1$)的位置。在链式运动中，两个相邻个体的位置关系如图66.3所示。

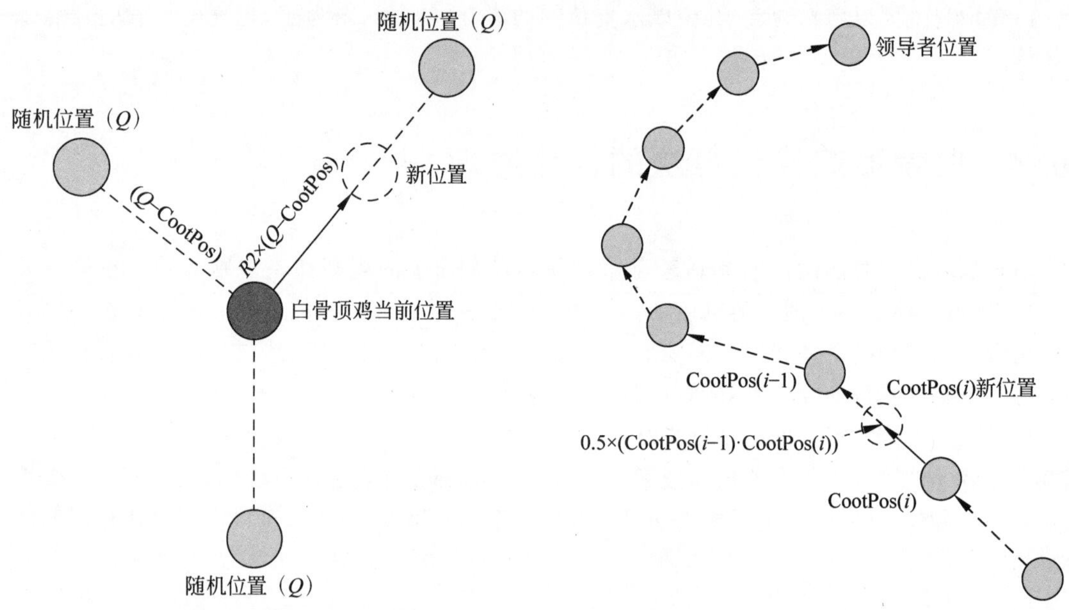

图 66.2　个体随机运动过程的示意图　　　图 66.3　链式运动中两个相邻个体的位置关系

3. 选择领导者

考虑到根据平均位置更新它们的位置导致过早收敛，因此算法选择领导者使用下式：

$$K = 1 + (i)\mathrm{MOD}(\mathrm{NL}) \tag{66.5}$$

其中，K 为领导者的索引号；i 为当前个体的索引号；NL 为初始时设置的领导者的数目；MOD 为取余运算符。图 66.4 显示出通过个体选择领导者的过程。白骨顶鸡 i 必须根据领导者 K 更新其位置。式(66.6)根据选择的领导者计算白骨顶鸡的下一个位置：

$$\begin{aligned}\mathrm{CootPos}(i) = &\mathrm{LeaderPos}(k) + 2 \times R1 \times \cos(2R\pi) \times \\ &(\mathrm{LeaderPos}(k) - \mathrm{CootPos}(i))\end{aligned} \tag{66.6}$$

其中，CootPos(i)是个体的当前位置；LeaderPos(k)为被选中领导者的位置；$R1$ 为区间[0,1]的随机数；R 为区间[−1,1]的随机数。

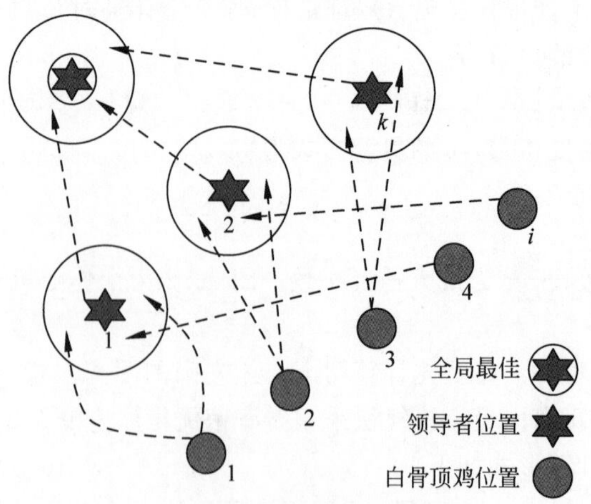

图 66.4　选择领导者的过程

4. 更新领导者的位置

更新领导者的位置有时在当前最佳点周围寻找更好的位置，有时领导者必须离开当前的最佳位置才能找到更好的位置。一种接近和远离最佳位置的计算式如下：

$$\text{CootPos}(i)=\begin{cases}B\times R3\times\cos(2R\pi)\times(\text{gBest}-\text{LeaderPos}(i))+\text{gBest}, & R4<0.5 \quad (66.7\text{a})\\ B\times R3\times\cos(2R\pi)\times(\text{gBest}-\text{LeaderPos}(i))-\text{gBest}, & R4\geqslant 0.5 \quad (66.7\text{b})\end{cases}$$

其中，gBest 为找到的最佳位置；$R3$ 和 $R4$ 是区间[0,1]的随机数；R 是区间[−1,1]的随机数；B 计算如下：

$$B=2-L\times\frac{1}{\text{Iter}} \tag{66.8}$$

其中，L 是当前迭代次数；Iter 是最大迭代次数。$B\times R3$ 用于随机选择接近或远离当前最佳位置，以使算法不会陷入局部最优。$\cos(2R\pi)$用于在最佳搜索个体周围的不同半径上进行搜索，以找到更好的位置。图 66.5 显示了领导者位置相对于最佳位置的更新后的新位置。其中，R^{Best} 为领导者最佳位置的半径；R_1 为由问题维数确定的随机数。

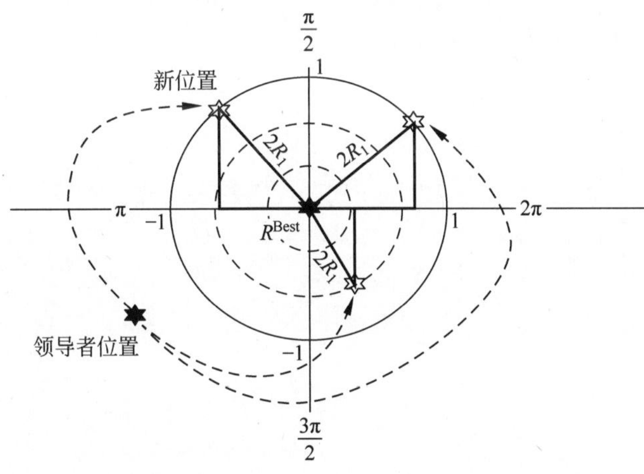

图 66.5　领导者位置相对于最佳位置的更新后的新位置

66.5　白骨顶鸡优化算法的伪代码实现

白骨顶鸡优化算法的伪代码描述如下。

```
初始化白骨顶鸡种群
初始化参数 P = 0.5,NL(领导者数量)
Ncoot(白骨顶鸡数量)
Ncoot = Npop - N1
从白骨顶鸡种群中选择领导者
计算白骨顶鸡和领导者的适应度值
找到最佳的白骨顶鸡或领导者作为全局最优
While 终止条件没有满足
分别用式(66.3)和式(66.8)计算参数 A、B
   If rand < P
      R,R1 和 R3 是由问题维数确定的随机数
   Else
```

```
        R,R1 和 R3 是随机数
    End
        For i = 1 to 白骨顶鸡数量
            用式(66.5)计算参数 K
            If rand > 0.5
                用式(66.6)更新白骨顶鸡的位置
            Else
                If rand < 0.5 i~ = 1
                    用式(66.4)更新白骨顶鸡的位置
                Else
                    用式(66.2)更新白骨顶鸡的位置
                End
            End
            计算白骨顶鸡的适应度值
            If 白骨顶鸡的适应度值小于领导者(k)的适应度值
            Temp = 领导者(k); 领导者(k) = 白骨顶鸡; 白骨顶鸡 = Temp;
            end
        End
        For 所有的领导者
            If rand < 0.5
                用式(66.7a)更新领导者的位置
            Else
                用式(66.7b)更新领导者的位置
            End
            If 领导者的适应度值小于 gBest
            Temp = gBest; gBest = 领导者; 领导者 = Temp;(更新全局最优)
        end
    End
Iter = iter + 1
End
```

第 67 章 细菌觅食优化算法

细菌觅食优化算法是基于大肠杆菌生物模型理论，模拟大肠杆菌的觅食行为的一种仿生全局随机搜索算法。该算法通过趋向性操作、复制操作和迁徙操作，模拟大肠杆菌的趋化行为、复制行为、迁徙行为和描述生物群体感应机制的聚集行为。它具有并行处理、易跳出局部极小值、对初值和参数的选择要求低、鲁棒性好、全局搜索等特点。本章介绍大肠杆菌的结构及觅食行为，以及细菌觅食优化算法的原理、描述、实现步骤及流程。

67.1 细菌觅食优化算法的提出

细菌觅食优化(Bacteria Foraging Optimization，BFO)算法是 2002 年由 Passino 提出的一种仿生全局随机搜索算法，并将该算法应用到液位控制系统的自适应控制、决策系统的任务类型选择等。该算法依据生物学家 H. Berg 等提出的大肠杆菌生物模型理论，主要融合了大肠杆菌的趋化行为、复制行为、迁徙行为和描述生物群体感应机制的聚集行为。BFO 算法具有并行处理、易跳出局部极小值、对初值和参数的选择要求低、鲁棒性好、全局搜索等特点。细菌觅食算法已用于模式识别、生产调度、控制工程、谐波估计问题等方面。

67.2 大肠杆菌的结构及觅食行为

大肠杆菌是一种常见的普通原核生物，由细胞膜、细胞壁、细胞质和细胞核 4 部分构成。其两端钝圆呈杆状，直径约 1μm，长约 2μm，表面遍布纤毛和鞭毛。大肠杆菌的外观示意图如图 67.1 所示，其结构如图 67.2 所示。

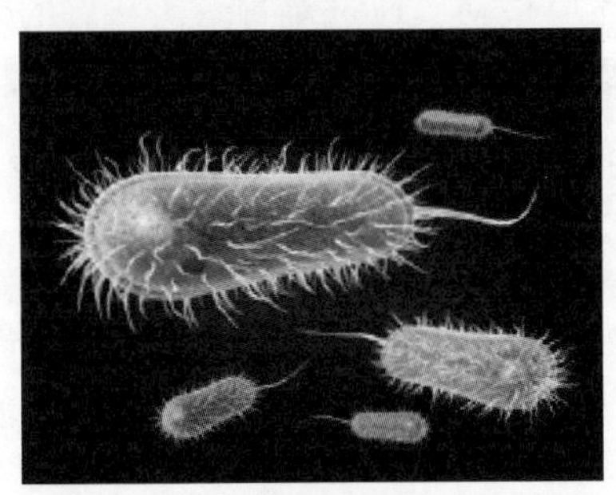

图 67.1 大肠杆菌的外观示意图

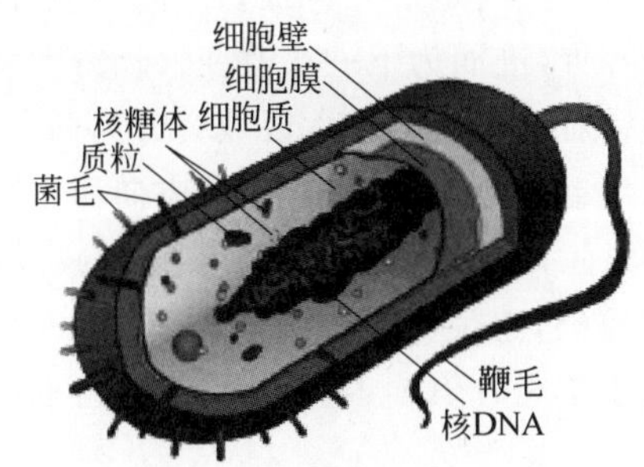

图 67.2 大肠杆菌的结构

大肠杆菌生活在能满足其生存所需要的各种营养物质的人体大肠内的溶液环境中。该细菌随着自身的生长而不断变长，然后在身体的中部开始分裂成两个细菌。在给其充足的食物和适宜的温度的情况下,在很短的时间内细菌的数量呈指数增长。

大肠杆菌依靠其表面鞭毛快速转动来实现其自身的运动,逆时针摆动时,使其向前游动;顺时针摆动时,使细菌翻转改变其运动方向。如图 67.3 所示,通过游动和翻转这两个基本动作的组合来实现在空间区域中的移动。

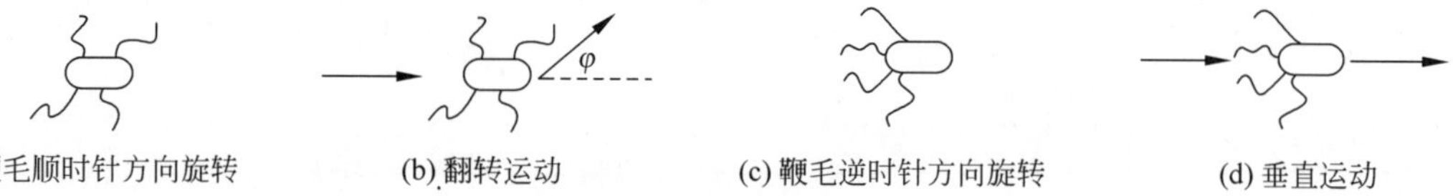

(a) 鞭毛顺时针方向旋转　(b) 翻转运动　(c) 鞭毛逆时针方向旋转　(d) 垂直运动

图 67.3　大肠杆菌的觅食活动

大肠杆菌的鞭毛是一种呈突起状且可运动的细胞器,通过鞭毛释放一种化学物质——引诱剂,来告知同伴在环境中营养物质的分布情况,达到通信的目的。引诱剂浓度随着离开细菌的距离增大而减小。引诱剂又具有吸引和排斥作用两种信息,而前者作用范围远大于后者。具有吸引作用的引诱剂浓度越高,代表该位置上的营养物质越多,因此吸引细菌群体就朝着该方向上运动。

大肠杆菌在觅食过程中,会记住以前某个时刻的状态,细菌通过接收到的其他细菌的化学信息,并与当前状态比较,做出一种改变自己运动趋势的决策判断,这就是细菌对环境的信息反馈机制。这种机制使细菌表现出对环境的多种适应性行为,如前进、停止、翻转等,从而完成觅食行为。

67.3　细菌觅食优化算法的原理

生物学研究表明,大肠杆菌的觅食过程分为以下步骤:

(1) 寻找可能存在食物源的区域;

(2) 决定是否进入此区域;

(3) 在所选定的区域中寻找食物源;

(4) 消耗掉一定量的食物后,决定是否继续在此区域觅食,或者迁移到一个更理想的区域。

大肠杆菌通过自身引导控制系统来指引其在寻找食物过程中的行为,保证向着食物源的方向前进并及时地避开有毒物质的环境,向着中性的环境移动。通过对每一次状态的改变进行效果评价,进而为下一次改变移动方向和步长大小提供信息。

通常对于当前的觅食区域会分为两种情况:一是大肠杆菌进入了营养匮乏的区域,根据它的觅食经验,适当改变其运动方向而朝着认为有丰富食物的方向移动,当然这个决定也会有失败的风险;二是大肠杆菌在某个区域待了一段时间,该区域内的食物被消耗而造成了周围的食物短缺,迫使其试着寻找另一个可能有更多食物的区域。总的来说,大肠杆菌所移动的每一步都是在其自身和周围环境约束的情况下,尽量使其在单位时间内所获得的能量达到最大。

大肠杆菌觅食所历经的上述 4 个步骤过程对应着优化问题搜寻最优解的过程。这就是细菌觅食优化算法的优化原理。

67.4　细菌觅食优化算法的数学描述

细菌觅食优化算法包括以下部分：

(1) 确定问题编码方式；

(2) 确定适应度函数；

(3) 趋向性操作、复制操作和迁徙操作；

(4) 算法参数选择；

(5) 确定算法终止条件。

1. 编码方式

当用 BFO 算法求解问题时，必须建立目标问题实际表示与细菌个体之间的联系，即采用某种编码方式将解空间映射到编码空间。编码有多种方式，如二进制编码、实数编码、有序列编码、一般数据结构编码等。

2. 确定适应度函数

将适应度函数与细菌获得食物和避开有毒物质的能力度量相联系，由问题的目标函数变化而构成适应度函数。

3. 趋向性操作、复制操作和迁徙操作

(1) 趋向性操作。大肠杆菌在觅食过程中有两种基本运动：游动和旋转。通常，细菌在有毒等环境差的区域会较频繁地旋转，在食物丰富等环境好的区域会较多地游动。大肠杆菌的整个生命周期就是在游动和旋转这两种基本运动之间进行变换(鞭毛几乎不会停止摆动)，游动和旋转的目的是寻找食物并避开有毒物质。在细菌觅食优化算法中模拟这种现象称为趋向性行为。

设细菌种群大小为 S，一个细菌所处的位置表示问题的一个候选解，细菌 i 的信息用 D 维向量表示为 $\boldsymbol{\theta}^i=[\theta_1^i,\theta_2^i,\cdots,\theta_D^i]$，$i=1,2,\cdots,S$，$\boldsymbol{\theta}^i(j,k,l)$表示细菌 i 在第 j 次趋向性操作第 k 次复制操作和第 l 次迁徙操作之后的位置。细菌 i 的每一步趋向性操作表示如下：

$$\boldsymbol{\theta}^i(j+1,k,l)=\boldsymbol{\theta}^i(j,k,l)+C(i)\boldsymbol{\Phi}(j) \tag{67.1}$$

其中，$C(i)>0$ 为向前游动的步长单位；$\boldsymbol{\Phi}(j)$为旋转后选择的一个随机前进方向。

图 67.4 是 BFO 算法的趋向性操作流程图。其中，S 表示种群大小，参数 m 用于计数，初始时，设 $i=0$，N_s 表示趋向性操作中在一个方向上前进的最大步数。

(2) 复制操作。生物进化过程的规律是优胜劣汰。经过一段时间的食物搜索过程后，部分寻找食物能力弱的细菌会被自然淘汰，为了维持种群规模，剩余的细菌会进行繁殖。在细菌觅食优化算法中模拟这种现象称为复制行为。

在原始 BFO 算法中，经过复制操作后算法的种群大小不变。设淘汰的细菌个数为$S_r=S/2$，首先按照细菌位置的优劣排序，然后把排在后面的 S_r 个细菌淘汰，剩余的 S_r 个细菌进行自我复制，各自生成一个与自己完全相同的新个体，即生成的新个体与原个体有相同的位置，或者说具有相同的觅食能力。初始时，设 $i=0$，图 67.5 是 BFO 算法的复制操作流程图。

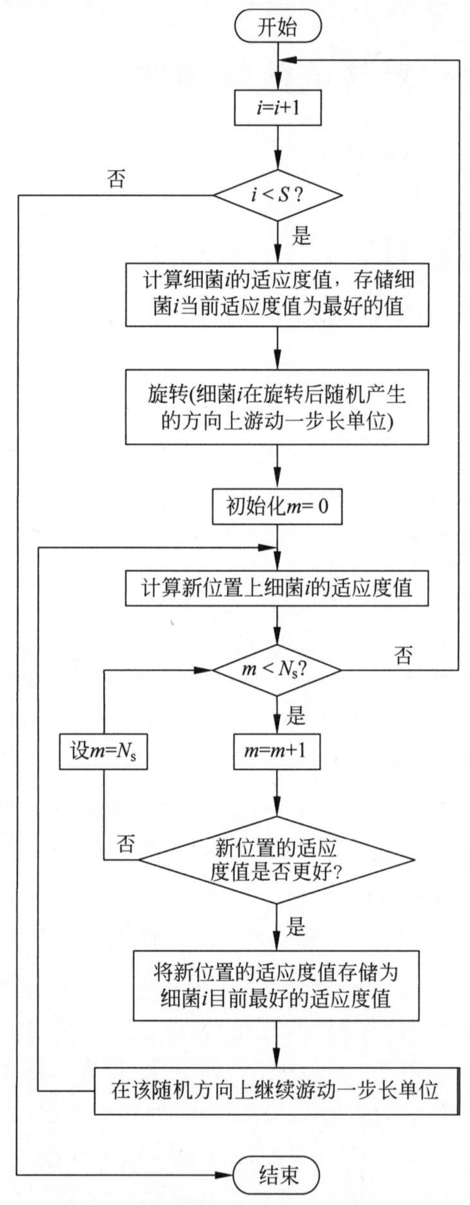

图 67.4 BFO 算法的趋向性操作流程图

(3) 迁徙操作。细菌个体生活的局部区域可能会突然发生变化(如温度突然升高)或者逐渐变化(如食物的消耗),这样可能会导致在这个局部区域的细菌种群集体死亡,或者集体迁徙到一个新的局部区域。在细菌觅食优化算法中模拟这种现象称为迁徙行为。

迁徙操作以一定的概率发生。如果种群中的某个细菌个体满足迁徙发生的概率,则这个细菌个体灭亡,并随机地在解空间中的任意位置上生成一个新个体,这个新个体与灭亡的个体可能具有不同的位置,即不同的觅食能力。迁徙操作随机生成的这个新个体可能更靠近全局最优解,这样更有利于趋向性操作跳出局部最优解和寻找全局最优解。图 67.6 是 BFO 算法的迁徙操作流程图。初始时,设 $i=0$,rand()是[0,1]区间均匀分布的随机数。

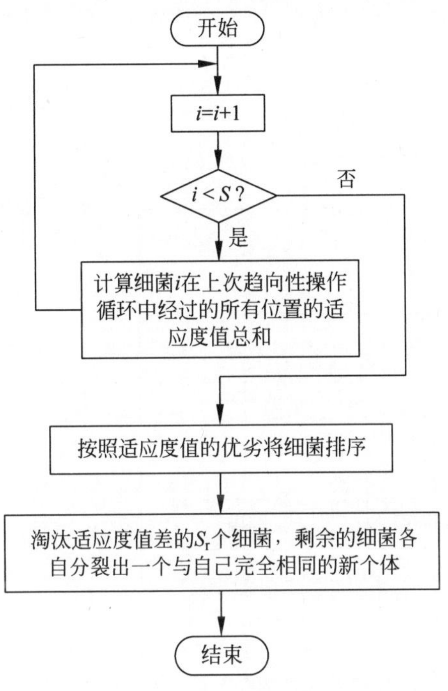

图 67.5　BFO 算法的复制操作流程图

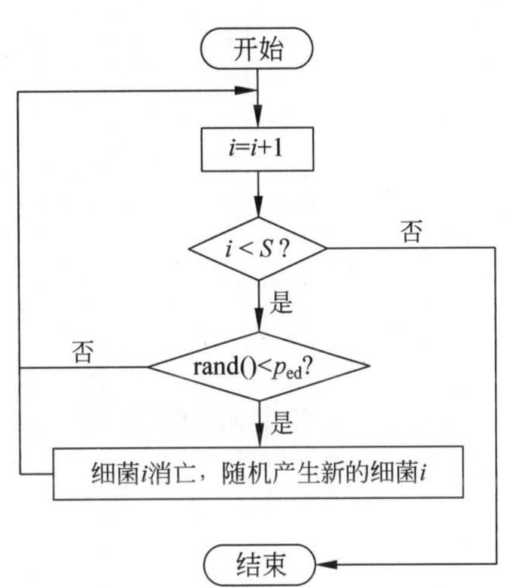

图 67.6　BFO 算法的迁徙操作流程图

67.5　细菌觅食优化算法的实现步骤及流程

实现细菌觅食算法的具体实现步骤如下。

设 N_c、N_{re}、N_{ed} 分别是趋向性、复制和迁徙操作的执行次数，j、k、l 分别是对这 3 个操作的计数参数，初始时，取 $j=0,k=0,l=0$。

(1) 初始化群体，利用评价函数对群体中的各个个体进行优劣评估。

(2) 迁移循环：$l = l+1$。

(3) 复制循环：$k = k+1$。

(4) 趋向性操作循环：$j = j+1$；对各个体进行趋向性操作。

(5) 如果 $j < N_c$，则转向步骤(4)。

(6) 复制操作。

(7) 如果 $k < N_{re}$，则转向步骤(3)。

(8) 迁移操作。

(9) 如果 $l < N_{ed}$，则转向步骤(2)；否则整个算法结束。

图 67.7 所示为实现细菌觅食优化算法的流程图。

除了上述 3 个主要操作外，BFO 算法还有群聚性的特点。每一个细菌个体寻找食物的决策行为受两个因素的影响：一是自身觅食的目的是使个体在单位时间内获取的能量最大；二是其他个体传递的觅食的信息，即吸引力信息使个体会游向种群中心，排斥力信息保持个体与个体之间的安全距离。

设 $P(j,k,l)=\{\theta^i(j,k,l)\,|\,i=1,2,\cdots,S\}$ 表示种群中个体的位置，$J(i,j,k,l)$ 表示细菌

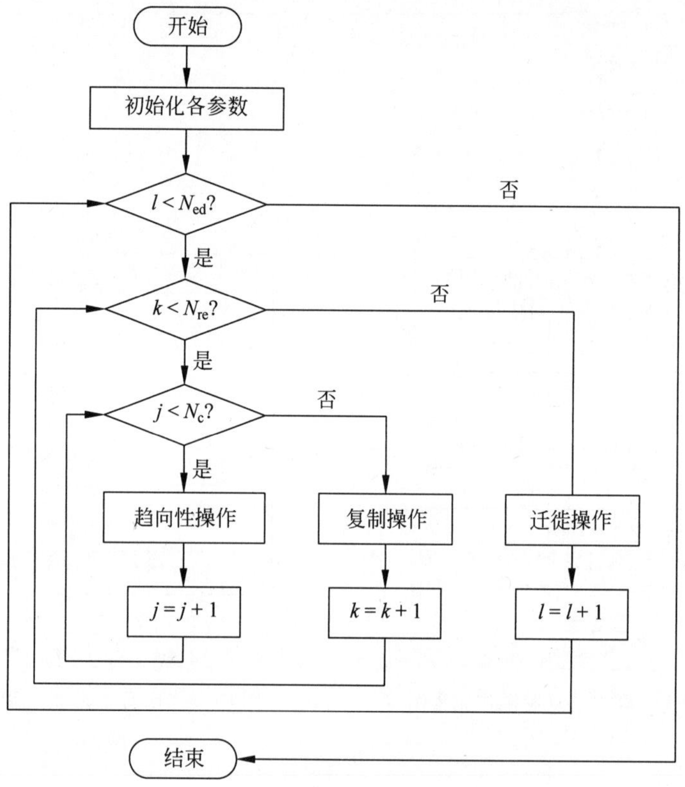

图 67.7　实现细菌觅食优化算法的流程图

i 在第 j 次趋向性操作、第 k 次复制操作和第 l 次迁徙操作之后的适应度函数值，种群细菌之间传递信息的影响值为

$$J_{cc}(\theta,P(j,k,l))=\sum_{i=1}^{S}\left[-d_{\text{attractant}}\exp\left(-w_{\text{attractant}}\sum_{m=1}^{D}(\theta_m-\theta_m^i)^2\right)\right]+\sum_{i=1}^{S}\left[h_{\text{repellant}}\exp\left(-w_{\text{repellant}}\sum_{m=1}^{D}(\theta_m-\theta_m^i)^2\right)\right]\tag{67.2}$$

考虑上述两个因素对细菌行为影响，执行一次趋向性操作后细菌 i 新的适应度函数值为

$$J(i,j+1,k,l)=J(i,j,k,l)+J_{cc}(\theta^i(j+1,k,l),P(j+1,k,l))\tag{67.3}$$

其中，$d_{\text{attractant}}$ 为引力深度；$w_{\text{attractant}}$ 为引力宽度；$h_{\text{repellant}}$ 为斥力高度；$w_{\text{repellant}}$ 为斥力宽度。Passino 在文献中给出，$d_{\text{attractant}}=0.1$，$w_{\text{attractant}}=0.2$，$d_{\text{attractant}}=h_{\text{repellant}}$，$w_{\text{repellant}}=10$。

第 68 章　细菌(群体)趋药性算法

细菌趋药性算法是模拟细菌在化学引诱剂环境中的运动行为对函数优化问题求解的一种群智能优化算法。细菌群体趋药性算法针对只依赖单个细菌的运动行为,利用细菌过去不断地感受周围环境变化的经验来寻优,对在引诱剂环境下细菌群中细菌个体之间的信息交互模式缺乏考虑等不足进行了改进,使得细菌群体趋药性算法在全局性、快速性、高精度性等方面得到了较大的提高。本章介绍细菌趋药性算法和细菌群体趋药性算法的原理、数学描述、实现步骤等。

68.1　细菌(群体)趋药性算法的提出

趋药性算法最早是在 1974 年由 Bremermann 提出,他的研究表明细菌在引诱剂环境中的应激机制和梯度下降类似。

细菌趋药性(Bacterial Chemotaxis,BC)算法是 2002 年由 Müller 等在趋药性算法的基础上提出的,目的是模拟细菌在化学引诱剂环境中的运动行为来对函数优化问题进行求解。

细菌群体趋药性(Bacterial Colony Chemotaxis,BCC)算法是 2005 年由李威武等提出的,目的是改进 BC 算法只依赖于单个细菌不断地感受周围环境变化的经验来寻找最优解的不足。

BCC 算法同时使用单个细菌在引诱剂环境中的应激反应动作和细菌群体间的位置交换来进行函数优化。在保留单个细菌较强搜索能力的基础上,采用菌群来进行函数优化的思想,克服了 BC 算法收敛慢等缺点,具有全局性、快速性、高精度性等优点。目前已用于机器人的移动路径优化、电网开关优化配置、系统电力系统无功优化和神经网络结构优化等方面。

68.2　细菌趋药性算法的优化原理

细菌可以对周围环境信息做出判断,朝着使自己生存下去有利的环境移动。细菌通过比较两个不同的环境中化学物质的浓度属性,来得到所需要的方向信息,逃避有毒的环境,朝着营养丰富的区域移动。细菌这种对周围环境的运动反应被称为趋药性行为。

细菌趋药性算法只模拟单个细菌不断地感受其周围环境的变化,并且只利用过去的经验来寻找最优点的运动行为。BC 算法根据细菌在引诱剂环境中的趋药性运动反应特性,确定细菌在该环境中的运动方式,并按照此运动方式进行移动,最终找到环境中的最佳位置。在整个运动过程中,细菌的行为活动主要包括:从环境中获得信息,进行移动,在运动过程中根据环境信息不断调整运动距离和方向,找到目标函数的最优值。

68.3 细菌趋药性算法的数学描述

1. BC 算法的假设

在二维空间中，BC 算法对细菌在引诱剂环境下的反应运动做如下假设。

(1) 细菌的运动轨迹是由一系列的直线组成的，并且由速度、方向和持续时间 3 个参数决定。

(2) 在所有运动轨线中细菌的运动速度设为恒定。

(3) 细菌进行拐弯时，向左拐弯和向右拐弯的概率相同。

(4) 细菌运动的每道轨线的持续时间和相邻轨线间的夹角都由概率分布来决定。

2. BC 算法的数学描述

基于上述假设，可以得出细菌个体在二维空间中的移动向量图，如图 68.1 所示。不难看出，细菌运动的每一步都由速度、持续时间和方向决定，运动轨迹由一系列不同方向和长度的直线组成。

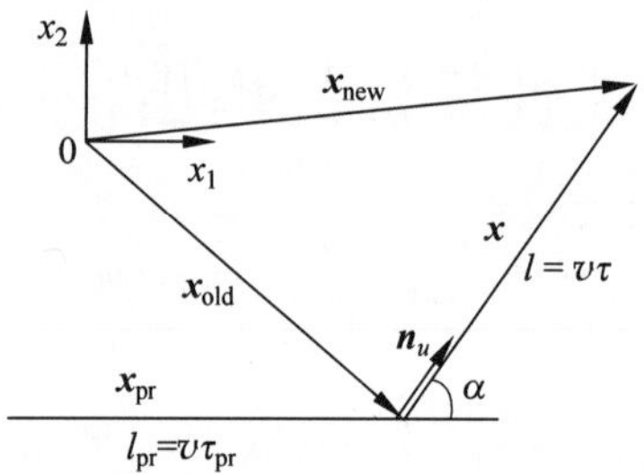

图 68.1 细菌个体在二维空间中的移动向量图

(1) 假定细菌的移动速度 v 为常数，即

$$v = \text{const} \tag{68.1}$$

(2) 计算细菌在新轨线上的移动时间 τ。它的值由概率分布决定，即

$$P(X=\tau) = \frac{1}{T}\mathrm{e}^{-\tau/T} \tag{68.2}$$

参数 T 由下式决定：

$$T = \begin{cases} T_0, & \dfrac{f_{pr}}{l_{pr}} \geqslant 0 \\ T_0\left(1 + b\left|\dfrac{f_{pr}}{l_{pr}}\right|\right), & \dfrac{f_{pr}}{l_{pr}} < 0 \end{cases} \tag{68.3}$$

其中，T_0 为最小平均移动时间；f_{pr} 为当前点和上一个点的函数值的差；l_{pr} 为变量空间中连接当前点和上一个点的向量的模；b 为与维数无关的参数。

(3) 计算新轨线的方向。根据新轨线向左偏转或向右偏转，新轨线与原来轨线的夹角分别服从下面两个高斯概率分布：

$$\begin{cases} P(X=\alpha, v=\mu) = \dfrac{1}{\sigma\sqrt{2\pi}}\exp\left[-\dfrac{(\alpha-v)^2}{2\sigma^2}\right] \\ P(X=\alpha, v=-\mu) = \dfrac{1}{\sigma\sqrt{2\pi}}\exp\left[-\dfrac{(\alpha-v)^2}{2\sigma^2}\right] \end{cases} \tag{68.4}$$

其中,它们的期望值 $\mu=E(x)$ 和方差 $\sigma=\sqrt{\mathrm{Var}(X)}$ 分别按如下方式给定:

如果 $\frac{f_{\mathrm{pr}}}{l_{\mathrm{pr}}}<0$,则

$$\mu=62^{\circ}(1-\cos\theta) \tag{68.5}$$

$$\sigma=26^{\circ}(1-\cos\theta) \tag{68.6}$$

$$\cos\theta=\mathrm{e}^{-\tau_{\mathrm{c}}\tau_{\mathrm{pr}}} \tag{68.7}$$

其中,τ_{c} 为相关时间;τ_{pr} 为细菌上一运动轨线的持续时间。

如果 $\frac{f_{\mathrm{pr}}}{l_{\mathrm{pr}}}>0$,则 $\mu=62^{\circ}$,$\sigma=26^{\circ}$。

(4) 细菌在变量空间中新的位置计算如下:

$$\boldsymbol{x}_{\mathrm{new}}=\boldsymbol{x}_{\mathrm{old}}+\boldsymbol{n}_{\mathrm{u}}l \tag{68.8}$$

其中,$\boldsymbol{n}_{\mathrm{u}}$ 为正则化的新轨线的单位方向向量;l 为新轨线的长度。

(5) BC 算法的系统参数 v、T_0、τ_{c}、b 的设定。在 BC 算法中,系统参数与期望计算精度 ε 相关,其中 v 设为常数,而 T_0、τ_{c}、b 的确定方式如下:

$$T_0=\varepsilon^{0.30}\times 10^{-1.73} \tag{68.9}$$

$$b=T_0\times(T_0^{-1.54}\times 10^{0.60}) \tag{68.10}$$

$$\tau_{\mathrm{c}}=\left(\frac{b}{T_0}\right)^{0.31}\times 10^{1.16} \tag{68.11}$$

上述关系式是通过对一些实验函数进行试验,获得最优参数再进行回归得到的,在进化计算中,普遍采用这种策略。

68.4 细菌群体趋药性算法的基本思想

在 BC 算法中,搜索个体为单个细菌,很容易确定搜索个体的移动方式,算法简单易行。在整个搜索过程中,细菌采用一种近似随机梯度的搜索方法,即利用其上一步或上几步的位置信息来模拟未知的梯度信息以确定下一步的移动,并且由概率确定新的移动方向和持续时间,这些特性使 BC 算法具有一定全局搜索能力。

然而,基于单个个体的随机优化的 BC 算法也存在一些缺陷。

(1) 单个细菌确定下一步移动之前需要根据前几步的移动计算近似梯度信息,必须在解空间中勘探许多不同的点来决定走向,这增加了 BC 算法搜索过程的计算量,在很大程度上影响其寻优速度。

(2) 在 BC 算法中,细菌的移动完全由上一步或上几步的位置决定,由自己确定的梯度信息进行搜索,当寻优过程中的目标函数梯度值很小,梯度信息很难确定时,细菌将进入完全随机运动的状况,随着精度的增加,BC 算法难以保证将其搜索范围限定在最优值范围附近,因此难以找到全局最优解。

为了进一步发挥 BC 算法的长处,弥补其不足,将搜索个体变为由多个细菌组成的搜索群体,搜索过程中细菌个体之间通过信息交流,可以更充分地了解搜索空间,更明确地确定自己的移动信息,提高搜索效率和搜索精度。这就是在 BC 算法中加入群体的细菌群体趋药性算法的基本思想。

68.5 细菌群体趋药性算法的数学描述

1. 在引诱剂环境下细菌信息交互模式

在BC算法的整个优化过程中,单个细菌的移动方式仅仅利用其上一步或上几步的移动轨线来确定下一步的移动。由于新的移动方向和持续时间都是按概率决定的,因此BC算法暗含了细菌有一定的摆脱局部最优到达全局最优的能力。

研究表明,细菌群体在觅食过程中也有聚群现象,细菌群也像蚂蚁、蜜蜂等生物群体一样交换某些信息。使用同伴提供的信息,细菌将能够大大扩展它们对于环境的了解,从而能增加存活的概率。

为了研究在引诱剂环境下细菌信息交互模式,假定细菌群体间遵照以下方式进行相互联系。

(1) 在现实情境中,一种已被人们接受的菌类聚群的方式是通过释放对其他细菌起引诱剂作用的化学物质来进行联系,也可能存在很多尚未为人所知的其他方式。假定每一个细菌都有一定的感知范围,在这个范围内细菌可以感知到它附近的其他细菌及它们的状态。

(2) 假定每个细菌都有一定的智能,可根据它附近其他细菌的信息来调整移动的方式。根据Reynolds对于生物群体分布式行为模式的描述,假定细菌群体在一定条件下也遵守以下聚群和速度匹配等模式。

① 在每次开始移动到新的位置之前,细菌都要感知它周围的环境,试探旁边是否有其他位置更好的细菌。如果有,那么它有可能趋向移动到这些拥有较好位置的细菌分布的中心点。细菌 i 在移动步数 k 时,它附近有较好位置同伴的中心点由下式决定:

$$\text{Center}(\boldsymbol{x}_{i,k})=\text{Aver}(\boldsymbol{x}_{j,k}\mid f(\boldsymbol{x}_{j,k})<f(\boldsymbol{x}_{i,k})\text{AND dis}(\boldsymbol{x}_{j,k},\boldsymbol{x}_{i,k})<\text{SenseLimit}) \tag{68.12}$$

其中,$\text{Aver}(\boldsymbol{x}_1,\boldsymbol{x}_2,\cdots,\boldsymbol{x}_n)=\left(\sum_{i=1}^{n}\boldsymbol{x}_i\right)\Big/n$;$i,j=1,2,\cdots,n$;$\text{dis}(\boldsymbol{x}_{j,k},\boldsymbol{x}_{i,k})$ 为细菌 i 和细菌 j 之间的距离。

② 如果一个细菌趋向移动到它周围同伴的中心位置,移动的长度为

$$\text{rand}()\cdot\text{dis}(\boldsymbol{x}_{i,k},\text{Center}(\boldsymbol{x}_{i,k}))$$

其中,rand()可取0~2且服从均匀分布的随机值。

③ 每个细菌在移动的过程中速度保持相同。

(3) 模拟菌群的迁徙现象。当细菌在某处连续一段时间感触到引诱剂信息的变化很小时,由于总是希望寻觅更好的食物源,它们往往会进行不同方式的迁徙活动。作为这种迁徙活动的一种模拟,当连续 N_e 步前后函数值的差的绝对值小于预先给定的 ε_e,即 $|f_{pr}|<\varepsilon_e$ 时,细菌随机迁徙到一个新的位置,并且在此将之前的所有位置信息丢失。通过迁徙活动,可帮助细菌群体保持群体的差异性,同时,也有助于跳出局部最小点。

2. 全部参数的自适应更新策略

在优化过程中采用算法参数的自适应更新,可以加速寻优过程。在BCC算法中继续采用全部参数进行自适应更新的策略。

(1) 设定搜索过程中的初始精度和最终精度分别为 $\varepsilon_{\text{begin}}$ 和 ε_{end}。利用式(68.9)~

式(68.11)确定参数 T_0、τ_c、b。ε_{begin} 可取大于0.1的一个值，ε_{end} 则可以取一足够小的值，如 10^{-10}。

(2) 定义参数进化的代数 N_{iter}，一般可以设定为100～500。每次当达到某一搜索精度时，就进入下一精度范围，同时根据式(68.9)～式(68.11)重新确定参数 T_0、τ_c、b。

(3) 当连续 p_{pc} 步前后函数值的差的绝对值小于 ε 时，即 $|p_{pc}|<\varepsilon$，则此时给定的精度 ε 已经达到。

在采用全部参数自适应更新的情况下，细菌在搜索初期，当初始精度较低时，移动的步长较大，可以避免在局部范围过多地耗费时间；在搜索的后期，当细菌已经到达最优值范围附近时，细菌的移动步长将会缩短，从而保证算法最后能到达最优值。

68.6 细菌群体趋药性算法的实现步骤

BCC 算法是在 BC 算法的基础上，进一步考虑细菌群体在引诱剂环境下的信息交换模式而构建的。为了方便，对 BC 算法中的精度更新方式进行改进，将原先的等差更新方式替换为级数更新方式，即 $\varepsilon_{new}=\varepsilon_{old}/\alpha$，$\alpha$ 为精度更新常数，可取大于1的一个值。

下面以求解函数最小值为例，说明基本的 BCC 算法的实现步骤。

(1) 初始化各个细菌的位置。根据变量范围，随机将细菌群体分布在不同的位置。

(2) 确定初始精度 ε_{begin}、最终收敛精度 ε_{end} 和进化精度更新常数 α。

(3) 采用式(68.9)～式(68.11)确定算法参数，并假定每个细菌都有全局的感知范围。

计算每个细菌的速度。各细菌在各不同轨线上的速度保持一致，可取 $v=1$。

(4) 对处在移动步数 k 的细菌 i，感知其周围在更好位置的其他细菌，并确定它们的中心点 Center($\boldsymbol{x}_{i,k}$)和一个假定的朝这个中心方向移动的长度 rand()·dis($\boldsymbol{x}_{i,k}$，Center($\boldsymbol{x}_{i,k}$))，确定位置 $\boldsymbol{x}'_{i,k+1}$。

(5) 对于处在移动步数 k 的细菌 i，同时根据它在上一步的位置按 BC 算法中给出的步骤确定在步数 $k+1$ 时的新位置 $\boldsymbol{x}''_{i,k+1}$。

(6) 计算位置 $\boldsymbol{x}'_{i,k+1}$ 和位置 $\boldsymbol{x}''_{i,k+1}$ 的函数值，如果 $f(\boldsymbol{x}'_{i,k+1})<f(\boldsymbol{x}''_{i,k+1})$，那么细菌就在 $k+1$ 步移向点 $\boldsymbol{x}'_{i,k+1}$，否则就移向点 $\boldsymbol{x}''_{i,k+1}$。

(7) 重复步骤(4)～步骤(6)，直至若干次迭代后结束计算。一般在运行几百次后可以结束迭代。

在步骤(3)～步骤(6)中，同时采用全体参数更新策略进行参数更新和细菌的迁徙动作。

由于 BCC 算法是一种随机优化算法，为了进一步提高算法性能，避免由于算法的随机性而将原来位置较好的点抛弃的情况，引入精英保留策略。即菌群每移动一步后，位置最差的细菌将继续移动到菌群整体移动前菌群中位置最好的细菌所处的位置附近，即

$$\boldsymbol{x}_{worst}=\boldsymbol{x}_{worst}+\text{rand}()\cdot(\boldsymbol{x}_{best}-\boldsymbol{x}_{worst}) \tag{68.13}$$

其中，rand()为在(0,2)区间服从均匀分布的随机数。

利用单个细菌移动轨迹的信息和感知周围同伴的位置信息，BCC 算法具有 BC 算法易于从局部极值逃脱的优点，也拥有群体优化算法的强大的空间搜索能力。与 BC 算法相比较，BCC 算法中细菌通过与周围同伴交换信息可以大大节省在解空间中搜索的时间，所以 BCC 算法能够更快地搜索到极值点。同时，在 BCC 算法中，细菌的移动也会受到周围其他细菌的影响，细菌不容易从最后的全局最小点逃逸，而这是 BC 算法难以解决的问题。

第 69 章　细菌菌落优化算法

细菌菌落优化算法是模拟细菌菌落生长演化的基本规律提出的一种群智能优化算法。该算法依据细菌生长繁殖规律，制定符合算法需要的个体进化机制；根据细菌在培养液中的觅食行为，建立算法中个体泳动、翻滚、停留等运动方式；借鉴菌落中细菌的信息交互方式，建立个体信息共享机制。该算法还提供了一种新的结束方式，即在没有任何迭代次数或精度条件的前提下，算法会随着菌落的消失而自然结束，并且可以保持一定的精度。本章介绍细菌的生长、繁殖、死亡过程，以及细菌菌落优化算法的原理、设计、实现步骤及流程。

69.1　细菌菌落优化算法的提出

细菌菌落优化(Bacterial Colony Optimization,BCO)算法是在 2011 年由李明等提出的一种新的群智能优化算法。该算法在分析和比较细菌觅食优化(BFO)算法及细菌趋药性优化(BC)算法的基础上，根据细菌菌落的生长演化过程，建立新的细菌运动模型及繁殖和死亡机制。在搜索过程中，种群数量将按照细菌菌落生长的基本规律变化，当细菌菌落消失后，则算法可以自然结束。

该算法起初用于实函数优化问题，尤其对多峰函数，其优势比较明显；后又提出用于组合优化算法。目前该算法已用于解决电力系统无功优化、分布式电源优化配置、车辆路径优化、印刷色彩配色等问题。

69.2　细菌的生长、繁殖、死亡过程

微生物学研究表明，细菌通常具有生命周期短、繁殖快、对环境敏感等特点，细菌在培养基中的觅食过程，必然伴随着细菌生长、繁殖、死亡等一系列过程。细菌群体在培养基中的生长过程就是菌落形成、发展直到消失的演化过程，可分为延滞期、指数期、稳定期和衰亡期 4 个阶段。

(1) 延滞期是指单个或少量细菌接种到培养基中后适应环境的过程，在这个阶段细菌数量基本保持不变。

(2) 指数期是指一旦细菌吸收到足够的营养物质，个体将进行繁殖，由于细菌多以二分裂方式繁殖且每代繁殖时间较短，因此此时细菌群体数量将呈指数增长形成菌落。

(3) 稳定期是指由于培养基中营养物质是有限的，在这个阶段群体数量将保持稳定，也就是新繁殖的细菌数与衰亡的细菌数相等。

(4) 衰亡期是指随着营养物质的不断消耗,个体死亡速度超过新生速度,群体数量不断减少,直至消失。

69.3 细菌菌落优化算法的优化原理

现有的细菌优化算法包括细菌觅食优化(BFO)算法、细菌趋药性(BC)算法及细菌群体趋药性(BCC)算法。虽然都受细菌觅食的启发,但在算法中并没有完全体现出前述细菌觅食的特点,主要表现在如下3方面。

(1) 在这些算法中,群体的数量总是保持不变,这显然不符合细菌的生长规律。但由于细菌具有生命周期短、繁殖快等特点,显然在细菌觅食过程中必然会伴随群体数量的不断变化。从这一点上看,现有的细菌算法与PSO算法没有区别,更形象地说,这些算法中的个体只是一些缩小了的"鸟"。

(2) 现有细菌算法中的个体具有相同的生命周期,换句话说,所有细菌经历相同的时间后,将同时面临繁殖或死亡的选择。事实上,营养物质的摄取将直接决定细菌的存亡,一旦细菌获得充足的营养物质,就可进行分裂繁殖;相反,一旦缺乏营养物质或遭遇有害物质,细菌就将面临死亡。

(3) 现有细菌算法中个体运动方式略显单调,虽然也有翻滚和泳动两种形式,但它们并没有充分体现细菌对环境非常敏感的特性。由于营养物质对细菌生死存亡起着至关重要的作用,因此细菌对环境始终保持高度敏感,要设计细菌的多种运动方式才能应对环境变化。

细菌菌落算法根据单个细菌生存方式及其群体菌落的生长演化过程来寻找最优解。问题的解空间相当于细菌培养液,算法中的个体相当于细菌,解空间各个位置上的适应度值对应于培养液中相应位置营养物质的浓度。考虑到营养物质是有限的,细菌不能无约束地自由繁殖,要规定菌落的最大规模。算法中制定了个体二分裂繁殖及死亡机制,即只要吸收足够的营养,达到个体繁殖条件,则相应个体一分为二;反之,当达到规定的生命周期则死亡。考虑细菌对环境始终保持高度敏感,设计细菌通过翻滚、停留、泳动的运动方式应对环境变化。

当算法执行时,将单个或少量个体置于解空间中,个体按照设定的运动规律搜索最优解。种群数量将按照细菌菌落生长的基本规律变化,当细菌菌落消失后,则算法可以自然结束。

69.4 细菌菌落优化算法的设计

为了弥补细菌优化算法存在的不足,细菌菌落优化算法设计主要表现在如下3方面。

(1) 将单个或少量个体置于解空间中,并仿照微生物生长规律,制定新的个体生存繁殖和死亡机制。当细菌连续沿浓度梯度的正方向移动的次数达到某个设定值(N_H)后,意味着细菌吸收了足够的营养,从而达到繁殖条件;相反,当细菌连续沿浓度梯度负的(从高适应度指向低适应度)方向移动的次数达到某个设定值(N_L)后,意味着细菌一直忙于奔波,吸收的营养很难维持生存,从而达到死亡条件。由于细菌繁殖速度快,因此算法中需要设定种群的最大规

模 S。

(2) 对于那些时而沿浓度梯度的正方向移动，时而沿浓度梯度的负方向移动的细菌，当它们这种反复的移动次数达到最长寿命(N)后，将会自然死亡。显然 N 在数值上大于 N_H 和 N_L。因此，细菌繁殖的条件是唯一的，但是死亡的情况却有两种：一种是"营养不够"的突然死亡；另一种是"年龄过大"的自然死亡。

(3) 设定算法中细菌个体具有 3 种基本运行方式：泳动、翻滚、停留。如果第 k 次迭代个体的适应度优于第 $k-1$ 次的适应度，则个体在 $k+1$ 次首先做短暂的停留，然后选择泳动方式；一旦第 k 次迭代个体的适应度不如第 $k-1$ 次的适应度，则个体在 $k+1$ 次直接选择翻滚方式，并且每个个体都能感知整个菌落曾经经历过的最优位置。

细菌泳动时，将沿着前一次的移动方向，向群体经历的最优位置移动的位置为

$$\boldsymbol{x}_{k+1}=\boldsymbol{x}_k+C_1\cdot r_1\cdot(\boldsymbol{x}_k-\boldsymbol{x}_{k-1})+C_2\cdot r_2\cdot(\boldsymbol{g}-\boldsymbol{x}_k) \tag{69.1}$$

细菌翻滚时，个体将沿着与前次移动方向相反的方向，向群体经历的最优位置移动的位置为

$$\boldsymbol{x}_{k+1}=\boldsymbol{x}_k-C_1\cdot r_1\cdot(\boldsymbol{x}_k-\boldsymbol{x}_{k-1})+C_2\cdot r_2\cdot(\boldsymbol{g}-\boldsymbol{x}_k) \tag{69.2}$$

细菌每次移动到浓度更高的区域，都要做短暂的停留。体现在算法上就是，当个体移动到适应度值更高的位置后，会在该位置停留并在其附近做随机搜索，这就相当于细菌进入更高浓度区域后，将做短暂停留以吸收一定的营养物质，满足自身成长需求，随机搜索的位置为

$$\boldsymbol{x}_{k+1}=\boldsymbol{x}_k+R\cdot\boldsymbol{r} \tag{69.3}$$

在式(69.1)～式(69.3)中，$\boldsymbol{x}=(x_{1,k},x_{2,k},\cdots,x_{d,k})$为第 k 次迭代时的位置；$\boldsymbol{g}=(g_1,g_2,\cdots,g_d)$为菌落所经历的最优位置；$d$ 为问题解空间的维数；r_1 和 r_2 为区间[0,1]的随机数；R、C_1、C_2 为常数；$\boldsymbol{r}=(r_1,r_2,\cdots,r_d)$，$r_i$ 为区间[0,1]的随机数。

与其他群集智能算法类似，BCO 算法可以以迭代次数或精度作为结束条件，另外，由于 BCO 算法模拟了细菌菌落演化的全过程，因此当种群中个体全部死亡后，算法自然结束。

69.5 细菌菌落优化算法的实现步骤及流程

下面以配电网有功功率网络损耗最小化问题为例，给出用 BCO 算法求解该优化问题的具体步骤。

1. 数学模型的建立

图 69.1 是配电网含分布式电源的一段线路，其中 B 为线路的首端电压，V 为线路的末端电压，分布式电源容量为 $P_{DG}+jQ_{DG}$，以减少配电网的线路损耗最小为目标函数。

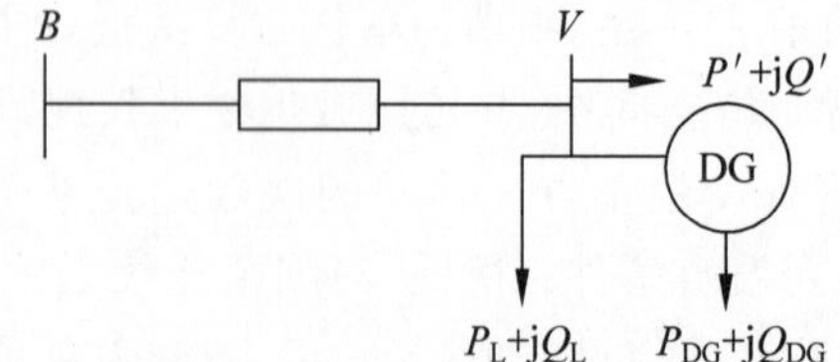

图 69.1 配电网含分布式电源的一段线路

目标函数的表达式为

$$\min(\text{Ploss}) = \sum_{i=1}^{N}\sum_{j=1}^{M} p_{ij} \tag{69.4}$$

其中，N 为节点集合；M 为负荷节点集合；p_{ij} 为 i 节点到 j 节点之间的线路损耗。

等式的约束条件为

$$\begin{cases} \sum_{k=1}^{L} p_k = c \\ P_i = \sum_{j=1}^{N} e_i(G_{ij}e_j - B_{ij}f_j) + f_i(G_{ij}f_j + B_{ij}e_j) \\ Q_i = \sum_{j=1}^{N} f_i(G_{ij}e_j - B_{ij}f_j) - e_i(G_{ij}f_j + B_{ij}e_j) \end{cases} \tag{69.5}$$

其中，L 为可以安装 DG 的节点个数；c 为总的注入容量；P_i、Q_i 分别为节点 i 的注入有功功率和无功功率；e_i 和 f_i 分别为节点 i 电压的实部和虚部；G_{ij}、B_{ij} 分别为节点 i、j 之间的电导、电纳。

不等式约束条件包括节点电压约束、输电线路的传输功率极限约束及 DG 安装的总容量限制 3 部分。

节点电压约束为

$$U_{i\min} < U_i \leqslant U_{i\max} \tag{69.6}$$

其中，$U_{i\max}$、$U_{i\min}$ 分别为节点电压的上、下限值。

输电线路的传输功率极限约束为

$$P_{ij} \leqslant P_{ij}^{\max} \tag{69.7}$$

其中，P_{ij} 为节点 i 到节点 j 的传输功率。

DG 安装的总容量限制为

$$\sum_{i=1}^{N} P_{\text{DG}i} < \eta P \tag{69.8}$$

其中，η 为 0.25；P 为系统负荷总容量。

2. 细菌菌落优化算法的实现步骤及流程图

细菌菌落优化算法的具体实现步骤如下。

(1) 分布式电源的容量在细菌菌落算法中对应于细菌在培养液中的位置，每一个细菌个体搜索空间的维数就是 DG 的个数，然后代入算法进行优化。

(2) 初始化一个细菌个体或者少量的细菌个体。

(3) 设定种群的最大规模，判断细菌种群的个数是否超过所设定的最大种群规模，若没有则继续进行优化；否则结束迭代。

(4) 计算细菌个体的目标函数值，根据初始化的细菌位置，调用潮流计算目标函数值，并记录当前的最优位置。

(5) 细菌个体的目标函数值优越于父代，相应更新细菌个体的位置。

(6) 判断个体满足繁殖条件或达到死亡条件。

(7) 迭代结束。判断是否达到迭代的次数或细菌个体数目是否为 0，如果达到迭代次数或细菌个体数目为 0 则结束；否则进行步骤(3)。

应用细菌菌落优化算法求解分布式电源优化配置问题的流程如图 69.2 所示。

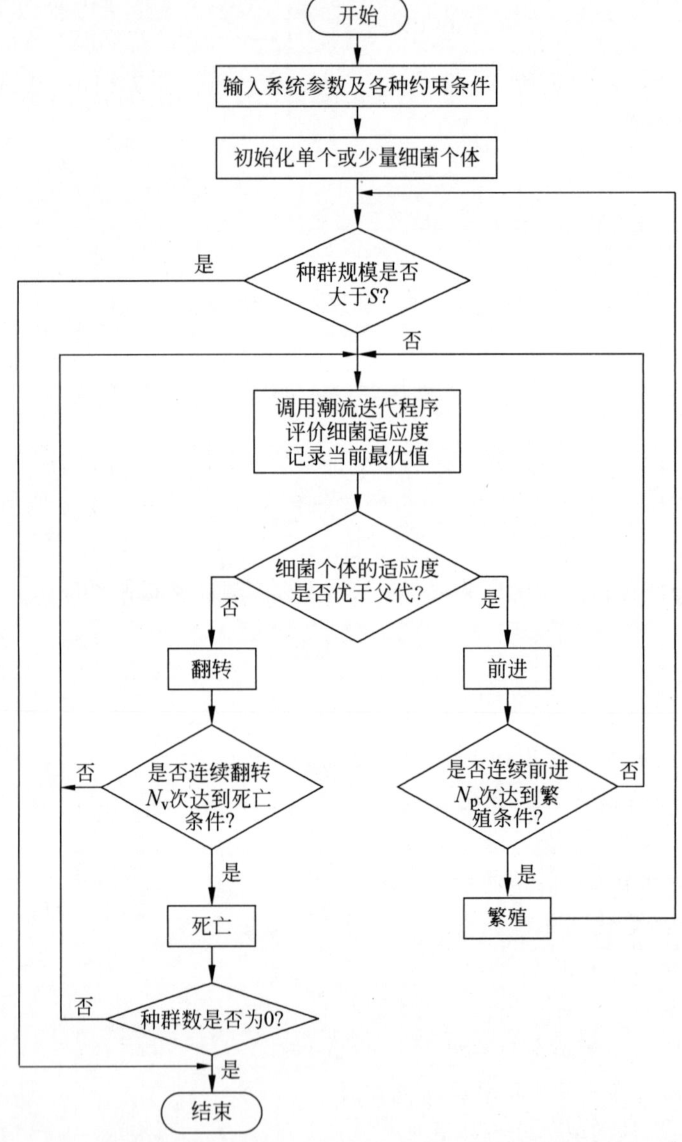

图 69.2 应用细菌菌落优化算法求解分布式电源优化配置问题的流程图

第70章 病毒种群搜索算法

病毒种群搜索算法是一种新的群智能算法。病毒是一种没有细胞结构的特殊生物,它的生存依靠扩散和宿主细胞感染,宿主的免疫系统起着保护宿主细胞免受病毒感染或破坏的作用。病毒种群搜索算法通过模拟病毒扩散、宿主细胞感染以及免疫反应3种行为的相互作用,促使种群个体朝着全局最优解收敛,实现对优化问题求解。本章介绍病毒及其生存策略,病毒种群搜索算法的优化原理、数学描述、伪代码实现及算法流程。

70.1 病毒种群搜索算法的提出

病毒种群搜索(Virus Colony Search,VCS)算法是2016年由李牧东等提出的一种新的群智能算法。该算法在综合平衡算法的探索性能和开发性能的基础上,通过病毒扩散、宿主细胞感染以及免疫反应3种行为的相互作用,促使种群个体朝着全局最优解收敛。

通过对40个不同类型的测试函数,并与目前较为流行的8种算法比较,结果表明,VCS算法在收敛速度、搜索精度以及稳定性方面具有优越性。2017年,李牧东等又针对约束优化问题提出了基于反向学习的自适应α约束病毒种群搜索算法。

70.2 病毒及其生存策略

病毒是一种没有细胞结构的特殊生物。病毒个体极其微小,绝大多数要在电子显微镜下才能看到。它们的结构非常简单,由蛋白质外壳和内部的遗传物质组成。病毒不能独立生存,必须生活在其他生物的细胞内,一旦离开活细胞就没有任何生命活动迹象,也不能独立自我繁殖。病毒进入宿主细胞后,就可以利用细胞中的物质和能量以及复制、转录和转译能力,按照它自己的核酸所包含的遗传信息产生和它一样的新一代病毒。

病毒的生存策略可以概括为两个过程——病毒扩散和宿主细胞感染,如图70.1所示。病毒扩散是指病毒随机搜寻宿主细胞的过程;宿主细胞感染是指进入宿主细胞后的病毒吸收宿主细胞中供自身生长所需的营养存活,并自我繁殖,直到宿主细胞死亡。

宿主的免疫系统起着保护宿主细胞免受感染或破坏的主要作用,具有进化更好能力的病毒将为下一代保留;否则它们将被宿主免疫系统杀死。

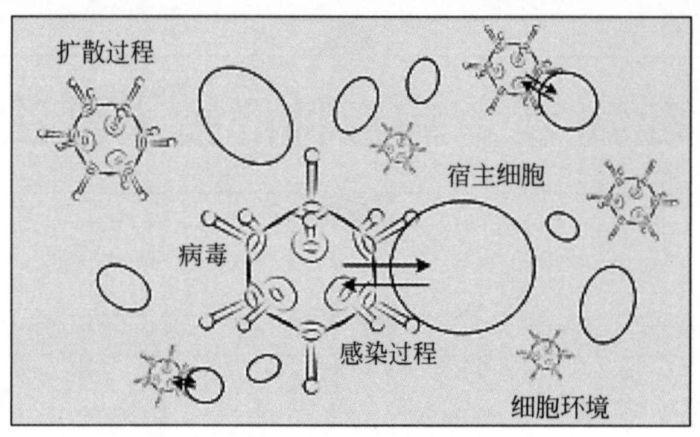

图 70.1 细胞环境中病毒生长的示意图

70.3 病毒种群搜索算法的优化原理

病毒种群搜索算法主要包含 3 个策略：策略 1 是病毒扩散阶段中的高斯游走策略；策略 2 是宿主细胞感染阶段中的自适应协方差进化策略；策略 3 是免疫反应过程中的筛选进化策略。从理论角度分析，策略 1 主要是为了提高算法的探索能力；策略 2 主要是为了加强算法的开发能力；策略 3 是充分利用生存能力较差的个体以提高整体的搜索效率。

VCS 算法使用 5 个简单寻优规则：

(1) 使用两个不同的群体：病毒菌落和宿主细胞菌落。

(2) 传播过程中的每种病毒都会产生一个新的随机个体。

(3) 每种病毒感染一个宿主细胞。

(4) 每种病毒的繁殖都是基于破坏宿主细胞获得营养。

(5) 根据对宿主免疫系统的保护，只有一些最好的病毒仍然存在于每一代中，其余病毒是为了生存而进化的。

70.4 病毒种群搜索算法的数学描述

病毒种群搜索算法的 3 个主要策略的数学描述如下。

1. *病毒扩散*

病毒通常在空气、水或某些生物循环系统等某些特定媒介中随机扩散。高斯随机游走策略在全局寻优方面表现良好，因此病毒种群在初始化后，病毒扩散选择高斯游走策略在种群中个体位置附近随机扩散描述为

$$\mathrm{Vpop}_i' = \mathrm{Gaussian}(G_{\mathrm{best}}^g, \tau) + (r_1 \cdot G_{\mathrm{best}}^g - r_2 \cdot \mathrm{Vpop}_i) \tag{70.1}$$

其中，Vpop_i' 为更新后种群的第 i 个体，$i=1,2,\cdots,N$；N 为种群规模；G_{best}^g 为当前迭代次数 g 下的最优个体；$\mathrm{Gaussian}(G_{\mathrm{best}}^g,\tau)$ 是以 G_{best}^g 为均值、以 $\tau=\lg(g)/g \cdot (\mathrm{Vpop}_i - G_{\mathrm{best}}^g)$ 为方差的高斯随机游走分布；$(r_1 \cdot G_{\mathrm{best}}^g - r_2 \cdot \mathrm{Vpop}_i)$ 为围绕当前最优个体的搜索方向；r_1、r_2 为[0,1]区间的随机数。

2. 宿主细胞感染

宿主细胞一旦被感染，它将被入侵病毒破坏，导致宿主细胞逐渐死亡。最后，宿主细胞“突变”变成一种新病毒。此过程主要用于实现信息交换，并改善种群的勘探性质。

CMA-ES方法是一种著名的进化算法。它不仅包含突变操作，而且通过协方差矩阵自适应考虑个体之间的交互关系，因此这种方法非常适合宿主细胞感染的行为。它的主要步骤可以总结如下。

(1) 通过以下方式更新 Hpop：

$$\mathrm{Hpop}_i^g = \boldsymbol{X}_{\mathrm{mean}}^g + \sigma_i^g \cdot N_i(0, \boldsymbol{C}^g) \tag{70.2}$$

其中，$N_i(0,\boldsymbol{C}^g)$为均值为0、$D\times D$协方差矩阵为$\boldsymbol{C}^g$的正态分布；D为问题的维数；g为当前迭代次数；$\sigma^g>0$为步长；$\boldsymbol{X}_{\mathrm{mean}}^g$的初始化为

$$\boldsymbol{X}_{\mathrm{mean}}^0 = \frac{\sum_{i=1}^{N} \mathrm{Vpop}_i}{N} \tag{70.3}$$

(2) 从上一步骤中选出最优的λ个个体作为父向量，并计算所选向量的中心为

$$\boldsymbol{X}_{\mathrm{mean}}^{g+1} = \frac{1}{\lambda}\sum_{i+1}^{\lambda} \omega_i \cdot \boldsymbol{V}\mathrm{pop}_i^{\lambda\mathrm{best}} \mid \omega_i = \ln(\lambda+1) \Big/ \Big(\sum_{j=1}^{\lambda}(\ln(\lambda+1) - \ln(j))\Big) \tag{70.4}$$

其中，$\lambda=N/2$；ω_i为重组权重；i为最佳个体索引。计算出的两条所谓的进化路径，它们以过去的指数衰减方式跟踪种群均值的变化历史。

$$\boldsymbol{p}_\sigma^{g+1} = (1-c_\sigma)\boldsymbol{p}_\sigma^g + \sqrt{c_\sigma(2-c_\sigma)\lambda_w} \cdot \frac{1}{\sigma^g}(\boldsymbol{C}^g)^{-1/2}(\boldsymbol{X}_{\mathrm{mean}}^{g+1} - \boldsymbol{X}_{\mathrm{mean}}^g) \tag{70.5}$$

$$\boldsymbol{p}_c^{g+1} = (1-c_c)\boldsymbol{p}_c^g + h_\sigma\sqrt{c_c(2-c_c)\lambda_w} \cdot \frac{1}{\sigma^g}(\boldsymbol{X}_{\mathrm{mean}}^{g+1} - \boldsymbol{X}_{\mathrm{mean}}^g) \tag{70.6}$$

其中，$\lambda_w^{-1}=\sum_{i=1}^{\lambda} w_i^2$；$(\boldsymbol{C}^g)^{-1/2}$是对称的，正的，且满足$(\boldsymbol{C}^g)^{-1/2}(\boldsymbol{C}^g)^{-1/2}=(\boldsymbol{C}^g)^{-1}$；累积参数一般设置为$c_\sigma=(\lambda_w+2)/(N+\lambda_w+3)$，$c_c=4/(N+4)$和$h_\sigma=1$，若$\|\boldsymbol{p}_\sigma^{g+1}\|$大，则取$h_\sigma=0$。

(3) 步长σ^{g+1}和协方差矩阵$\boldsymbol{C}^{g+1}$分别更新为

$$\sigma^{g+1} = \sigma^g \cdot \exp\left(\frac{c_\sigma}{d_\sigma}\left(\frac{\|\boldsymbol{p}_\sigma^{g+1}\|}{E\|N(0,1)\|} - 1\right)\right) \tag{70.7}$$

$$\begin{aligned}\boldsymbol{C}^{g+1} = {} & (1-c_1-c_\lambda)\boldsymbol{C}^g + c_1\boldsymbol{p}_c^{g+1}(\boldsymbol{p}_c^{g+1})^{\mathrm{T}} + \\ & c_\lambda\sum_{i=1}^{\lambda} w_i \frac{\boldsymbol{V}\mathrm{pop}_i^{\lambda\mathrm{best}} - \boldsymbol{X}_{\mathrm{mean}}^g}{\sigma^g} \cdot \frac{(\boldsymbol{V}\mathrm{pop}_i^{\lambda\mathrm{best}} - \boldsymbol{X}_{\mathrm{mean}}^g)^{\mathrm{T}}}{\sigma^g}\end{aligned} \tag{70.8}$$

其中，$d_\sigma=1+c_\sigma+2\max\{0,(\sqrt{\lambda_w-1}/\sqrt{N+1})-1\}$通常接近1，而$c_1$、$c_\lambda$分别为

$$c_1 = \frac{1}{\lambda_w}\left(\left(1-\frac{1}{\lambda_w}\right)\min\left\{1, \frac{2\lambda_w-1}{(N+2)^2+\lambda_w}\right\} + \frac{1}{\lambda_w}\frac{2}{(N+\sqrt{2})^2}\right) \tag{70.9}$$

$$c_\lambda = (\lambda_w - 1)c_1 \tag{70.10}$$

其中，c_λ为更新协方差矩阵$\boldsymbol{C}$的更新率，$0\leqslant c_\lambda\leqslant 1$。

3. 免疫反应

如前所述，根据宿主细胞免疫系统的影响，能力较好的病毒更有可能将其保留到下一代。

然而，较差的病毒必须自己进化，以防被免疫系统杀死。用来实现病毒进化的步骤如下。

(1) 根据病毒群体 Vpop 的适应度值，计算第 i 个体的选择概率为

$$\mathrm{Pr}_{\mathrm{rank}(i)}=\frac{(N-i+1)}{N} \tag{70.11}$$

其中，N 为 Vpop 的规模；rank(i)为 Vpop 中第 i 个体的适应度值从小到大的顺序。

(2) 根据筛选进化策略，对病毒细胞中的较差个体和较好个体分别采取不同的进化方式如下：

$$\mathrm{Vpop}''_{i,j}=\begin{cases}\mathrm{Vpop}_{k,j}-\mathrm{rand}\cdot(\mathrm{Vpop}_{h,j}-\mathrm{Vpop}_{i,j}), & r>\mathrm{Pr}_{\mathrm{rank}(i)}\\ \mathrm{Vpop}_{i,j}, & r\leqslant \mathrm{Pr}_{\mathrm{rank}(i)}\end{cases} \tag{70.12}$$

其中，k,i,h 是从$[1,2,\cdots,N]$中随机选取的序号，$k\neq i\neq h$；$j\in[1,2,\cdots,d]$；rand 和 r 均为$[0,1]$区间的随机数。

从算法的 3 种策略过程所获得的新种群的产生机制可能导致搜索边界的跨越。为此提出越界的处理方法如下：设 Up 和 Low 分别是搜索边界的上、下界。$x_{i,j}$ 为第 i 个解的第 j 维，如果 $x_{i,j}<\mathrm{Low}$ 或者 $x_{i,j}>\mathrm{Up}$，则取 $x_{i,j}=\mathrm{rand}\times(\mathrm{Up}-\mathrm{Low})+\mathrm{Low}$，其中 rand 为[0,1]区间的随机数。

最后通过边界控制和贪婪选择策略更新个体，并选出适应度值较好的个体，直到满足终止条件，输出优化结果。

70.5 病毒种群搜索算法实现的伪代码及算法流程

病毒种群搜索算法的伪代码模式如下。

```
输入：种群大小 N，函数计算的最大数目 MaxFEs，被选出的最佳个体数 λ = ⌊N/2⌋
g = 0;    /* 当前代 */
从搜索空间中随机抽样生成 Vpop;
评估 Vpop 中每个个体的适应度值
FEs = N;
While FEs <= MaxFEs do
/* 病毒扩散 */
    for i 从 1: N do
        Vpop'_i = Gaussian(G^g_best · σ) + (r_1 · G^g_best − r_2 · Vpop_i)
    end for
    检查边界;
    评估 Vpop'的适应度 FEs = FEs + N;
    用 Vpop'更新 Vpop
    /* 宿主细胞感染 */
    for i 从 1:N do
        Hpop^g_i = X^g_mean + σ^g_i × N_i(0,C^g)
    end for
    检查边界;
    评估 Hpop 并更新 Vpop; FEs = FEs + N;
    从 Vpop 中选出最好的个体 λ，计算最好的个体 λ 的权重
    X^{g+1}_mean = 1/λ Σ_{i=1}^{λ} ω_i ·Vpop_i^{λbest} | ω_i = ln(λ + 1)/Σ_{j=1}^{λ}(ln(λ + 1) − ln(j)),
    /* 免疫反应 */
    通过 Pr_rank(i) = (N − i + 1)/N 计算 Pr;
```

```
    for i 从 1: N do
        for j 从 1: d  do
            if  r > Pr_i ,then Vpop''_{i,j} = Vpop_{k,j} - rand·(Vpop_{h,j} - Vpop_{i,j});
            else Vpop''_{i,j} = Vpop_{i,j}; end - if
        end - for
    end - for
    评估 Vpop''; FEs = FEs + N;
    用 Vpop' 更新 Vpop;
    g = g + 1;
end while
输出：种群中目标函数值最小的个体
```

病毒种群搜索算法的流程如图 70.2 所示。

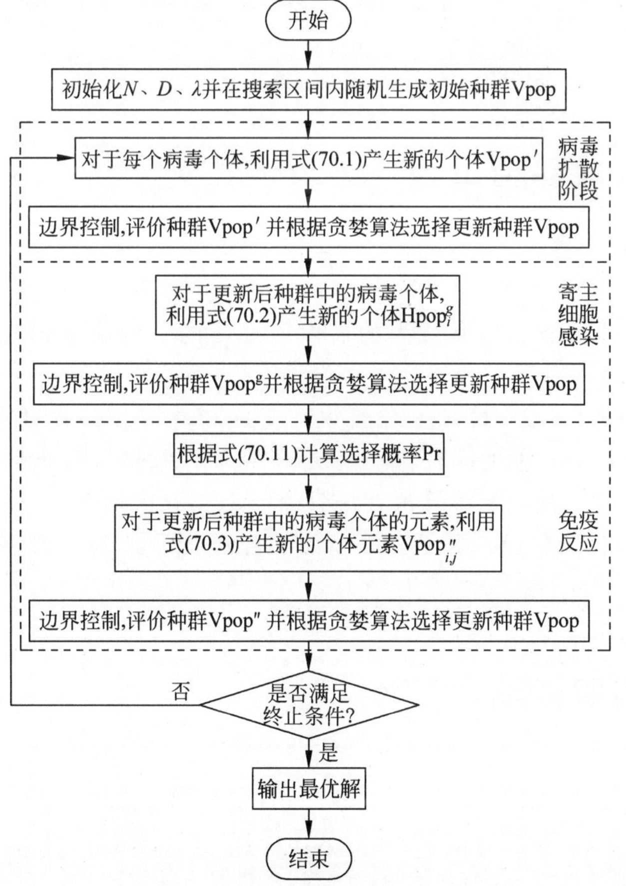

图 70.2　病毒种群搜索算法的流程图

第71章 黏菌算法

黏菌算法是一种模拟黏菌觅食行为的群智能优化算法。该算法模拟黏菌觅食过程中通过形态变化来接近食物、包围食物和抓取食物的3个阶段，并利用权值来模拟生物振荡器对食物源的觅食过程中的正反馈和负反馈，形成不同粗细度的静脉网络，从而实现对函数问题的优化求解。本章首先介绍黏菌算法的提出、黏菌的智能觅食行为，然后阐述黏菌觅食的优化原理、黏菌算法的数学描述，最后给出黏菌算法的伪代码及实现流程。

71.1 黏菌算法的提出

黏菌算法（Slime Mould Algorithm，SMA）是2020年出现的一种新的群智能优化算法。该算法是受到黏菌的扩散和觅食行为的启发而提出的一种更通用、更高效的元启发式算法。

利用由单峰、多峰、定维多峰和复合函数组成的33个基准函数对算法进行测试，结果表明，该算法在保证探索性能的同时，实现了更高的开发性能，在探索性和开发性之间保持了较好的平衡，与其他算法相比该算法在统计意义上具有优越性。同时，该算法应用于焊接梁、压力容器、悬臂梁和工字梁4个典型的工程结构设计的结果表明，算法性能令人满意。

71.2 黏菌的智能觅食行为

黏菌一般是指多头绒泡菌，它是一种真核生物，如图71.1所示。黏菌通过体内有机物在寒冷潮湿的地方寻找食物，包围它，并分泌酶来消化它。在迁移过程中，前端延伸成扇形，随后形成一个相互连接的静脉网络，允许细胞-血浆在内部流动，如图71.2所示。

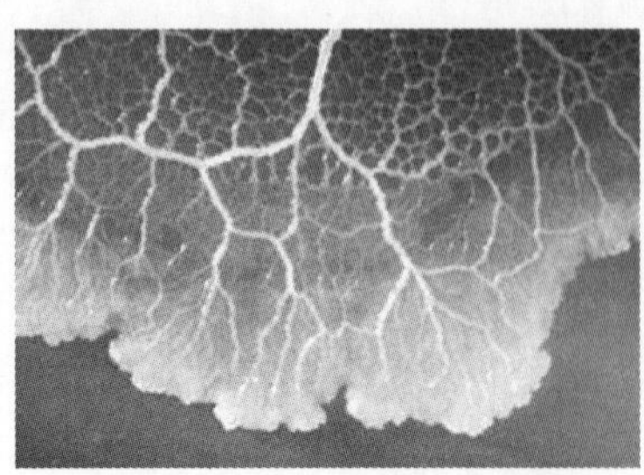

图71.1　多头绒泡菌的形态

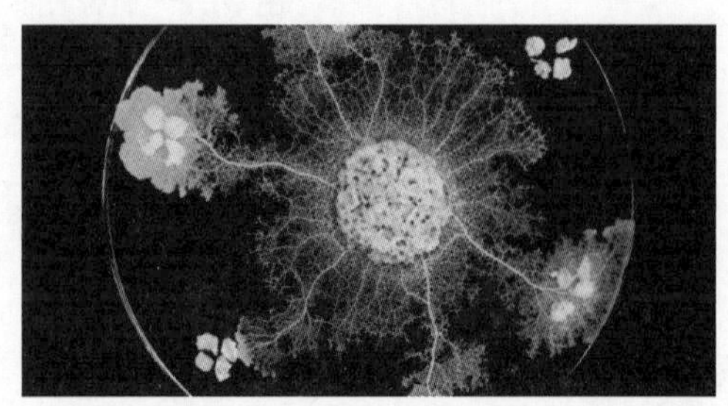

图71.2　黏菌觅食的形态

黏菌的静脉结构随着收缩方式的变化而变化，因此静脉结构的形态变化与黏菌的收缩方式存在3个相关性。

(1) 当收缩方式由外向内变化时，沿半径大致形成粗脉。

(2) 当收缩方式不稳定时，开始出现各向异性。

(3) 当黏菌的收缩模式不再随时间和空间排列时，静脉结构不再存在。

每条静脉的厚度由细胞质的流动反馈决定。细胞质流量的增加导致静脉直径的增加。随着流量减少，静脉由于直径减小而收缩。黏菌可以在食物浓度较高的地方建立一条更强的路线，从而确保它们获得最大浓度的营养。

最近的研究结果表明，黏菌具有基于优化机制的觅食能力。当各种食物来源的质量不同时，黏菌可以选择浓度最高的食物来源。当不同质量的食物块分散在一个地区时通常会采用这种自适应搜索策略。

71.3　黏菌算法的优化原理

黏菌觅食时，通过体内的有机物寻找食物，包围食物，并分泌酶来消化食物。在迁移过程中，前端延伸成扇形，随后形成一个相互连接的静脉网络，允许细胞质在其中流动。由于其独特的形态和特征，黏菌可以同时利用多种食物源，形成连接黏菌和各食物源的网络。研究结果表明，当黏菌静脉网络接近食物来源时，黏菌体内的生物振荡器会产生一种传播波，增加静脉内细胞质流动，细胞质流动得越快，静脉就越粗。通过这种正负反馈的结合，黏菌可以凭借相对优越的方式建立起连接食物的最佳路径。觅食时，黏菌会根据食物的浓度来判断食物的方位，进而使生物振荡器产生更强的波，控制细胞质的流动。黏菌算法模拟黏菌觅食的优化机制，实现对问题的优化求解。

71.4　黏菌算法的数学描述

1. 接近食物

黏菌可以根据空气中的气味接近食物。为了用数学公式表达逼近行为，提出以下公式来模仿收缩方式：

$$X(t+1)=\begin{cases}X_{\mathrm{b}}(t)+\mathrm{vb}\cdot(W\cdot X_{\mathrm{A}}(t)-X_{\mathrm{B}}(t)), & r<p\\ \mathrm{vc}\cdot X(t), & r\geqslant p\end{cases}\tag{71.1}$$

其中，t 为当前迭代；x_{b} 为当前找到的气味浓度最高的个体位置；X 为黏菌的位置；X_{A} 和 X_{B} 为从黏菌中随机选择的两个个体；W 为权重，或振荡频率；vc 在[−1,1]区间振荡，并最终趋于零；p 为控制黏菌位置更新方式的参数，它的计算式如下：

$$p=\tanh\mid S(i)-\mathrm{DF}\mid\tag{71.2}$$

其中，$S(i)$为 X 的适应度，$i=1,2,\cdots,n$；DF 为在所有迭代中获得的最佳适应度。vb 在[$-a$,a]区间随机振荡，其中，

$$a=\operatorname{arctanh}\left(-\left(\frac{t}{\mathrm{max\_t}}\right)+1\right)\tag{71.3}$$

W 的计算公式如下：

$$W(\text{SmellIdex}(i)=\begin{cases}1+r\cdot\log\left(\dfrac{\text{BF}-S(i)}{\text{BF}-\text{wF}}+1\right), & \text{condition}\\ 1-r\cdot\log\left(\dfrac{\text{BF}-S(i)}{\text{BF}-\text{wF}}+1\right), & \text{其他}\end{cases} \tag{71.4}$$

$$\text{SmellIdex}=\text{sort}(S) \tag{71.5}$$

其中，SmellIdex 表示排序后的适应度值序列（在最小值问题中为升序）；condition 表示 $S(i)$ 排在种群的前半部分；r 为表示[0,1]区间的随机值；max_t 为最大迭代次数；BF 表示当前迭代过程中得到的最优适应度；wF 表示当前迭代过程中得到的最差适应度值。

式(71.1)的效果如图 71.3 所示。搜索个体 X 的位置可以根据当前获得的最佳位置 X_b 进行更新，并微调参数 vb、vc 和 W 可以改变个体的位置。图 71.3 也用于说明搜索个体在三维空间中的位置变化。黏菌搜索个体在三维空间中的位置变化，可通过 rand 函数使个体形成任意角度的搜索向量，使搜索个体在最优解附近的所有可能方向上进行搜索，从而模拟接近食物时黏菌的圆扇形结构。这个概念扩展到超维空间也是适用的。

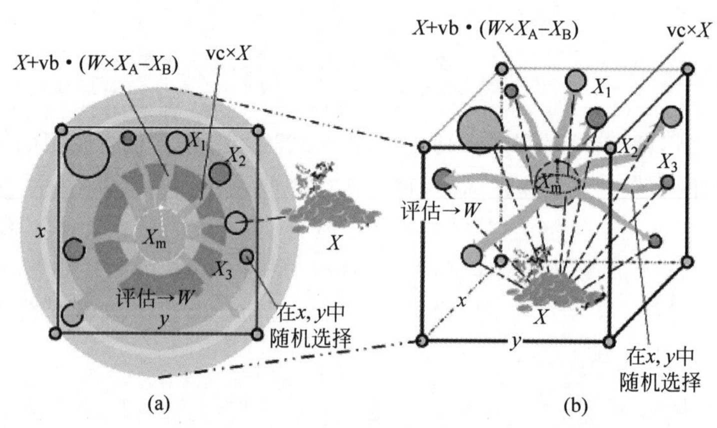

图 71.3　黏菌搜索个体在二维空间和三维空间中的可能位置

2. 包裹食物

包裹食物以数学方式模拟了在搜索时黏菌静脉网络的收缩模式。静脉接触的食物浓度越高，生物振荡器产生的波越强，细胞质流动越快，静脉越粗。式(71.4)模拟了黏菌的脉宽与所探索的食物浓度之间的正负反馈。式(71.4)中的分量 r 模拟静脉收缩模式的不确定性。log 用于缓解数值的变化率，使收缩频率的值不会变化太大。黏菌根据食物质量调整搜索模式：当食物浓度足够大时，区域附近的权重较大；当食物浓度较低时，该区域的权重会降低，从而转向探索其他区域。图 71.4 显示了评估黏菌适应度值的过程，图 71.5 示出了黏菌觅食步骤的逻辑关系。基于以上原理，更新黏菌位置的数学公式如下：

$$X^{*}=\begin{cases}\text{rand}\cdot(\text{UB}-\text{LB})+\text{LB}, & \text{rand}<z \quad (71.6\text{a})\\ X_b(t)+\text{vb}\cdot(W\cdot X_A(t)-X_B(t)), & \text{rand}<P \quad (71.6\text{b})\\ \text{vc}\cdot X(t), & \text{rand}\geqslant P \quad (71.6\text{c})\end{cases}$$

其中，UB 和 LB 为搜索范围的上下边界；rand 和 r 为[0,1]区间的随机数；z 为调节探索和开发之间平衡的参数，z 通常取为 0.03，也可以根据具体问题对 z 取不同的值。

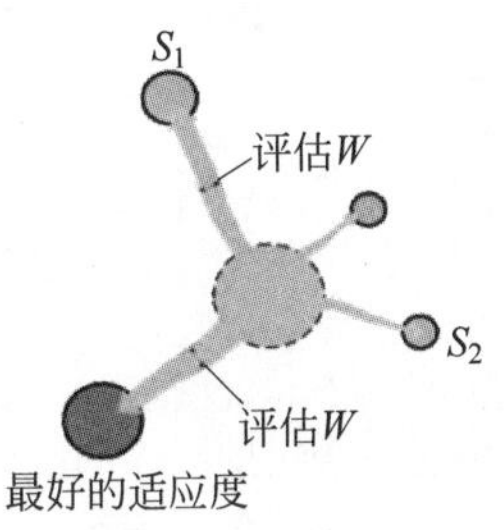

图 71.4 评估黏菌适应度值的过程

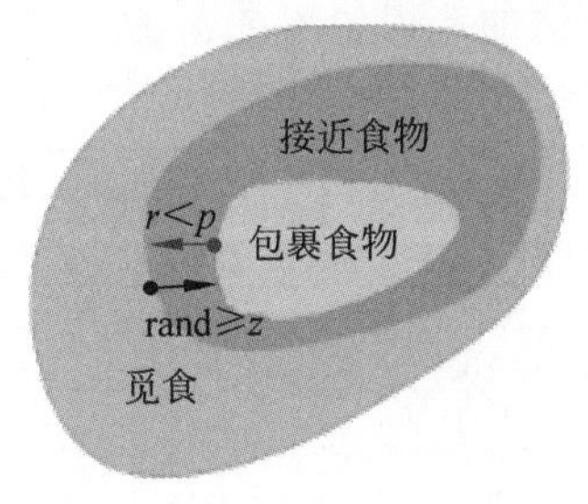

图 71.5 黏菌觅食步骤的逻辑关系

3. 获取食物

黏菌主要依靠生物振荡器产生的传播波来改变静脉中的细胞质流动,使其趋于食物浓度较高的位置。为了模拟黏菌静脉粗细的变化,通过使用 W、vb 和 vc 来实现静脉粗细的变化。W 通过数学模拟不同食物浓度下黏菌在同一食物附近的振荡频率,使得黏菌当个体位置的食物浓度较低时能够更快地接近食物,从而提高了黏菌选择最佳食物来源的效率。vb 的值在 $[-a,a]$ 区间随机振荡,随着迭代次数的增加逐渐趋近于零。vc 的值在 $[-1,1]$ 区间波动,最终趋于零。vb 和 vc 的协同作用模拟了黏菌的选择行为。为了找到更好的食物来源,即使黏菌找到了食物来源,它还是会分离一些有机物质探索其他领域,试图找到更高质量的食物来源,而不是在一个来源投资所有的资源。vb 的振荡过程模拟了黏菌决定是接近食物源还是寻找其他食物源的状态。

4. 黏菌算法的主要步骤、伪代码及实现流程

黏菌算法的主要步骤如下。

(1) 初始化种群,设定相应算法参数。

(2) 计算适应度值,对当前种群的适应度值进行排序(求最小值时升序,求最大值时降序)。

(3) 利用式(71.1)更新种群位置。

(4) 计算适应度值,并且更新全局最优位置,当前最优位置。

(5) 是否达到结束条件,如果达到则输出最优结果,否则转到步骤(2)。

黏菌算法的伪代码描述如下。

```
初始化黏菌种群规模,最大迭代次数;
初始化黏菌个体的位置 X_i(i = 1,2, …,n);
While(t≤Max - iteraition)
    计算所有黏菌的适应度值;
    更新最佳适应度值,X_b
    用式(71.5)计算 W
    For 每一个搜索个体
        更新 P,vb,vc;
        用式(71.7)更新位置;
    End For
    t = t + 1
End While
返回 最佳适应度值,X_b
```

黏菌算法的流程如图 71.6 所示。

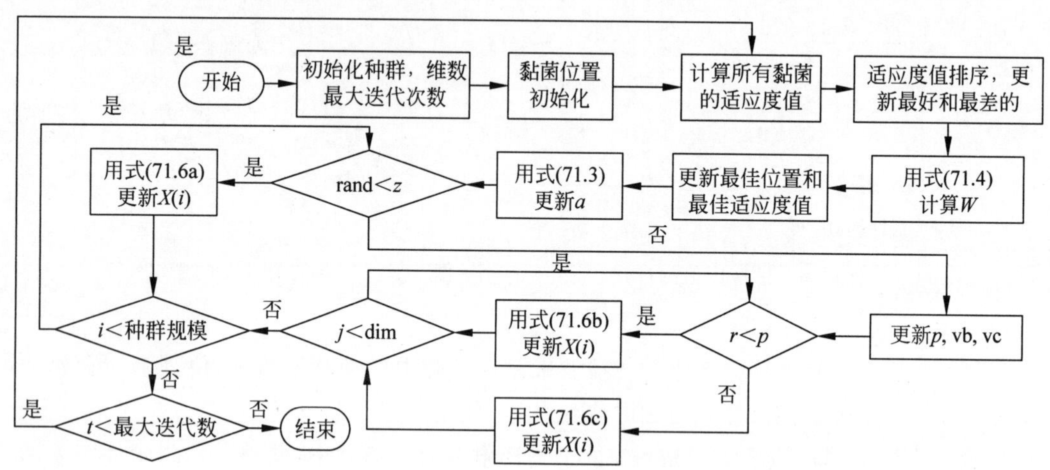

图 71.6 黏菌算法的流程图

第 72 章　猫群优化算法

猫的主要行为特征表现在对移动目标的强烈好奇和作为本性、天生的狩猎技能。猫的行为可概括为搜寻行为和追踪行为。通过把猫的两种行为转换为算法中的搜寻模式和跟踪模式，进而转变为一种迭代算法。在算法中将猫动态分成两组：一组执行搜寻模式；另一组执行跟踪模式。搜寻模式相当于全局搜索，跟踪模式相当于局部搜索。在跟踪模式下，通过类似粒子群优化算法的方式对猫的速度和位置进行更新，有效地提高了算法的收敛效率。本章介绍猫的习性，以及猫群优化算法的原理、数学描述、实现步骤及流程。

72.1　猫群优化算法的提出

猫群优化(Cat Swarm Optimization，CSO)算法是 2006 年由 Chu 和 Tsai 等通过观察和模仿猫的行为而提出的用于求解函数优化问题的群智能优化算法。这一算法把猫的行为划分成搜寻与捕猎两类，它们各自同算法中的搜寻模式和跟踪模式两类模式相呼应。猫群优化算法是将猫的搜寻与跟踪行为结合起来考虑，从而构建出求解复杂问题优化算法。2008 年，Tsai 等在猫群优化算法的基础上提出了并行的猫群算法，经实验验证，该算法可以提高猫群算法的收敛速度并且减少算法的迭代次数。

通过猫群优化算法和 PSO 及带加权因子的 PSO 算法分别对 6 个相同的测试函数进行性能对比的仿真结果表明，猫群优化算法的性能优于 PSO 和带加权因子的 PSO 算法。

猫群算法相对于传统算法的最大优势在于可以同时进行局部搜索和全局搜索，这样既可以克服遗传算法局部搜索能力不足的问题，又能解决粒子群算法容易陷入局部最优的缺陷，而相比于蚁群算法，该算法还有更好的收敛速度和更高的搜索效率。因此，猫群优化算法已用于非线性模型参数估计、聚类分析、网络路由优化、参数优化、流水车间调度问题、图像处理、数据挖掘等领域。

72.2　猫的生活习性

自然界中有三十多种猫科动物。尽管不同的猫科动物生活在不同的环境中，但是它们具有相同的行为模式。猫科动物的捕食技巧来源于在进化和生存中的不断的训练，对于野生猫科动物，这样的捕食技巧保证它们的食物供应和种群的延续。

相对于野生猫科动物，在室内驯养的猫，对任何移动的东西，它表现出了强烈好奇的本能。虽然所有的猫都有强烈的好奇心，但它们在大部分时间内是无效的。猫大部分的时间处于休息状态。但猫的警觉性都非常高，即使它们休息也始终保持警觉。因此，你可以轻易发现，猫通常看起来懒散，躺在某处不动，花费大量的时间处于一种休息状态，但睁开它们的眼睛环顾四周，那一刻它们正在观察环境。它们似乎是偷懒，但实际上它们还是会保持高度的警惕性，猫一旦发现猎物便跟踪猎物，并且能快速地捕获猎物。懒散躺着的猫和处于警觉状态的猫，如图 72.1 所示。

图 72.1　懒散躺着的猫和处于警觉状态的猫

猫的上述行为可概括为两种模式：一种是猫在懒散、环顾四周状态时的模式，称为搜寻模式；另一种是猫在跟踪猎物目标时的状态，称为跟踪模式。这两种模式恰好类似于优化算法的全局搜索和局部搜索，这就为设计猫群优化算法带来灵感。

72.3　猫群优化算法的优化原理

根据猫的搜寻模式和跟踪模式这两种行为表现，利用这两个特性对猫的行为进行建模，设计猫群优化算法的相应模型也分为两种模式：搜寻模式和跟踪模式。为仿照现实生活中猫的行为，在算法中，将根据一定的分组率将猫群分成两个子群，让一少部分的猫处于跟踪模式，剩下的大部分猫处于搜寻模式。

猫群算法将猫的位置作为待优化问题的可行解。每只猫的属性包括猫的位置、猫的速度、猫的适应度值、猫处于行为模式的标识量（通常为 0 或 1）及每只猫处于初始位置。算法中根据猫的行为模式的标志位所确定的模式进行位置更新。

在搜寻模式下，每只猫的个体处于无目的的搜寻状态，通过将自身的位置复制若干次，产生若干副本，并对每个副本应用变异算子进行一个随机扰动产生新的位置，并将新产生的位置放在记忆池中，并进行适应度值计算。在记忆池中选择适应度值最高的候选点，作为猫所要移动到的下一个位置点。

在跟踪模式下，猫的运动方式类似于粒子群算法中的鸟的个体运动方式，类似于粒子群算法，利用全局最优的位置及速度等信息更新猫的当前位置，向全局最优点进行移动。

当所有猫进行完搜索模式和跟踪模式后，计算它们的适应度值并保存群体中的最优值。最后再根据分组率将猫群随机分为搜寻部分和跟踪部分，再次进行迭代寻优，如此进行反复迭代直至寻找到猫的最优位置，即为待求优化问题的最优解。

猫群算法通过不断迭代和在每次迭代中对猫群的重新分配来不断地寻找当前最优解。在寻优的过程中，两种模式的不停转换提高了算法的全局搜索和局部搜索能力。

72.4　猫群优化算法的数学描述

猫群优化算法是把猫的两种行为模式转换为算法中的搜寻模式和跟踪模式，进而转变为一种迭代算法。其中，搜寻模式类似于全局搜索，而跟踪模式则类似于局部搜索。对这两种模式分别描述如下。

1. 搜寻模式

搜寻模式是对猫在休息、环顾四周，寻找下一个转移地点的状态的描述。

CSO 算法按照一定的分组比率将猫群随机分成搜寻模式的猫和跟踪模式的猫。如果第 i 只猫标识为搜寻模式，则把它加入搜寻模式中。对于搜寻模式下的猫，定义以下基本要素。

记忆池(SMP)：在搜寻模式下，用记忆池记录并把猫所搜寻的自身位置点复制多份副本，记忆池的大小预先设定，它代表猫所能够搜寻的地点数量。

通过变异算子对每个副本更新位置替代原来的副本，计算新产生副本的适应度值作为候选点，在记忆池中选择适应度最优的候选点，作为猫所要移动到的下一个位置点，从而实现位置更新。

勘探维数范围(SRD)：个体维数变化域，描述猫在移动位置时移动最大范围的参数。

维数改变量(CDC)：个体维数改变的个数，描述猫的个体基因突变的个数。

自身位置判断(SPC)：是一个布尔变量，它决定了当前位置是否有猫在下一个时刻移动至此位置，SPC 并不影响 SMP 的值。

分组比(MR)：将猫群分成搜寻模式和跟踪模式两组，它给出执行跟踪模式的猫在整个猫群中占的比例。

对于一只猫在搜寻模式下的 5 个操作步骤描述如下。

(1) 复制自身位置。将自身位置复制 j 份，记忆池的大小为 $j=\text{SMP}$。如果 SPC 的值是真，则令(SMP－1)，将猫的当前位置当作候选解。

(2) 执行变异操作。对于记忆池中的每个个体副本，依据 CDC 的大小，对当前值随机地加上或者减去 SDR%，并用更新后的值代替原来的值。

当猫的编码采用遗传算法的染色体编码方式，具体执行变异操作就是对记忆池中的每个个体上需要改变基因的个数是 0 至个体上基因总长度之间的随机值。根据个体基因要改变的个数和改变的范围，在原位置上随机加一个扰动，以到达新的位置。

(3) 计算记忆池中所有候选点的适应度值。

(4) 执行选择操作。如果所有的适应度值都完全相等，则将所有候选点的选择概率设为 1；否则，计算每个候选点的选择概率为

$$P_i=\frac{|\text{FS}_i-\text{FS}_{\text{best}}|}{\text{FS}_{\max}-\text{FS}_{\min}},\quad 0<i<j \tag{72.1}$$

其中，FS_i 为候选点 i 的适应度值；FS_{best} 为目前最好的适应度值；$\text{FS}_{\max}$、$\text{FS}_{\min}$ 分别为适应度的最大值和最小值。

如果适应度函数的目标是寻找最大值的解，则取 $\text{FS}_{\text{best}}=\text{FS}_{\min}$；如果适应度函数的目标是寻找最小值的解，则取 $\text{FS}_{\text{best}}=\text{FS}_{\max}$。

(5) 根据选择概率从候选点中选择一个新的位置来替代旧的位置。

2. 跟踪模式

跟踪模式是对猫发现目标处于跟踪目标行为的描述。类似于粒子群算法，将整个猫群经历过的最好位置 $X_{\text{best},d}$ 作为目前搜索到的最优解。

设第 i 只猫在每个维度上的位置坐标和速度分别表示为 $X_i=\{x_{i,1},x_{i,2},\cdots,x_{i,M}\}$、$V_i=\{v_{i,1},v_{i,2},\cdots,v_{i,M}\}$，其中 $d=1,2,\cdots,M$。

(1) 对于第 k 只猫的速度更新为

$$v_{k,d}(t+1)=v_{k,d}(t)+r_1c_1(x_{\text{best},d}(t)-x_{k,d}(t)) \tag{72.2}$$

其中,$x_{\text{best},d}$ 为具有最优适应度值的猫 $X_{\text{best}}(t)$所处位置的第 d 分量;$x_{k,d}(t)$为第 k 只猫所处位置的第 d 分量;c_1 为常量;r_1 为 0～1 的随机数。

(2) 如果新的速度超过了最大速度的范围,则令其等于最大速度。具体操作是:判断每一维新的速度变化范围是否在 SDR 内,给每一维的变异加一个限制范围,其目的是为防止其变化太大,造成算法的盲目搜索。SDR 在算法执行前给出,若加入每一维改变后的值超出 SDR 的范围,则将它设定为给定边界值。

(3) 根据更新的速度,进一步更新猫的位置为

$$X_{k,d}(t+1)=X_{k,d}(t)+V_{k,d}(t+1) \tag{72.3}$$

其中,$X_{k,d}(t+1)$为位置更新后第 k 只猫 $X_k(t+1)$的第 d 分量。

72.5 猫群优化算法的实现步骤

猫群优化算法实现的具体步骤如下。

(1) 创建一个猫群,初始化 N 只猫,每只猫具有 D 维位置坐标值,$X_{i,d}$ 代表第 i 只猫的第 d 维的位置坐标值。

(2) 为每一只猫随机地赋一个初始化速度 $v_{i,d}$。按照一定的分组比(MR)将猫群随机分成搜寻模式的猫和跟踪模式的猫。

(3) 计算每一只猫的适应度值,将具有最优适应度值的猫作为当前最优猫,即局部最优解 x_{best}。

(4) 根据猫的标识量来移动不同模式的猫。如果第 n 只猫标识为搜寻模式,则把它加入搜寻模式中;否则加入到跟踪模式中。

(5) 根据分组比(MR)重新选择猫的数量并将它们设置为跟踪模式,然后将其余的猫设置为寻找模式。在搜寻模式下的猫,搜寻下一个移动目标点的状态。

(6) 在跟踪模式中,将整个猫群经历过的最好位置 X_{best} 作为目前搜索到的最优解。对于第 k 只猫的速度按式(72.2)更新,如果新的速度超过了最大速度的范围,则令其等于最大速度。

(7) 根据更新的速度,进一步按式(72.3)更新猫的位置。

(8) 根据搜寻模式和跟踪模式的分组比(MR),选择一定数目的猫分别放入跟踪模式中和搜寻模式中。

重复步骤(3)～步骤(7)直到满足终止条件。

72.6 猫群优化算法实现的程序流程

猫群优化算法实现的程序流程如图 72.2 所示,而其中的搜寻模式流程和跟踪模式流程分别如图 72.3 和图 72.4 所示。

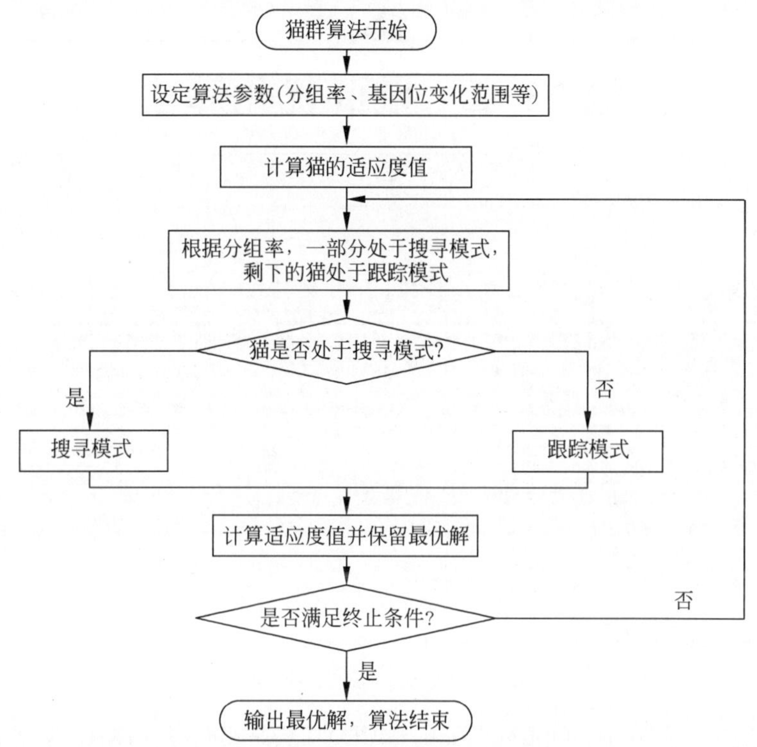

图 72.2　猫群优化算法实现的程序流程图

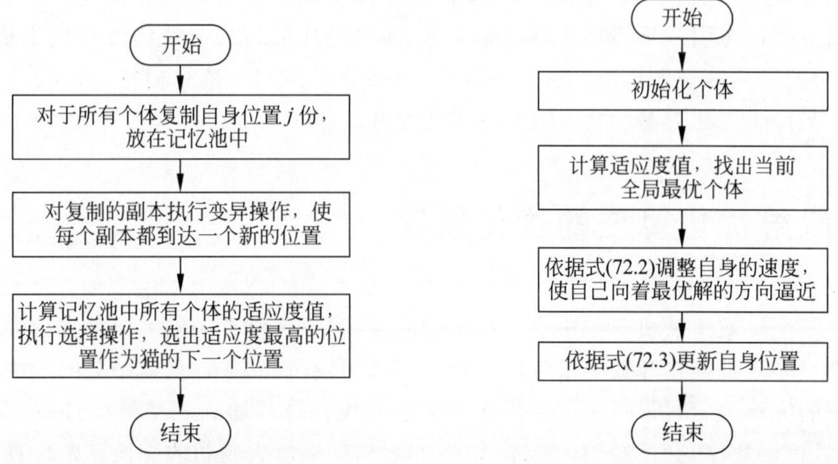

图 72.3　猫群算法搜寻模式流程图　　　图 72.4　猫群算法跟踪模式流程图

第73章　鼠群优化算法

鼠群优化算法通过模拟老鼠的觅食行为，用于求解移动机器人在有障碍物的未知环境下，寻找一条从给定起点到终点的最短路径。老鼠在觅食过程中，路径选择会受到两方面因素的影响：一是该路径的环境吸引程度；二是老鼠的个体经验。在鼠群优化算法中引入环境因子和经验因子，通过迭代的方式寻找静态环境下机器人的最佳路径，并针对路径死锁问题提出一种禁忌策略，将部分栅格归入禁忌栅格，从而有效地避免了路径死锁。本章介绍鼠群优化算法的原理、描述及实现步骤。

73.1　鼠群优化算法的提出

鼠群优化(Mouse Colony Optimization，MCO)算法是2008年由刘徐迅、曹阳等根据老鼠觅食行为提出的一种群智能优化算法。该算法针对优化求解移动机器人路径规划在有障碍物的未知静态环境下，寻找一条从给定起点安全无碰撞地绕过所有障碍物到达终点的最短路径问题。在鼠群算法中引入环境因子和经验因子，通过迭代的方式寻找静态环境下机器人最佳路径，并针对路径死锁问题提出一种禁忌策略，将部分栅格归入禁忌栅格，从而有效地避免了路径死锁。与同类优化算法相比具有一定的优越性。

73.2　鼠群优化算法的优化原理

鼠群在某个区域里随机寻找多个大小不同的食物，虽然所有老鼠不清楚食物的具体位置，但是每只老鼠一定都能快速找到最近的食物，同时又具有找到最近食物趋势的最优策略，即根据转移概率的大小决定是进行局部寻优还是全局寻优。每移动到一个新位置前，都要比较新位置信息(目标函数值)会使经验因子增大还是减小，如果增大则暂时保留这个位置上的经验，然后和其他个体交流更新经验因子，否则继续试探别的方向。

老鼠在觅食过程中，路径选择会受到两方面因素的影响：一是该路径的环境吸引程度，如亮度、舒适度等；二是老鼠的个体经验，如老鼠上次在该路径上遇到美食，就会增加下次到达的概率，而受到毒药、人为袭击或其他不良干扰后，则会降低下次到达的概率。老鼠就是这样在环境吸引程度和个体经验的影响下进行觅食的。

鼠群优化算法通过模拟老鼠的觅食行为，用于求解机器人路径规划问题。该问题的求解过程就是移动机器人在有障碍物的未知环境下，寻找一条从给定起点到终点的最短路径，且要求安全无碰撞地绕过所有障碍物。老鼠从给定起点安全避碰地到达终点的过程，即为老鼠的一次旅行。老鼠每经历一次旅行，就对经过的路径好坏进行经验总结，这样会对以后选择觅食路径产生影响。老鼠经过多次旅行后，迭代过程所求得的最优解即为该算法的解。

73.3　鼠群优化算法及其环境描述

1. 环境描述

考虑移动机器人路径规划为二维空间工作环境，并采用栅格法对机器人运动空间建模，作如下假设。

假设 1　移动机器人只在二维有限空间中运动，运动空间中分布着有限个静态障碍物，障碍物由多个栅格描述。

假设 2　机器人每次移动只在相邻栅格之间进行，任意栅格都有 8 个相邻栅格，即上、下、左、右和左上、左下、右上、右下。

假设 3　机器人每走一步即走一个栅格的中心点，任意时刻机器人能探测到以当前栅格中心点为中心、以 r 为半径的区域内环境信息。

设机器人在二维平面上的凸多边形有限区域内运动，该区域内分布着有限个不同大小的障碍物，在该区域内建立直角坐标系。机器人以一定的步长 R 运动，则 x 轴和 y 轴分别以 R 为单位来划分栅格。每行的栅格数 $N_x=x_{\max}/R$，每列的栅格数 $N_y=y_{\max}/R$，如果区域为不规则形，则在边界处补以障碍栅格，将其补为正方形或长方形，其中障碍物占一个或多个栅格。若不满一个栅格，则以一个栅格计算。每个栅格都有对应的坐标和序列号，且序列号与坐标之间一一对应。

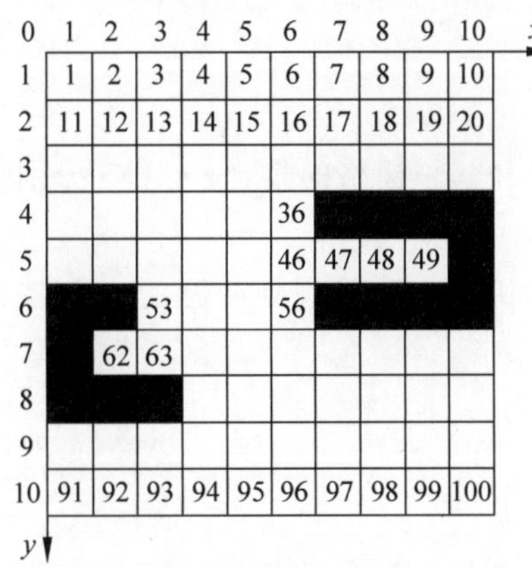

图 73.1　栅格坐标与序列号之间的关系

图 73.1 给出了栅格坐标与序列号之间的关系。定义左上角第一个栅格的坐标为(1,1)，记为 $S(1,1)$，对应的序列号为 1；栅格坐标 $S(2,1)$对应的序列号为 2；栅格坐标 $S(1,2)$对应的序列号为(N_x+1)；其他以此类推。坐标(x_i，y_i)与序列号 i 之间的映射关系式为

$$\begin{cases} x_i=[(i-1)\bmod N_x]+1 \\ y_i=\text{int}[(i-1)/N_x]+1 \end{cases} \tag{73.1}$$

其中，int 为舍余取整运算；mod 为求余运算。

2. 鼠群优化算法的描述

在鼠群优化算法中，t 为时间变量；φ_{ij} 为路径(i,j)上的环境因子；δ_{ij} 为路径(i,j)上的经验因子；X 为问题的一个解；X^* 为问题的最优解；$f(X)$为求解问题的目标函数；$f(X^*)$为最优解的目标函数值。

【定义 73.1】　机器人运动的任意相邻栅格 i 与 j 之间的距离为

$$d(i,j)=\sqrt{(x_i-x_j)^2+(y_i-y_j)^2} \tag{73.2}$$

其中，x 和 y 为栅格坐标信息。如果栅格为单位长度，则根据假设 3，式(73.2)的值为 1 或 $\sqrt{2}$。

【定义 73.2】　机器人路径规划问题的目标函数为

$$f(X)=\sum_{(i,j)\in X} d(i,j) \tag{73.3}$$

【定义 73.3】 任意栅格 j 与终点 E 之间的距离为

$$D(j,E)=\sqrt{(x_j-x_E)^2+(y_j-y_E)^2} \tag{73.4}$$

其中，x 和 y 为栅格坐标信息。

【定义 73.4】 对于任意路径 (i,j)，其环境因子表示为

$$\psi_{ij}(t)=\left[\frac{1}{d(i,j)}\right]^{k_1}\cdot\left[\frac{1}{D(j,E)}\right]^{k_2} \tag{73.5}$$

其中，k_1 和 k_2 分别为两种距离的权重。

在环境因子中加入 $D(j,E)$ 是为了避免路径偏离目标方向，加快算法的收敛速度。

【定义 73.5】 每次求得的解 X，对应于一个经验增量，表示为

$$\Delta X=\mu\frac{f(X^*)-f(X)}{f(X^*)} \tag{73.6}$$

式(73.6)将对老鼠觅食的路径起着促进或阻碍作用。

【定义 73.6】 设最优解 X^* 对应于时间变量 t^*，解 X 对应于时间变量 t。当 $f(X)>f(X^*)$，且 $t>t^*$ 时，定义 $T=t-t^*$ 为无效搜索次数，T_0 为无效搜索次数的阈值。

规则 1 在任意时刻 t，老鼠按概率选择下一个到达的节点，从栅格 i 到栅格 j 的转移概率之一为

$$p_{ij}(t)=\begin{cases}\dfrac{[\delta_{ij}(t)]^\alpha[\psi_{ij}(t)]^\beta}{\sum\limits_{s\in J_i}[\delta_{is}(t)]^\alpha[\psi_{is}(t)]^\beta}, & j\in J_i\\ 0, & j\notin J_i\end{cases} \tag{73.7}$$

其中，J_i 是栅格 i 的邻居栅格中，除去老鼠刚刚走过的栅格和禁忌栅格的集合；α 和 β 分别为经验因子和环境因子的权重。转移概率之二为随机选择。

规则 2 当老鼠从起点到终点完成一次旅行，即求得机器人路径规划问题的一个解 X 时，路径的经验因子需要更新为

$$\delta_{ij}(t+1)=\begin{cases}\delta_{ij}(t)+\Delta\delta_{ij}(t), & (i,j)\in X\\ \delta_{ij}, & (i,j)\notin X\end{cases} \tag{73.8}$$

其中，$\delta_{ij}(t)=\Delta X(t)$。

规则 3 每当求得机器人路径规划问题的一个解 X 时，最优解 X^* 对应的时间变量 t^* 和目标函数值 $f(X^*)$ 都需要更新，更新方式如下：

$$X^*=\begin{cases}X, & f(X)<f(X^*)\\ X^*, & f(X)\geqslant f(X^*)\end{cases} \tag{73.9}$$

$$t^*=\begin{cases}t, & f(X)<f(X^*)\\ t^*, & f(X)\geqslant f(X^*)\end{cases} \tag{73.10}$$

$$f(X^*)=\begin{cases}f(X), & f(X)<f(X^*)\\ f(X^*), & f(X)\geqslant f(X^*)\end{cases} \tag{73.11}$$

规则 4 如果栅格 i 只有唯一邻居栅格 j 可达，则栅格 i 为路径死锁，并将其归入禁忌栅格，视为障碍物。例如，图 73.1 中黑色栅格表示障碍物，栅格 49 只有栅格 48 可达，则将栅格 49 归入禁忌栅格；以此类推，将栅格 48 归入禁忌栅格。

规则 5　如果栅格 i 是禁忌栅格 j 的唯一可达邻居栅格，则将栅格 i 归入禁忌栅格，视为障碍物。例如，图 73.1 中栅格 47 是禁忌栅格 48 的唯一达到邻居栅格(栅格 49 已归入禁忌栅格，视为障碍物)，则将栅格 47 归入禁忌栅格。

规则 6　当栅格 i 只有两个可达邻居栅格 j 和 k 时，设路径 (i,j) 与 (i,k) 之间的夹角为 θ，如果 $\theta=45°$，则将栅格 i 归入禁忌栅格，视为障碍物。如图 73.1 中栅格 62 便可归入禁忌栅格。

在规则 1 中引入随机选择是为了增加解的多样性，有利于防止陷入局部最优。在规则 2 中没有蚁群算法的信息素挥发，经验因子更新是一种奖惩分明的策略，体现了算法的公平性。规则 4 和规则 5 引入禁忌栅格，并将其视为障碍物，这样就不会到达该栅格，从而解决了路径死锁问题。规则 6 也引入禁忌栅格，是为使搜索过程远离最不可能产生较优解的空间，减少劣质解的产生。根据规则 4～规则 6，图 73.2 等价于图 73.1，显然图 73.2 更容易求解。

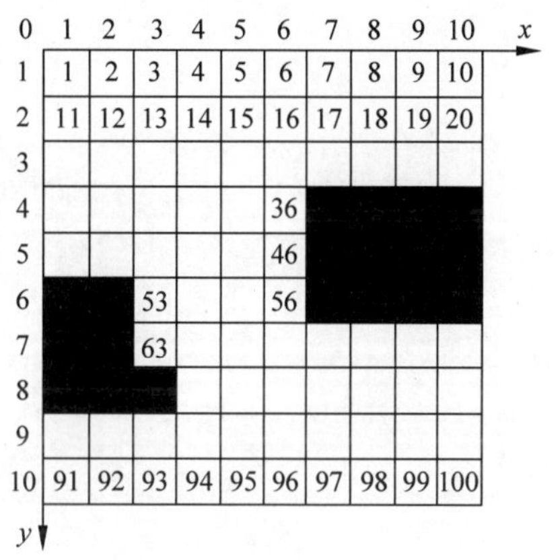

图 73.2　经过改进的等价环境

73.4　鼠群优化算法的实现步骤

基于上述各项定义及规则，用鼠群优化算法对移动机器人路径规划问题求解步骤描述如下。

(1) 随机产生机器人工作环境，并随机产生机器人运动的起点和终点。

(2) 初始化各路径的环境因子和经验因子，并令 $f(X)=f(X^*)=f(0)$。

(3) 根据规则 4～规则 6，改进机器人工作环境，增加禁忌栅格。

(4) 初始化搜索次数 $t=0$。

(5) 将老鼠置于机器人运动的起点。

(6) 根据定义 73.6 及规则 1 和规则 2，将老鼠移动到下一栅格。

(7) 如果老鼠还未到达终点，则返回步骤(6)；否则，令 $t=t+1$，求得 X。

(8) 根据定义 73.5 计算经验增量，根据规则 3 更新经验因子，根据规则 4 更新 X^*、t^* 和 $f(X^*)$。

(9) 如果 t 小于规定迭代次数，则返回步骤(5)；否则，输出 X^*，算法结束。

第74章 猫鼠种群算法

猫鼠种群算法在人工鱼群算法和猫群算法的基础上，仿照鱼群算法中的人工鱼群，提出的一种新的种群——老鼠群体。老鼠行为类似于人工鱼群算法中的鱼群行为。基于猫与老鼠的自然关系，引入了猫群体。猫群与鼠群之间既存在竞争关系，又存在捕食关系。猫群具有搜索行为、捕鼠行为、跟踪行为，其中前两种模式与猫群算法中行为模式相近。老鼠有觅食行为、聚群行为、跟随行为和随机行为。本章介绍猫鼠种群算法的原理、数学描述、实现步骤及流程。

74.1 猫鼠种群算法的提出

猫鼠种群算法(Cat and Mouse Swarm Algorithm，CMSA)是2015年由杨珺等提出的一种猫鼠混合群智能优化算法，用于解决分散式风力发电优化配置问题。该算法仿照鱼群算法中的人工鱼群，提出了一种新的种群——老鼠群体；基于猫与老鼠的自然关系，引入了另一类种群——猫群体。猫群与鼠群之间既存在竞争关系，又存在捕食关系。通过将人工鱼群算法和猫群算法相结合，通过优化配置分散式风力发电机接入的位置和容量的仿真表明，猫鼠种群算法具有编码简单，寻优能力强，对参数不敏感等特点。

74.2 猫鼠种群算法的优化原理

人工鱼群算法是由李晓磊博士于2002年首次提出的，它是基于现实环境中鱼群觅食行为提出的一种新型的仿生类群体智能全局寻优方法。该算法具有自适应性强、对参数不敏感、收敛速度快并且能够并行搜索等优点。然而，也存在一些不足之处，如当鱼群数量较小时，由于人工鱼个体的行为都是局部寻优行为，因此难免个体趋同和早熟现象，从而陷入局部最优；视野和步长的随机性及随机行为的存在，使得寻优难以达到很高的精度。

针对上述的不足之处，并在猫群算法的启发下，仿照鱼群算法中的人工鱼群，增加了一种新的种群——老鼠群体。基于猫与老鼠的自然关系，引入了另一类种群——猫群体。猫群与鼠群之间既存在竞争关系，又存在捕食关系。在猫鼠种群算法中，猫具有搜索、捕鼠和跟踪行为，前两种行为类似猫群优化算法中的两种模式。鼠具有觅食、聚群、跟踪和随机行为，类似于人工鱼群算法中鱼的行为。

可以说，猫鼠种群算法是在人工鱼群算法和猫群算法融合的基础上，引入老鼠群体，增加了群体的多样性和竞争性，从而提高了猫鼠种群算法的寻优能力。

74.3 猫鼠种群算法的数学描述

1. 猫行为的描述

在猫鼠种群算法中,猫群具有搜索行为、捕鼠行为、跟踪行为,其中前两种模式与猫群算法中猫的行为模式相近。

1) 搜索行为

猫的搜索行为是指对周围的食物进行搜索并趋向食物的一种活动,其行为描述如下。

设第 i 只猫的当前位置为 X_i^c,根据适应度函数计算该位置的适应度值 Y_i^c,在其感知范围 visual^c(猫对食物的视野)内随机选择一个位置 X_j^c,并计算出对应的适应度值 Y_j^c。

$$X_j^c = X_i^c + \text{visual}^c \times \text{rand} \tag{74.1}$$

其中,visual^c 为猫对食物的视野;rand 为一个 0～1 的随机数。

在求极大值问题中,如果 $Y_i^c < Y_j^c$,则猫向着 X_j^c 方向前进一步的位置为

$$X_{\text{next}}^c = X_i^c + \frac{X_j^c - X_i^c}{\| X_j^c - X_i^c \|} \times \text{step}^c \times \text{rand} \tag{74.2}$$

其中,step^c 为猫前进的步长。

如果 $Y_i^c \geqslant Y_j^c$,则按照式(74.1)重新选择位置 X_i^c 并判断其是否满足前进条件。这样反复尝试 try_number^c 次后,仍不满足前进条件,则这只猫将保持当前状态不变。这种情况表现了猫的懒惰特性。

2) 捕鼠行为

在捕鼠行为模式下,猫将尝试抓捕老鼠。这个行为既可以让猫追寻老鼠,提高自身位置的适应度,又可以让拥挤的鼠群分散开来,避免陷入局部寻优。捕鼠行为描述如下。

设第 i 只猫的当前位置为 X_i^c,对应的适应度值为 Y_i^c。以自身位置为中心,勘探当前邻域内($d_{ij} < \text{visual}^c$,visual^c 猫对老鼠的视野)的老鼠数目为 n_f,这些老鼠形成集合 $S_i = \{X_j^m \mid \| X_j^c - X_i^c \| \leqslant \text{visual}^c\}$。

若该集合 S_i 非空,则表明猫的视野内有老鼠存在,即 $n_f > 0$。按照下式计算其中心位置为

$$X_{\text{center}}^m = \frac{\sum_{j=1}^{n_f} X_j^m}{n_f} \tag{74.3}$$

计算该中心位置的适应度为 Y_{center}^m,如果$[(Y_{\text{center}}^m / n_f) / Y_i^c] < \delta_c (\delta > 1)$,则猫认为该位置过于拥挤,为了捕捉老鼠,猫将直接跳到该中心位置,即

$$X_{\text{next}}^c = X_{\text{center}}^m \tag{74.4}$$

否则,这只猫将执行搜索行为。

3) 跟踪行为

猫的跟踪行为表示猫对邻近老鼠的跟踪活动,猫既可以跟踪老鼠到达食物较多的地方,也可以为下一次捕鼠行动创造条件。猫的跟踪行为描述如下。

设第 i 只猫的当前位置为 X_i^c，对应的适应度值为 Y_i^c。猫根据自己当前的位置搜索其感知范围(visual^c)内的老鼠，设搜索到的老鼠数量为 n_f，同样地形成集合 $S_i=\{X_j^m \mid \| X_j^c - X_i^c \| \leqslant \text{visual}^c\}$。

若该集合 S_i 非空，即 $n_f>0$，则计算这些老鼠所在位置的适应度值，找到其中适应度值最大的老鼠位置 $X_{\max}^m$，对应的适应度值为 $Y_{\max}^m$。如果 $Y_{ci}<Y_{\max}^m$，则猫朝着 $X_{\max}^m$ 方向移动一步的位置为

$$X_{\text{next}}^c = X_i^c + \frac{X_{\max}^m - X_i^c}{\| X_{\max}^m - X_i^c \|} \times \text{step}^m \times \text{rand} \tag{74.5}$$

否则这只猫将执行搜索行为。需要注意的是，其中，step^m 为老鼠的步长，而非搜索行为中的步长 step^c，这是为了使猫和老鼠保持一定的距离，也可另行设置步长。

2. 鼠群的行为描述

在猫鼠种群算法中，老鼠的行为与人工鱼群算法中的鱼群行为类似，只是因为猫鼠种群算法猫群的加入，老鼠也会有相应的策略与之对应。这里老鼠的行为分为觅食行为、聚群行为、跟随行为和随机行为共 4 种。

1) 觅食行为

觅食行为是老鼠根据自身位置寻找附近更优位置的行为，是寻找自身最优的一个过程。

设第 i 只老鼠当前位置为 X_i^m，计算该位置的适应度值为 Y_i^m。在其感知范围visual^m(老鼠对食物的视野)内随机选择一个位置 X_j^m 并计算出对应的适应度值 Y_j^m。

$$X_j^m = X_i^m + \text{visual}^m \times \text{rand} \tag{74.6}$$

同样地，如果在求极大值问题中，$Y_i^m<Y_j^m$，那么这只老鼠以step^m 朝着 X_j^m 方向前进一步为

$$X_{\text{next}}^m = X_i^m + X_j^m - X_i^m X_j^m - X_i^m \times \text{step}^m \times \text{rand} \tag{74.7}$$

如果 $Y_i^m \geqslant Y_j^m$ 则按照式(74.6)重新选择位置 X_i^m，判断其是否满足前进条件；这样反复尝试 try_number^m 次后，仍不满足前进条件，则这只老鼠将执行随机行为。

2) 聚群行为

老鼠在遇到猫时会为了自身安全而自发地聚集到一起，老鼠的聚群行为可描述如下。

设第 i 只老鼠当前位置为 X_i^m，适应度值 Y_i^m。以自身位置为中心，勘探当前邻域内的($d_{ij}<\text{visual}^m$)的老鼠数目 n_f，这些老鼠形成集合 S_i，$S_i=\{X_j^m \mid \| X_j^m - X_i^c \| < \text{visual}^m\}$。

若该集合非空，表明该老鼠的视野内有其他同伴存在，$n_f>0$。按照下式计算其中心位置为

$$X_{\text{center}}^m = \frac{\sum_{j=1}^{n_f} X_j^m}{n_f} \tag{74.8}$$

计算该中心位置的适应度值 Y_{center}^m，如果 $Y_{\text{center}}^m/n_f/Y_i^m>\delta_m(\delta<1)$ 且 $Y_i^m<Y_{\text{center}}^m$，表明伙伴中心有很多食物并且不太拥挤，则朝着该中心位置的方向前进一步的位置为

$$X_{\text{next}}^m = X_i^m + \frac{X_{\text{center}}^m - X_i^m}{\| X_{\text{center}}^m - X_i^m \|} \times \text{step}^m \times \text{rand} \tag{74.9}$$

否则执行觅食行为。

3) 跟随行为

跟随行为描述当老鼠发现它周围的同伴所处的环境食物较多且不太拥挤时，它会跟随该

同伴到食物多的区域去。对这种学习能力描述如下。

设第 i 只老鼠当前位置为 X_i^m，适应度值为 Y_i^m。老鼠根据自身的当前位置搜索其视野范围内的所有伙伴中适应度值最大的那个位置 X_{max}^m，对应的适应度值为 Y_{max}^m。如果 $Y_i^m < Y_{max}^m$，就以 X_{max}^m 为中心搜索其感知范围内的同伴，数目为 n_f。当满足$[(Y_{max}^m/n_f)/Y_i^m] < \delta_m$时，则表明该位置较优且其周围不太拥挤，按照式(74.10)向着适应度最大的伙伴的方向前进一步为

$$X_{next}^m = X_i^m + \frac{X_{max}^m - X_i^m}{\| X_{max}^m - X_i^m \|} \times step^m \times rand \tag{74.10}$$

如果 $Y_i^m > Y_{max}^m$，则执行觅食行为。

4) 随机行为

为了在更大范围寻找食物和同伴，老鼠有时会随机移动，对这种随机行为描述如下。

设第 i 只老鼠当前位置为 X_i^m，适应度值为 Y_i^m。老鼠以自身的位置为中心，随机地搜索视野($visual^m$)范围内的一个位置 X_j^m，然后向 X_j^m 的方向以步长$step^m$ 移动一步，即

$$X_{next}^m = X_i^m + \frac{X_j^m - X_i^m}{\| X_j^m - X_i^m \|} \times step^m \times rand \tag{74.11}$$

这是觅食行为的一个默认行为。

3. 猫和老鼠行动顺序和方式设定

对猫和老鼠的行动顺序和方法作以下设定。

(1) 老鼠首先开始动作。如果老鼠在其视野范围内发现猫的存在，则立即执行一次聚群行为；否则，在聚群行为和跟随行为中挑选一种能够到达更优位置的行为执行。

(2) 如果都没能够得到执行，则进行觅食行为；如果觅食行为还得不到执行，则执行随机行为。

(3) 猫群开始动作。猫以一定的概率随机地执行搜索行为、捕鼠行为和跟踪行为。其中，为了与鼠群进行更好的互动，捕鼠行为和跟踪行为执行的概率较大，搜索行为的概率较小。

(4) 如果以上 3 种行为都得不到执行，这只猫在这一轮将不采取任何行动。

74.4　猫鼠种群算法的实现步骤及流程

配电网中分散式风力发电机优化配置问题，要求在配电网结构和负荷不变并且要接入的分散式风力发电机个数和单个分散式风力发电机输出功率都不确定的情况下，优化配置分散式风力发电机接入的位置和容量，找到所求决策问题的最优解，实现在满足负荷需求和配电网安全稳定运行的情况下，电网建设和运行的成本最小或者电网安全可靠性最大。

应用猫鼠种群算法优化配置分散式风力发电机接入位置和容量的实现步骤如下。

(1) 初始化参数。鼠群大小 micenum；猫群大小 catnum；最多迭代次数 MAXGEN；老鼠最多试探次数 try_number_m；猫最多尝试次数 try_number_c；老鼠感知距离 visual_ml；猫感知食物距离 visual_cf；猫感知老鼠距离 visual_cl；老鼠感知拥挤度因子 delta_m；猫感知拥挤度因子 delta_c；老鼠步长 step_m；猫搜索步长 step_cs；猫跟踪步长 step_ct；搜索模式概率 p_1，跟踪模式概率 p_2，捕鼠模式概率 p_3。

(2) 编码。对分散式风力发电机的位置和容量变量采用实数编码的方法,同时假设各分散式风机安装在负荷节点上,且一个负荷节点只能安装一个分散式电源。

对于一个允许 M 个节点安装分散式电源的配电网络,分散式电源的配置方案运用一组变量来表示,老鼠对应的方案为 $x^{\mathrm{m}}=(x_{\mathrm{m}}^{1},x_{\mathrm{m}}^{2},\cdots,x_{\mathrm{m}}^{M})$,猫对应的方案为 $x^{\mathrm{c}}=(x_{\mathrm{c}}^{1},x_{\mathrm{c}}^{2},\cdots,x_{\mathrm{c}}^{M})$。$x_i$ 的数值大小说明了对应的负荷节点 i 的配置情况。若 $x_i=0$ 则说明该负荷节点没有配置分散式风机;若 $x_i=n$ 则表示该负荷节点上待安装分散式风机的容量为 n 倍单位装机容量。

随机初始化鼠群 X^{m} 和猫群 X^{c},计算初始适应函数 Y^{m} 和 Y^{c}。

(3) 循环计数器 gen 归零。

(4) 鼠群先采取行动。判断其自身与所有猫的距离 d,若 d 中的最小值大于老鼠的视野 $\mathrm{visual}^{\mathrm{m}}$,则该老鼠执行聚群行为;否则对聚群行为和跟随行为的后果进行判断,择优而行。

(5) 猫群采取行动。每只猫分别以概率 p_1、p_2、p_3 执行搜索模式、跟踪模式、捕鼠模式。3 种模式的概率和为 1。

(6) 找到并保存所有种群中个体的最优位置和对应的适应度值。

(7) 若 gen<MAXGEN,则 gen=gen+1,转至步骤(4);否则,执行步骤(8)。

(8) 算法结束,返回最优位置和最优值。

猫鼠种群算法的流程如图 74.1 所示。

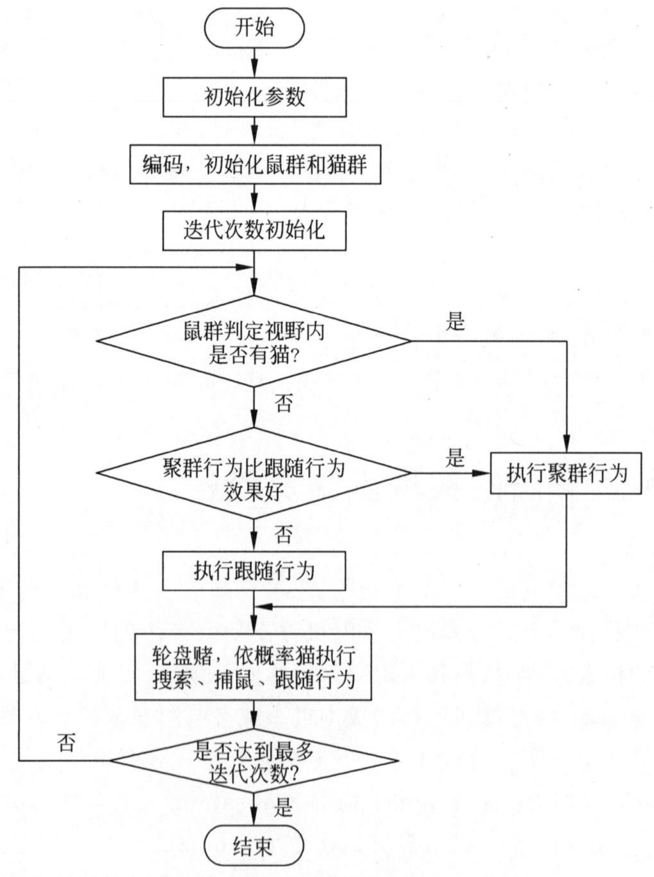

图 74.1　猫鼠种群算法的流程图

第 75 章　鸡群优化算法

鸡群优化算法模拟鸡群的等级制度和觅食中的竞争行为。该算法把鸡群分为若干子群，每个子群都由一只公鸡、若干母鸡和小鸡组成。不同的鸡群在具体的等级制度约束下，在觅食过程中存在着竞争，按照各自的运动规律更新位置以获得最佳的觅食位置。人工鸡群算法利用各个个体关系展开的多对多的协同交流特点和分组分类优化思路，有效避免以往的一对多交流寻优产生的早熟现象，提高对最优解的开发能力、搜索效率。本章介绍鸡群优化算法的基本思想、数学描述、实现步骤及流程。

75.1　鸡群优化算法的提出

鸡群优化(Chicken Swarm Optimization，CSO)算法是 2014 年由 Xianbing Meng 等在第五届 ICSI 国际会议上发表的论文(*A New Bio-inspired Algorithm：Chicken Swarm Optimization*)提出的一种新的群智能优化算法。鸡群优化算法模拟了鸡群的等级制度和觅食中的竞争行为。该算法把鸡群分为若干子群，每个子群都由一只公鸡、若干母鸡和小鸡组成。不同的鸡遵循着不同的移动规律，在具体的等级制度约束下，不同的鸡群之间在觅食过程中存在着竞争。真实的鸡群如图 75.1 所示。作为一个群体，在这种等级秩序下它们以组为单位合作按各自的运动规律更新位置搜索，最终搜索到最佳的觅食位置。

图 75.1　真实的鸡群

鸡群优化算法已用于减速器优化设计、多分类器系数优化、配电网络重构、灾害评估等方面。

75.2　鸡群优化算法的基本思想

鸡群的等级秩序和鸡群个体之间的关系在其群体性活动中起着重要作用。等级分类如下：鸡群中公鸡搜索食物能力强，适应能力最好；小鸡搜索食物能力最弱，适应能力最差；其余全是母鸡，搜索食物能力一般。个体关系包括伙伴关系和母子关系。以分组为单位，在关系约束下按各类的运动规律协作觅食。

模仿这样的群体行为，按照适应度值来建立这种等级秩序，并随机分组建立母鸡与公鸡之间的伙伴关系，随机建立小鸡与母鸡的母子关系。适应度最好的个体在群体中占有优势地位，可以优先获得食物，并且统领适应度差的个体。适应度最好的个体类比于鸡群中的公鸡，较好的对应于母鸡，最差的对应于小鸡。

每种鸡都有各自的运动规律，按照各自的运动规律更新位置，以获得最佳的觅食位置。作为一个群体，在这种等级秩序下它们以组为单位合作，按各自的运动规律更新位置搜索，最终搜索到最佳的觅食位置。

CSO 算法正是利用各个个体关系展开的多对多的协同交流特点和分组分类优化思路，有效避免群智能优化算法中的一对多交流寻优易产生的早熟现象，从而保证算法对最优解较强的开发能力、搜索效率和鲁棒性。

75.3 鸡群优化算法的数学描述

1. 人工鸡群的构建

人工鸡群的构建按照以下 4 条理想化规则进行。

(1) 整个鸡群由若干子群构成，每个子群都由一只公鸡、若干母鸡和小鸡组成。

(2) 选择鸡群中适应度最好的若干个体作为公鸡，且选择每只公鸡都是各子群的头目；选择鸡群中适应度最差的若干个体作为小鸡；剩余的个体作为母鸡，母鸡随便选择属于哪个子群；母鸡和小鸡的母子关系也是随机建立的。

(3) 鸡群中的等级制度、支配关系和母子关系一旦建立就保持不变，直至数代以后才开始更新。

(4) 每个子群中的个体都围绕这个子群中的公鸡寻找食物，也可以阻止其他个体抢夺自己的食物。小鸡跟着它们的母亲一起寻找食物，并假设小鸡可以随机偷食其他个体已经发现的食物。鸡群中具有支配地位的个体具有良好的竞争优势，它们能比其他个体优先找到食物。

2. 鸡群中个体位置更新策略

假设搜索食物空间为 D 维，整个鸡群中所有个体总数为 N，鸡群中的公鸡、母鸡、小鸡和母亲母鸡的个数分别用 N_R、N_H、N_C、N_M 表示。$x_{i,j}(t)$表示第 i 只鸡在 j 维空间 t 时刻的位置，$i\in\{1,2,\cdots,N\}$，$j\in\{1,2,\cdots,D\}$。若优化问题为求极小值，最小适应度值所对应鸡的所处空间位置即为待优化问题的最优解。

因为整个鸡群中有公鸡、母鸡和小鸡 3 种类型，所以鸡群中的个体位置更新策略随着鸡种类的不同而不同。

(1) 公鸡位置更新策略。公鸡对应着鸡群中适应度值最好的个体，适应度好的公鸡比适应度差的公鸡能优先获得食物，适应度好的公鸡在其位置上能够在更大范围内搜索食物，实现全局搜索，它的位置更新受随机选取的其他公鸡位置的影响。公鸡对应的位置更新公式如下：

$$x_{i,j}(t+1)=x_{i,j}(t)\cdot(1+\mathrm{randn}(0,\sigma^2)) \tag{75.1}$$

$$\sigma^2=\begin{cases}1, & f_i \leqslant f_k \\ \exp\left(\dfrac{(f_k-f_i)}{|f_i|+\varepsilon}\right), & \text{其他}\end{cases},\quad k\in[1,N_C],k\neq i \tag{75.2}$$

其中，randn$(0,\sigma^2)$为均值为 0、标准差为 σ^2 的一个正态分布的随机数；f_i 为第 i 只公鸡的适应度；f_r 为随机选取公鸡 r 的适应度；k 为从公鸡组中随机选择的第 k 只公鸡，$k\neq i$，f_i、f_k（$k=1,2,\cdots,N$）分别为第 i、k 只公鸡所对应的适应度值；ε 为一个无穷小的常数，加在分母上，为避免分母为零。

(2) 母鸡位置更新策略。母鸡搜索能力较公鸡稍差，它跟随伙伴公鸡搜索，母鸡位置的更新受伙伴公鸡位置的影响。同时，由于偷食和个体之间的竞争，其位置更新又受其他公鸡和母鸡的影响。母鸡的位置更新公式如下：

$$\begin{aligned}x_{i,j}(t+1)=&x_{i,j}(t)+S_1\cdot \text{rand}\cdot(x_{r_1,j}(t)-x_{i,j}(t))+\\&S_2\cdot\text{rand}\cdot(x_{r_2,j}(t)-x_{i,j}(t))\end{aligned} \tag{75.3}$$

$$S_1=\exp((f_i-f_{r_1})/(\text{abs}(f_i)+\varepsilon)) \tag{75.4}$$

$$S_2=\exp(f_{r_2}-f_i) \tag{75.5}$$

其中，rand 为[0,1]区间均匀分布的随机数；r_1 为第 i 只母鸡自身所在群的公鸡；r_2 为整个鸡群中公鸡和母鸡中随机选取的任意个体，且 $r_1\neq r_2$。

(3) 小鸡位置更新策略。小鸡的搜索能力最差，跟随在母亲母鸡附近搜索，搜索范围最小，它实现对局部最优解的挖掘。小鸡的搜索范围受母亲母鸡位置的影响，它的位置更新公式如下：

$$x_{i,j}(t+1)=x_{i,j}(t)+F\cdot(x_{m,j}(t)-x_{i,j}(t)) \tag{75.6}$$

其中，m 为第 i 只小鸡对应的母鸡；F 为小鸡跟随母鸡寻找食物的跟随系数，F 在[0,2]区间的取值。

75.4　鸡群优化算法的实现步骤及流程

鸡群优化算法的实现步骤如下。

(1) 对待优化问题进行描述，对数据进行归一化处理。设置鸡群数量 N、公鸡数量为 N_R、母鸡数量为 N_H、小鸡数量为 N_C 和具有“母子关系”的母鸡数量 N_M；鸡群分组数目 G，随机参数 F 和最大迭代次数 T。

(2) 鸡群秩序的建立。按照鸡群体行为的 4 条理想化规则建立等级秩序；将鸡群分为 G 组，随机建立母鸡和小鸡之间的对应关系。

(3) 确定目标函数。由于鸡群优化算法是求解极小值，因此将待优化问题的目标函数的倒数作为适应度函数。

(4) 初始化操作。随机初始化鸡的位置 $x_{i,j}(t)$，并计算初始化鸡群中个体的适应度值，选取当前最佳适应度值及所对应个体所处空间位置。

(5) 迭代。对随机选择的第 i 只鸡为公鸡、母鸡、小鸡时，分别按式(75.1)、式(75.3)和式(75.6)进行位置更新。

(6) 适应度函数计算。依据更新后的位置再计算适应度值，若更新后的适应度值优于当前最佳适应度值，则替换当前最佳个体所处空间位置，并将更新后的适应度作为当前最佳适应度值；若劣于当前最佳适应度值，则不进行个体空间位置替换。

(7) 找出当前最佳个体适应度值及所处空间位置。判断算法迭代次数（或其他终止条件）是否满足，若满足则转至步骤(8)；否则重复执行步骤(4)～步骤(7)。

(8) 输出最优个体值和全局极值，算法结束。

鸡群优化算法实现的流程如图 75.2 所示。

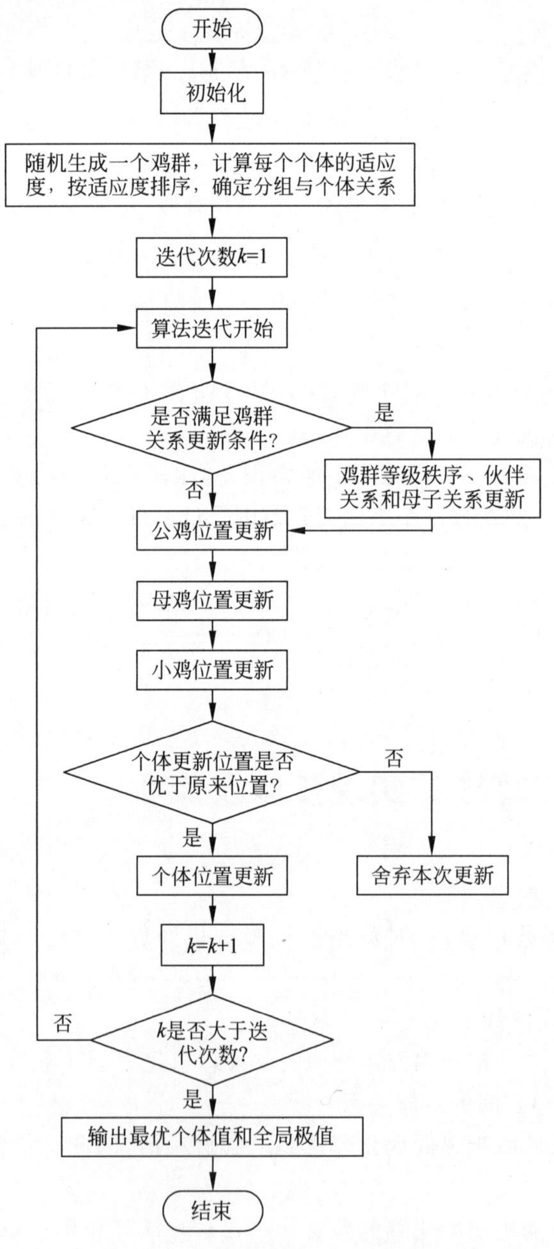

图 75.2 鸡群优化算法实现的流程

第76章 猴群算法

猴群算法是一种模拟猴群爬山过程的群智能优化算法。该算法包括攀爬过程、瞭望过程、空翻过程。攀爬过程用于找到局部最优解；瞭望过程为了找到优于当前解，并接近目标值的点；空翻过程是为让猴子更快地转移到下一个搜索区域，以便搜索到全局最优解。仿真结果表明，对于高维度且有很大数量局部最优解的问题，猴群算法可以找到最优解或者近似最优解。猴群算法已用于传感器优化布置、能量优化管理、输电网规划、入侵检测、云计算资源分配等方面。本章介绍猴群算法的原理、描述、实现步骤及流程。

76.1 猴群算法的提出

猴群算法(Monkey Algorithm，MA)是2008年由Ruiqing Zhao和Wansheng Tang提出的一种模拟猴群爬山过程的群智能优化算法，主要用于解决带有连续变量的全局数值最优化问题。该算法主要包括攀爬过程、望-跳过程、空翻过程。其中，攀爬过程用于实现局部最优解；望-跳过程为了找到优于当前解并接近目标值的点；空翻过程是为让猴子更快地转移到下一个搜索区域。反复执行上述过程直至获得全局最优解。

猴群算法为更有效地解决高达10 000维度的全局最优化问题提供了重要机制。仿真结果表明，对于高维度且拥有大量局部最优解的优化问题，猴群算法可以找到全局最优解或者近似最优解。猴群算法已用于传感器优化布置、能量优化管理、输电网规划、入侵检测、云计算资源分配等方面。

76.2 猴群算法的优化原理

智能优化算法如果面临最优化问题中目标函数是一个多峰函数，那么决策向量维数的增加会导致局部最优解的数量呈指数增加。一方面，一个算法有可能被高维度最优化问题的局部最优解困住；另一方面，因为大规模的计算，大量的CPU时间被占用。为了解决上述问题，设计猴群算法是受大自然中猴群爬山过程的启发，模拟猴群在群山中爬山攀高直至最后登到群山之顶的过程。猴群爬山及在山顶上猴子的望-跳状态，如图76.1所示。

猴群算法将待优化问题的可行域映射为所有猴子的活动区域，所有猴子构成一个共同探寻该目标区域最高山峰的一个猴群。每只猴子所在活动区域中的位置代表着该优化问题的一个候选解。

猴群算法包括初始化，猴子的攀爬过程、望-跳过程和空翻过程。初始化是为了给猴群中每个猴子一个初始的位置，根据一定的算法产生，并且需要符合最优化问题的限制条件。

图 76.1　猴群爬山及在山顶上猴子的瞭望状态

当猴子通过攀爬过程到达了一个山顶，向四周瞭望以寻找邻近的更高的山峰，如果发现临近的更高峰，则跳跃过去继续攀爬至其山顶。将"瞭望"和"跳跃"过程合起来，简称为"望-跳过程"（Watch-Jump Process）。在反复经过攀爬过程和望-跳过程之后，每个猴子都找到了自己所在初始位置附近区域内的最高山峰（局部最优解）。

为了发现更高的山峰，避免被困在局部峰顶，猴子必须空翻到更远的地方，在新的区域再次攀爬。猴子通过攀爬、望-跳、空翻 3 种基本行动方式向着较高的山峰不断行进。经过一定次数的循环进化后，或者达到了一定的终止条件后，算法终止。站得最高的猴子所在的位置即对应于全局最优解或者近似最优解。这就是利用猴群算法对优化问题求解的原理。

76.3　猴群算法的数学描述

猴群算法的描述共包括 5 部分：初始化、攀爬过程、望-跳过程、空翻过程、算法终止条件。

1. *初始化*

定义正整数 M 为猴子种群的大小，问题的维数为 n，第 i 只猴子 $x_i(i=1,2,\cdots,M)$ 的位置向量表示为 $\boldsymbol{x}_i=(x_{i1},x_{i2},\cdots,x_{in})$，这个位置向量代表优化问题的一个可行解。

算法开始首先要为每个猴子位置初始化，假定一个区域包含潜在的最优解可以在事先确定。通常，这个区域被定义成理想的形状，如 n 维立方体，计算机可以很容易从立方体中采集样本点。然后这个点从数据立方体中随机产生，如果它是可适用的，则作为这个猴子的起始点；否则从数据立方体中重新采样，直到产生可用的点。重复以上步骤 M 次，就可获得 M 个可用的点 $\boldsymbol{x}=(x_1,x_2,\cdots,x_M)$，作为 M 个猴子的初始位置。

2. *攀爬过程*

攀爬过程是通过算法的步步迭代，使猴子的位置从初始值向着接近目标函数的新位置转移。基于梯度的算法如牛顿下山法，假设信息在和目标函数相关联的梯度向量是可用的。然而，目前在递归优化算法中出现的同时扰动随机逼近（SPSA）算法，它不依赖于梯度信息或者测量信息。这类算法是基于对目标函数的梯度值近似这一原则。因此，可以使用 SPSA 的思想设计猴子 i 的攀爬过程如下。

(1) 随机产生向量 $\Delta\boldsymbol{x}_i=(\Delta x_{i1},\Delta x_{i2},\cdots,\Delta x_{in})$，$\Delta x_{ij}$ 满足

$$\Delta x_{ij}=\begin{cases}a, & \text{占 } 1/2 \text{ 概率} \\ -a, & \text{占 } 1/2 \text{ 概率}\end{cases},\quad j=1,2,\cdots,n \tag{76.1}$$

其中，参数 $a(a>0)$ 为攀爬过程的步长，其值大小根据具体情况而定，a 越小解就越精确。例如，取 $a=0.000\,01$。

(2) 计算目标函数在点 x_i 的伪梯度为

$$f'_{ij}(\boldsymbol{x}_i)=\frac{f(\boldsymbol{x}_i+\Delta\boldsymbol{x}_i)-f(\boldsymbol{x}_i-\Delta\boldsymbol{x}_i)}{2\Delta\boldsymbol{x}_{ij}} \tag{76.2}$$

其中，$j=1,2,\cdots,n$；向量 $f'_i(\boldsymbol{x}_i)=(f'_{i1}(\boldsymbol{x}_i),f'_{i2}(\boldsymbol{x}_i),\cdots,f'_{in}(\boldsymbol{x}_i))$为目标函数 $f(\cdot)$在点 x_i 处的伪梯度。

(3) 令 $\boldsymbol{y}=(y_1,y_2,\cdots,y_n)$，$j=1,2,\cdots,n$，计算 $y_j=x_{ij}+a\cdot\mathrm{sgn}(f'_{ij}(\boldsymbol{x}_i))$。

(4) 如果 $\boldsymbol{y}$ 是可用的，则用 $\boldsymbol{y}$ 更新 $\boldsymbol{x}_i$；否则 $\boldsymbol{x}_i$ 不变。

(5) 重复上述步骤(1)～步骤(4)，直到迭代时邻域中目标函数的值几乎没有变化或最大允许迭代次数(称为爬升数，由 N_c 表示)已经达到为止。

3. 望-跳过程

结束了攀爬过程的每只猴子都到了自己的山顶，然后让每只猴子环视四周，瞭望是否有比当前更高的点。如果有，那么它就从当前点跳到那里。这里定义一个正数变量 b 作为猴子的视力，表明猴子可以观看到的最大距离。b 要根据实际情况来定，最优化问题的可行域越大，参数 b 应该取得越大。例如，b 取为 0.5。

实现望-跳过程具体描述如下。

(1) 令 $\boldsymbol{y}=(y_1,y_2,\cdots,y_n)$，计算 $y_j=\mathrm{rand}(x_{ij}-b,x_{ij}+b)$，$j=1,2,\cdots,n$。

(2) 如果 $f(y_j)\geqslant f(x_i)$，并且 y_j 是可用的，那么用 y_j 来更新 x_i，否则重复步骤(1)，直到合适的 y 点被找到。

(3) 重复采用 y 作为初始位置的攀爬过程。

4. 空翻过程

空翻过程的主要目的是确保猴子能够找到新的搜索区域，而不至于陷入局部搜索。可以选定所有猴子当前位置的重心作为一个支点，然后所有猴子会沿着指向支点的方向空翻。特别的是，猴子 i 会采用以下方式从当前位置空翻到下一个点，$i=1,2,\cdots,M$。实现空翻的具体过程描述如下。

(1) 随机从空翻区间$[c,d]$产生实数 α，空翻区间$[c,d]$通常视具体情况而定，它决定着猴子能够空翻的最大距离。例如，取$[c,d]=[-1,1]$。

(2) 令 $\boldsymbol{p}=(p_1,p_2,\cdots,p_n)$为空翻支点，$y_j$ 的计算公式为

$$y_j=x_{ij}+\alpha(p_j-x_{ij}) \tag{76.3}$$

其中，$p_j=\frac{1}{M}\sum_{i=1}^{M}x_{ij}$，$j=1,2,\cdots,n$。如果 $\alpha\geqslant 0$，猴子沿着当前位置指向空翻支点的方向空翻；否则沿着相反方向空翻。

空翻支点的选取不是唯一的，还可以采用下面两种计算形式：

$$y_j=p'_j+\alpha(p'_j-x_{ij}) \tag{76.4}$$

$$y_j=x_{ij}+\alpha\mid p'_j-x_{ij}\mid \tag{76.5}$$

其中，$p'_j=\frac{1}{M-1}\left(\sum_{i=1}^{M}x_{ij}-x_{ij}\right)$，$j=1,2,\cdots,n$。

(3) 如果 $\boldsymbol{y}=(y_1,y_2,\cdots,y_n)$是可用的，则令 $x_i=y$；否则，重复上述步骤(1)和步骤(2)，直至可用的 $\boldsymbol{y}$ 被找到为止。

5. 算法终止条件

与通常的智能算法相似，猴群算法可以有以下两条终止准则。

(1) 当达到预先设定的搜索代数时计算法终止。结束了攀爬过程,望-跳过程和空翻过程,猴群算法在循环了一个给定的循环次数后停止算法。需要指出的是,最好的位置不一定是必须是在最后的迭代中产生,也有可能是在初始的时候一直保持下来,如果猴子在新的迭代过程中发现更好的解,那么新解将覆盖旧解,这个位置当迭代结束时,就会被当作最优解给出来。

(2) 当所找到的最优解连续 K 代不发生变化时计算终止。其中,K 的取值应根据问题规模的大小确定。所谓一代,是指猴群经过攀爬、望-跳和空翻过程之后完成的一次搜索过程。

76.4 猴群算法的实现步骤及流程

猴群算法实现的具体步骤如下。

(1) 给定算法的所有参数。猴群规模 M,攀爬步长 α,攀爬次数 N_c,瞭望视野 b,望-跳的次数 N_w,空翻区间$[c,d]$,整个循环代数 N 等,并在可行域内随机生成初始猴群。

(2) 利用攀爬过程搜索局部最优解。

(3) 利用望-跳过程搜索更优位置,并向更优的位置攀爬。

(4) 利用空翻过程跳到新的区域重新进行搜索。

(5) 检查是否满足终止条件,如果满足则输出最优解及目标值,算法结束;否则转到步骤(2)。

猴群算法的流程如图 76.2 所示。

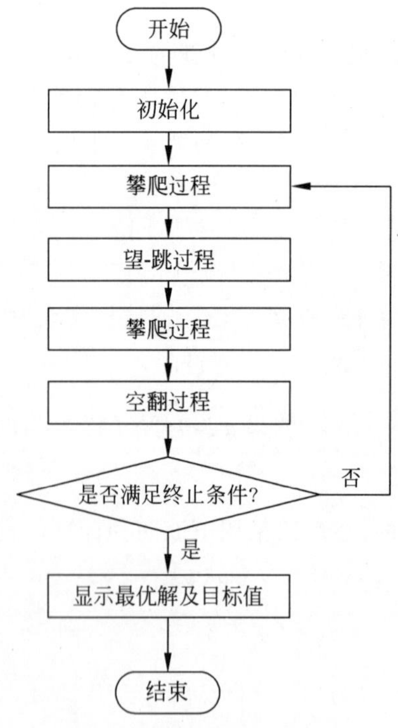

图 76.2 猴群算法的流程

第77章　蜘蛛猴优化算法

蜘蛛猴优化算法是模拟蜘蛛猴种群裂变-融合(FFSS)社会组织觅食行为的群智能优化算法。当季节性因素导致食物供应短缺时,群体成员之间对食物的竞争,使得蜘蛛猴群形成裂变-融合社会系统。这样可以最大限度地减少群体成员之间的直接觅食竞争,因此它们将自己分成子群体以寻找食物。本章首先介绍蜘蛛猴习性及裂变-融合结构的觅食行为,然后阐述蜘蛛猴优化算法的优化原理、数学描述及实现步骤。

77.1　蜘蛛猴优化算法的提出

蜘蛛猴优化(Spider Monkey Optimization,SMO)算法是2014年由Bansal等模拟蜘蛛猴觅食行为及种群裂变-融合(FFSS)社会组织行为的群智能优化算法。

通过对26种测试函数的测试并与多种优化算法的比较结果表明,对于大多数问题的可靠性(成功率)、效率(函数评估的平均次数)和准确性(平均目标函数值),SMO是具有竞争力的,它类似于DE、PSO、ABC和CMA-ES算法。该算法具有原理简单、高效、控制参数少的优点。因此,已用于认知无线电频谱分配、天线设计、图像分割、自动图像灰度聚类、优化PID控制参数、电容器配置等方面。

77.2　蜘蛛猴习性及裂变-融合结构的觅食行为

蜘蛛猴一般以黑色最多,也有褐色、灰色的。它的形体和在树上爬的动作,酷似一只蜘蛛,故称为蜘蛛猴。蜘蛛猴的身体又瘦又小,四肢又细又长,头部又小又圆,尾巴特别细长。这条卷曲的尾巴异常敏感,既有平衡身体的作用,又有抓拾食物、悬吊躯体的功能。蜘蛛猴的手指和脚趾上有长长的指甲,帮助它们灵活地攀爬树木。蜘蛛猴科以坚果、浆果和昆虫为食。图77.1给出了蜘蛛猴的一些图片。

图77.1　蜘蛛猴

蜘蛛猴生活在热带森林中，善于树栖生活。它们是群居动物，每 50 只左右生活在一起。蜘蛛猴会分成多个子群在大群的栖息地的核心区域内，由一只雌性蜘蛛猴领导团队寻找食物。为防止找不到足够食物，又把子群分成了平均有 3 个成员的小组分别搜寻。

当季节性因素导致食物供应短缺时，群体成员之间对食物的竞争，使得蜘蛛猴群形成裂变-融合社会系统。这样可以最大限度地减少群体成员之间的直接觅食竞争，因此它们将自己分成子群体以寻找食物。然后，这些子群的成员根据食物的供应情况在子群内外使用视觉和声音进行交流。蜘蛛猴也使用姿势分享它们的意图和观察，例如性接受姿势和攻击姿势。这样的蜘蛛猴裂变-融合社会系统有利于个体群体成员增加交配机会和免受捕食者的伤害。

77.3 蜘蛛猴优化算法的优化原理

蜘蛛猴算法是通过模拟现实生活中蜘蛛猴基于裂变-融合社会结构(FFSS)的觅食行为而设计的一种群体智能优化算法。蜘蛛猴裂变-融合社会结构(FFSS)的动物群体通常有 40～50 个成员。雌性蜘蛛猴(全局领导者)带领团队，并负责寻找食物来源。如果它无法为该群体获得足够的食物，它会将群体分成 3～8 个成员的更小的小组独立觅食，以减少成员之间的觅食竞争。

小组也由雌性蜘蛛猴(当地领导者)领导，它是每天规划有效觅食路线的决策者。这些小组的成员之间根据食物的供应情况并在亚组内外维持领土边界进行交流。小组成员的位置通过全局领导者、本地领导者、小组成员的位置的反馈进行不断更新。

SMO 算法的具体的觅食策略分为如下 4 个步骤：

(1) 小组开始觅食并评估它们与食物的距离。

(2) 根据与食物的距离，小组成员更新它们的位置，并再次评估与食物来源的距离。

(3) 本地领导者更新其在组内的最佳位置，如果该位置未达到更新指定次数，则该组的所有成员开始向不同方向搜索食物。

(4) 全局领导者更新其最佳位置，并在停滞的情况下将组拆分为更小的规模亚组。

上述 4 个步骤会连续执行，直到找到目标食物。

77.4 蜘蛛猴优化算法的数学描述

SMO 是一个基于试错的协作迭代过程，包括 6 个阶段：本地领导阶段、全局领导阶段、本地领导学习阶段、全局领导学习阶段、本地领导决策阶段和全局领导者决策阶段。

1. 种群初始化

SMO 算法生成均匀分布的 N 只蜘蛛猴初始种群，其中每只蜘蛛猴 $\mathbf{SM}_i\ (i=1,2,\cdots,N)$ 都是一个 D 维向量，D 是优化问题中的变量数量。$\mathbf{SM}_i$ 代表种群中的第 i 只蜘蛛猴。每只蜘蛛猴对应于所考虑问题的一个潜在解。每只 $\mathbf{SM}_i$ 初始化如下：

$$\mathrm{SM}_{ij}=\mathrm{SM}_{\min j}+U(0,1)(\mathrm{SM}_{\max j}-\mathrm{SM}_{\min j}) \tag{77.1}$$

其中，$\mathrm{SM}_{\max j}$ 和 $\mathrm{SM}_{\min j}$ 分别为第 i 只猴第 j 维上限和下限；$U(0,1)$为在[0,1]区间均匀分布

的随机数。

2. 本地领导者阶段

在本地领导者阶段，每只猴子 SM 根据本地领导者以及小组成员的经验信息修正其当前位置，并计算新位置的适应度值。如果新位置的适应度值高于旧位置，则更新位置如下：

$$SM_{newij} = SM_{ij} + U(0,1)(LL_{kj} - SM_{ij}) + U(-1,1)(SM_{rj} - SM_{ij}) \tag{77.2}$$

其中，SM_{ij} 为第 i 只猴子的第 j 维分量；LL_{kj} 为第 k 组本地领导者的第 j 维分量，SM_{rj} 为第 k 组内第 r 只猴子的第 j 维分量，r 在该小组内随机选取，且 $r \neq i$；$U(-1,1)$ 为 $[-1,1]$ 区间均匀分布的随机数。

3. 全局领导者阶段

在本地领导者阶段完成之后，开始全局领导者阶段。所有猴子通过全局领导者以及本地小组成员的经验信息更新其位置如下：

$$SM_{newij} = SM_{ij} + U(0,1)(GL_j - SM_{ij}) + U(-1,1)(SM_{rj} - SM_{ij}) \tag{77.3}$$

其中，GL_j 表示全局领导者的第 j 维分量；$j \in \{1,2,\cdots,D\}$，且随机选取。

在全局领导者阶段，蜘蛛猴根据适应度值计算的概率大小来更新其位置，从而使好的解获得更大的开发机会。概率计算公式如下：

$$prob_i = 0.9 \times \frac{fitness_i}{max\_fitness} + 0.1 \tag{77.4}$$

其中，$fitness_i$ 为第 i 只蜘蛛猴的适应度值；max_fitness 为小组内个体最大适应度值。

比较新、旧位置的适应度值，留下适应度高的位置。适应度值的计算公式如下：

$$fitness_i = \begin{cases} 1/(1+f(x_i)), & f(x_i) \geqslant 0 \\ 1+|f(x_i)|, & f(x_i) < 0 \end{cases} \tag{77.5}$$

其中，$fitness_i$ 为第 i 只蜘蛛猴的适应度值；$f(x_i)$ 为相应的目标函数值。

4. 全局领导者学习阶段

全局领导者运用贪婪选择过程来更新其位置，将整个种群中具有最大适应度值的蜘蛛猴选为全局领导者；检查全局领导者的位置是否更新，若位置没有更新，则全局限制计数加 1。

5. 本地领导者学习阶段

局部领导者运用贪婪选择过程来更新它们的位置，将每个局部群体中具有最高适应度值的蜘蛛猴选为本地领导者；若本地领导者的位置没有更新，则本地限制计数加 1。

6. 本地领导者决策阶段

如果任何当地领导者的位置没有更新到一个预定的迭代次数(Global Leader Limit)，则该组中的所有成员都可以根据扰动率 (pr) 的大小采取通过随机初始化，或者通过使用全局领导者和当地领导者的组合信息来更新它们的位置如下：

$$SM_{newij} = SM_{ij} + U(0,1)(GL_j - SM_{ij}) + U(-1,1)(SM_{rj} - LL_{kj}) \tag{77.6}$$

其中，$U(0,1)$ 为在 $[0,1]$ 区间均匀分布的随机数；$U(-1,1)$ 为 $[-1,1]$ 区间的随机数。

7. 全局领导者决策阶段

在这个阶段，全局领导者的位置受到监控，如果它不会更新到预定的迭代次数，则全局领导者将种群划分成更小的群体。如图 77.2～图 77.5 所示，先分成 2 组，然后分成 3 组，以此类推，直到形成最大组数(MG)。

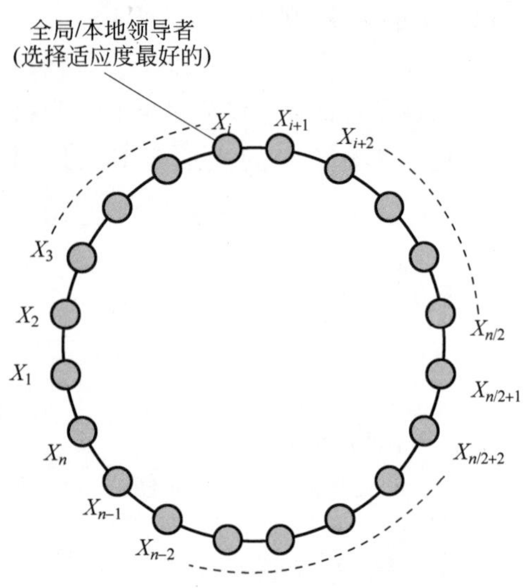

图 77.2　SMO 拓扑：单组

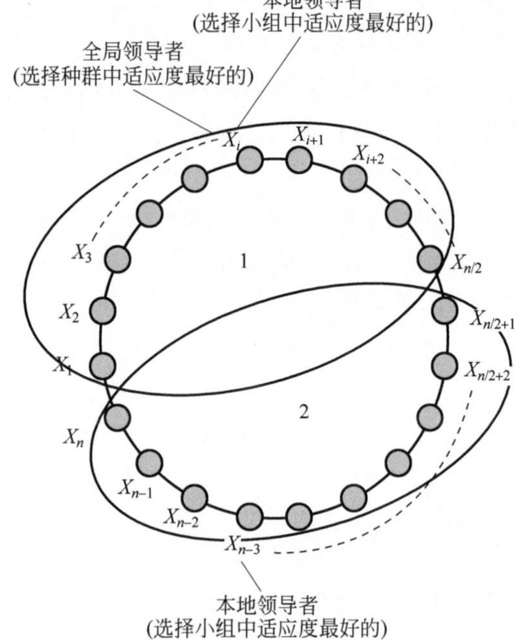

图 77.3　SMO 拓扑：种群分成 2 组

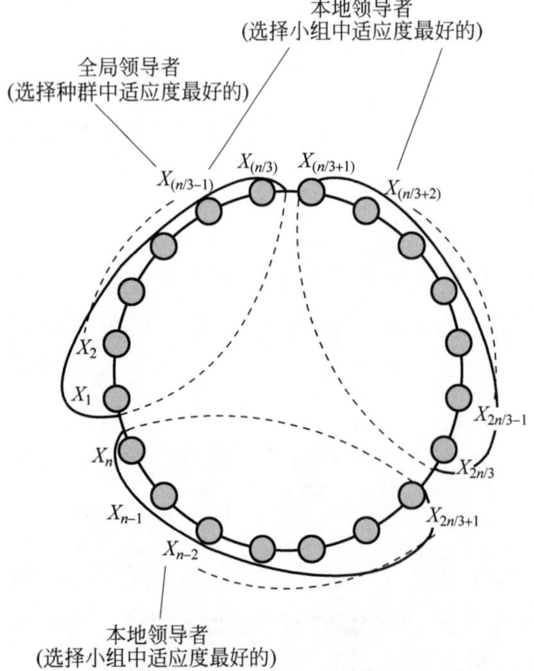

图 77.4　SMO 拓扑：种群分成 3 组

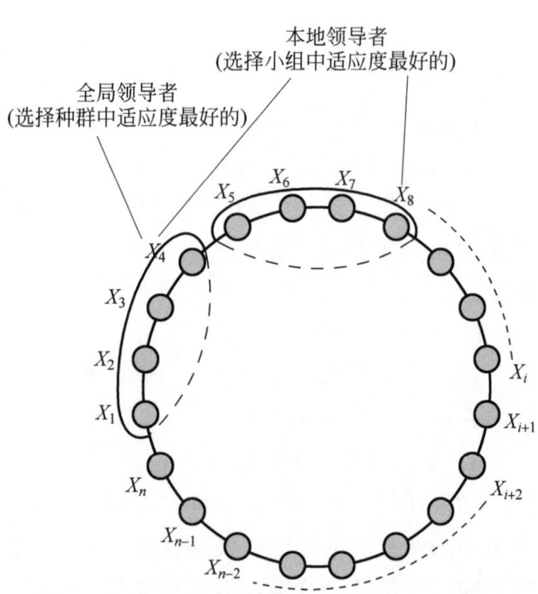

图 77.5　SMO 拓扑：最小规模组

每次在全局领导者决策阶段，局部领导者学习过程是发起选举新组成团体的地方领导人。即使这样形成最大组数的情况，全局领导者的位置也没有更新，然后全局领导者将所有的小组融合成一个组。SMO 算法的上述思想正是模拟蜘蛛猴聚变-裂变社会组织的结构。

通过以上过程使得蜘蛛猴群不断更新位置，直至目标函数在连续迭代的优化值没有变化，或到达预先设定迭代次数，此时算法终止，输出最优位置和最优函数值。

77.5　蜘蛛猴优化算法的实现步骤

(1) 对种群的规模 P,总的迭代次数 N,本地领导者限制次数 LLL,全局领导者限制次数 GLL,扰动率 pr 进行初始化。

(2) 计算个体的适应度值,即判断个体距离食物源的距离。

(3) 依据贪婪准则选出本地领导者和全局领导者。利用式(77.1)给出种群中每个蜘蛛猴的初始位置。计算出蜘蛛猴群中个体当前位置的适应度值,找出当前最优位置及对应的适应度值并记录,将每个小组中适应度值最优的蜘蛛猴选为局部领导者后,将局部领导者中具有最优适应度值的猴子选为全局领导者。

(4) 如果满足停止条件,则输出最优解,算法结束；否则,执行如下步骤。

① 为了找到最优解(食物来源),在本地领导者阶段,依据自身经验、本地领导者经验,及小组成员经验,用式(77.2)来产生新位置。

② 在现有位置和新生成的位置之间,采用贪婪选择过程,根据它们的适应度值选择出一个更好的位置。

③ 在全局领导者阶段,利用式(77.4)根据适应度值计算每个小组成员更新位置的概率值 prob_i。

④ 通过自己的经验、全局领导者经验和小组成员的经验,为 prob_i 选定的所有小组成员更新位置。

⑤ 对所有小组成员进行贪婪选择,更新本地领导者和全局领导者的位置。

⑥ 如果任何本地领导者更新次数未达到预先设定的本地领导者限制次数 LLL,则重新指导该特定小组的所有成员用本地领导者决策策略进行觅食。

⑦ 如果全局领导者更新次数未达到预先设定的全局领导者限制次数 GLL,则利用全局领导人决策策略将该组分成更小的组,转到步骤(2)继续执行。

第 78 章　斑鬣狗优化算法

斑鬣狗是复杂、聪明且高度社交的动物。斑鬣狗优化算法是模拟斑鬣狗社会等级与捕食行为的群智能优化算法。斑鬣狗依靠自身的视觉、听觉、嗅觉来捕获猎物。该算法把斑鬣狗的捕食行为分为搜寻、追赶、包围、攻击 4 个过程，并分别建立数学模型。斑鬣狗优化算法具有原理简单、需调节的参数少、易于实现、具有较强的全局搜索能力等特点。本章介绍斑鬣狗的社会等级及捕食行为，阐述斑鬣狗优化算法的数学描述、实现步骤和流程。

78.1　斑鬣狗优化算法的提出

斑鬣狗优化算法(Spotted Hyena Optimizer，SHO)是 2017 年由印度学者 Gaurav Dhiman 与 Vijay Kumar 提出的模拟斑鬣狗社会等级与捕食行为的群智能优化算法，并将它应用于函数优化与工程优化设计。2018 年，他们又提出多目标优化问题的斑鬣狗优化算法。2019 年，他们用斑鬣狗优化算法解决复杂非线性约束工程问题。斑鬣狗优化算法具有原理简单、需调节的参数少、易于实现、具有较强的全局搜索能力等特点。

通过 29 个测试函数以及焊接梁、弹簧、压力容器、减速机、加载结构等 6 个工程优化设计问题测试结果表明，与其他优化算法(如 GWO、PSO、MFO、MVO、SCA、GSA、GA 和 HS)相比，SHO 的收敛速度与优化精度具有极强的竞争力，它可以处理各种类型带约束的优化问题，比其他优化算法速度快，能提供更好的解。

78.2　斑鬣狗的社会等级及捕食行为

斑鬣狗是大型食肉动物，它们通常生活在欧亚热带稀树草原、次生荒漠、热带雨林等地区。斑鬣狗通常群居生活和狩猎，一个斑鬣狗种群可拥有 100 多个成员。为了扩大它们的种群，它们通常会通过血缘关系或以某种方式与另一个斑鬣狗联系在一起。

在斑鬣狗家族中，雌性成员占主导地位并生活在其氏族中。成年雄性成员离开它们的氏族去寻找并加入新的氏族。在这个新家族里它们是获得餐食份额最低的成员。加入氏族的雄性成员永远与同一个成员(朋友)很长一段时间待在一起。而雌性总是可以确保待在一个稳定的地方。

斑鬣狗是复杂、聪明且高度社交的动物，它们有能力无休止地争夺领土和食物。斑鬣狗也称为笑鬣狗，因为它的声音与人类的笑声非常相似。它们的日常交流是通过特殊的方式传声，比如摆姿态和专门呼叫信号之类的彼此联系。它们使用多种感觉程序来识别其亲属和其他成员。它们还可以识别第三方亲属并排定氏族之间的关系，并在进行社会决策时使用这些知识。

斑鬣狗依靠自身的视觉、听觉、嗅觉来捕获猎物。它们的捕食行为分为搜寻、追赶包围、攻击 4 个过程,如图 78.1 所示。

(a) 搜索和追踪猎物

(b) 追赶猎物

(c) 包围猎物

(d) 攻击猎物

图 78.1　斑鬣狗的狩猎行为

78.3　斑鬣狗优化算法的优化原理

动物之间的社会关系是人们获得建立算法数学模型的来源。斑鬣狗优化算法的设计灵感源于受斑鬣狗的社会关系及捕食行为的启发。在大自然中动物的社会关系是动态变化的。动物之间的社会关系可分为 3 类：第一类包含环境因素,如资源的可获得性及与其他动物之间的竞争；第二类关注动物个体之间的行为或素质的社会偏好；第三类是动物物种之间的社会关系。

一些斑鬣狗聚集成群组有助于在捕食过程中相互之间的有效合作,也可以使它们的适应性最大化。斑鬣狗优化算法通过对斑鬣狗的社会关系进行数学建模及对斑鬣狗的跟踪、追赶、包围和攻击捕食行为的模拟,来实现对寻优问题优化求解。

78.4　斑鬣狗优化算法的数学描述

通过建立斑鬣狗捕猎过程的数学模型来分别描述包围、追捕、攻击和搜索猎物的行为。

1. 包围猎物

斑鬣狗能够很快寻找到猎物的位置并迅速地包围猎物。包围猎物在斑鬣狗优化算法中起到全局搜索作用。为了对斑鬣狗的社会等级进行数学建模,认定当前最好的斑鬣狗搜索个体位置为猎物的位置,也是斑鬣狗处于搜寻最优的位置。斑鬣狗会随着猎物的移动而不断更新它们当前的位置。描述包围猎物行为的数学模型如下：

$$\boldsymbol{D}_h = |\boldsymbol{B} \cdot \boldsymbol{P}_p(x) - \boldsymbol{P}(x)| \tag{78.1}$$

$$\boldsymbol{P}(x+1) = \boldsymbol{P}_p(x) - \boldsymbol{E} \cdot \boldsymbol{D}_h \tag{78.2}$$

其中,$\boldsymbol{D}_h$ 为猎物和斑点鬣狗之间的距离；x 表示当前迭代；$\boldsymbol{B}$ 和 $\boldsymbol{E}$ 是系数向量；$\boldsymbol{P}_p$ 表示猎物的位置向量；$\boldsymbol{P}$ 是斑点鬣狗的位置向量；$|\ |$和 · 分别表示取绝对值和向量相乘。向量 $\boldsymbol{B}$ 和 $\boldsymbol{E}$ 的计算如下：

$$\boldsymbol{B} = 2\boldsymbol{rd}_1 \tag{78.3}$$

$$\boldsymbol{E} = 2\boldsymbol{h} \cdot \boldsymbol{rd}_2 - \boldsymbol{h} \tag{78.4}$$

$$\boldsymbol{h} = 5 - (t(5/T)) \tag{78.5}$$

其中,$t=1,2,\cdots,T$；T 为最大迭代次数；$\boldsymbol{rd}_1$ 和 $\boldsymbol{rd}_2$ 均为随机向量；$\boldsymbol{h}$ 表示在迭代到最大迭

代次数的过程中由 5 线性地减少到 0,以利于适当地保持探索和开发之间的平衡。

在如图 78.2 所示的二维空间中,斑鬣狗(A,B)可以根据式(78.1)和式(78.2)将其位置更新为猎物(A^*,B^*)的位置。通过调整向量 $\boldsymbol{B}$ 和 $\boldsymbol{E}$ 的值,当前位置可以到达的位置数是不同的。在如图 78.3 所示的三维空间中,通过使用式(78.1)和式(78.2),斑鬣狗可以在猎物周围随机更新自己的位置。因此,同样的概念可以进一步扩展为 n 维搜索空间。

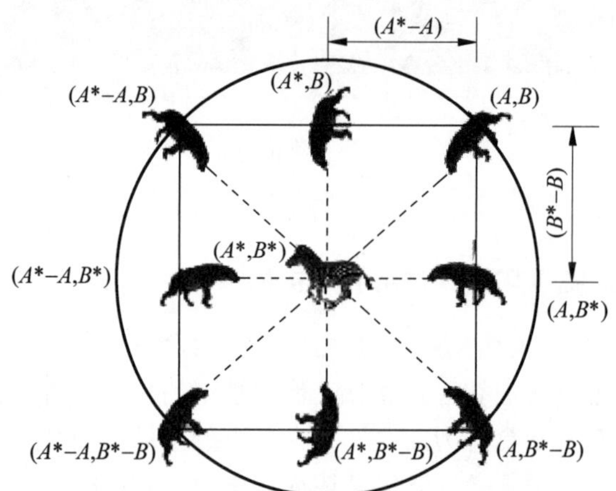

图 78.2　二维空间中的斑鬣狗位置

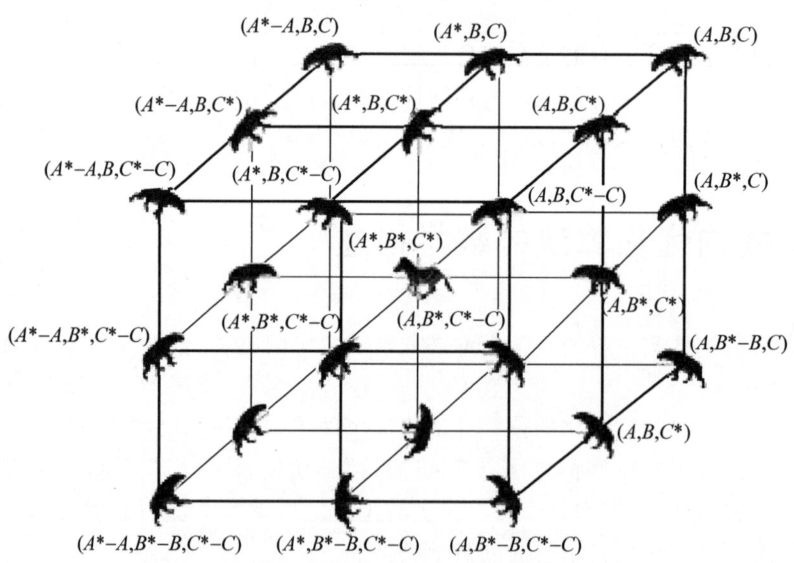

图 78.3　三维空间中的斑鬣狗位置

2. 追捕猎物

斑鬣狗通常会群居生活与追捕猎物,并依靠可信赖的同伴和自己熟悉猎物的所在位置的能力。为了建立斑鬣狗追捕猎物行为的数学模型,认定最优斑鬣狗的个体位置是猎物所在位置,其他斑鬣狗的搜寻个体构成一个群落,都朝向更好个体的位置移动,并且保留目前更新的最好值,将以上追捕猎物的过程用下面 3 个等式描述如下:

$$\boldsymbol{D}_h = |\boldsymbol{B} \cdot \boldsymbol{P}_h - \boldsymbol{P}_k| \tag{78.6}$$

$$\boldsymbol{P}_k = \boldsymbol{P}_h - \boldsymbol{E} \cdot \boldsymbol{D}_h \tag{78.7}$$

$$\boldsymbol{C}_h = \boldsymbol{P}_k + \boldsymbol{P}_{k+1} + \cdots + \boldsymbol{P}_{k+N} \tag{78.8}$$

其中，$\boldsymbol{P}_h$ 为第一个最优斑鬣狗的位置；$\boldsymbol{P}_k$ 为其他斑鬣狗的位置；N 为斑鬣狗的数量，计算方法如下：

$$N = \text{count}_{\text{nos}}(\boldsymbol{P}_h, \boldsymbol{P}_{h+1}, \boldsymbol{P}_{h+2}, \cdots, (\boldsymbol{P}_h + \boldsymbol{M})) \tag{78.9}$$

其中，$\boldsymbol{M}$ 是[0.5,1]中的随机向量；nos 为定义斑鬣狗的数量；$\boldsymbol{C}_h$ 为 N 个最优解的群组。

3. 攻击猎物

攻击猎物在斑鬣狗优化算法中，起到局部搜索的开发作用。为了建立攻击猎物的学模型，可以降低向量 $\boldsymbol{h}$ 的值。向量 $\boldsymbol{E}$ 的变化也减小了，以改变向量 $\boldsymbol{h}$ 的值，该值可以在迭代过程中从 5 减小为 0。图 78.4 显示 $|\boldsymbol{E}|<1$ 一群斑鬣狗向猎物攻击，其行为的数学描述为

$$\boldsymbol{P}(x+1) = \frac{\boldsymbol{C}_h}{N} \tag{78.10}$$

其中，$\boldsymbol{P}(x+1)$ 为最优解，利用该最优解来更新其他搜索个体的位置。SHO 算法允许其搜索个体更新其位置并攻击猎物。

4. 搜索猎物

搜索猎物的主力斑鬣狗分布在以 $\boldsymbol{C}_h$ 向量值表示的斑鬣狗群组的内部，它们相互分开搜寻并包围猎物。SHO 算法用 $\boldsymbol{E}$ 的随机值大于 1 或者小于 −1 来表示斑鬣狗是处于扩大搜索猎物阶段。图 78.5 显示 $|\boldsymbol{E}|>1$ 有助于斑鬣狗远离猎物。此外，通过向量 $\boldsymbol{B}$ 为猎物提供随机权重，不仅用于初始迭代，还用于最终迭代。这种机制在最终迭代中比以往任何时候都更能避免局部最优。$|\boldsymbol{B}|>1$ 有助于算法进行全局搜索，$|\boldsymbol{B}|<1$ 更利于算法的局部搜索。

图 78.4 斑鬣狗攻击猎物行为($|\boldsymbol{E}|<1$)

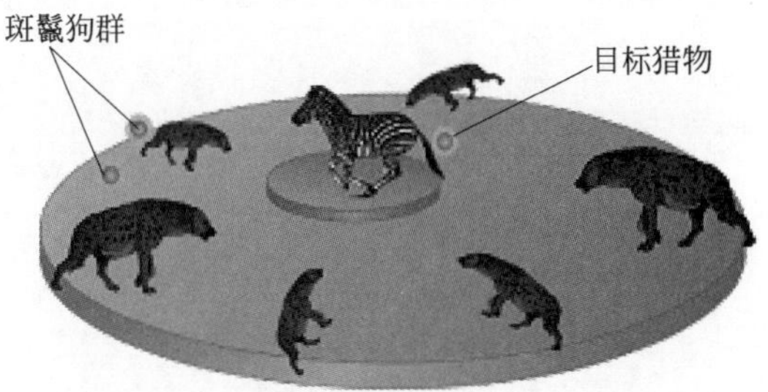

图 78.5 斑鬣狗搜索猎物行为($|\boldsymbol{E}|>1$)

78.5 斑鬣狗优化算法的实现步骤及流程

(1) 初始化斑鬣狗种群 $P_i(i=1,2,\cdots,n)$。

(2) 初始化参数 h、$\boldsymbol{B}$、$\boldsymbol{E}$ 和 N，并定义最大迭代次数 T 作为终止条件。

(3) 计算每个斑鬣狗的适应度值。

(4) 在给定的搜索空间中搜索最优个体。

(5) 定义一组最优解，用式(78.8)和式(78.9)进行聚类，直到找到满意的结果为止。

(6) 利用式(78.10)更新搜索个体位置。

(7) 检查斑鬣狗的越界情况，并对超出边界的个体进行位置调整。

(8) 计算更新搜索个体的适应度值，如果比先前的最优解更好，则更新向量 $\boldsymbol{P}_h$。

(9) 更新斑鬣狗群组 $\boldsymbol{C}_h$ 以更新搜索个体的适合度值。

(10) 如果满足停止条件,返回目前的最优解,则算法终止,否则返回到第(5)步。

斑鬣狗优化算法的实现流程如图 78.6 所示。

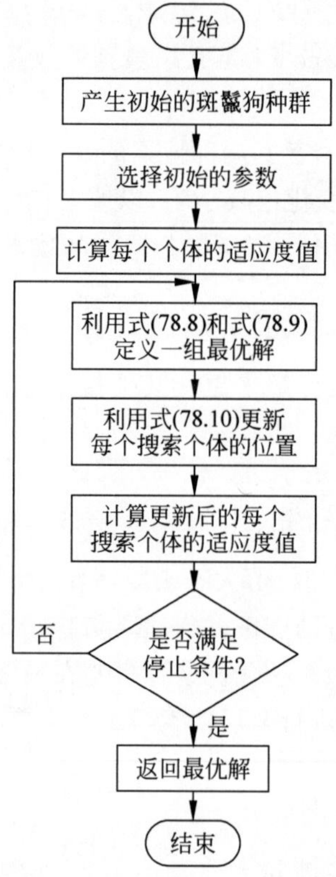

图 78.6 斑鬣狗优化算法的实现流程

第79章　狼群算法

狼群算法基于对狼群严密的组织系统及其精妙的协作捕猎方式体现出的群体智能行为的分析，抽象出游走、召唤、围攻3种群体智能行为及“胜者为王”的头狼产生规则和“强者生存”的狼群更新机制。通过构建包括头狼、探狼、猛狼的人工狼群和猎物的分配原则模拟狼群的群智能行为，从而实现对复杂函数的寻优。本章介绍狼的习性及狼群特征，以及狼群算法的原理、数学描述、实现步骤及流程。

79.1　狼群算法的提出

狼群算法(Wolf Pack Algorithm，WPA)是在2013年由吴虎胜等提出的一种新的群智能优化算法。该算法通过模拟狼群捕食行为及其猎物分配方式，抽象出游走、召唤、围攻3种智能行为，“胜者为王”的头狼产生规则及“强者生存”的狼群更新机制，构建了狼群算法，并基于马尔可夫理论证明了算法的收敛性。将该算法应用于15个典型复杂函数优化问题，并同经典的粒子群算法、鱼群算法和遗传算法进行仿真比较，结果表明，该算法具有较好的全局收敛性和计算鲁棒性，尤其适合高维、多峰的复杂函数优化求解。

狼群算法已用于求解多峰函数优化、0-1背包问题、TSP问题、优化调度、航迹规划、传感器优化布置等方面。

79.2　狼的习性及狼群特征

狼是分布最广的群居群猎动物。严酷的生活环境和千百年的进化，造就了狼群严密的组织系统及其精妙的协作捕猎方式。狼过着群居生活且都有其明确的社会分工，它们团结协作为狼群的生存与发展承担着各自的责任。

狼是群居性极高的物种，一群狼的数量一般为5～12只，可多达40只，通常由一对优势对偶领导。成年狼奔跑速度极快，每小时可达55km，奔跑耐力也很好；智商颇高，彼此可以用气味、叫声沟通。狼群有领域性，通常都有其活动范围。群之间的领域范围不重叠，会以嚎叫声向其他狼群宣告范围，如图79.1所示。

一个狼家族中只有一只成年雄性狼，其主要职责是防范其他雄性的侵入，并防止本狼群中雌性狼的逃跑。但是，在这个由多只雌性狼组成的家族里，只有雌性头狼有生育后代的权力，其他雌性狼的工作就是帮助养育、保护雌性头狼所生的幼崽。即便如此，雌性头狼除了要哺育后代外，还要时刻看管不允许其他雌性狼与雄性狼交配，一旦它发现某只雌性狼与雄性狼有交配的倾向，其就会向它发起非常凶残的攻击；如果它交配成功了，雌性头狼就会将其咬死，因

图 79.1　狼群及其嚎叫的图片

而,交配成功后的雌性狼大多会逃之夭夭。

狼还有一个养小不养老的特性。所谓的养小,是指狼的父母只将幼狼养育至 1 岁左右能够狩猎,随后就会毫不留情地将其赶出家门。但其只会赶走后代中的雄性,多数雌性后代还会留在狼父母身边一段时间,学习养育后代的技能。不养老是指当雄性狼因各种原因无力担当保护家庭的责任时,其就会被外来的强健成年雄性狼取而代之,原来狼家庭中的雄性狼不是战死就是逃离,雌性头狼也同样面临着这一问题。

79.3　狼群算法的优化原理

狼与狼之间的默契配合成为狼获得成功的决定性因素。不管做任何事情,它们总能依靠团体的力量去完成。在狼的生命中,没有什么可以替代锲而不舍的精神,正因为这种精神才使得狼得以千辛万苦地生存下来。

狼的耐心总是令人惊奇,它们可以为一个目标耗费相当长的时间而丝毫不觉厌烦。敏锐的观察力、专一的目标、默契的配合、好奇心、注意细节及锲而不舍的耐心,使狼总能获得成功。狼的态度很单纯,那就是坚定不移地向往成功。狼群的凝聚力、团队精神和训练成为决定它们生死存亡的决定性因素。正因为如此,狼群很少真正受到其他动物的威胁。

狼群算法把狼群分成 3 种不同类型的狼:头狼、探狼、猛狼。

(1) 头狼。狼群中最具智慧和最凶猛的是头狼,它是在"弱肉强食、胜者为王"式的残酷竞争中产生的首领。根据狼群所感知到的信息头狼不断地进行决策,负责整个狼群的指挥和把关保护,既要避免狼群陷入危险境地,又要指挥狼群以期尽快捕获猎物。

(2) 探狼。寻找猎物时,狼群只会派出少数感官敏锐的探狼在猎物可能活动的范围内游猎,根据空气中猎物留下的气味进行自主决策,气味越浓的位置表明狼离猎物越近,探狼始终会朝着气味最浓的方向搜寻。

(3) 猛狼。探狼一旦发现猎物的踪迹,就会立即向头狼报告,头狼视情通过嚎叫召唤周围的猛狼来对猎物进行围攻,周围的猛狼闻声则会自发地朝着该猛狼的方向奔袭,向猎物进一步逼近。

猎物的分配遵循以下原则。在猛狼捕获到猎物后,狼群并不是平均分配猎物,而是按"论功行赏,由强到弱"的方式分配,即先将猎物分配给最先发现、捕到猎物的强壮的狼,而后再分配给弱小的狼。尽管这种近似残酷的食物分配方式会使得弱小的狼由于食物缺乏而饿死,但此规则可保证有能力捕到猎物的狼获得充足的食物,进而保持其强健的体质,在下次捕猎时仍可顺利地捕到猎物,从而维持着狼群主体的延续和发展。

狼驾驭变化的能力使它们成为地球上生命力最顽强的动物之一。狼群个体在头狼的指挥下从寻找猎物、捕猎直到捕获到猎物的过程中，蕴含着狼群中个体相互协作，在搜索空间中迅速搜索到目标的优化思想。

狼群算法是基于对狼群严密的组织系统及其精妙的协作捕猎方式体现出的群体智能行为的系统分析，抽象出游走、召唤、围攻 3 种群体智能行为及“胜者为王”的头狼产生规则和“强者生存”的狼群更新机制。通过构建包括头狼、探狼和猛狼 3 种类型的人工狼群和猎物的分配原则模拟狼群的群智能行为，从而实现对复杂函数的寻优。

79.4 狼群算法的数学描述

狼群算法采用基于人工狼主体的自下而上的设计方法和基于职责分工的协作式搜索路径结构，如图 79.2 所示。通过狼群个体对猎物气味、环境信息的探知、人工狼相互间信息共享和交互，以及人工狼基于自身职责的个体行为决策最终实现了狼群捕猎的全过程。

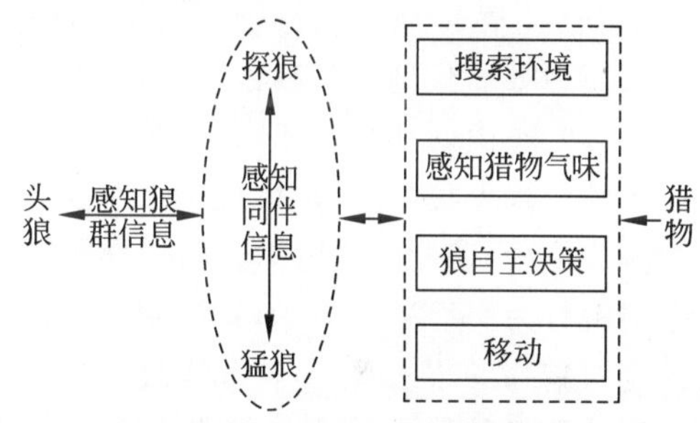

图 79.2 狼群算法捕猎模型

1. *狼群算法的一些定义*

设狼群的猎场为一个 $N \times D$ 维的欧氏空间，其中 N 为狼群中人工狼的总数，D 为待寻优的变量数。

设某一人工狼 i 的状态可表示为 $X_i=(x_{i1}, x_{i2}, \cdots, x_{iD})$，其中 x_{id} 为第 i 匹人工狼在欲寻优的第 $d(d=1,2,\cdots,D)$ 维变量空间中所处位置。人工狼所能感知到的猎物气味浓度为 $Y=f(X)$，其中 Y 是目标函数值；人工狼 p 和 q 之间的距离定义为其状态向量间的 Manhattan 距离，即

$$L(p,q)=\sum_{d=1}^{D}|x_{pd}-x_{ql}|$$

当然也可依据具体问题选用其他的距离度量。

由于实际中求极大值与极小值问题之间可相互转换，因此以下皆以极大值问题进行讨论。

2. *智能行为和规则的描述*

头狼、探狼和猛狼之间的默契配合成就了狼群近乎完美的捕猎行动，而“由强到弱”的猎物分配又促使狼群向最有可能再次捕获到猎物的方向繁衍发展。将狼群的整个捕猎活动抽象为 3 种智能行为：游走行为、召唤行为、围攻行为，以及“胜者为王”的头狼产生规则和“强者生存”的狼群更新机制。

(1) 头狼产生规则。在初始的解空间中，具有最优目标函数值的人工狼即为头狼；在迭代过程中，将每次迭代后最优狼的目标函数值与前一代中头狼的值进行比较，若更优则对头狼位置进行更新，若此时存在多匹的情况，则随机选一匹成为头狼。头狼不执行 3 种智能行为而直接进入下次迭代，直到它被其他更强的人工狼替代为止。

(2) 游走行为。将解空间中除头狼外最佳的 S_num 匹人工狼视为探狼，在解空间中搜索猎物，S_num 随机取$[n/(\alpha+1), n/\alpha]$区间的整数，α 为探狼比例因子。探狼 i 首先感知空气中的猎物气味，即计算该探狼当前位置的猎物气味浓度 Y_i。若 Y_i 大于头狼所感知的气味浓度 Y_{lead}，则表明猎物离探狼 i 已相对较近，且探狼最有可能捕获该猎物。于是 $Y_{lead}=Y_i$，探狼

i 替代头狼并发起召唤行为；若 $Y_i < Y_{\text{lead}}$，则探狼先自主决策，探狼向 h 个方向分别前进一步(此时的步长称为游走步长 step_a)并记录每前进一步后所感知的猎物气味浓度后退回原位置，则向第 $p(p=1,2,\cdots,h)$ 个方向前进后，探狼 i 在第 d 维空间中所处的位置为

$$x_{id}^{p} = x_{id} + \sin(2\pi \times p/h) \times \text{step}_a^d \tag{79.1}$$

此时，探狼所感知的猎物气味浓度为 Y_{ip}，选择气味最浓的且大于当前位置气味浓度 Y_{i0} 的方向前进一步，更新探狼的状态 X_i，重复以上的游走行为直到某匹探狼感知到的猎物气味浓度 $Y_i > Y_{\text{lead}}$ 或游走次数 T 达到最大游走次数 $T_{\max}$。

应该指出的是，由于每匹探狼的猎物搜寻方式存在差异，h 的取值是不同的，实际中可依据情况取$[h_{\min}, h_{\max}]$区间的随机整数，h 越大探狼搜寻得越精细，但同时速度也相对较慢。

(3) 召唤行为。头狼通过嚎叫发起召唤行为，召集周围的 M_num 匹猛狼向头狼所在位置迅速靠拢，其中 $M\_\text{num}=\text{n}-S\_\text{num}-1$；听到嚎叫的猛狼都以相对较大的奔袭步长 step_b 快速逼近头狼所在的位置，则猛狼 i 第 $k+1$ 次迭代时，在第 d 维变量空间中所处的位置为

$$x_{id}^{k+1} = x_{id}^{k} + \text{step}_b^d \cdot (g_d^k - x_{id}^k)/|g_d^k - x_{id}^k| \tag{79.2}$$

其中，g_d^k 为第 k 代群体头狼在第 d 维空间中的位置。

式(79.2)由两部分组成，前者为人工狼当前位置，体现狼的围猎基础；后者表示人工狼逐渐向头狼位置聚集的趋势，体现头狼对狼群的指挥。

奔袭途中，若猛狼 i 感知到的猎物气味浓度 $Y_i > Y_{\text{lead}}$，则 $Y_{\text{lead}} = Y_i$，该猛狼转化为头狼并发起召唤行为；若 $Y_i < Y_{\text{lead}}$，则猛狼 i 继续奔袭直到它与头狼 s 之间的距离 d_{is} 小于 d_{near} 时加入到对猎物的攻击行列，转入围攻行为。

设待寻优的第 d 维变量取值范围为$[\max_d, \min_d]$，则判定距离 d_{near} 可由下式估算得到：

$$d_{\text{near}} = \frac{1}{Dw}\sum_{d=1}^{D} |\max_d - \min_d| \tag{79.3}$$

其中，w 为距离判定因子，其不同取值将影响算法的收敛速度，一般而言，w 增大会加速算法收敛，但 w 过大会使得人工狼难以进入围攻行为，缺乏对猎物的精细搜索。

召唤行为体现了狼群的信息传递与共享机制，并融入了社会认知观点，通过狼群中其他个体对群体优秀者的"追随"与"响应"，充分显示出算法的社会性和智能性。

(4) 围攻行为。经过奔袭的猛狼已经离猎物较近时，猛狼要联合探狼对猎物进行紧密的围攻以期将其捕获。这里将离猎物最近的狼，即头狼的位置视为猎物的移动位置。

具体地说，对于第 k 代狼群，设猎物在第 d 维空间中的位置为 G_d^k，则狼群的围攻行为可用方程(79.4)表示为

$$x_{id}^{k+1} = x_{id}^{k} + \lambda \cdot \text{step}_c^d \cdot |G_d^k - x_{id}^k| \tag{79.4}$$

其中，λ 为$[-1,1]$区间均匀分布的随机数；step_c^d 为人工狼 i 执行围攻行为时的攻击步长。

若实施围攻行为后，人工狼感知到的猎物气味浓度大于其原位置状态所感知的猎物气味浓度，则更新该人工狼的位置；否则，人工狼的位置不变。

设寻优的第 d 个变量取值范围为$[\min_d, \max_d]$，则 3 种智能行为中涉及游走步长 step_a、奔袭步长 step_b、攻击步长 step_c 在第 d 维空间中的步长存在如下关系：

$$\text{step}_a^d = \text{step}_b^d/2 = 2 \cdot \text{step}_c^d = |\max_d - \min_d|/S \tag{79.5}$$

其中，S 为步长因子，表示人工狼在解空间中搜寻最优解的精细程度。

(5) "强者生存"的狼群更新机制。猎物按照"由强到弱"的原则进行分配，导致弱小的狼会被饿死。在算法中，去除目标函数值最差的 R 匹人工狼，同时随机产生 R 匹人工狼。R 越

大则新产生的人工狼就越多，有利于维护狼群个体的多样性，但若 R 过大算法就趋近于随机搜索；若 R 过小，则不利于维护狼群的个体多样性，算法开辟新的解空间的能力减弱。由于实际捕猎中捕获猎物的大小、数量是有差别的，进而导致了不等数量的弱狼被饿死。因此，这里 R 取$[n/(2\beta), n/\beta]$区间的随机整数，β 为群体更新比例因子。

79.5　狼群算法的实现步骤及流程

狼群算法实现的具体步骤如下。

(1) 数值初始化。初始化狼群中人工狼的位置 X_i 及其数目 N；最大迭代次数 k_{max}，探狼比例因子 α；最大游走次数 T_{max}；距离判定因子 w；步长因子 S；更新比例因子 β。

(2) 选取最优人工狼为头狼，除头狼之外最佳的 S_num 匹人工狼被选为探狼，并执行游走行为，直到某匹探狼 i 侦察到的猎物气味浓度 Y_i 大于头狼所感知的猎物气味浓度 Y_{lead} 或达到最大游走次数 T_{max}，则转至步骤(3)。

(3) 根据式(79.2)人工猛狼向猎物奔袭，若途中猛狼感知到猎物气味浓度 $Y_i > Y_{lead}$，则 $Y_{lead} = Y_i$，替代头狼并发起召唤行为；若 $Y_i < Y_{lead}$，则人工猛狼继续奔袭直到 $d_{is} \leqslant d_{near}$，转至步骤(4)。

(4) 按式(79.4)对参与围攻行为的人工狼的位置进行更新，执行围攻行为。

(5) 按“胜者为王”的头狼产生规则，对头狼的位置进行更新；再按照“强者生存”的狼群更新机制进行群体更新。

(6) 判断是否达到优化精度要求或最大迭代次数 k_{max}，若达到则输出头狼的位置，即为所求问题的最优解；否则转至步骤(2)。

根据上述步骤，狼群算法的流程如图 79.3 所示。

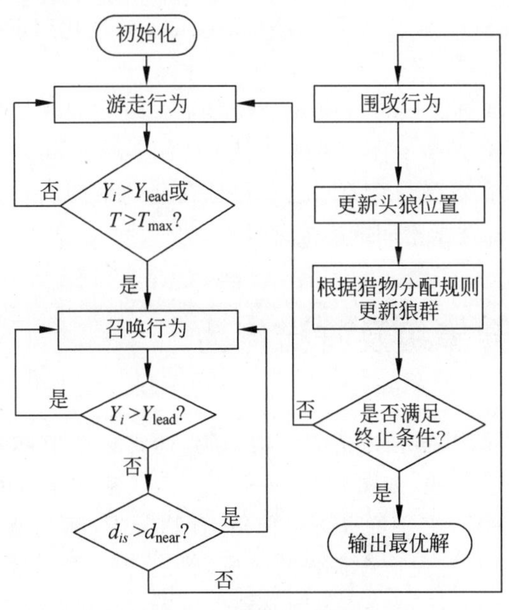

图 79.3　狼群算法的流程

第 80 章 灰狼优化算法

灰狼优化算法模拟自然界中灰狼社会等级和狩猎行为。通过 4 种类型的灰狼(α、β、δ、ω)来模拟社会等级。通过实施狩猎，寻找猎物，包围猎物和攻击猎物来模拟狼的捕猎行为。该算法通过 29 个测试函数及用于 3 个经典工程设计问题，并与多种智能优化算法对比的结果表明，该算法在求解精度和收敛性方面具有明显的优势。该算法具有原理简单、并行性、参数少、易于实现，较强的全局搜索能力等特点。本章介绍灰狼的社会等级及狩猎行为，以及灰狼优化算法的数学描述、实现步骤及流程。

80.1 灰狼优化算法的提出

灰狼优化(Grey Wolf Optimizer，GWO)算法是 2014 年由澳大利亚学者 Mirjalili 等提出的一种群智能优化算法。GWO 算法模拟自然界中灰狼种群等级机制和捕猎行为。通过 4 种类型的灰狼(α、β、δ、ω)来模拟社会等级。通过狼群跟踪、包围、追捕、攻击猎物等过程来模拟狼的捕猎行为，实现优化搜索目的。GWO 算法具有原理简单、并行性、易于实现，需调整的参数少且不需要问题的梯度信息，有较强的全局搜索能力等特点。

在函数优化方面，通过对 29 个基准函数的测试表明，GWO 算法在求解精度和收敛性方面明显优于粒子群优化(PSO)、重力搜索算法(GSA)、差分进化(DE)、进化规划(EP)和进化策略(ES)的结果。

Mirjalili 等还将 GWO 算法用于解决 3 个经典工程设计问题(拉伸/压缩弹簧、焊接梁和压力容器设计)，并提出了在光学工程领域的拟议方法的实际应用。经典工程设计问题和实际应用的结果证明不仅可以在不受约束的问题上而且在受约束的问题上显示出高性能。同时，GWO 算法适用于具有未知搜索空间的挑战性问题。

80.2 灰狼的社会等级及狩猎行为

灰狼是位于食物链顶端以群居为主的食肉动物，通常一个狼群中有 5～12 只住在一起。狼群中具有非常严格的社会等级，如图 80.1 所示。一个灰狼群体的社会等级层次分为 4 级。

第一级是 α 狼，又称头狼，主要负责决定狩猎、食物分配、睡觉地点、醒来时间等。α 狼只允许在群中交配，但 α 狼不一定是群中最强的成员，而是管理层中最好的成员。

第二级是 β 狼，它是 α 狼的下属狼，协助 α 狼做决策或狼群的其他活动。β 狼强化了 α 狼对整个狼群的命令，并给 α 狼以反馈。β 狼是公狼或母狼，最好的 β 狼可能成为 α 狼的候选狼，以防其中一个 α 狼消失或变得很老。

第三级是 δ 狼，又称普通狼，它服从 α 狼的命令，但也命令其他低级狼。它扮演一个顾问的角色。

第四级为 ω 狼，是最低级的灰狼，ω 狼充当替罪羊的作用，它们总是不得不把好吃的都让给所有其他高级狼，最后才被允许吃猎物。在一些情况下，ω 狼也是群中的保姆，负责照顾狼群中幼狼、弱者、病者和受伤的狼。

灰狼群体的社会等级机制在实现群体高效捕杀猎物的过程中发挥着至关重要的作用。在捕食猎物时，群体中其他灰狼在头狼 α 的带领下有组织地对猎物进行围攻。首先，狼群通过气味等信息追踪猎物并逐渐靠近；然后，在确定猎物位置后，狼群包围猎物；最后，逐渐缩小包围圈，攻击猎物。研究表明，灰狼狩猎主要包括如下阶段：跟踪、追踪和接近猎物；追踪、包围和骚扰猎物，直到停止移动；攻击猎物。这些步骤如图 80.2 所示，其中图 A 为跟踪猎物，图 B、C、D 为接近和追踪猎物，而图 E 为骚扰和包围猎物。

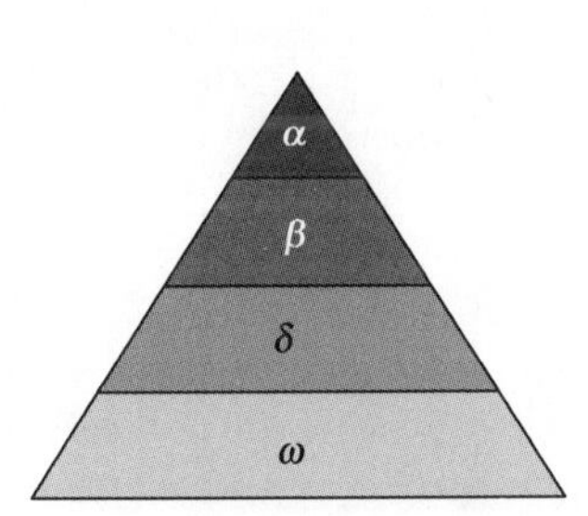

图 80.1　狼群等级层次的划分

图 80.2　灰狼的狩猎行为

80.3　灰狼优化算法的数学描述

GWO 算法模拟了灰狼搜寻猎物的过程，以下分别介绍灰狼的社会等级、狩猎及包围、攻击和搜索猎物。

1. 社会等级

设计 GWO 算法时，狼群中每一个灰狼代表了种群的一个潜在解，为了描述灰狼的社会等级，将 α 狼的位置视为最优解；将 β 和 δ 狼的位置分别作为优解和次优解；ω 狼的位置作为其余的候选解。在 GWO 算法中，由 α、β 和 δ 引导搜索（优化），而 ω 狼跟随前面 3 种狼。

2. 包围猎物

灰狼狩猎时需要包围猎物，包围行为的数学描述为

$$\boldsymbol{D} = |\boldsymbol{C} \cdot \boldsymbol{X}_p(t) - \boldsymbol{X}(t)| \tag{80.1}$$

$$\boldsymbol{X}(t+1) = \boldsymbol{X}_p(t) - \boldsymbol{A} \cdot \boldsymbol{D} \tag{80.2}$$

其中，t 为当前迭代次数；$\boldsymbol{A}$ 和 $\boldsymbol{C}$ 为协同系数向量；$\boldsymbol{X}_p$ 为猎物的位置向量；$\boldsymbol{X}$ 为灰狼的位置向量。向量 $\boldsymbol{A}$ 和 $\boldsymbol{C}$ 的计算如下：

$$\boldsymbol{A} = 2\boldsymbol{a} \cdot \boldsymbol{r}_1 - \boldsymbol{a} \tag{80.3}$$

$$\boldsymbol{C} = 2 \cdot \boldsymbol{r}_2 \tag{80.4}$$

其中，$\boldsymbol{a}$ 的分量在迭代过程中从 2 线性地减少到 0；$\boldsymbol{r}_1$、$\boldsymbol{r}_2$ 是[0,1]区间的随机向量。

从图 80.3 中给出的二维位置向量和一些可能的邻居可以看到，在式(80.1)和式(80.2)中的作用。从图 80.3(a)可以看出，灰狼的位置(X,Y)可以根据猎物的位置(X^*,Y^*)更新其位置。通过调整 $\boldsymbol{A}$ 和 $\boldsymbol{C}$ 向量的值，可以相对于当前位置到达周围不同的最佳位置。例如，(X^*-X,Y^*)可以通过 $\boldsymbol{A}=(1,0)$和 $\boldsymbol{C}=(1,1)$设置。

图 80.3(b)描绘了灰狼在三维空间中的可能更新的位置。注意，随机向量 $\boldsymbol{r}_1$ 和 $\boldsymbol{r}_2$ 允许狼到达图 80.3 所示的点之间的任何位置。因此，灰狼可以通过使用式(80.1)和式(80.2)在任意随机位置更新其在猎物周围空间内的位置。同样也可以扩展到具有 n 维的搜索空间，并且灰狼将围绕到目前为止获得的最好位置，以超立方体(或超球体)移动。随机参数 A 和参数 C 帮助候选解具有不同随机半径的超球体。

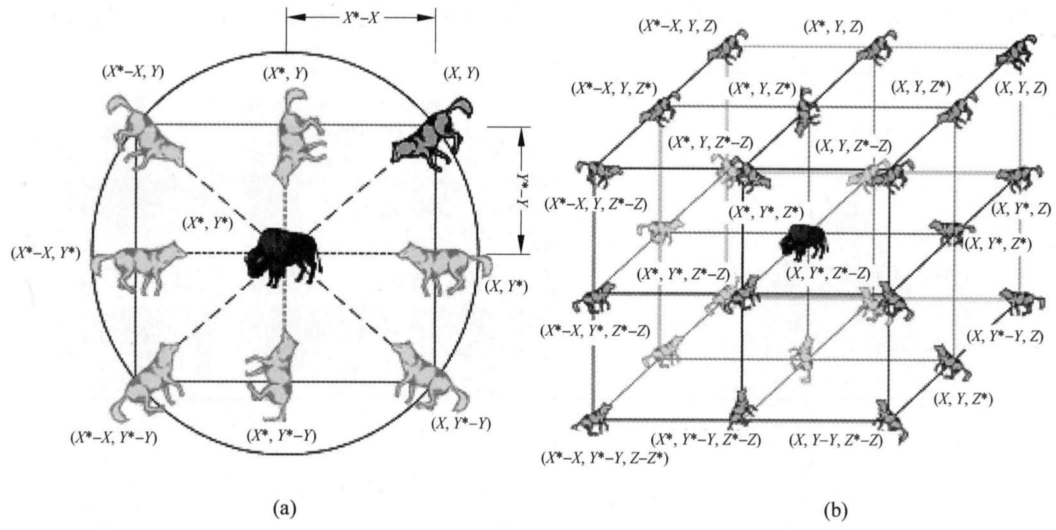

图 80.3　二维和三维位置向量及其可能的下一个位置

3. 狩猎

灰狼有能力识别猎物的位置并包围它们。狩猎通常由 α 狼引导，β 和 δ 狼也可能偶尔参与狩猎。然而，在一个抽象搜索空间中，灰狼并不知道最优解(猎物)的精确位置。为了模拟灰狼的狩猎行为，假设 α(最优候选解)、β 和 δ 拥有更多关于猎物潜在位置的知识。因此，在每次迭代过程中，保存迄今为止获得的 3 个最优解，迫使其他狼(包括 ω)根据最优搜索的位置采用以下公式更新它们的位置：

$$\boldsymbol{D}_\alpha=|\boldsymbol{C}_1\cdot\boldsymbol{X}_\alpha-\boldsymbol{X}|,\quad \boldsymbol{D}_\beta=|\boldsymbol{C}_2\cdot\boldsymbol{X}_\beta-\boldsymbol{X}|,\quad \boldsymbol{D}_\delta=|\boldsymbol{C}_3\cdot\boldsymbol{X}_\delta-\boldsymbol{X}| \tag{80.5}$$

$$\boldsymbol{X}_1=\boldsymbol{X}_\alpha-\boldsymbol{A}_1\cdot(\boldsymbol{D}_\alpha),\quad \boldsymbol{X}_2=\boldsymbol{X}_\beta-\boldsymbol{A}_2\cdot(\boldsymbol{D}_\beta),\quad \boldsymbol{X}_3=\boldsymbol{X}_\delta-\boldsymbol{A}_3\cdot(\boldsymbol{D}_\delta) \tag{80.6}$$

$$\boldsymbol{X}(t+1)=\frac{\boldsymbol{X}_1+\boldsymbol{X}_2+\boldsymbol{X}_3}{3} \tag{80.7}$$

图 80.4 给出 ω 狼或其他狼(候选狼)如何根据二维搜索空间中的 α、β 和 δ 狼来更新其位置。可以看出，最终位置将在搜索空间中由 α、β 和 δ 狼的位置定义。换句话说，α、β 和 δ 狼估计猎物的位置，其他狼围绕猎物随机更新它们的位置。

4. 攻击猎物

灰狼在猎物停止移动时通过攻击猎物来完成猎捕。为了描述接近猎物，根据式(80.3)减少 $\boldsymbol{a}$ 的值，$\boldsymbol{A}$ 的值也随之波动。换句话说，$\boldsymbol{A}$ 是区间$[-2a,2a]$中的随机向量，其中 a 在迭代过程中从 2 减少到 0。当 $\boldsymbol{A}$ 的随机值在$[-1,1]$中时，搜索下一位置可以是候选狼的当前位置

和猎物之间的任何位置。图 80.5(a)给出了$|\boldsymbol{A}|<1$强迫狼攻击猎物的情况。

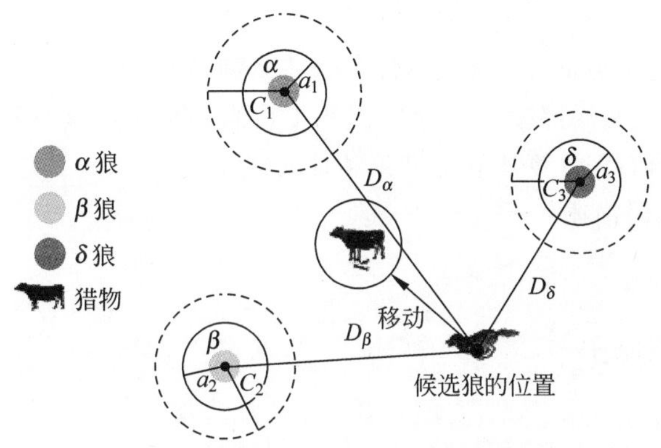

图 80.4　GWO 算法最优解向量位置更新过程

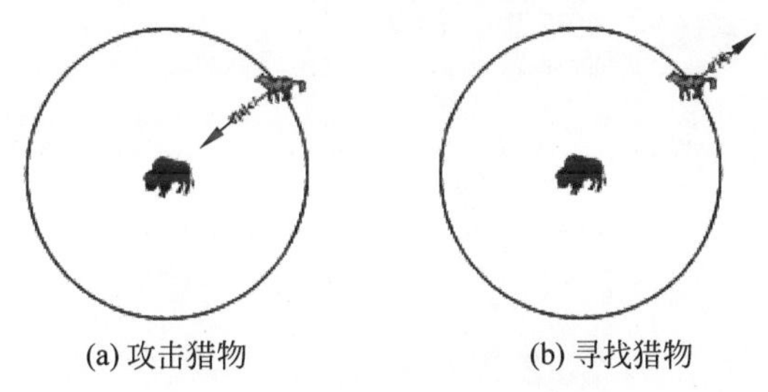

(a) 攻击猎物　　(b) 寻找猎物

图 80.5　攻击猎物与寻找猎物

5. *搜索猎物*

灰狼主要根据 α、β 和 δ 狼的位置搜索。它们互相分散寻找猎物，然后聚集在一起攻击猎物。为了模拟搜索的分散性，利用 $\boldsymbol{A}$ 大于 1 或小于 −1 的随机值来强迫搜索狼远离猎物。这样会使 GWO 算法强调勘探，有利于全局搜索。图 80.5(b)给出$|\boldsymbol{A}|>1$迫使灰狼远离猎物，希望能找到一个新的猎物。

在 GWO 算法中，另一个勘探系数是 $\boldsymbol{C}$。式(80.4)中的 $\boldsymbol{C}$ 向量为[0,2]中的随机值。该分量为猎物提供随机权重，以便随机强调($|\boldsymbol{C}|>1$)或不强调($|\boldsymbol{C}|<1$)猎物在式(80.1)中定义距离的影响。这有助于 GWO 算法在整个优化中显示更随机的行为，有利于勘探和避免局部最优。应该指出的是，为了在初始迭代和迭代结束加强搜索，$\boldsymbol{C}$ 在迭代过程中是随机值。特别是在最后的迭代过程中该系数有利于算法跳出局部最优。

在狼的狩猎路径中出现的障碍物，实际上会阻止它们快速和方便地接近猎物。$\boldsymbol{C}$ 向量起到障碍物在阻碍狼接近猎物的效果。根据狼的位置，它可以给猎物一个随机权重，使它更难和更远接近狼；反之亦然。

80.4　灰狼优化算法的实现步骤及流程

GWO 算法中搜索过程从随机创建灰狼群体(候选解)开始。α、β 和 δ 狼估计猎物的可能位置。每个候选解更新其与猎物的距离。

一般情况控制参数 a 取值在[0,2]区间，且随着算法迭代次数增大而线性递减。参数 a 从 2 减少到 0，分别强调探索和开发的作用。以便在全局搜索能力与局部搜索能力之间达到平衡。当 a 较大时,算法搜索步长较大,全局搜索能力较强,有利于跳出局部最优;而当 a 较小时,主要是在前解的附近搜索,局部搜索能力较强,有利于算法收敛。

当 $|\boldsymbol{A}|>1$ 时,候选解倾向于偏离猎物,意味着灰狼进行全局搜索;而当 $|\boldsymbol{A}|<1$ 时,倾向于接近猎物,意味着灰狼在局部搜索。参数 a 和 $\boldsymbol{A}$ 的自适应调整能保证 GWO 算法在探索和开发之间平稳过渡。当 GWO 算法满足结束条件而终止。

GWO 算法的伪代码描述如下。

```
灰狼群初始化:Xi(i=1,2,…,n)
参数初始化:a、A 及 C
计算每只搜索狼的适应度值
Xα 为最好的搜索狼
Xβ 为第二位好的搜索狼
Xδ 为第三位好的搜索狼
While (t<最大的迭代次数)
    for 对每只搜索狼用式(80.7)更新当前的位置
    end for
    更新 a,A 及 C
    计算所有搜索狼的适应度值
    更新 Xα、Xβ 及 Xδ
    t=t+1
end While
返回 Xα
```

GWO 算法的流程如图 80.6 所示。

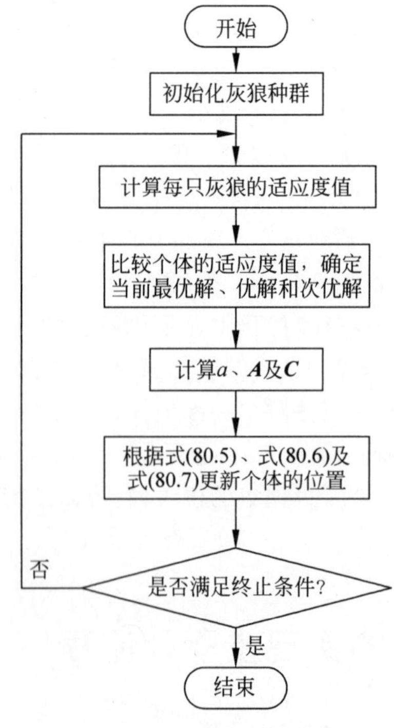

图 80.6　GWO 算法的流程

第81章 狮子优化算法

狮子优化算法模拟狮群的社会行为及在捕猎、交配、地域标记、防御和其他竞争过程中体现出的优化思想。算法包括生成解空间、狩猎机制、向安全地方移动、漫游行为、交配。初始种群由一组随机生成的狮子组成，把每个狮子视为优化问题的一个可行解。狮子在狩猎、移动等活动中不断地更新自己的位置以提高自身的捕猎能力。本章介绍狮子的习性，以及狮子优化算法的原理、描述及实现步骤。

81.1 狮子优化算法的提出

狮子优化算法(Lion Optimization Algorithm，LOA)是2016年由伊朗学者Yazdani等提出的一种新的群智能优化算法，它模拟狮群社会行为及其在狩猎、交配、地域标记、防御和其他竞争过程中体现出的优化思想。

狮子优化算法中的初始种群是由一组随机生成的狮子组成的，把每个狮子视为优化问题的一个可行解。在初始种群中选择一定比例的狮子作为游牧狮子，其余的随机分成多个子群。狮群成员数的一定比例为雌性，其余的为雄性。在每个狮群中，一些雌狮在狩猎时有特定的包围猎物并捕捉它的战略。在每一个狮群中的一些雌性去狩猎，剩余的雌性向安全地方移动以进行全局搜索。通过漫游实现狮子优化算法的强有力的局部搜索。

有关模拟狮子行为的算法，还有2012年由Wang Bo等提出的狮群优化(Lion Pride Optimizer，LPO)及由Rajakumr提出的狮群算法(Lions Algorithm，LA)，此处不再赘述。

81.2 狮子的生活习性

狮子是野生猫科的群居动物，有两种类型的社会组织：居民和游牧民。居民是指常驻在狮群中的狮子；而游牧民是指脱离狮群的狮子。一个狮群有20～30个成员，狮群通常包括5个雌性，它们的雄性幼崽和一个或多个的成年雄性。但是肯定只有一头雄狮是领头的狮王。年轻雄狮当性成熟时将被排除在它们出生的狮群之外，成为游牧民。它们偶尔或成对或单独地移动。但狮子可能改变生活方式，居民可能成为游牧民；反之亦然。

狮群中的雌狮基本上是稳定的，它们一般自出生起直到死亡都待在同一个狮群，所以它们是狮群的核心。多数雌幼狮成熟以后都会留在原来的狮群里，个别的则被赶走然后加入别的狮群。狮子会在一年的任何时间交配，一只雌狮在发情时可以和多个伴侣交配。狮群也会接纳新来的雌狮。但雄狮常常是轮换的，它们在一个狮群通常只待两年，要么是被年轻力壮且更有魅力的雄性赶走，要么是自己离家出走以寻找新恋情和家庭。

每一个狮群的领地区域相当明确,成年雄狮往往并不总待在狮群里,它们不得不在领地四周常年游走,通过尿液气味和咆哮标记保卫整个领地。狮王能够在狮群中待多久,这要看它们是否有足够的能力击败来势汹汹的外来雄狮。幼小的雄狮长到足够强大后会向当前狮王发起挑战,试图取而代之。

在狮群中,雌狮是主要的狩猎者。狮子集体协调狩猎会带来更大成功的概率,所以通常几个雌狮一起狩猎,从不同的点包围猎物,赶上猎物与快速攻击,一口咬住猎物的颈部直到它窒息死去。在进食顺序上,雄狮具有无可非议的优先权,可得到最多最好的肉,母狮次之,而幼狮们则只能等着捡些碎骨残肉,甚至什么都得不到。

81.3 狮子优化算法的优化原理

狮子优化算法的初始种群是由一组随机生成的狮子组成的,把每个狮子视为优化问题的一个可行解。选择初始种群 $N\%$的狮子作为游牧狮子,其余的(常驻狮子)随机分成 P 子集,称为子群。狮群成员数的 $S\%$为雌性,其余的为雄性;而这种性别比率在游牧狮子中则相反。

在 LOA 算法中,一个狮群的领地由每个成员最佳访问位置的区域组成。在每个狮群中,随机选择一些雌狮去狩猎:首先朝猎物移动;然后包围并捕捉它。其余的雌狮向着领地的不同位置移动。狮群中的雄狮在疆土上漫游。雌狮在狮群与一个或一些雄狮交配。在每个狮群中,当年轻雄狮达到成熟时会被排除在母亲所在的狮群之外,成为游牧狮子,它们的权力少于常驻雄狮。

此外,游牧狮子(雄性和雌性)在搜索空间中随机移动找到一个更好的地方(解)。如果外来强大的游牧雄狮侵犯常驻雄狮,常驻雄狮被游牧狮子赶出狮群。游牧雄狮成为常驻雄狮。一些常驻雌狮从一个狮群移民到另一个,或者改变它们的生活方式,成为游牧雌狮;反之亦然。一些游牧雌狮加入狮群,使狮群再进化。由于许多因素,如缺乏食物和竞争,最弱的狮子将饿死或被杀。上述过程将继续,直到满足终止条件,获得问题的最优解。

81.4 狮子优化算法的数学描述

1. 生成解空间

LOA 算法首先随机生成解空间,每一个解被称为"狮子"。在 N_{var} 维优化问题中,一个狮子表示如下:

$$\text{Lion}=[x_1,x_2,\cdots,x_{N_{\text{var}}}] \tag{81.1}$$

每个狮子的适应度函数为

$$f(\text{Lion})=f(x_1,x_2,\cdots,x_{N_{\text{var}}}) \tag{81.2}$$

在搜索空间中随机生成 N_{pop} 解。随机选择生成解的 $N\%$为游牧狮子,将其余的狮子随机分为 P 组。LOA 算法把每个解都赋予一个特定的性别,并在优化期间保持不变。

为了模拟上述情况,在每个组最后一步形成的整个群体的 $S\%$(75%~90%)设为雌性,而其余作为雄性。相反,对于游牧狮子,雄性的比例为$(1-S)\%$,其余为雌性。为每个狮子搜索过程标记其最佳访问位置,根据每个狮群由其成员标记的最佳位置形成属于那个狮群的领地。

2. 狩猎机制

在每个狮群中,一些雌狮在狩猎时有特定的包围猎物并捕捉它的策略。如图 81.1 所示,将狮子分成 7 个不同的包围角色,分组为左翼、中心和右翼位置。在狩猎期间,每个雌狮由自身位置和其他成员位置来校正其位置。基于对立的学习(OBL)方法是一种有效解决优化问题的方法。基于对立的学习的原理,如图 81.2 所示,下面给出有关相反点的定义。

设 $X(x_1,x_2,\cdots,x_{N_{\text{var}}})$ 是 N_{var} 空间的一个点,其中 $x_1,x_2,\cdots,x_{N_{\text{var}}}$ 是实数,且 $x_i\in[a_i,b_i],i=1,2,\cdots,N_{\text{var}}$。$X$ 的相反点为 $\breve{X}(\breve{x}_1,\breve{x}_2,\cdots,\breve{x}_{N_{\text{var}}})$,其中 $\breve{x}_i=a_i+b_i-x_i,i=1,2,\cdots,N_{\text{var}}$。

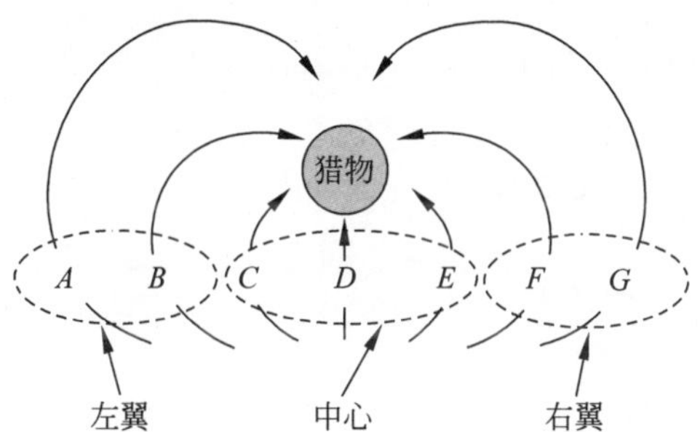

图 81.1 一般狮子狩猎行为的示意图

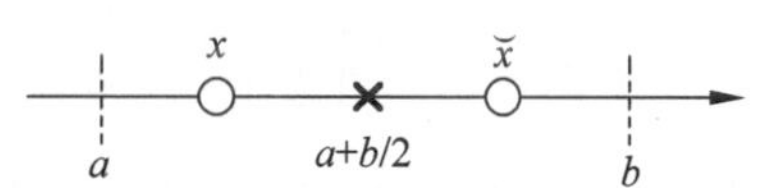

图 81.2 在$[a,b]$中定义候选解 x 的相反点 $\breve{x}$

如图 81.1 所示,猎人随机分为 3 个小组。具有最多猎人的组作为中心,其他两个组分别为左翼、右翼。考虑一个虚拟猎物(PREY)在猎人的中心:

$$\text{PREY}=\sum\text{Hunter}(x_1,x_2,\cdots,x_{N_{\text{var}}})/(\text{猎人人数})$$

狩猎期间,猎人被一个接一个地随机选择,并且每个选择的猎人攻击猎物,此过程将根据选定的狮子属于该小组进行定义。在整个狩猎过程中,如果一个猎人能够提高自己的狩猎能力,PREY 将逃脱猎人。并且 PREY 更新位置如下:

$$\text{PREY}'=\text{PREY}+\text{rand}(0,1)\times\text{PI}\times(\text{PREY}-\text{Hunter}) \tag{81.3}$$

其中,PREY 为猎物的当前位置;Hunter 为雌狮攻击猎物的新位置;PI 为改善雌狮适应度的百分比。提出用以下公式来模拟雌狮包围猎物,左翼和右翼雌狮的新位置生成如下:

$$\text{Hunter}'=\begin{cases}\text{rand}(2\times(\text{PREY}-\text{Hunter}),\text{PREY}), & 2\times(\text{PREY}-\text{Hunter})<\text{PREY}\\ \text{rand}(\text{PREY},2\times(\text{PREY}-\text{Hunter})), & 2\times(\text{PREY}-\text{Hunter})>\text{PREY}\end{cases} \tag{81.4}$$

其中,PREY 为猎物的当前位置;Hunter 为猎人当前的位置,同时 Hunter′又是猎人的新位置。

另外,猎人中心的新位置更新如下:

$$\text{Hunter}'=\begin{cases}\text{rand}(\text{PREY},\text{Hunter}), & \text{Hunter}<\text{PREY}\\ \text{rand}(\text{PREY},\text{Hunter}), & \text{Hunter}>\text{PREY}\end{cases} \tag{81.5}$$

其中,$\text{rand}(a,b)$为在 a 和 b 之间生成的随机数,其中 a 和 b 分别是上限和下限。

在 LOA 算法中,一个中心狮子和翼狮子包围猎物的示例如图 81.3 所示。上述捕获机制对于获得最优解具有突出的优点:一是这种策略在猎物周围提供一个圆形的邻居群体,并让猎人从不同方向接近猎物;二是因为一些猎人使用相反的位置,

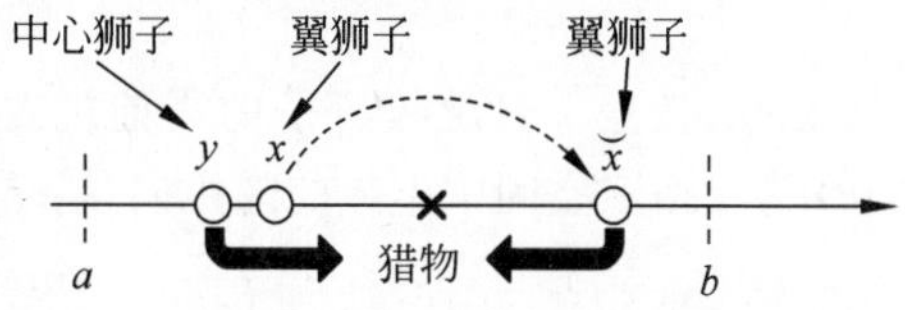

图 81.3 在 LOA 算法中包围猎物的示例

所以这种策略提供了逃离局部最优解的机会。

3. 向安全地方移动

在每个狮群中的一些雌性去狩猎，剩余的雌性走向领土其中的一个区域。因为每个狮群的领土包括到目前为止每个成员最好的位置，所以在 LOA 迭代过程中它协助保存迄今为止获得的最优解，它可以作为有价值的可靠信息来改善 LOA 的解。因此，雌狮的新位置为

$$P'_{\text{F. Lion}}=P_{\text{F. Lion}}+2D\times\text{rand}(0,1)\{R_1\}+U(-1,1)\times\tan(\theta)\times D\times\{R_2\} \quad (81.6)$$

其中，$P_{\text{F. Lion}}$ 为雌狮的当前位置；$P'_{\text{F. Lion}}$为雌狮的新位置；D 为显示雌狮的位置和通过竞争所选择狮群领地上的点；$\{R_1\}$为一个向量，起点是以前雌狮的位置，它是朝向所选位置的方向。$\{R_2\}$垂直于$\{R_1\}$，$\{R_1\}\cdot\{R_2\}=0$，$\|\{R_2\}\|=1$。

在 LOA 的最后一次迭代中，狮子在竞争中成功是指提高了它的最好位置。P 组狮子在迭代 t 的成功定义为

$$S(i,t,P)=\begin{cases}1, & \text{Best}_{i,P}^{t}<\text{Best}_{i,P}^{t-1}\\ 0, & \text{Best}_{i,P}^{t}=\text{Best}_{i,P}^{t-1}\end{cases} \quad (81.7)$$

其中，$\text{Best}_{i,P}^{t}$ 为狮子 i 直到迭代 t 发现的最好位置。

大量的成功表明狮子收敛到远离最佳点的点。同样，少量的成功表明狮子是围绕最优解摆动而没有显著性改进。所以这个因素可以作为表征竞争能力的大小，使用成功值 $K_j(s)$计算公式为

$$K_j(s)=\sum_{i=1}^{n}S(i,t,P),\quad j=1,2,\cdots,P \quad (81.8)$$

其中，n 为狮群中狮子的数量；$K_j(s)$为最后一次迭代中适应度有所改善的狮群 j 的狮子数量。所以每个狮群的竞争规模在每次迭代中都是自适应的。这意味着当成功值减少，竞争规模增加，并导致增加多样性。因此，竞争的大小计算如下：

$$T_j^{\text{Size}}=\max\left(2,\text{ceil}\left(\frac{K_j(s)}{2}\right)\right),\quad j=1,2,\cdots,P \quad (81.9)$$

为了模拟每头雄狮在狮群领土上的漫游行为，随机选择狮群领地的 $R\%$供雄狮访问。如果常驻雄狮访问一个新的位置比当前最好的位置更好，则更新它的最优解。这种漫游是一个强有力的局部搜索，能帮助狮子优化算法进行搜索并改善它的解。狮子朝着所选区域移动区域乘以 x 单位。其中 x 是均匀分布的随机数可表示为

$$x\sim U(0,2\times d) \quad (81.10)$$

其中，d 为雄狮的位置和选定的领地区域之间的距离。从雄狮的位置到选定领地区域的向量表示原始的运动方向。为了在当前解周围提供较宽的搜索区域并增强该方法属性，将向该方向添加一个角度 θ。已证明，选择 θ 在$(-\pi/6)$和$(\pi/6)$之间均匀分布的角度已足够。

为了避免陷入局部最优，提出游牧狮子自适应漫游辅助算法的新位置如下：

$$\text{Lion}'_{ij}=\begin{cases}\text{Lion}_{ij}, & \text{rand}_j>\text{pr}_i\\ \text{RAND}_j, & \text{其他}\end{cases} \quad (81.11)$$

其中，Lion_i 为第 i 只游牧狮子的当前位置；j 为维数；rand_j 为$[0,1]$区间均匀分布的随机数；**RAND** 为在搜索空间中生成的随机向量；pr_i 为每个游牧狮子独立计算的概率。pr_i 可表示为

$$\text{pr}_i=0.1+\min\left(0.5,\frac{\text{Nomad}_i-\text{Best}_{\text{nomad}}}{\text{Best}_{\text{nomad}}}\right),\quad i=1,2,\cdots,\text{雄狮数} \quad (81.12)$$

其中，Nomad_i 和 $\text{Best}_{\text{nomad}}$ 分别为第 i 只游牧狮子在当前位置适应度值和游牧狮子最好适应度值。

4. 交配

在每一个狮群中，雌狮的 $Ma\%$ 与一个或几个常驻雄狮交配。这些雄狮从同一狮群随机选择雌性生产后代。游牧狮子的不同之处在于，一个游牧雌性只与其中一个随机选择的雄性交配。通过父母的线性组合配对操作产生两个新的后代。在选择雌狮和雄狮进行交配后，根据以下等式产生新的幼崽：

$$\text{Offspring}_j 1 = \beta \times \text{Femal Lion}_j + \sum \frac{(1-\beta)}{\sum_{i=1}^{\text{NR}} S_i} \times \text{Male Lion}_j^i \times S_i \tag{81.13}$$

$$\text{Offspring}_j 2 = (1-\beta) \times \text{Femal Lion}_j + \sum \frac{\beta}{\sum_{i=1}^{\text{NR}} S_i} \times \text{Male Lion}_j^i \times S_i \tag{81.14}$$

其中，j 为维数；如果选择雄性 i 进行配合，则 S_i 等于 1，否则等于 0；NR 为狮群中的常驻雄性的数量；β 为随机生成的数字，具有正态分布，平均值为 0.5，标准差为 0.1。

随机选择两个新的后代之一为雄性；另一个为雌性。对所产生后代的每个基因以概率 $Ma\%$ 进行突变。用随机数替换基因值。通过交配，LOA 之间性别信息共享，而新的幼崽继承了两性的性格。

81.5　狮子优化算法的伪代码实现

狮子优化算法的伪代码描述如下。

```
1. 随机生成狮子群体 N_pop(N_pop 为初始群体数)
2. 初始化狮群和游牧狮子
   (1) 随机选择初始群体的 N% 为游牧狮子,其余的随机分为 P 组,形成每个狮群的领地
   (2) 每个狮群中整个狮子的 S%(性别比率)为雌性,其余为雄性。这个比率对游牧狮则相反
3. for 每个狮群 do
   (1) 随机选择的一些雌性狩猎
   (2) 在狮群中每个留下的雌狮去选择领地上的一个最好的位置
   (3) 对于每个居民雄性,随机选择 R%(漫游百分比)的领地去巡查。狮群中的雌性与一个或几个居
       民雄狮以 Ma%(交配概率)交配,新的幼崽变得成熟
   (4) 最弱的雄狮从狮群被驱逐,成为游牧狮子
4.for 游牧狮子 do
  (1) 游牧狮子在搜索空间随机移动
  (2) 狮群受到游牧雄狮随机攻击
5. for 每个狮群 do
   一些雌狮从狮群中以移民率 I 移民并成为游牧狮子
6. do
   (1) 首先,基于它们的适应度值对每个性别的游牧狮子进行排序;然后,选择其中最好的雌性并分配
       到填充迁移雌性的空位
   (2) 相对于每个性别的最大允许数量,具有最小适应度值的游牧狮子将被移除
如果不满足终止条件,则转到步骤 3
```

第 82 章　野马优化算法

野马优化算法是模拟野马社会生活行为的群智能优化算法。野马优化算法包括建立初始种群、组成马群并选择领导者、马的放牧和交配、领导者的位置更新、领导者交换及保存最优解的迭代操作。本章首先介绍野马优化算法的提出、野马的特征及习性，然后阐述野马优化算法的优化原理、野马优化算法的数学描述，最后给出野马优化算法的伪代码及实现流程。

82.1　野马优化算法的提出

野马优化(Wild Horse Optimizer,WHO)算法是 2021 年由 Naruei 和 Keynia 提出的模拟野马社会生活行为的群智能优化算法。该算法通过模拟野马放牧、追逐、支配、领导和交配的社会生活行为来实现对多种问题的优化求解。

该算法采用 CEC2017 和 CEC2019 等多组测试函数进行了测试，并与一些流行的和新的优化方法进行了比较，结果表明，该算法表现出非常有竞争力的性能。

82.2　野马的特征及习性

野马的外形与家马相似，体型略小，但头大得多，腿粗壮。野马的体毛呈土黄色至深褐色不一，脊背中央有黑褐色鬃毛，没有额毛。野马的尾基部为短毛，长有很长的尾毛。

在野外生活的野马数十只成群，由一头公马率领母马和小马栖息在草原、丘陵和沙漠的多水草地带，过着游牧式生活。图 82.1 为野马家族及野马群的照片。

野马在争斗

野马群体

图 82.1　野马及野马群

两匹野马为了争夺首领的地位，或是新来的马要挑战首领，通常会打一架来解决。当然，两匹公马要争一匹母马，也是要打一架的。年轻的马在一起，常常会互相追逐、踢、咬，这并不是真正的打架，而是从中学习沟通与相处的技巧，这对小马的成长是非常重要的。

野马有独特的交配行为，一个家庭的成员间不能交配，当它们进入青春期时，它们应该离开这个群体，加入其他群体，找到它们的伴侣。

82.3　野马优化算法的优化原理

野马优化算法研究非陆地域性的马，称这类马为野马（下文中马均指野马）。野马群是由稳定的家庭成员组成的群体，包括一匹种马和一匹或几匹母马以及一些马驹。种马靠近母马进行交流，随时可能发生交配。此外，还有包括成年种马和幼马的单一群体。

野马优化算法模拟野马的社会生活及其体面行为。野马群的社会生活包括放牧、交配、追逐、支配、领导和交换等。野马的体面行为是指，小马驹在进入青春期之前会离开该群体并加入其他群体，以防止父亲与女儿或兄弟姐妹之间的交配。

一个野马家庭群体的领导者通常是最具统治力的母马，它决定该家族群体的行动速度和方向，群体中的其他成员则按照支配地位的递减顺序跟随，而种马通常在群体后面很短的距离跟随。野马群体之间为占领栖息地的主导地位进行竞争，较高等级的群体可以进入栖息地。

野马优化算法通过建立初始野马种群，通过野马群放牧行为、野马交配行为、领导者的更新以及领导者的交换和选拔等操作的反复迭代，实现对问题的优化求解。

82.4　野马优化算法的数学描述

野马优化算法包括：建立初始种群，组成马群并选择领导者；马的放牧和交配；领导位置更新；领导交换和选拔；保存最优解。

1. 建立初始种群、组成马群并选择领导者

将初始种群 N 分成几组，如果 N 是种群成员的数量，则群体数量为 $G=\lceil N\times \mathrm{PS}\rceil$。PS 是总种群中种马的百分比，可将其视为算法的控制参数。根据组的数量有领导者 G 匹种马，其余成员（$N-G$）在这些组中平均分配。图 82.2 示出了种群划分的一个例子。

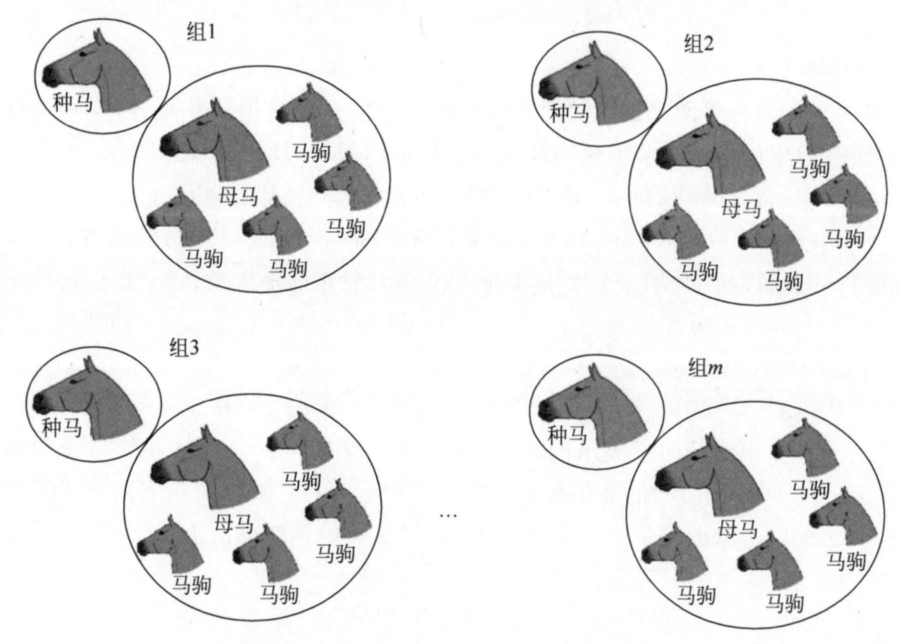

图 82.2　野马种群划分的一个例子

在算法开始时，随机选择组的领导者，之后，根据组成员之间的最佳适应度值进行选择。图 82.3 更详细地显示了种马和小马驹如何从原始种群中选出，形成不同的群体。也可以从一开始就建立两种类型的种马和马群，然后形成不同的群体。

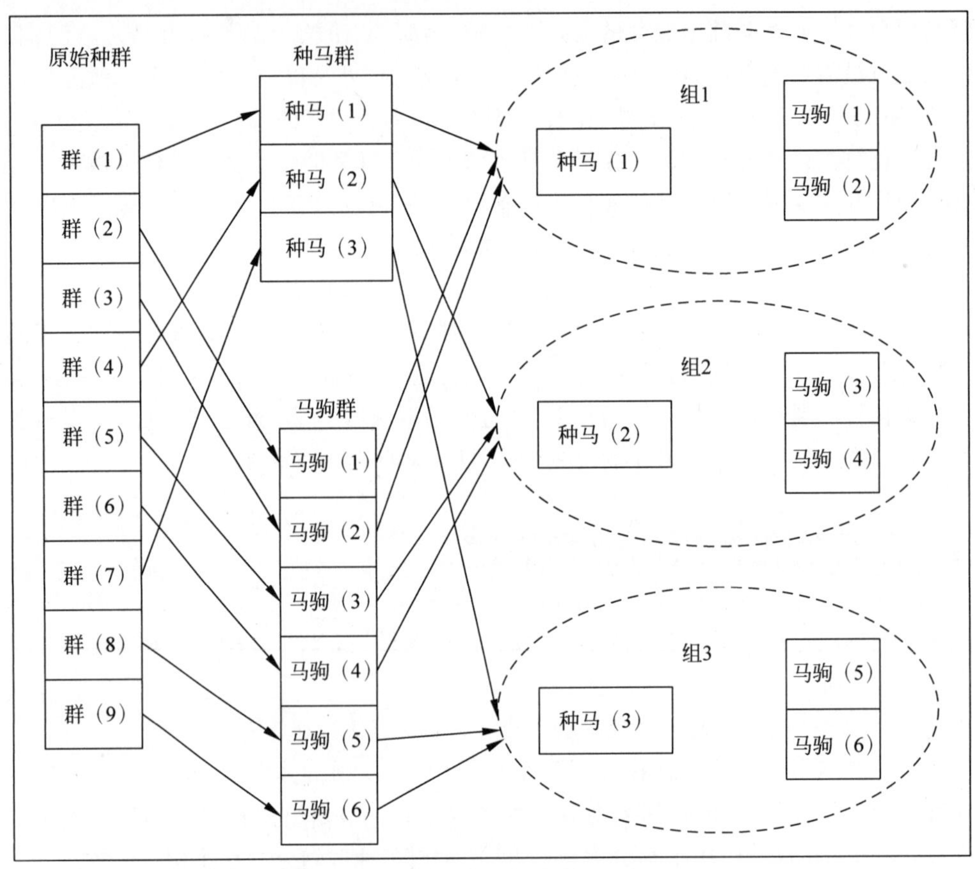

图 82.3　从原始种群形成各个组(子群)

2. 放牧行为

小马驹通常大部分时间都在它们的群体周围吃草。为了模拟放牧行为，将种马视为放牧区的中心，使组的成员以不同的半径围绕领导者移动和搜索的形式描述如下：

$$\overline{X}_{i,G}^{j}=2Z\cos(2\pi RZ)\times(\text{Stallion}^{j}-X_{i,G}^{j})+\text{Stallion}^{j} \tag{82.1}$$

其中，$X_{i,G}^{j}$ 为组成员(马驹或母马)的当前位置；Stallion^{j} 为种马(组长)的位置；Z 表示个体位置移动的自适应机制；R 为[−2,2]区间的一个均匀分布的随机数，它导致组长在 360°的范围内放牧马匹；cos 函数通过与 R 结合，引起不同半径的运动；$\overline{X}_{i,G}^{j}$ 是放牧时组员的新位置。自适应机制 Z 的计算方式为

$$P=\boldsymbol{R}_1<\text{TDR};\ \text{IDX}=(P==0);\ Z=R_2\odot\text{IDX}+\boldsymbol{R}_3\odot(\sim\text{IDX}) \tag{82.2}$$

其中，P 是由 0 和 1 组成的向量表示问题的维度；$\boldsymbol{R}_1$ 和 $\boldsymbol{R}_3$ 是[0,1]区间均匀分布的随机向量；R_2 是[0,1]区间均匀分布的随机数；⊙表示点积运算符；随机向量 $\boldsymbol{R}_1$ 的 IDX 索引返回满足条件($P==0$)。TDR 是一个自适应参数，从算法开始到结束由 1 减少到 0，计算式为

$$\text{TDR}=1-\text{iter}\times\left(\frac{1}{\text{maxiter}}\right) \tag{82.3}$$

其中，iter 为当前迭代次数；maxiter 为算法的最大迭代次数。

3. 野马的交配行为

小马驹在青春期前会离开马群，雄性小马驹加入单身马群，雌性小马驹加入另一个家庭群体，以便找到它们的伴侣。这种离开是为了防止父亲与女儿或兄弟姐妹间交配。

假设离开组 i 和离开组 j 的这两只小马驹分别是雄性和雌性，由于这两只小马驹没有家庭亲缘关系，所以它们可以在青春期后交配。它们生成的子代必须离开临时组并加入另一个组，例如 k。这种离开、交配和繁殖的循环在所有不同的马群中重复进行。图 82.4 显示了这种交配和离开过程。模拟马的离开和交配行为采用均值型交叉算子的表达式为

$$X_{G,K}^{p}=\text{Crossover}(X_{G,i}^{q},X_{G,j}^{z}),\quad i\neq j\neq k,\quad p=q\text{ 时终止} \tag{82.4}$$

其中，$X_{G,K}^{p}$ 为组 k 的马 p 离开该组并将其位置让给一匹马，其父母是必须离开组 i 和组 j 并已进入青春期的马。它们没有家庭亲缘关系，并且已经交配和繁殖。$X_{G,i}^{q}$ 为离开了组 i 的小马 q 的位置，它在达到青春期后，它与位置为 $X_{G,j}^{z}$ 离开了组 j 的马 z 交配。

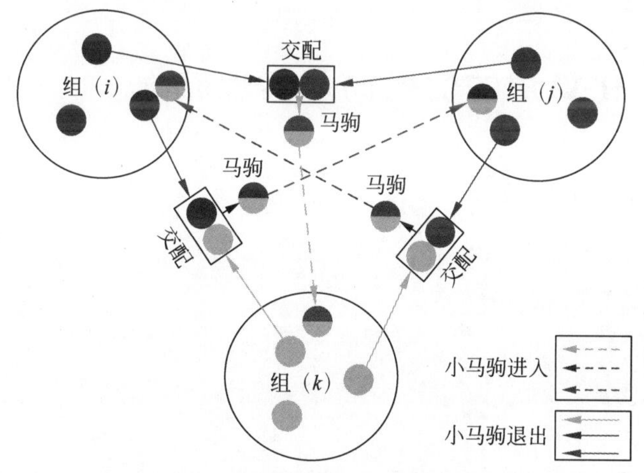

图 82.4　小马驹离群的交配和繁殖行为

4. 领导者的位置更新

领导者必须带领种群向可作为栖息地的合适的水坑区域移动，其他种群以同样的方式向这个水坑移动。若另一个种群对这个栖息地占主导地位，那么该种群必须离开此地。通过式(82.5)计算每个种群中领导者相对于栖息地的下一位置：

$$\overline{\text{Stallion}_{G_i}}=\begin{cases}2Z\cos(2\pi RZ)\times(\text{WH}-\text{Stallion}_{G_i})+\text{WH}, & R_3>0.5 \quad (82.5\text{a})\\ 2Z\cos(2\pi RZ)\times(\text{WH}-\text{Stallion}_{G_i})-\text{WH}, & R_3\leqslant 0.5 \quad (82.5\text{b})\end{cases}$$

其中，$\overline{\text{Stallion}_{G_i}}$ 为第 i 组领导者的下一个位置；WH 为水坑的位置；Stallion_{G_i} 为第 i 组领导者的当前位置；Z 为由式(82.2)计算的自适应机制；R 为[−2,2]区间均匀分布的随机数。$\overline{\text{Stallion}_{G_i}}$ 的位置相对于最佳位置的更新过程如图 82.5 所示。

5. 领导者交换与选拔

随机选择领导者以保持算法的随机性。在算法的后面阶段，根据适应度选择领导者。如果组中的一个成员比组长的适应度更好，则组长和相应成员的位置将根据式(82.6)交换。

$$\text{Stallion}_{G_i}=\begin{cases}X_{G,i}, & \cos[t(X_{G,i})]<\cos[t(\text{Stallion}_{G_i})]\\ \text{Stallion}_{G_i}, & \cos[t(X_{G,i})]>\cos[t(\text{Stallion}_{G_i})]\end{cases} \tag{82.6}$$

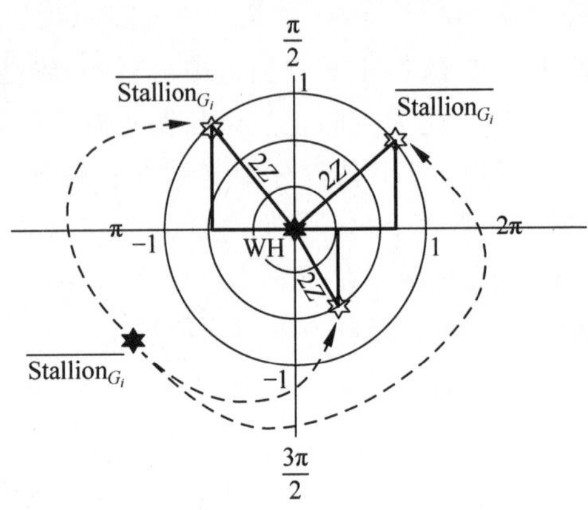

图 82.5　相对于最好的位置更新种马的位置

82.5　野马优化算法的伪代码及实现流程

野马优化算法伪代码描述如下。

```
初始化野马种群
输入 WHO 算法参数,PC = 0.13,PS = 0.2
计算野马的适应度值
创建马群并选择种马
找到最好的马
while 终止标准不满足
   用式(82.3)计算 TDR
   for 种马数量
      用式(82.2)计算 Z
         for 任何组的小马驹
            if rand > PC
               用式(82.1)更新小马驹的位置
            else
               用式(82.4)更新小马驹的位置
            end
         end
      if rand > PC
         用式(82.5a)更新 Stallion_Gi(上划线) 的位置
      else
         用式(82.5b)更新 Stallion_Gi(上划线) 的位置
      end
      if cost(Stallion_Gi(上划线)) cost(Stallion)
        Stallion = Stallion_Gi(上划线)
      end
         按适应度值排序组的小马驹
         以最低适应度值挑选小马驹
      if 适应度值(小马驹) < 适应度值(种马)
         根据式(82.6)交换马驹和种马的位置
      end
   end
 更新最优解
 end
```

野马优化算法的实现流程如图 82.6 所示。

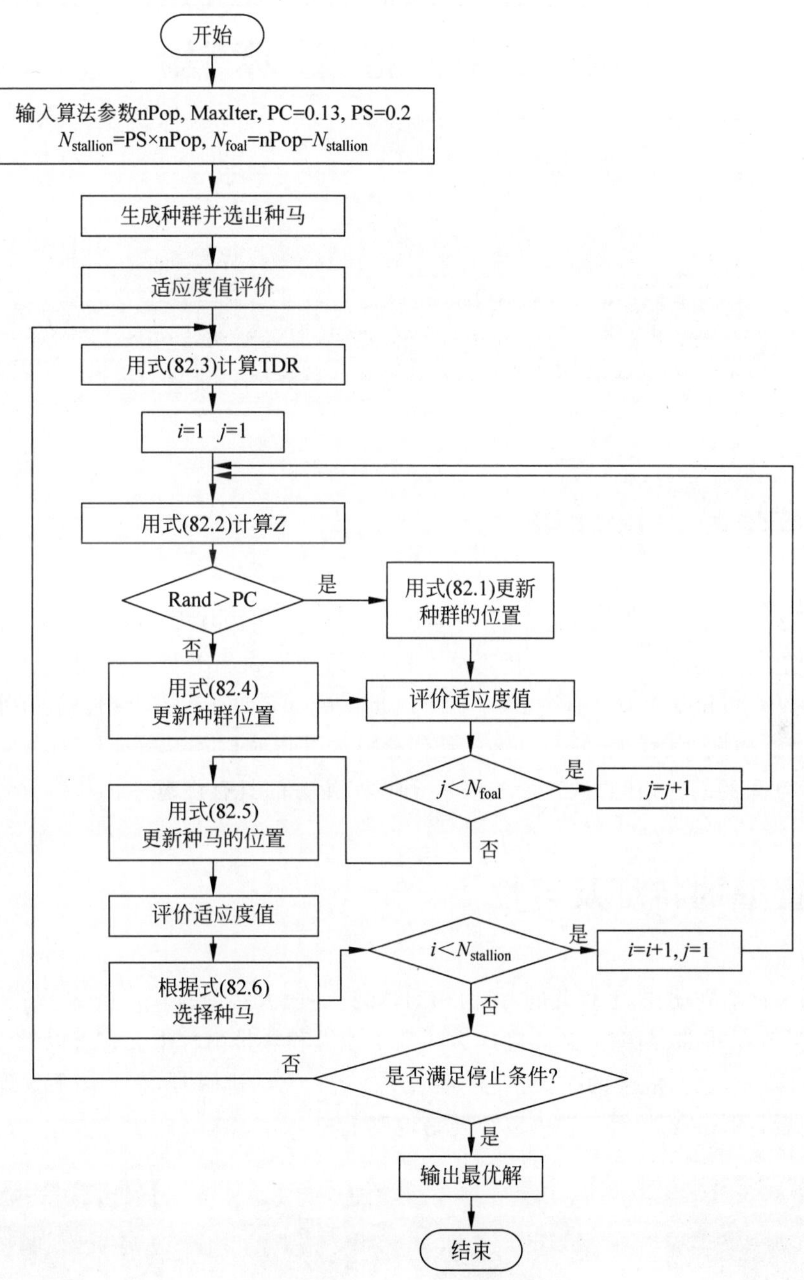

图 82.6 野马优化算法的实现流程

第83章　蜜獾算法

蜜獾算法是一种模拟哺乳动物蜜獾觅食行为的群智能优化算法。蜜獾通过使用嗅觉鼠标技能连续缓慢地行走来定位它的猎物。算法通过挖掘阶段和蜂蜜阶段的不断迭代实现对优化问题的求解。本章首先介绍蜜獾算法的提出、蜜獾的特征及习性,然后阐述蜜獾算法的优化原理、蜜獾算法的数学描述,最后给出蜜獾算法的伪代码实现。

83.1　蜜獾算法的提出

蜜獾算法(Honey Badger Algorithm,HBA)是2021年由埃及学者Fatma等提出的一种模拟蜜獾智能觅食行为的群智能优化算法。HBA旨在通过有效地遍历搜索空间并避免次优区域来平衡探索和开发能力。通过24个标准基准函数、CEC2017测试套件的29个函数和4个工程设计问题来评估其性能,并与许多其他优化方法进行对比,结果表明,HBA可以有效地解决复杂搜索空间的问题,在收敛速度和探索-开发平衡方面具有优越性。

83.2　蜜獾的特征及习性

蜜獾是一种哺乳动物,毛茸茸的,黑白相间,如狗一般大小,头扁平,俗称平头哥,如图83.1所示,经常生活在非洲、西南亚和印度次大陆的半沙漠和热带雨林中。它可以无所畏惧地捕食60种不同的物种,包括危险的蛇。它们天性勇敢,当它无法逃脱时,它会毫不犹豫地攻击体型更大的捕食者,图83.2所示。它可以很轻易地爬上树,如图83.3所示。

图83.1　蜜獾的个体

图83.2　蜜獾攻击狮子

图83.3　蜜獾爬上最高的树枝

蜜獾是一种能使用工具的聪明动物,它喜欢蜂蜜。它更喜欢在自挖的洞里独处,只在交配时才与其他蜜獾相处。蜜獾没有特定的繁殖季节,所以全年均有幼崽出生。蜜獾同类有自残现象,尤其对幼崽,只有一半幼崽能长到成年。

蜜獾通过使用嗅觉鼠标技能连续缓慢地行走来定位它的猎物。它开始通过挖掘确定猎物的大致位置并最终捕获它。在觅食尝试时一天能挖多条洞或到更远的地方打洞。蜜獾喜欢蜂蜜,但不善于定位蜂箱。但蜜獾跟随蜂蜜向导(一种鸟)可以找到蜂巢,用爪子扒开蜂巢可以吃到蜂蜜。这些现象导致了两者之间的合作关系。

83.3 蜜獾算法的优化原理

蜜獾算法模拟蜜獾的觅食行为,包括定位猎物、挖掘打洞等直至捕到猎物,尤其是吃到蜂蜜。通常一只蜜獾可以使用嗅觉持续定位它的猎物。蜜獾喜欢蜂蜜,但它不善于定位蜂巢。不过有意思的是,蜜导鸟(一种蜂蜜向导鸟)可以找到蜂巢,但不能得到蜂蜜。这些现象就使两者形成了合作关系:向导鸟将蜜獾带到蜂巢,后者利用前爪打开蜂巢,然后两者可以享受团队合作的回报。

因此为了找到蜂巢,蜜獾要么狂嗅和狂挖,要么跟着蜜导鸟。蜜獾算法把第一种情况称为挖掘模式,而把第二种情况称为蜂蜜模式。在挖掘模式中,蜜獾利用自己的嗅觉来定位蜂巢,当接近蜂巢时,它会选择合适的地点进行挖掘;在蜂蜜模式中,蜜獾直接利用蜜导鸟定位蜂巢。蜜獾算法利用蜂蜜吸引度有效地保证了开发能力,有效地引导个体向最优个体靠拢,同时密度因子确保了算法从探索阶段到开发阶段的平稳过渡。算法通过反复迭代,最终实现对问题的优化求解。

83.4 蜜獾算法的数学描述

蜜獾觅食行为包括两个阶段:挖掘阶段和蜂蜜阶段。模拟蜜獾觅食行为的HBA在数学描述上分为探索阶段和开发阶段,因此它可以称为全局优化算法。

在HBA中,把每个蜜獾的位置视为候选解,蜜獾种群 $\boldsymbol{P}$ 可以用矩阵表示如下:

$$\boldsymbol{P}=\begin{bmatrix} x_{11} & x_{12} & x_{13} & \cdots & x_{1D} \\ x_{21} & x_{22} & x_{23} & \cdots & x_{2D} \\ \vdots & \vdots & \vdots & & \vdots \\ x_{n1} & x_{n2} & x_{n3} & \cdots & x_{nD} \end{bmatrix}$$

其中,第 i 个蜜獾的位置向量为 $\boldsymbol{x}_i=[x_i^1,x_i^2,\cdots,x_i^D]$;$n$ 为种群中蜜獾的数量;D 为搜索空间的维数。

1. 初始化阶段

初始化蜜獾的数量(种群大小)及其各个蜜獾的位置表示如下:

$$x_i=\mathrm{lb}+r_1\times(\mathrm{ub}_i-\mathrm{lb}_i) \tag{83.1}$$

其中,x_i 为种群中第 i 只蜜獾的位置,即候选解;ub_i 和 lb_i 分别是搜索空间的上限和下限;r_1 为0~1的随机数。

2. 定义强度(I)

强度与猎物的集中强度以及它与第 i 只蜜獾之间的距离有关。I_i 是猎物的嗅觉强度;如果气味浓度很高,则运动将很快,反之亦然,由反平方定律给出,如图83.4所示,并由式(83.2)定义如下:

$$
\begin{aligned}
I_i &= r_2 \times \frac{S}{4\pi d_i^2} \\
S &= (x_i - x_{i+1})^2 \\
d_i &= x_{\text{prey}} - x_i
\end{aligned}
\tag{83.2}
$$

其中,S 为气味浓度;d_i 表示猎物(蜂巢)与第 i 只蜜獾之间的距离;r_2 为 0~1 的随机数。气味强度和猎物位置成平方反比关系,如图 83.4 所示,其中 S 为猎物位置,I 是气味强度;r 为 0~1 的随机数。

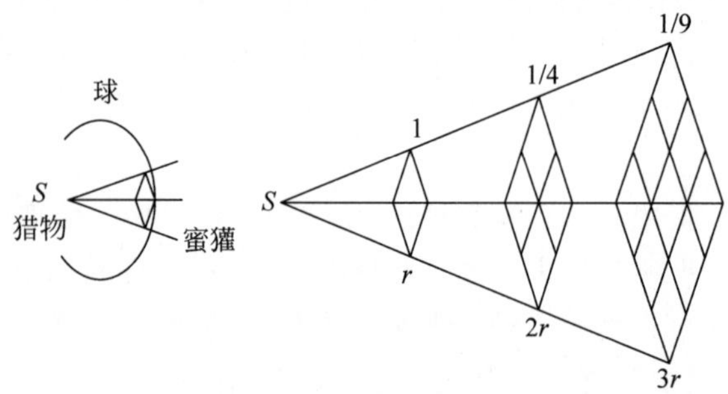

图 83.4　气味浓度和猎物位置之间成平方反比关系

3. 更新密度因子

密度因子控制气味浓度时变的随机化,以确保从探索到开发的平稳过渡。使用式(83.3)随迭代次数减小的递减因子 α,使其随时间递减随机化。

$$
\alpha = C \times \exp\left(\frac{-t}{t_{\max}}\right) \tag{83.3}
$$

其中,$C \geqslant 1$ 的常数(默认值为 2);$t_{\max}$ 为最大迭代次数。

4. 逃离局部最优

这一步和接下来的更新个体位置用于逃离局部最优区域。在这种情况下,所提出的算法使用一个标志 F 来改变搜索方向,以便为个体提供更多的机会严格扫描搜索空间。

5. 更新个体的位置

1) 挖掘阶段

在挖掘阶段,蜜獾执行类似于心形的动作,如图 83.5 所示,可以通过式(83.4)描述如下:

$$
x_{\text{new}} = x_{\text{prey}} + F \times \beta \times I \times x_{\text{prey}} + F \times r_3 \times \alpha \times d_i \times |\cos(2\pi r_4) \times [1 - \cos(2\pi r_5)]| \tag{83.4}
$$

其中,x_{prey} 为猎物的位置(迄今为止发现的最佳位置,即全局最佳位置);$\beta \geqslant 1$ 为蜜獾获取食物的能力(默认等于 6);d_i 为猎物与第 i 只蜜獾之间的距离;r_3、r_4 和 r_5 为 0~1 的 3 个不同的随机数。F 为用式(83.5)确定改变搜索方向的标志,其中 r_6 为 0~1 的随机数。

$$
F = \begin{cases} 1, & r_6 \leqslant 0.5 \\ -1, & r_6 > 0.5 \end{cases} \tag{83.5}
$$

在挖掘阶段,如图 83.5 所示,外部心形轮廓为气味浓度,内部圆形线表示猎物位置。蜜獾在很大程度上依赖于猎物 x、猎物的气味浓度 I、蜜獾与猎物之间的距离 d_i 以及时变的密度

因子 α。此外，在挖掘阶段，蜜獾可能会受到任何干扰 F，使其能够找到更好的猎物位置。

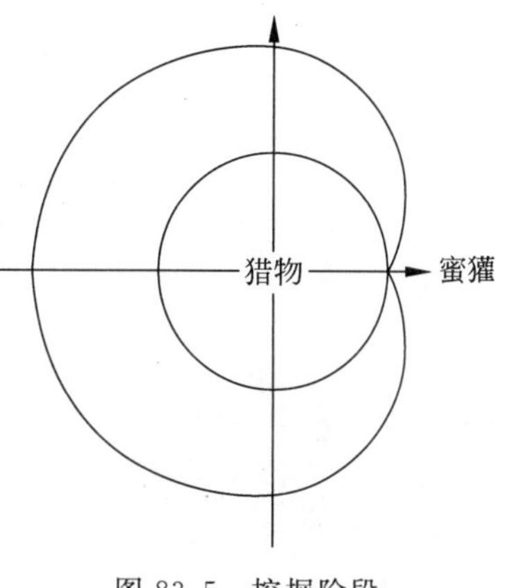

图 83.5 挖掘阶段

2）蜂蜜阶段

蜜獾跟随蜜导鸟到达蜂巢的情况可以通过下式描述

$$x_{new}=x_{prey}+F\times r_7\times\alpha\times d_i \tag{83.6}$$

其中，x_{new} 为蜜獾的新位置；x_{prey} 为猎物位置；d_i 为猎物与第 i 只蜜獾之间的距离；F 和 α 分别使用式(83.5)和式(83.3)确定；r_7 为 0～1 的随机数。

由式(83.6)可以看出，蜜獾根据距离信息 d_i，在目前发现的猎物位置 x_{prey} 附近的搜索行为会受到随时间变化的密度因子 α 的影响。

83.5 蜜獾算法的伪代码实现

蜜獾算法的伪代码描述如下。

```
设置参数 t_max,N,β,C
种群位置随机初始化
评估每个蜜獾位置 x_i 的适应度
计算每个个体的适应度值 f_i,i∈[1,2,…,N]
保存猎物最佳位置 x_prey 并将其适应度作为 f_prey
While t≤t_max do
    使用式(83.3) 更新递减因子 α
    for i = 1 到 N do
        使用式(83.2)计算强度 Ii
        if r < 0.5 then            (r 是 0～1 的随机数)
            使用式(83.4)更新位置 x_new
        else
            使用式(83.6)更新位置 x_new
        end if
        评估新位置适应度值并分配给 f_new
        If f_new≤fi then
            设置 x_i = x_new 和 f_i = f_new
        end if
        if f_new≤ f_prey then
        设置 x_prey = x_new 和 f_prey = f_new
        end if
    end for
end while 满足停止条件时结束
返回 x_prey
```

第 84 章　沙丘猫群优化算法

沙丘猫群优化算法是模拟沙丘猫群在沙漠中捕食行为的群智能优化算法。通过引入随机变异和精英协作策略,从而提高沙丘猫群优化算法的基本性能。本章首先介绍沙丘猫群优化算法的提出,沙丘猫的习性及捕食行为,然后阐述沙丘猫群优化算法的数学描述,沙丘猫群优化算法的伪代码及实现流程;最后论述了基于随机变异和精英协作的沙丘猫群体优化算法的数学描述、伪代码及实现流程。

84.1　沙丘猫群优化算法的提出

沙丘猫群优化(Sand Cat Swarm Optimization,SCSO)算法是 2022 年由 Li Yiming 等提出的模拟沙丘猫群捕食行为的群智能优化算法。为提高 SCSO 算法精度及收敛性能对其加以改进,提出了基于随机变异和精英协作的沙猫群体优化算法(SE-SCSO)。利用 CEC2005 测试集的 21 个基准函数以及弹簧、压力容器和焊接梁的工程设计问题对 SE-SCSO 算法进行测试,并与 CSO、CSA、SCA、SSA、HHO、WOA 及 PSO 算法进行比较,结果表明,SE-SCSO 算法具有收敛精度高、收敛速度快、能跳出局部最优解的优点。

84.2　沙丘猫的习性及捕食行为

沙丘猫是最小的猫科动物之一,沙丘猫体长 45～57cm,尾长 28～35cm,体重为 1.5～3.5kg。沙丘猫的头骨很宽,眼睛颇大,两颊各有一道深色条纹飞入眼角。它们的鼻骨较长,鼻子比较大,这不仅使它们嗅觉灵敏,还有助于锁住水分。沙丘猫除了有一对大耳朵外,它们的内耳也非常发达,能够捕捉到沙漠中细小的声音。沙丘猫的腿短,脚底的肉垫很厚,爪子和肉垫上还覆盖着 2cm 的长毛,有助于阻隔地表的高温。沙丘猫体色多为浅沙黄色或浅灰色,背部的颜色稍深,腹部则偏白,背上和四肢外侧有一些横向的深色条纹或斑点,如图 84.1 所示。

图 84.1　沙丘猫的图片

沙丘猫白天在石头下休息,夜晚出去狩猎,以老鼠、蜥蜴和昆虫为食。沙丘猫从它的猎物身体中得到所需的水。发现猎物后,沙丘猫会将腹部贴近地面快速移动,在接近猎物时突然加速,冲刺速度高达 30～40km/h,以迅雷不及掩耳之势捕获猎物。凭借迅猛的反应速度,它们还能捕食体长近 1m、身强力壮的沙漠巨蜥和快如闪电的角蝰。如果食物一餐无法吃完,它们会找一个安全的地方把食物埋在沙子里,需要的时候再回来享用。

84.3 沙丘猫群优化算法的数学描述

SCSO 算法在搜索时把最优空间值视为猎物,搜索个体通过位置更新不断探索搜索空间,最终使沙丘猫更接近最优值所在的区域。该算法主要包括 3 个阶段: 搜索猎物,攻击猎物,平衡探索和开发。

1. 搜索猎物

沙丘猫种群搜索猎物的过程用方程描述为

$$X(t+1)=r\cdot(X_b(t)-\text{rand}(0,1)\cdot X_c(t)) \tag{84.1}$$

其中,X 表示搜索个体的位置; t 为当前迭代的次数; X_b 为最佳候选位置; X_c 为搜索个体当前位置; r 表示沙丘猫对低频噪音的敏感性范围,可以描述为

$$r=r_G\times\text{rand}(0,1) \tag{84.2}$$

其中,r_G 表示一般灵敏度范围,即从 2 线性下降到 0,可以描述为

$$r_G=s_M-\frac{s_M\times\text{iter}_c}{\text{iter}_{max}} \tag{84.3}$$

其中,iter_c 为当前迭代次数; iter_{max} 为最大迭代次数。沙丘猫听力的感知范围为低频 2kHz,故系数 s_M 值取为 2。

2. 攻击猎物

在搜索到猎物后,沙丘猫对猎物的攻击机制被描述为

$$X_{rnd}=|\text{rand}(0,1)\cdot X_b(t)-X_c(t)| \tag{84.4}$$

$$X(t+1)=X_b(t)-r\cdot X_{rnd}\cdot\cos\theta \tag{84.5}$$

其中,θ 为 0°～360°的随机角度,$\cos\theta$ 的值为 -1～1; X_{rnd} 为由最佳位置和当前位置生成的随机位置。

3. 平衡探索和开发

SCSO 算法通过自适应因子 R 保持探索和开发之间的平衡,可描述为

$$R=2\times r_G\times\text{rand}(0,1)-r_G \tag{84.6}$$

其中,r_G 随着迭代次数的增加,从 2 到 0 线性减小。在探索和开发阶段,每个沙丘猫位置的更新如下。

$$X(t+1)=\begin{cases}r\cdot(X_b(t)-\text{rand}(0,1)\cdot X_c(t)), & |R|>1\\ X_b(t)-r\cdot(X_{rnd}\cdot\cos(\theta), & |R|\leqslant 1\end{cases} \tag{84.7}$$

其中,当$|R|\leqslant 1$ 时,SCSO 算法搜索个体攻击目标猎物,否则搜索个体全局搜索可能的解。每个沙丘猫在探索阶段的搜索半径不同,从而避免了算法陷入局部最优解。

84.4 SCSO 算法的伪代码及实现流程

SCSO 算法的伪码描述如下。

```
初始化种群
计算适应度值
初始化参数 r,r_G,R
while (t≤iter_max) do
    for 每个个体 do
        得到一个随机角度(0°≤θ≤360°)
        if (|R|≤1) then
            根据式(84.5)更新搜索个体位置
        else
            根据式(84.1)更新搜索个体位置
        end if
    end for
    t = t + 1
end while
```

SCSO 算法的流程如图 84.2 所示。

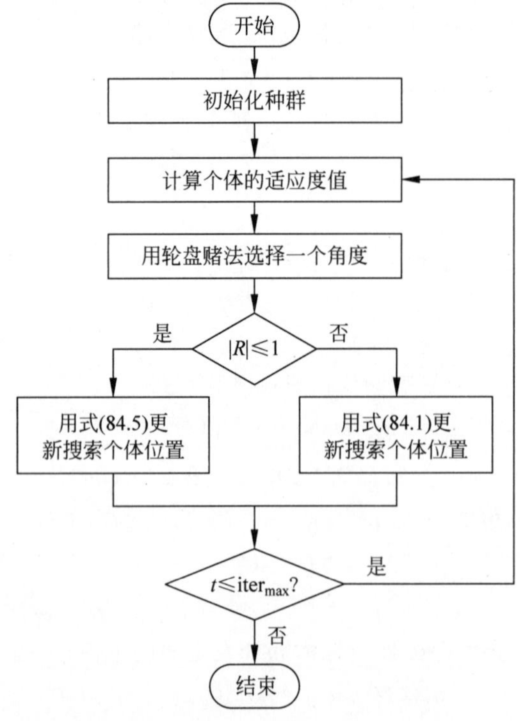

图 84.2　SCSO 算法的流程

84.5 随机变异和精英协作的沙丘猫群优化算法

基本的沙丘猫群优化算法(SCSO)存在以下潜在缺陷。

(1) SCSO 算法在多峰函数中容易陷入局部最优,这就需要引入改进策略,进一步加强算法探索与开发阶段之间的过渡，设置更合理的灵敏度衰减范围。

(2) 随机生成的种群质量较差，种群缺乏多样性。

(3) 群体个体间缺乏沟通，全局最优解引导的搜索方式可能导致算法陷入搜索停滞。

为了克服SCSO算法的潜在缺陷，在SCSO算法中引进了非线性周期调整策略、对应学习机制及精英协作下的随机变异。改进后的SCSO算法称为SE-SCSO算法。

1. 非线性周期调整策略

从SCSO算法的执行过程可以看出，R 决定了SCSO算法从全局探索到局部开发的切换，R 是$[-2r_G, 2r_G]$区间的随机值。当$|R|>1$时，沙丘猫的位置在当前位置和猎物位置之间的随机位置更新，对应算法的全局探索阶段。当$|R|\leqslant 1$时，沙丘猫攻击猎物，对应算法的局部开发阶段。但由式(84.3)可知，r_G 值在迭代过程中呈线性单周期递减，这与沙丘猫种群需要多轮协同围捕猎物的自然规律不一致，也会导致 R 的波动范围发生线性变化。为此，SE-SCSO算法为 r_G 引入了非线性周期调整策略来描述沙丘猫种群捕食猎物的过程。在 R 的更新公式中，定义对数函数来描述非线性周期性为

$$r_G = s_M - s_M \times \ln\left[1+\frac{\text{iter}_c}{\text{iter}_{\max}}(e-1)^3\right] \tag{84.8}$$

其中，iter_c 为当前迭代次数；$\text{iter}_{\max}$ 为最大迭代次数；s_M 的值为2。由式(84.6)可知，R 在迭代早期衰减较慢，在迭代后期衰减较快。这样，SE-SCSO算法可以进行更充分的全局搜索，并最大化种群多样性；在迭代后期，SE-SCSO算法能够以更快的速度收敛，从而实现在全局探索与局部开发之间更均衡稳定的切换，可以进一步提高算法的寻优精度和收敛速度。

2. 对立学习机制

通过对立学习(OBL)同时考虑候选个体及其对立解，增强了种群的多样性，提高了智能优化算法的求解精度和收敛速度。为建立对立学习机制模型，设个体 i 在 d 维空间中的位置是 $X_i=(x_{i,1}, x_{i,2}, \cdots, x_{i,d})$，$x_{i,j}\in[\text{lb}_j, \text{ub}_j]$。$[\text{lb}_j, \text{ub}_j]$为 j 维空间中个体取值的范围。个体 i 对立点的位置是 $X'_i=(x'_{i,1}, x'_{i,2}, \cdots, x'_{i,d})$；个体 i 伪对立点的位置是 $X''_i=(x''_{i,1}, x''_{i,2}, \cdots, x''_{i,d})$；个体 i 伪反射点的位置是 $X'''_i=(x'''_{i,1}, x'''_{i,2}, \cdots, x'''_{i,d})$。分别定义如下：

$$x'_{i,j} = \text{lb}_i + \text{ub}_j - x_{i,j} \tag{84.9}$$

$$x''_{i,j} = \text{rand}[(\text{lb}_i + \text{ub}_j)/2, x'_{i,j}] \tag{84.10}$$

$$x'''_{i,j} = \text{rand}[x_{i,j}, (\text{lb}_i + \text{ub}_j)/2] \tag{84.11}$$

在二维空间中，个体伪对立点和伪反射点的值范围如图84.3所示。伪反射点取区域A中的值，对位点取区域B中的值。根据显示的结果，伪反射点比伪对立点更接近候选解，并且可以在候选解的邻域内充分开发。

对于SCSO算法，当$|R|>1$时，猎物可能会逃脱，所以沙丘猫个体需要扩大搜索范围以捕获猎物。为此，在全局搜索的位置进行更新。设 $X_{i,\text{old}}(t+1)$为SCSO算法全局搜索中更新的位置，然后采用反向学习进行位置更新如下：

$$X_i(t+1)=\begin{cases} X_{i,\text{old}}(t+1), & f(X_{i,\text{old}}(t+1)) < f(X''_i(t+1)) \\ X''_i(t+1), & f(X_{i,\text{old}}(t+1)) \geqslant f(X''_i(t+1)) \end{cases} \tag{84.12}$$

$$X''_i(t+1) = (X''_{i,1,\text{old}}(t+1), X''_{i,2,\text{old}}(t+1), \cdots, X''_{i,d,\text{old}}(t+1)) \tag{84.13}$$

$$X''_{i,j,\text{old}}(t+1) = \text{rand}[(\text{lb}_j + \text{ub}_j)/2, X'_{i,j,\text{old}}(t+1)] \tag{84.14}$$

当$|R|\leqslant 1$时，沙丘猫个体在一小块区域迅速捕获猎物。因此，位置更新引入了局部开采机制。引入伪反射后的位置更新如下：

$$X_i(t+1)=\begin{cases}X_{i,\text{old}}(t+1), & f(X_{i,\text{old}}(t+1))<f(X_i'''(t+1))\\ X_i'''(t+1), & f(X_{i,\text{old}}(t+1))\geqslant f(X_i'''(t+1))\end{cases} \tag{84.15}$$

$$X_i'''(t+1)=(X_{i,1,\text{old}}'''(t+1),X_{i,2,\text{old}}'''(t+1),\cdots,X_{i,d,\text{old}}'''(t+1)) \tag{84.16}$$

$$X_{i,j,\text{old}}'''(t+1)=\text{rand}[X_{i,j,\text{old}}(t+1),(\text{lb}_j+\text{ub}_j)/2] \tag{84.17}$$

3. 精英协作下的随机变异

精英协作策略广泛应用于启发式算法中，如果选出来的精英的权重没有差异，这就可能导致精英阶层协作不理想。为此，提出了一种精英协作策略，以精英权重来区分精英个体对群体位置更新的作用。考虑精英协作策略在算法后期迭代失败的可能性，群体中的精英位置相对均匀，并引入了基于 t-分布的随机变异来提高精英协作策略的随机性。精英协作引导变异机制如图 84.4 所示。

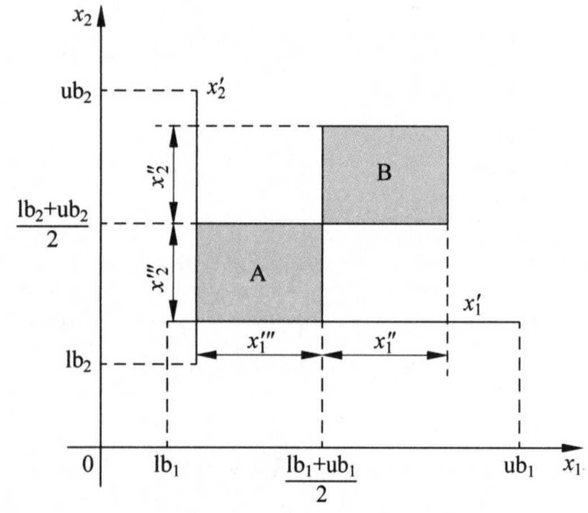

图 84.3　伪对立点和伪反射点在二维空间中的分布

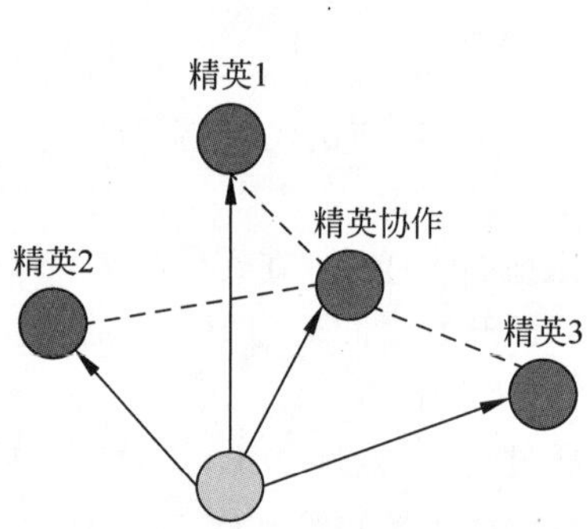

图 84.4　精英协作引导变异机制

选取种群中排名前三的沙丘猫作为精英丘沙猫，精英沙丘猫协作形成新的沙丘猫阵地，指导搜索过程。根据适应度值的不同，对精英沙丘猫赋予不同的权重，适应度值越小，权重越大。权重分配的计算如下：

$$w_{\text{gb1}}=\frac{1}{2}-\frac{f(X_{\text{gb1}})}{2(f(X_{\text{gb1}})+f(X_{\text{g21}})+f(X_{\text{g31}}))} \tag{84.18}$$

$$w_{\text{gb2}}=\frac{1}{2}-\frac{f(X_{\text{gb2}})}{2(f(X_{\text{gb1}})+f(X_{\text{g21}})+f(X_{\text{g31}}))} \tag{84.19}$$

$$w_{\text{gb3}}=\frac{1}{2}-\frac{f(X_{\text{gb3}})}{2(f(X_{\text{gb1}})+f(X_{\text{g21}})+f(X_{\text{g31}}))} \tag{84.20}$$

$$X_{\text{lead}}=\frac{1}{3}(w_{\text{gb1}}\cdot X_{\text{gb1}}+w_{\text{gb2}}\cdot X_{\text{gb2}}+w_{\text{gb3}}\cdot X_{\text{gb3}}) \tag{84.21}$$

其中，w_{gb1}、w_{gb2}、w_{gb3} 为不同精英的权重；X_{lead} 为精英协作后的全局最优解位置。精英协作后最优解位置变化采用的随机变异策略描述如下：

$$X_{\text{lead}}'=X_{\text{lead}}+X_{\text{lead}}\cdot t(\text{Iter}) \tag{84.22}$$

其中，X_{lead}' 为变分后的最优解位置；$t(\text{Iter})$ 为当前自由度分布的迭代次数。使用 X_{lead}' 代替式(84.1)和式(84.5)中的最优解 X_{b}，采用精英协作策略的随机变量来指导搜索过程。在迭代开始时，迭代次数较少，t-分布近似于高斯分布，且分布更均匀。此时，t-分布算子大概率取值较大，位置变化所取步长较大，算法具有良好的全局探索能力。在迭代后期，t-分布近似于标准正态分布，且分布更加集中，t-分布算子取值较小具有较高的概率，且位置变化的步长较小，有利于算法的收敛性。

84.6　SE-SCSO 算法的伪代码及实现流程

SE-SCSO 算法的伪码描述如下。

```
初始化种群
计算适应度值
初始化参数 r,r_G,R
while (t≤iter_max) do
   for 每个个体 do
      基于式(84.22)变异当前最优解并更新
      得到一个随机角度(0°≤θ≤360°)
      If (|R|≤1) then
         根据式(84.15)更新搜索个体位置
      else
         根据式(84.12)更新搜索个体位置
      end if
   end for
   t = t + 1
end while
```

SE-SCSO 算法的流程如图 84.5 所示。

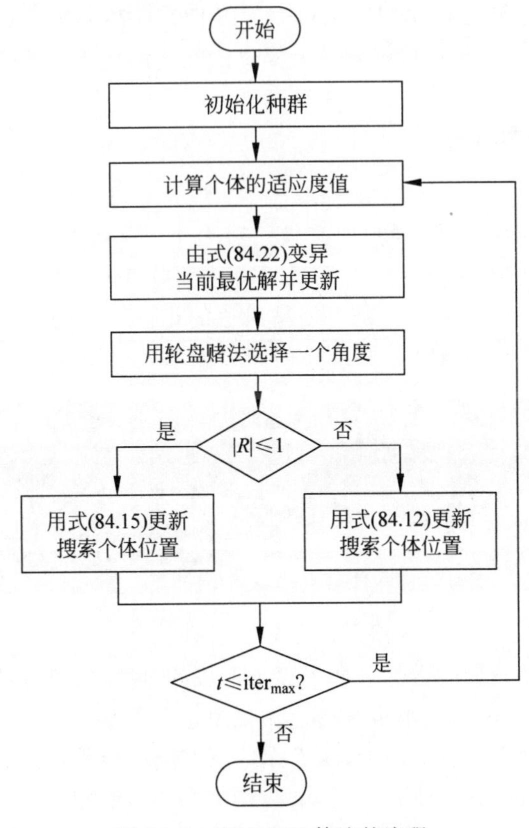

图 84.5　SE-SCSO 算法的流程

第 85 章　耳廓狐优化算法

耳廓狐优化算法是一种模拟自然界中耳廓狐挖掘捕猎策略和逃离捕食者策略的群智能优化算法。该算法包括种群初始化、第一阶段挖掘寻找猎物和第二阶段逃离捕食者的策略。本章首先介绍了耳廓狐优化算法的提出、耳廓狐的习性、耳廓狐的挖掘能力和逃避策略；然后阐述了耳廓狐优化算法的数学描述；最后给出了耳廓狐优化算法的伪代码及实现流程。

85.1　耳廓狐优化算法的提出

耳廓狐优化算法(Fennec Fox optimization Algorithm，FFA)是 2022 年由捷克学者 Trojovská 等提出的一种模拟自然界中耳廓狐的挖掘捕猎策略和逃离捕食者策略的群智能优化算法，用于求解单目标函数优化问题。

通过包括 CEC2015、CEC2017 在内的单峰、高维多模态、固定维多模态的 68 个基准测试函数和 4 工程设计问题(压力容器、减速器、焊接梁和拉伸/压缩弹簧)对 FFA 性能进行了测试，并与 8 个著名的优化算法(GA、PSO、GSA、TLBO、GWO、WOA、TSA、MPA)进行了比较，结果表明，FFA 算法在大多数目标函数上提供的最优解优于竞争算法。

85.2　耳廓狐的习性

耳廓狐是世界上最小的狐属动物，如家猫一般大小。平均体重约 1kg。耳长 10～15cm。耳朵占头部的极大比例，并因此得名。耳廓狐具有从乳白色至淡黄色软长的体毛(这种体色有利于在沙漠中伪装)，白色的腹面和一条末梢呈黑色的尾巴。它的足毛浓密，有利于在热带柔软的沙地上行走时对足部加以保护。耳廓狐的图片如图 85.1 所示。

图 85.1　耳廓狐的图片

耳廓狐的大耳朵是在长期的自然选择中逐步形成的，可以通过耳朵散热，以适应沙漠干燥酷热的气候，同时又能对周围的微小声音迅速作出反应。耳廓狐为夜行性动物。大耳朵和高听力使耳廓狐可能听到地下猎物的声音，从而在地下挖洞捕捉猎物。

耳廓狐食性广泛，包括水果、种子、小啮齿类动物、鸟类、卵、爬行类动物和昆虫。偶见 10 只联合组成的群体，每个成员挖掘一个数米深的巢穴。雄性用尿液来标记领域，在整个繁殖季节都有攻击性,交配发生于冬季中晚期。

85.3　耳廓狐优化算法的基本思想

耳廓狐栖息于沙漠和半沙漠地带,偏好在稳定的沙丘打洞来寻找猎物。洞穴附近通常有草丛或灌木丛,耳廓狐借此类植物支撑、遮掩和铺垫巢穴。耳廓狐的挖掘能力很强,它们居住的洞穴通常会有多个出入口,一旦发现敌人就溜之大吉。耳廓狐对抗捕食者攻击的策略是突然改变运动方向,误导捕食者,然后逃跑。

耳廓狐优化算法模拟了耳廓狐的两种智能捕猎策略：在沙丘里挖洞寻找猎物策略和躲避捕食者攻击的逃生策略。FFA 通过挖掘寻找猎物和逃离捕食者的反复迭代操作实现对问题的优化求解。

FFA 和 GWO 之间的区别表现在 3 个方面。一是模拟对象不同。二是 FFA 通常在有限的区域狩猎,搜索过程为局部搜索,只覆盖了搜索空间的一小部分；相反,GWO 模拟了搜索过程基于分层管理的三步制目标全局和本地搜索。三是在 FFA 设计中,在问题空间中进行全局搜索模拟了耳廓狐在逃离捕食者过程中的行为；而 GWO 的设计没有模拟灰狼逃离捕食者行为的步骤。

85.4　耳廓狐优化算法的数学描述

1. 初始化

FFA 是一种基于群体的元启发式算法,耳廓狐组成了搜索个体。在 FFA 中,每个耳廓狐代表了一个问题的候选解,它在搜索空间中的位置决定了决策变量。耳廓狐的种群可表示为一个种群矩阵。耳廓狐在搜索空间中使用式(85.1)随机初始化如下：

$$X_i: x_{i,j}=\mathrm{lb}_j+r\cdot(\mathrm{ub}_j-\mathrm{lb}_j)\quad i=1,2,\cdots,N;\quad j=1,2,\cdots,m \tag{85.1}$$

其中,X_i 为第 i 只耳廓狐；j 为第 j 维决策变量；N 为耳廓狐总数；m 为决策变量的个数；r 为一个[0,1)区间的随机数；ub_j 和 lb_j 分别为第 j 个决策变量的上限和下限。

FFA 的群体矩阵由式(85.2)表示如下：

$$\boldsymbol{X}=\begin{bmatrix}\boldsymbol{X}_1\\ \vdots\\ \boldsymbol{X}_i\\ \vdots\\ \boldsymbol{X}_N\end{bmatrix}_{N\times m}=\begin{bmatrix}x_{1,1} & \cdots & x_{1,j} & \cdots & x_{1,m}\\ \vdots & \ddots & \vdots & ⋰ & \vdots\\ x_{i,1} & \cdots & x_{i,j} & \cdots & x_{i,m}\\ \vdots & ⋰ & \vdots & \ddots & \vdots\\ x_{N,1} & \cdots & x_{N,j} & \cdots & x_{N,m}\end{bmatrix}_{N\times m} \tag{85.2}$$

其中,$\boldsymbol{X}_i=(x_{i,1},x_{i,2},\cdots,x_{i,m})$为矩阵 $\boldsymbol{X}$ 的第 i 行,它代表种群 N 范围内的第 i 只耳廓狐；每一列$(x_{1,j},x_{2,j},\cdots,x_{N,j})^{\mathrm{T}}$ 代表候选解第 j 个决策变量的值。

耳廓狐的目标函数值向量使用式(85.3)表示如下：

$$\boldsymbol{F}=\begin{bmatrix}\boldsymbol{F}_1\\ \vdots\\ \boldsymbol{F}_i\\ \vdots\\ \boldsymbol{F}_N\end{bmatrix}_{N\times 1}=\begin{bmatrix}\boldsymbol{F}(\boldsymbol{X}_1)\\ \vdots\\ \boldsymbol{F}(\boldsymbol{X}_i)\\ \vdots\\ \boldsymbol{F}(\boldsymbol{X}_N)\end{bmatrix}_{N\times 1} \tag{85.3}$$

其中,$\boldsymbol{F}$ 为目标函数值的向量；$\boldsymbol{F}_i$ 为第 i 只耳廓狐的目标函数值。

选择目标函数值最佳的候选解作为最优解。因为候选解每次迭代都会更新，最优候选解也会在每次迭代中更新。利用耳廓狐的两种自然行为来更新 FFA 中个体在搜索空间中的位置。这些行为包括在沙下挖食猎物和逃离捕食者。

2. 第一阶段：挖掘寻找猎物

耳廓狐在夜间独自猎食。它利用大耳朵的听觉来探测沙子下面的猎物，找到位置后，用后爪挖掘，使猎物暴露并捕捉猎物。耳廓狐的这种行为是一种局部搜索，模拟这种行为增加了 FFA 的开发能力以更接近全局最优解。为了模拟耳廓狐在挖掘过程中的行为，我们考虑一个实际位置周围半径为 R 的邻域。耳廓狐在这一区域进行局部搜索，可以收敛得到更好的解。此阶段更新搜索个体的位置用式(85.4)～式(85.6)计算如下：

$$x_{i,j}^{\mathrm{P1}}=x_{i,j}+(2\cdot r-1)\cdot R_{i,j} \tag{85.4}$$

$$R_{i,j}=\alpha\cdot\left(1-\frac{t}{T}\right)\cdot x_{i,j} \tag{85.5}$$

$$X_i=\begin{cases}X_i^{\mathrm{P1}}, & F_i^{\mathrm{P1}}<F_i\\ X_i, & F_i^{\mathrm{P1}}\geqslant F_i\end{cases} \tag{85.6}$$

其中，X_i^{P1} 为第 i 只耳廓狐在第一阶段的新位置；$x_{i,j}^{\mathrm{P1}}$ 为 X_i^{P1} 的第 j 维；F_i^{P1} 为 X_i^{P1} 的目标函数值；$R_{i,j}$ 为 $x_{i,j}$ 的邻域半径；t 为当前迭代次数；T 为迭代总次数；α 常量设置为 0.2。

3. 第二阶段：逃离捕食者的策略

耳廓狐为了逃避野生捕食者攻击的策略是以惊人的速度逃跑和突然改变运动方向。耳廓狐的这种逃跑策略是在搜索空间进行全局搜索的基础。模拟这种逃跑策略增强了 FFA 的探索能力。它有助于避免陷入局部最优区域，从而确定最优全局区域。因此，每个候选解在搜索空间中的随机位置可以被认为是耳廓狐在逃跑过程中的行为模型。第二阶段对 FFA 的种群更新过程可通过式(85.7)～式(85.9)描述如下：

$$X_i^{\mathrm{rand}}:x_{i,j}^{\mathrm{rand}}=x_{k,j},\quad k\in\{1,2,\cdots,N\},\quad i=1,2,\cdots,N \tag{85.7}$$

$$x_{i,j}^{\mathrm{P2}}=\begin{cases}x_{i,j}+r\cdot(x_{i,j}^{\mathrm{rand}}-I\cdot x_{i,j}), & F_i^{\mathrm{rand}}<F_i\\ x_{i,j}+r\cdot(x_{i,j}-x_{i,j}^{\mathrm{rand}}), & F_i^{\mathrm{rand}}\geqslant F_i\end{cases} \tag{85.8}$$

$$X_i=\begin{cases}X_i^{\mathrm{P2}}, & F_i^{\mathrm{P2}}<F\\ X_i, & F_i^{\mathrm{P2}}\geqslant F\end{cases} \tag{85.9}$$

其中，X_i^{rand} 为第 i 只耳廓狐逃跑的目标位置，$x_{i,j}^{\mathrm{rand}}$ 为它的第 j 维，F_i^{rand} 为它的目标函数值；X_i^{P2} 为第 i 只耳廓狐基于第二阶段的新位置，$x_{i,j}^{\mathrm{P2}}$ 为它的第 j 维；F_i^{P2} 为它的目标函数值；i 在集合{1,2}中随机取值。

FFA 在第一阶段和第二阶段的基础上更新所有耳廓狐的位置，完成第一次 FFA 迭代。这个更新过程一直持续到式(85.4)～式(85.9)计算的总迭代次数结束。

85.5 耳廓狐优化算法的伪代码及实现流程

FFA 的伪代码描述如下。

```
1. 输入优化问题信息
2. 设置迭代次数(T)和耳廓狐种群数(N)
3. 初始化耳廓狐的位置以及对目标函数的评价
```

```
4. for t = 1: T
5. for i = 1: N
6. 第一阶段: 挖掘寻找猎物
7. 用式(85.4)和式(85.5)计算第 i 只耳廓狐的新位置
8. 用式(85.6)更新第 i 只耳廓狐的位置
9. 第二阶段: 逃离捕食者攻击的策略
10. 用式(85.7)生成为第 i 只耳廓狐逃逸的目标位置并评估其适应度值
11. 用式(85.8)计算第 i 只耳廓狐的新位置
12. 用式(85.9)更新第 i 只耳廓狐
13. end for i = 1: N
14. 保存到目前为止最好的候选解
15. end for t = 1: T
16. 输出给定优化问题的最优解
FFA 结束
```

耳廓狐优化算法的实现流程如图 85.2 所示。

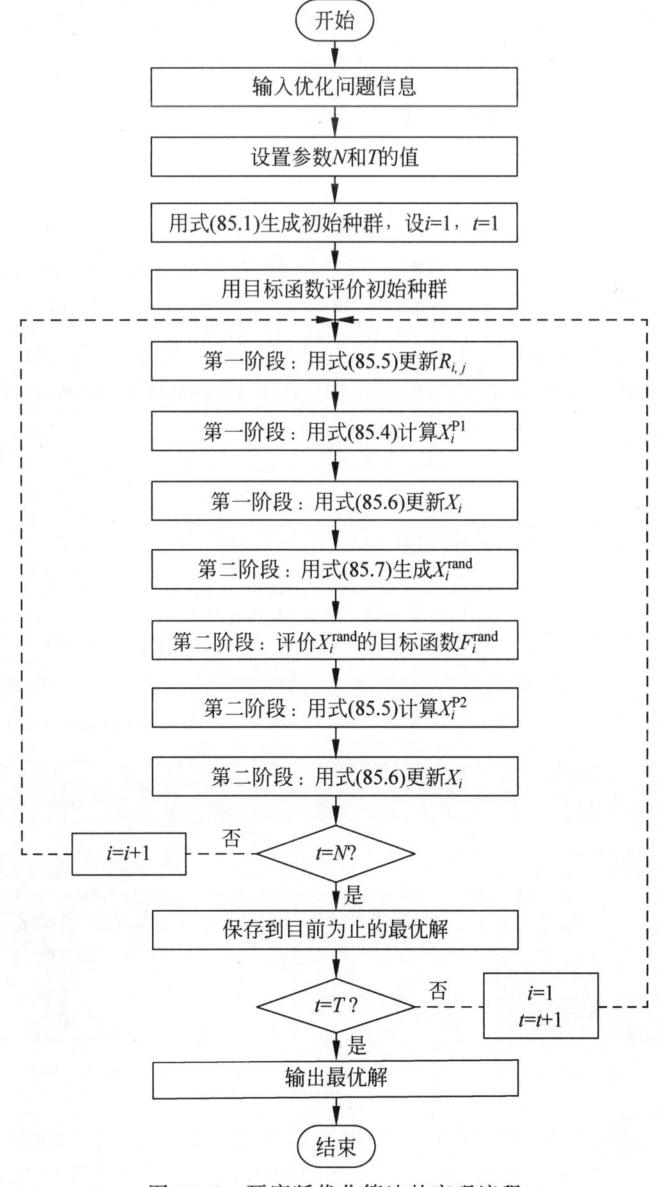

图 85.2　耳廓狐优化算法的实现流程

第 86 章　金豺优化算法

金豺优化算法是一种模拟金豺合作狩猎行为的群智能优化算法。该算法包括搜索猎物、包围猎物和攻击猎物 3 个基本步骤，它用于单目标优化。后经改进得到多目标金豺优化算法。本章首先介绍金豺优化算法的提出，金豺的习性及其特点；然后阐述单目标金豺优化算法的数学描述、多目标金豺优化算法的数学描述、最后给出了多目标金豺优化算法的实现步骤。

86.1　金豺优化算法的提出

金豺优化(Golden Jackal Optimization，GJO)算法是 2022 年由 Chopran 等提出的一种模拟金豺合作狩猎行为的群智能优化算法。GJO 算法包括搜索猎物、包围猎物和攻击猎物的 3 个基本步骤。基本的 GJO 算法针对的是单目标优化。2022 年，Hui Lichuan 等基于单目标 GJO 算法，通过引入历史数据修正了算法的位置更新方程，确定了多目标不同迭代阶段的雌雄金豺的位置，从多样性和收敛速度的角度出发，采用不同的选择策略，提出了多目标的 GJO 算法，并将其用于磁悬浮系统的参数优化悬架分数阶控制系统，获得了良好的控制效果。

86.2　金豺的习性及其特点

金豺是一种体型中等偏瘦的豺狼；四肢修长，利于快速奔跑；头腭尖形，颜面部长，鼻端突出，耳尖且直立，嗅觉灵敏，听觉发达；犬齿及裂齿发达；头部、耳朵、两侧及四肢红褐色，有长而尖的口吻和相对较短的尾巴，蓬松的尾巴上有长毛；身体的毛通常粗而长，颜色是黄色、棕色与黑色相杂。金豺的外形如图 86.1 所示，金豺修长的身体、长长的腿以及粗而钝的爪，使其善于快速及长距离奔跑。

图 86.1　金豺的外形

金豺是适应性极强、社会性高度发达的动物，喜群居，合作狩猎；以肉食性、食草动物及啮齿动物等为食；生活在干燥空旷的地区，集体活动时常嗥叫，挖掘洞穴居住；分布于欧亚大陆和印度半岛。

86.3　单目标金豺优化算法的数学描述

基本的 GJO 算法是针对单目标的，其基本思想是：雄性和雌性金豺捕获猎物，猎物选择在当前金豺位置的基础上更新其相对安全位置，最终通过循环迭代在当前空间范围内搜索找到最优值。优化过程包括搜索和捕获两个阶段。

1. 搜索阶段

搜索阶段金豺实现对猎物的感知和跟踪，在周围环境中对猎物的搜索行为描述如下：

$$\begin{cases} Y_1(t) = Y_{\mathrm{M}}(t) - E \cdot | Y_{\mathrm{M}}(t) - \mathrm{rl} \cdot \mathrm{Pery}(t) | \\ Y_2(t) = Y_{\mathrm{FM}}(t) - E \cdot | Y_{\mathrm{FM}}(t) - \mathrm{rl} \cdot \mathrm{Pery}(t) | \end{cases} \tag{86.1}$$

其中，t 为当前迭代次数；Prey(t)为猎物的位置；$Y_{\mathrm{M}}(t)$和 $Y_{\mathrm{FM}}(t)$分别为雄性和雌性金豺的位置。由上一代所有猎物的最优和次优位置推导来模拟雄性金豺狩猎，雌性金豺紧随其后的动物行为；$Y_1(t)$和 $Y_2(t)$分别为第 t 代雌雄金豺根据猎物获得的新位置；rl 为 Levy 飞行的行为函数；E 为猎物逃跑能量，由式(86.2)计算如下：

$$E = E_0 \cdot E_1 \tag{86.2}$$

其中，E_0 为初始能量，$E_0 = 2 \cdot r - 1$，r 为[0,1]区间的随机数；E_1 为猎物能量的衰减函数，可设为线性函数关系表示如下：

$$E_1 = 1.5 \cdot (1 - t/T) \tag{86.3}$$

其中，T 为最大迭代次数。当 $t=0$ 时，初始能量为 1.5；随着迭代的进行，E_1 逐渐减小，当 $t=T$ 时，能量衰减为 0。

2. 捕猎阶段

如果猎物的逃跑能量 E 减少($|E|<1$)，金豺将开始追赶并攻击猎物。此时雄性和雌性一起捕猎的行为描述如下：

$$\begin{cases} Y_1(t) = Y_{\mathrm{M}}(t) - E \cdot | \mathrm{rl} \cdot Y_{\mathrm{M}}(t) - \mathrm{Pery}(t) | \\ Y_2(t) = Y_{\mathrm{FM}}(t) - E \cdot | \mathrm{rl} \cdot Y_{\mathrm{PM}}(t) - \mathrm{Pery}(t) | \end{cases} \tag{86.4}$$

根据前两阶段获得的更新位置，猎物逃跑，根据雌雄金豺当前的搜索位置或狩猎位置，利用式(86.5)更新，到下一代位置的计算如下：

$$\mathrm{Prey}(t+1) = \frac{Y_1(t) + Y_2(t)}{2} \tag{86.5}$$

86.4　多目标金豺优化算法的数学描述

对单目标金豺优化算法的分析表明，该算法基于能量函数 E 的值，利用了雌雄金豺的位置定义了相应阶段的行为。在单目标中，两个位置向量通过目标函数进行比较，并将 $Y_{\mathrm{M}}(t)$与最优位置，$Y_{\mathrm{FM}}(t)$与次优位置进行比较，从所有位置中选择当前世代的位置。

由于目标函数之间的非劣性关系，在多目标中很难对目标函数进行简单的排序和比较。因此，需要构造一种基于多目标的 GJO 算法。

1. 选择金豺的位置

金豺位置的选择如图 86.2 所示，在获得每代猎物位置对应的目标函数值后，对所有目标函数进行进一步的支配和排序，得到一组非劣解。

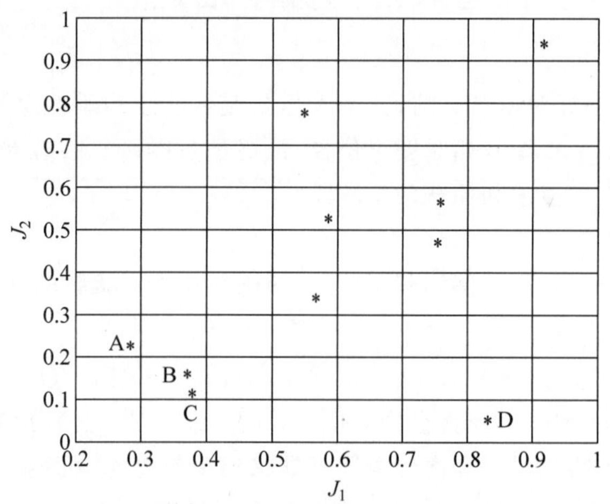

图 86.2　目标函数的非劣性关系

图 86.2 描述了 10 组不同的目标函数值。A、B、C、D 是具有两个最小目标函数的优化问题的非劣解；它们不能进一步比较，其他解受这些非劣解控制。这些非劣解集也是雄性和雌性金豺可以选择的集合；由于它们的选择直接影响算法的收敛性和多样性，因此在不同迭代阶段采用不同的选择策略。

1）迭代初始阶段（当 $t<T/3$ 时）

在此阶段，优化的结果与实际的非劣前沿值相差甚远。此时，需要增强算法的开发能力，以保证它的收敛速度。因此，选择非劣性程度和收敛程度最高的猎物地点是至关重要的。每个猎物的目标函数计算如下：

$$S_i = |N|, \quad \forall j \in N, \quad i \prec j \tag{86.6}$$

其中，$|N|$ 表示集合 N 的元素个数；N 表示由 i 所支配的所有解组成的集合；S_i 用于衡量非劣解 i 的收敛质量，如果每个非劣解支配的解个数相同，则进行随机选择。在图 86.2 中，S_i 非劣解 A、B、C、D 的值分别为 6、6、6 和 1。因此，随机选取 A、B、C 三个解中的两个作为雄性和雌性金豺的位置。

2）迭代后期阶段（当 $2T/3\leqslant t\leqslant T$ 时）

在这个阶段，算法已经找到了一个相对非劣的解。为了保证解集中个体的多样性，在此阶段必须选择一个具有较大拥挤距离的位置。在与此问题有关的两个目标函数中，拥挤距离定义为个体间的平均距离 CD_i，计算方法如下：

$$\mathrm{CD}_i = \frac{1}{G}\sum_{i=1}^{G} \mathrm{dis}_{i,j} \tag{86.7}$$

其中，G 为当前非劣解集中的元素个数；$\mathrm{dis}_{i,j}$ 为个体 i 和 j 之间的欧氏距离，如下式所示：

$$\mathrm{dis}_{i,j} = \sum_{m=1}^{2} \sqrt{(J_{mi} - J_{mj})^2} \tag{86.8}$$

其中，J_{mi} 表示位置 i 对应的第 m 个目标函数值。在如图 86.2 所示的分布关系中，4 个非劣解评价为 $\mathrm{CD_D}>\mathrm{CD_A}>\mathrm{CD_B}>\mathrm{CD_C}$，因此在后期迭代中，雌雄金豺会选择 D 和 A 对应的猎物位置。

3) 迭代中期(当 $T/3 \leqslant t < 2T/3$ 时)

在此期间,既可以考虑速度又可以考虑多样性,从目前的非劣解集中,可以随机选择两个位置作为雌雄金豺的位置。使用图 86.2 中描述的关系,从 A、B、C、D 中随机选择两个位置作为金豺的位置。

2. 位置更新的改进

在单目标位置更新式(86.5)中,利用两个新位置的平均值来指导搜索,对个体先前位置的学习继承经验被忽略了,考虑到对历史经验的学习,因此位置更新如下:

$$\mathrm{Pery}(t+1) = \alpha \cdot \frac{Y_1(t) + Y_2(t)}{2} + \beta \cdot \mathrm{Pery0} \tag{86.9}$$

其中,Pery0 为第 1 代到第 t 代保留个体的最优位置。如果存在一个非劣解集,则选择其中一个作为历史最优个体;α 为初始策略的权重系数;β 为历史经验的学习因子,它表示利用以往的位置对当前位置的修改。为了保证位置在约束的极限内,两者要满足 $\alpha+\beta=1$。当 $\beta=0$ 时,式(86.9)与式(86.5)完全等价,表明忽略了历史信息。

86.5　多目标金豺优化算法的实现步骤

多目标金豺优化算法的实现步骤如下。

(1) 参数初始化,包括金豺优化规模,最大迭代次数 T 等。

(2) 随机生成猎物的初始位置,设置起始迭代次数 $t=1$。

(3) 当 $t \leqslant T$ 时,执行步骤(4)或步骤(10)。

(4) 计算每个猎物位置的适应度值,然后对个体历史位置进行非劣排序和更新,最后更新 Pery0。

(5) 对所有适应度值进行非劣排序,得到非劣解集,计算拥挤距离。

(6) 按照迭代次数的判断方法,从当前非劣解集中确定金豺优化中雌雄金豺的位置。

(7) 根据式(86.2)和式(86.3)计算猎物的 E,若 $|E| \geqslant 1$,则用式(86.1)进行搜索;如果 $|E| < 1$,则用式(86.4)开始围捕。

(8) 根据式(86.9)更新猎物的新位置。

(9) 重复 $t=t+1$,然后返回步骤(3)。

(10) 输出结果。

第87章 蛇优化算法

蛇优化算法是一种模拟蛇特殊交配行为的群智能优化算法。蛇的雄性和雌性交配受温度和食物的影响。蛇优化算法通过蛇群分成相等的雄性组和雌性组、确定温度和食物量、探索食物、开发阶段的争斗及交配模式等实现对优化问题的求解。本章首先介绍蛇的习性及独特的交配行为、蛇优化算法的原理,然后阐述蛇优化算法的数学描述,最后给出了蛇优化算法的伪代码及实现流程。

87.1 蛇优化算法的提出

蛇优化算法(Snake Optimizer,SO)是2022年由Hashim和Hussien提出的一种模拟蛇的特殊交配行为的群智能优化算法。通过使用CEC2017提供的无约束基准测试函数进行了测试和4个受约束的实际工程问题的优化设计,并与其他9个新开发的优化算法进行了比较,结果表明,蛇优化算法在不同环境中的有效性和优越性。

87.2 蛇的习性及独特的交配行为

蛇是属于爬行动物的神奇生物。它们体细长,分为头、躯干和尾3部分,如图87.1(a)所示。此外,与所有有鳞动物一样,它们是冷血脊椎动物。几乎所有种类的蛇的头骨都有许多关节,即使猎物比它们的头大,它们也能吞下猎物。已发现的蛇类达到3600种520属,分为20科。

蛇一生中最有趣的事情是它们在交配中的独特行为:雌性蛇具有许多繁殖特征(多次交配、季节性和繁殖方式)。雌性可以操纵两种基因型(配偶选择和精子竞争)和表型(生理体温调节和巢位选择)。雄雌竞争有多种形式,如保护配偶和模仿雌性。紧凑的较量在选择获胜者交配方面具有很强的影响力。

雄性和雌性之间交配的发生受某些因素的控制。蛇在春末夏初低温即寒冷地区交配,但交配过程不仅取决于温度,还取决于食物的可用性。如果温度低,有食物,那么雄性会互相争斗以吸引雌性的注意力(见图87.1(b))。雌性有权决定是否交配。如果交配发生(见图87.1(c)),雌性开始在一个筑巢或挖洞,一旦产下蛇蛋(见图87.1(d)),它就会离开。

(a) 一条蛇

(b) 雄性蛇之间的争斗较量

(c) 蛇的交配行为

(d) 蛇产卵

图 87.1　自然界中蛇的特征及其独特的交配行为

87.3　蛇优化算法的优化原理

蛇优化算法设计灵感来自蛇的交配行为，如果温度低且有食物，就会发生交配，否则蛇只会寻找食物。蛇优化算法考虑搜索过程分为探索和开发两个阶段。探索的环境因素包括寒冷的地方和食物，在这种情况下蛇不会只在其周围寻找食物。开发阶段包括许多对全局更为有效的过渡阶段。

在有食物但温度高的情况下，蛇将只专注于可食用的食物。最后，如果有食物且该地区寒冷，则将导致交配过程的发生；交配过程有争斗模式或交配模式：在争斗模式中，每个雄性都将争夺最好的雌性，每个雌性都会尝试选择最好的雄性；在交配模式中，在与食物数量相关的每对之间发生交配。如果交配过程发生在搜索空间中，则雌性有可能将产下的卵孵化成新的蛇。

蛇优化算法通过将蛇群分成雄性和雌性相等的两组、确定温度和食物量、探索（无食物）和开发（存在食物）阶段温度冷、热条件下的雄雌交配操作的反复迭代，最终实现对问题的优化求解。

87.4　蛇优化算法的数学描述

1. 初始化

SO 算法通过式(87.1)随机生成均匀分布的种群，种群中的个体位置描述如下：

$$X_i = X_{\min} + r \times (X_{\max} - X_{\min}) \tag{87.1}$$

其中，X_i 为第 i 个个体的位置；r 为 0～1 的随机数；$X_{\max}$ 和 $X_{\min}$ 分别为问题的上限和下限。

2. 将蛇群分成雄性和雌性相等的两组

假设将蛇群分为两组，其中雄性和雌性数目各占种群数目的 50%。雄性和雌性的数目分别使用式(87.2)和式(87.3)计算如下：

$$N_{\mathrm{m}} \approx N/2 \tag{87.2}$$

$$N_{\mathrm{f}} = N - N_{\mathrm{m}} \tag{87.3}$$

其中，N 为个体数；N_{m} 为雄性个体数；N_{f} 为雌性个体数。

3. 确定温度和食物量

在每个组中找到最好的个体，并得到最好的雄性($f_{\text{best},\text{m}}$)、最好的雌性($f_{\text{best},\text{f}}$)和食物位置(f_{food})。温度 Temp 用式(87.4)定义如下：

$$\text{Temp}=\exp\left(\frac{-t}{T}\right) \tag{87.4}$$

其中，t 为当前的迭代；T 为最大迭代次数。蛇获得的食物量 Q 用式(87.5)定义如下：

$$Q=c_1\times\exp\left(\frac{t-T}{T}\right) \tag{87.5}$$

其中，c_1 为常数，等于 0.5。

4. 探索阶段(无食物)

如果 $Q<0.25$(阈值)，则蛇会通过选择任何随机位置来搜索食物并更新它们的位置，具体如下：

$$X_{i,\text{m}}(t+1)=X_{\text{rand},\text{m}}(t)\pm c_2\times A_{\text{m}}\times((X_{\max}-X_{\min})\times\text{rand}+X_{\min}) \tag{87.6}$$

其中，$X_{i,\text{m}}$ 为第 i 个雄性蛇的位置；$X_{\text{rand},\text{m}}$ 为随机雄性蛇的位置；rand 为 0～1 的随机数；c_2 为常数，等于 0.05。A_{m} 为雄性蛇寻找食物的能力，可以计算如下：

$$A_{\text{m}}=\exp\left(\frac{-f_{\text{rand},\text{m}}}{f_{i,\text{m}}}\right) \tag{87.7}$$

其中，$f_{\text{rand},\text{m}}$为 $X_{\text{rand},\text{m}}$ 的适应度值；$f_{i,\text{m}}$ 为雄性组中第 i 个个体的适应度值。

$$X_{i,\text{f}}=X_{\text{rand},\text{f}}(t+1)\pm c_2\times A_{\text{f}}\times((X_{\max}-X_{\min})\times\text{rand}+X_{\min}) \tag{87.8}$$

其中，$X_{i,\text{f}}$ 为第 i 个雌性蛇的位置；$X_{\text{rand},\text{f}}$ 为随机雌性蛇的位置；rand 为 0～1 的随机数；A_{f} 为雌性蛇寻找食物的能力，可以计算如下：

$$A_{\text{f}}=\exp\left(\frac{-f_{\text{rand},\text{f}}}{f_{i,\text{f}}}\right) \tag{87.9}$$

其中，$f_{\text{rand},\text{f}}$为 $X_{\text{rand},\text{f}}$ 的适应度值；$f_{i,\text{f}}$ 为雌性组中第 i 个个体的适应度值。

5. 开发阶段(食物存在)

如果 $Q>0.6$(热)，则蛇向食物移动的位置计算如下：

$$X_{i,j}(t+1)=X_{\text{food}}\pm c_3\times\text{Temp}\times\text{rand}\times(X_{\text{food}}-X_{i,j}(t)) \tag{87.10}$$

其中，$X_{i,j}$ 为雄性或雌性个体的位置；X_{food} 为食物的位置；c_3 为常数，等于 2。

如果 $Q<0.6$(冷)，则蛇将处于争斗模式或交配模式，争斗模式描述如下：

$$X_{i,\text{m}}(t+1)=X_{i,\text{m}}(t)\pm c_3\times\text{FM}\times\text{rand}\times(X_{\text{best},\text{f}}-X_{i,\text{m}}(t)) \tag{87.11}$$

其中，$X_{i,\text{m}}$ 为第 i 个雄性位置；$X_{\text{best},\text{f}}$ 为雌性组中最优秀个体的位置；FM 为雄性的争斗能力。

$$X_{i,\text{f}}(t+1)=X_{i,\text{f}}(t+1)\pm c_3\times\text{FF}\times\text{rand}\times(X_{\text{best},\text{m}}-X_{i,\text{f}}(t+1)) \tag{87.12}$$

其中，$X_{i,\text{f}}$ 为第 i 个雌性位置；$X_{\text{best},\text{m}}$ 为雄性组中最优秀个体的位置；FF 为雌性的争斗能力。

FM 和 FF 可以分别计算如下：

$$\text{FM}=\exp\left(\frac{-f_{\text{best},\text{f}}}{f_i}\right) \tag{87.13}$$

$$FF=\exp\left(\frac{-f_{\text{best},\text{m}}}{f_i}\right) \tag{87.14}$$

其中，$f_{\text{best},\text{f}}$ 为雌性组最佳个体的适应度值；$f_{\text{best},\text{m}}$ 为雄性组最佳个体的适应度值；f_i 为个体的适应度值。

交配模式描述如下：

$$X_{i,\text{m}}(t+1)=X_{i,\text{m}}(t)\pm c_3\times M_{\text{m}}\times \text{rand}\times(Q\times X_{i,\text{f}}-X_{i,\text{m}}(t)) \tag{87.15}$$

$$X_{i,\text{f}}(t+1)=X_{i,\text{f}}(t)\pm c_3\times M_{\text{f}}\times \text{rand}\times(Q\times X_{i,\text{m}}-X_{i,\text{f}}(t)) \tag{87.16}$$

其中，$X_{i,\text{f}}$ 为第 i 个体在雌性组中的位置；$X_{i,\text{m}}$ 为第 i 个体在雄性组中的位置；M_{m} 和 M_{f} 分别是指雄性和雌性的交配能力，它们分别计算如下：

$$M_{\text{m}}=\exp\left(\frac{-f_{i,\text{f}}}{f_{i,\text{m}}}\right) \tag{87.17}$$

$$M_{\text{f}}=\exp\left(\frac{-f_{i,\text{m}}}{f_{i,\text{f}}}\right) \tag{87.18}$$

利用式(87.19)和式(87.20)分别选择最差的雄性和雌性的计算如下：

$$X_{\text{worst},\text{m}}=X_{\min}+\text{rand}\times(X_{\max}-X_{\min}) \tag{87.19}$$

$$X_{\text{worst},\text{f}}=X_{\min}+\text{rand}\times(X_{\max}-X_{\min}) \tag{87.20}$$

其中，$X_{\text{worst},\text{m}}$ 为雄性组中最差的个体位置；$X_{\text{worst},\text{f}}$ 为雌性组中最差的个体位置。

87.5　蛇优化算法的伪代码及实现流程

蛇优化算法的伪代码描述如下。

```
初始化问题设置：Dim,UB,LB,种群规模 N,最大迭代次数 T,当前迭代 t
随机初始化种群
将种群 N 用式(87.2)和式(87.3)分成两个相等的组 N_m 和 N_f
While(t ≤ T) do
    评估每组的 N_m 和 N_f
    找到最好的雌性 N_m
    找到最好的雄性 N_f
    使用式(87.4)定义温度
    使用式(87.5)定义食物数量 Q
    if(Q < 0.25)then
        使用式(87.6)和式(87.8)蛇进行探索
    else if(Q > 0.6) then
        使用式(87.10)蛇进行开发
    else
        if(rand > 0.6) then
            根据式(87.11)和式(87.12)蛇进入争斗模式
        else
            根据式(87.17)和式(87.18)蛇进入交配模式
            根据式(87.19)和式(87.20)改变最差的雄性和雌性
        end if
    end if
end While
返回最优解
```

蛇优化算法的流程如图 87.2 所示。

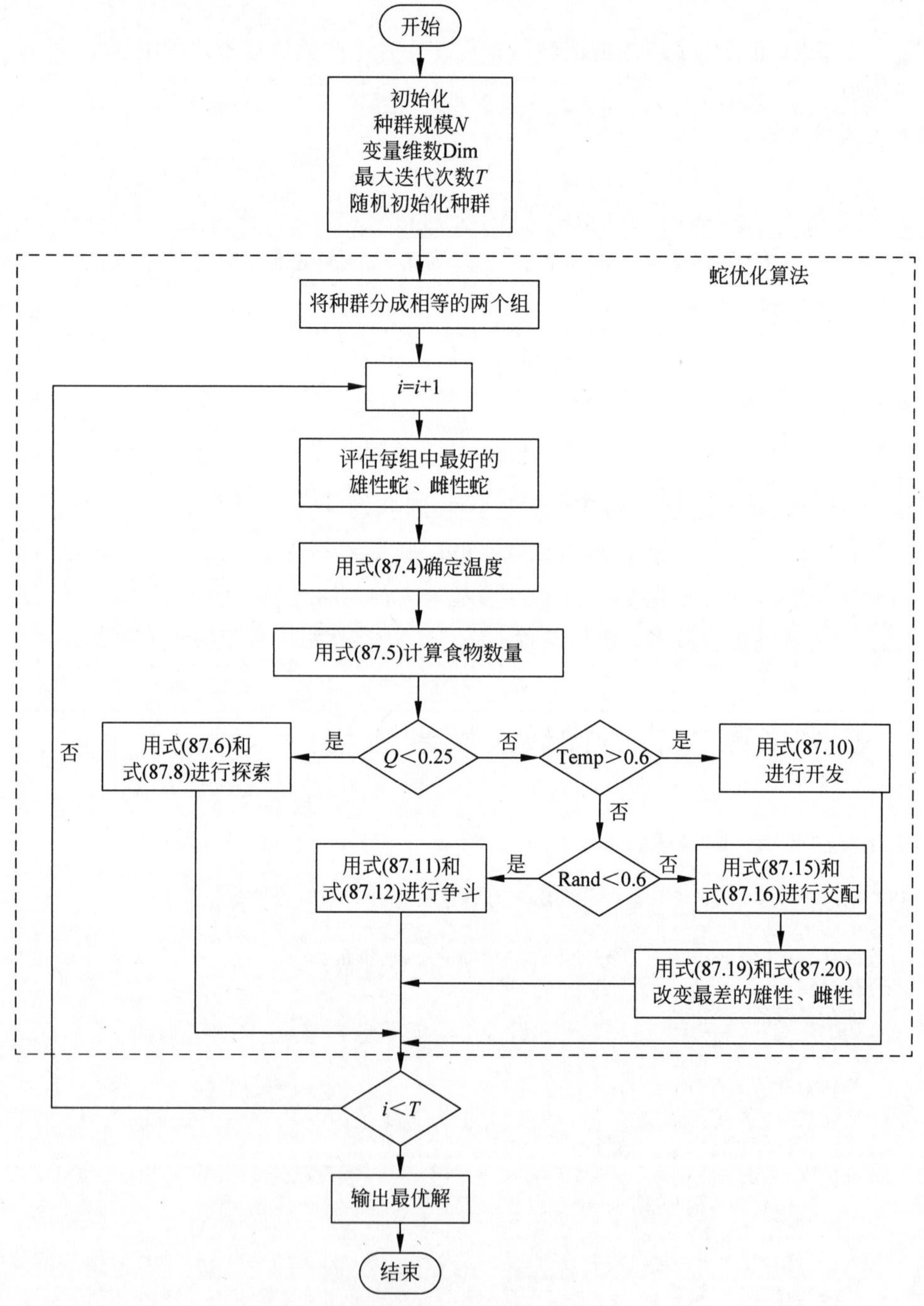

图 87.2 蛇优化算法流程

第 88 章　探路者优化算法

探路者算法是一种模拟群体动物狩猎行为的群智能优化算法。该算法将种群中的个体分为探路者(领导者)和跟随者,探路者带领跟随者寻找最佳食物区域。通过探路者、跟随者两种不同种群角色转换和更新及二者间的信息交流,以及在进化过程中种群三代之间的信息交流,来实现对多目标问题的优化求解。本章首先介绍探路者算法的提出、探路者算法的基本思想,然后阐述探路者算法的数学描述,最后给出探路者算法的实现步骤及伪代码。

88.1　探路者优化算法的提出

探路者算法(Pathfinder Algorithm,PFA)是 2019 年由土耳其学者 Yapici 和 Cetinkaya 提出的一种群智能优化算法。该算法通过使用探路者和其他群体成员之间的层次结构来模仿群体的运动,以及群体的领导层级寻找最佳食物区域或猎物行为,用于解决多目标优化问题。PFA 具有容易理解、实现简单、优化性能较好等优点。

通过使用 CEC2017 测试基准函数(包括单峰、多峰和复合函数)进行测试,并与粒子群优化、人工蜂群、萤火虫和灰狼优化算法进行比较,结果表明,PFA 可以逼近真正的帕累托最优解。PFA 和多目标探路者算法(MPFA)在解决具有未知搜索空间、多目标且计算量大、具有挑战性的实际工程设计问题方面具有优越性。

88.2　探路者优化算法的基本思想

探路者算法受群体动物的狩猎行为启发,将种群中的个体分为探路者和跟随者,它们共同组成种群团队去寻找最佳食物区域或猎物。种群中的每个个体在搜索空间中都有一个位置,处于种群中最优位置的个体被选为领导者,又称探路者。种群中的其他个体称为跟随者。

探路者个体是团队的领导者,指引种群的全局搜索方向,种群中的跟随者沿着探路者的方向进行移动。种群中个体的移动使其位置向量发生变化,即种群的更新。

在种群的更新过程中,探路者是该种群运动方向的探索者,其先于跟随者移动的寻优过程模拟了种群寻找食物的探索过程。通过探路者、跟随者两种不同种群角色间的信息交流以及在进化过程中种群三代之间的信息交流,来实现对问题的优化求解。

88.3 探路者优化算法的数学描述

在探路者算法中,每个个体在二维、三维或 d 维空间中都有一个位置。每个个体的位置代表问题的一个解。

探路者算法主要分为探路者阶段和跟随者阶段,两阶段之间交流是跟随者会根据探路者留下的信息进行位置更新。探路者是该种群运动方向的探索者,先于跟随者移动。

1. 探路者阶段

在 PFA 中的探路者即为领导者。探路者根据下面的公式进行位置更新:

$$x_P^{K+1}=x_P^K+2r_1\cdot(x_P^K-x_P^{K-1})+A \tag{88.1}$$

$$A=u_1\cdot e^{\frac{-2K}{K_{max}}} \tag{88.2}$$

其中,K 为当前迭代次数;x_P^{K+1} 为探路者更新后的位置,x_P^K 为探路者当前位置;x_P^{K-1} 为探路者上一次迭代的位置;r_1 为在[0,1]区间均匀生成的随机变量;A 为个体更新的随机步长(保证探路者移动的多向性和随机性);u_1 为[−1,1]区间的随机变量;K_{max} 为最大的迭代次数。

2. 跟随者阶段

沿着探路者的方向进行移动的跟随者根据下面的公式进行位置更新:

$$x_i^{K+1}=x_i^K+R_1\cdot(x_j^K-x_i^K)+R_2\cdot(x_P^K-x_i^K)+\varepsilon,\quad i\geqslant 2 \tag{88.3}$$

$$R_1=\alpha\cdot r_2,\quad R_2=\beta\cdot r_3 \tag{88.4}$$

$$\varepsilon=\left(1-\frac{K}{K_{max}}\right)\cdot u_2\cdot D_{i,j} \tag{88.5}$$

$$D_{i,j}=\|x_i-x_j\| \tag{88.6}$$

其中,K 为当前迭代次数;x_i^{K+1} 为第 $K+1$ 次迭代跟随者的位置;x_i^K 为第 K 次迭代跟随者的位置;x_j^K 为第 K 次迭代相邻个体 j 的位置;x_P^K 为探路者在第 K 次迭代的位置;ε 为扰动系数,用于为所有跟随者提供的随机移动;R_1 为跟随者之间的相互作用系数,R_2 为探路者对跟随者的吸引系数,α 和 β 在每次迭代中均在区间[1,2]中产生的随机数。r_2 和 r_3 为在[0,1]区间均匀生成的随机变量;u_2为在[−1,1]区间的随机变量,其决定跟随者的移动方向;$D_{i,j}$ 为相邻两个个体之间的欧氏距离。

3. 探路者和跟随者位置移动的图示

为了理解探路者的运动,一维位置向量的变化如图 88.1 所示。可以看出,在 x 的当前位置的探路者可以通过调整 A 和 r_1 到达预期位置,可移动到 x' 和 x''之间的任何位置。这使得 PFA 可以全局探索搜索空间并强调探索阶段。

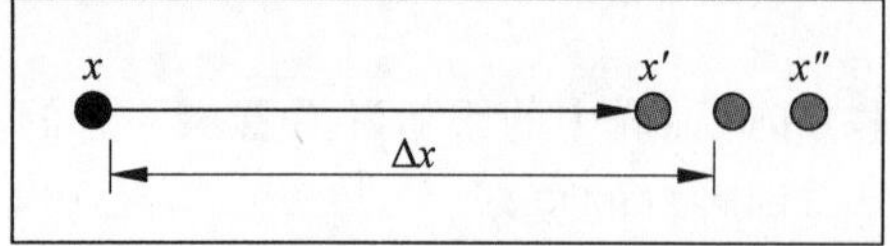

图 88.1 探路者在一维中的位置更新

图 88.2 示出了在二维空间中 7 个个体的运动情况,从左图可以看出初始位置从时间 $t=T$ 开始随机均匀分布,探路者在有希望的食物(或猎物)区域周围移动,其他个体随意地朝它移动。请注意,a 点代表第一个探路者。然后,在图 88.2 的中间图中,经过 Δt_1 时间后,b 点已成为探路者。中间显示的 a 点位置已更改为新位置,新位置使用式(88.1)获得。在图 88.2 右图中,经过 Δt_2 时间之后,d 点个体一直作为探路者,其他个体跟随这个个体。

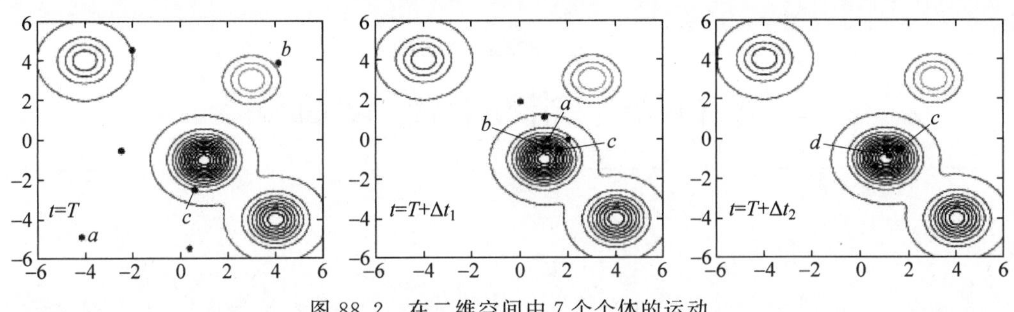

图 88.2　在二维空间中 7 个个体的运动

88.4　探路者算法的实现步骤及伪代码

PFA 从初始随机种群开始，然后计算适应度值。探路者的位置是当前的最佳位置。在迭代过程中，它确定 α 和 β 并更新探路者的位置。如果新位置比旧位置好，则更新它。然后考虑边界来更新跟随者的位置。PFA 计算每个个体的新适应度，当任何个体的位置比探路者更好时，它被分配作为新的探路者。在这一步之后，PFA 使用"if then"规则更新最终群体，并更新 A 和 ε。最后，PFA 检查结束标准以停止执行迭代过程。

探路者算法实现的具体步骤如下。

(1) 初始化种群及参数：r_1, r_2, r_3, u_1, u_2 及 K_{max}。

(2) 计算初始种群的适应度值，将最小适应度值个体选为探路者。

(3) 根据式(88.1)和式(88.2)更新探路者的位置。

(4) 根据式(88.3)～式(88.6)更新跟随者的位置。

(5) 更新种群个体的适应度值，有最小适应度值的为最优个体。

(6) 如果达到最大迭代次数，则算法终止，输出最优解；否则转到步骤(2)。

探路者算法的伪代码描述如下。

```
设置算法参数
种群初始化
计算初始种群的适应度值
找到探路者
While K < 最大迭代次数
    在[1,2]范围内生成 α 和 β 的随机数
    用式(88.4)更新探路者的位置并越界检查
    if  新探路者好于原探路者
        更新探路者
    end
    计算所有个体的适应度值
    找到最好的适应度值
    If 最好的适应度值小于探路者的适应度值
            适应度值最好的个体 = 探路者
            适应度值 = 最好的适应度值
    end
    for  i = 2 to 种群最大数
            if 个体 i 新的适应度值小于原适应度值
                更新个体的适应度值
            end
    end
    产生新的 A 和 ε
end
```

注：由于篇幅有限，有关多目标探路者算法(MPFA)的内容请读者参阅相应文献。

第 89 章　帝企鹅优化算法

帝企鹅优化算法是一种模拟生活在南极冬季的帝企鹅群体聚集成一团、避寒取暖行为的群智能优化算法。该算法通过确定帝企鹅聚集的边界、计算帝企鹅聚集时的温度分布、确定帝企鹅个体之间的距离以及帝企鹅群体的位置更新的反复迭代实现对问题的优化求解。本章首先介绍帝企鹅优化算法的提出、帝企鹅的生活习性、帝企鹅优化算法的基本思想，然后阐述帝企鹅优化算法的数学描述，最后给出帝企鹅优化算法的实现步骤、伪代码及流程。

89.1　帝企鹅优化算法的提出

帝企鹅优化(Emperor Penguin Optimizer，EPO)算法是 2018 年由 Dhiman 和 Kumar 提出的一种模拟帝企鹅蜷缩行为的群智能优化算法，用于求解有约束和无约束的优化问题。

通过 44 个基准函数测试，并与 SHO、GWO、PSO、MVO、SCA、GSA、GA 和 HS 算法进行比较，结果表明，EPO 算法对处理各种类型的约束问题非常有效，并提供了更好的解。此外，还采用了 7 个实际工程设计问题来进一步证明了 EPO 算法的效率。

89.2　帝企鹅的生活习性

帝企鹅是指所有企鹅物种中体型最大的一类。雄性和雌性帝企鹅在羽毛和大小方面非常相似。背侧和头部为黑色，腹部为白色，胸部为淡黄色，耳斑为亮黄色。帝企鹅像其他企鹅物种一样不会飞，翅膀变硬且扁平。

图 89.1　帝企鹅的蜷缩行为

帝企鹅是唯一能够在南极冬季生存的一种群居动物。它们在冬季生活在开阔的冰面上，集体狩猎，并进行繁殖。为了御寒，帝企鹅聚集在一起取暖，这样使得每只企鹅都有平等的机会享受挤成一团的温暖。图 89.1 显示了帝企鹅的蜷缩行为。在图 89.2 中，帝企鹅(X^*, Y^*)可以向其他帝企鹅的位置移动，到达与当前位置不同的位置。每只帝企鹅的位置都有可能成为群体中温度最高的点。

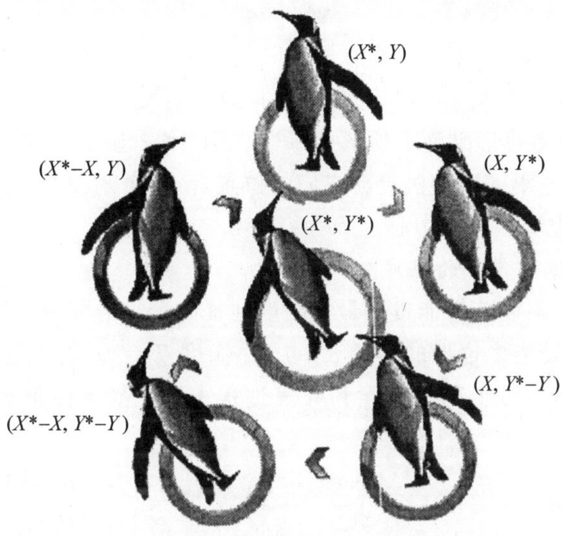

图 89.2　帝企鹅的位置更新

89.3　帝企鹅优化算法的基本思想

帝企鹅优化算法设计灵感源于帝企鹅在南极寒冷的冬季会聚集成一团避寒取暖，使得群体内有热量产生。在帝企鹅聚集过程中有一个重要特征，即群体中间的每只企鹅的位置都有可能成为群体中温度最高点，而在群体一定范围内的企鹅个体都会向温度较高的方向运动，温度最高点的个体就是最优个体。在确定每个个体与最优个体之间的距离之后，帝企鹅的每个个体都会通过最优个体的引导不断改变自身位置向最优点移动，并且重新确定最优个体位置，从而达到寻优的目的。EPO 算法通过确定帝企鹅群体聚集的边界、计算帝企鹅群体聚集时的温度分布、确定帝企鹅个体之间的距离和帝企鹅群体的位置更新等操作的反复迭代实现对问题的优化求解。

89.4　帝企鹅优化算法的数学描述

对帝企鹅的蜷缩行为进行建模的目的是找到一个有效的推动者。假设集合位于二维 L 形多边形平面上。首先，帝企鹅随机生成蜷缩边界。此后，计算帝企鹅群体聚集周围的温度分布，再计算帝企鹅之间的距离，有助于更好地探索和开发。最后，获得最有效的移动者，即最优解，并使用更新的帝企鹅(搜索个体)的位置重新计算蜷缩的边界。

1. *确定帝企鹅蜷缩的边界*

在帝企鹅蜷缩取暖的过程中，帝企鹅通常将自己的位置范围选择在二维 L 多边形的网格边界内。每只帝企鹅在聚集的过程中至少与两只以上的帝企鹅相邻，邻居的选择是随机的；而帝企鹅在聚集过程中的边界是不规则的多边形，然而，气流比帝企鹅的运动还快，因此利用复变量的概念来描述随机生成的帝企鹅群体的边界。

设$\boldsymbol{\Phi}$ 定义风速，$\boldsymbol{\Psi}$ 为$\boldsymbol{\Phi}$ 的梯度表示为

$$\boldsymbol{\Psi} = \nabla\boldsymbol{\Phi} \tag{89.1}$$

向量$\boldsymbol{\Omega}$与$\boldsymbol{\Phi}$组合以产生如下复函数：

$$\boldsymbol{F} = \boldsymbol{\Phi} + \mathrm{i}\boldsymbol{\Omega} \tag{89.2}$$

其中，i为虚常数；$\boldsymbol{F}$为多边形平面上的解析函数。图89.2显示了式(89.2)在二维环境中的效果。在这个图中，帝企鹅可以随机更新它们的位置，使帝企鹅在迭代过程中位于具有最高有效适应度值的L形多边形区域的中心。

2. 计算帝企鹅群体聚集时的温度分布

帝企鹅会蜷缩成一团以节省能量并最大限度地提高聚集群体中的环境温度。为了对这种情况进行数学建模，假设当多边形的半径$R>1$时，温度$T=0$；当半径$R<1$时，温度$T=1$。此温度剖面负责不同地点帝企鹅的探索和开发过程。帝企鹅群体聚集周围的温度分布计算如下：

$$T' = \left(T - \frac{\mathrm{Max}_{\mathrm{iteration}}}{x - \mathrm{Max}_{\mathrm{iteration}}}\right), \quad T = \begin{cases} 0, & R > 1 \\ 1, & R < 1 \end{cases} \tag{89.3}$$

其中，x为当前迭代；$\mathrm{Max}_{\mathrm{iteration}}$为最大迭代次数；$R$为半径，$T$为在搜索空间中找到最优解的时间。

3. 确定帝企鹅之间的距离

在生成聚集群体边界后，帝企鹅之间的距离表示个体与聚集群体中心帝企鹅(最优解)的距离，其他帝企鹅将根据与当前最优解的距离更新它们的位置如下：

$$D_{\mathrm{ep}} = \mathrm{Abs}(S(A) \cdot P(x) - C \cdot P_{\mathrm{ep}}(x)) \tag{89.4}$$

其中，D_{ep}为帝企鹅与最佳拟合搜索个体(即适应度值较小的最佳帝企鹅)之间的距离；x为当前迭代；A和C用于避免邻居的其他帝企鹅之间的碰撞；P定义为最优解(即适应度值最佳的帝企鹅)；P_{ep}为帝企鹅的位置；$S(\cdot)$定义为帝企鹅的群体力量，使得帝企鹅群体朝着最优搜索个体的方向前进。A和C分别计算如下：

$$A = (M \times (T' + P_{\mathrm{grid}}(\mathrm{Accuracy})) \times \mathrm{Rand}(\cdot)) - T' \tag{89.5}$$

$$P_{\mathrm{grid}}(\mathrm{Accuracy}) = \mathrm{Abs}(P - P_{\mathrm{ep}}) \tag{89.6}$$

$$C = \mathrm{Rand}(\cdot) \tag{89.7}$$

其中，M为在避免碰撞的搜索个体之间保持间隙的移动参数，设$M=2$；T'为周围的温度曲线；$P_{\mathrm{grid}}(\mathrm{Accuracy})$为通过比较帝企鹅之间的差异来定义多边形网格的精度；Rand()为一个位于[0,1]区间的随机函数。函数$S(\cdot)$计算如下：

$$S(A) = (\sqrt{f \cdot \mathrm{e}^{-x/l} - \mathrm{e}^{-x}})^2 \tag{89.8}$$

其中，f和l为更好地探索和开发的控制参数。f和l的值分别位于[2,3]和[1.5,2]区间。

4. 帝企鹅的位置更新

其他帝企鹅的位置会根据最优解(群体中心的帝企鹅)的位置进行相应的更新；最优解负责改变给定搜索空间中其他帝企鹅的位置并腾出其当前位置。其他帝企鹅的下一个位置更新公式如下：

$$P_{\mathrm{ep}}(x+1) = P(x) - A \cdot D_{\mathrm{ep}} \tag{89.9}$$

其中，$P_{\mathrm{ep}}(x+1)$为帝企鹅下一次更新的位置。在迭代过程中，帝企鹅的蜷缩行为一旦移动个体被重新定位，帝企鹅就会被重新计算。因此，可以通过调整A和C的值来完成更好的探索和开发。

89.5 帝企鹅优化算法的实现步骤、伪代码及流程

EPO 算法实现的步骤如下：

(1) 初始化帝企鹅种群 $P_{ep}(x)$，其中 $x=1,2,\cdots,n$。

(2) 选择初始参数：$T,A,C,S(\cdot),R$ 和最大迭代次数。

(3) 计算每个搜索个体当前的适应度值。

(4) 使用式(89.1)和式(89.2)确定帝企鹅的聚集边界。

(5) 使用式(89.3)计算集束区周围的温度分布。

(6) 使用式(89.4)～式(89.8)计算帝企鹅之间的距离。

(7) 使用式(89.9)更新其他搜索个体的位置。

(8) 检查是否有任何搜索个体超出给定搜索空间的边界，然后对其进行修改。

(9) 计算更新后的搜索个体适应度值并更新先前获得的最优解的位置。

(10) 算法满足终止条件将停止，否则，返回步骤(5)。

(11) 在停止后返回目前得到的最优解。

帝企鹅优化算法的伪代码描述如下。

```
输入：帝企鹅的数量 Pep(x)(x←1,2,…,n)
输出：获得搜索个体的最佳结果
EPO 算法程序
初始化参数 T′,A,C,S(),R,最大迭代次数
    while(x < MaxIteration) do
        FITNESS(Pep)                    /* 使用适应度函数计算每个搜索个体的适应度值 */
        R←Rand()                        /* 在[0,1]区间生成随机数 */
        if(R > 1)then
          T ← 0
        else if
          T ← 1
        end if
        T′←(T - Max_iteration/(x - Max_iteration))   /* 计算群体周围的温度分布 */
        for i←1 to n do
            for j←1 to n do
                用式(89.5)～式(89.7)计算 A 和 C
                使用式(89.8)计算函数 S(A)
                使用式(89.9)更新当前个体的位置
            end for
        end for
        更新参数 T′,A,C 和 S()
        修改超出搜索空间区域的搜索个体
        FITNESS(Pep)                    /* 再次用适应度函数计算更新的搜索个体的适应度值 */
        如果有一个比之前的最优解更好的解(即适应度值最好的),则更新 P
        x←x + 1
    end while
返回 P
end 程序
适应度程序(Pep)
    for i←1 to n do
    FIT[i]←FITNESS_FUNCTION(Pep)  /* 计算每个个体的适应度值 */
    end for
```

```
    FIT_best ←BEST(FIT[ ])                /* 计算最佳的适应度值 */
返回 FIT_best
end 程序
程序 BEST(FIT[ ])
    best←Fit[0]
    for i←1 to n do
        if(FIT[i]< best) then
            best←FIT[i]
    end if
end for
返回 best                                /* 返回最佳适应度值 */
end 程序
```

帝企鹅优化算法的流程如图 89.3 所示。

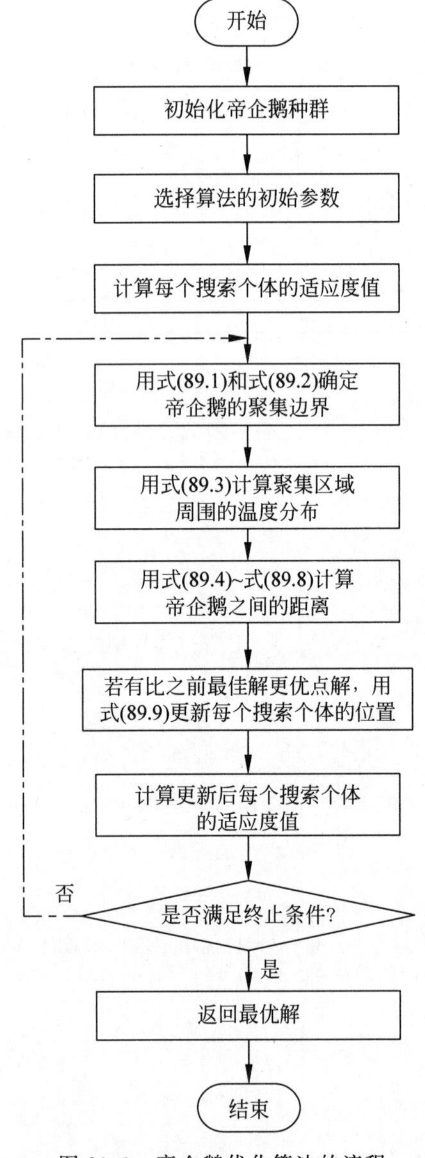

图 89.3　帝企鹅优化算法的流程

第 90 章　北极熊优化算法

北极熊优化算法是一种模拟北极熊寻找食物行为的群智能优化算法。该算法将北极熊在北极冰地和海洋中寻找猎物行进的过程作为全局搜索策略，将北极熊的具体捕猎行为作为局部搜索策略。此外，北极熊优化算法采用控制种群出生和死亡的机制来模拟自然条件下北极熊的繁衍生存行为。本章首先介绍北极熊的生活习性及其捕猎行为、北极熊优化算法的优化原理，然后阐述北极熊优化算法的数学描述、实现步骤及算法伪代码。

90.1　北极熊优化算法的提出

北极熊优化(Polar Bear Optimization，PBO)算法是 2017 年由 Dawid 等提出的模拟北极熊寻找食物行为的群智能优化算法。该算法对北极熊在北极冰地和海洋中寻找猎物行进的过程建模作为全局搜索策略，对北极熊具体捕猎行为建模作为局部搜索策略，并在模型中引入了类似于自然条件的控制熊出生和死亡机制，这种动态机制有效地降低计算复杂性，从而实现对优化问题的求解。

通过 13 个基准函数对 PBO 算法功能测试的结果表明，PBO 算法优化过程平稳地收敛到了最优值。对高压容器、齿轮组、焊接梁和压缩弹簧工程问题设计表明，PBO 算法不仅设计结果好，而且优化效率高。PBO 算法模型以可用于多维搜索空间的形式表示。用于构成全局搜索模型的系数通常是随机选择的，因此 PBO 能够在不同约束条件下使搜索域变窄的各种空间中搜索最优值。该算法已用于热源厂热量生产效率优化问题。

90.2　北极熊的生活习性及捕猎行为

北极熊生活在北极冰封区域，它是现今体型最大的陆地食肉动物之一，成年北极熊直立起来高达 2.8m，肩高 1.6m。在冬季来临前，由于脂肪大量积累，它们的体重可高达 650kg。北极熊奔跑的时速可达 40km，还能在海里以时速 10km 游近百千米远。

北极熊主要捕食海豹，也捕猎其他小型哺乳动物。北极熊一般有两种捕猎模式，最常用的是“守株待兔”法。它们会事先在冰面上找到海豹的呼吸孔，然后极富耐力地在旁边等候几小时。等到海豹一露头，它们就会发动突然袭击。如果海豹在岸上，北极熊可以在海面上很远的距离以外，以迅速的移动方式和极快的捕猎速度抓住猎物。另外一种模式就是直接潜入冰面下，直到靠近岸上的海豹才发动进攻，这样的优点是直接截断海豹的退路。图 90.1 示出了冰面上北极熊和潜入水中的北极熊图片。

图 90.1 冰面上的北极熊和潜入水中的北极熊

90.3 北极熊优化算法的优化原理

北极熊已适应了北极冰封区域非常严酷的环境,并成功地存活下来,成为北极的统治者。无论在冰面或是在水中,它们都能毫不费力地在大范围内进行搜索和捕捉猎物,如图 90.2 所示。北极熊可以跳上浮冰并随冰漂浮到更好的捕猎地点,它们的这种位置变换模式如图 90.3 所示。在到达它们的目的地之后,北极熊通过在猎物周围以绕圈的方式逐渐靠近,从而寻找最佳位置来完成攻击。这种捕猎行为在算法中采用三叶草叶片形态的函数来模拟,图 90.4 示出了北极熊在攻击前的移动路径。

图 90.2 北极熊寻找并包围海豹

北极熊寻找食物和狩猎方式与自然界的优化问题非常相似。将北极熊在严寒的北极冰面上和海洋中寻找食物的极端环境视为解空间,将寻找到的猎物作为优化问题的最优解。在算法寻优过程中,算法设计特定的策略来避免陷入局部最优。北极熊寻找食物时北极的恶劣环境可能使它们被困甚至死亡,因此,它们进化出了非常有效的机制帮助它们成功生存下来。

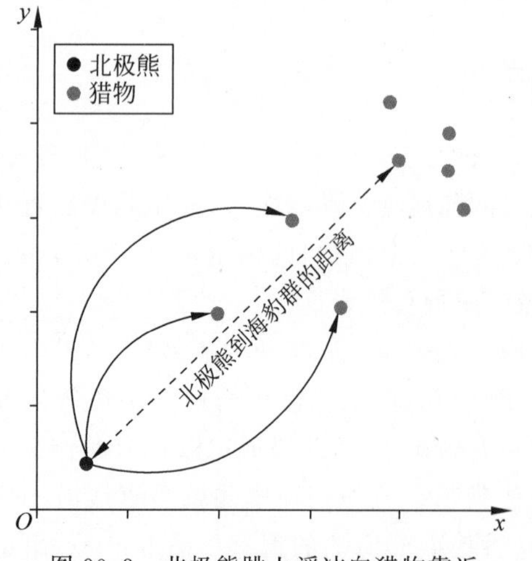

图 90.3 北极熊跳上浮冰向猎物靠近

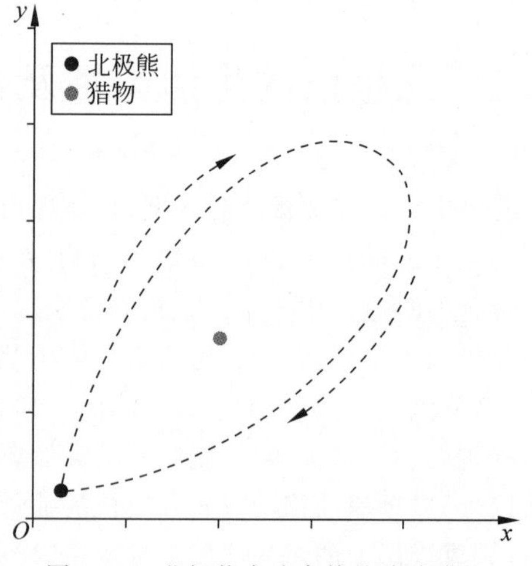

图 90.4 北极熊在攻击前的移动路径

在北极熊优化算法中，北极熊的捕猎策略有两个阶段，将北极熊在北极冰地和海洋中行进的过程作为全局搜索策略，将北极熊的具体捕猎行为作为局部搜索策略。此外，算法采用了控制种群出生和死亡的机制来模拟自然条件下北极熊的繁衍生存动态行为。因此，北极熊优化算法能够实现对优化问题的求解。

90.4 北极熊优化算法的数学描述

1. 北极熊个体与群体的描述

设北极熊种群由 k 个体组成，每只北极熊在 n 维空间中用一个点表示为 $\overline{x}=(x_0,x_1,\cdots,x_{n-1})$，在第 t 次迭代时，第 i 个体的第 j 维度的坐标用 $\overline{x}_j^i(t)$ 表示。

2. 浮冰漂移全局搜索策略

如果一只饥饿的北极熊在它最邻近的范围内找不到任何东西吃，那么它就会跳上一个大而稳定的浮冰，浮冰在很长一段时间内不会因为北极熊体重太大而破裂。北极熊利用浮冰朝远处可能有海豹的聚集地漂移。漂移可能需要几天时间，在这段时间内北极熊也在周围的冰面和水域中寻找食物。

北极熊的浮冰漂移行为在算法中用式(90.1)描述为

$$\overline{x}_j^i(t)=\overline{x}_j^i(t-1)+\mathrm{sgn}(\omega)\cdot\alpha+\gamma \tag{90.1}$$

其中，α 为区间(0,1]的随机数；γ 为$[0,\omega]$区间内的随机数；sgn(·)为符号函数，根据 ω 的取值为负、0、正，$\mathrm{sgn}(\omega)$的值分别为−1、0、1；ω 是两只北极熊 i、j 之间的欧氏距离，其计算式为

$$d((\overline{x})^{(i)},(\overline{x})^{(j)})=\sqrt{\sum_{k=0}^{n-1}((x)^{(i)}-(x)^{(j)})^2} \tag{90.2}$$

PBO 算法的每个个体在迭代过程中都根据式(90.1)进行全局搜索，但只有在某只熊探索到比当前位置更好的位置时，才更新自己的位置。因为只有当北极熊距离海豹聚集地更近时，才有更大希望捕获成功，如图 90.2 所示。

3. 捕猎海豹局部搜索策略

在捕猎过程中，北极熊在北极冰面上探寻潜在的猎物，它不仅观察冰面上的情况，水下的情况也在它的监视之下。为了发现猎物，北极熊悄悄地向最佳地点移动。一旦北极熊基本到达攻击位置或者被海豹发现，它就以最大速度攻击猎物。海豹通常最有可能待在冰上，然而当有危险的时候，它们也会跳入水中。当北极熊找到海豹并被海豹发现时，也会立刻跳入水中，利用潜水和游泳的优势在水下迅速追上猎物并把它的牙齿刺入海豹体内，随后北极熊把海豹拖到浮冰上吃掉。

在 PBO 算法中，北极熊的上述捕捉海豹的策略为局部搜索策略。每只熊的移动方式采用修改的三叶草方程式即式(90.3)描述如下：

$$r=4a\cos\phi_0\sin\phi_0 \tag{90.3}$$

其中，a 和 ϕ_0 为描述北极熊视野半径用的两个参数；$a\in[0,0.3]$为限定北极熊的能见距离；$\phi_0\in(0,\pi/2]$为围绕猎物周围翻滚的角度。

上述的视野半径 r 通过空间坐标系的方程组即式(90.4)用于描述种群中每只熊自身移动过程中每一维度上坐标的更新过程如下：

$$
\begin{cases}
x_0^{\text{new}} = x_0^{\text{old}} \pm r\cos\phi_1 \\
x_1^{\text{new}} = x_1^{\text{old}} \pm [r\sin\phi_1 + r\cos\phi_2] \\
x_2^{\text{new}} = x_2^{\text{old}} \pm [r\sin\phi_1 + r\sin\phi_2 + r\cos\phi_3] \\
\qquad\cdots \\
x_{n-2}^{\text{new}} = x_{n-2}^{\text{old}} \pm \left(\sum_{k=1}^{n-2} r\sin\phi_k + r\cos\phi_{n-1}\right) \\
x_{n-1}^{\text{new}} = x_{n-1}^{\text{old}} \pm \left(\sum_{k=1}^{n-2} r\sin\phi_k + r\sin\phi_{n-1}\right)
\end{cases} \tag{90.4}
$$

其中，$\phi_1,\phi_2,\cdots,\phi_{n-1}\in[0,2\pi)$。式中的“+”号表示北极熊向前探寻；如果位置不理想，北极熊就向“−”号的方向探寻；两个方向都不理想，北极熊就原地不动。如果北极熊是在二维平面上进行捕猎，则它的行进路径与三叶草某片叶子的形状极其相似，如图 90.3 所示。

4. *动态种群规模调整策略*

为了模拟北极熊饥饿引发熊群繁衍与灭绝行为，在 PBO 算法执行初期，熊群规模只是最大容量的 75%，剩余的 25%为后期最差个体的消亡、最好个体繁殖后代和熊群规模增长做准备。在算法的每一次迭代中，个体因饥饿而死亡或者在成功捕猎后繁殖后代，这个机制体现了北极的严酷条件。算法引入[0,1]区间上的随机数 k，采用式(90.5)确定熊的死亡或繁殖策略为

$$
\begin{cases}
\text{Death(死亡)}, & k < 0.25 \\
\text{Reproduction(繁殖)}, & k > 0.75
\end{cases} \tag{90.5}
$$

上述死亡策略针对最虚弱的一只熊，北极熊死亡的条件是种群数量要保证多于种群规模的 50%。繁殖是针对第 t 次迭代中，除了最好个体之外，前 10%中最好的一个个体，繁衍行为按式(90.6)进行

$$
\bar{x}_j^{\text{reproduced}}(t) = \frac{\bar{x}_j^{\text{best}}(t) + \bar{x}_j^{i}(t)}{2} \tag{90.6}
$$

90.5 北极熊优化算法的实现步骤及伪代码

北极熊优化算法的实现步骤如下。

(1) 定义参数：适应度函数 f、解维度、迭代次数 T、种群最大规模 n 和视野最大距离等。

(2) 随机生成初始 75%n 种群并记录最优解。

(3) 对种群中的每个北极熊，随机设置每个维度的斜角度值 ϕ。

(4) 用式(90.3)计算搜索半径 r。

(5) 用式(90.4)在“+”号情况下，计算北极熊新位置，如果新位置更好，则更新当前位置。

(6) 用式(90.4)在“−”号情况下，计算北极熊新位置，如果新位置更好，则更新当前位置。

(7) 根据式(90.1)和 ω，决策北极熊的位置。

(8) 对种群进行排序，选出排在第一位的北极熊，并判断是否更新全局最优解。

(9) 从当前种群 10%的最优解中，随机选择一个与全局最优解不相同的解。

(10) 随机产生 k 值，如果 $k<0.25$，北极熊的数量大于 50%n，则移除种群中排序在最后

一个个体。

(11) 如果熊的数量小于 $n-1$,则用式(90.6)繁殖 1 只新北极熊加入种群。

(12) 判断是否达到最大迭代次数,如果是则输出全局最优解,算法结束；否则,转到步骤(3)。

北极熊优化算法的伪代码描述如下。

```
开始
定义算法的参数：适应度函数 f,空间解的大小⟨a,b⟩,迭代次数 t,种群的最大规模 n,视力最大距离 θ,
随机产生种群 75％的 n 只熊,
i := 0,
while i≤T do
    for 种群中每只北极熊 x̄(t)^old do
        随机找出所有角度值 ϕ
        用式(90.3)计算半径 r,在加号情况下用式(90.4)计算北极熊 x̄(t)^new 的新位置
        if f(x̄(t)^new)<f(x̄(t)^old) then
            x̄(t)^old = x̄(t)^new
        else
            在减号情况下用式(90.4)计算北极熊 x̄(t)^new 的新位置
            if f(x̄(t)^new)<f(x̄(t)^old) then
                x̄(t)^old = x̄(t)^new
            end if
        end if
    end for
    随机选择熊的前 10％中的一只熊,
    根据式(90.1)计算这只熊的新位置
    if f(x̄(t)^new)<f(x̄(t)^old) then
        x̄(t)^old = x̄(t)^new,
    end if
    根据适应度值对种群进行排序
    选择 k∈⟨0,1⟩
    if i<t-1 且 k>0.75 then
        从种群中排名前 10％的北极熊中选择两个,并添加一个,使用式(90.6)复制一个,
    else,如果熊的数量 > 0.5 n 并且 k < 0.25 then
        移除种群中最差的个体
    end if
    i++
end while
输出整个种群中最优北极熊 x̄^best
停止
```

第 91 章　浣熊优化算法

浣熊优化算法是一种模拟浣熊的生活方式和浣熊翻找食物行为的群智能优化算法。该算法把浣熊群体分成可达区域种群和可见区域种群，并使用两种技术让个体在不同区域搜索食物，根据给定问题定义参数，经过初始化种群和主循环程序的反复迭代来实现问题求解。本章首先介绍浣熊优化算法的提出、浣熊的生活习性及特征、浣熊优化算法的优化原理；然后阐述浣熊优化算法的数学描述；最后给出浣熊优化算法的伪代码及实现流程。

91.1　浣熊优化算法的提出

浣熊优化算法(Raccoon Optimization Algorithm，ROA)是 2019 年由 Koohi 等提出的一种群智能优化算法。该算法模拟浣熊的生活方式和浣熊翻找食物的行为，用于对非线性连续空间问题的求解。

为了评估 ROA 解决复杂问题的能力，通过 5 个基准测试函数对 ROA 进行了测试，并将 ROA 与其他 9 种优化算法(GA、PSO、ABC、ACO、CA、ICA、FA、TLBO、IWO)进行了比较，结果表明，该方法在更少的迭代次数和更短的覆盖时间内可获得更准确的解。在并行架构上运行该算法可以进一步缩短执行时间。

91.2　浣熊的生活习性及特征

浣熊是一种起源于北美的哺乳动物。体型较小，体长 40～70cm。因其常在河边捕食鱼类让人误以为它在水中浣洗食物，故名浣熊。浣熊最大的特征是眼睛周围的黑色区域，与周围的白色形成鲜明对比。浣熊耳朵略圆，上方为白色毛，身体颜色多为浅灰色，也有部分为棕色和淡黄色等。浣熊尾长，具有缠绕性。浣熊的图片如图 91.1 所示。浣熊喜欢栖息在靠近河流、湖泊或池塘的树林中，它们擅长游泳，大多成对或以家族为单位一起活动。

图 91.1　浣熊的图片

浣熊被认为是聪明而充满好奇心的动物。科学家的研究发现,浣熊大脑的大部分处理区域专用于控制它的爪子,因此浣熊的爪子非常灵敏,上面的触觉细胞相当丰富,在与水接触后,爪子上的慢速适应感受器的灵敏度会更高,浣熊可以依靠爪子测量食物的重量、尺寸、材质以及温度。

动物学家认为浣熊有极好的记忆力;它们甚至能记得三四年前的事件。浣熊是夜行性动物,它们不善于辨别颜色,但眼睛对绿光非常敏感,在夜晚和黄昏时都能看得很清楚。它们的眼睛加上强大的嗅觉和灵巧的爪子,使得浣熊在寻找食物时非常方便。

91.3　浣熊优化算法的优化原理

浣熊优化算法的设计受到浣熊自然觅食习惯的启发。为模拟浣熊的自然觅食行为,将适应度函数的定义域作为浣熊的生存环境。食物代表适应度函数的不同可能解,它们分布在浣熊的整个生活环境中。目标是在所有可能的解中找到最优解。

该算法使用了两种不同的种群:可达区域种群(RZP)和可见区域种群(VZP)。在每次迭代中使用两种技术对两个不同区域进行搜索,使每次迭代的邻域数量显著增加,从而获得更好的结果。此外,浣熊最能记住以前去过的地方,如果它在未来的迭代中没有设法找到更好的解,则可以返回到最佳位置。此外,这种能力还能帮助浣熊有目的地移动追求最优解。

算法首先对参数进行定义,然后初始化可达区域种群和初始化可见种群,最后进入主循环程序。通过算法的反复迭代运行,浣熊最终找到最好的食物源,从而实现对优化问题的求解。

91.4　浣熊优化算法的数学描述

浣熊优化算法的整个过程分为 3 个阶段:参数定义、初始化和主循环。

1. 参数定义

可以利用参数控制算法的一般行为,并且应该以特定于问题的方式设置如下参数。

1) 可达区域半径

与其他优化算法不同,在 ROA 中,每次迭代中的候选解不能来自问题解域内的任何地方;相反,这个群体中的候选解必须在浣熊的可达区域内。因此,为这个种群定义了一个半径,即该种群个体与浣熊当前位置的最大距离,命名为 loc。这个半径称为可达区域半径(RZR)。RZR 由用户指定。

2) 可达区域基数

可达区域基数表示可达区域种群(RZP)内候选解的数量。RZP 包含的候选解的数量称为 $N_{\text{reachable}}$,并由用户指定为参数。

3) 可见区域半径

浣熊可以通过视觉检查食物的区域被称为可见区。此区域的大小受可见区域半径(VZR)的限制。VZR 是浣熊当前能够找到的食物位置的最大距离。VZR 由用户指定。

4) 可见区域基数

可见区域基数表示可见区域种群(VZP)内候选解的数量。该值表示为 N_{visible},并由用户指定为参数。然而,因为浣熊的眼睛不像它的爪子那样精准,所以它可以看到的候选数量 N_{visible} 应该小于它可以触摸的候选数量 $N_{\text{reachable}}$,即

$$N_{\text{visible}} < N_{\text{reachable}} \tag{91.1}$$

5) 迭代次数

ROA 本质上是迭代算法。因此,它以预先确定的次数重复其主要过程。最大迭代次数由用户使用名为 NI 的参数来定义。

6) 迁移系数

为了避免优化算法陷入局部最优,ROA 采用了迁移技术。当算法在一个特定的位置进行预定次数的迭代时,就会发生迁移。这种情况被称为持续性的迭代,定义出现持续性的预先确定的迭代次数称为迁移因子(MF),并作为由用户指定的参数。

2. *初始化*

ROA 初始化包括确定所有浣熊的初始位置,建立初始可达区域种群,构建可见区域种群。

1) 初始位置

在该算法中,在迭代 i,$i\in\{0,1,\cdots,\text{NI}\}$ 中,浣熊的位置表示为 loc_i。初始化步骤被认为是迭代次数为零;因此,初始位置为 loc_0。如前所述,浣熊的记忆力非常好;因此,在 ROA 中,它会记住它一生中找到的最好的食物的位置。这个位置被称为全局最优(G_{opt})。最初,G_{opt} 被设置为浣熊的当前随机位置。

$$G_{\text{opt}} = \text{loc}_0 \tag{91.2}$$

2) 初始可达区域种群

设置 loc_0 后,将围绕它构建可访问的种群。在 ROA 中,候选解的第一个种群称为可达区域种群(RZP)。RZP 是由浣熊周围半径等于 RZR 的圆定义的,包括一组可能的解。这个种群代表动物周围可能的食物,并且可以用爪子够到。这一区域可能的解非常多,因此,只从中随机抽取一部分作为初始可达区域种群:

$$\text{RZP} = \{r_0, r_1, \cdots, r_{N_{\text{reachable}}}\} \tag{91.3}$$

其中,$N_{\text{reachable}}$ 为可达区域候选数量,由用户指定,r_i,$\forall i\in\{0,1,\cdots,N_{\text{reachable}}\}$表示当前食物位置的随机候选区域。$N$ 维优化问题中的 r_i 定义如下:

$$r_i = (x_0, x_1, \cdots, x_{N_{\text{reachable}}}), \quad \forall i \in \{0,1,\cdots,N_{\text{reachable}}\} \tag{91.4}$$

考虑到 $\delta(\text{loc},\text{candidate})$作为候选解与浣熊当前位置(loc)的距离,RZP 中的候选解必须满足以下关系:

$$0 < \delta(\text{loc}, r_i) \leqslant \text{RZR}, \quad \forall i \in \{0,1,\cdots,N_{\text{reachable}}\} \tag{91.5}$$

RZP 在这个算法中很重要,因为浣熊的触觉非常强大,它用触觉来更精确地检查可能的解。这里的精度是指浣熊检查候选解的数量多少。因此,以 RZP_0 表示的初始可达区域种群定义如下:

$$\text{RZP}_0 = \{r_i \mid i \in \{0,1,\cdots,N_{\text{reachable}}\}, \quad 0 < \delta(\text{loc}_0, r_i) \leqslant \text{RZR}\} \tag{91.6}$$

在形成初始可达区域种群(RZP_0)后,算法在该组中搜索最优解,这个最优解称为 R_{best_0}。将优化问题视为一个最大化问题,f 作为要优化的目标函数,则有

$$R_{\text{best}_0} = r_j, \quad r_j \in \text{RZP}_0, \quad f(r_j) = \max\{f(r_j) \mid r_j \in \text{RZP}_0, i \in \{0,1,\cdots,N_{\text{reachable}}\}\} \tag{91.7}$$

3）初始可见区域种群

在形成可达区域种群后，下一步要形成的可见区域种群是由一组浣熊眼中可见的可能解组成的，称为可见区域种群（VZP）。VZP 由半径为 VZR 的浣熊周围的圆定义，由 N 个可见的可能的候选解组成：

$$\mathrm{VZP}=\{v_0,v_1,\cdots,v_{N_{\text{visible}}}\} \tag{91.8}$$

其中，N_{visible} 为可见食物项目的数量，由用户指定；$v_i,\forall i\in\{0,1,\cdots,N_{\text{visible}}\}$是代表随机候选的当前食物位置。在 N 维优化问题中，v_i 定义如下：

$$v_i=\{y_0,y_1,\cdots,y_{N_{\text{visible}}}\},\quad \forall i\in\{0,1,\cdots,N_{\text{visible}}\} \tag{91.9}$$

此外，这些潜在的候选解不应该在浣熊的可达区域内。即这个种群的个体和浣熊的位置之间的差距应该大于 RZR，并且小于或等于 VZR。考虑到 $\delta(\text{loc},\text{candidate})$作为候选解与浣熊当前位置（loc）的距离，VZP 的所有个体都应满足以下条件：

$$\mathrm{RZR}<\delta(\text{loc},\text{candidate})\leqslant \mathrm{VZR} \tag{91.10}$$

因此，以 VZP_0 表示的初始可见区域种群定义如下：

$$\mathrm{VZP}_0=\{v_i\mid i\in\{0,1,\cdots,N_{\text{visible}}\},\quad \mathrm{RZR}<\delta(\text{loc}_0,v_i)\leqslant \mathrm{VZR}\} \tag{91.11}$$

与上一步一样，在构建了这个种群之后，将会找到这个种群的最佳个体，称为 V_{best_0}。将优化问题视为一个最大化问题，f 作为要优化的目标函数，则有

$$V_{\text{best}_0}=v_j,\quad v_j\in \mathrm{VZP}_0,\quad f(v_j)=\max\{f(v_j)\mid v_j\in \mathrm{VZP}_0,i\in\{0,1,\cdots,N_{\text{visible}}\}\} \tag{91.12}$$

4）持续性参数

将 $n_{\text{perseveration}}$ 定义为持续时间值作为持续性参数，用来避免算法陷入局部最优（在主循环迁徙部分详细描述它的作用）。最初，持续性参数设置为 0：

$$n_{\text{perseveration}}=0 \tag{91.13}$$

图 91.2 显示了该算法的一个初始化示例。在本例中，浣熊的初始位置是原点。围绕这个位置，构建了两个种群：第一个种群是 RZP_0，在半径 RZR 内；另一个种群是 VZP_0，在半径 VZR 内。在每次迭代中，存在 3 个最优值（loc、R_{best} 和 V_{best}），这些最优值在图 91.2 中显示为交叉圆圈。

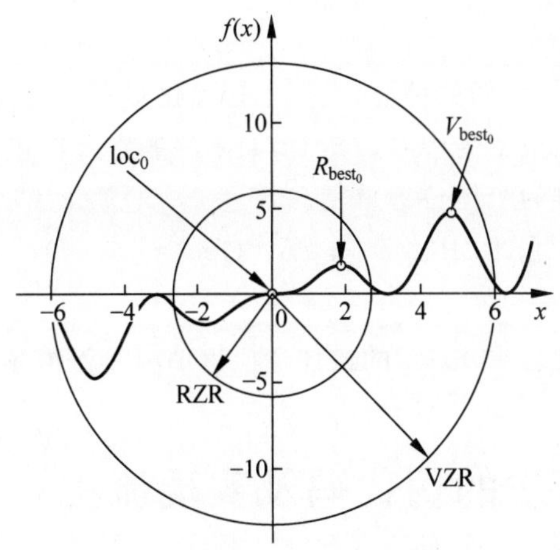

图 91.2 浣熊优化算法的初始化示例

3. 主循环

主循环部分包括 3 个操作：搬迁到最佳位置、迁移和生成下一代。

1）搬迁到最佳位置

在每次迭代中 $i, i \in \{0,1,\cdots,\mathrm{NI}\}$，相对于浣熊 loc_{i-1}，选择上一个迭代的可达种群中的最佳值（$R_{\mathrm{best}_{i-1}}$）和上一个迭代的可见种群中的最佳值（$V_{\mathrm{best}_{i-1}}$）。然后，浣熊移动到这 3 个值中的最佳位置。因此，浣熊的新位置是这 3 个值中适应度值最好的位置。将优化问题视为最大化问题，f 为待优化适应度函数，表示如下：

$$\mathrm{loc}_i = l_c, \quad l_c \in \{\mathrm{loc}_{i-1}, R_{\mathrm{best}_{i-1}}, V_{\mathrm{best}_{i-1}}\},$$
$$f(l_c) = \max\{f(h) \mid h \in \{\mathrm{loc}_{i-1}, R_{\mathrm{best}_{i-1}}, V_{\mathrm{best}_{i-1}}\}\} \tag{91.14}$$

将浣熊重新定位到新位置后，对位点和 G_{opt} 进行评估，并将具有最佳适应度值的位点分配给 G_{opt}：

$$G_{\mathrm{opt}} = (f(G_{\mathrm{opt}}) > f(\mathrm{loc}_i)) \rightarrow (G_{\mathrm{opt}}) \wedge \neg(f(G_{\mathrm{opt}}) > f(\mathrm{loc}_i)) \rightarrow (\mathrm{loc}_i) \tag{91.15}$$

2）迁移

在执行重新定位后，如果浣熊的位置在多次迭代中没有改变，则浣熊已经到达其局部最佳食物的区域。然而，这个最优解可能是局部最优，这可能会卡住算法。为了跳出局部最优，定义了一个持续性参数 $n_{\mathrm{perseveration}}$。在初始化步骤中，$n_{\mathrm{perseveration}}$ 被设置为 0。在每次主循环迭代中，如果浣熊没有重新定位（$\mathrm{loc}_i = \mathrm{loc}_{i-1}$），该参数的值增加 1（$n_{\mathrm{perseveration}} = n_{\mathrm{perseveration}} + 1$）。另外，如果浣熊重新定位到一个新的位置（$\mathrm{loc}_i \neq \mathrm{loc}_{i-1}$），该参数将被重置为 0（$n_{\mathrm{perseveration}} = 0$）。

$$n_{\mathrm{perseveration}} = (\mathrm{loc}_i = \mathrm{loc}_{i-1}) \rightarrow (n_{\mathrm{perseveration}} + 1) \wedge (\mathrm{loc}_i \neq \mathrm{loc}_{i-1}) \rightarrow 0 \tag{91.16}$$

在每次迭代中，通过比较 $n_{\mathrm{perseveration}}$ 的值和迁移因子（MF）来避免陷入局部最优状态。当 $\mathrm{MF} = n_{\mathrm{perseveration}}$ 时，则进行迁移。迁移浣熊意味着将它重新安置到一个新的随机地点以便找到更好的解。这个随机位置（loc_i）可以是问题域中的任何位置：

$$\delta(\mathrm{loc}_i, \mathrm{loc}_{i-1}) > \mathrm{VZR} \tag{91.17}$$

执行迁移后，$n_{\mathrm{perseveration}}$ 被重置为 0。请注意，浣熊记得它所找到的最优解是 G_{opt}。因此，如果浣熊迁移到一个解较差的地方，迁移不会影响问题的整体执行力和浣熊会逐渐迁移到更好的地方。

3）生成下一代

在每一代结束时，需要构建新的种群，类似于初始化步骤中的种群。不同之处在于浣熊的位置。新的种群以浣熊的新位置为中心。然而，如果浣熊保持在它原来的位置，要确保新种群的个体位置不会与之前种群的个体位置重复。

$$[(\mathrm{loc}_i = \mathrm{loc}_{i-1}) \Leftrightarrow \mathrm{RZP}_i \cap \mathrm{RZP}_{i-1} = \varnothing] \wedge [(\mathrm{loc}_i = \mathrm{loc}_{i-1}) \Leftrightarrow \mathrm{VZP}_i \cap \mathrm{VZP}_{i-1} = \varnothing] \tag{91.18}$$

重复主循环 NI 次后，G_{opt} 和 $\mathrm{loc}_{\mathrm{NI}}$ 的最佳适应度值将是浣熊生命周期中发现的最优解。

91.5 浣熊优化算法的伪代码及实现流程

浣熊优化算法的伪代码包括 4 个部分：伪代码 1、伪代码 2、伪代码 3 和伪代码 4，它们分别对应 ROA 的参数定义、初始化、主循环和总程序。

伪代码 1(参数定义)

```
RZR←可达区域半径
N_reachable←可达区域候选数
VZR←可见区域半径
N_visible←可见区域候选数
NI←迭代次数
MF←迁移因子
```

伪代码 2(初始化)

```
loc_0←随机初始位置
G_opt←loc_0
RZP_0←初始可达种群
R_best_0←RZP_0 中的最佳可达候选
VZP_0←初始可见种群
V_best_0←RZP_0 中的最佳可见候选
n_perseveration←0
```

伪代码 3(主循环)

```
for i = 1 to NI do
  loc_i←在 loc_{i-1}、R_best_{i-1} 和 V_best_{i-1} 中的最佳位置
  if f(loc_i)>f(G_opt) then
    G_opt←loc_i
  end if
  if loc_i = loc_{i-1},则{持续性}
    n_perseveration = n_perseveration + 1
  else
    n_perseveration = 0
  end if
  if n_perseveration = MF,then{迁移}
    loc_i←VZP_{i-1} 之外的新随机位置
    n_perseveration = 0
  end if
 RZP_i←loc_i 周围的可达种群
 R_best_i←RZP_i 最佳候选
 VZP_i←loc_i 周围的可见种群
 V_best_i←VZP 中最佳候选
end for
```

伪代码 4(ROA 总程序)

```
参数定义
初始化
主循环
if(f(loc_NI)>f(G_opt)) then
    返回 loc_NI
else
    返回 G_opt
end if
```

浣熊优化算法的流程如图 91.3 所示。

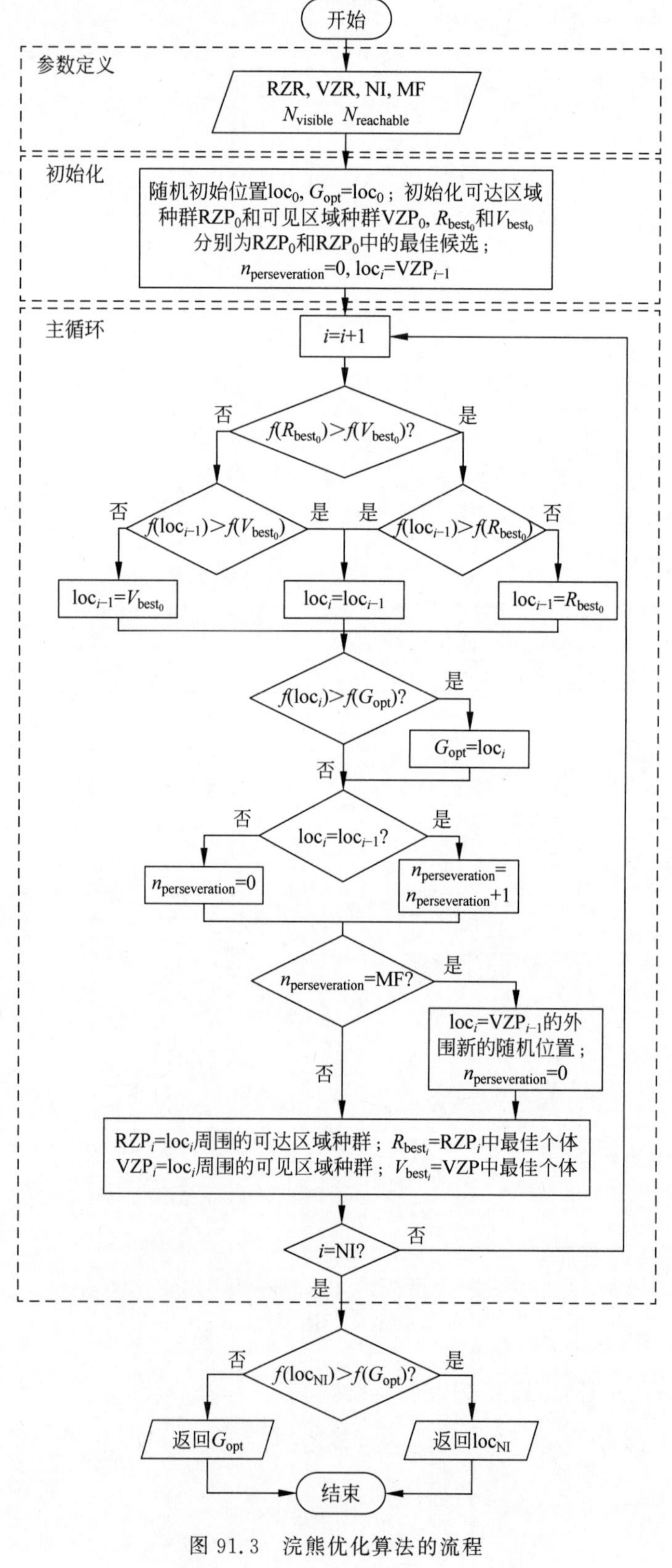

图 91.3　浣熊优化算法的流程

第 92 章　浣熊族优化算法

浣熊族优化算法是基于浣熊优化算法的一种在社会层次上模拟浣熊觅食行为的群智能优化算法。该算法为了更好地进行探索和开发，不仅引入了改进的遗传和贪婪搜索算子，还引入了可行性检查和修复程序，以即时检查约束违反情况并修复不可行解。本章首先介绍浣熊族优化算法的提出、浣熊家族及其社会行为、浣熊族优化算法的基本思想，然后阐述浣熊族优化算法的数学描述，最后给出浣熊族优化算法的实现流程。

92.1　浣熊族优化算法的提出

浣熊族优化算法(Raccoon Family Optimization Algorithm,RFOA)是 2020 年由 Rauf 等提出的一种基于社会层次和浣熊觅食行为的群智能优化算法，用于解决多项目、多活动调度和模式分配的净利润最大化问题。该算法基于 Koohi 等提出的浣熊优化模型，进一步引入贪心搜索和改进遗传算子，以更好地进行探索和开发。RFOA 采用正交阵列法等对算法参数进行了微调。通过与遗传算法(GA)、浣熊优化算法(ROA)和人工蜂群(ABC)算法进行比较，结果表明，RFOA 在有效性和效率方面均优于其他算法。

92.2　浣熊家族及其社会行为

最初，浣熊被认为是孤独的物种，后来的研究发现浣熊最常见的社会群体是母亲和幼熊。浣熊家族的社会行为如图 92.1 所示。幼熊跟着母亲学习觅食技巧。在学习了这些技术之后，它们可以自己觅食，向母亲汇报可能的食物的位置。浣熊具有快速适应新的环境、寻找食物、长久的记忆等出色能力。

(a) 洞穴里的浣熊家庭

(b) 孩子跟着浣熊母亲

(c) 浣熊家庭觅食

(d) 浣熊检查食物

图 92.1　浣熊家族的社会行为

浣熊大多以家庭为单位活动。浣熊白天大多在树上休息，晚上出来活动。当感到危险时，它们就会逃到树上躲起来。

92.3 浣熊族优化算法的基本思想

浣熊族优化算法(RFOA)是基于 Koohi 等提出的浣熊优化(RFO)算法模型,研究浣熊家族的觅食行为。浣熊家族的觅食行为如图 92.2 所示。浣熊家族的生存环境被视为优化问题的解域,而食物代表分散在生活环境中各种可能的解。浣熊家族中的孩子们跟着母亲去寻找最好的可能的食物(解)。每只浣熊都利用它的触觉和视觉能力分为两组在不同区域寻找食物,称为可达区域种群(RZP)。可见区域种群(VZP)。找到食物的位置后,孩子向它们的母亲(组长)汇报在它们的环境中找到食物的最好位置。

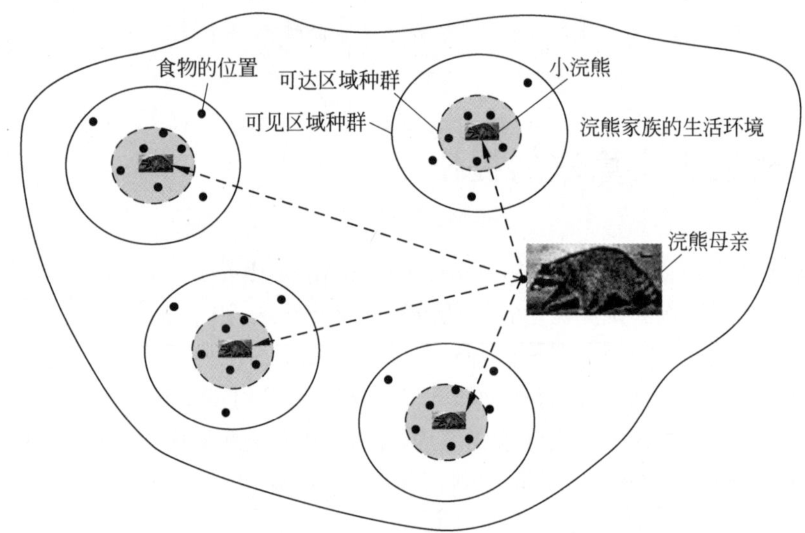

图 92.2 浣熊家族的觅食行为

浣熊优化算法是针对连续问题的优化考虑的是只有一只浣熊负责觅食,而浣熊族优化算法考虑了浣熊家族中每个成员(孩子)都负责觅食和带来食物。浣熊家族中的母亲负责领导家族成员觅食,具有全局最优解的决策能力和指导迁移。浣熊族优化算法通过初始化、全局优化和局部优化的反复操作,实现对问题的优化求解。

92.4 浣熊族优化算法的数学描述

浣熊族优化算法包括的初始化阶段、局部优化阶段和全局优化阶段,其数学描述分述如下。

1. 初始化阶段

初始化阶段包括以下 3 个步骤。

(1) 定义参数。

(2) 为解空间搜索域中的浣熊家族生成随机位置。母亲和 k 个孩子在第 i 次迭代,$i\in\{0,1,\cdots,\mathrm{NI}\}$时分别表示为 g_i 和 loc_{ki}。初始化迭代被认为是迭代零,所以家族的初始位置是

g_0 和 loc_{k0}。因为浣熊的记忆力很好，所以它们一生都能记住最好的食物位置。浣熊母亲和幼熊的最佳食物地点分别被称为全局最佳 G_{opt} 和 L_k^{opt}。在初始化阶段，家族的当前随机位置分别设置为 G_{opt} 和 L_k^{opt}。

(3) 生成初始种群。该算法使用两组不同的种群，即可达区域种群（RZP）和可见区域种群（VZP）。每个种群包含一组可能的解，这些解是使用来自浣熊母亲和孩子的初始位置的信息生成的。RZP 代表每只浣熊周围可能的食物，它可以用爪子够到这些食物。在这个区域有大量的解，但只有一定数量的解通过检查可以被选中。因此，在式(92.1)中给出了初始可达区域种群 RZP_0 的表达式：

$$\mathrm{RZP}_0=\{r_0,r_1,\cdots,r_{N_{\mathrm{reachable}}}\} \tag{92.1}$$

其中，r_i，$\forall i\in\{0,1,\cdots,r_{N_{\mathrm{reachable}}}\}$是指候选解的随机食物位置。RZP 非常重要，因为浣熊主要依靠高度敏感的爪子来精确检查食物。在 RZP 初始化之后，生成可见区域种群（VZP）。这个种群由浣熊眼睛可见的可能的食物组成。它由 N_{visible} 个可见的且不得在 RZP 范围内的可能食物组成。初始可见区域种群（VZP_0）定义如下

$$\mathrm{VZP}_0=\{v_0,v_1,\cdots,v_{N_{\mathrm{visible}}}\} \tag{92.2}$$

其中，v_i，$\forall i\in\{0,1,\cdots,r_{N_{\mathrm{visible}}}\}$是浣熊可见范围内的随机食物位置，表示可能的候选解。RZP 中可能的候选解的数量必须大于 VZP，这是由于浣熊的视力差，而它的爪子高度敏感。因而由式(92.3)定义如下

$$N_{\mathrm{reachable}}>N_{\mathrm{visible}} \tag{92.3}$$

由于多个项目的集成规划和调度问题是离散的，具有优先级和资源约束，初始种群可能由一些不可行的食物位置组成，所以引入优先和模式可行性检查和修复程序（PMFCRP）来检查食品位置的可行性。PMFCRP 由两部分组成：优先可行性检查和修复程序 PFCRP 以及模式可行性检查和修复程序（MFCRP）。在 PFCRP 中，从左到右检查优先约束是否违反。如果存在违反优先约束的情况，则向右移动。在 MFCRP 中，应计算每种食物来源的 NRR 消耗量。如果消耗大于总 NRR 容量，则根据其 NRR 消耗值对活动进行排序，并选择 NRR 消耗量最小的活动。在活动选择后，模式分配被改变为新的模式分配，这会消耗更少的 NRR。重复此过程，直到 NRR 消耗小于 NRR 总容量。

2. 局部优化阶段

局部优化阶段在每次迭代 i，$i\in\{0,1,\cdots,\mathrm{NI}\}$中执行。这个阶段包括 3 个步骤：评价适应度值、浣熊的重新定位和下一个种群的产生。

首先，评价所有可能候选解的适应度函数。其次，选择 $\mathrm{loc}_{k(i-1)}$、RZP 的最优值 R_{ki}^{best} 和 VZP 的最佳值 V_{ki}^{best} 中最大适应度值作为 loc_{ki} 的适应度值。然后浣熊（孩子）移动到这些位置中的最佳位置，具体表示如下：

$$f(\mathrm{loc}_{ki})=\max\{f(\mathrm{loc}_{k(i-1)}),f(R_{ki}^{\mathrm{best}}),f(V_{ki}^{\mathrm{best}})\} \tag{92.4}$$

在重新定位之后，根据局部最优值 L_k^{opt} 评估当前位置 loc_{ki} 的值，如式(92.5)所示，把具有最优适应度值的作为 L_k^{opt}。浣熊孩子向母亲汇报了更新的当前位置 loc_{ki} 和全局优化阶段的局部最佳位置 L_k^{opt}。

$$L_k^{\mathrm{opt}}=\begin{cases}\mathrm{loc}_i, & f(\mathrm{loc}_i)>f(L_k^{\mathrm{opt}})\\ L_k^{\mathrm{opt}}, & f(\mathrm{loc}_i)\leqslant f(L_k^{\mathrm{opt}})\end{cases} \tag{92.5}$$

最后是产生新的种群。通过引入贪婪搜索算子(GSO)和遗传算子(即交叉和变异)来生成 RZP 和 VZP 中新的可能的候选解。遗传算子有助于增加局部搜索空间,而 GSO 有助于快速找到最优解。由于这个问题是多个项目在资源受限的情况下,以不同的执行模式进行集成的规划和调度,因此这些搜索操作符在不同的层次上执行。贪婪搜索算子应用于第三级(模式分配),其中一组可再生和不可再生的资源被分配给项目活动。贪婪搜索的步骤如下:

(1) 随机选择模式向量。

(2) 识别并选择具有多个模式的资源瓶颈活动。

(3) 计算所选活动的其他可用模式的成本。

(4) 改变模式分配,如新模式的资源消耗比以前的模式少。

此外,改进的优先级保存交叉算法(MPPX)应用于问题的第二层活动和模式向量。在 MPPX 中,生成长度为 n 的随机二进制向量,用于选择新食物位置生成的食物位置元素。这里,0 和 1 分别代表第一个和第二个的食物位置。这些数字表示元素从食物位置移除并将其放置到新的食物位置向量中的顺序。从左面开始,根据随机向量的顺序选择一个元素,然后将两个食物位置向量放入新的食物位置向量中。重复该步骤,直到两个食物位置向量变为空为止。在将活动元素分配给新的食物位置向量之后,将来自食物位置 0 和 1 的相应模式分别分配给生成新的食物位置 1 和 2 的活动。

3. 全局优化阶段

在全局优化阶段,组长(浣熊母亲)从孩子们那里获得关于最佳食物位置(候选解)的信息,并更新其位置。组长负责最终决策并提供迁移指导。组长检查了自己的当前位置 g_{i-1} 和孩子们更新的本地最佳位置 L_k^{opt}。然后,组长移动到这些位置中的最佳位置。这种行为可由式(92.6)和式(92.7)表示。

$$h=\max\{f(L_k^{\text{opt}})\}\quad \forall\{k=1,2,\cdots,K\} \tag{92.6}$$

$$f(g_i)=\max\{f(g_{i-1}),h\} \tag{92.7}$$

在重新定位之后,组长还会对照全局最优值 G_{opt} 检查当前位置 g_i,并且将最优值指定为全局最优值,具体表示如下:

$$f(G^{\text{opt}})=\max\{f(G^{\text{opt}}),f(g_i)\} \tag{92.8}$$

除了新的局部最优位置 L_k^{opt} 之外,组长还接收关于新的当前位置 loc_{ki} 的信息。组长还负责浣熊迁移的决策过程,即如果浣熊(孩子)的当前位置 loc_{ki} 在一定次数的迭代中没有改变,则假定已经达到最优解。为了避免陷于局部最优,定义停滞保持计数 n_{pres} 和迁移因子(MF),以方便组长完成决策过程。对于初始步骤,n_{pres} 设置为零,但如果位置不改变,则其值将增加 1;如果位置按式(92.9)改变,则再次将之设置为零。

$$n_{\text{pres}}=\begin{cases}n_{\text{pres}}+1, & \text{loc}_i=\text{loc}_{(i-1)}\\ 0, & \text{其他}\end{cases} \tag{92.9}$$

当 $n_{\text{pres}}=\text{MF}$ 时,组长指示浣熊(孩子)执行迁移,这意味着浣熊(孩子)被重新迁移到 RZP 和 VZP 之外的新的随机位置。迁移后 n_{pres} 设置为 0。正如前面所讨论的,浣熊有很好的记忆力,它总是记得最优解 L_k^{opt},因此如果浣熊迁移到最差位置,那么这一迁移不会影响局部的最佳位置 L_k^{opt}。局部和全局优化的过程是重复 NI 次迭代,直到满足终止条件。

92.5 浣熊族优化算法的实现流程

浣熊族优化算法实现的流程如图 92.3 所示。

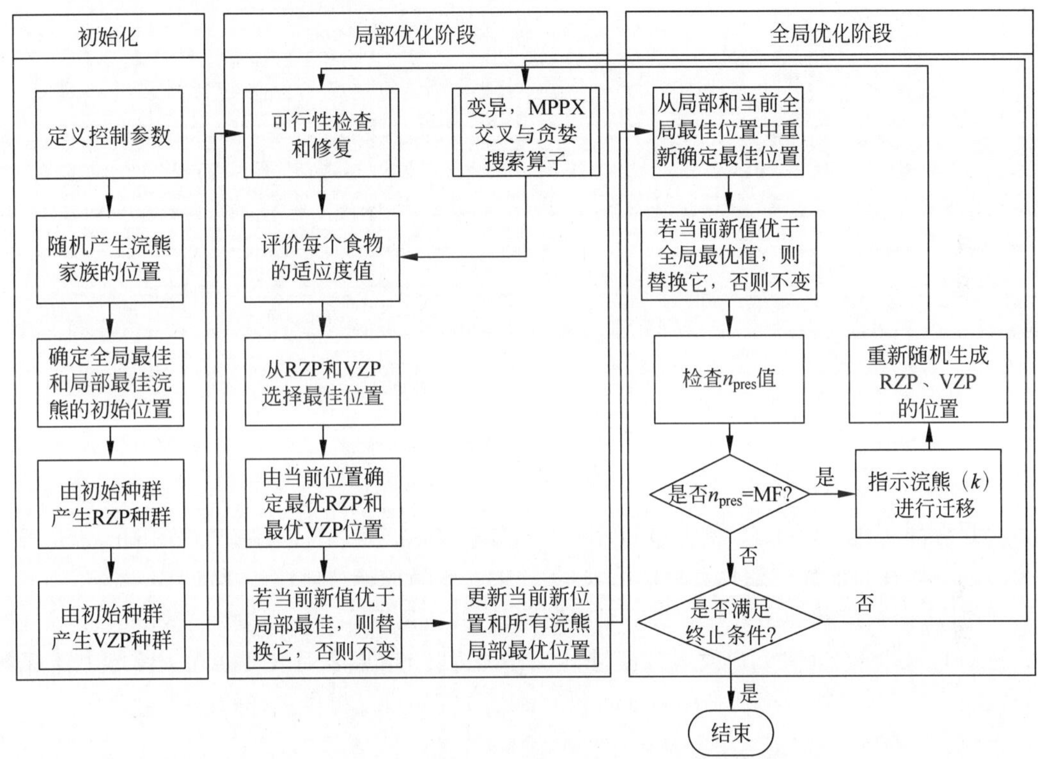

图 92.3 浣熊族优化算法实现的流程

第93章 大猩猩部队优化算法

大猩猩部队优化算法是一种模拟自然界大猩猩群体的社会智能及狩猎行为的群智能优化算法。大猩猩群体在银背大猩猩的领导下，进行群体的迁移、觅食等活动。该算法通过模拟大猩猩狩猎活动的5种方法以及大猩猩寻找新栖息地的策略，实现对函数优化问题的求解。本章首先介绍大猩猩部队优化算法的提出、大猩猩的特征及习性、大猩猩部队优化算法的原理，然后阐述大猩猩部队优化算法的数学描述，最后给出大猩猩部队优化算法的伪代码实现。

93.1 大猩猩部队优化算法的提出

大猩猩部队优化(Gorilla Troop Optimizer，GTO)算法是2021年由Abdollahzadeh等模拟大猩猩群体在自然界中的社会智能活动，提出的一种新的群智能优化算法。

通过52个标准基准函数和7个工程问题测试，并应用Friedman检验和Wilcoxon秩在统计上将GTO算法与几种元启发式方法进行了性能对比，结果表明，GTO在大多数基准函数上的性能优于其他算法，特别是在高维问题上，GTO算法可以提供更好的结果。

93.2 大猩猩的特征及习性

大猩猩是体型最大的类人猿，也是最大的灵长类动物。大猩猩的体型雄壮，身高与人类接近，但体重则要大得多，雄兽比雌兽大得多。一般全身有黑色长毛，但面部、耳朵、手足等无毛。头大，额低，额头突出；下颚骨比颧骨突出；上肢比下肢长，均无毛，也没有须毛，颜面皮肤皱褶很多，长相十分丑陋而凶恶，如图93.1所示。

图93.1 大猩猩图片

大猩猩是白日活动的森林动物。低地大猩猩喜欢热带雨林，而山地大猩猩则更喜欢山林。大猩猩过着一夫多妻的家族式群居生活，群体成员组成较为稳定，每个群体从3～5只到20～30

只不等。由年龄较大，身强体壮，富有经验的“银背”担当首领，群体中的其他成员包括几只成年雌兽、若干亚成兽和幼兽。

大猩猩群体中具有较为严格的社群制度。首领位居第一等级，由它决定群体的迁移、觅食、玩耍、睡觉等活动的时间与地点，其他成员都对首领毕恭毕敬。每当群体行动时，首领总是走在前面带路，其他成员排成纵队，有次序地前行。第二等级是生了幼仔的雌兽，幼仔的年龄越小，生育它的雌兽的地位就越高；第三等级是不满 10 岁的年轻雄兽；第四等级则是尚未成年，但已离开雌兽独立行动的幼仔。群体中的成员都有较强的等级心理。

年轻的雄兽长大以后，就会被驱逐出群体，去寻找配偶；年轻雌兽长大以后，也可能脱离它的出生群体，另找雄兽组建新的群体。

93.3　大猩猩部队优化算法的原理

自然界中的大猩猩群体中具有较为严格的社群制度，因而算法把大猩猩群体称为部队。该算法考虑到大猩猩狩猎活动的 5 种方法。大猩猩寻找新栖息地的策略，例如，从已知的位置迁移，靠近其他大猩猩，并迁移到一个特定的地方。对于寻找成年雌性大猩猩，它们也有不同的选择，比如模仿银背大猩猩，或者挑战居统治地位的雌性。

在 GTO 算法中，所有的大猩猩都是候选解，在优化过程中将最佳的候选解视为银背大猩猩。在探索阶段使用 3 种不同的策略：一是迁移到一个未知的位置，二是一个确定的位置迁移，三是向其他大猩猩的位置迁移。

在 GTO 算法的开发阶段，采用了跟随银背大猩猩和竞争成年雌性两种机制。银背大猩猩领导一个群体，团队中的所有大猩猩都遵守银背大猩猩的所有决策。另外，银背大猩猩会变老并最终死亡，群体中的黑背大猩猩或者其他雄性大猩猩会与银背大猩猩竞争成为领导者。

GTO 算法通过探索阶段和开发两个阶段的迭代，实现对优化问题的求解。

93.4　大猩猩部队优化算法的数学描述

大猩猩部队优化算法包括两个阶段：第一阶段为探索阶段，第二阶段为开发阶段。开发阶段又分为跟随银背大猩猩和竞争成年雌性两种机制。对它们的数学描述分述如下。

1. 探索阶段

图 93.2 示出了用于探索阶段的 3 种不同策略：一是迁移到一个未知的位置，以增加 GTO 的随机搜索能力；二是向一个确定的位置迁移，以提升 GTO 算法对空间探索的能力；三是向其他大猩猩的位置迁移，以增强 GTO 算法逃离局部最优的能力。

如果 rand 小于 p，则选中迁移到未知位置的方法；如果 rand 大于或等于 0.5，则会选择向其他大猩猩的位置迁移；如果 rand 小于 0.5，则选择向确定位置迁移。3 种不同的探索策略可以使用式(93.1)表示如下：

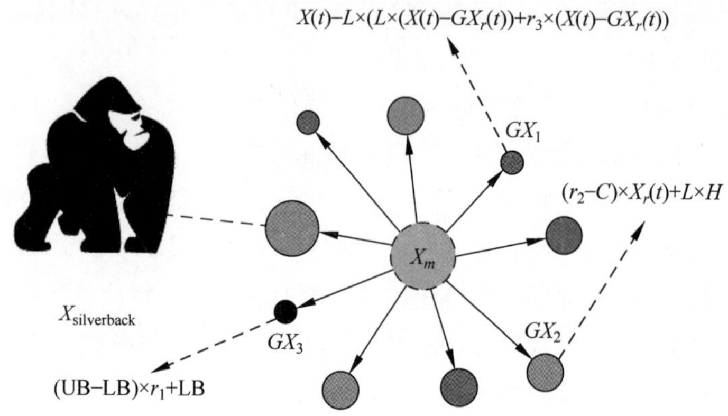

图 93.2　大猩猩搜索阶段的 3 种不同策略

$$
\mathrm{GX}(t+1)=\begin{cases}(\mathrm{UB}-\mathrm{LB})\times r_1+\mathrm{LB} & \mathrm{rand}<p \\ (r_2-C)\times X_{\mathrm{r}}(t)+L\times H & \mathrm{rand}\geqslant 0.5 \\ X(t)-L\times(L\times X(t)-\mathrm{GX}_{\mathrm{r}}(t))+r_3\times(X(t)-\mathrm{GX}_{\mathrm{r}}(t)) & \mathrm{rand}<0.5\end{cases}
$$

(93.1)

其中，$X(t)$为大猩猩个体当前的位置；$\mathrm{GX}(t+1)$为下次迭代时大猩猩个体的候选位置；UB和LB分别为变量的上限和下限；r_1、r_2、r_3 和 rand 是在每次迭代中更新的 0～1 范围内的随机数；p 为一个给定的介于 0～1 范围内的参数，它确定选择迁移策略到未知位置的概率。

参数 X_r 和 GX_r 分别为从整个种群中随机地选择大猩猩中的一员，以及相应随机选择大猩猩的候选位置向量。式(93.1)中的其他参数可以使用式(93.2)～式(93.6)计算。

$$C=F\times\left(1-\frac{t_{\text{present}}}{t_{\text{total}}}\right) \tag{93.2}$$

$$F=\cos(2\times r_4)+1 \tag{93.3}$$

$$L=C\times l \tag{93.4}$$

$$H=Z\times X(t) \tag{93.5}$$

$$Z=[-C,C] \tag{93.6}$$

其中，t_{present} 和 t_{total} 分别为当前迭代次数和最大迭代次数；r_4 为 0～1 范围内的随机数；l 和 Z 分别为$[-1,1]$和$[-C,C]$范围内的随机数。

在探索阶段结束后进行群体操作，计算所有 GX 个体的适应度值，如果满足 $\mathrm{GX}(t)<X(t)$，则使用 $\mathrm{GX}(t)$个体作为 $X(t)$个体。因此，探索阶段产生的最优个体被视为银背大猩猩。

2. 开发阶段

在 GTO 算法的开发阶段，采用了跟随银背大猩猩和竞争成年雌性两种机制。银背大猩猩领导一个群体，做出所有决定，决定群体的行动，并引导大猩猩寻找食物源。它还负责团队的安全，团队中的所有大猩猩都遵守银背大猩猩的所有决策。

另外，银背大猩猩可能会变弱、变老并最终死亡，群体中的黑背大猩猩可能会成为群体的领导者，其他雄性大猩猩也可能会与银背大猩猩交战争夺主宰群体的权力。

1) 跟随银背大猩猩

利用式(93.3)与参数 W 比较，可以选择两种策略中的一种。银背大猩猩带领着一群大猩猩，如果 $C\geqslant W$，则选择跟随银背大猩猩机制，式(93.7)模拟了此种行为。

$$\mathrm{GX}(t+1)=L\times M\times(X(t)-X_{\text{silverback}})+X(t) \tag{93.7}$$

其中，$X(t)$为大猩猩的位置；$X_{\text{silverback}}$ 为银背大猩猩的位置(最佳位置)。此外，L 由式(93.4)计算，M 由式(93.8)计算如下：

$$M=(\mid(1/N)\sum_{i=1}^{N}\mathrm{GX}_i(t)\mid^{g})^{(1/g)} \tag{93.8}$$

其中，$\mathrm{GX}_i(t)$为每个候选大猩猩在迭代 t 中的位置；N 为大猩猩的总数；g 由式(93.9)计算如下：

$$g=2^{L} \tag{93.9}$$

其中，L 由式(93.4)计算获得。

2) 竞争成年雌性

如果 $C<W$，那么当年轻的大猩猩进入青春期时，它们会与其他雄性大猩猩在选择成年雌性上展开激烈竞争，式(93.10)模拟了这种行为。

$$\mathrm{GX}(i)=(X_{\text{silverback}}-X_{\text{silverback}}\times Q-X(t)\times Q)\times A \tag{93.10}$$

$$Q=2\times r_5-1 \tag{93.11}$$

$$A=\beta\times E \tag{93.12}$$

$$E=\begin{cases}N_1 & \text{rand}\geqslant 0.5\\ N_2 & \text{rand}<0.5\end{cases} \tag{93.13}$$

在式(93.10)～式(93.13)中，$X_{\text{silverback}}$ 为银背大猩猩的位置(最佳位置)；$X(t)$为大猩猩的位置向量；Q 用于模拟冲击力的参数，r_5 是 0～1 的随机数；A 为模拟冲突中暴力程度的系数向量；β 是在优化操作之前给定的参数值；E 为模拟暴力用于评估对解维度的影响。如果 rand≥0.5，则 E 的值将等于正态分布和问题维度中的随机数；如果 rand<0.5，则 E 等于正态分布中的随机数。rand 是 0～1 的随机数。

在开发阶段结束时，进行一次群体操作，在该操作中，估计所有 GX 个体的适应度值，如果适应度值满足 $\mathrm{GX}(t)<X(t)$，则使用 $\mathrm{GX}(t)$作为 $X(t)$个体，并将在整个种群中获得的最优解视为银背大猩猩。

93.5　大猩猩部队优化算法的伪代码实现

GTO 算法伪代码如下。

```
% GTO 设置
输入：种群大小 Rand，最大迭代次数 T，参数 β 和 p
输出：大猩猩的位置及其适应度值
%初始化
随机初始化种群 X_i(i = 1,2, … ,N)
计算大猩猩的适应度值
%主循环
while (停止条件不满足) do
    用式(93.2)更新参数 C
    用式(93.4)更新参数 L
    %探索阶段
    for(每个大猩猩(Xi)) do
        使用式(93.1)更新大猩猩的位置
    end for
```

```
    %创建组
    计算大猩猩的适应度值
    if GX 比 X 好,则用 GX 更换 X
    设置 X_silverback 为银背大猩猩的位置(最佳位置)
    %开发阶段
    for(每个大猩猩(Xi)) do
        if(|C| >= 1)then
            使用式(93.7)更新大猩猩的位置
        else
            使用式(93.10)更新大猩猩的位置
        end if
    end for
    %创建组
    计算大猩猩的适应度值
    if 新解比以前的解更好,用新解更换以前解
    设置 X_silverback 为银背大猩猩的位置(最佳位置)
End While
返回 X_silverback 的最佳适应度值
```

第94章　黑猩猩优化算法

黑猩猩优化算法是模拟黑猩猩群体的社会阶级层次和捕猎行为的一种群智能优化算法。该算法根据自然界中黑猩猩个体智力、性动机及捕猎行为的能力不同，把黑猩猩分为驱赶者、追逐者、阻拦者、攻击者4种，其他黑猩猩的位置由这4种黑猩猩进行引导更新。该算法具有原理简单、易于实现、需调节参数少等特点。本章首先介绍黑猩猩优化算法的提出、黑猩猩的特征及习性、黑猩猩优化算法的原理，然后阐述黑猩猩优化算法的数学描述，最后给出黑猩猩优化算法的伪代码实现。

94.1　黑猩猩优化算法的提出

黑猩猩优化算法(Chimp Optimization Algorithm，ChOA)是2020年由Khishe和Mosavi等模拟黑猩猩群体的社会阶级层次和捕猎行为提出的一种群智能优化算法。该算法将种群划分成独立个体，模拟其捕猎时的分工行为，而个体的多样性可以提高算法在搜索空间的探索能力；通过引入混沌因子来模拟黑猩猩在捕猎过程中受到群体激励而带来的个体混乱捕猎行为，从而提高了算法在开发阶段的收敛速度。

黑猩猩优化算法(ChOA)虽然与鲸鱼优化算法(WOA)、灰狼优化算法(GWO)的原理有一定相似性，但ChOA参数少、易于实现，在收敛精度和收敛速度具有明显优势。

94.2　黑猩猩的特征及习性

黑猩猩在形态上与大猩猩很相似，体毛为乌黑色，由于体毛较为粗短，体态也显得瘦小。雄性和雌性间的差别没有大猩猩大。面部以黑色居多，也有白色、肉色和灰褐色的。它的头顶较圆而平，头上长有一对大耳朵，这些都与大猩猩明显不同。

黑猩猩为半树栖动物，爬树的本领比大猩猩强得多。黑猩猩喜欢群居生活，社会结构虽然不如大猩猩那样紧密，但也有较强的合群性。星猩猩群体有时3～5只，有时可达到30～50只。群体成员的关系比较散漫，尤其是性关系松弛。首领也是由成年雄兽担任，有一定的等级关系，群体成员对首领有让路等行为。群体中的成员常有变动，遇到机会时，可以脱离群体加入其他群体。雄兽长大以后，往往都要争当首领，只有体格健壮者才能取得胜利。

94.3　黑猩猩优化算法的原理

在自然界中，黑猩猩群体与其他生物群体有以下两个主要区别：

首先是个体多样性。在一群黑猩猩中，个体间的能力、智力并不相同，但它们都是狩猎小组的成员，执行任务时不存在某种歧视。鉴于各自能力不同，黑猩猩会根据自己的特殊能力来负责不同狩猎行动。

其次是性动机。除了群体狩猎的巨大优势外，黑猩猩的狩猎行为在获取肉类后还会在群体中产生影响。黑猩猩获得肉类后即拥有了一定的声望，其可用肉来换取相应的回报，如性爱、被同伴梳毛等。不幸的是，获取一定食物后的刺激会助长黑猩猩忘记它们在狩猎过程中的责任。

基于黑猩猩种群的上述特征，算法设计将黑猩猩分为 4 种不同角色：驱赶者(Driver)、阻拦者(Barrier)、追逐者(Chaser)和攻击者(Attacker)，如图 94.1 所示。每一类黑猩猩都有自己的独立思考能力，用自己的搜索策略探索和预测猎物的位置。

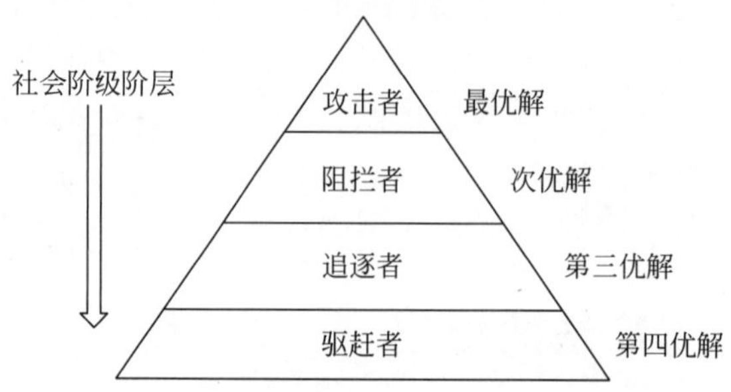

图 94.1　黑猩猩优化算法的社会阶级层次

在算法中，通过不同曲率、坡度和拦截点的不同模型用来描述黑猩猩不同的捕猎行为。黑猩猩执行各自任务的同时，还会由于受到性行为和其他好处的社会激励，使它们在狩猎的最后阶段出现混乱的个体捕猎行为，算法在后期通过混沌映射模拟这种混乱行为，从而提高开发阶段的收敛速度。

94.4　黑猩猩优化算法的数学描述

黑猩猩的狩猎过程分为两个阶段：探索阶段包括驱赶、阻拦和追逐猎物；开发阶段为攻击猎物，其中攻击者是种群的领导者，其他 3 类黑猩猩协助狩猎，社会地位依次下降。在狩猎过程中，通常根据黑猩猩的个体智力和性动机来分配狩猎职责。

1. 驱赶、阻拦和追逐猎物(探索阶段)

为了模拟黑猩猩的狩猎行为，假设第一个攻击者为最优解的位置，驱赶者、阻拦者和追逐者为能发现潜在猎物的位置，其他黑猩猩被迫根据黑猩猩的最优位置更新自己的位置。黑猩猩因驱赶和追逐猎物而更新自己的位置表示如式(94.1)和式(94.2)所示：

$$d = | \boldsymbol{c}\boldsymbol{x}_{\text{prey}}(t) - m\boldsymbol{x}_{\text{chimp}}(t) | \tag{94.1}$$

$$\boldsymbol{x}_{\text{chimp}}(t+1) = \boldsymbol{x}_{\text{prey}}(t) - \boldsymbol{a} \cdot d \tag{94.2}$$

其中，d 为黑猩猩与猎物之间的距离；t 为当前迭代次数；$\boldsymbol{x}_{\text{prey}}(t)$为猎物的位置向量；$\boldsymbol{x}_{\text{chimp}}(t)$为黑猩猩的位置向量；$a$ 和 c 为系数向量，分别由式(94.3)和式(94.4)计算如下：

$$\boldsymbol{a} = 2f \cdot r_1 - f \tag{94.3}$$

$$\boldsymbol{c} = 2r_2 \tag{94.4}$$

$$m = \text{Chaotic\_value} \tag{94.5}$$

其中，f 为衰减因子，在迭代过程中随着迭代次数的增加从 2 非线性降至 0；r_1、r_2 为[0,1]区间的随机数；m 为基于混沌映射生成的系数。参数 a 为[$-f$,f]区间的随机数，假设 a 的值处于[-1,1]区间时猎物停止移动，此时黑猩猩必须攻击猎物结束捕猎，因此采取降低 f 值的方式迫使黑猩猩结束捕猎，黑猩猩的下一个位置可以是当前位置与猎物位置之间的任意位置。c 为黑猩猩驱赶和追逐猎物的控制系数。

2. 攻击猎物(开发阶段)

在此阶段，黑猩猩首先通过驱赶、阻拦和追逐探索到猎物的位置，然后将其包围。整个狩猎过程通常由雄性黑猩猩首领作为攻击者完成，驱赶者、阻拦者、追逐者参与狩猎过程。在算法中，4 类黑猩猩分别根据式(94.6)更新自己的位置。

$$\begin{cases} \boldsymbol{x}_1 = \boldsymbol{x}_{\text{Attacker}} - \boldsymbol{a}_1 \cdot |\boldsymbol{c}_1 \cdot \boldsymbol{x}_{\text{Attacker}} - m_1 \cdot \boldsymbol{x}| \\ \boldsymbol{x}_2 = \boldsymbol{x}_{\text{Barrier}} - \boldsymbol{a}_2 \cdot |\boldsymbol{c}_2 \cdot \boldsymbol{x}_{\text{Barrier}} - m_2 \cdot \boldsymbol{x}| \\ \boldsymbol{x}_3 = \boldsymbol{x}_{\text{Chaser}} - \boldsymbol{a}_3 \cdot |\boldsymbol{c}_3 \cdot \boldsymbol{x}_{\text{Chaser}} - m_3 \cdot \boldsymbol{x}| \\ \boldsymbol{x}_4 = \boldsymbol{x}_{\text{Driver}} - \boldsymbol{a}_4 \cdot |\boldsymbol{c}_4 \cdot \boldsymbol{x}_{\text{Driver}} - m_4 \cdot \boldsymbol{x}| \end{cases} \tag{94.6}$$

$$\boldsymbol{x}(t+1) = \frac{1}{4}(\boldsymbol{x}_1 + \boldsymbol{x}_2 + \boldsymbol{x}_3 + \boldsymbol{x}_4) \tag{94.7}$$

由式(94.6)和式(94.7)可知，黑猩猩个体最终的位置是随机分布在一个由攻击者、阻拦者、追逐者和驱赶者位置所确定的范围内，如图 94.2 所示。这意味着，猎物的位置是基于 4 个最好的个体位置来估计的，而其他黑猩猩则随机更新它们在附近的位置。

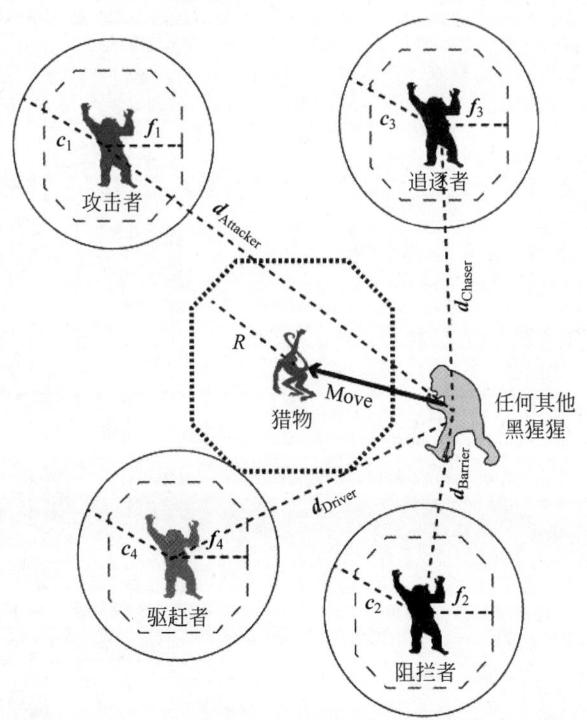

图 94.2　由 4 个最好的黑猩猩个体位置估计猎物的位置

3. 社会动机

种群在捕猎的最后阶段，当获得一定量的食物后，随后的社会动机会使黑猩猩不顾个体职责而陷入混乱的抢食状态。模拟黑猩猩在最后阶段的混乱行为，有助于算法求解高维问题时避免陷入局部最优和提高收敛速度。

黑猩猩算法使用了6种具有随机行为的确定性混沌过程映射。为了模拟这种社会行为，假设有50%的概率在正常的更新位置机制或混沌模型中选择其一更新黑猩猩的位置，如式(94.8)所示：

$$\boldsymbol{x}_{\text{chimp}}(t+1)=\begin{cases}\boldsymbol{x}_{\text{chimp}}(t)-\boldsymbol{a}\cdot d & \mu\leqslant 0.5\\ \text{Chaotic\_value} & \mu>0.5\end{cases} \tag{94.8}$$

其中，μ 为[0,1]区间的随机数。值得一提的是，若 $\mu<0.5$ 且 $|a|<1$，则利用式(94.2)更新当前黑猩猩位置；若 $\mu<0.5$ 且 $|a|>1$，则随机选择一个黑猩猩的位置进行更新；若 $\mu>0.5$，则利用式(94.8)更新当前黑猩猩位置(类似鲸鱼优化算法)。

94.5 黑猩猩优化算法的伪代码实现

黑猩猩优化算法的伪代码描述如下。

```
初始化黑猩猩种群 x_i(i=1,2,…,n)
参数初始化 f,m,a 和 c
计算每个黑猩猩的位置
把所有黑猩猩随机分类
Until 满足终止条件
计算每个黑猩猩的适应度值
x_Attacker = 最优的搜索个体
x_Chaser = 次优的搜索个体
x_Barrier = 第三优搜索个体
x_Driver = 第四优搜索个体
  While(t < 最大迭代次数)
      for 每一只黑猩猩
          判断它的类别
          用它所对应的类别更新 f,m 和 c
          用 f,m 和 c 计算 a 及 d
      end for
          for 每一个搜索个体
              if(μ<0.5)
                    if(|a|<1)
              用式(94.2)更新当前搜索个体的位置
                     else if(|a|>1)
                              随机选择一个搜索个体
                     end if
              else if(μ>0.5)
              用式(94.8)更新当前搜索个体的位置
              end if
          end for
        更新 f,m,a 和 c
      更新 x_Attacker,x_Driver,x_Barrier,x_Chaser
    t=t+1
  end While
return x_Attacker
```

第95章 大象放牧优化算法

大象放牧优化算法是模拟大象放牧行为的一种新的群体智能优化算法，用于求解连续空间全局优化问题。该算法包括氏族更新操作和分离操作两个阶段。氏族中的大象执行局部搜索，离开氏族的公象执行全局搜索。该算法具有结构简单、控制参数少以及易于和其他方法相结合等特点。本章首先介绍大象的生活习性、大象放牧优化算法的优化原理，然后阐述大象放牧优化算法的数学描述、算法实现以及二进制象群优化算法的原理及实现。

95.1 大象放牧优化算法的提出

大象放牧优化(Elephant Herding Optimization，EHO)算法是2015年由Wang等模拟自然界中大象的放牧行为提出的一种新的群体智能优化算法，用于求解无约束全局优化问题。EHO算法具有结构简单、控制参数少以及易于和其他方法相结合等特点，能够很好地解决寻优问题。因此被成功用于多级别阈值、支持向量机参数优化、调度等问题。

95.2 大象的生活习性

大象是世界上现存最大的陆地哺乳动物。大象是群居性动物，通常以家族为单位活动，有时几头象聚集起来，有时结成上百头的大象群。大象主要栖息于热带草原、丛林和河谷地带，以嫩叶、野果、野草、野菜等植物为食，食量极大，一只成年大象每日进食量在300kg左右。大象的平均寿命在80岁左右。

大象的外形特征有头大，耳大如扇，四肢粗大如圆柱以支持巨大身体，膝关节不能自由屈伸。大象鼻子两侧有尖尖的牙齿，长长的鼻子几乎与体长相等，呈圆筒状，伸屈自如。象鼻子是由发达的肌肉构成的，鼻孔开口在末端，鼻尖有指状突起，能拣拾物品。象鼻子柔韧，缠卷起来灵活自如，可作为自卫和取食的有力工具，可以捡拾重达1t的物体，也可以捡拾花生那样小的食物。

大象可以用人类听不到的次声波交流，在无干扰的情况下，一般能传播11km。如果遇上气流导致的介质不均匀，只能传播4km。如果在这种情况下还要交流，大象群会一起跺脚，产生强大的“轰轰”声，这种方法最远可传播32km。

大象的种类主要有非洲象和亚洲象两种，分别如图95.1和图95.2所示。非洲象比亚洲象体型更大。非洲象由母象为首领，每天活动的时间、行动路线、觅食地点、栖息场所等均听从母象指挥；亚洲象则相反，由成年公象承担保卫家庭安全的责任。

图 95.1 非洲大象群

图 95.2 亚洲大象群

95.3 大象放牧优化算法的优化原理

在 EHO 算法中，模拟大象种群的放牧行为基于以下 3 条规则：

(1) 大象的种群由一些氏族组成，每个氏族都有固定数量的大象。

(2) 公象长大并进入青春期时，为避免近亲繁衍一定数量的公象会离开它们家族群，去远离大象群的地方单独生活。

(3) 每个氏族都由一头母象作为女族长，领导氏族中的大象共同生活。

在大象放牧优化算法中，每头大象(位置)代表优化问题的一个可行解，属于一个氏族。EHO 算法包括两个阶段：氏族更新和氏族分离。氏族更新操作模拟上述大象放牧行为的规则(1)和(2)，而规则(3)是通过分离操作来模拟的。

在 EHO 算法中，通过执行氏族更新操作更新氏族中每头大象的位置，得到新的大象氏族位置，这是执行局部搜索的过程，氏族之间在更新过程中不会互相影响。通过执行分离操作优化氏族中位置较差的大象位置，这是执行全局搜索过程。EHO 算法通过氏族更新操作和分离操作的反复迭代，直至获得全局最优解。

95.4 大象放牧优化算法的数学描述

在大象放牧优化算法中，氏族内的大象执行局部搜索，而离开氏族的公象执行全局搜索。

1. 氏族更新操作

来自不同群体的大象在族长的领导下一起生活。族长是氏族中适应度最好的大象。每头大象的位置都根据其自身位置和族长的位置进行更新，族长的位置根据氏族中心的位置进行更新，具体更新过程描述如下。

随机初始化大象种群，将大象种群分为 n 个氏族，每个氏族中有 j 头大象。在每次迭代中，大象 j 的位置都会随氏族 ci 族长的位置(适应度值最好的位置 $X_{\text{best},ci}$)更新如下：

$$X_{\text{new},ci,j}=X_{ci,j}+\alpha(X_{\text{best},ci}-X_{ci,j})r \tag{95.1}$$

其中，$X_{\text{new},ci,j}$ 和 $X_{ci,j}$ 分别为氏族 ci 中大象 j 更新后和更新前的位置；$X_{\text{best},ci}$ 为氏族 ci 中适应度值最好的位置；α 为决定女族长对大象个体影响因子，$\alpha\in[0,1]$；r 为$[0,1]$区间的随机数。

如果由于 $X_{best,ci}=X_{ci,j}$，每个氏族 ci 中女族长的位置不能被式(95.1)更新，则氏族 ci 中女族长的位置 $X_{best,ci}$ 更新为

$$X_{new,ci,j}=\beta X_{center,ci} \tag{95.2}$$

其中，$X_{center,ci}$ 为氏族 ci 的中心位置；β 为在[0,1]区间取值的系数。氏族 ci 在 d 维度上的中心位置 $X_{center,ci,d}$ 定义为

$$X_{center,ci,d}=\frac{1}{n_{ci}}\sum_{j=1}^{n_{ci}}X_{ci,j,d} \tag{95.3}$$

其中，d 为维度，$1\leqslant d\leqslant D$，D 为总维数；n_{ci} 为氏族 ci 中大象的数量；$X_{ci,j,d}$ 为大象个体 $X_{ci,j}$ 的第 d 维。

2. 氏族分离操作

公象在长大后会离开它们的群体，以增加群体的全局搜索能力和密度。在每个氏族 ci 中，适应度值最差的大象会被移动到新的位置如下：

$$X_{worst,ci}=X_{min}+\text{rand}\cdot(X_{max}-X_{min}+1) \tag{95.4}$$

其中，$X_{worst,ci}$ 为氏族 ci 中适应度值最差的大象位置；X_{min} 和 X_{max} 分别为搜索空间的下限和上限；rand 为[0,1]区间的随机数。

95.5 大象放牧优化算法的实现步骤及伪代码

EHO 算法的基本步骤如下：

(1) 初始化种群，设置最大迭代次数。

(2) 用适应度函数计算每个大象个体的适应度值，得到当前最优个体位置。

(3) 用式(95.1)更新种群中每头大象个体的位置，用式(95.2)更新当前最优个体的位置。

(4) 计算更新之后的每头大象个体的适应度值，评估种群，得到更新后的种群最优和最差的大象个体位置。

(5) 用式(95.4)更新当前最差个体位置，保留更好的解。

(6) 判断是否达到最大迭代次数，若是，则输出当前最优个体位置以及对应的适应度值，算法结束；否则，返回步骤(2)。

大象放牧优化算法的伪代码描述如下。

```
Step1: 初始化，置计数器 t = 1; 初始化种群，最大迭代次数 MaxGen
Step2: while t < MaxGen do
        对所有大象根据它们的适应度值进行排序
        for ci = 1: n(对于大象种群中的所有氏族)do
            for j = 1: n_ci(对于氏族 ci 中的所有大象)do
                通过式(95.1)更新 x_ci,j 并生成 x^new_ci,j
                if x_ci,j = x_best,ci then
                    通过式(95.2)更新 x_ci,j 并生成 x^new_ci,j
                end if
            end for j
        end for ci = 1: n(对于大象种群中的所有氏族)do
                用式(95.4)更新氏族 ci 中最差大象的位置
        评估新更新位置的种群
        t = t + 1
Step3: end while
```

大象放牧优化算法的流程如图 95.3 所示。

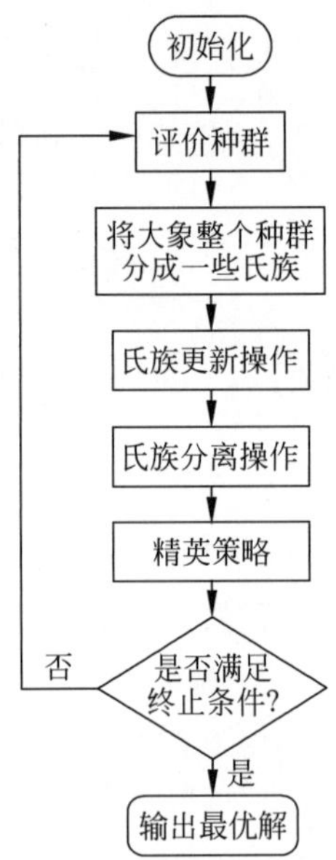

图 95.3　大象放牧优化算法的流程

95.6　二进制象群优化算法的原理及伪代码实现

二进制象群优化算法(Binary variant based on Elephant Herding Optimization,BinEHO)是 2020 年由 Hakli 提出的,BinEHO 算法可用于求解离散变量优化问题。

由于 EHO 算法搜索策略产生连续值,使其适用于二分搜索空间的方法有很多,例如,四舍五入操作、传递函数、交叉和突变。该转换过程中最重要的一点是保护而不是削弱优化算法的搜索能力。基本的 EHO 算法具有良好的探索能力,易于实现,且不会陷入局部最优。在 EHO 算法的搜索方程中,根据氏族中的女族长来更新大象的新位置。为了保持女族长对新位置大象的影响,适用于二进制值的方程采用如下形式:

$$X_{\text{new},ci}^{j,d}=X_{\text{best},ci}^{d} \tag{95.5}$$

其中,$X_{\text{new},ci}^{j,d}$ 为氏族 ci 中大象 j 第 d 维的新值;$X_{\text{best},ci}^{d}$ 为氏族 ci 中第 d 维的女族长。

由式(95.5)可知,个体的所有维度均为二进制值 0 和 1。重要的是,有多少维度会被这个方程更新。如果在基本的 EHO 算法中,所有的维数都在同一时间更新,那么氏族中的每一头大象都类似于女族长。另外,一维更新导致收敛速度慢,这也是基本 EHO 算法存在的问题之一。

为了克服这些问题,使用维度率(DR)参数来确定将更新多少个维度。假设维数 D 为 10,DR 为 0.4,如图 95.4 所示为每头大象的更新过程。将要更新的维度数按 DR$\times D$ 计算,这些维度是随机选择的,它们彼此不相等。

与基本的 EHO 算法解的搜索方程即式(95.1)一样,女族长的位置不会由用于二进制的方程即式(95.5)改变。除此之外,由于二进制原因,式(95.2)不适合计算氏族的中心位置来更新女族长。因此,用变异算子来更新女族长,增加种群的多样性。为了避免女族长(每个氏族中最好的大象)的高度扰动,只对一个维度进行变异,且这个维度是随机选择的。图 95.5 给出了一个突变操作的示例。

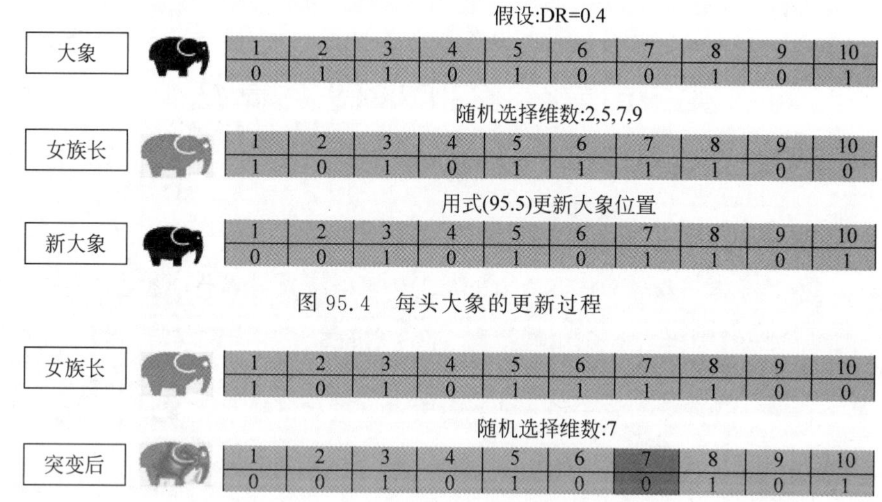

图 95.4　每头大象的更新过程

图 95.5　女族长二进制的突变过程

通过利用基本 EHO 算法的原理和优点，氏族更新算子通过这两种操作适应了二进制值。在 BinEHO 算法中的分离算子，每个氏族中最差的大象是用 0 和 1 值随机生成的。当 EHO 算法用于二分搜索空间时，会更加简单。在 BinEHO 算法中不需要 α、β 和 $X_{center,ci}$，因此它只有一个 DR 参数。

二进制象群优化算法的氏族更新操作和分离操作的伪代码描述如下。

```
氏族更新操作
DCount = ceil(DR×D)将 DCount 舍入到大于或等于最接近 DCount 的整数
for ci = 1: n Clan(对于大象种群中的所有氏族)
    for j = 1: n_ci(对于氏族 ci 中的所有大象)
        维度池 = (1,2, …,D)
        if 大象 j 不等同女族长
            for d = 1 : DCount
                从维池中任选一个维数
                用所选择的维数更新式(95.5)
                从维度池中删除所选的维度
            end
        else                                    //对于氏族 ci 的女族长
            对女族长执行突变操作
        end
    end
end
氏族分离操作
for ci = 1: nClan(对于大象种群中的所有氏族)
    用随机生成的 0 和 1 值的新大象替换氏族 ci 中最差的大象
end
```

第 96 章　象群水搜索算法

象群水搜索算法是一种模拟干旱期间大象群体水源搜索策略的群智能优化算法。在该算法中，象群在本地局部区域寻找水源(局部搜索)或去更偏远的地方寻找水源(全局搜索)，并以概率对两种搜索形式进行切换。在算法迭代中，包括大象速度更新、位置更新、惯性权重更新和切换概率更新环节。本章首先介绍大象的特征及其水搜索策略、象群水搜索算法设计的基本规则，然后阐述象群水搜索算法的数学描述、象群水搜索算法的伪代码。

96.1　象群水搜索算法的提出

象群水搜索算法(Elephant Swarm Water Search Algorithm，ESWSA)是 2018 年由 Mandal 提出的一种求解全局优化问题新的群智能优化算法。该算法主要模拟干旱期间大象群体水搜索策略，及其在短距离和长距离情况下采用的不同的通信技术。大象群的速度和位置会根据当前速度和局部最佳位置或全局最佳位置以概率条件更新。

该算法针对全局优化的许多广泛使用的基准函数进行了测试，并与多种优化算法对比，结果表明，ESWSA 的性能优异。针对两个著名的受约束的 3 杆桁架和拉力弹簧设计表明，ESWSA 在计算时间、最佳拟合度和标准偏差方面都非常出色。ESWSA 非常简单，相对容易实现，已被用于计算生物学基于 RNN 的 GRN 推理。

96.2　大象的特征及其水搜索策略

大象是世界上最大的陆生群居哺乳动物，它们通常分成一些群体生活，若干群体组成一个更大的象群。大象不仅有大耳朵、长鼻子、长牙、粗大的四肢和巨大的身体，而且有非常发达的传感和通信系统，记忆力良好，表现出高级智能。

大象具有使用听觉、嗅觉、视觉、触觉和特殊的感官检测振动、识别声音的能力。大象能发出 5～10 000Hz 的声波。大象的视力据说在强光下明显减弱，最大范围为 46～100m。大象能用脑袋、眼睛、嘴巴、耳朵、鼻子甚至整个身体彼此之间或向其他物种传递信息。大象是触觉极强的动物，能够使用它们的鼻子、象牙、脚、尾巴等交流，在大象之间表达攻击性、防御性和探索性行为等。

在干旱时期及干燥的天气里，大象根据当前的状况可以利用一种或多种通信系统或搜索方法寻找水资源。从河流、水洞、湖泊、池塘等水源地，一头成年大象平均每天要喝 150～250kg 的水。如果该地区非常干燥，干旱持续时间很长，它们为了找到食物和水会迁移到很远的地方。如果干旱的区域面积小，大象通常不会走远。当干旱地域很大的时候，大象可以去更偏远的地方寻找水源，直到雨季来临。它们用脚、树干和长牙挖掘干涸的河床，或到其他地方去发现地表下蕴藏的丰富的水源。

96.3　象群水搜索算法设计的基本规则

象群水搜索算法的设计基于以下4条基本规则。

（1）在干旱季节，大象分成四处游荡寻找水源。每个象群由若干头大象组成，它们和所有象群一起努力寻找水源。每组中最老的大象负责决策关于小组搜索水资源的行动。

（2）每当大象群发现水源时，领导者通过声音或肢体动作等向其他群体传递水源的数量和质量信息。

（3）大象有非常强的记忆力。每头大象团队能记住由自己团队发现的到当前为止最好的水源位置（局部最优解）和到当前为止被整个群体或所有群体发现的水资源（全局最优解）。基于记忆这些解，大象群可以从一个点移动到另一个点，在搜索过程中，根据全局搜索、局部搜索和位置规则，每个大象组的速度和位置会逐渐更新。大象的长距离和短距离通信技术分别在全局搜索和局部搜索中占主导地位。

（4）局部水搜索和全局水搜索由一个称为切换概率来控制。小组的领导者以一定概率在本地搜索和全局搜索之间进行切换。由于物理上的接近性和其他因素（如远距离信号的衰减），本地水搜索在整个搜索活动中可能占很大的比例。

96.4　象群水搜索算法的数学描述

对于一个优化问题，每个象群都是根据其特定的速度来确定水源位置的，每头大象的位置类似于优化问题的相应解。对于最大化问题，适应度值直接与水资源数量和质量成正比。更好的水资源信息表示更好的解。

1. *种群初始化*

对于 d 维优化问题，大象种群中第 i 族群由 N 头大象组成，第 t 次迭代的第 i 族群为 $X^t_{i,d}=(x_{i1},x_{i2},\cdots,x_{id})$，速度表示为 $V^t_{i,d}=(v_{i1},v_{i2},\cdots,v_{id})$。当前迭代时第 i 族群的局部最优解为 $P^t_{\text{best},i,d}=(P_{i1},P_{i2},\cdots,P_{id})$，并且全局最优解为 $G^t_{\text{best},d}=(G_1,G_2,\cdots,G_d)$。

大象的初始位置和速度在整个搜索空间随机确定。设置 $X_{\max}$ 和 $X_{\min}$ 分别为大象位置的上限和下限。

2. *速度更新*

在算法迭代时，大象的速度和位置会根据以下规则分别更新如下：

$$V^{t+1}_{i,d}=\omega^t\cdot V^t_{i,d}+\text{rand}(1,d)\odot(G^t_{\text{best},d}-X^t_{i,d}),\quad \text{rand}>p(\text{对全局搜索}) \tag{96.1}$$

$$V^{t+1}_{i,d}=\omega^t\cdot V^t_{i,d}+\text{rand}(1,d)\odot(P^t_{\text{best},i,d}-X^t_{i,d}),\quad \text{rand}\leqslant p(\text{对局部搜索}) \tag{96.2}$$

其中，$\text{rand}(1,d)$为$[0,1]$内生成的 d 维随机数组；符号$\odot$表示逐元素乘法；ω^t 为当前迭代的惯性权重，用于调节探索和开发之间的平衡；p 为切换概率，用于在全局和局部水搜索之间根据随机变量的大小进行切换，有助于降低局部最优的可能性。每次迭代后都会更新全局最优解和局部最优解。

3. 位置更新

象群的位置按照下面的方法更新为

$$X_{i,d}^{t+1}=V_{i,d}^{t+1}+X_{i,d}^{t} \tag{96.3}$$

4. 惯性权重更新

惯性权重更新采用如下形式：

$$\omega^{t}=\omega_{\max}-\left(\frac{\omega_{\max}-\omega_{\min}}{t_{\max}}\right)t \tag{96.4}$$

其中，t 为迭代次数；ω^{t} 为第 t 次迭代时的惯性权重；$\omega_{\max}$ 和 $\omega_{\min}$ 分别为惯性权重的最大值和最小值；$t_{\max}$ 为最大迭代次数。

5. 切换概率更新

在 ESWSA 的基本算法中，切换概率取常数 $p=0.6$。2020 年，Mandal 提出将切换概率更新采用随迭代次数变化的形式为

$$p(t)=p_{\max}-\left(\frac{p_{\max}-p_{\min}}{t_{\max}}\right)t \tag{96.5}$$

其中，$p(t)$为第 t 次迭代时的切换概率；$p_{\max}$ 和 $p_{\min}$ 分别为切换概率的最大值和最小值。

完成所有迭代后，大象逐渐更新位置并达到最佳位置——水源，即最小化问题的最优解。

6. ESWSA 和 PSO 算法搜索策略对比

PSO 算法粒子速度的更新，即新的搜索方向受到粒子当前速度、迄今为止粒子的最优位置和群体的最优位置 3 个因素影响。可以认为，粒子的最优位置是影响局部搜索的主要因素，群体的最优位置是影响全局搜索的主要因素。

ESWSA 在局部搜索时，速度的更新是根据当前大象最佳位置进行更新的；在全局搜索时，速度的更新是根据当前大象全局最佳位置进行更新的。在局部搜索和全局搜索两者之间，通过概率 p 进行切换。然而，在粒子群算法中，搜索同时受到当前最优解和全局最优解的影响。这是 ESWSA 和 PSO 在搜索策略方面的主要区别。图 96.1(a)、(b)分别描述了 PSO 和 ESWSA 在迭代时速度和位置更新所确定的新的搜索方向。

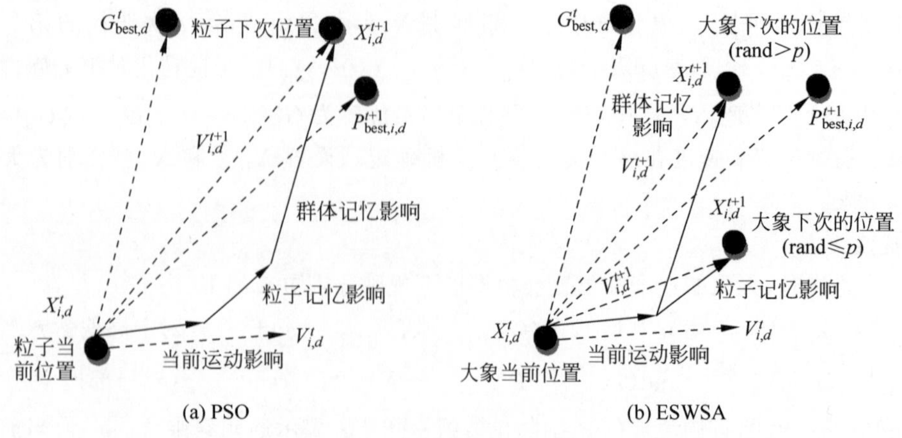

图 96.1 PSO 和 ESWSA 在迭代时速度和位置更新所确定的新的搜索方向

96.5 象群水搜索算法的伪代码实现

象群水搜索算法的伪代码描述如下。

```
开始 ESWSA
定义 N,d,t_max,X_max,X_min,p 和目标函数 f;                    //输入
for i = 1 : N                                                 //初始化
    初始化 X_i,d 和 V_i,d;
    P_best,i,d = X_i,d;
end;
评估所有 N 个象群位置的适合度值 f(X_i,d);                      //评估并找到最佳
G_best,d = Min(f);
根据式(96.4)权重更新规则为 ω^t 赋值;                          //ω^t 赋值
for t = 1 to t_max                                            //开始迭代
    for I = 1 : N
        if rand > p                                           //全局搜索
            全局水搜索或使用式(96.1)更新大象的速度 V_i,d;
        else;                                                 //局部搜索
            局部水搜索或使用式(96.2)更新大象的速度 V_i,d;
        end if;
        使用式(96.3)更新位置 X_i,d;                           //更新位置
        评估适合度值 f(X_i,d);
        if f(X_i,d)< f(P^t_best,i,d);                         //更新当前最优
            G^t_best,d = P^t_best,i,d
        end if;
        if f(P^t_best,i,d)< f(G^t_best,d)                     //更新全局最优
            G^t_best,d = P^t_best,i,d
        end if;
    end for;
    X* = G^t_best,d
end for;                                                      //结束迭代
返回 X* 和 f(G^t_best,d)                                      //输出
结束 ESWSA
```

第97章 自私兽群优化算法

自私兽群优化算法是模拟一群受到某种捕食风险影响的动物个体所表现出来的自私群体行为的群智能优化算法。自私兽群是指由具有自私属性的个体组成的兽群。当群居动物感知到被捕猎的危险时,每个个体都会聚集在一起来增加生存的机会。自私兽群优化算法把动物种群分为自私猎物群和捕食者群,通过模拟在自然界中猎物躲避捕食风险时的行为和狩猎者猎杀行为来实现算法的搜索过程。本章介绍自私兽群的基本概念,阐述优化算法的优化原理、数学描述、实现步骤及算法流程。

97.1 自私兽群优化算法的提出

自私兽群优化(Selfish Herd Optimizer,SHO)算法是2017年由Fausto等提出的一种新的群智能优化算法。当自然界的兽群遭受到捕食者攻击时,个体总是尽量聚集到种群中心而远离捕食者。该算法把动物种群分为自私猎物群和捕食者群,通过模拟在自然界中猎物躲避捕食风险时的行为和狩猎者猎杀行为来实现算法的搜索过程,并通过控制两组个体的数目来实现全局搜索和局部搜索之间的平衡。该算法具有精度高、鲁棒性强等特点。

97.2 自私兽群优化算法的优化原理

汉密尔顿提出的自私兽群理论指出,当群居动物感知到被捕猎的危险时,被捕猎的动物中的每个个体都会通过与其他同种动物聚集在一起来增加生存的机会。这种个体产生聚集行为可能会增加它们在捕食者攻击中生存的机会,而不考虑这种行为对其他猎物生存机会的影响。处在群体边缘的个体更容易受到攻击,这也导致群体边缘的个体逃离群体,以增加它们被捕食者攻击时的生存机会。

自私兽群优化算法假设整个搜索空间是一个开放的平原,把动物种群分为两组:一组是生活在聚集中的猎物(自私的群体);另一组是在寻找聚集中猎物的捕食者。在动物种群中,要么是猎物,要么是捕食者。通过这两种个体来模拟一群饥饿的捕食者和受到攻击的自私猎物群体之间的掠夺性互动行为。这两种搜索个体都是由捕食者-猎物关系所激发的独特进化算子单独进行的。这样能使自私兽群优化算法在不改变种群大小的情况下改善全局搜索与局部搜索之间的平衡。

在求解优化问题时,可以使用自私兽群优化算法随机构造多个个体作为优化问题的初始解,并按照一定比例对种群中个体进行分组,通过两组个体的自私行为进行信息交互,不断改善个体适应度值,最终实现对优化问题的求解。

97.3　自私兽群优化算法的数学描述

1. 种群初始化

随机初始化动物种群(猎物和捕猎者)。在预先给定参数的上下边界之间,随机均匀分布个体的初始位置为

$$a_{i,j}^{0}=x_{j}^{\text{low}}+\text{rand}\cdot(x_{j}^{\text{high}}-x_{j}^{\text{low}}) \tag{97.1}$$

其中,$a_{i,j}^{0}$ 为种群中个体的位置;rand 为[0,1]区间的一个随机数;x_{j}^{high} 和 x_{j}^{low} 分别为第 j 维变量的上下界。

在自私兽群优化算法中,取猎物组个体占种群整体数量 N 的 70%～90%。设 N_{h} 为猎物组的个体数量,N_{p} 为捕猎者组的个体数量,则猎物组中猎物数量的计算公式为

$$N_{\text{h}}=\text{floor}(N\cdot\text{rand}(0.7,0.9)) \tag{97.2}$$

其中,floor(•)为向下取自变量的整数值。捕猎者组中捕猎者数量为

$$N_{\text{p}}=N-N_{\text{h}} \tag{97.3}$$

2. 种群个体的生存价值

在生物学中,个体的生存价值是评估捕猎者捕捉猎物、猎物避开捕捉、成功杀死攻击中的猎物,从而生存下来的能力标准。在 SHO 算法中,每个个体都会被分配一个生存价值,个体 i 生存价值的计算式为

$$\text{SV}_{i}=\frac{f(a_{i})-f_{\text{best}}}{f_{\text{worst}}-f_{\text{best}}} \tag{97.4}$$

其中,SV_{i} 为第 i 个种群个体的生存价值;$f(\cdot)$为目标函数;f_{best} 和 f_{worst} 分别为目标函数的最大值和最小值。对 70%～90%的猎物计算生存价值,生存价值最高的作为猎物领导者,生存价值越低的作为最容易被捕获的猎物。

3. 种群个体之间的交流及位置的更新

种群中的个体交流,主要是猎物个体在受到捕杀威胁和捕猎者追捕猎物时所传递的信息,这个信息是由个体所在位置和周围个体位置影响产生的生存价值决定的。个体 j 对个体 i 的影响系数计算式为

$$\varphi_{i,j}=\text{SV}_{j}\cdot\text{e}^{-d_{i,j}^{2}} \tag{97.5}$$

其中,$d_{i,j}=\|s_{i}-s_{j}\|$。

每个猎物会受到 4 种个体的影响。

(1) 猎物受到领导者的影响

$$\varphi_{i,\text{L}}=\text{SV}_{\text{L}}\cdot\text{e}^{-d_{i,\text{L}}^{2}} \tag{97.6}$$

(2) 猎物受到离它最近且生存价值高于它的猎物个体的影响

$$\varphi_{i,\text{c}}=\text{SV}_{\text{c}}\cdot\text{e}^{-d_{i,\text{c}}^{2}} \tag{97.7}$$

(3) 猎物受到猎物组中主要成员的影响

$$\varphi_{i,\text{M}}=\text{SV}_{\text{M}}\cdot\text{e}^{-d_{i,\text{M}}^{2}} \tag{97.8}$$

(4) 猎物受到捕猎者的影响

$$\varphi_{i,\mathrm{p}} = \mathrm{SV}_{\mathrm{p}} \cdot \mathrm{e}^{-d_{i,\mathrm{p}}^2} \tag{97.9}$$

4. 猎物组个体之间交流及个体位置更新

一个自私兽群的领袖是群体成员中最聪明、最强壮、最能干的个体,领导着其他成员的行动。自私兽群的领导者通常是聚集在一起的兽群中有最大机会生存或攻击捕猎者的个体。同样地,在每次迭代中,算法指定一组个体中的一个个体作为一个自私组的领导者。这个个体是通过考虑群体中每个个体的生存价值来选择的,如下所示:

$$h_{\mathrm{L}}^k = (h_i^k \in H^k \mid \mathrm{SV}_{h_i^k} = \max_{j \in \{1,2,\cdots,N_k\}} (\mathrm{SV}_{h_j^k})) \tag{97.10}$$

在兽群中,除领导者外,其他个体分为追随者(H_{F}^k)和逃兵(H_{D}^k)。SHO 算法将这两个组在每次迭代中定义如下:

$$H_{\mathrm{F}}^k = \{h_i^k \in h_{\mathrm{L}}^k \mid \mathrm{SV}_{h_i^k} \geqslant \mathrm{rand}(0,1)\} \tag{97.11}$$

$$H_{\mathrm{D}}^k = \{h_i^k \in h_{\mathrm{L}}^k \mid \mathrm{SV}_{h_i^k} \geqslant \mathrm{rand}(0,1)\} \tag{97.12}$$

在兽群追随者中,根据它们的生存能力,把内部的个体分成一组主要的牧群成员(H_{d}^k)和一组次要的牧群成员(H_{s}^k)。在 SHO 算法中,将猎物组中的成员划分为主、次成员,如下所示:

$$H_{\mathrm{d}}^k = \{h_i^k \in h_{\mathrm{F}}^k \mid \mathrm{SV}_{h_i^k} \geqslant \mathrm{SV}_{h_{\mathrm{D}}^k}\} \tag{97.13}$$

$$H_{\mathrm{s}}^k = \{h_i^k \in h_{\mathrm{F}}^k \mid \mathrm{SV}_{h_i^k} < \mathrm{SV}_{h_{\mathrm{D}}^k}\} \tag{97.14}$$

其中,$\mathrm{SV}_{h_i^k}$ 为兽群聚集的平均生存价值,定义如下:

$$\mathrm{SV}_{h_i^k} = \frac{\sum_{i=1}^{N_h} \mathrm{SV}_{h_i^k}}{N_{\mathrm{h}}} \tag{97.15}$$

定义个体在自私兽群中最接近最好位置的邻居表示如下:

$$h_{c_i}^k = (h_j^k \in H^k, h_j^k \neq [h_i^k, h_{\mathrm{L}}^k] \mid \mathrm{SV}_{h_j^k} > \mathrm{SV}_{h_i^k}, r_{i,j} = \min_{j \in \{1,2,\cdots,N_{\mathrm{h}}\}} (\| h_i^k - h_j^k \|)) \tag{97.16}$$

其中,$r_{i,j}$ 为兽群列表中的成员 i 和 j 之间的欧氏距离;k 为当前迭代次数。

领导者在下一代中的位置更新公式如下:

$$h_{\mathrm{L}}^{k+1} = \begin{cases} h_{\mathrm{L}}^k + c^k & \mathrm{SV}_{h_{\mathrm{L}}^k} = 1 \\ h_{\mathrm{L}}^k + s^k & \mathrm{SV}_{h_{\mathrm{L}}^k} < 1 \end{cases} \tag{97.17}$$

$$f(h_{\mathrm{L}}^k) = f_{\mathrm{best}} \rightarrow \mathrm{SV}_{h_{\mathrm{L}}^k} = 1 \tag{97.18}$$

$$c^k = 2\alpha \varphi_{h_{\mathrm{L}}^k, p_{\mathrm{M}}^k}^k (p_{\mathrm{M}}^k - h_{\mathrm{L}}^k) \tag{97.19}$$

$$s^k = 2\alpha \varphi_{h_{\mathrm{L}}^k, X_{\mathrm{best}}^k}^k (X_{\mathrm{best}}^k - h_{\mathrm{L}}^k) \tag{97.20}$$

在兽群中,追随者(H_{F}^k)和逃兵(H_{D}^k)在下一代位置中的更新公式如下:

$$h_i^k = \begin{cases} h_{\mathrm{L}}^k + f_i^k & h_i^k \in H_{\mathrm{D}}^k \\ h_{\mathrm{L}}^k + d_i^k & h_i^k \in H_{\mathrm{s}}^k \end{cases} \tag{97.21}$$

$$f_i^k=\begin{cases}2(\beta\varphi_{h_i,h_L}^k(h_L^k-h_i^k)+\gamma\varphi_{h_i,h_L}^k(h_L^k-h_i^k)) & h_i^k\in H_D^k\\ 2\delta\varphi_{h_i,h_L}^k(h_M^k-h_i^k) & h_i^k\in H_s^k\end{cases}\tag{97.22}$$

$$d_i^k=2(\beta\varphi_{h_i,x_{\text{bestL}}}^k(x_{\text{best}}^k-h_i^k)+\varepsilon\boldsymbol{r}\cdot(1-\text{SV}_{h_i^k}))\tag{97.23}$$

其中，$\boldsymbol{r}$ 为随机产生的方向向量；β、γ 和 δ 均为[0,1]区间的随机数；φ 代表个体之间的吸引力。

5. 捕猎者组个体之间交流及个体位置更新

捕猎者组中个体的位置更新是根据捕猎者的捕猎过程来模拟更新的，捕猎者在可猎杀范围内选择一个猎物进行猎杀，公式如下：

$$p_i^{k+1}=p_i^k+2\rho(h_r^k-p_i^k)\tag{97.24}$$

式中，ρ 为[0,1]区间的随机数；h_r^k 为捕猎者在猎杀半径内要选择的猎杀对象。

6. 猎杀行为

当多个猎物进入捕猎者攻击半径的范围时，捕猎者将根据轮盘赌的概率选择杀死猎物。

$$\Gamma_{p_i,h_j}=\frac{\omega_{p_i,h_j}}{\sum\limits_{h_M\in T_{F_i}}\omega_{p_i,h_M}}\tag{97.25}$$

7. 交配行为

在交配阶段，猎物组成员通过轮盘赌的方法决定每个个体对子代个体的影响程度，表达式为

$$M_i=\frac{\text{SV}_i}{\sum\limits_{j=1}^{N_h}\text{SV}_j}\tag{97.26}$$

在这一阶段过程结束后，使用适应度函数对新的个体进行评估，更换猎物组中的最弱个体。

97.4　自私兽群优化算法的实现步骤及流程

(1) 初始化相关参数，用式(97.1)随机产生初始种群，并用式(97.2)和式(97.3)把种群分为猎物组和捕猎者组。

(2) 计算每个个体的适应度值，选出最优个体和最差个体，用式(97.4)计算每个个体的生存价值。

(3) 用式(97.17)和式(97.21)对猎物组个体位置更新。

(4) 用式(97.24)对捕猎者组个体的位置更新。

(5) 用式(97.25)进行猎杀操作，并将猎杀的猎物个体存储到集合中。

(6) 用式(97.26)在原来剩余的猎物中执行交配操作，选择个体进行更新。

(7) 重新计算每个个体的适应度值，选出最优个体和最差个体，重新计算每个个体的生存价值。

(8) 如果满足终止条件，则输出全局最优解，算法结束；否则，转到步骤(3)。

自私兽群优化算法的流程如图 97.1 所示。

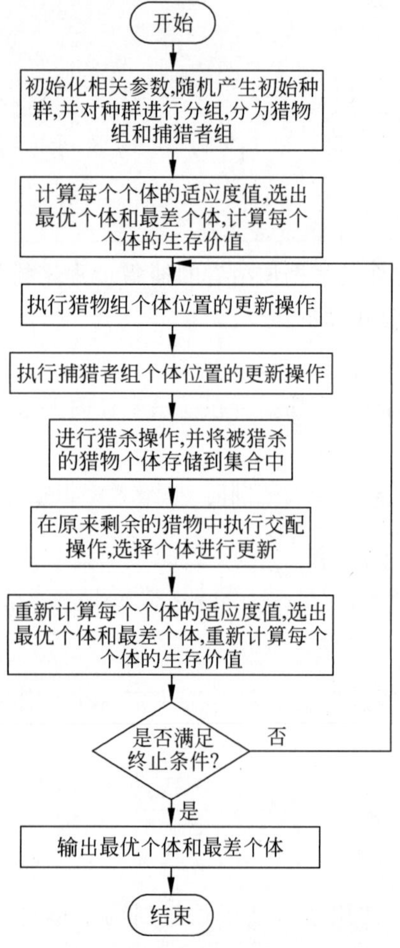

图 97.1　自私兽群优化算法的流程

第 98 章　捕食搜索算法

动物捕食策略首先是在整个搜索空间进行全局搜索，直至找到一个较优解；然后在较优解的附近区域进行集中搜索，如果搜索很多次也没有找到更优解，则放弃局域搜索；最后再在整个搜索空间进行全局搜索；如此循环，直至找到最优解或近似最优解为止。捕食搜索算法是模拟动物捕食策略的仿生优化算法，用于解决组合优化问题。本章介绍动物捕食策略，以及捕食搜索算法的基本思想、数学描述、实现步骤及流程。

98.1　捕食搜索算法的提出

捕食搜索(Predatory Search，PS)算法是 1998 年由巴西学者 Linhares 提出的一种用于解决组合优化问题的模拟动物捕食行为的空间搜索策略，并分别用于旅行商问题(TSP)和超大规模集成电路设计(VLSI)问题，都取得了较好的效果。

98.2　动物捕食策略

动物学家在研究动物的捕食行为时发现，很多动物尽管它们的身体构造千差万别，但捕食的搜索策略都惊人的相似。当这些动物在搜索猎物的时候，它们首先快速地沿着某一方向搜索(该方向的选择通常是随机的)，直到它们捕捉到猎物。此后，它们就会放慢速度，在发现猎物的地点附近一个很小的范围内继续搜索，试图找到更多的猎物。如果过了一段时间仍然没有发现新的猎物，它们就会放弃目前精密搜索的范围，转向其他的区域，重新进行新的大范围搜索。几种动物捕食的片段如图 98.1 所示。

捕食动物的搜索过程分为 3 个不同的步骤。

图 98.1　几种动物捕食的片段

(1) 捕食动物必须为了捕食而搜索。

(2) 捕食动物追逐和攻击猎物。

(3) 处理并吃掉猎物。

不同的捕食动物在搜索过程每一个步骤中需要不同的消耗。以狮子为例,因为它们捕食的是斑马或者瞪羚——形体较大容易被发现,在搜索的过程中不需要太多的消耗。对于这样的猎食者来说,它们在追逐和攻击阶段(攻击者可能有意外发生)及进食阶段(其他动物可能参与分享猎物)需要更多的消耗。而对于鸟类或者蜥蜴等捕食小昆虫的动物来说,由于昆虫较小的形体(有时小于捕食者的1%)很难被发现,搜索的过程需要很大的消耗。对于这些捕食动物来说,搜索阶段比攻击和处理阶段重要得多。自然选择的过程使这些动物进化出了有效的搜索策略。

对于搜索过程有重要需求的捕食动物来说,采取著名的区域限制搜索策略:在没有发现猎物和猎物的迹象时在整个捕食空间沿着一定的方向以很快的速度寻找猎物;一旦发现猎物或者发现有猎物的迹象,它们就立即改变自己的运动方式,减慢速度,不停地巡回,在发现猎物或者有猎物迹象的区域进行区域搜索,持续不断地接近猎物。在搜寻一段时间没有找到猎物后,捕食动物将放弃这种集中的区域,而继续在整个捕食空间寻找猎物。不同的物种如鸟类、爬行动物和昆虫等都有上述的捕食行为。这一捕食行为看上去对于不同的环境和猎物分布都是适应的和有效率的。例如,如果猎物在搜索空间内是聚集的或者随机分布的,区域限制搜索能够通过在猎物附近进行持续的搜索从而最大化搜索成功的概率。动物的这种捕食过程中的搜索策略可以概括为以下两个搜索。

搜索1 (全局搜索):在整个搜索空间进行搜索,直到发现猎物或者有猎物的迹象而转到搜索2进行区域限制搜索。

搜索2 (局部搜索):在猎物或者有猎物的迹象的附件区域进行集中搜索,直到搜索很多次也没有找到猎物而放弃局部搜索,转到搜索1进行全局搜索。

动物学家的研究表明,动物的这种捕食搜索策略的效率是非常高的。此策略很好地平衡了对整个猎物空间的搜探(全局搜索)和对猎物聚集区域的开发(局部搜索)。这种平衡正是智能优化算法所追求的目标。全局搜索可以发现猎物聚集的区域;集中的局部搜索可以在猎物集中的区域仔细地搜索猎物,防止漏掉猎物。由于捕食者大部分时间用在猎物聚集区,而猎物聚集区相对于整个搜索空间更容易发现猎物,搜索动物的这种捕食策略是很高效的。

98.3 捕食搜索算法的基本思想

通过模拟动物捕食策略的捕食搜索算法在寻找问题的最优解的时候,它首先在整个搜索空间进行全局搜索,直至找到一个较优解;然后在较优解的附近区域进行集中搜索,如果搜索很多次也没有找到更优解,则放弃局域搜索;最后再在整个搜索空间进行全局搜索:如此循环,直至找到最优解或近似最优解为止。

捕食搜索算法并没有给出全局搜索和局域搜索的具体算法,实际上它是一种全局搜索和局域搜索的平衡策略。捕食搜索策略很好地协调了局部搜索与全局搜索之间的转换:在较差的区域进行全局搜索以找到较好的区域;然后在较好的区域进行集中的局部搜索,以使解得到迅速改善;全局搜索是在解空间中进行广度勘探,而局部搜索可以对较好区域进行深度开发。因为捕食搜索的局部搜索只集中在一个相对很小的区域进行,所以搜索速度很快,而且全局搜索可以提高搜索的质量,使搜索避免陷入局部最优点。

应该指出的是,只有当猎物聚集时,捕食者采用上述捕食搜索策略的效率才会比较高;否则局部搜索等于徒劳。因此,捕食搜索算法不是一种具体的寻优计算方法,并没有给出在局部和全局如何进行具体的搜索,其本质上是一种平衡局部搜索和全局搜索的策略,所以可将其称为捕食搜索策略。局部搜索和全局搜索,广度勘探和深度开发,搜索速度和优化质量是困扰所有算法的矛盾;而捕食搜索非常巧妙地平衡了这个矛盾。捕食搜索在较差的区域进行全局搜索以找到较好的区域,然后在较好的区域进行集中地局部搜索,以使解得到迅速地改善。捕食搜索的全局搜索负责在解空间中进行广度探索,捕食搜索的局部搜索负责对较好的区域进行深度开发;捕食搜索的局部搜索由于只集中在一个相对很小的区域进行,因此,搜索速度很快,捕食搜索的全局搜索可以提高搜索的质量,使搜索避免陷入局部最优点。

98.4 捕食搜索算法的数学描述

捕食搜索算法把组合优化问题定义为一个二元组(Ω, Z),其中 Ω 是解的集合,函数 $Z: \Omega \to \mathbf{R}$ 代表每个解到对应适应度值的变换。

1. 移动

【定义 98.1】 假设每个解 s 存在一个邻域 $N(s) \subset \Omega$,定义 $N'(s) \subset N(s)$,其中 $N'(s)$包含了 $N(s)$中的元素的 5%,即

$$|N'(s)| = |N(s)|/20 \tag{98.1}$$

定义 $N(s)$中的一个解到另一个解的变换为移动。

以求解含有 n 城市的 TSP 问题为例,用 $1 \sim n$ 的自然数组成的集合表示城市集合,元素所在的位置表示被访问的顺序。例如,状态 $s=(x_1, x_2, \cdots, x_n)$表示旅行商访问的路线为 $x_1 \to x_2 \to, \cdots, \to x_n \to x_1$。

一个解为一个循环路线,给定一个解 s,采用 2-opt 算法进行状态的转移,即将其子串

$$x_q, x_{q+1}, \cdots, x_{q+r} \tag{98.2}$$

排列顺序逆转后则得到一个新的解为

$$x_{q+r}, \cdots, x_{q+1}, x_q \tag{98.3}$$

其中,$1 \leqslant q, q+r \leqslant n$。组合所有可能的 q 和 r 就得到 s 的邻域 $N(s)$。

2. 可达

【定义 98.2】 如果对于任意两个状态 s_0、s_m 和某个 $R \in \mathbf{R}$,存在一个序列

$$s_0, s_1, s_2, \cdots, s_{m-1}, s_m \tag{98.4}$$

若对于所有正整数 $0 \leqslant k < m$,都有 $s_{k+1} \in N(s_k)$,则称解 s_m 是从 s_0 可达的。

3. 限制

在捕食搜索算法中,使用限制(Restriction)来表征较优解的邻域大小。通过限制的调节,实现搜索空间的增大和减小,从而达到勘探能力和开发能力的平衡。

【定义 98.3】 若对于某个 $R \in \mathbf{R}$,对于路径上的所有状态有 $Z(s_k) \leqslant R$,则称这条路径服从限制 R。

可以将映射 $A: \Omega \times \mathbf{R} \to 2^{\Omega}$ 定义为从 s 可达的服从限制 R 的所有解的集合 $A(s,R) \subset \Omega$。这样,给定一个最优解 b 和一个限制 R,围绕 b 的一个受限搜索区域可以表示为 $A(b,R) \subset \Omega$。为了实现一个在已知最优解的附近逐渐扩大的搜索区域,可以定义一个由 NumLevel+1 限制级别组成的序列:限制$[L]$,其中 $L \in \{0,1,\cdots,\text{NumLevel}\}$称为限制的级别。

图 98.2 为解空间对可行解施加限制的示意图。其中可行解用圆圈表示，在 Z 坐标上的投影表示对应解的适应度值。每个解 x 被映射到一组邻居 $N(x)$，并将其映射到对应的适应度值 $Z(x)$，通过设置“低”或“高”限制级别来区分在已经找到的最优解附近搜索空间的大小。

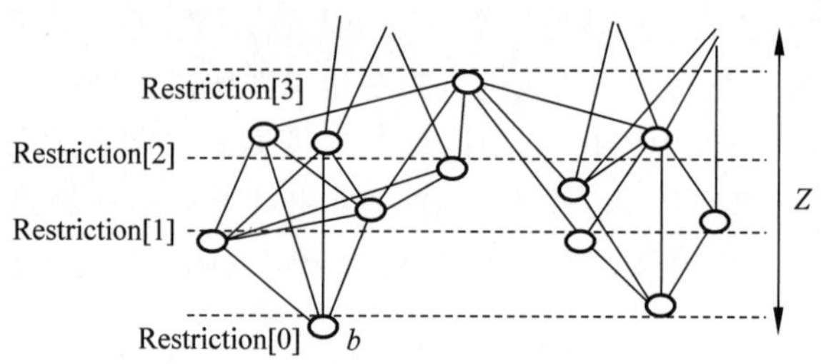

图 98.2　在解空间对可行解施加限制的示意图

图 98.2 所示的限制级别被分为 4 个等级：Restriction[0]、Restriction[1]、Restriction[2]、Restriction[3]。在图中的解 b 附近使用限制 Restriction[3]可用集合表示为 $A(b,\text{Restriction}[3])$。

搜索算法的主要迭代来自限制为 $L[0]$的搜索 1，从邻域中取样，如果样品中的最优解的适应度值小于限制 L，则将其作为最新的解，重新开始。处于可操作性的考虑，算法的每一步取一个较小的子集，取邻域的 5%。若算法的每一步都将整个集合 $N(s)$作为样本，则会导致无限循环使算法无法实现。值得指出的是，邻域中的最优解即使其适应度值大于当前解也会被接受，当移动出一个局部最优解之后，算法必然还要返回到该点，因为该点是邻域 $N(s)$的最优解。

每一次尝试性的移动之后，有一个指针来记录在该区域内迭代的次数。当指针到达一个关键点之后，增加限制的等级 L，从而不断加大搜索的区域。当 L 到达某一个值 Lthreshold 时，意味着算法已经在所限制的区域内进行了多次有效的搜索而没有找到改进的解，于是算法放弃区域限制的搜索方式，将 L 设置为一个较高的值 LhighThreshold。这个较高的值表示在建立一列取样时得到的一个较差解的适应度值，在这样一个限制约束下，算法可以搜索很大的区域，很快跳出原来所限制的较小的区域。

发现一个改进的解时，需要一些特殊的操作。

(1) 若找到更好的解则更新最优解 b。

(2) 从 b 的邻域中计算得到一列限制等级。

(3) 将 L 设为 0，从而让算法在 b 的附近进行细致的搜索。

这也正是区域限制的搜索方式被触发的时刻，实现这样的捕食搜索策略可以看作是捕食的改进解，而不是捕食很好的解。另一个可行的触发区域搜索的方式可以是在常规搜索中发现较好的解，这样的触发条件将弱于前述方式。

98.5　捕食搜索算法的实现步骤及流程

捕食搜索算法的实现步骤如下。

(1) 随机选取一个可行解 s，$s\in\Omega$(解空间)，counter=0，$L=0$。

(2) 若 $L<$NumLevel，则随机选取 $N(s)$的 5%构造出 $N'(s)$，并取其中最小解 proposal，然后转到步骤(3)；否则结束。

(3) 若 proposal$\in A(b,[L])$，令 solution=proposal，并转到步骤(4)；否则转到步骤(5)。

(4) 如果 Z(solution)$<Z(b)$，令 b=solution，level=0，counter=0，重新计算限制，然后转到步骤(2)；否则转到步骤(5)。

(5) 令 counter=counter+1。如果 counter>Lthreshold，则令 $L=L+1$，counter=0，然后转到步骤(6)；否则转到步骤(2)。

(6) 如果 L=Lthreshold，令 L=LhighThreshold(通过限制级别$[L]$的跳跃，实现从局域搜索到全局搜索的转换)，然后转到步骤(2)；否则直接转到步骤(2)。

在上述步骤(4)中，如果 Z(solution)$<Z(b)$，重新计算限制，限制的计算具体操作如下。

(1) 搜索 NumLevel 次迄今为止发现最优解 b 的邻域，计算 Z 得到 NumLevel 适应度值。

(2) 把这 NumLevel 个适应度值与发现的最优解的适应度值按升序列表。

(3) 把排列在后的 NumLevel 依次赋给限制

Restriction[1]，Restriction[2]，…，Restriction[NumLevel]

而 Restriction[0]的值取为刚获得的最好的适应度值 $Z(b)$。

把选取适应度值列表中较小的部分值作为局域搜索限制，而选取较大的部分作为全局搜索限制。显然，当算法从较小部分适应度赋值的限制跳跃到较大部分适应度赋值的限制时，即实现了局域搜索到全局搜索的转换。

捕食搜索算法的流程如图 98.3 所示。

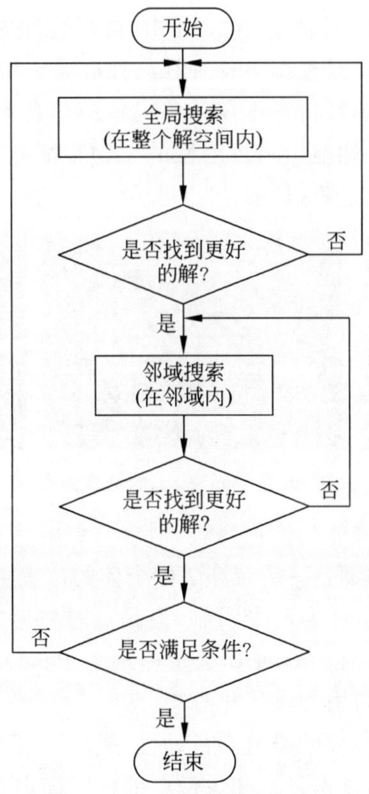

图 98.3 捕食搜索算法的流程

第 99 章　自由搜索算法

自由搜索算法是模拟多种动物的习性：采用蚂蚁的信息素指导其活动行为，还借鉴马、牛、羊个体各异的嗅觉和机动性感知能力的特征，提出了灵敏度和邻域搜索半径的概念，通过信息素和灵敏度的比较确定寻优目标。在算法中个体位置更新策略是独立的，与个体和群体的经历无关，个体的搜索行为是通过概率描述的。因此，该算法具有更大的自由性、独立性和不确定性，体现了“以不确定应对不确定，以无穷尽应对无穷尽”的自由搜索优化思想。本章介绍自由搜索算法的优化原理、数学描述、实现步骤及流程。

99.1　自由搜索算法的提出

自由搜索(Free Searech,FS)算法是2005年由英国学者Penev和Littlefair提出的一种群智能优化算法。自由搜索算法不是模拟某一种社会性群居动物的生物习性，而是博采众长，模拟多种动物的生物特征及生活习性。它不仅采用蚂蚁的信息素通信机制，以信息素指导其活动行为，而且还借鉴高等动物感知能力和机动性的生物特征。它模拟了生物界中相对高等的群居动物，如马、牛、羊等的觅食过程，如图99.1所示。

图 99.1　马、牛、羊的觅食过程

该算法虽然也是一种基于群体的优化算法，但它与蚁群算法、粒子群算法、鱼群算法等群智能算法不同，具体表现在两方面：一是在算法中个体的位置更新策略是独立的，与个体和群体的经历无关；二是个体的搜索行为不受限制，而是通过概率描述的。所以说，FS算法具有更大的自由性、独立性和不确定性。这种算法正体现了Penev和Littlefair“以不确定应对不确定，以无穷尽应对无穷尽”的自由搜索优化思想。

该算法借鉴动物个体存在各异的嗅觉和机动性，提出了灵敏度和邻域搜索半径的概念，并利用蚂蚁释放信息素的机理，通过信息素和灵敏度的比较确定寻优目标，对于函数优化结果显示出良好的性能。目前，该算法已用于函数优化、灌溉系统的优化、无线传感器网络节点定位等问题。

99.2 自由搜索算法的优化原理

自由搜索算法中个体模仿的是比起蚂蚁、鸟之类相对高等的动物——马牛羊等的觅食行为。利用个体的嗅觉感知、机动性和它们之间的关系进行抽象建模。在该模型中，个体具有各异的特征，感知被定义为灵敏度，感知使个体在搜索域内具有不同的辨别能力。不同的个体有不同的灵敏度，并且在寻优过程中，个体的灵敏度会发生变化，即同一个体在不同的搜索步中有不同的灵敏度。

在寻优过程中，个体不断地调节其灵敏度，类似于自然界的学习和掌握知识的过程。在寻优过程中，个体考虑过去积累的经验知识，但是并不受这些经验的限制，个体可在规定的范围内的任意区域自由搜索，因此该算法由此而得名，这一点也正是自由搜索算法的创新之处。自由搜索算法的一个重要特点是其灵活性，个体既可以进行局部搜索，也可以进行全局搜索，自己决定搜索步长。个体各异的活动能力使算法具有充分的灵活性，灵活性正是该算法的可贵之处。

在算法模型中，一个搜索循环(一代)个体移动一个搜索步(Walk)，每个搜索步包含 T 小步(Step)。个体在多维空间作小步移动，其目的是发现目标函数更好的解。信息素大小和目标函数解的质量成正比，完成一个搜索步以后，信息素将完全更新。FS 算法的个体实际上是搜索过程中的标记信息素位置的一种抽象，这种抽象是对搜索空间认知的记忆。这些知识适用于所有个体在下一步搜索开始时选择起始点，这一过程持续到寻优结束。

在寻优过程中，每个个体对于信息素都有自己的嗅觉灵敏度和倾向性，个体利用其灵敏度在搜索步中选择坐标点，这种选择是信息素和灵敏度的函数，个体可以选择任意标记信息素的坐标点，只要该点的信息素适合于它的灵敏度，并且在寻优过程中，灵敏度会发生变化，即同一个体在不同的搜索步中有不同的灵敏度。增大灵敏度，个体将局部搜索，趋近于整个群体的当前最佳值；减小灵敏度，个体可以在其他邻域进行全局搜索。

在搜索步中，个体在预先设定的邻域空间内小步移动，不同个体的邻域大小不同，同一个个体在搜索过程中邻域空间也可以变化。搜索步中的移动小步反映了个体的活动能力，它可小可大、可变化。邻域空间是改变个体搜索范围的工具，邻域空间反映个体的灵活性，仅受到整个搜索空间的约束。

自然界的动物个体具有各异的嗅觉灵敏度和活动范围，即使同一个个体在不同时期、不同环境，其感知灵敏度和活动范围也不同。自由搜索算法在利用信息素、灵敏度和邻域搜索半径的概念来刻画不同动物个体存在嗅觉和机动能力的差异程度的基础上，还对个体的灵敏度、搜索步、信息素通过概率的方法，在随机搜索中实现自适应调节，并利用和灵敏度的比较确定寻优目标。个体之间使用信息素进行间接通信，信息素的大小与目标函数值成正比。个体有一定的记忆能力，因此个体行为考虑过去的经验和知识，但不受其限制，有自主决定能力。简单智能的个体相互合作形成高智能群体，群体在整个搜索空间完成遍历搜索，可以实现全局寻优的目的。FS 算法的核心思想是“以不确定性对应不确定，以无穷尽对应无穷尽”，这就是 FS 算法的优化原理。

99.3 自由搜索算法的数学描述

自由搜索算法的数学描述分为初始化、搜索和终止判断3部分。

设 m 为种群个体数量；$j(j=1,2,\cdots,m)$代表第 j 个体；k 为标记信息素的个体；n 代表目标函数的变量数(搜索空间维数)；$i(i=1,2,\cdots,n)$为变量的第 i 维数；G 为搜索终止代数；$g(g=1,2,\cdots,G)$为当前搜索迭代数；T 为一个搜索循环个体搜索小步数；t $(t=1,2,\cdots,T)$为当前搜索步数；R_j 为个体的邻域半径，R_{ji} 表示个体 j 第 i 维变量在搜索空间的搜索半径。

1. *初始种群产生方法*

(1) 随机赋初值法。

$$x_{ji}(0)=x_{i\min}+(x_{i\max}-x_{i\min})\cdot \text{random}_{ji}(0,1) \tag{99.1}$$

其中，random(0,1)为(0,1)范围内均匀分布的随机数；$x_{i\min}$ 和 $x_{i\max}$ 分别为第 i 维变量的最小值和最大值。这是随机赋初值方式。m 个个体位于搜索空间 m 个随机坐标点上。

(2) 选取确定值法。

$$x_{ji}(0)=a_{ji} \tag{99.2}$$

其中，$a_{ji}\in[x_{i\min},x_{i\max}]$，$a_{ji}$ 是一个确定的数；m 个个体位于搜索空间 m 个确定的坐标点。

(3) 选取单一值法。

$$x_{ji}(0)=c_i \tag{99.3}$$

其中，$c_i\in[x_{i\min},x_{i\max}]$为一常数；在搜索开始前 m 个个体都位于搜索空间中同一个坐标点。

2. *个体的搜索策略*

在搜索过程中，个体的行动可以描述如下：

$$x_{ji}(t)=x_{ji}(0)-\Delta x_{ji}(t)+2\Delta x_{ji}(t)\cdot \text{random}_{tji}(0,1) \tag{99.4}$$

$$\Delta x_{ji}(t)=R_{ji}\cdot(X_i^{\max}-X_i^{\min})\cdot \text{random}_{tji}(0,1) \tag{99.5}$$

【定义 99.1】 在搜索过程中，目标函数被定义为个体的适应度：

$$f_j=\max(f_{ji}),\quad f_j(t)=f(x_{ji}(t)) \tag{99.6}$$

其中，$f(x_{ji}(t))$为个体 j 完成第 t 搜索步后的适应度；f_j 为完成 T 搜索步后个体 j 最大的适应度。

【定义 99.2】 信息素定义如下：

$$P_j=f_j/\max(f_j) \tag{99.7}$$

其中，$\max(f_j)$为种群完成一次搜索后的最大适应度值。

【定义 99.3】 灵敏度定义如下：

$$S_j=S_{\min}+\Delta S_j \tag{99.8}$$

$$\Delta S_j=(S_{\max}-S_{\min})\cdot \text{random}_j(0,1) \tag{99.9}$$

其中，$S_{\max}$ 和 $S_{\min}$ 分别为灵敏度的最大值和最小值；$\text{random}_j(0,1)$是均匀分布的随机数。规定

$$P_{\max}=S_{\max},\quad P_{\min}=S_{\min} \tag{99.10}$$

其中，$P_{\max}$ 和 $P_{\min}$ 分别为信息素的最大值和最小值。

在进行一轮搜索结束后，确定下一轮搜索的起点。更新策略为

$$x'_{ji}(0)=\begin{cases}x_{ji}(k), & P_k \geqslant S_j \\ x'_{ji}(0), & P_k < S_j\end{cases} \tag{99.11}$$

即信息素大于灵敏度的个体以上一轮标记的位置为新一轮的搜索起始，其他的个体以上一轮的搜索起始点重复搜索。式(99.11)中，k 为标记位数，$k=1,2,\cdots,m$；$j=1,2,\cdots,m$。

3. 终止策略

自由搜索算法的终止策略如下。

(1) 目标函数达到目前函数的全局最优解 $f_{\max}\geqslant f_{\text{opt}}$。

(2) 当前迭代次数 g 达到终止代数 G：$g\geqslant G$。

(3) 同时满足上述两个终止条件。

99.4 自由搜索算法的实现步骤及流程

自由搜索算法的实现步骤如下。

(1) 初始化。

① 设定搜索初始值。种群规模 m，搜索代数 G，搜索小步总数 T 和个体的邻域半径 R_{ji}。

② 产生初始种群。按式(99.1)～式(99.3)之一产生初始种群。

③ 初始化搜索。根据上述两步产生的初始值，生成初始信息素，利用初始信息素 $P_j \rightarrow x_k$，得到初始搜索结果 P_k, X_{kp}。

(2) 搜索过程。

① 计算灵敏度。按式(99.8)和式(99.9)计算灵敏度 S_j。

② 确定初始点。选择新一轮搜索的起始点，$x'_{0j}=x_k(S_j,P_k)$。

③ 搜索步计算。计算目标函数 $f_{tj}(x'_{0j}+\Delta x_t)$，其中 Δx_t 由式(99.5)计算。

④ 释放信息素。按式(99.7)计算信息素 P_j，并按式(99.11)利用信息素 $P_j \rightarrow x_k$，得到本次搜索结果。

(3) 判断终止条件。若不满足，则跳转至步骤(2)；若满足，则输出搜索结果，算法结束。

自由搜索算法的流程如图 99.2 所示。

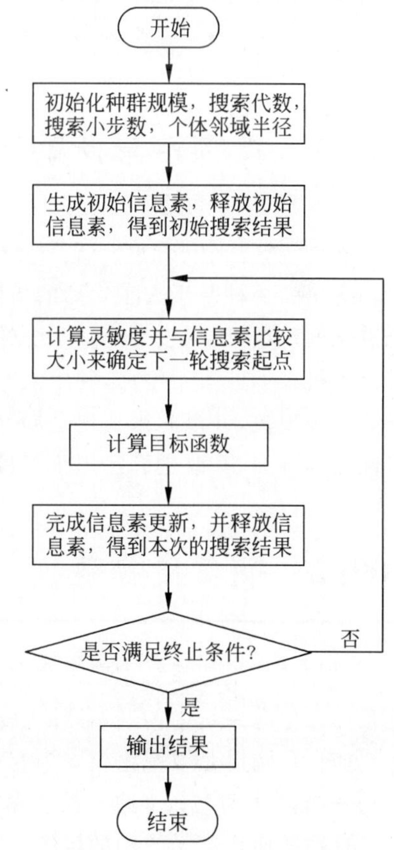

图 99.2　自由搜索算法的流程

第 100 章　食物链算法

食物链是生态系统中普遍存在的自然现象,自然界中生物按其取食和被食的关系而组成的链状结构称为食物链。食物链算法基于生态学的观点,利用人工生命模拟自然生态系统中捕食和被捕食种群的自组织行为,从人工生命个体简单的局部控制出发,遵照它们的自组织行为从底层涌现(Emergence)出来的“自下而上”的基本原则,通过定义几个物种以及物种之间的取食关系和一些简单的规则,从而构造一种具有生态特征的人工生命的仿生算法。本章介绍捕食食物链、人工捕食策略、人工生命食物链的基本思想,以及食物链算法的数学描述、实现步骤及流程。

100.1　食物链算法的提出

食物链算法(Food Chain Algorithm,FCA)是 2005 年由喻海飞、汪定伟针对供应链管理问题提出的一种基于人工生命的仿生算法。食物链算法借鉴了作为复杂自适应系统的生态系统进化的观点,引入生命能量系统的相互作用关系及其在生态系统进化中的影响。目的是通过计算机来创造人工生命,利用人工生命体之间及与人工生命环境之间的相互作用,进而产生群落涌现现象,并以此来实现全局寻优的过程。该算法的有关研究已用于供应链管理、分销网络优化等方面,其改进算法用于多目标置换流水车间调度问题。

100.2　捕食食物链

食物链是生态系统中普遍存在的一个自然现象,所谓食物链,是通过一系列取食和被食的关系而在生态系统中传递,各种生物按其取食和被食的关系而排列的链状顺序,称为食物链。

捕食食物链是以绿色植物为起点到食草动物进而到食肉动物的食物链,如植物→植食性动物→肉食性动物;草原上的青草→野兔→狐狸→狼;湖泊中的藻类→甲壳类→小鱼→大鱼。食物链使生态系统中的各种生物成分之间产生直接或间接的联系。

一般来说,由于受能量传递效率的限制,食物链的环节不会多于 5 个。这是因为能量在沿着食物链的营养级流动时,能量不断减少。根据热力学第二定律,在经过几个营养级后所剩下的能量不足以再维持一个营养级的生命了。Pimm 和 Cohen 先后对 100 多个食物链进行了分析,表明大多数食物链有 3 个或 4 个营养环节,有 5 个或 6 个营养环节的食物链比例很小。最简单的食物链是由 3 个环节构成的,如草→老鼠→狐狸捕食食物链的关系,如图 100.1 所示。

图 100.1 (草→老鼠→狐狸)捕食食物链的关系

100.3 人工生命捕食策略

捕食是指一种生物消耗另一种其他生物活体的全部或部分身体,直接获得营养以维持自己生命的现象。前者称为捕食者,后者称为猎物。捕食是物种之间最基本的相互关系之一。捕食是在长期进化过程中形成的一个生态学现象,捕食可限制种群的分布和抑制种群的数量,捕食者和被捕食者在形态、生理和行为上对这种关系都有着多方面的适应性,这种适应性的形成常常表现为协同进化的性质。动物所有的捕食行为都需要时间和消耗能量,动物为了自身的生存和繁殖后代,必须在复杂的环境中花费时间觅食、躲避敌害、寻找隐蔽场所等,因此动物必须在这些问题上找到最好的办法,来完成它们的繁殖需要。

在长期的协同进化过程中,捕食者逐渐形成了一系列捕食策略。从经济学角度分析,动物的任何一种行动都会给自己带来收益,同时动物也会为此付出一定的代价(投资)。自然选择总是倾向于使动物从所发生的行为中获得最大的收益(收益-投资),这就是最佳摄食理论的主要思想。

行为生态学和社会生物学家认为动物是计划的策略家,每时每刻都在评估自己的行为并总是选择最好的方案。自然选择总是倾向于使动物最有效地传递它们的基因,因而也是最有效地从事各种活动,包括使它们在时间分配和能量利用方面达到最适合状态。根据生态学理论的许多研究发现,动物在觅食时总是以较少的时间和能量耗费去获得较多高质量食物。

为了提高人工生命捕食效率,构造最简单的人工生命猎物选择模型:假设当前仅有两只猎物的模型,当两只猎物的能量含量分别为 E_1 和 E_2;处理猎物的时间(可以转化为人工生命在邻域内移动的步数)分别为 h_1 和 h_2 时,那么捕食者选择猎物 1 的前提条件为

$$\frac{E_1}{h_1} \geqslant \frac{E_2}{h_2} \tag{100.1}$$

即单位时间内从猎物 1 中获得的能量高时,捕食者应当选择猎物 1。此时捕食者的目标是使可消化能量的摄入最大。如果猎物的数量很多,那么根据不等式,可以将食物的能量价值排序。

人工生命捕食策略遵照以下 3 个基本原则。

(1) 猎物的可利用价值按其单位时间内猎物获得的能量高低排序,即人工生命尽可能少移动位置获取尽量多的能量,以维持生存或繁殖的机会。

(2) 捕食者捕食一类“猎物”的原则是 0-1 原则,要么全不吃,要么全吃。

(3) 捕食者不应放弃可利用价值高的食物,而是否利用那些价值较低的食物取决于可利用价值高的猎物丰度。

人工生命捕食策略是设计食物链算法的重要思想依据。

100.4 人工生命食物链的基本思想

日本学者 D. Hyaashi、韩国学者 BO-Suk Yang 等提出了一种具有生态特征的人工生命算法,他们利用了人工生命的涌现集群(Emergent Colonization)及人工生命可以动态地和环境相互作用的特点,也就是利用在整个生命系统中,人工生命微观的相互作用可能导致涌现集群的特点来实现全局寻优的过程。

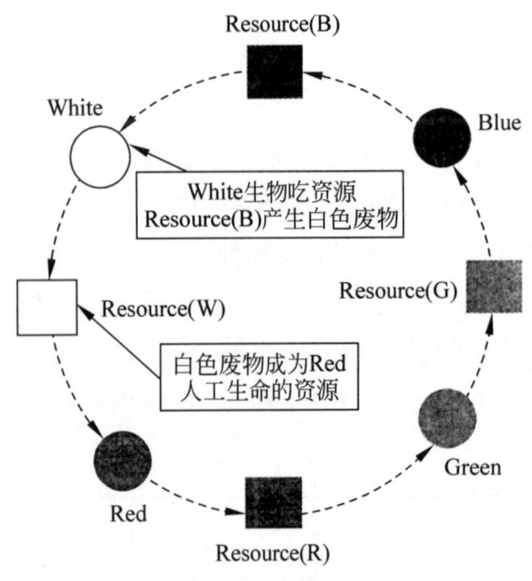

图 100.2　人工生命算法的基本思想

人工生命算法的基本思想如图 100.2 所示,根据 BO-Suk Yang 描述的算法,定义 4 种资源,分别用标有 Resource(B)、Resource(W)、Resource(R)和 Resource(G)的长方形表示;定义 4 种人工生命,分别用标有 Blue、White、Red 和 Green 的圆形表示;定义人工生命与资源间的取食关系:White 生物吃 Resource(B)资源,产生 White 废物;White 废物成为 Red 生物的资源;以此类推。

人工生命在人工生命环境中构造的食物链中移动,寻找不同类型的食物,消费食物和进行食物交易,并进行交配、繁殖和死亡等活动。人工生命为了生存必须消费足够的废物来维持它的最低能量水平;它的每个活动都将导致能量的损益,当人工生命的能量积累到成长能量水平时,它将成长;如果它的能量小于消亡能量水平,则将从人工生命世界中消亡;其他则维持现状。上述思想就是构造基于人工生命模拟食物链算法的基本思想。

100.5 食物链算法的数学描述

人工生命世界(Artificial life world,Aworld)是人工生命研究的重要平台,它是由一个位于笛卡儿平面坐标上的 $N\times N$ 离散点构成的人工生命系统。在 Aworld 中,每个点可以是食物资源,也可以是某类人工生命(Artificial Life,ALife)。例如,在图 100.3 中定义黑色图标■、◆、▲、●分别为 4 种资源;定义白色图标◇、○、△、□分别为 4 种人工生命;定义它们的取食关系:生物◇取食资源■,产生废物⊙;而废物⊙成为生物●的资源;以此类推,构成食物链。

人工生命在人工生命世界中的每个活动都将导致能量的损益,当人工生命的能量积累到成长能量水平时,它将进行繁殖复制行为;人工生命必须维持一定的能量水平,如果它的能量小于消亡能量水平,则该人工生命将死亡;其他则维持现状。

人工生命有传感系统,能够发现在其邻域范围内的食物及其他人工生命。在食物链算法中,邻域 δ 为一个有上限、下限的二维连续的欧拉空间,即

$$C=\{x\in R^2,\|x-x_s\|<\delta\}\tag{100.2}$$

其中，x_s 为人工生命的当前位置；δ 为人工生命移动的邻域。每个人工生命仅在它的邻域 δ 内移动。如图 100.3 所示，人工生命 x_s 当寻找到食物资源时，该个体获得能量，同时其位置也由原来的位置移动到 x'_s，觅食的邻域范围也得到更新。

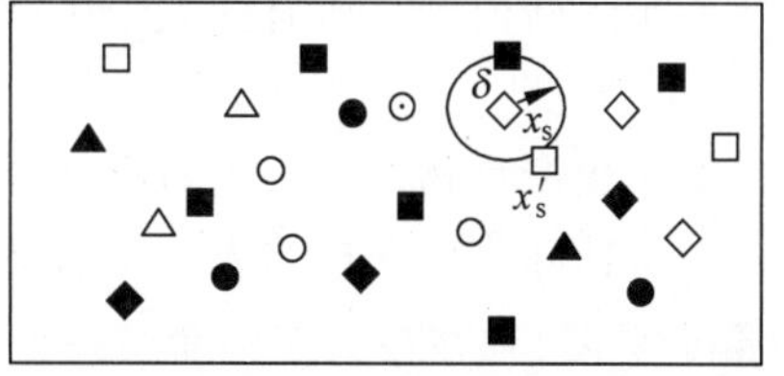

图 100.3　人工生命系统

如果把人工生命的位置看成优化问题的解，则人工生命就可以看成在解空间搜索的智能体。人工生命选择涌现集群的动机类似于最优化机制，如最小化一个函数的值，而在人工生命系统中，涌现集群将发生在那些有着更低目标函数值的期望区域。人工生命和食物资源的地点就是目标函数的优化变量，目标函数可以通过替代它们的位置得到目标函数值。在人工生命产生一个涌现集群点的过程中，目标函数同时得到最优化。

下面定义人工生命的基本特征：能量属性、代谢规则、活动邻域。

【定义 100.1】 人工生命的能量属性：初始能量水平 e_i^0，成熟能量水平 e_i^g，消亡能量水平 e_i^d，它们分别表示人工生命初始能量、成熟能量的大小、消亡能量的最低能量值。

【定义 100.2】 人工生命的代谢规则：分别定义成熟能量水平 e_i^g、消亡能量水平 e_i^d 和初始能量水平 e_i^0 之间的关系，这里采用如下的线性规则：

$$e_i^g=(1+\varepsilon)e_i^0 \quad \varepsilon \in (0,1) \tag{100.3}$$

$$e_i^d=(1+\eta)e_i^0 \quad \eta \in (0,1) \tag{100.4}$$

其中，ε 及 η 均为常数。在 ε 较小、η 较大的情况下，食物链算法比较稳定。

【定义 100.3】 人工生命的活动邻域：人工生命活动邻域 δ 定义为运算次数 t 与最大的运算次数 T 的函数关系为

$$\delta_t=\delta_0 r^{\left(1-\frac{t}{T}\right)^{\lambda}} \tag{100.5}$$

其中，δ_0 为初始人工生命活动邻域的大小；δ_t 为迭代至第 t 次时人工生命活动邻域的大小；r 为(0,1)区间的随机数；λ 为一个影响非一致性程度的参数，它起到调整局部搜索区域的作用，其取值一般为 2～5。

邻域 δ 的大小不仅对于控制人工生命的个体的碰撞，减少算法对人工生命个体协调的难度，而且对于控制人工生命数量及人工生命自然选择的进化行为都具有重要影响。从计算的角度看，邻域 δ 对算法的运算速度与算法收敛性都具有重要的影响。

100.6　食物链算法的实现步骤及流程

根据上述食物链算法描述，具体计算步骤如下。

(1) 初始化。产生几种相等数量的人工生命构成食物链，并随机布置在人工环境中；设置每种人工生命的初始能量 e_i^0、成熟能量水平 e_i^g 和消亡能量水平 e_i^d；人工生命在其邻域内产生同等数量的食物资源，并随机布置在其活动邻域 δ 内。设定最大循环代数 T。

(2) 捕食行为。人工生命在其活动邻域 δ 内捕食，寻找最优的食物资源。如果找到，则记忆当前最优的食物资源位置($\mathrm{Opt}_{\mathrm{local}}$，局部最优解)，并得到食物资源的所含能量 E_e 后，它的能量变为 E_i+E_0。如果当前局部最优位置比该人工生命记忆的全局最优解更好($\mathrm{Opt}_{\mathrm{global}}$，全局最优解)，则更新该人工生命的全局最优位置；如果在其邻域内不能找到任何食物资源，则人工生命也因捕食活动消耗能量 E_p。它的能量变为 E_i-E_p。

(3) 更新位置。所有的人工生命移动到当前最优的食物资源位置(局部最优解)。

(4) 改变人工生命活动邻域 δ_t。所有人工生命按设定的规则,改变其活动邻域 δ_t 大小。

(5) 生产食物。人工生命重新产生新的食物资源,并随机布置在其邻域内。

(6) 新陈代谢。检测人工生命能量状态,如果食物链中某个人工生命的能量 e_i 达到成熟能量水平 e_i^g,则在该人工生命繁殖一个新的人工生命,并随机布置在邻域内。重置父代人工生命能量到初始能量水平 e_i^0;如果食物链中某个人工生命的能量低于其消亡能量水平 e_i^d,则它将死掉,同时从人工环境中移走。

(7) 增长代数。循环代数增加 1,若代数小于最大循环代数 T 返回步骤(2);否则结束计算。

根据上述计算步骤,食物链算法的流程如图 100.4 所示。

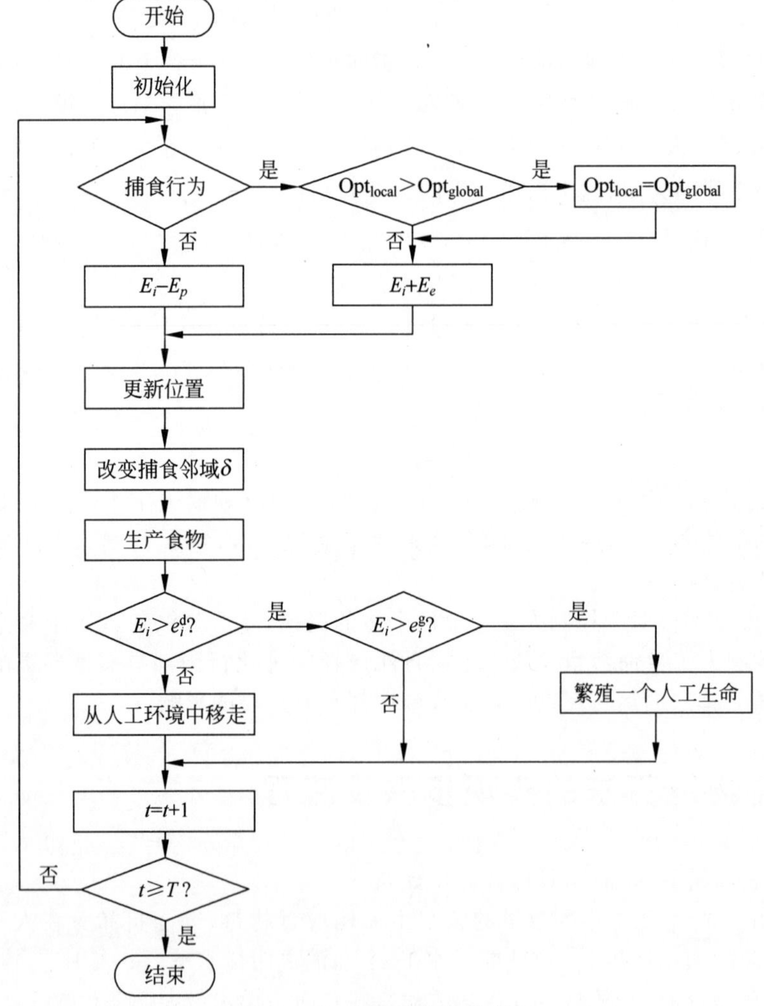

图 100.4 食物链算法的流程

第 101 章　共生生物搜索算法

共生生物搜索算法模拟共生生物体在生态系统中生存和繁殖所采用的相互作用策略。在该算法中，新的一代解模仿两种生物之间的生物相互作用，通过个体之间的互利共生、偏利共生、寄生进行信息交互，改善个体适应度值，进而取得优化问题的最优解，并通过种群内个体间的合作与竞争产生群体智能指导优化搜索。该算法用于解决函数优化问题，具有不使用调谐参数、操作简单、控制参数少、易于实现、稳定性较好、优化能力强的特点。本章介绍共生生物搜索算法的原理、数学描述、实现步骤及流程。

101.1　共生生物搜索算法的提出

共生生物搜索（Symbiotic Organisms Search，SOS）算法是 2014 年由 Cheng 和 Prayogo 提出的一种基于群体的元启发式优化算法。该算法模拟了共生生物体在生态系统中生存和繁殖所采用的相互作用策略。SOS 算法的互利共生、偏利共生和寄生 3 个阶段的操作简单，只需简单的数学运算即可。此外，与竞争算法不同，SOS 算法不使用调谐参数，这提高了性能稳定性。因此，SOS 算法稳健且易于实现，尽管使用较少的控制参数而不是竞争算法，却能够解决各种数值优化问题。

采用 26 个基准函数和 4 个实际的结构设计问题对 SOS 算法进行的测试，并与遗传算法（GA）、粒子群算法（PSO）和人工蜂群算法（ABC）等智能优化算法进行比较结果表明，SOS 算法具有操作简单、控制参数少、稳定性较好、优化能力强的特点。

101.2　共生生物搜索算法的优化原理

共生一词用来描述不同生物的同居行为。当今，共生习惯上描述任何两个不同物种之间的关系。共生关系是两种不同物种之间的生存关系，共生使两物种均获益，或者使一种获益另一种不受影响，或者使一种获益另一种受影响。在自然界中最常见的共生关系有以下 3 种。

1. 互利共生

互利共生表示两种不同物种之间的共生关系，两种物种都从中获益。共生生物中蜜蜂与花就是互惠互利的一个例子，如图 101.1 所示。蜜蜂采蜜活动从花中受益，而且有利于花朵的授粉。蜜蜂与花朵之间的相互作用可以达到共同获益的目的。

2. 偏利共生

偏利共生是两种生物间共生关系的一种，是指某两物种中的一种生物会因这个关系而获得生存上的利益，而另一种生物在这个关系中并没有获得任何益处，但对其也没有任何害处。

图 101.2 列出了偏利共生关系的鲫鱼与鲨鱼共生生物。

图 101.1 蜜蜂与花的互利共生

图 101.2 鲫鱼与鲨鱼的偏利共生

3. 寄生共生

寄生共生是指寄生物和不同物种之间的共生关系，其中一种受益，另一种受害。图 101.3 给出了寄生关系为蚊子叮咬人体的作用，对蚊子有益，而对人有害。

多组共生生物在生态系统中生活在一起，如图 101.4 所示。一般来说，生物体发展共生关系作为适应其环境变化的策略，这种关系有利于生物机体长期增进健康和提高生存优势。

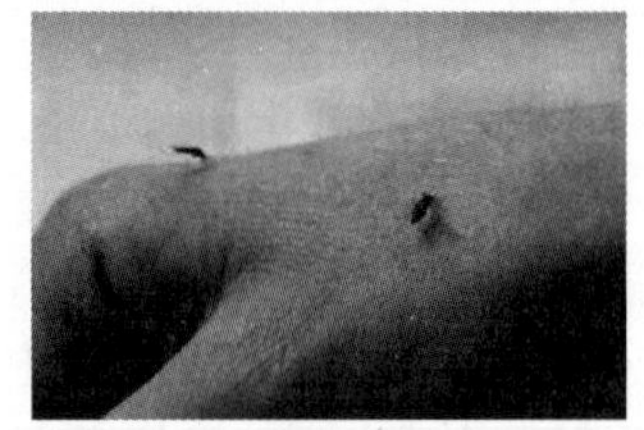

图 101.3 蚊子叮咬人的寄生共生

图 101.4 生态系统中生活在一起的多组共生生物

根据自然界中不同生物间的生存关系，SOS 算法模拟一个配对生物关系中共生的相互作用，个体在具有不同功能的搜索算子的共同作用下搜索最有效的生物体，使种群不断进化，逐步向最优解逼近，用于解决连续搜索空间的数值优化问题。

SOS 算法起始于生态系统的群体。在初始生态系统中，在搜索空间随机产生一组生物。每个生物体代表相应问题的一个候选解。生态系统中的每个生物体都有一定的固有评价值，来反映了适应期望目标的程度，即适应度值。在 SOS 算法中，新的一代解是模仿生态系统中两种生物之间的生物相互作用，通过个体之间的互利共生、偏利共生及寄生进行信息交互，改善个体适应度值，进而取得优化问题的最优解。

101.3 共生生物搜索算法的数学描述

在生物界中，生物通过共生的种群关系来增强自身对环境的适应能力，SOS 算法模拟这一特性实现寻优过程。其中，生物个体对应优化问题的可能解，对环境的适应能力对应于适应度函数。SOS 算法在求解优化问题时，随机构造多个个体作为优化问题的初始解，通过种群内个体间的合作与竞争产生群体智能指导优化搜索。下面分别对模拟互利共生、偏利共生、寄生 3 种共生关系进行数学描述。

1. 互利共生

SOS 算法建立互利共生搜索机制的具体过程如下。

在 SOS 算法中，$\boldsymbol{X}_i$ 是与生态系统的第 i 成员相匹配的生物体。然后从生态系统中随机

选择另一种生物体 $\boldsymbol{X}_j$ 与 $\boldsymbol{X}_i$ 进行交互。两个生物体之间有着互惠互利的关系，目的是增加生态系统的相互生存优势。基于 $\boldsymbol{X}_i$ 与 $\boldsymbol{X}_j$ 之间的共生关系，计算 $\boldsymbol{X}_i$ 与 $\boldsymbol{X}_j$ 的新候选解。对于个体 i，随机选择个体 $j(j \neq i)$，按式(101.1)进行互利共生搜索：

$$\boldsymbol{X}_{i\text{new}} = \boldsymbol{X}_i + \text{rand}(0,1) \cdot (\boldsymbol{X}_{\text{best}} - \boldsymbol{M}_V \cdot B_1) \tag{101.1}$$

$$\boldsymbol{X}_{j\text{new}} = \boldsymbol{X}_j + \text{rand}(0,1) \cdot (\boldsymbol{X}_{\text{best}} - \boldsymbol{M}_V \cdot B_2) \tag{101.2}$$

$$\boldsymbol{M}_V = \frac{1}{2}(\boldsymbol{X}_i + \boldsymbol{X}_j) \tag{101.3}$$

其中，$i,j \in \{1,2,\cdots,N\}$，$i \neq j$；rand(0,1)为[0,1]区间取随机数的缩放因子；$\boldsymbol{X}_{\text{best}}$ 为当前迭代的最优个体；B_1、B_2 为{1,2}中的随机数，表示互利共生的生物相互间的受益因子；$\boldsymbol{M}_V$ 为两个“生物”间关系特征的“互利向量”。

式(101.1)的中间变量($\boldsymbol{X}_{\text{best}} - \boldsymbol{M}_V \cdot B_1$)反映了个体通过与最优个体的相互作用，逐渐增强自身的生存优势，从而趋向最优位置，达到寻优目的。根据达尔文进化论，“只有适应的生物将获胜”。所有的生物都被迫增加它们适应生态系统的程度。它们中的一部分使用与人共生关系来增加它们的生存适应。这里使用 $\boldsymbol{X}_{\text{best}}$ 代表最高适应程度，并使用 $\boldsymbol{X}_{\text{best}}$ 与全局解之比来模拟最高适应度，作为两种生物体适应增长的目标点。最后，只有当生物体的适应度优于其相互之间的相互作用时才更新生物体。

2. 偏利共生

SOS 算法模拟偏利共生搜索机制的具体过程如下。

类似于共生阶段，从生态系统随机选择生物体 $\boldsymbol{X}_j$ 与 $\boldsymbol{X}_i$ 相互作用。在这种情况下，生物 $\boldsymbol{X}_i$ 希望从相互作用中获益。然而，生物体本身既不受益，也不受关系的影响。$\boldsymbol{X}_i$ 的新候选解是根据生物体 $\boldsymbol{X}_i$ 和 $\boldsymbol{X}_j$ 之间的偏利共生，其模型如式(101.4)所示。按照规则，生物体 $\boldsymbol{X}_i$ 只有在其新的适应度优于其相互作用的前提下才被更新为

$$\boldsymbol{X}_{i\text{new}} = \boldsymbol{X}_i + \text{rand}(-1,1) \cdot (\boldsymbol{X}_{\text{best}} - \boldsymbol{X}_j) \tag{101.4}$$

其中，rand(−1,1)为[−1,1]区间的随机数；($\boldsymbol{X}_{\text{best}} - \boldsymbol{X}_j$)反映个体 $\boldsymbol{X}_j$ 增强 $\boldsymbol{X}_i$ 的生存优势而使其不断向最优个体 $\boldsymbol{X}_{\text{best}}$ 靠拢。若新个体的适应度值优于原个体，则更新原个体。

3. 寄生

SOS 算法建立寄生搜索机制的具体过程如下。

在 SOS 算法中，随机选择 X_i 中的部分维度上的参数进行随机修改，得到一个变异个体，称为“寄生向量”，记作 $\boldsymbol{X}_{\text{pv}}$；然后从种群中随机选出一个个体 $\boldsymbol{X}_j(j \neq i)$ 作为 $\boldsymbol{X}_{\text{pv}}$ 的“宿主”。计算“寄生向量”和“宿主”的适应度值并进行比较。若“寄生向量”的适应度值更好，那么生物 $\boldsymbol{X}_j$ 将会被其取代，否则 $\boldsymbol{X}_j$ 将具有免疫性，继续存活并保留在种群中。

101.4　SOS 算法的实现步骤及流程

SOS 算法实现的主要步骤如下。

(1) 初始化。首先设置种群规模参数 N、问题维数 D、最大循环次数 $G_{\max}$ 和终止条件；按式(101.1)生成初始种群。按式(101.5)随机生成 N “生物”个体作为初始种群，每个“生物”为一个初始解，即

$$\boldsymbol{X}_i = L_{\text{b}} + \textbf{rand}(1,D)(U_{\text{b}} - L_{\text{b}}) \tag{101.5}$$

其中，$\boldsymbol{X}_i$ 为生态系统中第 $i(i=1,2,\cdots,N)$“生物”；D 为解的维数；rand$(1,D)$为 $1\times D$ 维的缩放因子向量；U_{b}、L_{b} 分别为搜索空间的上限和下限。

(2) 计算种群中个体的适应度，根据适应度确定当前最优解 $\boldsymbol{X}_{\text{best}}$。

(3) 设置 $i=1$。

(4) 随机选择 $\boldsymbol{X}_j(i\neq j)$与 $\boldsymbol{X}_i$ 进入互利共生搜索操作，按式(101.1)和式(101.2)进行更新操作，生成新个体，选择较优个体进入下一步。

(5) 按式(101.4)进行偏利共生操作，生成新个体。

(6) 对 $\boldsymbol{X}_i$ 进入寄生操作，生成“寄生向量”$\boldsymbol{X}_{\mathrm{pv}}$ 并与随机个体 $\boldsymbol{X}_j(j\neq i)$进行评价，选择其中适应度高的保留在种群中。

(7) $i=i+1$；如果所有的目标个体都已完成更新操作，即当 $i=N$，则进行下一步；否则返回步骤(2)。

(8) 当达到终止条件时，算法停止；否则返回步骤(2)，开始下一次迭代。

共生生物搜索算法的流程如图 101.5 所示。

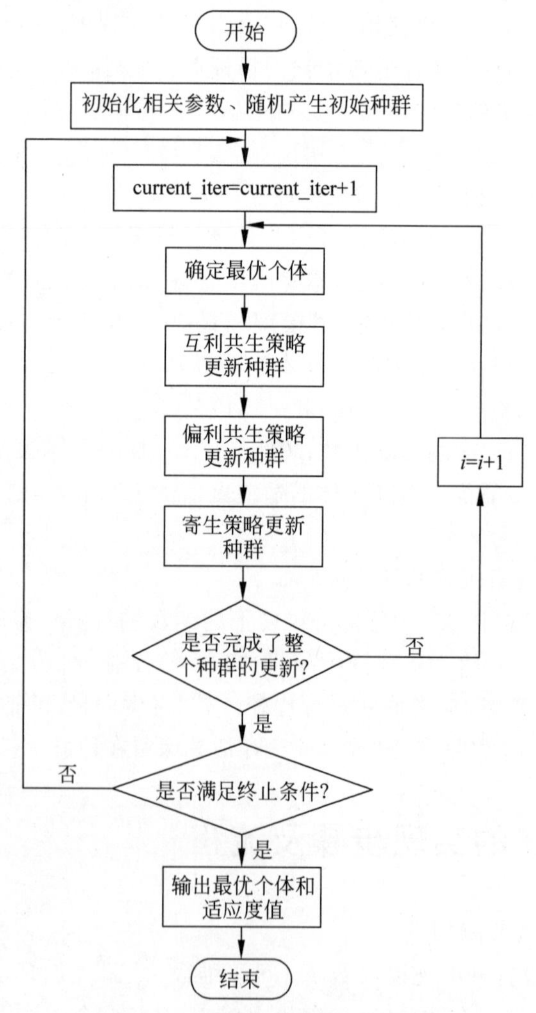

图 101.5　共生生物搜索算法的流程

第 102 章 生物地理学优化算法

生物地理学优化算法源于物种在栖息地之间迁移过程中蕴含的优化思想。物种数量的概率曲线是一个存在极值的曲线，物种数量的概率大，意味着物种通过迁移机制等自然地达到了地理分布的平衡状态，对应求解优化问题获得了极值。该算法视栖息地为可行解，通过迁移策略可实现信息共享，相当于全局搜索，而变异策略相当于局部搜索。通过反复迭代，不断提高栖息地的适应性，即提高了解的质量，最终找到问题的最优解。本章介绍生物地理学的基本概念、生物物种迁移模型，以及生物地理学优化算法的原理、数学描述、实现步骤及流程。

102.1 生物地理学优化算法的提出

生物地理学优化(Biogeography-Based Optimization，BBO)算法是 2008 年由美国的 Simon 教授提出的一种新型的群体智能优化算法。Simon 教授受生物地理学启发，通过设计迁移算子、变异算子、清除算子，分别模仿生物地理学栖息地之间的物种迁移、变异及其消亡过程。生物物种数量的概率曲线是具有极值的曲线形式，当物种数量对应概率最大，意味着生物物种通过迁移机制等自然地达到了地理分布的平衡状态，这为优化问题的解决开辟了新的思路。BBO 算法已用于电力系统安全优化及经济调度、图像处理、旅行商问题、车间调度、机器人轨迹规划、离散变量函数优化、参数估计等方面。

102.2 生物地理学的基本概念及生物物种迁移模型

生物地理学是一门研究生物组织地理分布，生物物种在各栖息地之间的分布特征、迁移模型及其灭绝规律的科学。下面介绍生物地理学中的几个基本概念。

(1) 栖息地。自然界中的生物群体生活、居住、分布在不同的区域，称其为栖息地。

(2) 物种迁移。各个栖息地由于受到自然界中的漂移、风力、飞行物等影响，生物物种在不同栖息地之间的相互迁移(迁出、迁入)，称为物种迁移，如图 102.1 所示。

(3) 适宜度指数。某个栖息地非常适合生物生存，则称该栖息地具有较高的适宜度指数(Habitat Suitability Index，HSI)。它类似于适应度函数，用于表示每个候选解的质量。

(4) 适宜度指数向量。适宜度指数与该地区的降雨量、温度、湿度和植物覆盖率等因素相关，这些因素形成一个描述栖息地适宜度的向量，称为适宜度指数向量(Suitable Index Vector，SIV)。

由于每个栖息地受自然条件限制，所容纳的生物物种数量有限。高 HSI 栖息地的物种数量较多，生存空间饱和，竞争激烈，导致大量物种迁出到相邻的栖息地，少量的物种迁入；然而对于一些自然条件偏差 HSI 值较低的栖息地，则有较多的物种迁入，而迁出的物种就会较少。当一个栖息地的 HSI 值一直很低时，可能会发生一些自然灾害造成该栖息地的某些物种趋于灭绝，这样就会有新的物种迁入来更新该栖息地生存状态。

栖息地之间的生物物种迁入、迁出行动由迁入率和迁出率决定。下面以单个栖息地的生物迁移为例，以数学模型说明物种迁移规律，物种迁移的数学模型如图 102.2 所示。

图 102.1 生物物种的迁移图

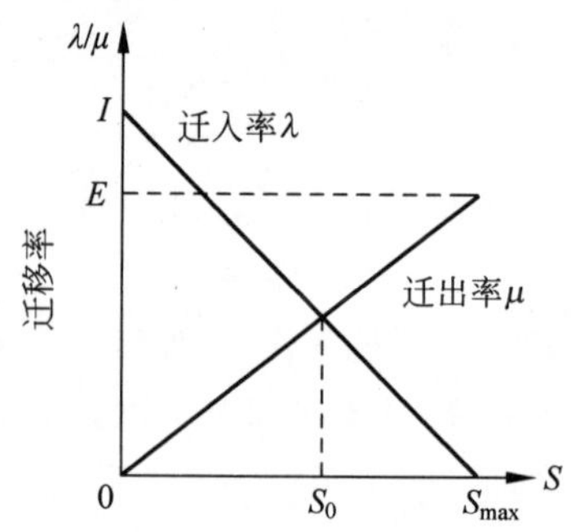

图 102.2 物种迁移的数学模型

由图 102.2 可知，一个栖息地迁入率 λ 和迁出率 μ 都是关于物种数量的函数。下面简单分析迁入、迁出率与物种数量之间的关系。

(1) 生物物种的迁入情况。当栖息地的物种数量为 0 时，迁入率最大值为 I。随着不断迁入，栖息地的物种数量越来越多，提供给新迁入生物物种的生存空间逐渐减少，因此生物物种迁入率 λ 也逐渐变小。最后，当该栖息地的生物物种数量达到饱和状态时，即物种数量值为 $S_{\max}$，此时迁入率 $\lambda=0$。

(2) 生物物种的迁出情况。当栖息地的物种数量为 0 时，迁出率 μ 为 0。随着生物物种数量的不断增加，栖息地内部的竞争也愈激烈，迁出率逐渐增加。当栖息地的生物物种数量达到饱和时，迁出率 μ 为最大值，即 $\mu=E$。

由上面分析可知，随着物种数量逐渐增加，迁入率 λ 逐渐减少，迁出率 μ 逐渐增加。当 $\lambda=\mu$ 时，该栖息地物种数量 S_0 达到平衡状态。S_0 会随着环境的变化而发生偏移。

设 P_S 表示某一栖息地容纳生物物种数量为 S 时的概率，则从 t 到 $t+\Delta t$ 时刻，P_S 的变化情况可表示为

$$P_S(t+\Delta t)=P_S(t)(1-\lambda_S\Delta t-\mu_S\Delta t)+P_{S-1}\lambda_{S-1}\Delta t+P_{S+1}\mu_{S+1}\Delta t \tag{102.1}$$

由式(102.1)可知，栖息地在 t 时刻生物物种数量为 S，在 $t+\Delta t$ 时刻仍有 S 个生物物种，必须满足下列条件之一。

(1) 在 t 时刻有 S 个生物物种，并且从 t 时刻到 $t+\Delta t$ 时间段内没有生物物种迁移。

(2) 在 t 时刻有 $S-1$ 个生物物种，并且在 t 时刻到 $t+\Delta t$ 的时间段内仅有一个生物物种迁入该栖息地。

(3) 在 t 时刻有 $S+1$ 个生物物种，并且在 t 时刻到 $t+\Delta t$ 的时间段内仅有一个生物物种迁出该栖息地。

当在 Δt 非常小的时间段内，有超过一个物种发生迁移的概率可忽略不计。令 $\Delta t\to 0$，对式(102.1)取极限，则有

$$\dot{P}_S=\begin{cases}-(\lambda_S+\mu_S)P_S+\mu_{S+1}P_{S+1}, & S=0\\ -(\lambda_S+\mu_S)P_S+\mu_{S-1}P_{S-1}+\mu_{S+1}P_{S+1}, & 1\leqslant S\leqslant S_{\max}-1\\ -(\lambda_S+\mu_S)P_S+\mu_{S-1}P_{S-1}, & S=S_{\max}\end{cases}\tag{102.2}$$

当迁入率 λ_S 和迁出率 μ_S 为关于生物物种数量的线性函数时，由式(102.2)可以推得生物物种为 S 时的概率 P_S 为

$$P_S=\begin{cases}\dfrac{1}{1+\sum\limits_{S=0}^{n-1}\dfrac{\lambda_0\lambda_1\cdots\lambda_S}{\mu_1\mu_2\cdots\mu_{S+1}}}, & S=0\\ \dfrac{\lambda_0\lambda_1\cdots\lambda_{S-1}}{\mu_1\mu_2\cdots\mu_S\left(1+\sum\limits_{S=1}^{n}\dfrac{\lambda_0\lambda_1\cdots\lambda_{S-1}}{\mu_1\mu_2\cdots\mu_S}\right)}, & 1\leqslant S\leqslant n\end{cases}\tag{102.3}$$

由式(102.3)可得到栖息地生物物种数量与其对应概率之间的关系如图 102.3 所示。

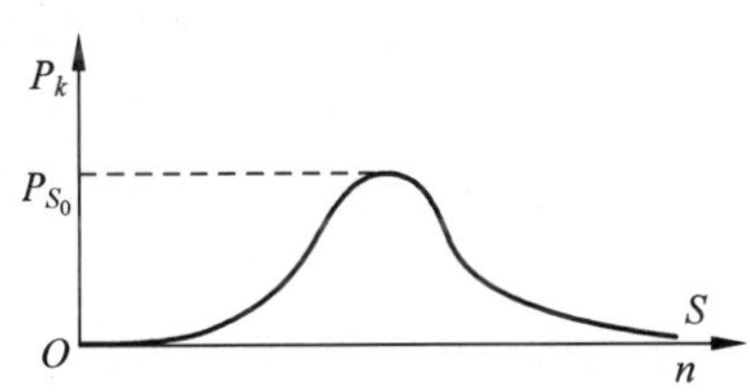

图 102.3 物种数量与其对应概率之间的关系

由图 102.3 中的曲线可以看出，生物物种数量的概率曲线并不是随着生物物种数量的增加而增加。生物物种数量较少或较多时，其对应概率都比较小；当生物物种数量达到某一平衡状态 S_0 时，其对应概率最大。生物物种数量的概率大，意味该栖息地的生态系统处于一个相对平衡状态，发生变异的可能性小。反之，生物物种数量概率较小，栖息地的生态系统处于不稳定状态，栖息地容易受外界突发事件的影响，发生突然变异，从而导致栖息地的生物物种数量剧烈增多或减少。因此，栖息地发生突然变异的概率与该栖息地的生物物种数量成反比。物种数量为 S 的栖息地发生变异的概率为

$$m_S=m_{\max}\cdot\left(1-\frac{P_S}{P_{\max}}\right)\tag{102.4}$$

其中，P_S 为物种数量为 S 的概率；$m_{\max}$ 为事先给定的最大变异概率；$P_{\max}=\max\{P_S\}$。

为简单起见，令 $n=S_{\max}$，$\boldsymbol{P}=[P_0,P_1,\cdots,P_n]^{\mathrm{T}}$，将 $\dot{\boldsymbol{P}}$ 写成矩阵方程的形式为

$$\dot{\boldsymbol{P}}=\boldsymbol{AP}\tag{102.5}$$

其中，系数矩阵 $\boldsymbol{A}$ 为

$$\boldsymbol{A}=\begin{bmatrix}-(\lambda_0+\mu_0) & \mu_1 & 0 & \cdots & 0\\ \lambda_0 & -(\lambda_1+\mu_1) & \mu_2 & \cdots & \vdots\\ \vdots & \cdots & & \ddots & \vdots\\ \vdots & \cdots & \lambda_{n-2} & -(\lambda_{n-1}+\mu_{n-1}) & \mu_n\\ 0 & \cdots & 0 & \lambda_{n-1} & -(\lambda_n+\mu_n)\end{bmatrix}\tag{102.6}$$

从图 102.2 可以看出，λ_S 和 μ_S 都是关于 S 的线性函数，分别表示为

$$\mu_S=\frac{E\cdot S}{n}\tag{102.7}$$

$$\lambda_S=I\cdot\left(1-\frac{S}{n}\right)\tag{102.8}$$

其中，n 为栖息地容纳生物种类最大数量。

通常考虑最大迁入率和最大迁出率相等 $I=E$ 的特殊情况，可得

$$\lambda_S+\mu_S=E \tag{102.9}$$

而且矩阵 $\boldsymbol{A}$ 变为

$$\begin{aligned}\boldsymbol{A}&=E\begin{bmatrix}-1 & 1/n & 0 & \cdots & 0\\ n/n & -1 & 2/n & \cdots & \vdots\\ \vdots & \cdots & & \ddots & \vdots\\ \vdots & \cdots & 2/n & -1 & n/n\\ 0 & \cdots & 0 & 1/n & -1\end{bmatrix}\\ &=E\boldsymbol{A}'\end{aligned} \tag{102.10}$$

其中，$\boldsymbol{A}'$是由上述方程所定义的。

可以看出，0 是 $\boldsymbol{A}'$的一个特征值，对应于特征向量为

$$\boldsymbol{v}=[v_1,v_2,\cdots,v_{n+1}]^{\mathrm{T}}$$

$$v_i=\begin{cases}\dfrac{n!}{(n-1-i)(i-1)!}, & i=1,2,\cdots,i'\\ v_{n+2-i}, & i=i'+1,i'+2,\cdots,n+1\end{cases} \tag{102.11}$$

其中，i'为大于或等于$(n+1)/2$一个很小的正数。

对于特征方程 $\boldsymbol{A}'\boldsymbol{v}=k\boldsymbol{v}$ 的解，当系数 k 和向量 $\boldsymbol{v}$ 均未知时，如取 $n=4$，可得

$$\boldsymbol{v}=[1\quad 4\quad 6\quad 4\quad 1]^{\mathrm{T}} \tag{102.12}$$

推论 1 $\boldsymbol{A}'$的特征值以 k 的形式为

$$k=\left\{0,\frac{-2}{n},\frac{-4}{n},\cdots,-2\right\} \tag{102.13}$$

上述推论并没有证明，但是可以观察出它对所有的 n 值都是适用的。

【定理 102.1】 当某一栖息地的物种种类处于稳定稳态时，对应的概率为

$$P(\infty)=\frac{v}{\sum\limits_{i}^{n+1}v_i} \tag{102.14}$$

其中，$\boldsymbol{v}$ 和 v_i 的定义在式(102.11)中已给出(证明略)。

102.3 生物地理学优化算法的优化原理

由上述生物物种迁移规律的分析，从图 102.2 和图 102.3 中的曲线可以看出，生物物种数量的概率曲线并不是随着生物物种数量的增加而增加，而是一个存在极值的曲线形式。生物物种数量的概率大，意味该栖息地的生态系统处于一个相对平衡状态。生物物种通过迁移机制等自然地达到了地理分布的平衡状态，这为优化问题的解决开辟了一种新的思路。

BBO 算法中的一个栖息地对应于优化问题中的一个候选解(可行解)，栖息地的适宜度向量 SIV 对应于解中的各个分量，而适宜度指数 HSI 则对应于解的适应度。具有高 HSI 的栖息地代表较优的解，而具有低 HSI 的栖息地代表较差的解。模拟物种迁移的过程，较优的解将自身的特征分享给较差的解，而较差的解可以从获得新特征来提高自己的质量。在进化的每一代中，其原始种群(栖息地)不会消失，而是通过迁移来提高种群的适应度，反过来又通过

适应度来决定迁移率的大小。迁移策略可实现信息共享,相当于全局搜索,而变异策略相当于局部搜索。通过反复迭代,不断提高栖息地适应性,即提高了解的质量,最终找到问题的最优解。

102.4 生物地理学优化算法的数学描述

在 BBO 算法中,一个生态系统 H^n 由 n 栖息地 H 组成群体,即算法的种群规模为 n。每个栖息地由 D 维适宜度向量组成,其向量 $\boldsymbol{x}_i=(x_{i1},x_{i2},\cdots,x_{iD}),i=1,2,\cdots,n$ 表示优化问题在 D 维搜索空间中的可行解。栖息地 i 的适宜度可以通过 $f(x_i)$ 进行评价。全局的变量还包括系统迁移率 P_{mod} 和系统变异率 $m_{\max}$。栖息地 i 参数还包括其容纳的种群数量 s_i,s_i 根据栖息地的适宜度 $f(x_i)$ 进行计算,s_i 小于或等于设定的最大种群数量 $S_{\max}$;利用种群数量 s_i 可通过式(102.8)和式(102.6)分别计算出其对应的迁入率 λ_{s_i} 和迁出率 μ_{s_i},利用式(102.2)可计算出栖息地 i 容纳 s_i 种生物种群的概率 P_{s_i}。通过计算栖息地 H 的适宜度指数大小来评价可行解的优劣。

下面分别介绍迁移算子、变异算子、清除算子的描述。

(1) 迁移算子。迁移算子 $\Omega(\lambda,\mu)$ 是一个概率算子,BBO 算法利用迁移算子进行栖息地之间的信息共享,每一次迁移操作是根据迁入概率和迁出概率共同决定的。首先根据栖息地 H_i 的迁入概率 λ_i 决定该栖息地的每个分量是否需要修改;若需要修改,然后根据迁出率 μ_j 选择被迁入的栖息地 H_j;最后将栖息地 H_j 的 SIV 替换到栖息地 H_i 的 SIV。

迁移算子 $\Omega(\lambda,\mu)$ 的伪代码实现简单描述如下。

```
根据迁入率 λi 选择 Hi
   if Hi 被选中
   for j = 1 to n
       根据迁出率 μj 选择 Hj
       if rand(0,1)<μj
           Hi(SIV) = Hj(SIV)
       end
   end
end
```

(2) 变异算子。BBO 算法利用变异算子 $M(\lambda,\mu)$ 表示栖息地受突发事件的影响,某种环境指标发生突然改变。变异算子根据栖息地的先验概率随机改变指数变量,提高种群的多样性。如上所述,栖息地变异概率与生物物种数量成反比例,即物种数量较大或较少的栖息地更容易发生变异操作。

变异算子 $M(\lambda,\mu)$ 的伪代码实现简单描述如下。

```
for j = 1 to m
    利用 λi 和 μi 计算概率 Pi
    根据 Pi 选择 Hi(j)
    if Hi(j)被选择
        用一个随机产生的 SIV 取代 Hi(j)
    end
end
```

(3) 清除算子。在BBO算法的迭代过程中,迁移算子只是简单地用迁出解的SIV代替迁入解的SIV。这样容易产生相似解,导致种群的多样性变差。BBO算法设计清除算子,将种群中的解两两相互比较,若相等,则用一个随机产生的解取代其中之一,以清除相似解。

清除算子的伪代码实现简单描述如下。

```
for i = 1 to n
    for j = i + 1 to n
        if H_i = H_j
            SIV = radint(1,Dim)
            用一个随机产生的 SIV 取代 H_i(SIV)
        end
    end
end
```

BBO算法主要过程是:计算每一个栖息地的迁入率 λ 和迁出率 μ;按迁移策略,根据 λ 和 μ 依概率修改栖息地,同时计算其HSI,即计算解集的适宜度;应用变异算子 M 进行变异操作,重新计算变异后的HSI,如果满足终止条件,则输出结果并停止运算;否则,进行下一步迭代。

102.5 生物地理学优化算法的实现步骤及流程

生物地理学优化算法的具体实现步骤如下。

(1) 初始化BBO算法参数:设定栖息地数量 n;优化问题的维度 D;栖息地种群最大容量 $S_{\max}$;迁入率函数最大值 I 和迁出率函数最大值 E;最大变异率 $m_{\max}$;迁移率 P_{mod} 和精英个体留存数 z。

(2) 对栖息地初始化。随机初始化每个栖息地的适宜度向量 $\boldsymbol{x}_i, i=1,2,\cdots,n$。每个向量都对应于一个对于给定问题的可行解。

(3) 计算栖息地 i 的适宜度 $f(x_i)$,$i=1,2,\cdots,n$,并计算栖息地 i 对应的物种数量 s_i、迁入率 λ_{s_i} 以及迁出率 μ_{s_i},$i=1,2,\cdots,n$。

(4) 执行迁移操作。利用 P_{mod} 循环(栖息地数量 n 作为循环次数)判断栖息地 i 是否进行迁入操作。如果确定栖息地 i 需要进行迁入操作,则循环利用迁入率 λ_{s_i} 判断栖息地 i 的特征分量 x_{ij} 是否进行迁入操作(问题维度 D 作为循环次数),若栖息地 i 的特征分量 x_{ij} 被确定,则利用其他栖息地的迁出率 μ_{s_i} 进行轮盘选择,选出栖息地 k 的对应位替换栖息地 i 的对应位。重新计算栖息地 i 的适宜度 $f(\boldsymbol{x}_i), i=1,2,\cdots,n$。

(5) 执行变异操作。根据式(102.3)更新每个栖息地的种群数量概率 P_{s_i}。然后根据式(102.4)计算每个栖息地的变异率,进行变异操作,变异每一个非精英栖息地,用 m_{s_i} 判断栖息地 i 的某个特征分量是否进行变异。重新计算栖息地 i 的适宜度 $f(\boldsymbol{x}_i)$。

(6) 判断是否满足终止条件。如果满足,输出结果并停止运算;否则跳转到步骤(3)。

生物地理学优化算法的流程如图 102.4 所示。

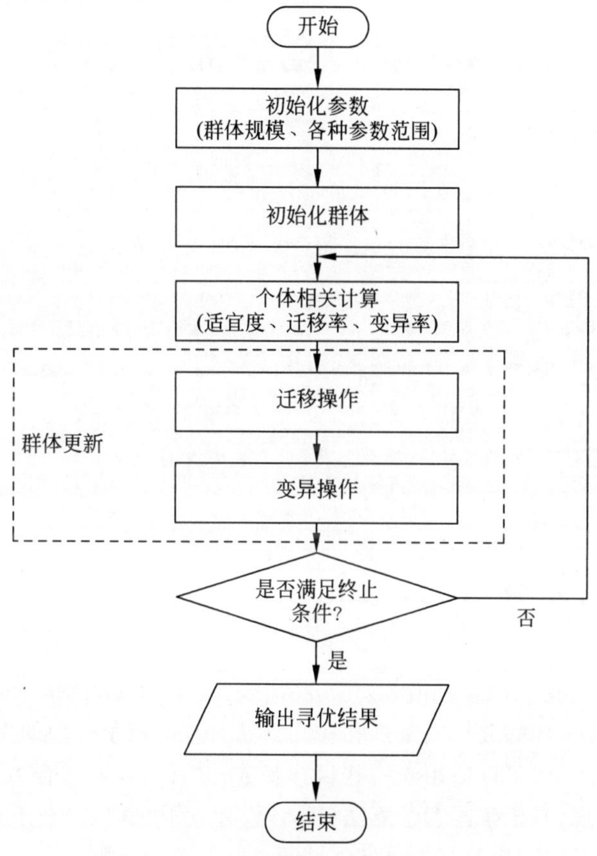

图 102.4　生物地理学优化算法的流程

第103章　竞争优化算法

竞争优化算法使用蚁群、粒子群、人工蜂群和猫群4种优化算法作为竞争者，并通过帝国竞争算法来决定哪些算法可以存活，哪个算法的群体必须增加及哪个算法必须减少。在每次迭代结束时4个物种优化算法交互竞争，识别最弱的物种并基于轮盘赌法使其最弱的成员给予其他物种以帮助它们加强。模拟结果表明，由于竞争优化算法使每个算法的成员可能移民到其他算法，竞争优化算法支持了没有一个优化算法适用于所有优化问题的事实。本章介绍竞争优化算法的原理、算法描述、实现步骤及流程。

103.1　竞争优化算法的提出

竞争优化算法(Competitive Optimization Algorithm，COOA)是2016年由Sharafi等提出的一种模拟各种生物，如蚂蚁、鸟、蜜蜂和猫在自然生存中竞争行为的多种群智能优化算法。在该算法中，每个优化算法可以适用于一些目标函数，并且可能不适合另一个。在上述所有生物之间根据它们的表现，基于帝国竞争算法(ICA)设计竞争规则，以利于这些优化算法可以相互竞争成为最好。通过帝国竞争算法决定哪些算法可以存活，哪个算法的群体必须增加以及哪个算法必须减少。

将竞争优化算法与启发式全局优化方法进行比较，对具有不同和高维度的多个基准测试函数的模拟结果表明，竞争优化算法不仅防止过早收敛，而且提高了每次迭代的收敛速度，同时显著改进了最终优化精度。此外，模拟结果表明，由于竞争优化算法使每个算法的成员可能移民到其他算法，它消除了尝试找到最优优化算法的错误想法。这些结果支持了没有一个优化算法适用于所有优化问题的事实。

103.2　竞争优化算法的优化原理

竞争优化算法设计的基本思想认为没有单独的优化算法能够成功地求解所有优化问题的最优解。因此，选用蚂蚁、鸟、蜜蜂和猫的社会生活作为自然界中各种动物的代表，使用ACO、PSO、ABC和CSO 4种优化算法(分别在本书第1章、第3章、第4章、第72章介绍)作为竞争者。基于这些生物的运动行为的4种算法并行工作，并通过帝国竞争算法来决定哪些算法可以存活，哪个算法的群体必须增加以及哪个算法必须减少。

在COOA算法的每次迭代结束时，基于上述4个物种优化算法的交互竞争，识别最弱的物种并基于轮盘赌法使其最弱的成员给予其他物种以帮助它们加强。这个过程总是在算法的每次迭代结束时完成。

下面简要概述PSO、CSO、ABC、ACO及ICA在COOA中用到的5种优化算法。

1. 粒子群优化算法

粒子群优化算法(PSO)的灵感来自鸟类和鸟类运动行为，它适用于解决所谓"群体是n维空间中的点或表面优化问题"。在这样空间中假设每个粒子都有一个初始速度。然后，这些粒子根据初始速度值，结合自身和社会的经验，在空间中移动，在每次迭代结束时计算适应度函数。经过若干次迭代之后，粒子会以更好的适应度函数加速。每个粒子的速度在PSO算法的每次迭代中根据式(103.1)更新。根据前一个速度和每个粒子的位置用式(103.2)计算粒子的新位置。

$$v_i(t+1)=w\cdot v_i(t)+r_1\cdot c_1\cdot(x_{\text{best},i}(t)-x_i(t))+r_2\cdot c_2\cdot(x_{g\text{best}}(t)-x_i(t)) \tag{103.1}$$

$$x_i(t+1)=x_i(t)+v_i(t+1) \tag{103.2}$$

其中，x_i为第i粒子的位置；v_i为第i粒子的速度；$x_{\text{best},i}$为第i粒子个体的最好位置；$x_{g\text{best}}$为群体所有粒子个体的最佳位置；w为惯性权重；t为当前的迭代算法运行次数；r_1和r_2为在[0,1]范围内的两个随机数；c_1和c_2为用户定义的两个常数。

2. 猫群优化算法

猫群优化算法(CSO)模拟猫的搜寻和跟踪模式，利用粒子的位置和猫的行为模型来解决优化问题。在CSO中，为了解决优化问题，必须确定猫的数量。每只猫具有m维的位置，m维的速度。适应函数值对应着猫的位置，识别猫是否处于搜寻模式或跟踪模式。如果需要，每次迭代的结束，更新猫的位置。最大适应度值对应猫的位置，即最优解。

搜寻模式下的猫，处于休息，环顾四周，搜寻下一个移动目标点的状态，搜寻模式类似于优化问题中的全局搜索。如图103.1所示，对该模式下的猫定义以下几个参数。

(1) 搜索记忆池(SMP)：每一只搜寻模式下的猫应被复制的份数。

(2) 勘探范围(SRD)：猫在移动位置时移动最大范围的规定参数。

(3) 突变比率(CDC)：每只猫突变维度个数。

(4) 位置自虑(SPC)：决定猫已站立的点可以是猫移动到的候选点之一，它是一个布尔值。

(5) 混合率(MR)：确定搜寻和跟踪模式中猫的比例关系参数。

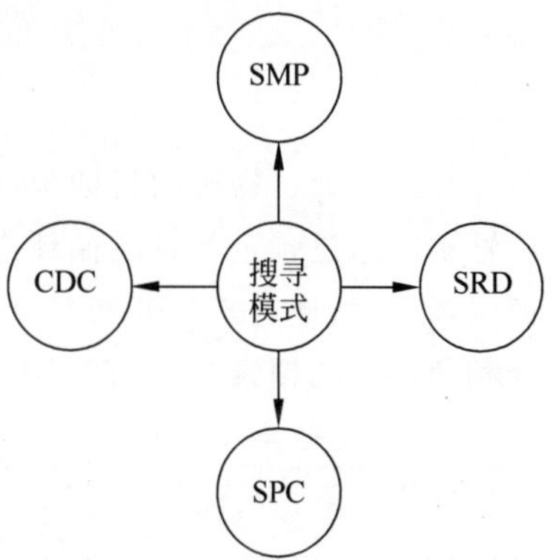

图103.1　搜寻模式的4个重要因素

跟踪模式模拟猫对一些目标的跟踪行为。每只猫的位置根据目标改变自身每个维度的速度。跟踪模式使用下式更新每只猫的位置：

$$v_{k,d}(t+1)=w\cdot v_{k,d}(t)+r_1\cdot c_1\cdot(x_{g\text{best},d}(t)-x_{k,d}(t)) \tag{103.3}$$

$$x_{k,d}(t+1)=x_{k,d}(t)+v_{k,d}(t+1) \tag{103.4}$$

其中，$x_{g\text{best},d}$为所有猫中最好的位置；w为惯性权重；t为算法迭代；$v_{k,d}$为第k猫在第d维中的速度；$x_{k,d}$为第k猫在第d维中的位置；r_1为[0,1]区间的随机数；c_1为增加每只猫的速度的加速度系数。

3. 人工蜂群算法

人工蜂群算法(ABC)中，人工蜜蜂在搜索空间中发现具有高花蜜的食物来源(解)的位置数量并最终获得最高的花蜜。人工蜂群算法把蜜蜂分为3组：雇佣蜂(引领蜂)、跟随蜂和侦察蜂。雇佣蜂的数量等于随机确定的食物源数量。雇佣蜂和跟随蜂各占蜂群数量的一半，每个食物源只有一个雇佣蜂。在每个搜索周期中，雇佣蜂去寻找密源，并估计其花蜜量。然后与跟随蜂分享食物源的花蜜和位置信息。跟随蜂根据食物源的花蜜量来选择食物源。当一个食物源被放弃时，它所对应的雇佣蜂就变成了侦察蜂。找到一个新的食物源后，侦察蜂将再次变成雇佣蜂。在确定食物源的新位置后，将开始一个新的迭代。重复这些迭代过程，直到终止条件满足。

ABC 算法只有两个输入(控制)参数：弹出和限制。弹出是种群规模，限制是指解计数器的计数不会随循环次数而变化。最初，ABC 算法使用式(103.5)生成随机分离的 NS 解。

$$X_{i,j} = X_j^{\min} + \mathrm{rand}(0,1)(X_j^{\max} - X_j^{\min}) \tag{103.5}$$

其中，$i=1,2,\cdots,\mathrm{NS}$；$j=1,2,\cdots,D$；NS 是食物源数量(可能解)，等于种群大小的一半；D 是解空间的维数；$X_j^{\min}$ 和 $X_j^{\max}$ 分别为 j 维的下限和上限。

初始化后，对每个群体的个体进行评估，并记录最优解。每个雇佣蜂通过式(103.6)在现在的邻居产生一个新的食物源为

$$V_{i,j} = X_{i,j} + \phi_{i,j} \cdot (X_{i,j} - X_{k,j}) \tag{103.6}$$

其中，k 必须不同于 i，$k \in \{1,2,\cdots,\mathrm{NS}\}$；$j \in \{1,2,\cdots,D\}$ 是随机选择的索引；$\phi_{i,j}$ 是在[−1，1]范围内的随机数。新的解 $V_{i,j}$ 使用以前的解 $X_{i,j}$ 进行修改，并从其邻近解 $X_{k,j}$ 中随机选择一个位置。一旦新的解 V_i 得到，便对其进行评估和比较。如果 V_i 的完整性比 X_i 好，X_i 被 V_i 替代并成为新的食物源；否则，X_i 被保留。在所有雇佣蜂完成搜索过程之后，雇佣蜂与跟随蜂分享食物源的花蜜量和位置。对于每个跟随蜂选择食物源的概率计算如下：

$$p_i = \frac{\mathrm{fitness}_i}{\sum_{i=1}^{\mathrm{NS}} \mathrm{fitness}_i} \tag{103.7}$$

其中，$\mathrm{fitness}_i$ 为食物源的目标函数。当跟随蜂通过式(103.6)选择食物源时，如果任何食物源的位置不能通过预定数量的循环进行改进，则假设食物源被放弃。之后，相应的雇佣蜂变成一个侦察蜂，算法通过式(103.5)生成一个新的解。最后，最好的解被记住，算法重复雇佣蜂、跟随蜂和侦察蜂的搜索过程，直到满足终止条件。

4. 蚁群优化算法

蚁群优化算法(ACO)的灵感来自蚂蚁寻求其蚁穴和食物源之间最短路径的行为。蚂蚁离开它们的蚁穴，它们随意地漫步在蚁穴周围，通过集体合作发现食物来源。寻找到食物源后，蚂蚁在路径上放置一些称为信息素的特殊化学物质，并返回它们的蚁穴。其他蚂蚁遵循由信息素创建的路径来发现自己的路径。如果它们最终在道路尽头找到食物，它们就会放置一些信息素并回到蚁穴。

经过一些迭代，大多数蚂蚁选择在道路上铺设了更多的信息素的路径。应该注意的是，信息素会慢慢挥发，因此放置了信息素的长路径减少了对蚂蚁的吸引力。与此相反，由于信息素在较短路径上的密度较高，因此它们更有可能吸引蚂蚁。该算法最初用来解决旅行商问题之类的组合优化问题。

蚁群优化算法进行连续优化问题是 Dorigo 和 Socha 在 2008 年提出的。在离散模式中，虽然选择范围是特定数字，但在连续模式中，上述范围是无限的。根据式(103.8)高斯分布用于产生新的解为

$$f(x,\mu,\sigma^2)=\frac{1}{\sqrt{2\pi\sigma^2}}\mathrm{e}^{-(x-\mu)^2/(2\sigma^2)} \tag{103.8}$$

其中，σ 为标准差；μ 为均值。需要注意的是，如果问题空间包括 n 个变量，S_i 是第 i 个解，即

$$S_i=(S_i^1,S_i^2,\cdots,S_i^n)$$

其中，S_i^j 为第 i 个解空间的第 j 个维度的值。在种群空间存档中包括如下的 k 解：

$$S_1=(S_1^1,S_1^2,\cdots,S_1^n),\quad S_2=(S_2^1,S_2^2,\cdots,S_2^n)$$

$$S_3=(S_3^1,S_3^2,\cdots,S_3^n),\cdots,S_k=(S_k^1,S_k^2,\cdots,S_k^n)$$

目标是利用这些解的知识能够产生新的解，与旧的解进行比较，并选择一个 k 元组。因此，需要不确定的概率分布函数来产生新的解。Socha 和 Dorigo 定义了高斯分布与均值的 s_i^j，以及解每个维度的标准差 σ_i^j。因此，为了从一个好的分布中受益，一个维度的新解，所有与相应维度的相关分布以及解档案中所有可用的解，都应该结合起来考虑，以获得一个通用分布函数。连续优化的蚁群算法基于解档案起到了蚂蚁种群空间的作用。

每行代表种群中成员的目标函数值 $f(S_i)$。解的归档从最佳目标函数值排序到最差目标函数值。ω_i 值是在其他解中选择第 i 个解的概率。一般分布函数可以围绕每个维度进行搜索。对于解档案中的所有相应维度，式(103.9)给出通用的分布函数为

$$G^i(x)=\sum_{l=1}^{k}\omega_l\cdot g_l^i(x) \tag{103.9}$$

其中，ω_l 值的计算根据式(103.10)为

$$\omega_l=\frac{1}{q^k\sqrt{2\pi}}\mathrm{e}^{-\frac{(l-1)^2}{2q^2k^2}} \tag{103.10}$$

其中，q 为常数参数；k 为解档案大小。通过式(103.11)对 ω_l 归一化为

$$p_l=\frac{\omega_l}{\sum_{r=1}^{k}\omega_r} \tag{103.11}$$

使用 p_l 值要比 ω_i 好得多。解档案中第 i 个解的第 i 个维度的标准差计算如下：

$$\sigma_l^i=\gamma\sum_{e=1}^{k}\frac{|x_e^i-x_l^i|}{k-1} \tag{103.12}$$

其中，$\gamma>0$，对于解档案的所有维度都相等。

5. 帝国竞争算法

在帝国竞争算法(ICA)中，假设一些国家作为问题的解，每个国家都定义为一个 N_{var} 维向量：country$=[x_1,x_2,\cdots,x_{N_{\mathrm{var}}}]$，其中 N_{var} 是搜索空间的维数。

使用目标函数评估每个国家的步骤如下：

$$\text{costfunction}=f(\text{country})=f(x_1,x_2,\cdots,x_{N_{\mathrm{var}}}) \tag{103.13}$$

所有国家的数量都等于 N_{pop}。在这个算法中，国家可以分为帝国主义和殖民地两大类。因此，最初国家群体中的最佳成员 N_{imp} 被认为是帝国主义者，而其余的成员 N_{col} 是殖民地。目标函数决定了每个国家的力量，而帝国主义者越强大，殖民地越多。帝国主义者及其所管辖的国家称为帝国。

帝国主义的殖民地数量直接依赖于其目标函数。因此，每个帝国主义者的目标函数计算如下：

$$M_n = c_n - \max_i \{c_i\} \tag{103.14}$$

其中，c_n 为第 n 帝国主义者的目标函数值；M_n 为 c_n 的新值。为了归一化，所有 M_n 的计算如下：

$$P_n = \left| \frac{M_n}{\sum_{i=1}^{N_{\mathrm{imp}}} M_i} \right| \tag{103.15}$$

每个帝国主义者的殖民地数目是根据式(103.16)计算的，其中 NC_n 是第 n 帝国主义者的殖民地的数目

$$\mathrm{NC}_n = \mathrm{Round}(P_i \cdot N_{\mathrm{col}}) \tag{103.16}$$

每个帝国通常都有竞争。如果一个殖民地的位置比帝国主义者更好，他们的位置交换，一个帝国的总势力计算如下：

$$\mathrm{TC}_n = \mathrm{Cost}(\mathrm{imperialist}_n) + \delta \cdot \mathrm{mean}\{\mathrm{Cost}(\mathrm{Colonies\ of\ imperialist}_n)\} \tag{103.17}$$

其中，$0<\delta<1$。之后，所有帝国彼此都在竞争。根据 TC_n 值，选择最弱的帝国及其最弱的成员。再基于 TC_n 值和轮盘赌法，最弱的成员转换为另一个帝国。

103.3 竞争优化算法的描述

如图 103.2 所示，在开始时，初始种群具有相同数量的蚂蚁、蜜蜂、猫及鸟类 4 个物种。在图 103.2 中，蚂蚁的初始种群空间用■表示，蚂蚁根据式(103.8)～式(103.12)在搜索它们的环境；蜜蜂的初始种群空间用★表示，并根据式(103.5)～式(103.7)搜索它们的环境；猫的初始种群空间用●表示，并根据式(103.3)和式(103.4)搜索其环境；鸟类的初始种群空间用▲表示，并根据式(103.1)和式(103.2)搜索其环境。所有物种都根据自己的知识和逻辑开始工作。在每次迭代中，最弱物种的成员将不能生存。因此，其他物种获得更多实力，增加它们种群的数量。经过一些迭代之后，只有一个物种保留，这意味着基于优化问题的特征，导致最佳结果的优化算法之一将是主导优化算法。

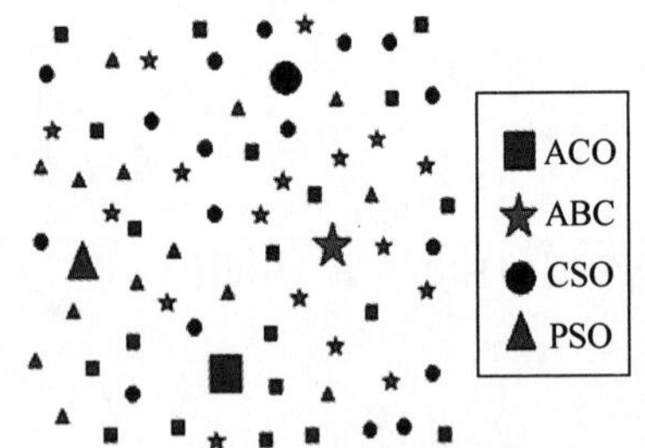

图 103.2　各种算法的初始种群

为了使用 ICA 来整合 PSO、ACO、CAT 和 ABC，每个物种被认为是一个帝国，其最佳粒子被认为是它的帝国主义者。每个物种的其他成员被认为是殖民地。帝国之间基于 ICA 的竞争，但每个帝国成员的演变是基于它们自己的算法。例如，ACO 中每个蚂蚁的位置变化由式(103.8)～式(103.12)计算。

每个帝国最弱的殖民地可能从它的帝国移居到另一个帝国。当它移民到一个新的帝国，它使用搜索空间新帝国的算法。与大多数进化算法相关的一个棘手的问题是，当优化算法达到接近最佳的水平可能不会有良好的性能，导致停滞。在竞争优化算法中，在一些迭代之后，除一种类型之外的所有物种可能灭绝，并且一种类型的生物存活。

如图 103.3 所示，蜜蜂的物种是存活的，而其他的已经消失。作为结果，一旦物种中的一个保留，COOA 算法仅使用 4 个优化算法中的一个继续它的工作。尽管剩余物种的种群是其

初始种群的 4 倍,但它的优化算法可能不具有很强的性能,可能导致停滞不前。解决这个问题的方法如下：一旦单一物种一直保持作为优化算法的交互竞争的获胜者,最终的物种的最佳目标函数值的曲线将会停滞不前,如图 103.4 所示。

图 103.3　剩下物种进一步优化处理图

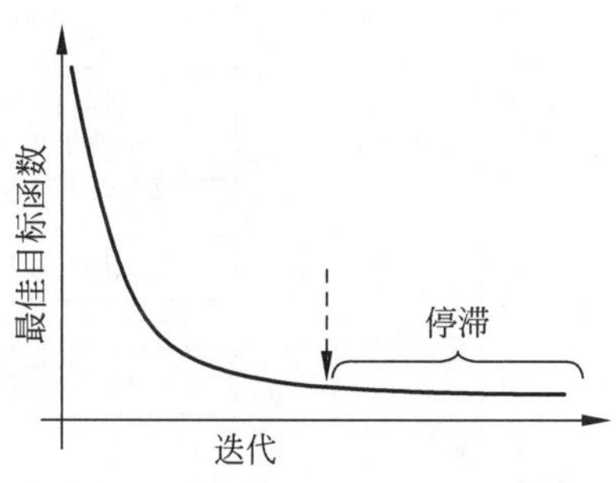

图 103.4　单一物种最佳目标函数曲线

最终物种的种群数量包括 4 个初始种群的全部数量。这个最终群体需要平等和随机分配给所有 4 个初始物种。之后,所有 4 种物种的新位置都要重复执行该算法的所有过程。值得一提的是,如果一个物种再次出现,同样的过程也需要重复。此操作可防止快速收敛到一种算法和可能导致获得更好的解。这意味着经过一番迭代之后,问题空间将会越来越小,需要更强大的策略去找出更好的解。所应用的另一个策略是,如果当前活跃物种的数量多于一个,并且注意到该算法的 10 次迭代没有明显的改善,如果发生停滞,则需要激活失活物种,并且均匀和随机地在所有物种之间分配种群。

103.4　竞争优化算法的实现步骤及流程

竞争优化算法的实现步骤如下。

(1) 在 4 个物种之间平等和随机产生全部的初始群体。

(2) 评估 4 组初始种群。

(3) 每个小组根据其成员的策略和社会行为开始工作。

(4) 评估所有 4 个组的成员。

(5) 计算每个活跃组的势力,等于最好成员的目标函数值加上所有成员目标函数值均值的系数。

(6) 根据群体的势力确定最弱群体及其最弱成员。如果成员数量等于零,而不考虑该成员,则需要停用此组。

(7) 除了在之前的步骤中选择的最弱一个外,基于轮盘赌法选择一个活跃的组。

(8) 将确定的最弱成员投入到上一步骤中所选择的组。

(9) 每个小组将根据其成员的战略和生存社会行为工作。

(10) 计算活跃组的成员的目标函数值。

(11) 如果只剩下活动组或发生停滞,当前最终群体的个体应该是平等地随机分为 4 个初始组,激活的组再次被激活。

(12) 保存每个活跃组的最佳结果。

(13) 如果未达到停止条件,转到步骤(4)；否则,转入下一步骤。

(14) 输出结果。

竞争优化算法实现的流程如图 103.5 所示。

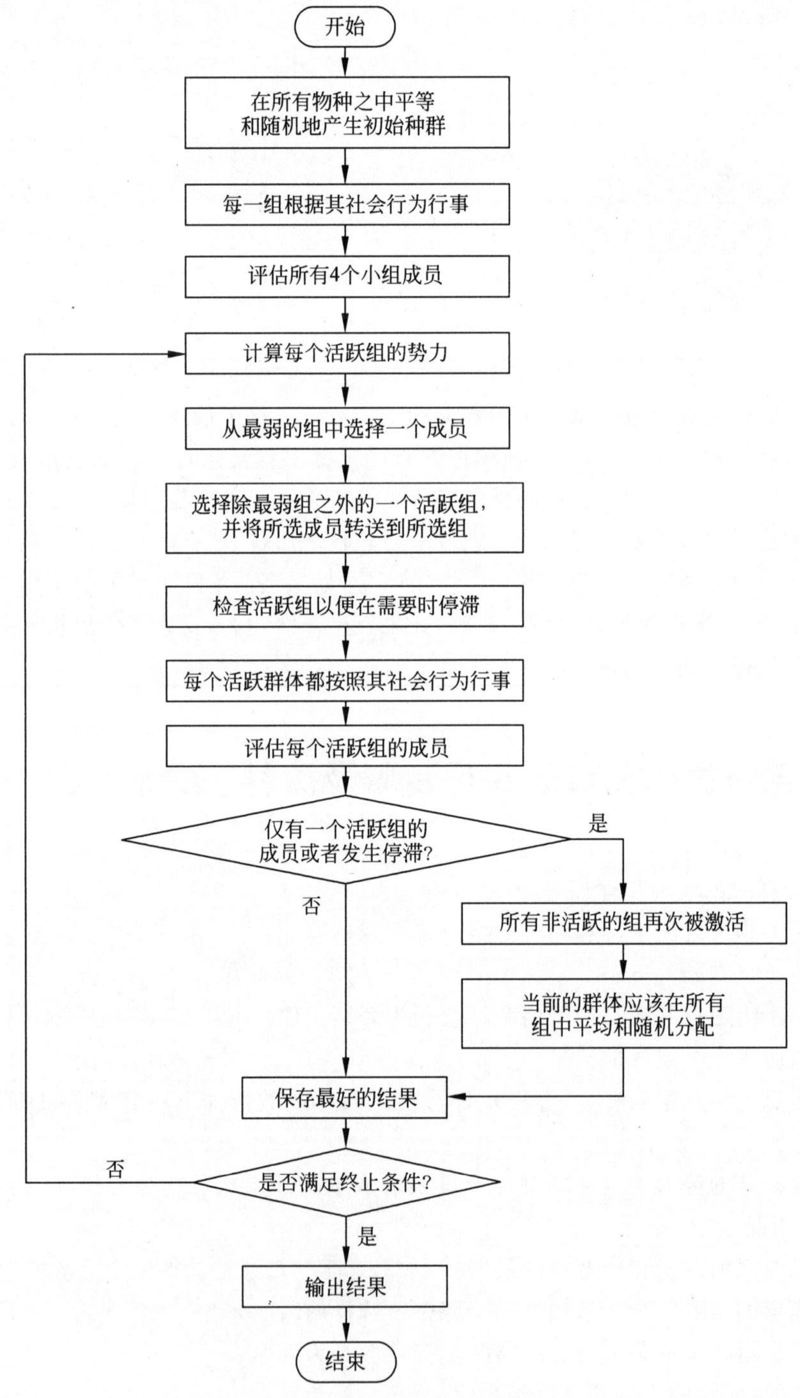

图 103.5　竞争优化算法实现的流程

第104章 动态群协同优化算法

动态群协同优化算法是一种新型群智能优化算法,它不是具体模拟某一类生物群体的智能行为,而是把抽象、泛指的生物群体的个体动态分为两组,通过它们之间的协作及个体角色的转换,实现优化过程中探索与开发之间的平衡,从而实现对问题的优化求解。本章首先介绍动态群协同优化算法的提出,动态群协同优化算法的基本原理,然后阐述动态群协同优化算法的数学描述,最后给出动态群协同优化算法的实现步骤及伪代码。

104.1 动态群协同优化算法的提出

动态群协同优化(Dynamic Group-based Cooperative Optimization,DGCO)算法是2020年由埃及学者Fouad等提出的一种新型群智能优化算法。该算法模拟群体中的个体为实现其全局目标而采取的合作行为。DGCO算法将个体分为探索组和开发组,并允许对每组个体的数量进行动态控制以保证探索与开采之间的平衡。

通过使用23个基准函数对DGCO算法的性能进行测试,并将DGCO算法与PSO、GA、DE、WOA、GWO和PSOSCA算法进行对比,结果表明,DGCO算法具有较好的探索和避开局部最优的能力。此外,对压力容器、拉/压弹簧和焊接梁的设计结果表明,DGCO算法能很好地解决工程实际中的约束优化问题。

104.2 动态群协同优化算法的基本原理

在自然界中,生物往往群居生活。群体中的个体通过分工合作一起收集食物和抵御敌人,在完成任务时通常采取交换角色的合作方式。例如,蚁群和蜂群是群体中个体间合作最常见的例子。DGCO算法是一种基于动态群体的协同优化算法,它模拟了群体中个体之间的合作行为,以实现全局优化目标。

一个优化问题包含探索和开发两个子任务。DGCO算法将搜索个体分成两个子组:探索组和开发组。探索组的个体主要专注于全局搜索,开发组个体主要专注于局部搜索以提高实际最优解的质量。每个子组中的个体数量由DGCO算法动态控制。每个组应用两种不同的方法来完成特定的任务。

在大多数在协作优化算法中,所有个体都在迭代后期进行开发,这可能会导致陷入局部最优。为了避免这种现象,DGCO算法保留了一组搜索个体进行探索迭代过程。此外,如果算法的性能在任何连续3次迭代中都没有增强,那么DGCO算法会立即增加探索个体的数量。DGCO算法把群体中的个体视为优化问题的候选解,并在每次迭代结束时将解的顺序随机打乱，以保证多样性和高探索性。例如，一次迭代中的探索组中的解可能是下一次迭代中的开发组的成员。DGCO 算法中采用的精英策略可防止算法在迭代过程中丢失领导者个体。

DGCO 算法通过上述过程的反复迭代操作，在探索和开发之间保持良好平衡，避免陷入局部最优，从而求得全局最优解。

104.3 动态群协同优化算法的数学描述

动态群协同优化算法包括初始化、基于群体的动态协作、探索和开发之间的平衡、探索组的搜索策略、开发组个体的寻优策略和最优解的精英策略。

1. 初始化

该算法从初始随机个体(解-选项)开始。在 d 维向量中，每个维度的分量 p_i 的初始值属于该向量所表示参数的范围$[\min_p, \max_p]$。因此 DGCO 算法需要选择以下参数：种群大小、每个种群解的维数、每个解的下限和上限、适应度函数。

2. 基于群体的动态协作

初始化后，首先计算群体中每个解的适应度值，然后，找出具有最佳适应度值的最优解。之后，将种群的个体分为两组：探索组和开发组。DGCO 算法通过改变每个组的个体数量进行动态分组，以确保探索与开发的平衡。每个组应用两种不同的策略来实现它们的全局目标。基于动态分组的优化算法的探索组和开发组如图 104.1 所示。

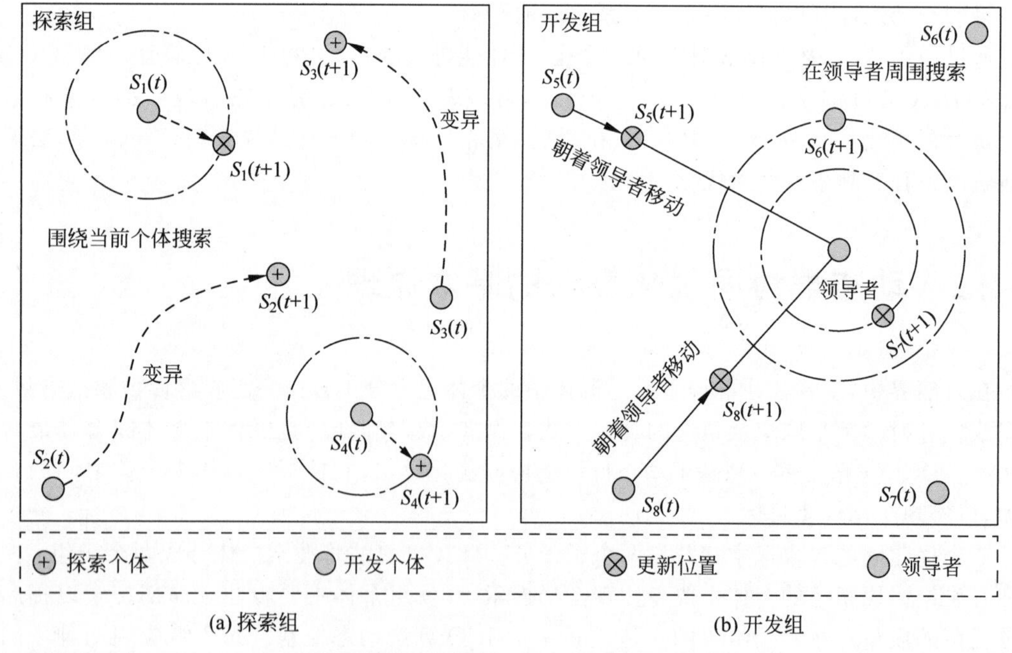

图 104.1 基于动态分组的优化算法的探索组和开发组

例如，开发组中的一些个体向“领导者”指定的最优解移动，其他个体在领导者周围的区域搜索。对于探索组，一个个体以一定的概率对其一个或多个参数值执行变异，其他个体在其周围区域搜索有更好解的区域。然后，DGCO 算法在两组之间随机交换个体以确保一定程度的随机性。

3. 探索和开发之间的平衡

为了确保探索与开发之间的平衡，DGCO 算法动态更改每个群体的子群体。最初，算法从 70：30 的比例开始，将 70％的个体分配探索组，而剩下的 30％ 被分配给开发组。应该指出，以高百分比起步的探索组中，个体可在前期的搜索空间优化过程中探索更多有前景的区域。探索组中的个体数量从 70％ 动态下降到 30％，而开发组中的个体数量在迭代过程中从 30％增加到 70％，允许让更多的开发者通过提高自身的适应度值，使个体的全局平均水平有更大的提高。

此外，该算法应用精英策略确保在收敛过程中避免产生局部最优和停滞问题，如果领导者的适应度值连续 3 次迭代没有明显改善，那么 DGCO 算法可能会在任何迭代中增加探索组个体的迭代次数。

图 104.2 显示了探索组和开发组中的个体数量在迭代过程中的动态变化情况。图 104.2(a) 显示了在二维空间中确定一个点的样本优化问题的样本收敛曲线。图 104.2(b) 展示了图 104.2(a) 中的相同过程，描述了整个迭代过程中探索和开发个体的互补数量。

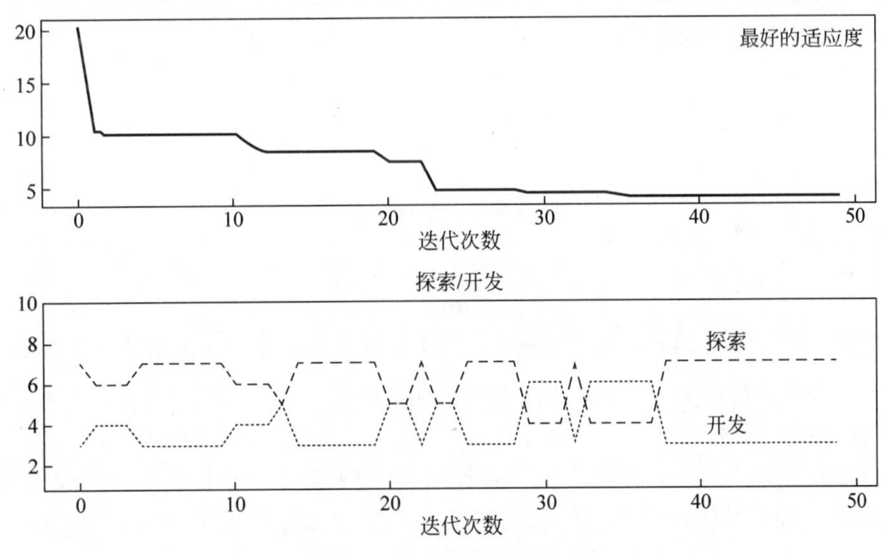

图 104.2　探索和开发之间的平衡

4. 探索组的搜索策略

探索组不仅负责在搜索空间中寻找有希望的区域，还负责避免陷入局部最优。为了实现这一点，DGCO 算法使用了两种不同的探索方法：在当前个体周围探索、基于解的突变进行探索。

1) 在当前个体周围探索

在这种方法中，在搜索空间个体的位置周围寻找有希望的区域。这是通过在邻近的可能解中根据适应度值迭代搜索更好的解来实现的。为此，DGCO 算法使用了以下公式：

$$\boldsymbol{D}=\boldsymbol{r}_1 \cdot (\boldsymbol{S}(t)-1) \tag{104.1}$$

$$\boldsymbol{S}(t+1)=\boldsymbol{S}(t)+\boldsymbol{D}\cdot(2\boldsymbol{r}_2-1) \tag{104.2}$$

其中，$\boldsymbol{r}_1$ 和 $\boldsymbol{r}_2$ 分别为区间[0,2]和[0,1]中的系数向量；t 为当前迭代；$\boldsymbol{S}$ 为当前解向量；$\boldsymbol{D}$ 为寻找解有希望区域的圆直径。

2) 基于解的突变进行探索

DGCO 算法用于探索的另一种方法是基于解的突变实现的。它是一种用于在种群中引入和保持多样性的遗传算子。它可以被看作是个体中基于一定概率的一个或多个分量的局部随机扰动。它有助于避免陷入局部最优,从而防止过早收敛。这样一个扰动有助于在搜索空间中跳转到另一个有前途的区域。事实上,突变是 DGCO 算法具有高探索能力的重要因素之一。

5. 开发组个体的寻优策略

开发组负责从好的解中获得更好的解。DGCO 算法在每次迭代开始时,计算所有个体的适应度值,并识别具有最佳适应度值的个体。为此,DGCO 算法使用了以下两种不同的方法。

1) 朝着最优解移动

在这种方法中,个体使用以下公式向最优解移动:

$$\boldsymbol{D}=\boldsymbol{r}_3\cdot(\boldsymbol{L}(t)-\boldsymbol{S}(t)) \tag{104.3}$$

$$\boldsymbol{S}(t+1)=\boldsymbol{S}(t)+\boldsymbol{D} \tag{104.4}$$

其中,$\boldsymbol{r}_3$ 为[0,2]区间中走向领导者解的随机向量;t 为当前迭代;$\boldsymbol{S}$ 为当前的解向量;$\boldsymbol{L}$ 为最优解的向量;$\boldsymbol{D}$ 为距离向量。

2) 在领导者周围寻找最优解

领导者的周围是最有可能获得最优解的区域。因此,一些个体在领导者的周围区域,希望找到一个更好的解。为此,DGCO 算法使用以下公式寻找最优解:

$$\boldsymbol{D}=\boldsymbol{L}(t)\cdot(\boldsymbol{k}-\boldsymbol{r}_4) \tag{104.5}$$

$$\boldsymbol{S}(t+1)=\boldsymbol{S}(t)+\boldsymbol{D}\cdot(2\boldsymbol{r}_5-1) \tag{104.6}$$

$$\boldsymbol{k}=2-\frac{2\times t^2}{\text{iter-count}^2} \tag{104.7}$$

其中,$\boldsymbol{r}_4$ 和 $\boldsymbol{r}_5$ 为[0,1]区间中的随机向量;$\boldsymbol{k}$ 在迭代过程中从 2 到 0 按指数规律下降;$\boldsymbol{L}$ 为最优解向量;$\boldsymbol{S}$ 为当前解向量,$\boldsymbol{D}$ 为寻找更好解的圆的直径。

6. 最优解的精英策略

为了保证解的质量,DGCO 算法在没有任何修改的情况下为下一个迭代过程选择最优解。精英策略提高了算法的性能,然而,它可能导致多模态函数过早收敛。DGCO 算法利用突变策略,在探索组个体周围进行搜索,具有较强的探测能力。这种高探索能力有助于防止 DGCO 算法过早收敛。

104.4 动态群协同优化算法的实现步骤及伪代码

DGCO 算法的实现步骤如下。

(1) 初始化:随机生成预确定的个体数量。每个个体表示求解问题的候选解。

(2) 适应度评估:每个候选解都使用适应度函数进行评估。

(3) 分组:将种群中的个体分成两组,在每次迭代开始时动态管理每组解的数量。在迭代过程中,探索组中的个体数量从总个体数量的 70%下降到 30%。如果在随后的 3 次迭代中领导者的适应度值没有显著变化,则立即增加探索组中的个体数量,使其达到总个体数量的 70%,以期在搜索空间中发现其他有潜力的区域或避免陷入局部最优。

(4) 探索和开发策略:探索策略是在当前个体周围探索和基于解的突变进行探索;开发

策略是朝着最优解移动和在领导者周围的区域进行探索。

(5) DGCO 算法会对超出搜索空间个体进行修改。然后，随机改变个体的顺序，以交换探索和开发群体中成员的角色。

(6) 在优化结束时，DGCO 算法返回最优解。

DGCO 算法的伪代码描述如下。

```
输入参数(群体大小,迭代计数,突变率)
初始化群体 S = {S_1, S_2, …, S_d}

While  t < iters_count
    计算每个解的适应度值,计算最优解的适应度值
    k = 2 - 2 * t/iter_count

    更新每组解的数量
    If 前 2 次迭代的最佳适应度值没有改变
        增加探索组中解的数量
    end if

    for 探索组中的每个个体
        更新 r_1、r_2 和 p
        最优解的精英策略
        if p >= 0.5
               对解进行变异
        else
             用式(104.2)在当前解周围搜索
        end if
    end for

    for 开发组中的每个解
        最优解的精英策略
        更新 r_2, r_3, r_4, p
        if p >= 0.5
             用式(104.4)向最优解移动
        else
             用式(104.6)在最优解周围搜索
        end if
    end for

    修改超出搜索空间的解
    更新 适应度值 1,适应度值 2
end while
返回最优解
```

第 105 章　梯度优化算法

梯度优化算法是一种新型的群智能优化算法。该算法从牛顿法中得到启发，借助群智能优化算法的思想，由牛顿梯度驱动的优化过程包括梯度搜索规则和局部逃逸算子两个主要阶段。其中梯度搜索规则用于给出寻优规则和搜索方向，局部逃逸操作用于帮助算法摆脱局部最优。通过梯度搜索规则和局部逃逸算子的反复迭代，实现对函数优化问题的求解。本章首先介绍梯度优化算法的提出，梯度优化算法的基本思想；然后阐述梯度优化算法的数学描述，最后给出梯度优化算法的伪代码实现。

105.1　梯度优化算法的提出

梯度优化(Gradient-Based Optimizer，GBO)算法是 2020 年由 Ahmadianfar 等提出的一种新型元启发式优化算法。与传统元启发式优化算法相比，GBO 算法仅需设置种群规模和最大迭代次数两个参数，不仅实现简单，而且具有较好的探索、开发、收敛以及有效避免局部极值的能力。因此，该算法一经提出就受到极大的关注，已用于电力系统机组优化、月径流预测、光伏模型提取、可靠性分配问题等，并提出混沌梯度优化器等多种改进算法。

105.2　梯度优化算法的基本思想

牛顿法和梯度下降法都是解决函数优化问题的传统方法。牛顿法的核心思想是对函数进行泰勒展开，将非线性优化问题近似为二次函数的最优化求解问题。

假如你想找一条最短的路径走到一个盆地的最底部，若采用梯度下降法，则每次只从你当前所处位置选一个坡度最大的方向走一步；若采用牛顿法，则在选择方向时，不仅要考虑坡度是否够大，还要考虑走了一步之后，坡度是否会变得更大。相对而言，梯度下降法只考虑了局部的最优，没有全局思想。

从几何上说，牛顿法是用一个二次曲面去拟合你当前所处位置的局部曲面，而梯度下降法是用一个平面去拟合当前所处位置的局部曲面。通常情况下，二次曲面的拟合会比平面更好，所以牛顿法选择的下降路径更优。但对二阶连续可微函数优化来说，传统牛顿法存在多数情况下算法不能全局收敛的问题；每次迭代都求解线性方程组有可能出现奇异或病态等问题。确定搜索规则和选择寻优方向是传统梯度下降算法研究的核心。

梯度优化算法是从牛顿法中得到启发，借助群智能优化算法的思想，由牛顿梯度驱动的优化过程包括两个主要阶段：梯度搜索规则和局部逃逸算子。梯度搜索规则(GSR)可以帮助搜索个体在优化过程中不断更新位置以提高寻优的智能性；运动方向(DM) 用于创建合适的局部搜索趋势。引入局部逃逸算子(LEO)可有效避免陷入局部最优。因此,GBO 算法很好地解决了传统梯度下降算法的搜索规则和选择寻优方向两个关键问题。

105.3　梯度优化算法的数学描述

GBO 算法在初始化后,包括梯度搜索规则和局部逃逸算子两个阶段。

1. *初始化*

与大多数元启发式算法一样,GBO 算法在搜索空间生成独立均匀随机分布的初始种群。在 D 维搜索空间中,种群的初始化过程表示如下:

$$X_n = X_{\min} + \text{rand}(0,1) \times (X_{\max} - X_{\min}) \tag{105.1}$$

其中,$X_{\max}$ 和 $X_{\min}$ 是决策变量 X 的上限和下限;rand(0,1)为定义在[0,1]区间的随机数。

2. *梯度搜索规则*

在 GBO 算法中,梯度搜索规则(GSR)可以帮助在优化过程中增强行为的随机性,从而促进探索并避免陷入局部最优;运动方向(DM)用于创建合适的局部搜索趋势,以提高 GBO 算法的收敛速度。

1) 梯度搜索规则(GSR)的数学描述

$$\text{GSR} = \text{randn} \times \rho_1 \times \frac{2\Delta x \times x_n}{(x_{\text{worst}} - x_{\text{best}} + \varepsilon)} \tag{105.2}$$

其中,randn 为正态分布的随机数;ρ_1 为系数,用于保证重要搜索空间区域接近最佳点和全局点的探索与开发之间的平衡。ρ_1 的计算如下:

$$\rho_1 = 2 \times \text{rand} \times \alpha - \alpha \tag{105.3}$$

$$\alpha = \left| \beta \times \sin\left(\frac{3\pi}{2} + \sin\left(\beta \times \frac{3\pi}{2}\right)\right) \right| \tag{105.4}$$

$$\beta = \beta_{\min} + (\beta_{\max} - \beta_{\min}) \times \left(1 - \left(\frac{m}{M}\right)^3\right)^2 \tag{105.5}$$

其中,$\beta_{\min}$ 和 $\beta_{\max}$ 分别为恒定值 0.2 和 1.2;m 表示当前迭代次数;M 表示总迭代次数。参数 ρ_1 根据正弦函数 α 变化以保持探索和开发之间的平衡。此参数值在整个迭代过程中都会更改。它的第一次优化迭代从一个大值开始,以提高种群多样性。然后,该值在整个迭代过程中减小,以加速种群收敛。

GSR 为 GBO 算法提供了跨迭代的随机行为,从而增强了探索行为并逃离了局部最优。在式(105.2)中,因子 Δx 定义为测量最优解 x_{best} 和随机选择的解 x_{r1}^m 之间的差异。为了确保 Δx 在迭代中变化,Δx 计算如下:

$$\Delta x = \text{rand}(1:n) \times |\text{step}| \tag{105.6}$$

$$\text{step} = \frac{1}{2}[(x_{\text{best}} - x_{r1}^m) + \delta] \tag{105.7}$$

$$\delta = 2 \times \text{rand} \times \left(\left| \frac{x_{r1}^m + x_{r2}^m + x_{r3}^m + x_{r4}^m}{4} - x_n^m \right|\right) \tag{105.8}$$

其中,rand(1:N)为 N 个在[0,1]区间的随机值;$r1$、$r2$、$r3$ 和 $r4$ 是从[1,N]区间随机选择的不同整数,使得 $r1 \neq r2 \neq r3 \neq r4 \neq N$。step 为由 x_{best} 和 x_{r1}^m 确定的步长。

2）运动方向(DM)的数学描述

运动方向(DM)用于围绕解 x_n 的区域收敛。该项使用最佳向量，并将 x_n 沿 $(x_{\text{best}}-x_n)$ 方向移动。这个过程提供了一个方便的局部搜索趋势，对 GBO 算法的收敛有显著影响。DM 的计算公式如下：

$$\text{DM}=\text{rand}\times\rho_2\times(x_{\text{best}}-x_n) \tag{105.9}$$

其中，rand 为在[0,1]区间均匀分布的随机数；ρ_2 为用于探索过程中修改每个个体步长的随机参数。ρ_2 参数计算如下：

$$\rho_2=2\times\text{rand}\times\alpha-\alpha \tag{105.10}$$

3）更新当前个体的位置

根据上述的 GSR 和 DM，用式(105.11)和式(105.12)更新 x_n^m 的位置：

$$X1_n^m=x_n^m-\text{GSR}+\text{DM} \tag{105.11}$$

其中，$X1_n^m$ 为通过更新 x_n^m 生成的新向量。根据式(105.2)和式(105.9)，$X1_n^m$ 可以重新表示为

$$X1_n^m=x_n^m-\text{randn}\times\rho_1\times\frac{2\Delta x\times x_n^m}{(\text{yp}_n^m-\text{yq}_n^m+\varepsilon)}+\text{randn}\times\rho_2\times(x_{\text{best}}-x_n^m) \tag{105.12}$$

其中，yp_n^m、yq_n^m 分别等于 $y_n+\Delta x$ 和 $y_n-\Delta x$，y_n 等于 yp_n^m 和 yq_n^m 的平均值。x_{n+1} 计算如下：

$$x_{n+1}=x_n-\text{randn}\times\frac{2\Delta x\times x_n}{(x_{\text{worst}}-x_{\text{best}}+\varepsilon)} \tag{105.13}$$

其中，x_n 为当前解；randn 为 n 维的随机解；x_{worst} 和 x_{best} 分别为最差解和最优解；ε 为[0,0.1]内的小数；Δx 由式(105.6)给出。基于前面的公式，当用当前解 x_n^m 替换最优解 x_{best} 时，可得到 $X2_n^m$ 如下：

$$X2_n^m=x_{\text{best}}-\text{randn}\times\rho_1\times\frac{2\Delta x\times x_n^m}{(\text{yp}_n^m-\text{yq}_n^m+\varepsilon)}+\text{randn}\times\rho_2\times(x_{r1}^m-x_{r2}^m) \tag{105.14}$$

GBO 算法旨在使用式(105.12)来增强探索和开发阶段，以改进全局在探索阶段进行搜索，而式(105.14)用于提高开发阶段的局部搜索能力。最后，生成下一次迭代的新解表示如下：

$$x_n^{m+1}=r_{\text{a}}\times(r_{\text{b}}\times X1_n^m+(1-r_{\text{b}})\times X2_n^m)+(1-r_{\text{a}})\times X3_n^m \tag{105.15}$$

其中，r_{a} 和 r_{b} 为[0,1]区间的随机数，$X3_n^m$ 定义为

$$X3_n^m=X_n^{m+1}-\rho1\times(X2_n^m-X1_n^m) \tag{105.16}$$

3. *局部逃逸算子*

引入局部逃逸算子(LEO)来增强求解复杂问题的优化算法的性能。LEO 可以有效地更新解的位置。因此，它有助于算法摆脱局部最优点，并加快收敛速度。LEO 的目标是通过使用最优解 X_{best}，根据种群中随机选择的解 $X1_n^m$ 和随机生成的解 $X1_{r1}^m$ 及 $X1_{r2}^m$ 来生成一个具有更好性能的新解 X_{LEO}^m，具体过程描述如下：

$$X_{\text{LEO}}^m=\begin{cases}X_n^{m+1}+f_1(u_1x_{\text{best}}-u_2x_k^m)+f_2\rho_1(u_3(X2_n^m-X1_n^m))+u_2(x_{r1}^m-x_{r2}^m)/2 & \text{rand}<\text{pr}\\ X_{\text{best}}+f_1(u_1x_{\text{best}}-u_2x_k^m)+f_2\rho_1(u_3(X2_n^m-X1_n^m))+u_2(x_{r1}^m-x_{r2}^m)/2 & \text{rand}\geqslant\text{pr}\end{cases} \tag{105.17}$$

$$X_n^{m+1}=X_{\text{LEO}}^m \tag{105.18}$$

其中，pr 为概率值，取 pr=0.5；f_1 和 f_2 均为在[−1,1]区间均匀分布的随机数；u_1、u_2、u_3

均为随机数，具体如下：

$$u_1=\begin{cases}2\times \text{rand}, & \mu_1<0.5\\ 1, & \mu_1\geqslant 0.5\end{cases}\tag{105.19}$$

$$u_2=\begin{cases}\text{rand}, & \mu_1<0.5\\ 1, & \mu_1\geqslant 0.5\end{cases}\tag{105.20}$$

$$u_3=\begin{cases}\text{rand}, & \mu_1<0.5\\ 1, & \mu_1\geqslant 0.5\end{cases}\tag{105.21}$$

其中，rand 为[0,1]区间的随机数；μ_1 为[0,1]区间的数。上述 u_1、u_2、u_3 可以简单解释如下：

$$u_1=L_1\times 2\times \text{rand}+(1-L_1)\tag{105.22}$$

$$u_2=L_1\times \text{rand}+(1-L_1)\tag{105.23}$$

$$u_3=L_1\times \text{rand}+(1-L_1)\tag{105.24}$$

其中，L_1 为二进制参数，如果参数 $\mu_1<0.5$，则 $L_1=1$，否则 $L_1=0$。解 x_k^m 生成如下：

$$x_k^m=\begin{cases}x_{\text{rand}} & \mu_2<0.5\\ x_p^m & \mu_2\geqslant 0.5\end{cases}\tag{105.25}$$

其中，x_p^m 从种群中随机选择的解；μ_2 为[0,1]区间的随机数；x_{rand} 为根据以式(105.26)随机生成的解：

$$x_{\text{rand}}=X_{\min}+\text{rand}(0,1)\times(X_{\max}-X_{\min})\tag{105.26}$$

105.4　梯度优化算法的伪代码实现

梯度优化算法的伪代码描述如下。

```
步骤 1.初始化
为参数 pr、ε、M 赋值
生成初始总体 X_0 = [x_{0,1}, x_{0,2}, …, x_{0,D}]
评估适应度值 f(X_{0,n}), n = 1,2, …, N
指定最佳和最差解 x^m_best 和 x^m_worst
步骤 2.主循环
while m<M do
    for n = 1:n do
       for n = 1: D do
          在[1,n]范围内随机选择 r_1≠r_2≠r_3≠r_4≠n
          使用式(105.15)计算 x^{m+1}_{n,i} 的位置
       end for
       if rand < pr then
          使用式(105.17)计算 x^m_LEO 的位置
          x^{m+1}_n = x^m_LEO
       end if
       更新 x^m_best 和 x^m_worst 的位置
    end for
    m = m + 1
end while
步骤 3.返回 x^m_best
```

第 106 章　猎人猎物优化算法

猎人猎物优化算法是以猎食者寻找猎物为背景，模拟猎食者和猎物位置移动方法设计的一种新型群智能优化算法。猎食者找到猎物后，就会追逐猎物。与此同时，猎物寻找食物，并在猎人的攻击中逃脱，到达一个安全的地方。这两个过程中伴随着猎人与猎物的位置而更新。本章首先介绍猎人猎物优化算法的提出、猎人猎物优化算法的基本思想；然后阐述猎人猎物优化算法的数学描述，最后给出了猎人猎物优化算法的实现流程。

106.1　猎人猎物优化算法的提出

猎人猎物优化(Hunter-Prey Optimizer，HPO)算法是 2022 年由 Naruei 和 Keynia 提出的一种群智能优化搜索算法。该算法的设计受到狮子、豹子和狼等和被捕食动物鹿和羚羊等猎物行为的启发，根据猎人和猎物的位置移动方法设计了一种新型的搜索方式及自适应度更新的方法，通过对多个单峰及多峰测试函数进行测试，并与其他搜索算法进行了比较，结果表明，HPO 算法表现出了优良的特性。

106.2　猎人猎物优化算法的基本思想

该算法假设在猎人寻找猎物的场景中，由于猎物通常是成群的，猎人将大概率的选择一个远离群体的猎物(远离平均群体位置)。猎人找到猎物后，就会追逐猎物。与此同时，猎物寻找食物，并在猎人的攻击中逃脱，到达一个安全的地方，这两个过程中伴随着猎人位置与猎物位置的更新。根据适应度函数，我们最终认为这个安全的地方(目标搜索位置)是最佳猎物所在的地方，从而完成了整个搜索过程，图 106.1 和图 106.2 分别是猎人追击猎物与猎物逃跑过程的示意图。

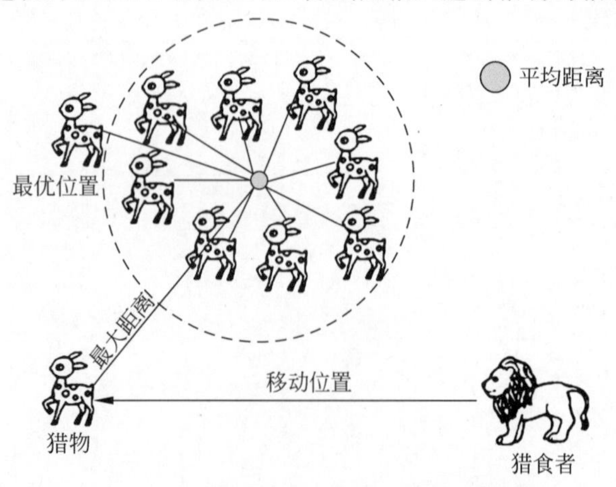

图 106.1　猎食者追击猎物过程的示意图

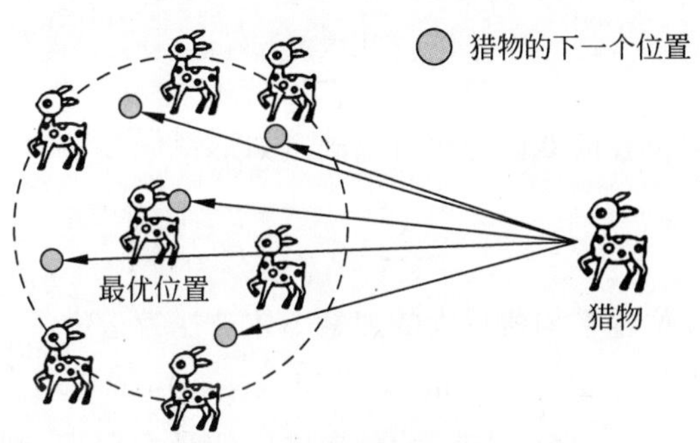

图 106.2　猎物逃跑过程的示意图

106.3　猎人猎物优化算法的数学描述

猎人猎物优化算法的种群包括猎人(以下称猎食者)和猎物,猎食者找到猎物后,就会追逐猎物。与此同时,猎物寻找食物,并在猎食者的攻击中逃脱,到达一个安全的地方,这两个过程中即伴随着猎食者位置与猎物位置的更新。HPO 算法对上述过程的数学描述包括种群初始化、猎食者的位置更新、猎物的位置更新、猎食者和猎物的确定。

1. *初始化*

在 HPO 中,种群的随机初始化表示如下:

$$x_i = \mathrm{rand}(1,d) \cdot (\mathrm{ub} - \mathrm{lb}) + \mathrm{lb} \tag{106.1}$$

其中,lb 和 ub 分别为猎食者 i 的位置 x_i 的下限和上限; d 为问题的维数。

2. *猎食者的位置更新*

猎食者搜索过程的位置更新如下:

$$x_{i,j}(t+1) = x_{i,j}(t) + 0.5[(2C \cdot Z \cdot P_{\mathrm{pos}(j)} - x_{i,j}(t)) + (2(1-C)Z \cdot \mu(j) - x_{i,j}(t))] \tag{106.2}$$

其中,$x_{i,j}(t)$为猎食者的当前位置; $x_{i,j}(t+1)$为猎食者下一次迭代的位置; $P_{\mathrm{pos}(j)}$为猎物第 j 维的位置; μ 为所有可能位置的平均值; C 为探索和开发之间的平衡参数; Z 为自适应参数,由式(106.4)计算如下:

$$P = R_1 < C; \quad \mathrm{IDX} = (P == 0) \tag{106.3}$$

$$Z = R_2 \otimes \mathrm{IDX} + R_3 \otimes (\sim \mathrm{IDX}) \tag{106.4}$$

其中,R_1 和 R_3 为[0,1]区间的随机数; P 为 $R_1<C$ 的索引值; d 为问题的维数; R_2 为[0,1]区间的随机数; IDX 为满足约束($P==0$)的 R_1 的索引值。

平衡参数 C 的值在迭代过程中从 1 减小到 0.02,计算如下:

$$C = 1 - t \cdot \left(\frac{0.98}{T_{\max}}\right) \tag{106.5}$$

其中,t 和 $T_{\max}$ 分别为当前迭代数和最大迭代次数; 确定猎物的位置 $P_{\mathrm{pos}(j)}$ 首先计算种群中 n 个搜索个体位置的平均值如下:

$$\mu = \frac{1}{n}\sum_{i=1}^{n} x_i \tag{106.6}$$

每个搜索个体与平均位置的欧氏距离可以确定如下：

$$D_{\mathrm{euc}(i)} = \left(\sum_{j=1}^{d}(x_{i,j} - \mu_j)^2\right)^{\frac{1}{2}} \tag{106.7}$$

根据式(106.8)，距离位置平均值最大的搜索个体被视为猎物：

$$P_{\mathrm{pos}} = x_i \mid i \text{ is index of } \mathrm{Max(end)sort}(D_{\mathrm{euc}}) \tag{106.8}$$

如果每次迭代都考虑到搜索个体与平均位置之间的最大距离，则会导致该算法具有延迟收敛性。根据狩猎场景，当猎食者捕获猎物时，猎物会死亡，而下一次，猎食者会移动到新的猎物位置。为了解决这个问题，考虑一种递减机制，引入一个新的随机变量如下：

$$k\mathrm{best} = \mathrm{round}(C \times N) \tag{106.9}$$

将猎物的位置计算公式(106.8)改变为如下形式：

$$P_{\mathrm{pos}} = x_i \mid i \text{ is sorted } D_{\mathrm{euc}}(k\mathrm{best}) \tag{106.10}$$

其中，N 是种群搜索个体的数量。在算法开始时，k 的值等于 N，然后 k 值不断减小，直到达到第一个搜索个体(到搜索个体平均位置 μ 的最小距离)时结束。值得注意的是，搜索个体在每次迭代中的顺序取决于它们到搜索个体平均位置 μ 的距离。最后一个距离搜索个体的平均位置 μ 最远的搜索个体被选择为猎物，并被猎食者捕获。

3. 猎物的位置更新

当猎物受到攻击时，它会试图飞到安全的位置。假设最优安全位置是全局最优位置，因为这将使猎物有更好的生存机会，猎食者可能会选择另一个猎物。为了逃避猎食者的攻击，猎物位置更新如下：

$$x_{i,j}(t+1) = T_{\mathrm{pos}(j)} + C \cdot Z\cos(2\pi R_4) \times (T_{\mathrm{pos}(j)} - x_{i,j}(t)) \tag{106.11}$$

其中，$x_{i,j}(t)$和 $x_{i,j}(t+1)$是猎物的当前和下一次迭代位置；$T_{\mathrm{pos}(j)}$为全局最优位置；Z 为由式(106.4)计算的自适应参数，R_4 为$[-1,1]$区间的随机数；C 是由式(106.5)计算的探索和开发之间的平衡参数，其值随着算法迭代过程不断减小。cos 函数及其输入参数允许下一个猎物位置在不同半径和角度的全局最优位置。

4. 猎食者和猎物的确定

在种群中，选择哪个个体是猎物，哪个是猎人的过程是由$[0,1]$区间的随机数 R_5 和另一个控制参数 β 确定的。这一选择过程的数学描述如下：

$$x_i(t+1) = \begin{cases} x_i(t) + 0.5[(2C \cdot Z \cdot P_{\mathrm{pos}} - x_i(t)) + \\ \quad (2(1-C)Z \cdot \mu - x_i(t))] & R_5 < \beta \quad (106.12\mathrm{a}) \\ T_{\mathrm{pos}} + C \cdot Z\cos(2\pi R_4) \times (T_{\mathrm{pos}} - x_i(t)) & R_5 \geqslant \beta \quad (106.12\mathrm{b}) \end{cases}$$

其中，R_4 是$[0,1]$区间的随机数；β 是一个调节选择过程的参数，β 可设置为 0.1。

如果 $R_5 < \beta$，那么搜索个体将被视为猎人，搜索下一个位置将用式(106.12a)更新；否则，搜索个体将被视为猎物，搜索下一个位置将用式(106.12b)更新。

106.4　猎人猎物优化算法的实现流程

猎人猎物优化算法的流程如图 106.3 所示。

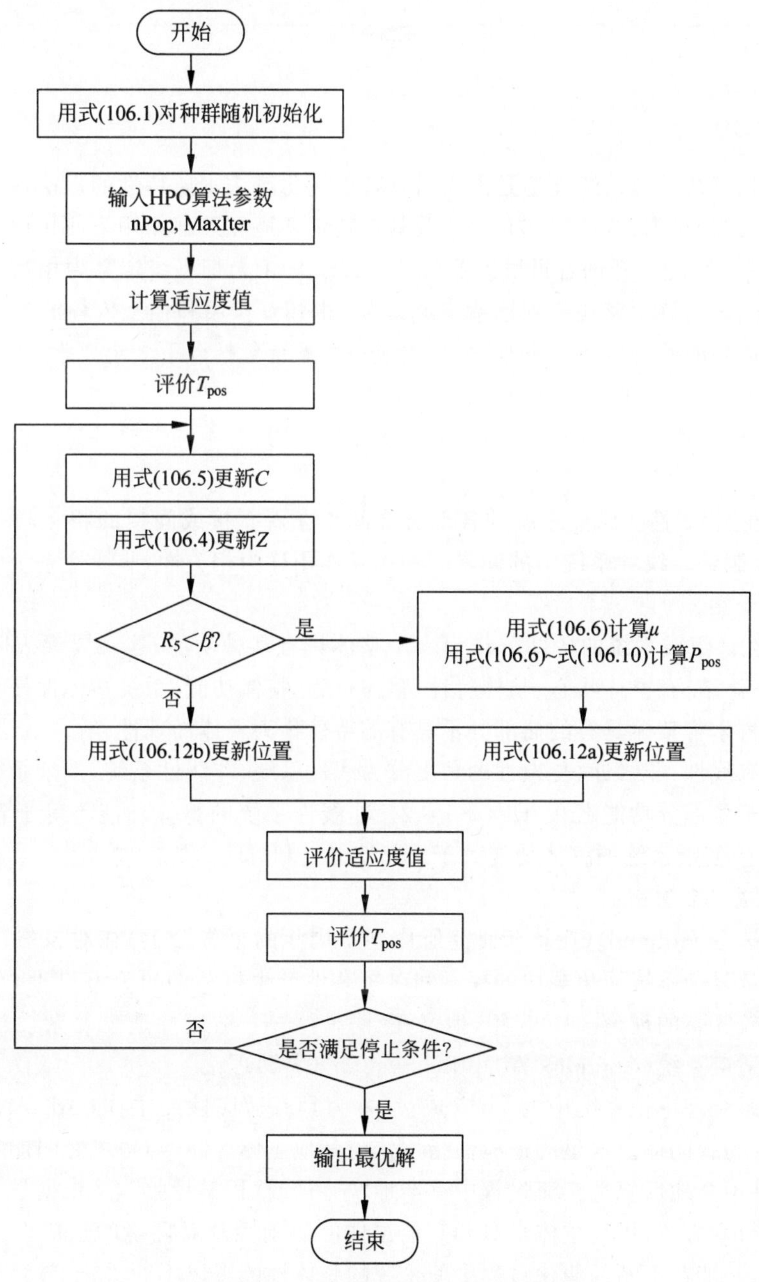

图 106.3　猎人猎物优化算法的流程

附录A　智能优化算法的理论基础：复杂适应系统理论

1. 系统科学

系统科学和复杂适应系统理论是深入研究智能优化算法本质特性的理论基础。系统科学是研究系统的结构、状态、特性、行为、功能及其在特定环境和外部作用下演化规律的科学。

1968年，现代系统论开创者贝塔朗菲(L. V. Bertalanffy)把系统定义为相互作用的多元素的复合体。我国著名科学家钱学森把系统定义为：由相互作用和相互依赖的若干组成部分结合成的具有特定功能的有机体。不难看出，组成一个系统包括以下3个要素。

(1) 多元性。系统由两个或两个以上的许多部分组成，这些部分又称为元素、单元、基元、组分、部件、成员、子系统等。各种组分形成了多元性，而具有不同性质各异的组分又形成了多样性。

(2) 相关性/相干性。组成系统的各部分之间存在着直接或间接的相互联系、相互作用、相互影响、相互制约。线性系统中的元素间的相互作用称为相关性，非线性系统中元素间的相互作用称为相干性。

(3) 整体性。组成系统的各部分作为一个整体具有某种功能，这一要素表明系统作为一个整体，具有整体结构、整体状态、整体特性、整体行为、整体功能，系统整体性是与其功能性相统一的。系统科学将整体具有的而部分不具有的特性称为整体涌现性。

从系统具有线性、非线性、复杂性的角度分为线性系统、非线性系统、复杂系统。线性系统的整体功能等于各部分功能之和，即 $1+1=2$。非线性系统的整体功能不等于各部分功能之和，即 $1+1\neq 2$。复杂系统的整体功能大于局部功能之和，即 $1+1>2$。

2. 复杂适应系统理论

1994年，霍兰(Holland)(在圣菲研究所成立十周年的报告会上)在对自然、生物、社会等领域存在的大量复杂系统演化规律的探索和对复杂性产生机制的研究基础上，首次提出了复杂适应系统比较完整的理论。1995年，他又在《隐秩序——适应性造就复杂性》专著中，系统地论述了复杂适应系统(Complex Adaptive System，CAS)理论。

复杂适应系统理论把系统中的个体(成员)称为具有适应性的主体(Adaptive Agent)，简称为主体，或称为智能体。这里的适应性指主体与其他主体之间、与环境之间能够进行“信息”交流，并在这种不断地反复地交流过程中逐渐地“学习”或“积累经验”，又根据学到的经验改变自身的结构和行为方式，提高主体自身和其他主体的协调性及对环境的适应性。从而推动系统的不断演化，并能在不断的演化过程中使系统的整体性能得以不断进化，最终使系统整体涌现出新的功能。

为了描述主体在适应和演化过程中的行为特征，霍兰定义了包括4个特性和3个机制在内的以下7个基本概念。

(1) 聚集。聚集是指主体通过“黏合”形成较大的、更高一级的主体(介主体)，又是简化复杂系统的一种标准方法。聚集不是对简单个体的合并，也不是对某些个体的吞并，而是较小的、较低层次的个体，在一定的条件下，通过某种特定的聚集形成较大、较高层次上的新型个体。较为简单的主体的聚集相互作用，必然会涌现出复杂的大尺度行为。下面是一个熟悉的例子：单个蚂蚁、蜜蜂的行为简单，环境一变就只有死路一条。但蚂蚁、蜜蜂聚集形成的群体所构筑的蚁巢、蜂巢的适应性极强，可以在各种恶劣的环境下生存很长一段时间。它就像一个由相对不聪明的部件组成的聪明的生物体。此外，有大量相互连接的神经元表现出的智能，或者有各种抗体组成的免疫系统所具有的奇妙特性等。复杂适应系统理论就是要识别出使简单体形成具有高度适应性的聚集体的机制。

(2) 标识。在聚集体形成的过程中，有一种机制始终起着区别于主体的作用，称为标识。它的作用如同商标、标识语和图标一样，它让主体通过标识去选择一些不易分辨的主体或目标。标识能够促进选择性的相互作用。总之，标识是隐含在CAS中具有共性的层次组织机构背后的机制。

(3) 非线性。非线性是指个体自身行为、特性的变化，以及个体间的相互作用并非遵循简单的线性关系。特别是个体主动地适应环境及与其他个体反复交互的作用中，非线性更为突出。在智能优化算法中反复的交互作用是通过程序迭代运算实现的，而迭代常常把非线性通过反馈(正反馈、负反馈)加以放大，使系统的演化、进化过程变得曲折、复杂。

CAS理论认为非线性来源于主体的主动性和适应性，主体行为的非线性是产生系统复杂性的内在根源。非线性有助于加快复杂适应系统的演化进程。

(4) 流。在个体与个体、个体与环境之间存在物质、能量和信息的交换，这种交换类似流的特性。在CAS中，用{节点，连接者，资源}对这种流加以描述。通常，节点是主体(处理器)，连接者是可能的相互作用，节点会随主体的适应或不适应而出现或消失。因此，无论是流还是网络，都会在随时间流失和经验积累的不断变化而改变着适应性的模式。

乘数效应是流和网络的主要特征，即通过传递后的效应会递增；再循环效应是流和网络的另一个重要特性。相同的信息或材料资源输入，再循环会使每个节点产生更多的资源，因而增加了输出。

(5) 多样性。CAS理论认为，多样性既非偶然也非随机，具有持存性和协调性。因为任何单个主体的持存都依赖于其他主体提供的完善协调的生态环境。当从系统中移走一个主体，会产生一个“空位”，系统就会经过一系列的反应产生一个新的主体来补充空位。新的主体占据被移走主体的相同生态位，并提供大部分失去的相互作用。当主体的蔓延开辟了新的生态位，产生了可以被其他主体通过调整加以利用新的相互作用的机会时，多样性也就产生了。

产生多样性的原因在于主体不断的适应过程是一种动态模式，每一次适应都为进一步的相互作用和新的生态位提供了可能性。多样性的形成还与“流”有密切的关系。自然界“优胜劣汰”的自然选择过程，就是通过“流”增加再循环，导致增加多样性的过程。

(6) 内部模型。主体的内部模型是指用规则描述内部结构的变化，用于代表主体实现预知的内部机制。主体在接受外部刺激，做出适应性反应的过程中能合理地调整自身内部结构的变化，使主体预知再次遇到这种情况或类似情形时会随之产生的后果。因此，主体复杂的内部模型(内部规则)是主体适应性的内部机制的精髓，它是主体在适应过程中逐步建立的。

(7) 积木块。人们常常把一个复杂问题分解成若干简单部分来处理，同样，CAS理论把复杂适应系统内部模型通过搭积木的方法用已测试过的规则进行组合，从而产生处理新问题的规则。将已有的规则称为积木块，也可理解为模块。

当把某个层次的积木块还原为下一层次积木块的相互作用和组合时，就会发现其内部的规律。霍兰提出内部模型和积木机制的目的在于强调层次的概念，当超越层次的时候，就会有新的规律和特征产生。

3. 复杂适应系统的运行机制

在上述7个基本概念的基础上，霍兰提出了建立主体适应和学习行为的基本模型分为以下3个步骤。

1）建立描述系统行为特征的规则模型

基于规则对适应性主体行为描述是最基本的形式。最简单的一类规则为：

```
IF(条件为真)THEN(执行动作)
```

即刺激→反应模型。如果将每个规则想象成某种微主体，就可以把基于规则的对信息输入输出作用扩展到主体间的相互作用上去。如果主体就被描述为一组信息处理规则的形式为：

```
IF(有合适信息)THEN(发出指定的信息)
```

那么，使用IF-THEN规则描述主体有关的信息输入和输出，就能处理主体规则间的相互作用。

通常情况下，主体通过探测器（观察-信息）对刺激的分类来感知环境，可以通过使用一组二进制探测器来描述主体感知和选定的信息，并使用一组效应器（信息-行动）作为输出反映主体行为的信息。探测器是对来自环境的刺激信息进行编码以形成标准化信息，而效应器与探测器相反，是对标准化的信息进行解码。综上不难看出，使用规则描述适应性主体的行为特征，使用探测器描述主体过滤环境信息的方式，再用效应器作为适应性主体输出的描述工具。这3部分构成了执行系统的模型。

2）建立适应度确认和修改机制

上述描述系统行为特征的规则模型给出了主体在某个时刻的性能，但还没有表现出主体的适应能力，因此必须考察主体获得经验时改变系统的行为方式。为此，对每一个规则的信用程度要确定一个数值，称为适应度，用来表征该规则适应环境的能力。这一过程实际上是向系统提供评价和比较规则的机制。每次应用规则后，个体将根据应用的结果修改适应度，这实际上就是“学习”或“积累经验”。

3）提供发现或产生新规则的机制

为了发现新规则，最直接的方法就是找到新规则的积木，利用规则串中选定位置上的值作为潜在的积木。这种方法类似于用传统的手段评价染色体上单个基因的作用，就是要确定不同位置上的各种可选择基因的作用，通过确定每种基因和等位基因（每个基因有几种可选择的形式）的贡献来评价它们。通常要为染色体赋一个数值，称为适应度，用来表示其可生存后代的能力。从规则发现的观点看，等位基因集合的重组更有意义。

产生新规则采用如下3个步骤。

(1) 选择。从现存的群体中选择字符串适应度大的作为父母。

(2) 重组。对父母串配对、交换和突变易产生后代串。

(3) 取代。后代串随机取代现存群体中的选定串。

循环重复多次，连续产生许多后代，随着后代的增加，群体和个体都在不断进化。上述的遗传算法利用交换和突变可以进一步创造出新规则，在微观层次上遗传算法是复杂适应系统理论的基础。

4. 复杂适应系统理论的特点

复杂适应系统理论具有以下特点。

(1) 复杂适应系统中的主体是具有主动性的、适应性的、“活的”实体。这个特点特别适合于经济系统、社会系统、生物系统、生态系统等复杂系统建模。这里的“活的”个体并非是生物意义上的活的个体，它是对主体的主动性和适应性这一泛指的、抽象概念的升华，这样就把个体的主动性、适应性提高到了系统进化的基本动因的位置，从而有利于考察和研究系统的演化、进化，同时也有利于个体的生存和发展。

(2) CAS 理论认为主体之间、主体与环境之间的相互作用和相互影响是系统演化和进化的主要动力。一方面，在 CAS 中的个体属性差异可能很大，它完全不同于物理系统中微观粒子的同质性。正因为这一点使得 CAS 中的个体之间的相互作用关系变得更加复杂化。另一方面，CAS 中的一些个体能够聚集成更大的聚集体，这样使得 CAS 的结构多样化。“整体作用大于部分之和”的含义指的正是这种个体和(或)聚集体之间相互作用的“增值”，这种相互作用越强，越增值，就导致系统的演化过程越复杂多变，进化过程越丰富多彩。

(3) CAS 理论给主体赋予了聚集特性，能使简单主体形成具有高度适应性的聚集体。主体的聚集效应隐含着一种正反馈机制，极大地加速了演化的进程。因此，可以说没有主体的聚集，就不会有自组织，也就没有系统的演化和进化，更不会出现系统整体功能的涌现。从个体间的相互作用到形成聚集体，再到系统整体功能的涌现，这是一个从量变到质变的飞跃。

(4) CAS 理论把宏观和微观有机地联系起来，这一思想体现在主体和环境的相互作用中，即把个体的适应性变化融入整个系统的演化中统一加以考察。微观上大量主体不断相互作用、相互影响，导致系统宏观的演化和进化，直到系统整体功能的涌现，反映了大量主体相互作用的结果。CAS 理论很好地体现了微观和宏观的二者之间的对立统一关系。

(5) 在 CAS 理论中引进了竞争机制和随机机制，从而增加了复杂适应系统中个体的主动和适应能力。

5. 智能优化算法的实质

目前已提出的多种智能优化算法都属于用计算机软件实现的计算智能系统，又称为软计算智能系统。因为绝大部分智能优化算法都有个体、群体，都存在个体与个体、个体与群体、群体与群体间的相互作用、相互影响等，这种相互作用都存在着非线性、随机性、适应性，以及存在着仿生的智能性等特点，因此，智能优化算法是一个智能优化计算系统，属于人工复杂适应性系统。

人工复杂适应系统的目的在于，使系统中的个体及由个体组成的群体系统具有一种主动性和适应性，这种主动性和适应性使该系统在不断演化中得以进化，而又在不断进化中逐渐提高以达到优化的目的。从而，使这样的系统能够以足够的精度去逼近待优化任意复杂问题的解。因此，作者认为具有智能模拟求解和智能逼近的特点是智能优化算法的本质特征，而体现其本质特征的正是“适应性造就了复杂性”这一复杂适应系统理论的精髓。

为了更好地研究、设计和应用各种智能优化算法求解工程优化问题，通常需要解决好如下具有共性的问题。

(1) 把待优化的工程问题通过适当的变换，转化为适合于某种具体智能优化算法的模型，以便应用具体优化算法进行求解。

(2) 设计优化算法中的个体、群体的描述，建立个体与个体、个体与群体、群体与群体之间相互作用的关系,确定描述个体行为在演化过程中适应性的性能指标。由于各种优化算法存在差异,因此这里所指的个体和群体的概念是泛指的、广义的。从系统科学的角度就是系统的三要素:一是个体;二是由许多个体构成相互作用的群体;三是不断相互作用的群体在一定的条件下涌现出整体的优化功能。

(3) 在智能优化算法的设计中,要解决好全局搜索(勘探)与局部搜索(开发)的辩证关系。如果注重局部搜索而轻视全局搜索,易使算法陷于局部极值而得不到全局最优解;如果注重全局搜索而轻视局部搜索,易导致长时间、大范围搜索而接近不了全局最优解。为此,需要处理好确定性搜索与概率搜索之间的关系。在一定的意义上,可以认为确定性搜索有利于全局搜索,而概率搜索有利于局部搜索。这二者之间是相互利用、相互影响的,因此,必须处理好这二者之间的辩证关系。

(4) 目前设计的智能优化算法多半存在算法参数偏多,因此如何选择合理的算法参数本身就是一个优化问题。如果在优化过程中对参数在线寻优,往往存在寻优时间是否允许的问题。一般是通过在仿真实验中比较优化效果来确定某个算法参数,或者根据设计者的经验选取。也有采用自适应调整参数的设计方法。但总体来说,在目前已有的自适应调整参数的公式中,还是有人为给定的常数,缺乏利用优化过程中动态的有用信息作为反馈,自动地调整算法的参数。控制论的创始人维纳曾指出:“目的性行为可以用反馈来代替”,如何在智能优化算法中利用优化过程中的动态信息反馈来自动设定或自动调整算法参数是值得深入研究的课题。

参 考 文 献

[1] 李士勇,陈永强,李研. 蚁群算法及其应用[M]. 哈尔滨：哈尔滨工业大学出版社,2004.

[2] 李士勇,李盼池. 量子计算与量子优化算法[M]. 哈尔滨：哈尔滨工业大学出版社,2009.

[3] 李士勇,李研. 智能优化算法原理与应用[M]. 哈尔滨：哈尔滨工业大学出版社,2012.

[4] 李士勇,李研,林永茂. 智能优化算法与涌现计算[M]. 北京：清华大学出版社,2019.

[5] 李士勇,李研,林永茂. 智能优化算法与涌现计算[M]. 2版. 北京：清华大学出版社,2022.

[6] Engelbrecht A. P. 计算智能导论[M]. 2版. 谭莹,等译. 北京：清华大学出版社,2010.

[7] 张军,詹志辉,陈伟能,等. 计算智能[M]. 北京：清华大学出版社,2009.

[8] 李士勇. 模糊控制·神经控制和智能控制论[M]. 2版. 哈尔滨：哈尔滨工业大学出版社,1998.

[9] 李士勇,李研. 智能控制[M]. 北京：清华大学出版社,2016.

[10] 汪定伟,王俊伟,王洪峰,等. 智能优化算法[M]. 北京：高等教育出版社,2007.

[11] 杨淑莹,张桦. 群体智能与仿生计算：Matlab技术实现[M]. 北京：电子工业出版社,2012.

[12] 李士勇,田新华. 非线性科学与复杂性科学[M]. 哈尔滨：哈尔滨工业大学出版社,2006.

[13] Colorni A,Dorigo M,Maniezzo V,et al. Distributed optimization by ant colonies[C]. Proceedings of the 1st European Conference on Artificial Life,1991：134-142.

[14] Dorigo M,Stutzle T. Ant Colony Optimization[M]. Massachusetts Institute of Technology Press,2004.

[15] Socha K,Dorigo M. Ant colony optimization for continuous domains[J]. European Jounal Operation Research,2008,185：1155-1173.

[16] Bonabeau E,Dorigo M,Theraulaz G. Swarm Intelligence：From Natural to Artificial Systems[M]. Oxford University Press,1999.

[17] Mirjalili S. The Ant Lon Optimizer[J]. Advances in Engineering Software,2015,88：80-98.

[18] 赵宝江,李士勇. 基于蚁群聚类算法的非线性系统辨识[J]. 控制与决策,2007,22(10)：1193-1196.

[19] 李士勇,杨丹. 基于改进蚁群算法的巡航导弹航迹规划[J]. 宇航学报,2007,28(4)：903-907.

[20] 郭玉,李士勇. 基于改进蚁群算法的机器人路径规划[J]. 计算机测量与控制,2009,17(1)：187-189.

[21] 李士勇,王青. 求解连续空间优化问题的扩展蚁群算法[J]. 测试技术学报,2009,23(4)：319-325.

[22] 李士勇,柏继云. 连续函数寻优的改进量子扩展蚁群算法[J]. 哈尔滨工程大学学报,2012,33(1)：80-84.

[23] Holldobler B,Wilson E O. Journey to the Ants：A story of science exploration[M]. Harvard University Press,1994.

[24] Kennedy J,Eberhart R. Particle Swarm optimization[C]. Proceedings of IEEE International Conference on Neural Networks,1995：1942-1948.

[25] Eberhart R,Kennedy J. New optimizer using particle swarm theory[C]. Proceedings of the Sixth International Symposium on Micro Machine and Human Science. IEEE,Piscataway,NJ,USA,1995：39-43.

[26] 崔志华,曾建潮. 微粒群优化算法[M]. 北京：科学出版社,2011.

[27] Karaboga D. An idea based on honey bee swarm for numerical optimization[R]. Techn. Rep. TR06. Kayseri：Erciyes University,2005.

[28] Karaboga D. A powerful and efficient algorithm for numerical function optimization：artificial bee colony (ABC) algorithm[J]. Journal of Global Optimization,2007,39(3)：459-471.

[29] Abbass H A. MBO：marriage in honey bees optimization—a haplometrosis polygynous swarming approach [C]. Proceedings of IEEE Congress on Evolutionary Computation,Seoul,South Korea,2001：207-214.

[30] 张宇光. 蜜蜂交配算法的改进以及在排考问题中的应用[D]. 天津：河北工业大学,2013.

[31] 张冬丽.人工蜂群算法的改进及相关应用研究[D]. 秦皇岛：燕山大学，2014.
[32] Eusuff M M,Lansey K E. Water distribution network design using the shuffled frog leaping algorithm [C]. World Water Congress. 2001.
[33] Eusuff M M,Lansey K E. Optimization of water distribution network design using the shuffled frog leaping algorithm[J]. Journal of Water Resource Planning Management,2003,129(3)：10-25.
[34] Eusuff M M,Lansey K E. Shuffled frog-leaping algorithm：a mimetic meta-heuristic for discrete optimization [J]. Engineering optimization,2006,38(2)：129-154.
[35] 孙冲.混合蛙跳算法改进及控制参数优化仿真研究[D].哈尔滨：哈尔滨工业大学，2011.
[36] 张逸达.混合蛙跳算法设计及仿真研究[D]. 哈尔滨：哈尔滨工业大学，2010.
[37] 李晓磊，邵之江，钱积新.一种基于动物自治体的寻优模式：鱼群算法[J].系统工程理论与实践，2002，22(11)：32-38.
[38] 李晓磊. 一种新型的智能优化方法——人工鱼群算法[D]. 杭州：浙江大学，2003.
[39] 李晓磊，钱积新.基于分解协调的人工鱼群优化算法研究[J]. 电路与系统学报，2003，8(1)：1-6.
[40] 李晓磊，冯少辉，钱积新，等.基于人工鱼群算法的鲁棒 PID 控制器参数整定方法研究[J].信息与控制，2004，33(1)：112-115.
[41] 李晓磊，薛云灿，路飞，等.基于人工鱼群算法的参数估计方法[J].山东大学学报(工学版)，2004，34(3)：84-87.
[42] 李晓磊，路飞，田国会，等. 组合优化问题的人工鱼群算法应用[J]. 山东大学学报(工学版)，2004，34(5)：64-67.
[43] Mozaffari A,Fathi A,Behzadipour S. The great salmon run：a novel bio-inspired algorithm or artificial system design and optimization[J]. International Journal of Bio-Inspired Computation, 2012, 4(5)：286-301.
[44] Mirjalili S,Lewis A. The whale optimization algorithm[J]. Advances in Engineering Software. 2016，95(5)：51-67.
[45] Gandomi A H,Alavi A H. Krill herd：A new bio-inspired optimization algorithm[J]. Communications in Nonlinear Science Numerical Simulation,2012,17(12)：4831-4845.
[46] 杨潇.基于磷虾群算法的汽轮机初压优化[D].秦皇岛：燕山大学，2015.
[47] 王磊，张汉鹏.基于混沌搜索与精英交叉算子的磷虾觅食算法[J].控制与决策，2015，30(9)：1617-1622.
[48] Passino K M. Biomimicry of bacterial foraging for distributed optimization and control[J]. IEEE Control System Magazine,2002,22(3)：52-67.
[49] 胡洁.细菌觅食优化算法的改进及应用研究[D].武汉：武汉理工大学，2012.
[50] Bremermann H. Chemotaxis and Optimization[J]. Journal of the Franklin Instute,1974,297(5)：397-404.
[51] Muler S D, Marchetto J, Airaghi S, et al. Optimization Based on Bacterial Chemotaxis [J]. IEEE Transaetions of Evolutionary Computation,2002,6(1)：16-29.
[52] 李威武，王慧，邹志君，等.基于细菌群体趋药性的函数优化方法[J].电路与系统学报，2005，10(1)：58-63.
[53] 李威武.城域智能交通系统中的控制与优化问题研究[D].杭州：浙江大学，2003.
[54] 李明，杨成梧. 细菌菌落优化算法[J]. 控制理论与应用，2011，28(2)：223-228.
[55] 李明. 模拟细菌菌落进化过程的群体智能算法[J]. 系统仿真学报，2013，25(2)：251-255.
[56] 宋德逻，孔德福，李明. 一种混合的离散细菌菌落优化算法[J]. 计算机应用研究，2014，31(2)：358-360.
[57] 邵珂，蒋铁铮. 基于细菌菌落优化算法的分布式电源优化配置[J]. 电力学报，2014，29(3)：201-205.
[58] Chu S C,Tsai P W,Pan J S. Cat Swarm Optimization[C]. Proceedings of the 9th Pacific Rim International Conference on Artificial Intelligence. Berlin：Springer,2006：854-858.
[59] Chu S C,Tsai P W. Computational intelligence based on the behavior of cats[J]. International Journal of Innovative Computing,Information and Control,2007,3(1)：163-173.
[60] Tsai P W,Pan J S,Chen S M,et al. Parallel cat swarm optimization[C]. Proceedings of International

Conference of Machine Learning and Cybernetics. 2008：3328-3333.
[61] 孔令平. 基于猫群算法的无线传感器网络路由优化算法研究[D]. 哈尔滨：哈尔滨工业大学，2013.
[62] 杨淑莹，张桦. 群体智能与仿生计算：Matlab技术实现[M]. 北京：电子工业出版社，2012.
[63] 刘徐迅，曹阳，陈晓伟. 基于移动机器人路径规划的鼠群算法[J]. 控制与决策，2008，23(9)：1060-1064.
[64] 杨珺，张闯，黄旭，等. 基于猫鼠种群算法的分散式风力发电优化配置[J]. 中国电力，2015，46(6)：1-7.
[65] Meng X B，Liu Y，Gao X Z，et al. A New Bio-inspired Algorithm：Chicken Swarm Optimization[J]. Proceedings of 5th International Conference on Swarm Intelligence，ICSI2014，Hefei，Springer International Publishing，2014，86-94.
[66] 孔飞，吴定会. 一种改进的鸡群算法[J]. 江南大学学报(自然科学版)，2015，14(6)：681-688.
[67] 王兴成，胡汉梅，刘林. 基于鸡群优化算法的配电网络重构[J]. 电工电气，2016(3)：20-24.
[68] 崔东文. 鸡群优化算法——投影寻踪洪旱灾害评估模型[J]. 水利水电科技进展，2016，36(2)：16-23.
[69] 吴虎胜，张凤鸣，吴庐山. 一种新的群体智能算法——狼群算法[J]. 系统工程与电子技术，2013，35(11)：2430-2438.
[70] Mirjalili S，Mirjalili S M，Lewis A. Grey Wolf Optimizer[J]. Advances in Engineering Software，2014，69：46-61.
[71] 魏政磊，等. 控制参数值非线性调整策略的灰狼优化算法[J]. 空军工程大学学报(自然科学版)，2016，17(3)：68-72.
[72] 吕新桥，廖天龙. 基于灰狼优化算法的置换流水线车间调度[J]. 武汉理工大学学报，2015，37(3)：111-116.
[73] Yazdani M，Jolai F. Lion Optimization Algorithm (LOA)：A nature-inspired metaheuristic algorithm [J]. Journal of Computational Design and Engineering，2016，3：24-36.
[74] Rajakumar B R. The Lion's Algorithm：a new nature-inspired search algorithm[J]. Procedia Technology，2012，6：126-135.
[75] Wang B，Jin X P，Cheng B. Lion pride optimizer：An optimization algorithm inspired by lion pride behavior[J]. Science China Information Sciences，2012，55(10)：2369-2389.
[76] Zhao R Q，Tang W S. Monkey algorithm for global numerical optimization[J]. Journal of Uncertain Systems，2008，2(3)：164-175.
[77] 张佳佳. 基于猴群算法的入侵检测技术研究[D]. 天津：天津大学，2010.
[78] 陈信. 猴群优化算法及其应用研究[D]. 南宁：广西民族大学，2014.
[79] 张亚洁. 猴群算法及其应用研究[D]. 西安：西安电子科技大学，2014.
[80] Dai S K，Zhuang P X，Xiang W J. GSO：An Improved PSO Based on Geese Flight Theory[J]. Proceedings of Fourth International Conference on Swarm Intelligence，ICSI 2013，Part I，LNCS 7928，87-95. Springer-Verlag Berlin Heidelberg，2013.
[81] 庄培显. 雁群飞行理论及雁群优化算法研究[D]. 厦门：华侨大学，2013.
[82] 刘金洋，郭茂祖，邓超. 基于雁群启示的粒子群优化算法[J]. 计算机科学，2006，33(11)：166-168.
[83] 卞红雨，沈郑燕，张志刚，等. 基于雁群优化的声呐图像快速阈值分割方法[J]. 声学与电子工程，2011，(3)：1-3.
[84] 曹春红，唐川，赵大哲，等. 基于雁群启示的粒子群优化算法的几何约束求解[J]. 小型微型计算机系统，2011，32(11)：2299-2302.
[85] Duman E，Uysal M，Alkaya A F. Migrating Birds Optimization：A new metaheuristic approach and its performance on quadratic assignment problem[J]. Information Sciences，2012，217：65-77.
[86] 谢展鹏，贾艳，张超勇，等. 基于候鸟优化算法的阻塞流水车间调度问题[J]. 计算机集成制造系统，2015，18(8)：2099-2107.
[87] Yang X S. Firefly algorithms for multimodal optimization. Stochastic algorithms：foundations and applications[C]. Springer Berlin Heidelberg，2009：169-178.
[88] 赵玉新，YANG X-S，刘力强. 新兴元启发式优化算法[M]. 北京：科学出版社，2013.

[89] 郑巧燕.布谷鸟搜索算法的改进及在优化问题中的应用[D].南宁：广西民族大学，2014.

[90] Krishnand K N,Ghose D. Detection of multiple source locations using a glowworm metaphor with applications to collective robotics[C]. Proceedings of IEEE Swarm Intelligence Symposium. Piscataway. Pasadena California：IEEE Press,2005,84-91.

[91] Yang X-S. Nature-Inspired Metaheuristic Algorithms[M]. Frome：Luniver Press,2008.

[92] 欧阳喆，周永权.自适应步长萤火虫优化算法[J].计算机应用，2011，31(7)：1804-1087.

[93] 刘长平，叶春明. 一种新颖的仿生群智能优化算法：萤火虫算法[J].计算机应用研究，2011，28(9)：3295-3297.

[94] Mirjalili S. Moth-flame optimization algorithm：A novel nature-inspired heuristic paradigm[J]. Knowledge-Based Systems,2015,89：228-249.

[95] Yang X S. A new metaheuristic bat-inspired algorithm. Nature Inspired Cooperative Strategies for Optimization[J]. Berlin Heidelberg：Springer Berlin Heidelberg. 2010,284：65-74.

[96] Pan W T. A new evolutionary computation approach Fruit fly Optimization Algorithm[C]. 2011 Conference of Digital Technology and Innovation Management,Tai-pei,2011.

[97] 潘文超. 应用果蝇优化算法优化广义回归神经网络进行企业经营绩效评估[J]. 太原理工大学学报(社会科学版)，2011，29(4)：1-5.

[98] Pan W T. A new fruit fly optimization algorithm：taking the financial distress model as an example[J]. Knowledge-Based Systems,2012,26(2)：69-74.

[99] 霍慧慧. 果蝇优化算法及其应用研究[D]. 太原：太原理工大学，2015.

[100] Cuevas E,Cienfuegos M,Zaldívar D,et al. A swarm optimization algorithm inspired in the behavior of the social-spider[J]. Expert Systems with Applications,2013,40(16)：6374-6384.

[101] 程乐. 新的仿生算法：蟑螂算法[J]. 计算机工程与应用. 2008，44(33)：44-46.

[102] 程乐. 引入大变异策略的蟑螂算法研究[J]. 微电子学与计算机，2009，26(5)：13-17.

[103] 施英莹，刘志峰，张洪潮，等. 基于蟑螂算法的产品拆卸序列规划[J]. 合肥工业大学学报(自然科学版)，2011，34(11)：1601-1605.

[104] Millor J,Arme J M,Halloy J,et al. Individual discrimination capability and collective decision-making[J]. Journal of Theoretical Biology,2006,239：313-323.

[105] Linhares A. Preying on optima：a predatory search strategy for combinatorial problem[C]. Proceedings of IEEE International Conference of Systems,Man and Cybernetics,CA：San Diego,1998：2974-2978.

[106] Linhares A. State-space search strategies gleaned from animal behavior：a traveling salesman experiment[J]. Biological Cybernetics,1998,78(3)：167-173.

[107] Linhares A. Synthesizing a predatory search strategy for VLSI layouts[J]. IEEE Transactions on Evolutionary Computation,1999,3(2)：147-152.

[108] 蒋忠中，汪定伟. 车辆路径问题的捕食搜索算法研究[J]. 计算机集成制造系统，2006，12(11)：1899-1902.

[109] 汪定伟，王俊伟，王洪峰，等. 智能优化算法[M]. 北京：高等教育出版社，2007.

[110] Penev K,Littlefair G. Free search-a Comparative Analysis[J]. Information Sciences,2005,172(1-2)：173-193.

[111] 周辉. 自由搜索算法及其在传感器网络中的应用[D]. 上海：东华大学，2010.

[112] 王培坤. 基于自由搜索算法的电站燃煤锅炉燃烧优化应用研究[D].秦皇岛：燕山大学，2013.

[113] 喻海飞. 食物链算法及其在供应链管理中的应用[D]. 沈阳：东北大学，2005.

[114] 喻海飞，汪定伟.食物链算法及其在供应链计划中的应用[J]. 系统仿真学报，2005，17(5)：1195-1199.

[115] 喻海飞，汪定伟.食物链算法及其在供应链管理中的应用[J]. 东北大学学报(自然科学版)，2005，26(1)：229-232.

[116] Cheng M Y,Prayogo D. Symbiotic Organisms Search：A new metaheuristic optimization algorithm[J]. Computers and Structures,2014,139：98-112.

[117] 周虎,赵辉,周欢,等. 自适应精英反向学习共生生物搜索算法. [J]计算机工程与应用,2016,52(19): 161-166.

[118] Simon D. Biogeography-Based Optimization[J]. IEEE Transactions on Evolutionary Computation,2008, 12(6): 702-713.

[119] 封全喜. 生物地理学优化算法研究及其应用[D]. 西安:西安电子科技大学,2014.

[120] 王存睿,王楠楠,段晓东,等. 生物地理学优化算法综述[J]. 计算机科学,2010,37(7): 34-38.

[121] Sharafi Y,Khanesarb M A,Teshnehl M. COOA: Competitive optimization algorithm[J]. Swarm and Evolutionary Computation,2016,30: 39-63.

[122] Abdullah J M and Rashid T A. Fitness Dependent Optimizer: Inspired by the Bee Swarming Reproductive Process," in IEEE Access. doi: 10.1109/ACCESS.2019,2907012.

[123] Feng Y,Wang G G,Deb S,et al. Solving 0-1 knapsack problem by a novel binary monarch butterfly optimization[J]. Neural Computing & Applications,2017,28(7): 1619-1634.

[124] Gai-Ge Wang, Suash Deb, Zhihua Cui. Monarch butterfly optimization[J]. Neural Computing and Applications,2019,31(7): 107-128.

[125] Wang P, Zhu Z, Huang S. Seven-spot ladybird optimization: a novel and efficient metaheuristic algorithm for numerical optimization[J]. The Scientific World Journal,2013,12: 1-11.

[126] 王鹏,李洋,王昆仑. 七星瓢虫优化算法及其在多学科协同优化中的应用[J]. 计算机科学,2015, 11(42): 266-269.

[127] Braik M S. Chameleon Swarm Algorithm: A bio-inspired optimizer for solving engineering design problems[J]. Expert Systems With Applications,2021,(174): 114685.

[128] Morais R G,Nedjah N,Mourelle L M. A novel meta-heuristic inspired by Hitchcock birds' behavior for efficient optimization of large search spaces of high dimensionality[J]. Soft Computing,2020,(24): 5633-5655.

[129] Wang J,Yang B,Chen Y,et al. Novel phasianidae inspired peafowl (Pavo muticus/cristatus) optimization algorithm: Design,evaluation,and SOFC models parameter estimation[J]. Sustain. Energy Technol. Assessments,2022,50(3): 101825.

[130] Abdollahzadeh B,et al. African vultures optimization algorithm: A new nature-inspired meta-heuristic algorithm for global optimization problems[J]. Computers & Industrial Engineering,2021,158: 107408.

[131] Abualigah L,Yousri D,Elaziz M A,et al. Matlab Code of Aquila Optimizer: A novel meta-heuristic optimization algorithm [J]. Computers & Industrial Engineering,2021,157: 107250.

[132] Dehghani M. et al.: Northern Goshawk Optimization: New Swarm-Based Algorithm for Solving Optimization Problems[J]. IEEE Access. Digital Object Identifier 10.1109/ACCESS.2021,3133286.

[133] Mohammadi-Balani A, Nayeri M D, Azar A, et al. Golden Eagle Optimizer: A nature-inspired metaheuristic algorithm [J]. Computers & Industrial Engineering,2020.

[134] 李科,陈向俊,任玉荣,等. 基于 GEO-GRU 的电梯滑移量预测方法[J]. 起重运输机械,2022,12: 21-27.

[135] Faramarzi A,Heidarinejad M and Mirjalili S. et al. Marine Predators Algorithm: A nature-inspired meta-heuristic[J]. Expert Systems With Applications 2020,152: 113377.

[136] Abualigah L, Elaziz M A, Sumari P, et al. Reptile search algorithm (RSA): nature-inspired meta-heuristic optimizer[J]. Expert Systems With Applcations,2022,191: 116158.

[137] Zhao W G,Zhang Z X,Wang L Y. Manta ray foraging optimization: An effective bio-inspired optimizer for engineering applications[J]. Engineering Applications of Artificial Intelligence,2020,87: 103300.

[138] Daniel Zaldívar, Bernardo Morales, et al. A novel bio-inspired optimization model based on Yellow Saddle Goatfish behavior[J]. BioSystems,2018,174.

[139] Kaur S,Awasthi L K,Sangal A L,et al. Tunicate Swarm Algorithm: A new bio-inspired based metaheuristic paradigm for global optimization [J]. Engineering Applications of Artificial Intelligence, 2020, 90: 103541.

[140] Chou J S,Truong D N. A novel metaheuristic optimizer inspired by behavior of jellyfish in ocean [J].

Applied Mathematics and Computation, 2021, 389(2): 125535.

[141] Sulaiman M H, Mustaffa Z, Saari M M. et al. Barnacles Mating Optimizer: A new bio-inspired algorithm for solving engineering optimization problems[J]. Engineering Applications of Artificial Intelligence, 2020, 87: 103330

[142] Dhiman G, Kaur A. STOA: A bio-inspired based optimization algorithm for industrial engineering problems[J]. Engineering Applications of Artificial Intelligence, 2019, 82: 148-174.

[143] Naruei I, Keynia F. A new optimization method based on COOT bird natural life model[J]. Expert Systems With Applications, 2021, (183) 115352.

[144] Li S, Chen H, Wang M, et al. Slime mould algorithm: A newmethod for stochastic optimization[J]. Future Generation Computer Systems. 2020, 111(1): 300-323.

[145] Naruei I, Keynia F. Wild horse optimizer: a new meta-heuristic algorithm for solving engineering optimization problems[J]. Engineering with Computers Published online: 17 June 2021, https://doi.org/10.1007/s00366-021-01438-z.

[146] Fatma A. Hashim, Essam H. Houssein, Kashif Hussainc, Mai S. Mabrouk. Honey Badger Algorithm: New metaheuristic algorithm for solving optimization problems[J]. Mathematics and Computers in Simulation 2022, 192: 84-110.

[147] Li Y, Wang G. Cat Swarm Optimization Based on Stochastic Variation With Elite Collaboration[J]. Digital Object Identifier 10.1109/ACCESS. 2022, 3201147.

[148] Trojovská E. et al. Fennec Fox Optimization: A New Nature-Inspired Optimization Algorithm[J]. Digital Object Identifier 10.1109/ACCESS. 2022. 3197745.

[149] Nitish C, Muhammad M A. Golden jackal optimization: A novel nature-inspired optimizer for engineering applications[J]. Expert Systems with Applications, 2022, 198: 1-15.

[150] Hui L C, Dang M Y, Wang J Y. Magnetic Levitation System Control and Multi-Objective Optimization Using Golden Jackal Optimization[C]. 2022 2nd International Conference on Electrical Engineering and Mechatronics Technology (ICEEMT), 193-197. 978-6654-5928-0/22/2022IEEE.

[151] Hashim F A, Hussien A G. Snake Optimizer: A novel meta-heuristic optimization algorithm[J]. Knowledge-Based ystems, doi: https://doi.org/10.1016/j.knosys.2022, 108320.

[152] Yapici H, Cetinkaya N. A new meta-heuristic optimizer: Pathfinder algorithm[J]. Applied Soft Computing Journal, 2019, 78: 545-568.

[153] Dhiman G, Kumar V. Emperor penguin optimizer: A bio-inspired algorithm for engineering problems [J]. Knowledge-Based Systems, 2018, 159: 20-50.

[154] Zangbari Koohi S, et al. Raccoon Optimization Algorithm[J]. Digital Object Identifier, 10.1109/ACCESS. 2018. 2882568.

[155] Rauf M, et al. Integrated Planning and Scheduling of Multiple Manufacturing Projects Under Resource Constraints[J]. Digital Object Identifier 10.1109/ACCESS. 2020. 2971650.

[156] Abdollahzadeh B, Gharehchopogh F S, et al. Mirjalili. Artificial gorilla troops optimizer: A new nature-inspired meta-heuristic algorithm for global optimization problems[J]. International Journal of Intelligent Systems, doi: 10.1002/int. 2021. 22535.

[157] Khishe M, Mosavi M R. Chimp Optimization Algorithm[J]. Expert Systems with Applications, 2020, 149: 113338.

[158] Fouad M M, et al. Dynamic Group-Based Cooperative Optimization Algorithm[J]. IEEE Access Digital Object Identifier 10.1109/ACCESS. 2020, 3015892.

[159] Ahmadianfar I, Bozorg-haddad O, Chu X F. Gradient-Based Optimizer: A New Metaheuristic Optimization Algorithm[J]. Information Sciences, 2020, 540(11): 131-159.

[160] Naruei I, Keynia F, Molahosseini A S. Hunter-prey optimization: Algorithm and applications[J]. Soft Comput, 2022, 26(3): 1279-1314.